对地观测数据处理与分析丛书
国家"十一五"重点图书

对地观测数据处理与分析研究进展

龚健雅 主编

武汉大学出版社

图书在版编目(CIP)数据

对地观测数据处理与分析研究进展/龚健雅主编. —武汉:武汉大学出版社,2007.12
对地观测数据处理与分析丛书
国家"十一五"重点图书
ISBN 978-7-307-06038-8

Ⅰ.对… Ⅱ.龚… Ⅲ.①大地测量:空间测量—数据处理—研究—进展—中国 ②大地测量:空间测量—数据—分析—研究—进展—中国 Ⅳ.P228

中国版本图书馆 CIP 数据核字(2007)第 195365 号

责任编辑:任 翔　　责任校对:王 建　　版式设计:詹锦玲

出版发行:武汉大学出版社　　(430072　武昌　珞珈山)
　　　　　(电子邮件:wdp4@whu.edu.cn 网址:www.wdp.whu.edu.cn)
印刷:武汉中远印务有限公司
开本:787×1092　1/16　印张:30.5　字数:733 千字
版次:2007 年 12 月第 1 版　　2007 年 12 月第 1 次印刷
ISBN 978-7-307-06038-8/P·132　　定价:80.00 元

版权所有,不得翻印;凡购买我社的图书,如有缺页、倒页、脱页等质量问题,请与当地图书销售部门联系调换。

丛书编委会

顾　问　李德仁　宁津生　张祖勋
　　　　　刘经南　刘先林

主　编　龚健雅
副主编　吴华意
编　委　顾行发　李志林　周启鸣
　　　　　李　斌　施　闯　袁修孝
　　　　　张继贤　周成虎　李　琦
　　　　　方　涛

丛书序言

人类正面临着人口急剧增加、资源逐渐枯竭、环境日益恶化、灾害频繁发生、全球变暖等严重社会和经济问题,这些问题的发现和解决需要实时的、动态的地球空间信息的支持,而对地观测技术是实时获得动态地球空间信息的重要手段。

我国科技发展中长期规划已将高分辨率对地观测系统和新一代卫星导航定位系统列入国家重大专项。到2020年,国家计划投资几百亿元研究建设高分辨率对地观测系统,届时将有多种对地观测卫星在轨运行,具有准实时、全天候获取各种空间数据的能力,并逐步形成集高空间、高光谱、高时间分辨率和宽地面覆盖于一体的卫星(群)对地观测系统,获取大量的对地观测数据。如何快速、有效地处理对地观测数据,自动提取空间信息,及时获得地学知识,充分发挥对地观测系统的使用效能,是我们亟待解决的重大科学问题。

对地观测数据获取与信息处理涉及地球科学、信息科学、空间科学和认知科学等众多领域,需要通过多学科交叉聚集多领域的专家,深入研究地表物体的反射及散射特性、大气传输模型、地物成像机理与波谱特性、地球空间要素关系模型、空间信息采样定律、地球空间信息统一时空基准、遥感影像自动几何定位、地物目标自动识别、空间数据挖掘与知识发现以及空间信息智能服务等一系列理论与方法。

鉴于此,国家科技部于2005年批准立项,开展国家重点基础研究发展计划(973计划)项目"对地观测数据-空间信息-地学知识转化机理"的研究,该项目拟解决对地观测系统的时空基准与遥感成像模型、地球空间要素关系模型与空间信息表达、海量空间数据库中地学知识发现及其机理等关键科学问题,从而揭示对地观测数据-空间信息-地学知识的转化机理。项目首席科学家龚健雅教授和他带领的研究团队,代表了我国该领域年轻一代的中坚研究力量,他们开展的这个项目的研究已经取得成果。《对地观测数据处理与分析丛书》将系统地总结这些研究成果,为读者展现整个研究结果的全貌。

21世纪是航天的世纪,随着我国航天技术的发展,中国必将从航天大国发展为航天强国。"坐地日行八万里,巡天遥看一千河",相信通过我国科学家群体的集体攻关,一定会形成我国独立自主的对地观测数据获取、信息处理与知识发现的理论与方法体系,为实现空间数据获取的天-空-地一体化,空间数据处理的自动化、定量化和实时化,空间信息分发与应用的网格化,空间信息服务的大众化与智能化提供理论支撑,促进我国航天技术的发展,更好地为国家安全、经济建设和创建和谐社会服务。

李德仁
2007年11月于武昌珞珈山

前　言

依托武汉大学，联合中国科学院地理与资源科学研究所、北京大学、中国测绘科学研究院、上海交通大学、北京邮电大学等国内相关研究的优势单位以及部分海外专家，我们组建了一个具有较强实力、学科交叉的项目组，申报了国家重点基础研究发展计划（973 计划）项目"对地观测数据-空间信息-地学知识转化机理"的研究，并于 2005 年获得了科技部的批准立项。

项目获得批准立项，我们既感到欣慰，我们的研究基础和研究目标得到了专家和科技部管理部门的认可，使得我们有机会联合起来，共同就对地观测数据处理与分析的理论与方法进行系统而深入的研究，为我国高分辨率对地观测系统重大专项的实施和国际上遥感科学与技术的发展贡献一份力量；同时又感到压力，因为向前探索的路总是艰难的。为了项目的顺利开展，项目研究人员首先研究分析该领域当前的研究现状与存在的问题。2005 年 12 月 25 日，科技部领导、武汉大学领导、课题顾问、专家组成员、课题组组长和课题组全体成员一起在武汉召开了项目启动会。经大家讨论，一致同意在综合分析研究现状与存在问题以及今后的研究过程中，就本项目涉及的相关文献，建立一个文献检索和管理平台，对目前国内外已有的相关研究工作的参考文献进行检索，提供一站式的文献索引平台和信息交流平台，为各个课题提供参考文献服务。随着项目研究的不断进展，各个课题都积累了丰富的资料，通过消化吸收后，对各个课题、专题的研究前沿有了比较全面和深刻的了解，并形成了初步的文字综述。在 2006 年度的项目总结报告会上，大家一致同意，将这些综述进一步凝练，并且统一规划，齐集成书，既可作为课题组相关人员的交流工具，也可以为本领域国内科研人员提供参考，更是对地观测数据处理与分析丛书的开篇之作，统领整个丛书的结构，形成以本书为广度，以今后各个课题研究成果形成的专著为深度的领域知识体。

整个书稿由绪言和六个部分共 21 章组成。绪言由龚健雅执笔，综述了"对地观测数据-空间信息-地学知识转化机理"项目的研究背景、目标、内容、范围，概述了本领域的国内外研究前沿。第一部分对地观测系统的时空基准与高精度定位由施闯负责，分为 3 章，分别是时空基准、卫星定轨和定姿；第二部分卫星遥感成像几何物理模型由袁修孝负责，分为 3 章，分别是卫星遥感成像机理与辐射校正、卫星遥感影像几何定位模型和基于有理多项式模型的几何求解；第三部分遥感影像智能解译与目标识别由张继贤负责，分为 5 章，分别是智能解译的理论与方法、高性能处理和高分辨率影像、高光谱影像及合成孔径雷达影像的处理；第四部分空间信息集成与更新由龚健雅负责，分为 4 章，分别是分布式空间信息的集成方法、多时相空间信息变化检测、多源遥感影像智能融合和时空数据模型及更新；第五部分空间数据挖掘和知识发现由周成虎负责，分为 3 章，分别是地学信息图谱理论、空间数据挖掘和支持地理空间知识发现的空间数据库技术；第六部分空间信息智能服务由李琦负责，分为 3 章，分别是空间信息服务集成调度模型、空间本体和空间信息智能搜索。全书由龚健雅和吴华意审阅统稿。

本书的完成凝聚了课题组全体成员的心血，大家反复讨论，滤除各章之间的重复部分，仔细推敲各章都没有顾及的空白。本书各章的内容定位在研究方向的综述,因此普通教科书中的基础知识,不属于本书论述的内容。为了兼顾本书的可读性,各章前面都给出一段简短的导读,以通俗的语言描述本章的内容,方便初入门人员的阅读。各章在最后都安排一个小结,总结该方向研究的热点、存在的问题和发展趋势。

感谢国家科技部对本项目的支持,虽然项目组成员有共同的研究兴趣,但本项目的支持使得大家走在一起,为完成一个共同的目标而努力,也使得本书的完成成为可能。感谢项目的顾问、专家组成员一直以来对项目进展的指导和关心,使得编者对本书的把握能够更加准确。感谢武汉大学、武汉大学科技主管部门和武汉大学出版社,他们为本项目的开展和本书的出版提供了便利的条件。最后感谢项目组的所有成员,大家的共同努力是本书能够完成的保证。

本书是一本综述性的论著,书中大量引用了国内外同行的研究成果,在此,对相关作者一并表示衷心的感谢。由于本书涉及的范围广、作者多,各个章节之间的协调工作量大,时间紧迫,因此,书稿中难免存在疏漏之处,恳请读者不吝批评指正。

龚健雅

2007 年 11 月

目 录

绪 论 ………………………………………………………………………… 龚健雅 1
  0.1 对地观测数据处理与分析研究的必要性与意义 ……………………………… 1
  0.2 对地观测数据处理与分析研究发展趋势 ……………………………………… 3
  0.3 对地观测数据处理与分析研究拟解决的关键科学问题 ……………………… 6
  0.4 对地观测数据处理与分析的主要研究内容 …………………………………… 7

第1部分 对地观测系统的时空基准与高精度定位

第1章 对地观测系统的时空基准 ……………………… 姚宜斌 邹蓉 施闯 15
  1.1 时空基准的定义 ………………………………………………………………… 15
  1.2 常用的全球坐标参考框架 ……………………………………………………… 20
  1.3 时空基准的建立、维持和精化方法 …………………………………………… 23
  1.4 区域时空基准的现代化 ………………………………………………………… 26
  1.5 小结 ……………………………………………………………………………… 31
  参考文献 ……………………………………………………………………………… 31

第2章 对地观测卫星的精密定轨 ……………… 赵齐乐 罗佳 叶世榕 楼益栋 施闯 33
  2.1 对地观测卫星精密定轨综述 …………………………………………………… 33
  2.2 对地观测卫星轨道的高精度确定 ……………………………………………… 36
  2.3 定轨方法及精密定轨软件设计 ………………………………………………… 42
  2.4 小结 ……………………………………………………………………………… 45
  参考文献 ……………………………………………………………………………… 45

第3章 恒星定姿 …………………………………………………… 江万寿 谢俊峰 48
  3.1 恒星定姿的原理与现状 ………………………………………………………… 48
  3.2 星敏感器的设计 ………………………………………………………………… 50
  3.3 软件处理算法 …………………………………………………………………… 54
  3.4 恒星相机标定 …………………………………………………………………… 61
  3.5 小结 ……………………………………………………………………………… 64
  参考文献 ……………………………………………………………………………… 64

第 2 部分　卫星遥感成像几何物理模型

第 5 章　卫星遥感成像机理与辐射校正 ·················· 朱忠敏　龚威 69
- 4.1 遥感成像机理概述 ·· 69
- 4.2 遥感成像大气辐射传输模型 ·· 76
- 4.3 遥感影像辐射校正 ··· 81
- 4.4 小结 ··· 89
- 参考文献 ··· 90

第 5 章　卫星遥感影像几何定位模型 ·················· 袁修孝　余俊鹏 92
- 5.1 卫星遥感影像几何定位模型综述 ··· 92
- 5.2 严密几何定位模型 ··· 93
- 5.3 仿射变换几何模型 ··· 96
- 5.4 有理多项式函数模型 ·· 96
- 5.5 小结 ··· 97
- 参考文献 ··· 98

第 6 章　基于 RPC 参数的几何模型求解 ········· 张永军　张剑清　丁亚洲 100
- 6.1 RPC 参数的解求 ··· 100
- 6.2 基于 RPC 参数的三维空间坐标解算 ·· 101
- 6.3 基于 RPC 参数的近似核线影像生成 ·· 102
- 6.4 高精度 DEM 生成及 DOM 制作 ··· 103
- 6.5 小结 ··· 104
- 参考文献 ··· 105

第 3 部分　遥感影像智能解译与目标识别

第 7 章　遥感影像智能解译的理论与方法 ·················· 方涛　霍宏 109
- 7.1 视觉认知理论研究现状与评价 ·· 109
- 7.2 认知模型研究进展 ··· 113
- 7.3 遥感影像智能解译现状与展望 ·· 117
- 7.4 小结 ··· 127
- 参考文献 ··· 128

第 8 章　遥感影像高性能处理方法 ·················· 杨景辉　李海涛 136
- 8.1 遥感影像高性能处理方法及其必要性 ······································· 136
- 8.2 遥感影像高性能集群处理技术 ·· 137
- 8.3 遥感影像大规模分布式处理与网格计算 ···································· 142

8.4 小结 145
参考文献 146

第9章 高分辨率影像目标识别与智能解译　　刘振军　梅天灿 149
9.1 高分辨率遥感影像的特性 149
9.2 高分辨率影像的多尺度分割方法 151
9.3 高分辨率影像的解译与智能目标识别 156
9.4 小结 168
参考文献 169

第10章 高光谱遥感影像解译智能化方法　　龚龑　林丽群　舒宁 176
10.1 波谱空间分析技术 176
10.2 基于光谱特征空间分析技术 181
10.3 高光谱遥感主要应用研究现状 192
10.4 小结 195
参考文献 195

第11章 合成孔径雷达影像的智能分类与
信息提取　　张永红　张继贤　王志勇　余海坤 198
11.1 SAR 影像的智能分类 198
11.2 DEM 和地表变形信息提取 204
11.3 小结 208
参考文献 208

第4部分　空间信息集成与更新

第12章 多源空间信息的集成方法　　龚健雅　高文秀　陈静　向隆刚 215
12.1 全球无缝空间数据的组织与管理 215
12.2 多源异构空间数据的互操作技术 232
12.3 小结 237
参考文献 238

第13章 多时相遥感影像变化检测　　周启鸣　眭海刚　马国瑞 240
13.1 地表变化驱动力分析 241
13.2 变化检测的预处理 242
13.3 变化检测分类体系 245
13.4 变化检测方法 248
13.5 变化检测精度评价 255
13.6 小结 256

参考文献 ··· 258

第14章 对地观测影像信息的智能融合 ···························· 张晓东 李志林 266
14.1 空间信息智能融合的基本概念 ··· 266
14.2 空间影像信息智能融合的模式 ··· 268
14.3 遥感影像融合数据预处理 ··· 272
14.4 空间信息融合中的尺度效应 ·· 275
14.5 遥感影像信息智能融合方法 ·· 279
14.6 影像融合方法评价 ·· 286
14.7 小结 ·· 289
参考文献 ··· 290

第15章 时空数据模型和动态更新 ························· 唐新明 吴华意 杨平 邓晓光 298
15.1 时空数据模型 ·· 298
15.2 时空数据库查询引擎 ··· 302
15.3 时空数据可视化 ··· 304
15.4 时空数据的动态更新 ··· 310
15.5 小结 ·· 320
参考文献 ··· 320

第5部分 空间数据挖掘与知识发现

第16章 地学信息图谱理论与方法 ······································ 李宝林 周成虎 325
16.1 地学信息图谱理论的发展 ··· 325
16.2 地学信息图谱与地学知识发现 ··· 327
16.3 地学信息图谱创新 ·· 328
16.4 基于地学信息图谱的思维方法在地学各领域中的应用 ······························ 329
16.5 小结 ·· 331
参考文献 ··· 331

第17章 空间数据挖掘 ···················· 裴韬 苏奋振 秦昆 王树良 葛咏 程涛 周春 333
17.1 数据挖掘和知识发现概述 ··· 333
17.2 空间聚类方法 ·· 335
17.3 基于数据场的空间数据挖掘 ·· 343
17.4 基于概念分析的空间数据挖掘 ··· 348
17.5 基于多重分形的空间数据挖掘方法 ··· 354
17.6 空间关联规则挖掘方法 ·· 359
17.7 基于人工智能的时空预测方法 ··· 364

17.8 小结 ·· 370
参考文献 ·· 370

第18章　支持地理空间知识发现的空间数据库技术 ············ 朱欣焰　舒红 377
18.1 海量空间数据的组织与管理 ··· 377
18.2 分布式空间数据库 ··· 382
18.3 时空数据挖掘的索引技术 ·· 384
18.4 时空数据挖掘的查询语言 ·· 388
18.5 空间查询优化技术 ··· 389
18.6 小结 ·· 391
参考文献 ·· 391

第6部分　空间信息智能服务

第19章　面向事件处理的空间信息服务集成调度模型 ········ 罗英伟　汪小林　许卓群 399
19.1 现代城市生活中的事件处理 ··· 399
19.2 事件处理信息系统及相关技术基础 ··· 401
19.3 基于规则的空间信息服务集成调度模型 ··· 403
19.4 一个事件处理实例——统一接警 ·· 414
19.5 小结 ·· 419
参考文献 ·· 420

第20章　空间本体 ·· 杜清运　黄茂军 421
20.1 空间本体的哲学与信息基础 ··· 421
20.2 空间本体构建及其形式化方法 ·· 425
20.3 空间本体驱动的空间信息服务 ·· 433
20.4 小结 ·· 437
参考文献 ·· 438

第21章　空间信息智能搜索 ··· 张雪虎　马浩明 439
21.1 中文位置描述的自动匹配、定位与标准化算法 ······································· 439
21.2 空间兴趣点简称到全称的智能匹配算法 ··· 460
21.3 小结 ·· 466
参考文献 ·· 466

顾问、编者和作者名录 ··· 468

绪 论

□ 龚健雅

随着航天技术、计算机技术、通信技术、信息处理技术的提高,现代空间遥感技术也得到了空前发展。20世纪地球科学进步的一个突出标志是人类能够脱离地球而从太空观测地球(Earth Observation from Space),对地观测技术已成为国际上太空竞争的重要热点之一。现有的高空间、高光谱、多时相、全天候的遥感对地观测技术,已使人类第一次能够将自己赖以生存的星球作为一个整体来观测和研究,为地球科学的研究和人类社会的可持续发展做出巨大的贡献。

0.1 对地观测数据处理与分析研究的必要性与意义

0.1.1 对地观测系统是确保经济持续增长及信息化建设的需要

随着我国现代化建设的深入,为了保证我国经济的高速增长和社会可持续发展,建设信息化和谐社会,迫切需要科学、定量和及时地了解国土资源现状,统筹规划国土资源的开发和整治,以便合理利用国土资源,提高自然资源利用率,改善生态环境。长期以来,我国通过购买国外对地观测数据来获取所需地球空间信息。尽管中巴资源卫星1号已于1999年成功发射,但由于分辨率只有20m,加上传感器工艺和数据处理能力的限制,制约了该影像在我国的应用。在国家测绘局2001年初启动的全国1:5万数字正射影像的生产以及国家环保总局开展的全国环境大调查中,购买的依旧是美国Landsat 7和法国SPOT的数据。这种局面如果继续下去,不仅会给国家带来巨大的经济负担,而且会严重阻碍我国经济和城市发展。中国只有抓紧建设自己的对地观测系统,大量获取高分辨率遥感卫星数据,尽快掌握自动信息提取方法,才能从根本上缓解这种严重的供需矛盾,才有可能查清国土资源和生态环境现状,实施动态监测,为我国国民经济和社会可持续发展带来巨大的社会效益和经济效益。

0.1.2 对地观测系统是确保国家安全的需要

遥感对地观测已经成为现代化战争的主要信息源和重要技术支撑,国家间国防实力的竞争很大程度上取决于空间技术和信息技术的竞争。过去十年,我国在星上器件、卫星发射、卫星控制等一系列硬件技术上已经取得重大突破,但在对地观测数据处理、信息提取等方面主要使用国外的接收设备和处理系统,不仅耗费了大量的外汇资源,而且暴露了我国自行设计的卫星系统参数,给国家安全带来了隐患。由于遥感对地观测技术的敏感性和战略地位的重要性,我们很难从西方发达国家获得先进的对地观测技术。

0.1.3　我国对地观测系统的应用迫切要求大力提升信息处理能力

我国科技发展中长期规划已将卫星导航定位系统及高分辨率对地观测系统列入重大专项。到 2020 年,国家将投入几百亿元建设高分辨率对地观测系统,届时在轨运行的卫星将达到上百颗,具有近实时、全天候获取各种空间数据的能力,逐步形成集高空间、高光谱、高时间分辨率和宽地面覆盖于一体的卫星(群)对地观测系统。在目前对地观测数据的应用中,信息处理与地学知识发现已经成为一个瓶颈问题。通常遥感卫星所接收到的图像能及时处理供用户使用的比例仅为 10% 左右。造成这种现象的原因是长期以来"重上天,轻应用",把有限的经费集中投入到卫星上天上,而投入地面处理系统的研发经费甚少,加上管理体制上的问题,出现了"卫星数据既多又少"的矛盾局面。一方面,我们每天可以获取大量的对地观测数据;另一方面,由于处理技术的落后,大量数据不能及时处理,造成极大的浪费。这就出现了我们每天可得到海量的对地观测数据,但能够应用的空间信息不足,地学知识严重贫乏的局面。随着对地观测卫星的陆续发射,数据处理能力不足的矛盾将更加突出。如何有效、自动地对获取的大量对地观测数据进行快速处理和信息提取,充分发挥对地观测系统的使用效能,成为我们亟待解决的重大科学问题。

0.1.4　对地观测系统数据处理与分析存在的主要瓶颈问题

1. 缺少天空地一体化的遥感影像高精度星地直接定位理论和方法

近年来,不依赖地面控制的星地直接三维定位在西方主要国家已经取得了重要成效。美国的 IKONOS 和 QuickBird 高分辨率卫星采用星载 GPS 和星敏感器确定传感器空间位置和姿态,无地面控制情况下,影像目标定位精度达到地面上的 10~15m;法国的 SPOT-5 卫星利用 DORIS 系统测定卫星的轨道参数,X、Y、Z 三方向位置精度均优于 5m,制作正射影像可达到实地上 15m 的精度。而我国,由于星载姿态测量装置、定轨技术和数据处理技术相对落后,无地面控制情况下,遥感影像的对地目标定位精度只能达到 500~800m,与国际水平相差几个数量级,与军用、民用需求和遥感信息的自动化处理要求相距甚远。由于缺乏精确的星地直接定位和高精度数据处理手段,对地观测数据处理不得不采用大量的地面控制点。

2. 没有形成完整的对地观测数据处理理论和方法体系

长期以来,由于我国对遥感对地观测的基础理论缺少研究,对对地观测数据本身及其成像机理认识不足,对高空间分辨率、高光谱、SAR 影像数据缺乏行之有效的处理手段,加上国外技术的封锁,严重制约了我国对地观测数据处理理论和方法的发展,致使我国在目标识别方面仍旧停留在以目视判读为主的原始水平上,时空变化检测主要依靠人工比对,多传感器集成平台的对地观测数据缺少有效的融合处理方法等。结果是:我国还没有形成具有独立知识产权的对地观测数据处理与应用技术体系,遥感图像处理平台主要依赖于国外进口。美国战略和国际研究中心的报告认为,目前中国的卫星遥感技术还处于示范阶段,还没有达到业务化应用水平。再者,随着高空间分辨率、高光谱、雷达等多种类型传感器的出现,传统空间信息表达与处理的理论和模型已不能充分体现其对地观测数据的特点。这些新型传感器无论是在数据获取和传输机理方面,还是在数据处理方面,所面临的问题比现有的传感器更多、更复杂。建立自己的对地观测数据实时化、自动化的处理理论与方法迫在眉睫。

3. 不能充分利用对地观测数据获取国家急需的地学知识并提供有效服务

空间信息的数量、质量、形式、种类已十分丰富,而空间数据挖掘和知识发现的理论与方法的研究只不过开展了十来年,国内外还没有形成相对成熟的理论与方法可以应对空间数据的海量、多类型以及空间数据之间的复杂关系,现有的知识发现方法无法适用于目前以及将来空间数据发展的需要。因此,还不能有效、充分地利用对地观测数据来获取国家急需的地学知识。迄今为止,空间信息智能服务的重大基础理论研究还不充分,我国各类空间数据资源、计算资源、存储资源、处理工具、应用软件以及用户还没有做到有效协同,空间信息的应用与服务水平还十分低下。

0.2 对地观测数据处理与分析研究发展趋势

0.2.1 对地观测系统的高精度定位

统一时空基准是实现对地观测系统高精度定位的前提,目前国际上在空间技术的应用中所使用的基准信息都来自国际地球自转与参考系统服务(IERS,原国际地球自转服务)国际组织所发布的产品。然而,IERS 的主要产品 ITRF、ICRF、EOP 是采用不同的大地测量观测技术独立计算(组合)生成的,难以保证不同产品之间系统的严密一致性。在对地观测系统的高精度定轨方面,美国、欧洲、日本、印度等国家和地区正在积极发展精密定轨系统。目前国际上能够很好地实现卫星精密定轨与定位计算的软件有美国航空航天局(NASA)喷气动力实验室(JPL)开发的 JIPSY-OASIS 软件,德国地学研究中心开发的 EPOS 软件,瑞士伯尔尼大学的 Bernese 软件,美国麻省理工学院(MIT)和 Scripps 研究所(SIO)共同研制的 GAMIT 软件等。遥感航天器的精密定姿主要取决于星载姿态传感器,目前主要的传感器有红外地球敏感器、多天线 GPS 接收机、磁强计、陀螺、太阳敏感器和恒星摄影仪等。然而,如何针对具体航天器的特定任务合理配置相应敏感器,以及考虑多传感器的组合定姿系统,是一个需要研究的课题。同时,如何利用已有遥感图像和地面控制点,以及航天器的精密轨道对姿态敏感器进行标定,也是实现精密定姿的一个关键环节。

0.2.2 对地观测遥感成像模型

传统的方法大多使用成像几何模型,它与传感器物理和几何特性密切相关,对于不同类型的传感器需要建立不同的成像几何模型。随着遥感技术的发展,传感器的结构越来越复杂,除了框幅式中心投影成像外,单线/三线阵推扫式成像越来越普遍,这就使构建几何模型变得越来越困难,研究一种与具体传感器无关的广义传感器模型已成为一个重要研究方向。在已有的经验传感器模型中,其目标空间与影像空间的转换关系是通过一般的数学函数来描述的,可用多种不同形式如多项式、直接线性变换以及有理函数等来表示。用经验传感器模型代替严格成像几何模型最早应用在美国的军事部门中,目前一些高分辨率商业遥感卫星(如 IKONOS 等)使用的就是有理多项式模型(Rational Polynomial Camera Models,RPC)。尽管 RPC 理论在十几年前就已经出现,但 RPC 的应用较少,相关研究也不多,直到 IKONOS 卫星成功发射以后才受到普遍关注并推动了对其全面的研究。国际摄影测量与遥感学会已成立专门工作组研究有关 RPC 的精度、稳定性等问题。

0.2.3 遥感信息处理与解译

目前,高性能网格计算已成为解决海量遥感影像数据并行、快速、实时处理的有力手段,是新一代遥感数据处理的发展趋势。尽管遥感信息智能处理技术有了很大的提高,但离实际应用还有一定的距离,主要表现在以下方面。

(1) 已有的智能化分析方法以像元为对象,过分依赖于影像的光谱特征,没有充分挖掘影像各种空间特征和地物其他属性特征。

(2) 目前的方法仍然是基于特定地区、特定时相获取的解译知识,在运行过程中并没有利用网络的并行处理、信息分布存储、自组织、自学习、协同工作等特性,无法实行深层次的影像理解。尽管计算机视觉理论已经可以解决典型、规则的目标识别问题,但起源于对工业影像研究的计算机视觉理论并不能完全适用于遥感影像。

(3) 针对高分辨率、高光谱、雷达等新型遥感数据的处理,一些新理论和方法已经引入,如MIA分析、证据推理及专家系统、小波、分形、神经网络、并行处理等。然而,现有的理论与方法仍然是初步的。例如,目前还无法实现从高光谱遥感数据中对精细光谱进行自动识别、提取、反演和定量分析,其主要原因在于光谱的定量反演、光谱匹配技术以及基于混合像元的高光谱数据的自动分析的关键理论与方法还没有得到突破和解决。

对SAR影像的处理目前仍然停留在噪声去除和几何纠正上,InSAR和D-InSAR测定高程和地表形变的成功率还很低。对于利用SAR影像进行立体测量、SAR影像分类、利用SAR影像提取高精度地面高程信息、克服时相失相干难题、利用长时间基线的InSAR监测地表形变等问题仍然需要研究新的理论与方法。

0.2.4 多源空间信息集成

时空地理信息系统的主要任务是研究如何组织、存储、检索和显示现势(Up-to-date)和历史(Historic)的空间数据。当前的研究重点包括:如何建立有效的空间数据模型来表达时空对象;如何描述空间对象变化前后的各种数学关系即变化的本质;如何定义时间和时空操作符;如何检索历史和当前的空间和属性数据;时空对象的图形表示及关于时间和空间的推理。已有的研究包括:基于Quel的时间T-quel数据库查询语言,根据传统的对象(Object)和域(Field)模型,基于栅格的Oogeomorph等,基于矢量的STC模型及STO模型可以将不同时间的空间物体组织在一起,部分地解决时空对象的存储问题。然而,它们缺乏描述变化的方法,即如何表示变化物体的空间关系。拓扑学、集合论和几何学等是研究空间关系的有效手段,它们已广泛应用于常规地理信息系统的数据组织、管理和查询。例如,基于点集(Point Set)的面与面之间一般性拓扑关系,面与线、点之间的关系,一般性时间拓扑关系及偏序(Poset)在空间关系中的应用等,将上述理论应用于空间变化的表达和数据组织是时空数据库的发展方向之一。空间查询已扩充至基于时间的查询。如何将空间要素和时间要素结合在一起是当前时间地理信息系统研究的课题之一。另外,目前的空间查询缺乏对于变化的查询,它们无法检索出原来的状态。基于变化的查询则仍处于探索之中,研究成果是时间和空间推理的基础。

0.2.5 空间数据挖掘和知识发现

1995年在加拿大召开的第一届知识发现和数据挖掘国际学术会议,标志着数据挖掘和知识发现研究领域的正式确立。北美地球信息科学大学联盟在2003年的白皮书中将空间知识发现列为优先研究的领域。目前主要有以下特点。

(1) 空间相关性以及空间制约关系已融入到空间知识发现的算法和模型中。不少常规算法通过空间制约条件的引入,更适合于处理空间数据,例如,带空间限制规则的聚类、空间EM算法、地理加权回归,等等。

(2) 注重时空耦合下的知识发现方法。在空间统计学中,通常将不同时刻的空间信息视为不同的独立信息,并利用互协方差函数或互变差函数衡量它们之间的相关性;而另一种思路则是研究空间结构随时间的变化,利用了时空路径方法建立时空四维空间实体之间的关系,并借助可达性和邻近性协助分析空间实体之间的关系。

(3) 注重空间数据以及知识在尺度空间下的变化规律。空间知识发现方法在不同尺度上所反映出的结构存在差异,由此带来空间结构的有效性判别问题。目前国内外多从视觉和生命周期的角度出发,解决空间结构的稳定性问题,并以此消除知识发现方法中的主观性。

(4) 由于空间信息的数量巨大,蕴含着极为复杂的空间模式,其中不可避免地带有噪声和离群值,往往会造成空间知识发现方法崩溃,检测离群值和可容忍噪声、离群值的稳健方法成为热点之一。

(5) 可视化和探索性分析已成为重要手段之一。可视化方法可充分利用人类的形象思维优势处理空间数据的海量信息以及复杂的关系,能够将研究者的非结构化知识与定量计算相结合,在机理不明的情况下对海量数据进行探索分析。可视化技术与交互探索技术的结合非常适合于对海量地学数据集的分析,目前的研究多集中在多维数据的表达、计算机交互的图形显示技术、图形可视化技术与地学计算的结合等方面。

0.2.6 对地观测数据、信息与知识服务

尽管国内外开展了大量的空间信息智能服务的研究工作,但还没有取得根本性的突破。具体表现在以下方面。

1. 空间信息的获取、管理、融合与互操作

首先是空间数据交换标准的研究和制定,其次是在定义空间数据模型、空间服务框架模型以及在此基础上设计空间数据访问的开放框架。现有标准包括ISO/TC 211地理信息/地球信息科学专业委员会制定的ISO/TC211地理信息标准,以及OGC(Open GIS Consortium)制定的Open GIS。此外,一些大型专业化企业、美国政府和军方的专业机构(如FGDC、NASA、USGS、NIMA等)都提出了一系列的与空间信息共享与服务相关的标准、框架和规范。北美、欧洲等发达国家很早就开展了地理编码和地址匹配的技术研究,取得了比较成熟的成果(如美国人口普查系统及其TIGER编码标准和技术),从多源空间数据集成与融合的角度来研究和应用地理编码技术近年来成为热点。基于XML/GML的空间数据共享与互操作将成为第二代Internet的主流技术,是当前IT领域的研究热点之一。目前国际上的研究成果主要有美国加州大学圣地亚哥分校(UCSD)和加州大学圣地亚哥高速计算机中心(SDSC)在美国国家科学基金资助研制的MIX系统。元数据技术是空间信息共享的重要研究内容,目前ISO、FGDC

等国际组织已经制定了有关元数据标准,并且建立了相应的元数据系(如 FGDC 的 I-Site,日本的 IIMS 等)。但是目前的元数据技术主要用于空间信息的检索、交换和共享,而用于信息资源的组织管理是新的研究趋势。元数据与数据集一体化管理以及语义网络技术的运用是当前元数据技术的重要研究内容,但目前还没有成熟的技术产品。

2. 空间信息及其服务的共享和互操作

在 WebGIS 和 Web 地图技术等方面,国内外都取得了大的进展,已经出现了商品化的产品和解决方案,并应用到网络信息服务之中,但仍然面临共享与互操作、网络带宽、响应速度、质量等问题。随着第二代 Internet 技术的发展,Web 服务成为其重要内容,是目前 IT 软件和增值服务领域的竞争热点。Web 服务、WebGIS 服务、Web 地图服务、基于位置服务逐渐成为空间信息服务的基础和关键,是综合性空间信息系统、数字城市建设的必然趋势和研究关键。从技术上来看,XML/GML/RDF 已经成为网络上信息共享的标准,而 Agent 技术则被认为是"软件开发的又一重大突破"、"软件界的革命",它现在已融入主流计算机的各个领域,尤其适合在分布式网络环境下应用。对 XML 技术和 Agent 技术的研究非常多,是下一代 Web (Next Generation Web)和语义网(Semantic Web)的支撑技术,但当前迫切需要探索如何将其应用到空间信息领域。此外,Microsoft、IBM、HP 等电子商务厂商和一些专业标准化协会已经推出了 SOAP、UDDI、WSDL、WSCL、RosettaNet PIPs、ebXML 等协议和 Microsoft. NET、Weblogic、VisualAge、HP IOE 等面向电子商务的 Web 服务平台和开发平台。"软件即是提供服务"(Software as Service)是新近在 IT 行业逐渐形成的一种新的共识,无论对于学术界还是对于商业界都将产生巨大的影响。这种思想以服务为中心,软件是保障和提供服务的核心主体。

3. 网格计算

网格(Grid)作为解决分布式复杂异构问题的新一代技术,其主要思想是将复杂对象网格化,形成各种节点并实现大规模的资源共享。如美国自然科学基金于 1997 年底开始实施的"分布式 Grid"研究项目,美国国家航空和宇宙航行局(NASA)的 IPG(Information Power Grid)项目。美国能源部开发的 ASCIGrid 已经投入生产性使用,其主要用途是核武器研究。国防部的全球信息 Grid(GIG)项目是最庞大的 Grid 计划,用于美军新世纪作战支撑,预计 2020 年完成。欧洲共同体的 EuroGrid 和 DataGrid 主要用于包括高能物理、生物计算、气候模拟等多个领域的应用。2001 年 8 月,美国 NSF 宣布了一个重大科研项目,研制称为"分布式万亿级设施"(Distributed Terascale Facility)的 Grid 系统,简称 TeraGrid,它是世界上第一个从设计开始就面向 Grid 的广域超级计算平台,也是第一个无处不在的计算机基础设施(Cyber-infrastructure),等等。IBM、Compaq、Sun、LSF 和 Boeing 等大型公司开始进入 Grid 计算领域。Globus 和 Legion 是 Grid 计算领域两个比较著名的 Grid 支撑软件系统。

0.3 对地观测数据处理与分析研究拟解决的关键科学问题

地球表面物体经过电磁波的反射或散射,通过大气层或电离层在航空/航天传感器上成像,得到对地观测的原始数据。由于各种成像均需经历一个复杂的过程,原始数据不可避免地受到地表物体、大气与电磁环境、传感器成像特性等复杂因素的影响。要揭示对地观测数据中这些复杂的影响因素,并从中反演出人们所需要的地理空间信息和地学知识,需要解决以下几个科学问题。

0.3.1 对地观测系统的时空基准与遥感成像模型

对地观测系统在自然环境和传感器特性的综合影响下取得复杂的数据集。这里既要考虑地表物体的波谱特性、地球表面模型、太阳入射角与光照模型、大气与电磁环境、地球曲率与自转等自然因素,又要顾及传感器运载平台的运动规律与成像机理等传感器特征。为了揭示对地观测系统多种传感器的成像规律以及各种因素的影响,必须建立并求解各种影响因子的参数方程,严格统一各传感器数据的时间和空间参考框架,对各种传感器数据进行集成处理,精确恢复对地观测数据的几何与物理特征,为从对地观测数据中提取地物目标的几何物理特性奠定基础。

0.3.2 地球空间要素关系模型与空间信息表达

遥感对地观测数据隐含着丰富的空间信息,智能、自动地提取地球空间信息,完成从对地观测数据到空间信息的反演,是对地观测系统的核心科学问题。应从地物空间各种要素的关系模型入手,研究各种空间要素从三维物方空间到二维像点映射关系,以及从二维影像恢复到三维空间的要素对应关系。通过研究各种地物要素的空间关系,寻找能够自动识别与提取各种地物要素及其空间信息的智能化方法,并建立计算机能够易于表达和理解的空间信息模型,为空间信息到地学知识的转化奠定基础。

0.3.3 海量空间数据库中地学知识发现及其机理

从结构化的空间信息到地学知识的转化是对地观测系统为国民经济、国防建设和社会化服务的最终目标。从连续观测的对地观测数据中,经过自动化、智能化处理获得的地球空间信息,如何从浩如烟海的地球空间信息中快速、准确地得到人们所需要的地学知识,既是一个理论与方法问题,又是一个急待解决的关键技术问题。通过研究空间认知机理、空间语义规则与地学信息图谱,揭示地学知识的形成规律与表达规则,探索从海量空间信息中快速准确地发现地学知识的方法,为对地观测系统的智能化、网络化、大众化、实时化服务奠定了基础。

0.4 对地观测数据处理与分析的主要研究内容

目前,我国的对地观测数据处理与分析主要围绕从对地观测数据到空间信息再到地学知识转化过程中的关键科学问题展开研究。通过研究对地观测系统的时空基准与遥感成像模型,提出对地观测系统的高精度定位理论以及遥感成像几何物理模型一体化求解方法;通过深入研究地球空间要素关系与空间信息表达等科学问题,提出遥感信息解译和目标识别的智能化方法以及多源空间信息整合与动态更新的理论与方法;通过探讨地学知识发现及其机理,提出空间信息挖掘与地学知识发现理论以及网格环境下空间信息智能服务的机制与方法。

本项目研究涉及的基础理论包括地学时空数据认知、各种卫星遥感影像成像机理、对地观测数据与地学知识的转换理论、地学知识的表达规则等;关键算法包括遥感卫星精确定轨定姿算法、多传感器时间精密同步算法、卫星遥感影像 RPC 参数整体求解算法等;应用示范包括城市空间信息应急反应辅助决策系统。

0.4.1 对地观测系统的时空基准与高精度定位

面向对地观测数据精处理的重大需求,研究对地观测系统中空地一体化、静动态一体化参考框架实现方案的优化,建立完善的对地观测系统定轨定姿的理论、方法与技术,为满足对地观测系统观测数据的认知、空间关系模型与信息表达和地学知识发现,提供精密、连续和统一的基准保障,为深入、细致地研究和理解复杂的"系统地球"及地球动力学和地球物理学解释提供可靠的数值依据。本课题有以下重点研究内容。

1. 对地观测系统的时空基准

分析不同空间大地测量技术手段的观测模型、解算参数类型及基准定义等特性;研究不同技术在原始观测量、法方程及最终结果等不同层面进行组合的优越性和可行性;分析不同观测手段之间的系统性误差及可能存在的地学解释,推导相应的平差模型,确定最优的组合方式。研究建立统一的时空基准所需要的描述有关参数、公式和模型的协议,以及协议所涉及的相关理论和方法。研究基于我国自主北斗导航卫星系统,辅以其他系统,建立我国独立的地基-空基一体的时空参考基准的基础理论和方法。研制进行多种技术组合、建立统一时空基准的软件平台。

2. 中低轨遥感卫星准确定轨

研究针对不同高度、不同类型卫星摄动力模型的精化;分析我国北斗二代、GPS、GLONASS、Galileo 和 SLR 定位的观测值模型,研究对多系统组合定轨方法,形成多数据源融合的可行性方案及相应的质量控制措施;建立可用于实时和事后处理的中低轨卫星精密定轨软件处理系统。

3. 中低轨遥感卫星精密定姿

利用星载星敏感器摄取的星象图,研究星敏感器观测视场里的有效观测星与导航星表中恒星的自动匹配方法,快速提取与之唯一匹配的天体;根据星图获取时刻计算匹配天区的坐标,建立计算星敏感器姿态以及卫星姿态的算法;开发可用于实时处理的中低轨卫星精密定姿软件平台。

0.4.2 遥感几何物理成像模型与一体化求解方法

卫星遥感所获取的对地观测数据主要是数字影像,而影像是由地物辐射经过大气层后被传感器接收所形成的。由于遥感平台的运动、地球的转动等一系列因素的影响使影像在几何上产生变形,在灰度上产生衰减。为了能从对地观测数据中精确提取所需要的地理空间信息,必须对所获取的遥感影像进行精确几何纠正和辐射校正。为此,本课题重点研究如下内容。

1. 卫星遥感成像几何物理模型

以线阵推扫式高分辨率遥感影像为对象,研究卫星影像成像机理,利用卫星系统参数建立影像与对应地物的严格几何关系模型;定量研究地球大气对电磁波信号和光信号的吸收及散射引起的信号衰减成像几何与物理模型,建立影像辐射校正模型。

2. 卫星遥感影像几何与物理参数一体化求解

研究将遥感影像几何关系模型与辐射校正模型进行组合的理论和方法,根据影像坐标及其灰度建立有理多项式模型(RPC),并用 RPC 取代严格成像模型。根据地面控制场、辐射定标场、遥感平台及大气等关联条件,研究 RPC 参数的整体解法和优化算法,以及利用地面控制点提高 RPC 参数精度的算法。

3. RPC 参数分离与遥感影像辐射校正

研究 RPC 参数的物理意义,将其严格区分为几何改正与辐射校正两部分;研究利用辐射校正参数对遥感影像实施辐射校正的理论与方法,将分离出的几何改正参数随影像提供最终用户的标准。

4. 利用 RPC 参数从遥感影像提取空间信息

研究利用 RPC 几何改正参数直接从遥感影像(单幅影像、立体影像)提取空间信息的理论和方法以及质量控制措施;探索利用影像位置及其灰度所构建的一体化方程反演地物目标的几何与物理特性,为利用对地观测技术解决地物目标的地点、性质、变化三大任务奠定理论基础。

0.4.3 高性能的遥感影像网格计算与信息解译的智能方法

对地观测系统是一个多传感器的集成平台,所获取的数据源自不同的传感器,为提取所需要的信息,需把多种数据在空间和时间上的冗余或互补信息依据某种规则进行组合,以获得对象的一致性解释或描述。本课题的研究重点如下。

1. 遥感信息认知模型和智能解译与识别理论

模拟地学专家对遥感影像的生理视觉和逻辑心理等多层次的认知过程,探求其内在规律和认知模型,研究基于智能知识计算的遥感影像解译与识别的系统理论;以遥感信息认知理论和数据挖掘技术为基础,分析遥感影像的颜色、形状、空间方位、纹理、光谱、频谱等特征以及对应地物的非遥感属性信息,研究特征绑定下遥感信息解译的模型和方法;通过定量分析遥感影像智能解译和目标识别过程中的信息流,研究遥感影像智能解译和目标识别的不确定性模型;利用人工神经元网络智能计算模型研究分布式知识表达、并行联想推理等知识处理方法。

2. 遥感影像信息智能提取与目标自动识别

基于对遥感信息认知模型的认识和智能解译与识别理论的研究,综合多学科相关交叉知识,包括智能计算理论、知识工程、专家系统等,研究多信息源(纹理、光谱、SAR、三维等)综合的遥感信息智能提取和目标自动识别方法的共性关键技术,研究三大新型遥感传感器的信息智能解译与目标识别方法,包括高光谱信息智能解译与目标识别方法、SAR 影像信息解译与目标识别方法、高分辨率影像解译与目标自动提取方法。建立针对高光谱、高分辨率、雷达和三维信息的智能化、自动化信息解译与识别技术框架,形成了栅格-特征-矢量一体化的数据模型和数据结构,建立了智能化遥感影像信息解译与识别软件原型系统。

3. 高性能的遥感影像网格计算

为实现满足从 TB 到 PB 量级的海量数据进行高效、实时分析处理的需求,开展遥感影像网格计算模型研究,包括遥感影像网格的处理体系结构、技术框架、应用模式;解决遥感影像网格计算若干关键技术,包括并行分布式处理算法、遥感影像大型矩阵分布式数值计算、多元信息协同网格计算方法等。

4. 地表覆盖与土地利用自动提取应用示范

以土地覆盖/土地利用动态监测应用为示范内容,集成遥感影像信息智能提取与目标自动识别方法和高性能遥感影像网格计算方法相关研究成果,开展应用示范研究,建立能够稳定运行的自动化、智能化程度较高的区域土地利用遥感监测运行系统。

0.4.4 多源海量空间信息集成融合理论与实时动态更新

充分利用不同传感器、不同分辨率、不同时相的空间信息在纹理、光谱和几何等方面的特征,把多种空间信息在空间和时间上的冗余或互补信息,依据某种规则进行整合,以获得对地球空间信息及地学知识的一致性解释或描述。

1. 多源空间信息集成融合机理

多源空间信息融合机理是研究空间信息整合各个环节中的理论、方法及规则。它以地学认知为前导,以地学规律、推理为主体内容。研究内容包括多源空间信息的空间基准、时间基准的一致性,多源空间信息的尺度转换规律,多源空间信息整合的精度相融性与误差传递规律,多源空间信息语义描述的一致性及语义转换方法。

2. 多源空间信息的多维动态时空模型

研究时空拓扑关系,探讨空间物体历史数据和现势数据的组织和存储方式;研究基于时间基础上空间对象层和片的动态组成和结构,定义与时间和空间相关的时空对象,形成一个完备、高效、时空无缝及尺度依赖的时空数据模型;研究基于多源时空数据模型的建模方法与建模语言,以及容纳历史和现势数据在内的空间和属性查询语言,探索这些时空数据的动态图形及属性表现方式。

3. 分布式环境下多源空间信息的集成方法

研究分布式环境下多源空间数据的注册、发现与绑定方法,多源异构空间数据集成与互操作,广域数据无缝拼接,多比例尺空间数据管理,多时态空间数据的组织,大规模空间数据的分布式计算与管理,多源多维空间数据的动态可视化。

4. 多源空间信息的智能融合理论与方法

利用小波多尺度分析、模糊数学及神经元网络等方法研究多源、多时相、多传感器遥感影像数据的融合理论与方法;研究多源时空数据的特征信息提取、特征空间的构建方法以及基于特征的空间信息的融合理论与方法;引入决策支持系统理论、专家系统理论,研究不确定性推理机制以及在决策层融合中的应用,研究普适性的决策层融合方法与原则;研究数据层融合、特征层融合、决策层融合结果的相容性,为遥感信息的综合利用提供最佳结果。

5. 多时态空间信息的变化检测理论与方法

运用拓扑学、集合论(包括偏序和格)和一般几何学等数学方法研究空间物体的变化,用数学语言描述空间物体的各种变化,进而总结变化的类型,研究空间要素的变化特征和规律,揭示这些空间变化的实质;研究多源空间信息时空变化检测的理论以及自动发现变化的方法,包括多源多时相遥感信息之间的自动变化检测以及多源遥感信息与地理要素信息之间的自动变化检测方法。

6. 多源空间信息的动态更新机制

研究多时相空间信息实时动态更新机制与方法,包括多时相遥感信息及地理要素特征信息局部更新方法,变化要素与事件在数据库中的表示,变化要素的数据库存储的增量备份机制,变化要素与事件前后状态之间的连接,变化要素前后状态的拓扑一致性检验,为多源时空数据库自动更新奠定基础。

0.4.5 空间数据认知模式与海量空间数据库知识发现

对地观测数据具有海量、多类型及空间关系复杂等特点,现有的数据处理与信息提取方法难以适应其目前和将来的发展需要,发展适合于从纷繁复杂的空间数据发现知识的理论和方法迫在眉睫。本项目将重点研究以下内容。

1. 空间数据认知理论

研究时空数据特征的形成、表达、识别与分类,建立地学知识表达与分析系统的理论框架;研究地学专家有关时空数据的综合表达与决策分析过程的机制,建立地理空间图元语义关系模型与空间推理图式符号系统。

2. 地学信息图谱分析方法

从结构描述、符号定义、指标体系建立、图形参数计算、时空坐标转换等地学信息图谱基础出发,研究地学信息图谱各尺度——结构单元层的多维图解、可视化分析。

3. 地学数据中时空丛聚异常模式挖掘

研究区分空间噪声和空间模式的密度界限、划分模式与离群值之间的界限,寻找剔除时空噪声的各种谱分析方法;针对遥感影像的智能化分类,研究基于 EM 和 MC 理论的空间混合模式分解的知识发现方法;针对高分辨率影像的目标识别,研究基于统计学习理论支持下的空间基元层次组合及目标发现方法;针对地震数据中的时空迁移规律分析,研究时空耦合条件下的异常模式发现方法;针对人口出生缺陷与环境要素之间的关系,研究基于蒙特卡罗方法的丛聚异常模式发现方法,等等。

4. 空间关联规则的挖掘

研究地学时空事件与过程的物理性质、完成事件与过程的形式化描述;研究顾及过程时空逻辑关系的关联规则的形式化定义、数学性质、发掘模型与算法。

5. 数据挖掘和地学知识发现的不确定性

分析空间、非空间多源数据的不确定性来源、度量模型及其在空间运算中的不确定性传播,研究一个空间数据挖掘不确定性传播模型——带可信度因子的模糊逻辑传播模型,用知识表示中的不确定性来描述知识本身隐含随机性、模糊性和未确知性。

0.4.6 网格环境下空间信息智能服务

1. 空间信息网格计算的理论与方法

针对新一代的网络环境,以网格技术为出发点,融合 Semantic Web、Web Services、中间件、Agent 等技术,从方法学的角度,对各类分布式计算技术进行合理的集成和抽象,为空间信息处理大型复杂计算提供统一的分布式协同(交互)计算环境及其安全、可靠的运行支撑平台,在普适意义下支持开放、动态和多变网络上的分布计算。

2. 空间信息智能服务机制与空间智能体

研究空间信息和地学知识的智能服务机制,包括空间信息智能服务模型、服务规范和服务质量评估方法;探索基于网格的空间信息智能服务框架和体系结构;研究空间智能体的基本功能和空间智能体的连接与嵌入方法;为实现网格环境下空间信息与地学知识的一体化服务提供理论与方法基础,解决如何将信息优势快速转化为知识优势和决策优势的问题。

3. 空间信息网络服务语义模型与智能搜索方法

研究基于 Ontology 的空间信息服务方法,将空间信息与地学知识组织成具有语义的、自适应的空间信息网格。在空间信息网格基础上,深入剖析空间信息服务的共有和独有的特征,定义空间信息共享服务与互操作协议,设计空间信息网格服务语义模型;根据空间服务所共有的特征抽象出一系列基础性的元服务,组成服务框架。在服务框架的基础上,研究空间服务任务流程建模理论与服务汇集,基于各种应用需求和服务的独有特征来创建新的空间信息服务。此外,还需要研究空间信息与地学知识的智能搜索方法,保证用户能够及时、准确地得到所需要的空间信息和地学知识。

第1部分
对地观测系统的时空基准与高精度定位

第1章　对地观测系统的时空基准

□　姚宜斌　邹蓉　施闯

原子频标和现代大地测量观测技术(如 VLBI、LLR、SLR、GPS DORIS)的发展使天文观测和空间大地测量的观测精度得到迅速提高。高精度的观测必须有高精度的理论模型所定义的基准与之相对应。作为经典力学基础的牛顿时空及引力理论已经越来越难以满足高精度观测的要求,爱因斯坦创立的广义相对论已经成为或者正在成为描述时空和物质运动的理论基础。高精度的时空基准是科学研究、科学实验和工程技术等方面的参考基准,是对地观测系统等空间科学技术的重要组成部分。

1.1　时空基准的定义

1.1.1　空间基准

空间基准是确定地球空间信息的几何形态和时空分布的基础,是反映真实世界空间位置的参考基准。空间基准由大地测量系统及其相应的参考框架所组成,其中大地测量系统规定了大地测量的起算基准和尺度标准及其实现方式,而大地测量参考框架是大地测量系统的具体实现。大地测量系统包括坐标系统、高程系统/深度基准和重力系统。与上述大地测量系统相对应,大地测量参考框架有坐标(参考)框架、高程(参考)框架和重力测量(参考)框架三种。空间基准研究和建设的任务是:确定或定义坐标系统、高程系统/深度基准和重力参考系统,建立和维持坐标框架、高程框架和重力测量框架(宁津生等,2006)。

1. 坐标系统和坐标参考框架

研究地球坐标系对于大地测量学、天文学、大地动力学和地球物理等都是十分重要的。精确确定地面点的大地坐标,精确计算卫星的轨道等都依赖于地球坐标系的精确定义。根据 IERS(International Earth Rotation and Reference System Service)的定义,坐标系统是提供原点、轴向、定向及其时间演变的一组协议、算法和常数。

根据坐标轴的运动特性,可以将坐标系统分为两大类,分别为坐标轴相对于宇宙遥远天体固定不动的天球坐标系(Celestial Reference System,CRS)和随地球在空间中一同旋转的地球坐标系(Terrestrial Reference System,TRS)。其中,天球坐标系也被称为空固系,地球坐标系也被称为地固系。天球坐标系通常用于定义天体的位置,而地球坐标系则通常用于定义地面点的位置。

根据原点位置的不同,可以将地球坐标系分为地心坐标系统和参心坐标系统。以参考椭球为基准的坐标系,叫做参心坐标系,参心坐标系与某个地区或国家的参考椭球最为接近,是一个局部坐标系;以总地球椭球为基准的坐标系,叫做地心坐标系。

从20世纪50年代开始,空间技术和远程武器得到了迅速的发展。其入轨后都是围绕地球质心飞行的,只有在地心坐标系中才能方便地进行计算,因此必须建立高精度、动态的地心坐标系以满足空间技术的需要。目前已经建立的主要的地心坐标系有ITRF、WGS84、PZ-90、ARREF(非洲地心参考框架)、ELREF(欧洲参考框架)等。我国也利用空间观测技术,建成了2000国家GPS大地控制网CGCS2000(CHINA Geodetic Coordinate System),并完成了该网与全国天文大地网的联合平差工作。

坐标框架是一组具有相应坐标系下坐标及其时间演变的点。坐标框架是坐标系统的物理实现。地球框架通过坐标及其速度已知的一组地面点予以实现。

(1) 地心参考框架

地心框架是地心坐标系统的实现,它利用甚长基线干涉测量(VLBI)、卫星激光测距(SLR)、激光测月(LLR)、全球卫星导航系统(GNSS)和卫星多普勒定轨定位(DORIS)等空间大地测量技术,构成全球或局域的大地点测量坐标框架,经数据处理,得到这些控制点的坐标和速度等,由此具体实现了地心坐标系统(郭海荣,2003;秦显平,杨元喜,2003)。

从未来的发展来看,区域性地心框架一般由三级构成:第一级为GNSS连续运行站构成的动态地心框架,它是区域性地心坐标框架的主控制;第二级是与上述GNSS连续运行站定期联测的大地控制点所构成的准动态地心坐标框架;第三级是与上述GNSS连续运行站联测的加密大地控制点。

(2) 参心参考框架

传统的地球坐标框架是由经典的大地测量技术所测定的天文大地网实现和维持的,一般定义在参心坐标系统中,是一种局域性地球坐标框架,是参心坐标系统的具体实现。

2. 高程系统和高程框架

点的高程通常用该点至某一选定的参考面的垂直距离来表示,不同地面点间的高程之差反映了地形起伏。

高程基准定义了陆地上高程测量的起算点。高程基准可以用验潮站处的长期平均海面来确定,通常定义该平均海面的高程为零。利用精密水准测量方法测量地面某一固定点与该平均海面的高差,从而确定这个固定点的海拔高程。该固定点被称为水准原点,其高程就是区域性高程测量的起算高程。

我国的高程系统采用正常高系统。正常高的起算面是似大地水准面。地面点沿垂线向下至似大地水准面之间的垂直距离,就是该点的正常高,即该点的高程。

高程框架是高程系统的实现,我国水准高程框架通过全国高精度水准控制网实现,以1956黄海高程基准或1985国家高程基准为高程基准,采用正常高系统为水准高的传递方式。

水准高程框架分为四个等级,分别称为国家一、二、三、四等水准控制网,控制点的正常高采用逐级控制,其现势性通过一等水准控制网的定期全线复测和二等水准控制网部分复测来维持。

高程框架的另一种形式通过(似)大地水准面来实现。

3. 深度基准

深度基准是表示海洋深度的起算面,在平均海面以下,它与平均海面的距离叫基准深度。海上声呐测深都以瞬时海面为准,后者随时间变化。为了测制海图和使用海图,必须找到一个固定的水面作为深度的计算零面,将不同时刻的测深结果化算到以固定面为基准的统一系统中,这就是深度基准面。

我国1956年以前采用略最低潮面作为深度基准面。1956年以后采用弗拉基米尔斯基理论最低潮面(简称理论最低潮面)作为深度基准面。1976年以后,统一采用理论深度基准面。

4. 重力参考系统和重力测量框架

重力基准是指用绝对重力测量法(利用自由落体运动原理直接测量重力加速度)测得的作为相对重力测量(两点间重力差的重力测量)的起始点(魏子卿,2003)。至今,国际上采用过的重力基准有1900年维也纳重力基准($g=(981.290\pm0.01)\times10^{-2}$ m·s^{-2})、1909年波茨坦重力测量基准($g=(981.274\pm0.003)\times10^{-2}$ m·s^{-2})和1971年的国际重力基准网基准(IGSN-71)。

国家重力基准主要通过建立国家重力控制网来体现。新中国成立以来,我国曾在1957年和1985年先后2次更新过国家重力基准。

(1) 1957年国家重力测量基准。国家1957重力测量基准包括两部分。第一部分是1957年建立的国家1957重力测量基本网,由27个重力基本点组成,没有绝对重力测量点,采用经前苏联传算过来的波茨坦国际重力系统,因此有约14mGal(1mGal=10^{-3} cm/s^2)系统误差。重力基本点相对重力联测精度为±0.15mGal。第二部分是随后布设的一等重力网,共82个点,重力一等点的联测精度为±0.25mGal。

(2) 1985年国家重力测量基准。国家1985重力测量基准也包括两部分。第一部分是1985国家重力基本网,由6个重力基准点和46个重力基本点组成,平差后的重力值精度实际上为±25mGal。第二部分是1985重力一等网,总点数为163个,该网平差后重力值实际中误差估计为±30×10^{-8} m·s^{-2}。与此同时,配套建设了8条短基线重力仪格值标定场和1条长基线重力仪格值标定场。1985网较1957网在精度上提高了一个数量级,可消除波茨坦重力系统的系统误差。

重力测量框架由分布在全国的若干个绝对重力点和相对重力点构成的重力控制网以及用做相对重力尺度标准的若干条重力长短基线构成。

1.1.2 时间基准

时间基准是科学研究和工程技术等方面的时间参考基准。时间基准由时间系统和相应的时间框架所构成。时间基准建设的任务是:确定或定义时间系统,建立和维持时间参考框架。

1. 时间系统

时间系统规定了时间测量的参考标准,包括时刻的参考标准和时间间隔的尺度标准。时间系统也称为时间基准或者时间标准。频率基准规定了"秒长"的尺度,任何一种时间基准都必须建立在某个频率基准的基础上,因此,时间基准又称为时间频率基准。时间系统框架是在某一区域或全球范围内,通过守时、授时和时间频率测量技术,实现和维持统一的时间系统。常见的时间系统有以下几种。

(1) 世界时

以地球自转作为时间基准的时间系统称为世界时系统。由于观测地球自转时所选的参考点的不同,世界时又分为恒星时ST(Sidereal Time)和平太阳时。

恒星时是以春分点作为参考点,春分点连续两次经过地方上子午圈的时间间隔为一恒星日,恒星时是以春分点通过本地上子午圈时为起点计时的,其在数值上等于春分点相对于本地子午圈的时角。

平太阳连续两次通过某地上子午圈的时间间隔称为平太阳日,以此为基准的时间称为平太阳时,平太阳时是以平太阳中心为参考点而建立起来的。英国格林尼治从子夜起算的平太阳时称为世界时 UT(Universal Time),以一个平太阳日的 1/86400 规定为一个世界时秒。

由于 UT 以地球自转周期为基准,因此地球自转在地球体内的变化(即极移)和地球自转速度的不均匀就会对世界时产生影响。为了弥补上述缺陷,从 1956 年起,在 UT 中引入了极移改正 $\Delta\lambda$ 和地球自转速度的季节性改正 ΔT_s。由此得到的世界时分别称为 UT_1 和 UT_2,而未经改正的世界时则用 UT_0 来表示。它们存在下列关系:

$$UT_1 = UT_0 + \Delta\lambda$$
$$UT_2 = UT_1 + \Delta T_s = UT_0 + \Delta\lambda + \Delta T_s$$

(2) 历书时

历书时 ET(Ephemeris Time)是以地球绕太阳公转周期为基础的,在 1960～1967 年间,它是国际公认的计时标准。历书时的定义为 1990 年 1 月 0.5 日所对应的回归年(即地球绕太阳公转一周的时间)长度的 1/31556925.9747 为历书时 1 秒,86400 历书时秒为一历书日。历书时的起始时刻为 1900 年 1 月 0.5 日,这就保证了历书时与世界时的相应衔接。但是,由于观测太阳比较困难,只能通过观测月亮和或其他行星换算,其实际精度比理论分析的低得多,所以历书时只正式使用了 7 年。

(3) 动力学时

在动力学理论和星表中可发现严密的均匀时间尺度,即在适当的参考框架中所描绘的天体的时变位置,基于这种概念的时间尺度被称为动力时,其最佳地满足惯性时间概念。重心动力学时(太阳系质心动力学时)TDB(Barycentric Dynamic Time)可由与太阳系的重心有关的行星(或地球)轨道运动导出,而地球动力学时 TDT(Terrestrial Dynamic Time)与地心有关,可由地球卫星轨道运动导出。

在广义相对论中,由于太阳引力场的周年运动,一个随着地球运动的钟经受约 1.6ms 的周期变化。因此在广义相对论的术语中,把坐标时间这一术语用于 TDB,而将真时这一术语用于 TDT。为了 TDB 连续起见,在 1984 年 1 月 1 日开始使它等于历书时 ET。自从 1984 年 1 月 1 日以来,TDT 已被用做天文星历表中的自变量。

(4) 原子时

原子时是以物质内部原子运动为基础的,当原子的能级产生跃迁时,会发射或吸收电磁波。这种电磁波的频率非常稳定,而且上述现象又很容易复现,所以原子时是一种很好的时间基准。原子时主要包括国际原子时 TAI(International Atomic Time)、世界协调时 UTC (Coordinated Universal Time)以及各导航系统如 GPS 时 GPST 和 Galileo 时 GST 等。

国际原子时 TAI 从 1985 年 1 月 1 日 0 点世界时开始计算。其是以铯原子基态两级间跃迁辐射的 91926311770 周经历的时间为 1s 秒长来定义的时间系统。它由国际时间局从多个国家的原子钟分析得出,是一连续且均匀的时间基准,可作为地球动力学时 TDT 的具体实现,它与 TDT 的关系是:

$$TDT = TAI + 32.184(s)$$

由于世界时 UT_1 有长期变慢的趋势,为了避免原子时与世界时差值越来越大,定义了协调世界时 UTC。UTC 并不是一种独立的时间,而是时间服务工作钟把原子时的秒长和世界时的时刻结合起来的一种时间。它既可以满足人们对均匀时间间隔的要求,又可以满足人们对以地球自转为基础的准确世界时时刻的要求。UTC 按原子时的尺度变化,且当 UT_1 与 UTC 的差值大于 0.9s 时,UTC 加 1s,称为跳秒。跳秒一般在每年 6 月 30 日或 12 月 31 日 UTC 24:00,因此 UTC 不连续。UTC 与原子时 TAI 的差值为整数秒。

各个导航系统为了各自数据处理的方便,分别定义了相应的时间系统。GPST(GPS Time)是由 GPS 星载原子钟和地面监控站原子钟组成的一种原子时基准,其起点为 1986 年 1 月 6 日 0 时,GPST 起点与 UTC 重合与 TAI 保持有 19s 的常数差,即

$$TAI - GPST = 19s$$

2. 时间系统框架

与大地测量参考框架是大地测量系统的实现类似,时间系统框架是对时间系统的实现。描述一个时间系统框架通常要涉及如下三个方面的内容。

(1) 采用的时间频率基准

时间系统决定了时间系统框架所采用的时间频率基准。不同的时间频率基准,其建立和维护方法不同。世界时通过观测太阳来维护;历书时通过观测月球来维护;动力学时通过观测行星来维护;原子时由分布在不同地点的一组原子频标来建立,通过时间频率测量和比对的方法来维护。

(2) 守时系统

守时系统用于建立和维持时间频率基准,确定时刻。为保证守时的连续性,不论哪种类型的时间系统,都需要稳定的频标。守时系统还通过时间频率测量和比对技术,评价系统内不同框架点时钟的稳定度和精确度。习惯上把不稳定性称为稳定度,例如,国际原子时的稳定度为 3×10^{-15},就是指国际原子时在取样时间内的不稳定性。

(3) 授时系统

授时系统主要是向用户进行授时和时间服务。授时和时间服务可通过电话、网络、无线电、电视、专用电台(长波和短波)、卫星等设施和系统进行,它们具有不同的传递精度,可满足不同用户的需要。我国的"北斗"卫星导航定位系统也已附加了授时功能。全球卫星导航定位系统(GPS、GLONASS 和 Galileo 系统)已成为当前高精度长距离时间频率传递的最重要的技术手段之一。

1.1.3 时空基准作用

对地观测系统中的大地测量系统和时间系统是总体概念,对地观测系统的大地测量参考框架和时间参考框架是对地观测系统的大地测量系统和时间系统的具体实现。建立和维持对地观测系统的时空基准,就是确定或定义对地观测系统的大地测量系统和时间系统,建立和维持大地测量参考框架和时间参考框架。

目前,在对地观测系统中应用最为广泛的地心参考框架是 ITRF,国际时间参考标准是国际原子时(TAI)和协调世界时(UTC)。国家中长期发展规划中提出了未来的国家天基综合信息系统的发展纲要,其中高精度的时空基准建立及时间传递技术的研究是其重要内容之一。建立高精度的时空基准,作为国家发展最具重要性的一个基础设施,同时也是进行卫星导航定位和通信等空间应用的基准,对确保国家的安全和经济的发展将起着重要的作用。我国正在研究的二代卫星导航系统,将最终成为全球卫星导航系统,其不能依赖 IERS 所提供的时空基

准服务,必须由我国自主的全球时空基准作为支撑。

1.2 常用的全球坐标参考框架

常用的全球坐标参考框架有两种:一种是固定在地球表面的旋转系统,称为地球坐标参考框架,是一种最实用的坐标参考框架;另一种实质上是固定在恒星上的惯性系统,称为天球坐标参考框架,可以用来解运动的动力方程(Jean Souchay, Martine Feissel-Vernier,2006;张捍卫等,2005)。下面将详细介绍常用的地球坐标参考框架和常用的天球坐标参考框架。

1.2.1 国际地球自转与参考系统服务——IERS

IERS 是 ITRF 的发布机构,其于 1988 年由国际大地测量学与地球物理联合会(IUGG)和国际天文学联合会(IAU)共同建立,用以取代国际时间局(BIH)的地球自转部分和原有的国际极移(IPMS)。IERS 同时也是天文与地球物理数据分析服务(FAGS)联盟的成员之一。

根据创建时的委托协议,IERS 的任务主要有以下几个方面(IERS,1991)。

① 维持国际地球参考系统和框架,即 ITRS(International Terrestrial Reference System)和 ITRF(International Terrestrial Reference Frame)。

② 维持国际天球参考系统和框架,即 ICRS(International Celestial Reference System)和 ICRF(International Celestial Reference Frame)。

③ 为当前应用和长期研究提供实时、准确的地球自转参数 EOP(Earth Orientation Parameter)。

1.2.2 ITRF 定义、实现及精化方法

1. 国际地球参考系统——ITRS

按 IUGG(维也纳,1991)第 2 号决议,IERS 负责对 ITRS 进行定义、实现和改进。ITRS 是一种协议地球坐标系统,它的定义满足下列条件(IERS Conventions,1996,2003)。

① ITRS 所定义的地心为包括海洋和大气的整个地球的质量中心。

② ITRS 的长度为 m(SI),是在广义相对论框架下的定义。

③ ITRS 坐标轴的定向与国际时间局 BIH 1984.0 历元的定义一致。

④ ITRS 系统的时间演变使用满足无整体旋转 NNR(No-Net-Rotation)条件的板块运动模型来描述地球各块体随时间的变化。

ITRS 是由 IERS 全球观测网,以其观测数据经联合解算分析后得到的站坐标和速度场来具体实现的。

2. 国际地球参考框架——ITRF

ITRF 是 IERS 的具体实现,其结果是 IERS 分析中心利用各种空间大地测量技术如 VLBI、LLR、SLR、GPS 和 DORIS 等的观测成果联合求解获得的。自 20 世纪 80 年代起,几乎每年公布一次 ITRF 的解算成果,具体可以参见 ITRF 技术报告。ITRFyy 中的 yy 表示年份。其意义是 ITRFyy 采用了截止于(yy-1)年底的数据解算出这一特定年份的框架。如 ITRF99 表示采用了所有截止于 1998 年底的 IERS 数据,由此解算出了构成 1999 年的测站位置及其位移速度的 ITRF。

IERS 中心局(IERS CB)负责 ITRF 框架的数据处理与成果发布，IERS CB 将全球跟踪站的观测数据进行联合处理与分析，得到一个 ITRF 框架，并以 IERS 年报和 IERS 技术备忘录的形式发布。自 1988 年起，IERS 已经发布了 ITRF88、ITRF89、ITRF90、ITRF91、ITRF92、ITRF93、ITRF94、ITRF96、ITRF97、ITRF2000、ITRF2005 共 11 个版本的全球参考框架。

从 ITRF88 至 ITRF93，ITRF 基准的定义可以归结为以下几条(Altamimi Z,2000)。

① 原点和比例尺。由所选择的 SLR 站的平均值来定义。

② 定向。定义于 BTS87 的定向，但 ITRF93 的定向及其变化速率和 IERS 的地球定向参数(EOP)保持一致。

③ 定向的时变。ITRF88 和 ITRF89 没有估算全球速度场，当时建议使用 AMO-2 模型。从 ITRF91 至 ITRF93，曾经考虑使用联合的速度场，ITRF91 的定向速率和 NNR-NUVEL-I 模型保持一致，而 ITRF92 的定向速率和 NNR-NUVEL-IA 模型保持一致，ITRF93 的定向速率则和 IERS 的 EOP 系列保持一致。

自 ITRF94 以来，ITRF 的基准情况如下(Altamimi Z, 2005)。

① 原点。采用某些 SLR 和 GPS 解算的加权平均值来定义。

② 比例尺。采用 VLBI、SLR 和 GPS 解算的加权平均值来定义，解算中加了 0.7 ppb 的改正，以符合 IUGG 和 IAU 的要求，即以 TCG(地心坐标时)时间框架替代 IERS 中心使用的 TT(地面时间)。

③ 定向。和 ITRF92 保持一致。

④ 定向的时变。采用了多于 7 个的转换参数，使速度场和 NNR-NUVEL-IA 模型保持一致，采用了 14 个转换参数使 ITRF97 和 ITRF96 保持一致。

随着 ITRF 所采用测站数的增加和它们在全球分布的改善，ITRF 也在不断地改进和提高。如 ITRF88 有 100 个测站，其中 22 个是并置站(即一个测站上有两种以上的观测技术，如 GPS、VLBI、SLR、LLR、DORIS)。而 ITRF2000 就包含了 500 个测站、101 个并置站。因此，ITRF 的点位及其位移速度的精度也在不断地改进和提高。

1.2.3 伽利略地球参考框架——GTRF

伽利略系统(Galileo System)是欧洲自主的、独立的全球多模式卫星导航定位系统，它提供高精度、高可靠性的定位服务，同时实现完全非军方控制与管理。该系统与目前的 GPS 系统相比，在技术、功能和服务领域上均具有领先优势，将结束美国 GPS 独霸天下的局面。伽利略系统提供两种类型的服务，即免费服务和有偿服务，具体分为六类：公开服务、商业服务、生命安全服务、公共规范服务地区性组织提供的导航定位服务、搜寻与救援服务。

高精度、稳定的伽利略地球参考框架 GTRF 是实现伽利略系统最基本的产品和服务的基础。这就意味着 GTRF 不仅要服务于伽利略核心系统(Galileo Core System, GCS)，同时也要服务于伽利略用户部分(GUS, Galileo User Segment)(GGSP, 2004; Zhang, FP, et al, 2006)。

1. GTRF 的定义

GTRF 被设计成与 ITRF 兼容，因此也是 ITRS 的一个实现。GTRF 的具体定义和 ITRS 定义一样，满足以下条件。

① 地心为包括海洋和大气的整个地球的质量中心。

② 长度为 m(SI)，是在广义相对论框架下定义的。

③ 坐标轴的定向与国际时间局 BIH 1984.0 历元的定义一致。

④ 系统的时间演变基准是使用满足无整体旋转 NNR（No-Net-Rotation）条件的板块运动模型，来描述地球各块体随时间的变化。

⑤ GFTR 的建立和维持由伽利略全球观测网的观测数据经综合分析后得到的站坐标和速度场来具体实现。

2. GTRF 所采用的参数和模型

GTRF 作为 ITRS 的一种具体实现，为了便于推广使用，同时也为了能与 ITRF 兼容，GTRF 也将采用 IERS 的一些标准、协议和 IERS 推荐使用的一些物理模型和常数。

GTRF 将采用 IERS 协议（2003）所定义的模型和参数，包括站的运动模型（潮汐、负载等）、动力学模型（光速、重力场、潮汐等）、框架转换（极移、章动等）、数据改正（对流层改正等）。

3. GTRF 的初始实现

要完成 GTRF 的初始实现，必须采集以下的数据（Ihde J，2006）。

① 伽利略系统跟踪站采集的 GPS 和 Galileo 观测值（30 秒历元间隔的一天的数据）。

② 从 IGS 站获取的 GPS 和 Galileo 观测值（30 秒历元间隔的一天的数据）。

③ 从外部区域完整系统（ERIS）和欧洲静止卫星导航覆盖系统（EGONS）观测站获取的 GNSS 数据。

④ 从 IERS 和 IGS 获取的初步的地球自转参数序列。

⑤ 从 IERS 和 IGS 获取的 ITRF 的实现。

传输给伽利略系统全球组织（GGC）的数据包括与 GTRF 相容的地球自转参数序列和 Galileo 卫星的激光测距数据等。

用于 GTRF 初始实现的跟踪站的分布如图 1.1 所示，其中有 42 个在伽利略跟踪站附近分布的 IGS 站，33 个全球分布的 IGS 站，13 个 GESS（Galileo Experimental Sensor Station）站。

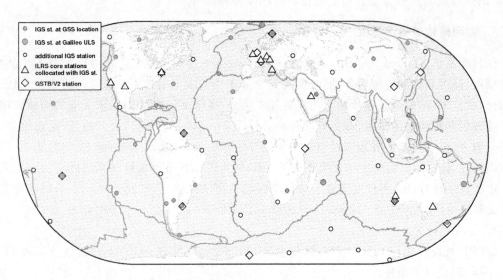

图 1.1　GTRF 初始实现所采用的跟踪站（Tim Springer，2007）

GTRF 的初始实现和以后的更新主要基于 AIUB,ESOC 和 GFZ 三个数据分析中心的数据组合来完成。三个分析中心分别采用 BAHN 软件、Bernese GPS 软件和 EPOS 软件。这三个软件包都是独立发展起来的,在大地测量领域应用了十年以上并且不断地完善。这三个数据分析中心将独立提供每周组合解,由 IGN 开发的 CATREF 软件来完成对这三个数据分析中心的数据组合与分析以实现 GTRF。

4. GTRF 的维持

GTRF 是所有伽利略产品和服务的基础,它给出一系列测站的坐标和速度,作为所有用户服务的基础,包括测量学、地球物理学、海洋学、地球形变、地球信息系统、地球灾害管理、导航等。用于地壳形变监测和海平面监测时,参考框架必须达到坐标 mm 级,速度 mm/a 的精度,并且这个精度要保持 10 年以上。为了使用户能够根据各自特定的应用所需要的精度来快捷地使用 GTRF,必须保证其所有产品遵守既定的标准,并且告知用户 GTRF 的使用和实现方式。这就需要对 GTRF 进行维持,以获得高质量的产品,实现其良好的服务(Gendt,G,2006)。

目前,要有一个长期都能保持准确、前后完全一致、维持良好的 GTRF,最可行的方法就是对伽利略跟踪站进行长期连续地跟踪观测,通过分析跟踪站及其速度的时间序列来分析和确定 GTRF 的质量。

1.2.4 国际天球参考系统 ICRS 和国际天球参考框架 ICRF

ICRS 基于运动学的概念,通过一套河外射电源的位置来实现。IAU 决议规定,河外射电源天球参考系统的主要平面尽量接近于 J2000.0 平赤道面,赤经原点尽量接近于 J2000.0 的动力学春分点。IERS 实现的天球参考系统,由 IAU1997 采纳作为国际天球参考系统 ICRS,并在 1998 年 1 月 1 日正式取代 FK5 系统。ICRF 是 ICRS 的具体实现。

ICRF 历史上是由地球的赤道、黄道和自转轴来指定的,由大量恒星的二维坐标来实现。目前的国际天球参考框架 ICRF 是由基本上固定的一群河外射电源的坐标来定义的,它们的位置比恒星位置精确得多。

IERS 的地球定向参数 EOP 提供了 ICRF 与 ITRF 的永久性连接。

1.3 时空基准的建立、维持和精化方法

1.3.1 时空基准的建立、维持和精化

不可否认,IERS 在其成立的近 20 年里,为全球用户提供了稳定、相对统一的基准信息,IERS 的产品无疑为空间大地测量学、地球动力学、地球物理学的研究和发展做出了巨大的贡献。但是 ITRF 建立中所采用的 NNR-NUVEL-1A 模型,假设各台站的速度为一常量,这一假设与实际情况不符。为了更好地定义 ITRF 的动态基准,许多学者都在考虑用其他的板块运动模型来替代目前的 NNR-NUVEL-1A 模型,但是具体用什么样的模型还没有最终确定。目前关注比较多的是基于实测板块运动数据的 NNR 模型、APKIM 模型或基于热点数据 HS(Hotspot)约束的参考基准。因此,关于全球参考框架建立的理论、方法以及利用多种空间大地测量技术的数据进行严密组合形成统一的时空基准,尚有大量值得进一步研究的

问题。

欧盟第六个框架计划(FP6)由欧盟委员会发起,作为指导欧盟科学发展的框架计划,FP6反映了当今世界科技发展的潮流和方向,指出了许多具有战略意义的科研方向。Galileo系统的服务研究是FP6支持的重要研究领域。伽利略大地测量服务原型(GGSP)是由FP6 2005年批准资助的项目,由德国地学研究中心(GFZ)、瑞士伯尔尼大学天文学院(AIUB)、德国大地测量与制图局(BKG)、欧洲空间运控中心(ESOC)、法国国家地理研究所(IGN)、中国武汉大学(WHU)和加拿大自然资源局(NRCan)的7个地学研究机构联合申请并执行。这些项目涉及欧洲卫星导航研究与开发领域的关键环节与核心技术,对发展我国自主的卫星导航定位技术有着积极的促进作用。GGSP将研究Galileo系统空间参考框架的定义、建立、维持与精化技术,并制定系统的相关标准,其主要作用是实现一个精确而稳定的Galileo坐标参考框架(GTRF)。

随着高精度导航定位对空间基准要求的提高,许多国家都相继对自己国家的空间基准进行了现代化。日本从2000年开始采用新的大地坐标系统JGD2000,取代具有百年历史的东京大地基准;韩国1998年开始采用三维地心大地坐标系统KGD2000,以替换现行的坐标系统;蒙古也建立了新的国家大地坐标系统和坐标框架(MONREF97);马来西亚于2001年开始采用三维地心坐标系统NGRF2000,以替换现行的坐标系统。

目前我国在空间技术的应用中所使用的基准信息,基本都来自于IERS这一国际组织所发布的产品。在国家A、B级网的整体平差中,采用的是ITRF93框架;在GPS 2000网的整体平差中,采用的是ITRF97框架。由于关键技术和基础观测资料的限制以及投入方面的原因,目前我国对全球地球参考框架的建立和维持的贡献尚少。

因此,对于时空基准的建立、维持和精化研究而言,需要研究分析已有空间基准的定义和维持技术,重点研究高精度全球性坐标框架的定义、实现和维持的可行性方案。分析研究ITRF、GTRF等全球空间基准的定义、建立理论、实现方法和维持技术。并以此为借鉴,研究综合多种现代空间技术和空间大地测量手段,包括采用SLR/VLBI/DORIS/GNSS以及低轨卫星CHAMP、GRACE和GOCE等技术,通过联合地面跟踪站系统,高中低轨卫星及天体等建立和维持天地空一体化的中国自主的全球时空基准,具备维护GPS、GLONASS、Galileo、北斗等导航系统以及一系列科学卫星的能力,为我国新一代导航卫星系统的发展和相关的服务提供基础,并为我国的空间探测、卫星导航、航空航天及系统地球的研究提供服务。在取得理论和实践研究成果的基础上,加入国际地球自转和参考系统服务(IERS)组织,建立数据综合与分析中心,加速我国时空基准现代化进程。

1.3.2 建立我国自主的全球时空基准的初步方案

由于我国没有全球分布的地面跟踪站,要建立和维持我国自主的全球时空基准,就不能只依赖于地面跟踪站,而要利用一切所能利用的资源,包括装载有GPS接收机的高中低轨卫星、地面或星间可跟踪的高中低轨卫星,通过静态的地面跟踪站和动态的卫星和天体来共同建立和维持我国自主的全球时空基准。如有必要可发射一些自己的小卫星来维持时空基准。ITRF主要通过数百个全球覆盖的地面跟踪站来建立和维持全球时空基准,而我国自主的全球时空基准的特点将是静态、动态跟踪相结合、天地空一体化的维持全球时空基准模式。其时空基准维持所用的资源如图1.2所示。

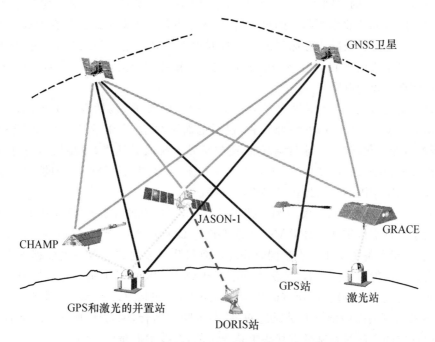

图 1.2 我国自主的全球时空基准维持所需的资源配置

在天地空一体化模式下,地面跟踪站通过测站的坐标和速度来维持基准,高中低轨卫星通过地面对其定轨来维持基准。由于各种高中轨卫星和天体跟踪技术、手段的多样性以及各种空间大地测量技术有着各自的优缺点,多源空间大地测量数据的综合处理对全球时空基准的建立和维持将是非常有效的,因此对多源空间大地测量数据的综合处理是核心技术问题。多源空间大地测量数据的综合处理主要有两种方式,即从 SINEX(Solution INdependent EXchange Format)文件的组合和从原始数据的层面进行严密的组合。目前多采用前一种方式进行处理,不过从原始数据的层面进行严密组合将是未来的发展方向。下面分别介绍这两种数据综合的方法。

(1) 基于 SINEX 文件的空间大地测量技术的综合方法

SINEX 文件的最大优点在于它的存在不依赖于原始的观测数据以及解的过程和解算所用的软件。也就是说,不同的观测平台、不同的观测模式、不同的数据处理软件、不同分析中心,甚至不同的处理方法所得到的结果都可以转化为标准的 SINEX 文件,通过 SINEX 文件的再处理过程即可实现 GPS、VLBI、SLR、DORIS 以及地面常规观测值等多平台、多类观测值的联合处理。SINEX 文件的另外一个优势在于利用它所包含的信息可以恢复法方程,通过法方程的叠加可以简化后处理计算。

采用这种数据综合的方法,其基本思想就是对各种空间技术(包括 VLBI、SLR、LLR、GPS、DORIS、Altimetry、InSAR 等)的观测值进行独立处理,将其处理结果转换成 SINEX 文件,利用 SINEX 文件所包含的信息恢复法方程,对各种空间技术在法方程层面进行数据综合。

(2) 基于原始数据的空间大地测量技术的综合方法(shi,2003;shi,2004;Rummel R,2000)

基于 SINEX 文件的空间大地测量技术的综合方法虽然算法简单、便于实现,但 SINEX 文件中并不包含所有原始数据所隐含的可用信息,很多有用的观测信息已经在形成 SINEX 文件的过程中出于简化计算或减少存储量的需要被滤掉了。对于建立和维持空间基准来说,基于原始数据的组合是最理想的,更有利于全球时空的一致性,并有利于对观测数据中所反映出来的各种地球物理现象的解释。

对于这种组合方法,其基本思想是通过对各种空间技术(包括 VLBI、SLR、LLR、GPS、DORIS、Altimetry、InSAR 等)的综合观测,包括地面跟踪站、高中低轨卫星和天体的观测数据,将其观测值参数化,建立全球时空基准,提供测站坐标及其速度、卫星轨道信息、地球自转参数信息以及重力场及其时变信息,服务于地球系统,为我国二代导航系统的发展、航空航天、空间探测以及数字中国的发展提供基础性的支撑。

对于基于原始数据的空间大地测量技术的综合,国内有些单位已经展开了相应的研究。例如武汉大学用其定位定轨软件 PANDA 能够进行 DORIS 和星载 GPS 以及地面跟踪站数据的联合处理,初步具备了采用一步法同时处理地面跟踪站数据和星载观测数据确定高中低轨卫星的精密轨道的能力,并利用该方法实现了 CHAMP、GRACE 卫星的定轨处理。

基于我国的现状,通过我国现有的各类地面跟踪站(包括 IGS 跟踪站、网络工程基准站和城市 CORS 站),利用高中低轨卫星通过静、动态跟踪相结合,通过天地空一体化的模式建立和维持我国自主的全球时空基准在思想上是先进的,在技术上是可行的。

1.4 区域时空基准的现代化

1.4.1 区域时空基准的建立、维持和精化方法

区域时空基准的建立、维持和精化方法可参照全球时空基准的建立、维持和精化方法进行。具体而言,需要研究多频多模组合技术,集成 GPS、Galileo 和我国二代导航定位系统及现有的 VLBI、SLR 台站,建立我国新一代的高精度空间基准并实现空间基准的动态维持。研究保持我国现代大地测量参考框架现势性的方法,提出在我国自主的全球时空基准下对原有不同基准空间数据的转换和整合方法。

可考虑利用 GPS、VLBI、SLR 等技术和成果的融合来建立我国时空高精度时空基准。我国已经布设了数百个 GPS 连续跟踪站、包括数千个 GPS 点的 GPS 大地控制网。同时,我国已经完成 GPS2000 基准下的二维天文大地网和三维空间网的联合平差,这些构成了我国地心坐标框架的主体。国内已经建立上海、乌鲁木齐和昆明等 VLBI 观测站,北京、武汉以及长春等 SLR 站执行连续观测任务,这为我国区域时空基准的建立、维持和精化奠定了基础。

1.4.2 我国时空基准现代化途径

1. 我国空间基准的现状

我国目前采用的空间基准主要包括 1954 北京坐标系、1980 西安坐标系和 GPS2000 坐标系(陈俊勇,1999;陈俊勇,2003;顾旦生等,2003;魏子卿,2003)。

(1) 1954 北京坐标系

新中国成立后，大地测量工作在全国展开，由于当时缺乏椭球定位的必要资料，故初步确定了一个大地坐标系，它是由我国东北呼玛、吉拉林、东宁三个基线网与原苏联大地网相联，将原苏联 1942 年坐标系延伸到我国，定名为 1954 北京坐标系。高程异常是以原苏联 1955 年大地水准面差距为依据，按我国天文重力水准路线传递而得。因此，我国 1954 北京坐标系（简称 54 坐标系）实际上是属于原苏联 1942 年大地坐标系，其坐标原点不在北京，而是在原苏联的普尔科沃。

该坐标系存在如下缺点。

① 椭球参数有较大误差。克拉索夫斯基椭球参数与现代精确的椭球参数相比，长半轴差达 109m。

② 参考椭球面与我国大地水准面存在着自西向东明显的系统性的倾斜，在东部地区大地水准面差距最大达 +68m，而大地水准面差距为零的地区在新疆。这对我国东部经济发达地区测制较大比例尺地形图会产生一定的影响。

③ 定向不明确。椭球短轴的指向既不是 CIO，也不是我国地极原点 JYD1968.0；起始大地子午面也不是国际时间局 BIH 所定义的格林尼治平均天文台子午面，从而给坐标换算带来了一些不便和误差。

④ 没有进行整体平差。由于 1954 坐标系大地网采用逐级控制的平差方法，使得我国天文大地网的整体精度主要取决于单薄的一等三角锁，而结构很强、精度很好的二等全面网的精度得不到充分的发挥。

(2) 1980 西安坐标系

由于 1954 北京坐标系只是普尔科沃坐标系的延伸，存在着许多缺点和问题，因而在 1980 年 4 月在西安召开的"全国天文大地网平差"会议上就建立我国新的大地坐标系统作了充分的讨论和研究，认为 1954 北京坐标系存在着椭球参数不够精确，参考椭球与我国大地水准面拟合不好等缺点，因此必须建立我国新的大地坐标系，即 1980 西安大地坐标系。

1980 西安坐标系统是在 1954 坐标系统的基础上采用多点定位法建立起来的。1980 年国家大地坐标系具有以下特点。

① 采用 1975 年国际大地测量与地球物理联合会（IUGG）第 16 届大会上推荐的 4 个椭球基本参数：

地球椭球长半径 $a=6\ 378\ 140$ m

地心引力常数 $GM=3.986\ 005 \times 10^{14}\ m^3/s^2$

地球重力场二阶带球谐系数 $J_2=1.082\ 63 \times 10^{-8}$

地球自转角速度 $\omega=7.292\ 115 \times 10^{-5}$ rad/s

② 用（中国）大陆局域高程异常最佳符合方法定位，因此它不仅不是地心定位，而且当时定位时也没有顾及占中国全部国土面积 1/3 的海域国土。

③ 定向明确。椭球短轴平行于地球质心指向地极原点 JYD1968.0 的方向，但与国际上通用的地面坐标系如 ITRS 等的指向不同。

④ 大地原点地处我国中部，位于西安市以北 60 km 处的泾阳县永乐镇，简称西安原点。

⑤ 大地高程基准采用 1956 年黄海高程系。

平差基于椭球面进行。平差后提供的大地点成果属于 1980 西安坐标系，它和原 1954 北京坐标系的成果是不同的。这个差异除了由于它们各属不同椭球与不同的椭球定位、定向外，还因为前者经过了整体平差,而后者只是作了局部平差。

(3) GPS2000 坐标系

自 20 世纪 80 年代以来,GPS 技术在我国得到了越来越广泛的应用,总参测绘局、国家测绘局、中国地震局等部门根据各自的需求,先后建立了全国 GPS 一、二级网(553 点)、国家高精度 GPS A、B 级网(818 点)、全国 GPS 地壳运动监测网(22 点)、若干区域 GPS 地壳形变监测网(共 297 点)以及国家重大科学工程"中国地壳运动观测网络"(以下简称网络工程,1081 点),取得了大量的观测资料和成果。由于布网目的、布网原则、施测年代、施测纲要、测量仪器以及数据处理的基准和方法不同,各网之间存在着基准不统一和各种系统误差,给实际应用带来了极大的困难。为了充分发挥上述各网作为大地控制网的整体作用,总参测绘局和国家测绘局于 1999 年组织实施了一、二级网和 A、B 级网与网络工程点的联测,意在将上述各网的基准统一到 ITRF 下面,对上述各 GPS 网统一平差后的 GPS 网称为"2000 国家 GPS 大地控制网"。

全网参与平差的数据有 2 587 个 GPS 点,国外 IGS 跟踪站有 64 个,国内站点有 2 523 个。根据观测单位和观测时间,参与全网平差的数据包括 6 类,它们是:一、二级网(1991~1997 年)553 个点的数据;A、B 级网(1991~1997 年)832 个点的数据;地壳监测网(1998~1999 年)408 个点的数据;网络工程 GPS 网及 A、B 级网与网络工程 GPS 网的联测(1999 年)数据,分东区和西区,东区有 109 个点的数据,西区有 115 个点的数据。网络工程 GPS 网与其他 5 个网有重合点 159 个。

各个 GPS 网数据处理使用的参考框架和参考历元是:网络工程的基准网和基本网使用 ITRF96(1998.680);地壳监测网使用 ITRF96 (1996.582);一、二级网使用 ITRF96 (1997.0);A、B 级网使用 ITRF93 (1996.365)。根据定义,ITRF94、ITRF96 和 ITRF97 (1999 年 8 月 1 日起 IGS 精密星历开始使用此框架)的原点、定向、尺度都是一致的,它们之间只有精度的差异,而无系统的转换参数,但它们和 ITRF93 之间存在系统的转换参数。考虑到在今后较长时间内使用参考框架的稳定性,为减少历元归算对网络工程 GPS 网数据处理带来的精度损失,"2000 国家 GPS 大地控制网"数据处理选用的参考框架和参考历元为 ITRF97 (2000.0)。通过"2000 国家 GPS 大地控制网"建立我国新一代的 GPS2000 地心坐标系(陈俊勇等,2007;唐颖哲等,2003)。

2. 我国空间基准的现代化

我国空间基准现代化应着重考虑 4 个方面的基本因素:高精度、三维、动态和至少涵盖全部陆海国土(陈俊勇,2003)。

(1) 高精度

现有大地测量坐标框架主要是由我国天文大地网点构成的,它的相对精度是 3×10^{-6}。现代大地坐标框架点间的相对精度应不低于 10^{-7},相对于地心的绝对精度也要不低于 10^{-7}。现代大地测量技术可以达到这一精度,同时也是现代定位技术对大地坐标框架在精度方面的最低要求。

对于高程控制网的精度,按可以预见的技术进展,在今后相当一段时间内仍然只能维持在目前的水平,如一等水准网点之间,其相对精度仍为 $\pm 1\text{mm}\sqrt{L}$,L 为一等水准点间距,以 km 为单位。

(2) 三维

过去由于科技水平的限制,大地坐标系统在实际使用中一般不采用三维坐标。此外,由于人类总是习惯对平面介质(如纸或屏幕)上的目标进行观测,因而常常将三维空间的目标以某种数学关系投影到二维的平面介质上进行考察研究。将三维空间目标转化为二维后,该目标第三维的高程信息往往只作为地理信息系统中的属性信息。

然而随着空间技术和虚拟技术的发展,同时采用符合客观空间实际的三维坐标,将是一种必然的趋势。考虑到二维平面显示的实用性,三维坐标系统采用的形式除了(X,Y,Z)外,还应有经纬度与高程(B,L,H)、平面公里格网与高程(x,y,H)等多种形式。

(3) 涵盖我国全部国土

现行大地坐标系统和高程系统的确定和服务都主要限于中国的大陆范围。目前我国经济、社会和国防的发展,海洋勘界、海洋资源的利用和开发,航空、航天和航海技术的进展,都要求我国现代大地测量基准的确定和它的服务对象应能涵盖我国的全部陆海国土。也就是说,在中国的国土上,不论是陆地还是海岛、洋面的任何一点,我国的现代化大地测量基准都能及时提供坐标、高程和重力可靠、适用的地理空间基础框架的保障。

(4) 动态

过去定义大地坐标系统和高程系统时,由于精度较低,所以难以测定它自身所受到的各种影响,如地壳形变等所导致的位移,因而认为它是静止的、绝对的。而现代坐标系统和高程系统具有高精度特点,它们只是相应于某一时刻(历元)的数值。为了真正保持大地坐标系统和高程系统的精确性,就必须保持它们的现势性。除提供某一历元的框架点的坐标和高程值外,还必须提供它们相应的时间变化率,因此与现代大地坐标系统和高程系统所对应的大地坐标框架和高程控制网应是动态的,这也是实时定位、导航、气象、电离层和海平面监测等方面有高精度和实时需求用户的基本要求。

我国空间基准现代化所要完成的任务包括以下方面。

(1) 建设我国现代平面基准

平面基准主要包括国家系统和坐标框架。大地坐标框架是大地坐标系统的实现。目前提供全国使用的大地坐标框架是用经典大地测量技术所测定的全国天文大地网。它由48 000多个大地控制点组成,这些点间的相对精度为3×10^{-6},在我国大陆的分布密度约为$1:(15km \times 15km)$。

我国的这一大地坐标框架目前也存在4个方面的问题:①近5万个全国天文大地网点历经几十年沧桑,已损毁了近1/3,而在经济发展快的地区,这一现象更为严重;②卫星定位技术得到了广泛应用,其平面位置的相对定位精度已可达10^{-7}量级以上,要比现行的全国大地坐标框架高出1~2个量级;③卫星定位的测量成果是三维的、立体的,而现行的大地坐标框架是二维的、平面的,因此,高精度的卫星定位技术所确定的三维测量成果,与较低精度的、国家的二维大地坐标框架不能互相配适;④实时或准实时定位已不仅仅是导航部门的需求,地震和地质灾害监测、天气预报等部门都要求提供框架点的实时坐标,这种要求也是目前大地框架点难以满足的。

我国国土范围内所考虑对象的空间位置(不论该对象是处于静态还是动态),都需要一个全国统一的、协调一致的大地坐标系统和框架。但面临空间和信息技术及其应用的迅猛发展和广泛普及,在我国创建数字中国、数字城市的过程中,单纯采用目前的局部、二维、低精度、静态的大地坐标系统和框架所带来的不协调会愈来愈多,因此建立能体现上述大地测量基准4

个基本要素的中国平面基准的任务大体可以分为以下两个方面。

① 全国 A 级和 B 级 GPS 网点的数量应达到一定的分布密度。目前已经完成数据处理的全国 GPS2000 网，其点数可达 2 200 余个，这个网启用后，将使我国大地坐标框架在顾及上述的现代化指标方面走上一个新的台阶。但该网点的平均密度仅为 1：(70km×70km)。GPS2000 网要服务于全国用户特别是静态定位用户(不论是二维的还是三维的)，将用户的定位成果统一于国家坐标系统，其面临的主要问题是 GPS2000 网的点数过少，分布密度太低，因此加密 GPS2000 网是我国建立现代大地坐标框架所要解决的一个基本问题。各省市可根据本地经济发展、大比例尺测图、精化地区大地水准面等方面的需求，在 GPS2000 网的基础上，布设省市级 B 级和 C 级 GPS(水准)网来达到加密的目的，以方便用户和促进全国坐标系统的统一和协调，也为精化局域大地水准面打好基础。

② 增加我国连续运行的 GPS 站的数量和分布密度。足够数量和均匀分布的连续运行的 GPS 站是现代大地坐标框架的骨干和主要技术支撑，是框架中点位三维地心坐标的精度和现势性(动态)的保证，也是我国大地坐标系统和框架与国际通用坐标和框架保持动态实时联系和协调的唯一技术手段。在框架点位解算的数据处理中，有了国内这些连续运行的 GPS 站的精确点位($10^{-8} \sim 10^{-9}$ 量级)及其移动速率，再结合一定数量的国外 IGS 站，才能确保我国大地坐标框架点位在静态和动态方面的精确和可靠。此外，这些连续运行的 GPS 站也是建立卫星定位综合服务系统(如导航、制导、地震、电离层、大气可降水分等方面的预测预报)的前提条件。

目前，测绘、地震和交通等部门在全国连续运行的 GPS 站有数百个。而要服务于全国动态或高精度定位用户，则要在中国建立一个点数更多、分布更均匀的连续运行的 GPS 站网，并建立相应的数据传输、处理和分发服务的网络系统。

(2) 建设我国现代高程基准

目前国家采用的高程系统是黄海 1985 高程系统。类似于坐标框架，主要由国家二期一等和二等水准网所构成的国家高程控制网实现这一高程系统。二期一等、二等水准网分别于 1977～1981 年和 1982～1988 年完成，前后耗时 12 年。一等水准网路线总长 9.4 万 km，二等为 13.6 万 km。国家高程控制网点(水准标石)总计约 5.3 万个，平均分布密度约为 1：(15km×15km)。

当前国家高程基准面临的问题主要表现在两个方面。

① 目前国家高程控制网的现势性差。按《中华人民共和国大地测量法式》规定，国家高程控制网中的一等水准网应在 25 年左右复测一次。其实质就是减少地形变化对高程控制点的影响，保证国家水准点高程的精确和可靠，以保持国家高程控制网的现势性。目前这一高程控制网，即二期一等和二等水准网，使用至今已有 20 余年的历史。因此从依法行政和实际需要出发，尽快组织三期国家高程控制网的施测是完全必要的。

② 我国高程的提供方式目前仍是经典的，即用户必须通过与国家高程控制点的水准联测来传递高程。虽然利用 GPS 技术可以随时随地测定高程，但它测定的高程成果是大地高，不是用户需要的正常高(或海拔高)。针对这个问题的对应措施是，现代国家高程系统除了有高精度的国家高程控制网以外，还应及时推算我国全国或地区的高精度的似大地水准面。也就是说，不仅通过国家高程控制网点提供高精度的正常高，还能利用我国的局域似大地水准面结合 GPS 定位技术为全国陆海国土上的任意一点提供正常高。

由此可见，建设能体现中国现代大地基准特点的中国现代高程系统，有两个任务：① 建立新的高程控制网，即组织国家三期高程控制网的施测；② 精化我国似大地水准面。

1.5 小　　结

现代空间基准已经从非地心的、静态的、二维基准转向基于地心的、动态的、三维的空间基准，而且基于不同的导航系统发展的需要建立相应的全球时空基准也是未来发展的一个趋势。在高精度时空基准的建立和维持方面，所用到的数据也从单一技术的数据走向了多源数据综合处理的时代。利用多种资源来维持天地空一体化的全球时空基准是未来全球时空基准的发展方向。由于我国的二代导航系统仍然是以主钟形式构成的时间基准，在星地一体化时间基准的精度、稳定度和可靠性等方面有必要进行进一步研究。对时间基准的传递理论和实践研究也迫切需要加强。

参 考 文 献

陈俊勇.1999.改善和更新我国大地坐标系统的思考[J].测绘通报,(6):2-4.

陈俊勇.2003.世界大地坐标系统1984的最新精化[J].测绘通报,(2):1-3.

陈俊勇.2003.现代大地测量在大地基准、卫星重力以及相关研究领域的进展[J].测绘通报,(6):1-6.

陈俊勇.2003.邻近国家大地基准的现代化[J].测绘通报,(9):1-3.

陈俊勇.2003.关于中国采用地心3维坐标系统的探讨[J].测绘学报,32(4):283-288.

陈俊勇.2003.建设我国现代大地测量基准的思考[J].武汉大学学报(信息科学版)特刊:1-5.

陈俊勇,杨元喜,王敏等.2007.2000国家大地控制网的构建和它的技术进步[J].测绘学报,36(1):1-8.

顾旦生,张莉,程鹏飞,王权,李夕银,成英燕,秘金钟.2003.我国大地坐标系发展目标[J].测绘通报,2003(3):1-4.

郭海荣,杨元喜,焦文海.2003.地心运动时间序列的抗差谱分析[J].测绘学报,32(4):308-312.

宁津生,刘经南,陈俊勇,陶本藻.2006.现代大地测量理论与技术[M].武汉:武汉大学出版社.

秦显平,杨元喜.2003.用SLR数据导出的地心运动结果[J].测绘学报,32(2):120-123.

施闯.2002.大规模高精度GPS网平差与分析理论及其应用[M].北京:测绘出版社.

魏子卿.2003.正常重力公式[J].测绘学报,32(2):95-101.

魏子卿.2003.我国大地坐标系的换代问题[J].武汉大学学报(信息科学版),28(2):138-143.

唐颖哲,杨元喜,宋小勇.2003.2000国家GPS大地控制网数据处理方法与结果[J].大地测量与地球动力学,23(3):77-82.

姚宜斌.2004.GPS精密定位定轨后处理算法与实现[D].武汉:武汉大学.

姚宜斌,刘经南,陶本藻,施闯.2005.基于SINEX文件的ERP参数估计[J].武汉大学学报(信息科学版)30.

叶世榕.2002.GPS非差相位精密单点定位理论与实现[D].武汉:武汉大学.

张捍卫,许厚泽,王爱生,2005.天球参考系的基本理论和方法研究进展[J].测绘科学,30(2):110-113.

张鹏.2000.GPS实时精密星历确定方法与软件研究[D].武汉:武汉测绘科技大学.

Altamimi Z. 2000. The International Terrestrial Reference Frame, IGS 2000 Annual Report IGS：22-23.

Altamimi Z. 2005. Definition and Realisation of a Terrestrial Reference System, GGSP-RP-IGN-WP210-iss1-1, 29/10/2005.

Elmar Brockman. 1996. Combination of Solution for Geodetic and Geodynamic Applications of the Global Positioning System (GPS).

Jean Souchay, Martine Feissel-Vernier. 2006. The International Celestial Reference System and Frame. IERS Technical Note No. 34. IERS ICRS Center.

Gendt G. 2006. Acceptance Test Plan for GGSP Prototype, GGSP-PL-GFZ-accept-testplan-iss1-2, 14/07/2006.

GGSP. 2004. Implementation of Galileo Geodesy Service Provider Prototype, GGSP-C-01.

Ihde J. 2006. Initial GTRF realization, GGSP-RP-BKG-WP260-iss1-2, 14/07/2006.

Markus Rothacher. 2002. Combination of Space-Geodetic Techniques, IVS 2002 General Meeting Proceedings:33-43.

Markus Rothacher. 2002. Towards a Rigorous Combination of Space Geodetic Techniques, IERS Technical Note 30:7-18.

Rummel R. 2000. Towards an Integrated global geodetic observing system, In: International association of geodesy symposia, Global Integrated Geodetic and Geodynamic Observing System (GIGGOS), Springer, Berlin,120:253-260.

Shi C S, Zhu Ch Reigber. 2003. Systematic Error Estimate and Analysis in the SINEX Combination, EGS-AGU-EUG Joint Assembly.

Shi C, J Raimondo C, Meyer U, et al. 2004. Combined Processing Of Gps, Slr And Doris Data Form Champ, Grace, Jason And Ground Stations, Joint CHAMP/GRACE Science Meeting.

Sillard P, Boucher C. 2001. A Review of Algebraic Constraints in Terrestrial Reference Frame Datum Definition,Journal of Geodesy:63-73.

Zhang F P, et al. 2006. GGSP Prototype Design, GGSP-RP-GFZ-WP250-iss1-2, 14/07/2006.

第 2 章 对地观测卫星的精密定轨

□ 赵齐乐 罗佳 叶世榕 楼益栋 施闯

卫星精密定轨是指获取卫星在空间中精确位置的过程。对于对地观测卫星,获取精确地球信息的基本条件就是要知道地面资料的位置信息,这也有赖于精确地知道卫星的位置信息、卫星精密定轨包括跟踪的手段和数据处理的基础理论及方法。通过本章的介绍,读者将对目前主流的卫星跟踪手段有比较深入的了解。同时,通过本章的学习,读者也可获取有关精密卫星定轨理论和数据处理方法比较全面的信息,为进一步的研读创造条件。

2.1 对地观测卫星精密定轨综述

本章首先回顾和总结了对地观测卫星精密定轨技术发展的历史和现状,介绍了对地观测卫星精密定轨的发展趋势和方向;然后,从中低轨对地观测卫星动力学精密定轨的基础流程出发,从提高跟踪卫星几何观测值的精度和精化卫星动力学模型两方面探讨了提高卫星轨道定轨精度的基础方案;最后,在比较已有精密定轨方法的基础上,针对我国对地观测卫星的特点,给出了精密定轨模型和软件的初步构想和设计。以下从精密定轨的跟踪手段、卫星动力学模型及其精化、精密定轨方法和软件、实时精密定轨技术、星间定轨等几个方面阐述国内外技术的发展现状和趋势。

2.1.1 精密定轨的跟踪手段

目前实现中低轨卫星精密定轨的跟踪手段主要有 3 种,包括卫星激光测距技术(SLR)、全球定位技术(GNSS)、多普勒地球无线电定位技术(DORIS)。这几种观测技术都已在卫星定轨的实践中取得了较为可靠的结果,基本上可以实现 cm 级的定轨精度,但不同跟踪手段都有其特性。SLR 定轨技术的测量精度高,观测值可直接转换为距离,但有成本昂贵、设备笨重、观测覆盖区域受限、易受天气影响等缺点,难以独立承担 500km 左右高度的低轨卫星(Low Earth Orbit,LEO)精密定轨任务。法国的 DORIS 系统出现得相对较晚,已成功应用于 SPOT-2、TOPEX、SPOT-4 等卫星的精密定轨,在完成力模型精化后,可达到 5cm 左右的径向定轨精度,不过数据获取及处理速度相对较慢,地面跟踪网覆盖相对较弱,需要一定数量激光测距跟踪网联合定轨。与地基跟踪系统不同,星载 GNSS 能为 LEO 提供相对经济、精确、连续和完整的跟踪。从 1992 年发射的 TOPEX 卫星到 2006 年发射的 COSMIC 卫星已有近 50 多颗卫星配备了星载 GNSS 接收机。GNSS 系统给 LEO 定轨提供了非常丰富的几何信息,基于星载 GNSS 数据进行卫星的精密定轨已经成为了中低轨卫星精密轨道确定的一种非常有效的手段,而联合多种跟踪手段是中低轨道卫星精密定轨的发展潮流。

2.1.2 卫星摄动力学模型及其精化

卫星的轨道动力学理论的基础是天体力学。天体力学起源于开普勒的三大运动定律以及牛顿的万有引力定律,开普勒定律主要用来描述二体问题。人们通常将二体运动以外的力引起的运动分量称为摄动,而引起卫星摄动的力学因素被称为摄动力。影响卫星运动的各种摄动力有其相应特征,人们根据这些特征对该力学因素进行模型化,因此形成了各种摄动力模型,这样有利于利用几何观测值确定摄动力的大小。

最初由于观测手段的限制,动力模型较为简单和粗略,因此可以利用纯解析法来实现卫星定轨,解析法也是在这个阶段得到了较为充分的应用。随着观测技术的迅速发展,测量精度的不断提高,人们对卫星摄动力的认识更为深入,相应力学模型也更加精化,同时也更为复杂,纯解析法求解卫星的运动方程已不可能满足精密定轨的要求,数值方法便成为了精密定轨的主要工具。特别是计算机技术的发展,提高了数值计算方法的处理能力,随着大量的卫星精密观测数据的处理,卫星的摄动力模型可以包含更多的观测信息,例如地球重力场模型 EGM96 和大气密度模型 DTM94 都使用了几十年的卫星跟踪资料(Oza, et al,1995),因此精度也有了很大的提高。

在 21 世纪实施的 CHAMP 和 GRACE 卫星计划中,加速度计和 K 波段测距等高精度观测手段的应用,极大地精化了对低轨卫星影响最为显著的重力场模型,得到了诸如 EIGEN-GRACE02s(2004)、EIGEN-GL04C(2006)、GGM02C(2006)等一系列高精度的重力场模型。同时由于星载加速度计的使用,已经可以较好地分离保守力和非保守力,也有利于大气阻力等模型的优化(Bruinsma, et al, 2004),这进一步提高了低轨卫星精密定轨的精度。

2.1.3 精密定轨方法及软件系统的实现

星载 GNSS 数据提供的全天候连续观测,在时间和空间分辨率上都远胜于其他跟踪手段,从而使定轨方法得到了充分的发展。目前国内外低轨卫星的定轨方法可主要归结为三种:运动学定轨方法(Yunck, et al, 1986; Bisnath and Langley, 1999; 胡国荣,1999)、动力学定轨方法(Schutz,et al, 1994; Koenig et al, 2003; 张飞鹏,2001)和简化动力学定轨方法(Wu, et al, 1991; Svehla and Rothacher. 2002; Visser,et al, 2002; 赵齐乐,2004)。三种定轨方法的区别主要是几何观测信息和卫星摄动力信息在轨道结果中的权重。当然动力学轨道与简化动力学轨道并没有非常明显的界定,Rim(Rim, et al, 2002)和 Kang(Kang, et al, 2006)采用频繁调节经验参数的动力学方法可实现和简化动力学一致的结果。

在精密定轨软件系统研制方面,国际上一些著名的研究单位和高等院校开发了高性能的精密定位定轨软件,如美国喷气推进实验室 JPL 的 GIPSY、麻省理工 MIT 的 GAMIT、哥达德航天中心 GSFC 的 GEODYN、得克萨斯大学 CSR 的 UTOPIA 软件、瑞士伯尔尼大学的 BERNESE 和德国 GFZ 的 EPOS 软件等。这些软件在近二十年的精密定位定轨理论和方法研究中做出了重大贡献,推动了地球和空间科学的发展。

相对于发达国家,我国的精密定轨软件研究水平还比较落后,较长一段时间内,主要依赖国外软件,这大大限制了我国这一领域内自主创新的能力和前沿研究的水平。为使我国卫星精密定轨技术在"十五"期间有较大进展,以适应我国卫星发展计划的实际需要,2001 年,国家自然科学基金委员会决定资助开发具有我国自主知识产权的卫星精密定位、定轨软件。武汉大学、同济大学、中科院等单位相继投入人力物力开发研制精密定位定轨软件。目前,武汉大学自主研制的卫星导航数据处理软件(PANDA)对导航卫星与低轨卫星事后定轨精度已达到国际先进水平(刘经南,等,2004;赵齐乐,2004;Ge,et al,2006)。另外,上海天文台、紫金山天文台、北京飞行控制中心以及西安卫星测控中心先后推出了多套定轨软件。这些研究进展对我国对地观测卫星定轨技术的发展和提高具有非常重要的意义。

2.1.4 实时精密定轨技术

近二十年来,随着空间跟踪技术、轨道动力学、大地测量学等学科的发展,再加上前述先进精密定轨软件的保证,中低轨道卫星的事后定轨精度已大大提高。以海洋测高卫星为例,径向定轨精度由最初的30cm提高到了2~3cm。近期的研究成果表明,Jason-1的径向定轨精度已经达到了1cm(Luthcke,et al,2003)。然而,中低轨对地观测卫星的实时精密定轨技术由于起步相对较晚,目前,国际上仅有少数几家研究机构在此方面进行过研究。其中具有代表性的研究是美国的JPL。JPL基于航空航天局NASA的全球差分GPS服务(GDGPS)系统(具备给低轨卫星提供精确的全球差分信息的能力),并结合特殊开发的星载Blackjack GPS接收机与JPL自身研制的RTG(Real-Time GIPSIY)定轨软件,采用CHAMP卫星观测数据仿真实时定轨处理,结果验证了JPL已具有实现低轨卫星dm级的实时定轨的能力。其他研究机构,如俄亥俄州立大学的Bae博士(Bae and Grejner-Brzezinska,2006)基于IGS准实时数据研究了低轨卫星的准实时精密定轨问题,他提出了基于三差载波数据的准实时精密定轨方法,用CHAMP卫星数据的仿真结果可以实现10~20cm精度的准实时精密定轨。这一研究得到了美国NASA的NIP项目的资助。

2.1.5 卫星编队精密相对定轨

由多颗智能小卫星编队组成、通过相互间的通信与信息融合构成的星群可广泛应用于大孔径虚拟雷达卫星、无源反向定位电子侦察、间歇式区域三维无源导航、三维立体成像气象卫星等(林来兴,2000;王世练,2003)。目前国外已经启动了多项卫星编队飞行计划,如EO-1、TechSat-21、DARWIN和大学微小卫星编队飞行计划等。编队飞行卫星群在技术上还处于起步阶段,但已经被世界各国视为下一代可用关键技术和关键投资领域(赵军,肖业伦,2003)。相对轨道理论是编队飞行卫星群轨道测控和对地观测的技术基础,相对定轨也成为卫星编队飞行的核心任务之一。

近年来,通过GRACE双星计划的精密相对定轨试验,基于GPS的编队卫星相对位置精度已经达到了mm级。荷兰Delft大学的DEOS率先利用GPS观测数据对GRACE双星进行相对定轨的研究(2004),在事后模式下,固定模糊度可使双星相对位置精度达到5mm;DEOS(2005)利用卫星的相对力学信息将GRACE双星相对位置精度改善到1mm;而美国的JPL(2006)则在实时处理模式下使GRACE双星相对位置精度优于1cm。

目前,国内关于编队飞行卫星群的研究更多地集中于轨道设计和卫星测控的解析理论(韩潮,等,2003;王兆魁,张育林,2004;李晨光,韩潮,2005),关于卫星编队精密相对定轨的研究相对较少。国防科技大学(2003)和空军指挥学院(2004)利用模拟的星间测距观测值对卫星编队自主定轨进行了初步研究,但仅限于验证滤波算法的可行性。赵齐乐等(Zhao,et al,2007)利用两颗GRACE卫星的星载GPS实测数据实现了5mm左右的相对定轨精度。

2.1.6 星地联合精密定轨

目前对于搭载 GPS 接收机的低轨卫星一般采用所谓的"两步法"定轨,即首先利用地面观测数据精密确定 GPS 卫星的精密轨道和钟差,然后将它们固定,再利用星载 GPS 观测数据确定低轨卫星轨道(Schutz,et al,1994; Rim,et al,1996; Moore et al,2003; Kang et al,2001)。

Rothacher 和 Svehla 于 2003 年率先研究了低轨卫星的星载观测值对 GPS 卫星轨道、ERP、地面站坐标和对流层延迟的参数估计的影响;Zhu(2004)系统研究了星地联合定轨(同时求解 GPS 卫星和低轨卫星精密轨道)对各自轨道精度的影响,以及低阶重力场球谐系数的影响;Konig(2005)则用更多的星载 GPS 低轨卫星观测数据研究了星地精密联合定轨的优点。理论上来讲,联合定轨增强了解的强度,并能得到更为一致的解。随着一系列搭载 GPS 接收机的对地观测卫星的发射(COSMIC),中低轨卫星编队与 GPS 卫星星座的联合定轨将能够得到更为有意义的地学结果。

国内关于星地联合定轨也有较早的研究,但多是理论方面的探讨。刘迎春(2000)等在国内首先探讨了联合定轨的模型和可行性;董光亮以中继卫星系统为例研究了联合定技术及其应用前景(2002),并认为联合定轨可以改善卫星编队的相对位置精度;国防科技大学则在 2006 年重点研究了双星定位系统在联合定轨中的应用,并给出了相关理论公式和仿真分析结果;赵齐乐等(2005)和耿江辉(2006)等基于武汉大学自主研制的 PANDA 软件实现了 GPS 和 CHAMP 卫星以及 GRACE 卫星的联合精密定轨,在利用 30 多个地面站的条件下得到了高精度的 GPS 卫星和低轨卫星(3~4cm)的定轨结果。

总而言之,近二十年来,随着空间跟踪技术、轨道动力学、大地测量学等学科的发展,跟踪手段的日益丰富,定轨方法与模型的不断精化,加上高性能精密定轨软件的研制,中低轨道卫星的定轨精度已大大提高,已逐步向高精度、实时化、星地联合定轨方向发展。

2.2 对地观测卫星轨道的高精度确定

卫星的几何学精密定轨将完全依赖于观测值的精度,计算过程也相对简单。动力学精密定轨将充分顾及跟踪卫星的几何观测值和卫星运动的动力学特性,定轨过程要相对复杂,也更具代表性。本节在简要介绍动力学精密定轨的基本流程的基础上,从高精度模型化几何观测值和精化卫星动力学模型两方面来分析提高对地观测卫星轨道精度的途径。

2.2.1 动力学精密定轨的基本流程

低轨卫星动力学精密定轨可以利用的有两类信息:一类是各种几何观测信息,另一类是卫星轨道的动力信息。既能最大限度地利用此两类信息,又能使之达到最佳匹配是定轨过程追求的理想目标。基本过程可由图 2.1 表示。

下面给出图 2.1 处理过程的简要数学表示,在实际的定轨过程中可根据具体观测量、待估力模型参数以及定轨方法作适当变化。

精密定轨中,状态向量包含卫星轨道星历参数(轨道六根数 a_0、e_0、i_0、Ω_0、ω_0、M_0 或者卫星的位置 r_0 和速度 $\dot{r}_0$)和力模型参数(可以包括光压、大气阻力甚至地球重力场等物理模型参

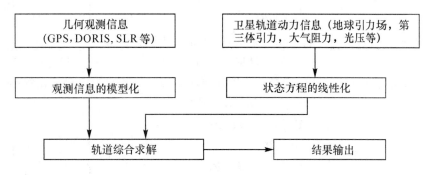

图 2.1 定轨基本流程简图

数)以及相关的几何参数(可以包括测站坐标,载波模糊度等)等,记做 x,它是 n 维向量。对卫星进行观测的采样数据(如 GPS 测量资料、DORIS 测量资料、SLR 测量资料以及测高资料等),称为观测量,记做 Y,它是 m 维向量。

状态量所满足的微分方程可以写成下列形式:

$$\begin{cases} \dot{x} = F(x,t) \\ x|_{t_0} = x_0 \end{cases} \quad (2.1)$$

式中,右函数 F 为一 n 维非线性泛函;x_0 为初始状态。

随机采样数据 y_l 与观测量的真值 $G(x_l, t_l)$ 以及测量噪声 V_l(即随机误差,是 m 维随机向量)之间的关系为:

$$y_l = G(x_l, t_l) + V_l \quad (2.2)$$

通常 $G(x_l, t_l)$ 是一非线性函数。假定 V_l 为一零均值($EV_l = 0$)的白噪声,有方差阵

$$\begin{cases} E(V_l V_l^T) = R_l, R_l > 0 \\ E(V_l V_r^T) = 0, l \neq r \end{cases} \quad (2.3)$$

这里的均值 EV_l 就是随机量 V_l 的数学期望。在均值为零的情况下,随机误差 V_l 的方差 $\text{Var}(V_l)$ 即表示为 $EV_l V_l^T$。

在上述基础上,令

$$X(t) = x(t) - x^*(t), \quad Y(t) = y(t) - y^*(t) \quad (2.4)$$

式中,$x^*(t)$ 为在初始条件下积分得到的参考轨道参数;$y^*(t)$ 为由 $x^*(t)$ 计算得到的观测量。分别将 $x(t)$ 和 $y(t)$ 在 $x^*(t)$ 和 $y^*(t)$ 处展开并取一次项可得到:

$$\begin{cases} \dot{X} = AX \\ X(t_0) = X_0 \end{cases} \quad (2.5)$$

$$Y_i = \widetilde{H}_i X_i + V_i, \quad i = 1, \cdots, l \quad (2.6)$$

其中,

$$A = \frac{\partial F(x,t)}{\partial x}\bigg|_*, \quad \widetilde{H} = \frac{\partial G(x,t)}{\partial x}\bigg|_* \quad (2.7)$$

解微分方程可得到:

$$X = \Psi(t, t_0) X_0 \quad (2.8)$$

其中,$\Psi(t, t_0)$ 为转移矩阵,它满足:

$$\begin{cases} \boldsymbol{\Psi}(t,t_0) = \boldsymbol{A}\boldsymbol{\Psi}(t,t_0) \\ \boldsymbol{\Psi}(t_0,t_0) = I \end{cases} \quad (2.9)$$

该转移矩阵的求解要通过轨道积分来实现,于是可得到:

$$Y_i = \widetilde{H}_i \boldsymbol{\Psi}(t_i,t_0) X_0 + V_i \quad (2.10)$$

$\widetilde{H}_i$ 为观测量对各待估差数的偏导数。因此可将式(2.10)改写为比较简化的形式:

$$L = BX_0 + V \quad (2.11)$$

其中,
$$L = \begin{bmatrix} Y_1 \\ \vdots \\ Y_l \end{bmatrix}, B = \begin{bmatrix} \widetilde{H}_1 \boldsymbol{\Psi}(t_1,t_0) \\ \vdots \\ \widetilde{H}_l \boldsymbol{\Psi}(t_l,t_0) \end{bmatrix}, V = \begin{bmatrix} V_1 \\ \vdots \\ V_l \end{bmatrix} \quad (2.12)$$

至此,卫星定轨问题就成为一个状态估计问题,其具体提法是:利用带有随机观测误差 V_i($i=1,2,\cdots,l$)的一测量序列 $Y_1, Y_2, \cdots, Y_l$ 和已知的初始状态 x_0,确定在某种意义下初始状态 x_0 的改正量 X_0 的"最优"估值 $\hat{X}_0$。

2.2.2 对地观测卫星轨道的精度评定

由于对地观测卫星轨道的真值是未知的,通过卫星跟踪观测值确定的轨道不可避免地存在一定的误差,因此需要通过一系列的检验手段来评定卫星轨道的精度。目前,轨道精度评定的常用手段主要有以下几种。

1. 多余观测值残差检验

通常,确定卫星轨道的观测值要多于所需的最少观测值,往往需要通过最小二乘原理来确定唯一的结果,这样观测值就会存在一定的残差。例如利用星载 GPS 载波和伪距确定低轨卫星动力学轨道时,无电离层载波组合观测值的残差在 5~8mm,无电离层伪距组合的残差在 0.5~0.8m。该方法主要是检验观测值的相互吻合程度,从一定程度上反映了卫星轨道确定的精度。

2. 重叠轨道的比较

卫星轨道的确定需要分弧段进行,这样相邻弧段在连接处就存在一定的差异,而这种差异在一定程度上反映了卫星轨道的精度。为了进一步评定卫星轨道的精度,特意地使相邻的弧段之间存在一定时间的重叠,这样通过统计重叠弧段中卫星轨道的差异来评价卫星轨道的精度。这种方法通常用来检验动力学卫星轨道,反映了卫星动力学模型的精度和不同时段观测值之间的吻合程度。

3. 不同跟踪系统观测值的检验

对于搭载多类观测系统设备的卫星,我们可以利用一种观测值来确定卫星的轨道,而另一种观测值用来检验卫星轨道的精度。例如对于 CHAMP、GRACE 和 Jason 1 卫星,由于这些卫星搭载了 GPS 接收机和 SLR 反射镜,可以首先利用 GPS 观测值确定卫星的轨道,然后利用 SLR 来检验卫星轨道的精度。

4. 不同机构基于不同方法解算结果的比较

由于观测值和卫星的力学模型均可以有不同的模型和研究成果,利用同一组观测值,采用不同的定轨方法和数据处理策略可能得到不同的定轨结果。国际上不同研究机构利用不同精密定轨软件发布的同一卫星的定轨结果往往存在一定的差异,这些差异在一定程度也反映了卫星的定轨精度。

以上卫星轨道精度评定中前两种属于内符合精度,第3种是外符合精度,第4方法由于采用的观测模型改正、动力学模型均存在一定的差异,因此也可以认为是外符合精度检验。从以上的精度评定方法来看,提高卫星定轨精度最主要渠道是提高观测值模型化的精度和精化动力学模型,因此我们将进一步讨论对地观测系统观测的精确模型化和动力学模型的建立、精化和补偿。

2.2.3 几何观测值的精确模型化

跟踪卫星的观测值是卫星精密定轨的唯一几何信息,其系统误差将直接影响到卫星的定轨精度。除了仪器设备内部延迟改正外,观测信号发射和接收期间需要穿过大气层,所以大气层改正必不可少。同时,由于通常的卫星轨道为卫星质心的轨迹,因此星载设备与卫星质心之间也需要改正。由于地球重力场和卫星与地球的相对运动所引起的相对论效应,地面跟踪台站也受地壳运动以及相关地球物理现象的影响,也需要进一步改正,因此以上4类观测值的改正将必须考虑。下面以GPS观测值为例讨论观测值的精确模型化。

1. 大气传播延迟改正

从地表至离地面约80km高的这一层大气中,原子和分子处于中性状态,称之为中性大气层,也可称为对流层。中性大气层使得电磁波的传播时间增加,称为中性大气延迟,在天顶方向就可达2m左右,并随着天顶距的增加而加大。中性大气延迟分两个部分,由所有大气分子的偏振位引起的称为干项,由水气分子偶极距引起的称为湿项。其中干项比较稳定,用适合的模型可以很好地改正,湿项引起的附加延迟要小很多,只有几十厘米,其变化很不规则,没有高精度的改正模型。常用的中性大气层延迟改正模型有 Hopfield 模型、Saastamoinen 模型、Chao 模型、Marini 模型。它们对干空气项改正可至厘米级,而湿项可以采用一个待估参数的方法来处理。

距离地球表面约80~1000km的这层大气,由于太阳辐射,其中的原子被电离成大量的正离子和电子,构成电离层。电波通过电离层产生的时间延迟为:

$$\Delta \tau(f) = \frac{cr_0 N_e}{2\pi f^2} \tag{2.13}$$

式中,f 为观测频率;c 为光速;N_e 为传播路径上的电子总含量;r_0 为经典电子半径。

由于 N_e 与太阳辐射有关,昼夜可相差一个量级,很难用模型精确表示。但由于传播时间延迟与频率的平方成反比,故可以用双频观测来改正。

2. 相对论效应改正

由于在GPS卫星和低轨卫星及地面站的引力位差,卫星钟比测站钟快,这个效应可分为常量漂移和周期漂移。常量部分已在星钟发射前通过降低频率来消除。周期漂移部分可表示为:

$$\Delta \rho_{srel} = \frac{2}{c}(\bar{r}_l \cdot \bar{v}_l - \bar{r}_h \cdot \bar{v}_h) \tag{2.14}$$

其中:$\Delta \rho_{srel}$ 为狭义相对论改正;$\bar{r}_l$、$\bar{v}_l$ 为测站(地面站和低轨卫星)的位移和速度;$\bar{r}_h$、$\bar{v}_h$ 为GPS卫星的位移和速度。

由于光速在经过一个很大的质体时会减慢,由此而引起的延迟可表示为:

$$\Delta\rho_{\text{grel}} = (1+\gamma)\frac{GM_e}{c^2}\ln\left(\frac{r_{\text{tr}}+r_{\text{rec}}+\rho}{r_{\text{tr}}+r_{\text{rec}}-\rho}\right) \tag{2.15}$$

其中,$\Delta\rho_{\text{grel}}$ 为广义相对论延迟;γ 为后牛顿参数(Post-Newtonian Parameter);$\gamma=1$ 为广义相对论;GM_e 为地球重力常数;ρ 是未被改正的 GPS 卫星与接收机的距离;r_{tr} 为 GPS 卫星位置;r_{rec} 为接收机位置。

3. 相位中心改正

GPS 卫星的发射天线和低轨卫星的接收机的相位中心与其质量中心均有一定的偏离,因此有必要作天线偏差改正。这一偏差可以在星固坐标系中描述,一般可表述为$(\Delta X_{\text{sat}}, \Delta Y_{\text{sat}}, \Delta Z_{\text{sat}})$,不同的卫星有不同的值。此相位中心改正在地固坐标系下为:

$$\Delta \boldsymbol{R}_{\text{sat}} = (e_X, e_Y, e_Z)\begin{bmatrix}\Delta X_{\text{sat}}\\ \Delta Y_{\text{sat}}\\ \Delta Z_{\text{sat}}\end{bmatrix} \tag{2.16}$$

其中,e_X、e_Y、e_Z 为星固坐标系的坐标值在地固坐标系的单位方向,表示为:

$$e_X = \frac{-r}{|r|}, \quad e_Y = \frac{r\times(r-r_{\text{SUM}})}{|r\times(r-r_{\text{SUM}})|}, \quad e_Z = \frac{e_Y \times e_Z}{|e_Y \times e_Z|}$$

其中,r 为卫星质心坐标;r_{SUM} 为太阳质心坐标。

4. 地面台站位置改正

如果采用星地双差载波相位和伪距测量,则由地壳运动而引起的地面站坐标变化不得不考虑进去。在这些影响中潮汐影响和地壳板块运动的影响最为显著。

由潮汐引起的台站变化可以分为 4 个部分:

$$\Delta_{\text{tide}} = \Delta_{\text{dtide}} + \Delta_{\text{ocean}} + \Delta_{\text{rotate}} + \Delta_{\text{air}} \tag{2.17}$$

其中,Δ_{tide} 为潮汐改正;Δ_{dtide} 为固体潮汐改正;Δ_{ocean} 为海洋潮汐改正;Δ_{rotate} 为极潮汐改正;Δ_{air} 为大气负荷载潮汐改正。

固体潮改正参考文献(McCarthy,1996),而在(Yuan,1991)中有关于固体潮、海潮、极潮汐和大气负荷载的详细描述。

板块运动引起的台站绝对位置移动可根据绕地固坐标系 3 个轴的旋转角 Ω_X、Ω_Y、Ω_Z 确定,具体可参考 NNR-NUVEL1A 模型(DeMets,1994)。改正量可以表示为:

$$\Delta \boldsymbol{R} = (t-t_0)\begin{bmatrix}0 & -\Omega_Z & \Omega_Y\\ \Omega_Z & 0 & \Omega_X\\ -\Omega_Y & \Omega_X & 0\end{bmatrix}\boldsymbol{R} \tag{2.18}$$

式中,t 是计算的时刻;t_0 是台站给出坐标的参考时刻;$\boldsymbol{R}$ 为地固坐标系中台站坐标。

2.2.4 卫星动力学模型的建立、精化和补偿

卫星运动过程中的受力可以归结为为保守力和非保守力两类。以下分别阐述卫星的保守力和非保守力摄动模型(以加速度表示)。

保守力和非保守力都不可避免地存在一定的误差,为了防止模型误差随着卫星运动而累积,一方面需要对模型(如大气阻力和太阳光压模型等)的尺度参数进行估计,另一方面需要利用经验力模型对上述力学模型进行补偿。

1. 保守力摄动模型

各种保守力加速度可以表示为：

$$\bar{a}_g = \bar{p}_{geo} + \bar{p}_{st} + \bar{p}_{ot} + \bar{p}_{rd} + \bar{p}_n + \bar{p}_{rel} \tag{2.19}$$

式中，$\bar{p}_{geo}$ 为地球重力场引起的加速度；$\bar{p}_{st}$ 为地球固体潮引起的加速度；$\bar{p}_{ot}$ 为海洋潮引起的加速度；$\bar{p}_{rd}$ 为转动变形引起的加速度；$\bar{p}_n$ 为太阳、月亮和行星引起的第三体引力加速度；p_{rel} 为广义相对论引起的加速度。

地球固体潮汐、地球自传、第三体引力和广义相对论引起的加速度已经较为可靠地模型化，其变化趋势较为稳定，模型精度已经可以满足精密定轨的要求。CHAMP 和 GRACE 卫星计划的实施，使对卫星运动影响最为显著的地球重力场模型得到了一至两个数量级的精化，目前，EIGEN GL04C 和 GGM02C 重力场模型以及 JPL 即将发布的 EGM2006 模型都将极大地改善目前的低轨卫星精密定轨的精度。法国的 FES2004 模型对海洋潮汐的描述在 100 阶次尺度的大地水准面精度达到了 1~3mm 的精度，可以满足精密定轨需求。

2. 非保守力摄动

非保守力对卫星的摄动可以描述为：

$$\bar{a}_{ng} = \bar{P}_{drg} + \bar{P}_{solar} + \bar{P}_{earth} + \bar{P}_{thermal} \tag{2.20}$$

式中，$\bar{P}_{drg}$ 为空气阻力摄动；$\bar{P}_{solar}$ 为太阳辐射光压摄动；$\bar{P}_{earth}$ 为地球辐射摄动；$\bar{P}_{thermal}$ 为热辐射压摄动。

由于这些表面力模型与卫星轨道的高度、卫星的姿态及几何形状紧密相关，因此各类卫星的模型不完全一致。对于低轨对地观测卫星来说，大气阻力摄动最为显著，是影响定轨精度最主要的因素；而对于高轨卫星，太阳辐射光压模型摄动相对显著。

3. 经验力摄动和动力学模型误差的补偿

卫星运动过程中受力非常复杂，非保守力未能模型化得很好，通常在切向尤为突出，因此在很多文献中均在切向附加了经验力，并通过频繁调节来弥补模型误差，但实际上很多卫星，特别是低轨近极卫星径向和法向的模型误差也很复杂。本文针对低轨卫星的动力环境，在径向、切向和法向均增加了经验参数，并随着时间作线性变化。

未能模型化的在径向、切向和法向的周期性摄动（RTN）可以用以下公式来模型化：

$$\bar{P}_{rtn} = \begin{bmatrix} P_r \\ P_t \\ P_n \end{bmatrix} = \begin{bmatrix} C_r \cos u + S_r \sin u \\ C_t \cos u + S_t \sin u \\ C_n \cos u + S_n \sin u \end{bmatrix} \tag{2.21}$$

式中，P_r 为周期性径向摄动；P_t 为周期性切向摄动；P_n 为周期性法向摄动；u 为卫星纬度；C_r、S_r 为周期性摄动径向参数；C_t、S_t 为周期性摄动切向参数；C_n、S_n 为周期性摄动法向参数。上述经验力参数是吸收模型误差的有效方法，在实际定轨过程中，需要考虑分段估计，通常在卫星运行每一周求解一次，特称为"One-Cycle-Per-Revlution"参数。

虚拟随机脉冲加速度（Pseudo-Stochastic-Pulses），即在给定历元对卫星的速度作微小变化，但并不改变位置，该方法由 CODE 最先应用于 GPS 卫星轨道。其最大的优点是：这些参数对初始参数的偏导数，可以很方便地由已有参考轨道及相应卫星位置和速度对初始参数的偏导数线性组合而成。能非常简便地在精密定轨中实现，而且不用增加积分器的维数，一次积分就可以任意改变脉冲加速度的时间间隔。这个方法在慕尼黑工大的精密定轨程序中得到了广泛的应用，取得了很多高精度的结果。

2.3 定轨方法及精密定轨软件设计

2.3.1 精密定轨方法比较

由于 GPS 的出现,使低轨卫星长时间的三维覆盖连续观测成为可能,大量全球覆盖的 GPS 观测信息使定轨方法得到了充分的发展。TOPEX 卫星的精密定轨任务促成了多种定轨方法的建立和应用,上百篇文献详细讨论了基于 TOPEX 数据的精密定轨问题(Schutz,1994; Yunck,1994a,1994b; Tapley,1994; Smith,1996; Willis,2003)。随后在更低轨道的 CHAMP 卫星中各种定轨方法均得到了应用(Kuang,2001; Kang,2002; Gerlach,2003; Koenig,2003; Moore,2003)。目前国内外低轨卫星的定轨方法可主要归结为以下三类。

1. 几何学定轨方法(Yunck,et al,1985;Bisnath, et al,1999;胡国荣,2001)

只适用于 GPS 定轨,是利用星载 GPS 接收机所接收的伪距和相位观测数据(4 颗以上的 GPS 卫星)进行定位计算,给出接收机天线相位中心的位置(即相应卫星的位置)。几何法得到的轨道是一组离散的点位,连续的轨道必须通过拟合方法给出。由于几何法不涉及卫星运动的动力学性质,所以它不能确保轨道外推的精度。

2. 动力学定轨方法(Schutz, et al. 1994; Rim, et al,1996a,1996b; Koenig, et al,2003; 张飞鹏,2001;赵齐乐,2004;赵齐乐,等,2005)

根据卫星的动力学模型,通过对其运动方程的积分将后续观测时刻的卫星状态参数归算到初始位置,再由多次观测值确定初始时刻 t_0 的卫星状态 x_0。动力学定轨法受到卫星动力模型误差的限制,例如地球引力模型误差、大气阻尼模型误差等,因此在利用连续的全球性高精度 GPS 观测资料定轨时,可以通过附加经验力模型,并频繁调节动力模型参数来吸收动力模型误差,也可对重力场位系数进行估计实现纯动力学定轨。

3. 简化动力学定轨方法(Wu, et al,1991; Yunck, et al,1994a,1994b; Visser, et al, 2002;赵齐乐,2004)

该方法充分利用卫星的几何和动力信息,通过估计载体加速度随机过程噪声(一般为一阶 Gauss-Markov 过程模型),对动力信息相对于几何信息作加权处理,利用过程参数来吸收卫星动力学模型误差。即通过增加动力模型噪声的方差 σ_i^2,增加观测值在解中的作用。当 $\sigma_i^2=0$ 时,该方法转化动力定轨方法;当相关时间 $\tau=0$,σ_i^2 取一大值时,该方法则转化为运动学定轨方法。

以上三类定轨方法的区别主要是如何平衡几何和动力信息,在处理 GPS 数据时,考虑到载波观测值和伪距观测值的特性,Svehla 等分析了不同的差分模式以及各种观测值组合条件下的精密定轨结果,在合理固定整周模糊度的情况下的轨道精度略高于实数解轨道精度(Svehla, et al, 2002)。Bock 等提出了利用连续历元间差分而不用求解模糊度的方法(Bock et al, 2000),这种方法避免了大量模糊度参数的求解,但要求非常严格的观测值预处理。综合已发表的文献和各著名研究机构发布的成果可知,简化动力学精密定轨方法能有效平衡卫星的动力模型信息和几何观测信息(Wu, et al,1991; Yunck, et al,1994b;刘经南等,2004),是目前使用广泛的定轨方法。简化动力方法定轨可以通过两种方式实现:一种是附加分段随机加速度与动力学参数同时求解,这种方法与频繁调节线性经验力模型参数(有的学者也将该方法称为简化动力学定轨方法(Svehla, et al, 2002)的思路基本一致;另一种方式是先求出动力学轨道后作为初值,然后利用限制加速度方差的方法,采用随机滤波的方式逐个历元地估计卫星的位置和速度,这种方法由于利用了动力轨道进行了加权,因此具有平衡动力信息和几何信息的能力。

通过以上对各种精密定轨方法的比较可知,简化动力学方法确定的卫星轨道的精度最可靠,适用于大多数对地观测卫星的精密轨道确定。几何法轨道由于不受卫星的动力学模型的影响,可以用以反演地球重力场模型。我国目前的对地观测卫星主要还是应用于资源、遥感以及海洋监测等领域,因此采用简化动力学精密定轨最为合适。

2.3.2 对地观测卫星精密定轨软件的初步设计

由于对地观测卫星对卫星轨道的要求较高,往往搭载多类跟踪系统的设备,因此,对地观测卫星精密定轨软件将具备处理多类观测值的能力;同时软件需要具备动力学精密定轨的功能,具备优化和补偿动力学模型的能力。由于几何学方法定轨软件的基本流程比较简单,本文不再赘述。以下主要介绍动力学(或简化动力学)方法精密定轨软件初步设计的一般流程。

考虑到我国对地观测卫星将主要搭载自主研制的星载设备,观测记录将没有国外成熟设备那样稳定,因此要求软件具有非常强的数据质量控制模块,而且相关辅助分析工具模块也必不可少。因此该软件的设计将采用模块化设计的思想,各主要功能模块可以独立运行和进行检测,整个软件可以分为基础功能模块和辅助工具模块。处理的一般流程如图 2.2 所示。模块的组成如图 2.3 所示,其基础功能模块包括数据预处理模块、观测值线性化与建模模块、轨

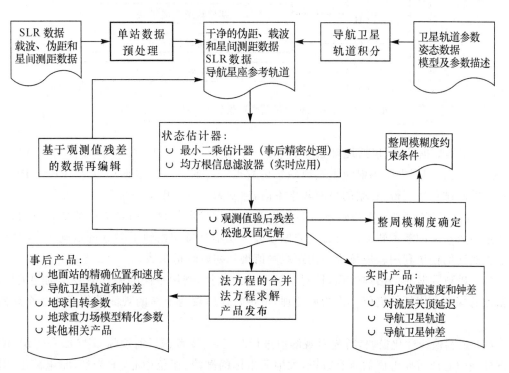

图 2.2 对地观测卫星精密定轨软件数据处理流程图

道积分模块、均方根(或平方根)信息滤波模块、最小二乘估计模块、整周模糊度固定模块和基于残差的数据再编辑模块等;辅助工具模块包括轨道比较模块、轨道动力学拟合模块、初始轨道生成模块、数据转换模块和报表图形输出模块等。

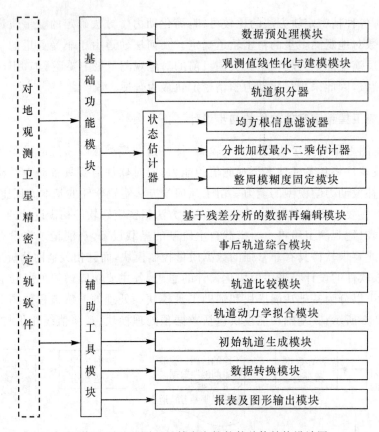

图 2.3 对地观测卫星精密定轨软件总体结构设计图

(1) 基础数据准备,包括地球自转、极移和章动参数、引力场系数、日月及主要行星的星历,必要时需要用到太阳辐射流量及地磁辐射数据等。通常基础数据可以从 IERS、JPL 等研究机构的网站免费获得,数据的更新频率不高,通常为 3 个月更新一次。

(2) 轨道积分模块利用初始轨道参数以及力模型参数的设置信息进行数值积分,得到初始轨道参数对应的参考轨道以及相应的偏导数。在不具备初始轨道参数的情况下,初始轨道参数生成辅助模块利用较短弧段的伪距观测值得到初始轨道参数。

(3) 观测数据的单站预处理,针对载波和伪距数据,利用不同频率观测数据的相关性,实施粗差的探测和周跳的定位。作为后处理,可将处理后较为干净的观测数据存为一个新的文件。

(4) 观测值线性化模块,首先对观测值进行改正,需要考虑目前国际 GPS 服务组织(IGS)数据处理中心所需要考虑的所有改正,如地面坐标的潮汐、相位中心、地壳运动;电离层、对流层传播延迟改正以及卫星的相位中心、激光反射镜的归心改正等,然后针对所选择的不同参数实施偏导数计算。

(5) 参数估计器联合观测值线性化模块所生成的偏导数以及验前残差(初始值和观测数据的差值),以及轨道积分器生成的参考轨道及其偏导数建立法方程,求解初始轨道及动力学参数等,并根据需要恢复随机参数以及观测值残差,生成初步的求解结果。

(6) 基于残差分析的数据再编辑模块,通过对估计器生成的验后残差进行统计分析,对于一些残差超限的观测数据进行删除或者标记,形成控制文件,以便在状态估计器重新估计时,剔出超限观测值或者对其进行降权处理。

(7) 利用状态估计器得到优化的卫星轨道6参数及动力模型参数重新积分,可以得到精密定轨结果以及预报卫星轨道,如果需要得到卫星的广播星历,对积分得到的离散轨道进行拟合即可。

(8) 上述为单弧段的精密定轨过程,利用单弧段解积累的不同弧段的法方程,通过对所包含的参数进行约化和转换以及法方程的合并,可以得到统一的法方程,求解该法方程可以将多个较短弧段合并成一个连续的长弧段(如将7个单天解的结果合并成一条较为稳定且连续的7天弧段轨道)。

2.4 小 结

中低轨卫星是高精度对地观测领域中最为重要的平台,广泛应用于资源遥感、大气探测、海洋探测、重力场探测、军事应用等涉及国计民生的重要领域。比较有代表性的有成系列的遥感卫星,海洋测高卫星 TOPEX 和 Jason-1 等,星载激光测高卫星 ICESAT,以及我国的系列海洋卫星等。另外,精确的卫星轨道还被直接用于探测地球自转变化、地球质量变化和大气环境监测等,例如 Lageos 卫星,CHAMP 和 GRACE 重力卫星计划,COSMIC 掩星探测计划等。卫星轨道的精度将直接影响对地观测卫星的应用水平,所以中低轨卫星高精度定轨是高水平卫星应用的必要前提,中低轨对地观测卫星的精密定轨已经并将一直是地学界研究的热点问题。

参 考 文 献

韩潮,谭田,杨宇.2003.编队飞行卫星群构型保持及初始化[J].中国空间科学技术,(2):51-57.
胡国荣.1999.星载 GPS 低轨卫星定轨理论研究[D].武汉:中国科学院测量与地球物理研究所.
李晨光,韩潮.2005.编队飞行卫星群相对轨道测量研究[J].北京航空航天大学学报,31(6):614-617.
林来兴.2000.发展我国小卫星星座和测控技术[J].飞行器控制学报,19(3):17-22.
刘经南、赵齐乐、张小红.2004.CHAMP 卫星的纯几何定轨及动力平滑中的动力模型补偿研究[J].武汉大学学报(自然科学版),2004(1):1-7.
王世练.2003.编队飞行小卫星群的相对自主定轨算法研究[J].中国空间科学技术,(2):28-32.
王兆魁,张育林.2004.分布式卫星群构形初始化控制策略[J].宇航学报,25(3):334-337.
张飞鹏,黄珹,廖新浩.2001.综合多种观测技术精密确定海洋卫星 ERS-2 的轨道[J].科学通报.46(14):1227-1238.
赵军,肖业伦.2003.用于对地观测定位的编队飞行卫星群轨道构形设计[J].宇航学报,24(6):563-568.
赵齐乐.2004.卫星导航星座及低轨卫星精密定轨理论和软件研究[D].武汉:武汉大学.
赵齐乐,刘经南,葛茂荣,施闯.2005.用 PANDA 对 GPS 和 CHAMP 卫星精密定轨[J].大地测量与地球动力学,25(2):113-119.

Bae T, Grejner-Brzezinska D. 2006. An Efficient LEO Precision Orbit Determination For GPS Meteorology. American Geophysical Union, Fall Meeting.

Bisnath, S. B. and Langley, R. B., 1999, Precise, efficient GPS-based geometric tracking of low Earth orbiters. Institute of Navigation, Annual Meeting, 55th, Cambridge, MA; pp. 751-760.

Bock, H. U., Hugentobler, T. A., Springer, and G. Beutler, 2000, Efficient Precise Orbit Determination of LEOSatellites Using GPS, presented at COSPAR, Warsaw. 2000.

Bruinsma, S., Tamagnan, D., Biancale, R., 2004, Atmospheric densities derived from CHAMP/STAR accelerometer observations. Planetary and Space Science, 52(4): 297-312.

Ge, M., Gendt, G., Dick, G., Zhang, F. P., Rothacher, M., 2006, A new data processing strategy for huge GNSS global networks. Journal of Geodesy 80(4):199-203. DOI: 10.1007/s00190-006-0044-x.

Gerlach, C., Foeldvary, L., Svehla, D., et al., 2003, A CHAMP-only gravity field model from kinematic orbits using the energy integral. Geophysical Research Letters, 30(20), Oct. 2003.

Kang, Z, Tapley, B., Bettadpur, S., Ries, J., Nagel, P., Pastor, R., 2006, Precise orbit determination for the GRACE mission using only GPS data. Journal of Geodesy 80(6):322-331. DOI: 10.1007/s00190-006-0073-5.

Koenig, R., Reigber, C., Neumayer, K. H., 2003, Satellite dynamics of the CHAMP and GRACE leos as revealed from space- and ground-based tracking. Advances in Space Research, 31(8): 1869-1874.

Kuang, D., Bar-Sever, Y., Bertiger, W., 2001, Precise orbit determination for CHAMP using GPS data from BlackJack receiver. Look at the changing landscape of navigation technology; Proceedings of the Institute of Navigation 2001 National Technical Meeting, Long Beach, CA; 22-24 Jan. 2001. pp. 762-770.

Luthcke, S. B., N. P. Zelensky, D. D. Rowlands, F. G. et al, 2003, The 1-centimeter Orbit: Jason-1 Precision Orbit Determination Using GPS, SLR, DORIS and Altimeter data, Marine Geodesy, Special Issue on Jason-1 Calibration/Validation, Part 1, Vol. 26, No. 3-4, 2003, pp. 399-421.

McCarthy, D. (ed.), 1996, IERS Conventions 1996, Paris Observatory, 1996.

Moore, P; Turner, J. F., Qiang, Z., 2003. CHAMP orbit determination and gravity field recovery. Advances in Space Research. 31(8):1897-1903.

Oza, D. H., Feiertag, R. J., Doll, C. E., 1995, Assessment of semiempirical atmospheric density models for orbit determination Proceedings of the 5th AAS/AIAA Spaceflight Mechanics Conference, Albuquerque, pp. 21-42. 1995.

Rim, H. J., Davis, G. W., Schultz, B. E., 1996a. Dynamic orbit determination for the EOS Laser Altimeter Satellite (EOS ALT/GLAS) using GPS measurements. Proceedings of the AAS/AIAA Astrodynamics Conference, Halifax, Canada; pp. 1187-1201. 1996.

Rim, H. J., Davis, G. W., Schutz, B. E., 1996b. Gravity tuning experiments for the precise orbit determination of the EOS altimeter satellite (EOS ALT/GLAS) using the GPS tracking data. Proceedings of the 6th AAS/AIAA Spaceflight Mechanics Conference, Austin, TX; 12-15 Feb. 1996. pp. 1131-1147. 1996.

Rim, H., Kang, Z., Nagel, P., Yoon, S., et al., 2002, CHAMP precision orbit determination. Advances in the Astronautical Sciences. 2002.

Schutz, B., Tapley, B., Abusali, P., and Rim, H., 1994, Dynamic orbit determination using GPS measurements from TOPEX/POSEIDON. Geophys. Res. Lett., 19, pp. 2179±2182.

Smith, A. J. E,. E. T. Gesper, D. C. Kuijper, et al, 1996, TOPEX/POSEIDON orbit error assessment, Journal of Geodesy, 1996, 70:546-553.

Svehla, D. and M. Rothacher, 2002, Kinematic and Reduced-Dynamic Precise Orbit Determination of Low Earth Orbiters. Paper presented at EGS2002, Nice France.

Tapley, B. D., J. C. Ries, G. W. Davis, et. al., 1994, Precision Orbit determination for TOPEX/POSEIDON, Journal of Geophysical Research, 99(C12): 24383-24404.

Visser, P., Scharroo, R., Ambrosius, B. A. C., 2002, Application of ERS-2 PRARE data for orbit determination and gravity field and station coordinate estimation, Advances in Space Research. 2002.

Willis, P., Haines, B., Bar-Sever, Yo, Bertiger, W., 2003, Topex/Jason combined GPS/DORIS orbit determination in the tandem phase. Advances in Space Research (0273-1177), vol. 31, no. 8, Apr. 2003, pp. 1941-1946.

Wu, S. C., T. P. Yunck and C. L. Thornton, 1991, Reduced-dynamic technique for precise orbit determination of low earth satellites J. Guidance, Control and Dynamics ,14,pp. 24-30.

Yuan, D., 1991, The determination and error assessment of the Earth's gravity field model, PhD Dissertation, The Univ. of Texas at Austin, May, 1991.

Yunck, T. P., 1994a, GPS precise tracking of TOPEX/POSEIDON, Results and implications. Journal of Geophysical Research 99(C12). 24449-24464.

Yunck, T. P., S. C. Wu, W. I. Bertiger, et al., 1994b. First assessment of GPS-based reduced dynamic orbit determination on TOPEX/POSEIDON(1994), Geophysical Research Letter, 21(7):541-544.

Yunck, T. P., G. M., William and C. L. Thornton, 1985, GPS-based satellite tracking system for precise positioning, IEEE transactions on Geoscience and Remote sensing,1985,GE-23(4):450-457.

Yunck T. P., S. C. Wu and J. T. Wu, 1986, Strategies for Sub-Decimeter Satellite Tracking with GPS, Proceedings of IEEE Position, Location, and Navigation Symposium 1986,Las Vegas,Nevada,U. S. A., 4-7 November ,Institute of Electrical Electronics Engineers,Inc. ,New York ,U. S. A. ,122-128.

Zhao, Q., Ditmar P., Liu X., Klees R. 2007, High precise kinematic orbit determination of CHAMP and GRACE satellites for gravity field modeling. IUGG meeting 2007, Perugia, Italy.

第3章 恒星定姿

□ 江万寿 谢俊峰

卫星本身的位置和姿态无疑是影响对地观测卫星获取图像精度的最重要因素,如何确定任意时刻卫星的姿态?恒星定姿就是利用恒星确定飞行器姿态的技术,它已经成为高分辨率卫星自主定姿的关键,包括星敏感器的设计、误差来源分析、高精度恒星像点的提取、星图的识别算法和星表设计、恒星相机在轨标定等。

3.1 恒星定姿的原理与现状

3.1.1 恒星定姿的原理

恒星定姿是通过恒星相机对恒星摄影,利用摄取的恒星影像确定飞行器(如卫星)的姿态的方法和技术。如图 3.1 所示,恒星 S_1、S_2、S_3 经过恒星相机的镜头在 CCD 上成像,构成恒星图形(星图),经过与恒星数据库比对识别出星图后,根据恒星的像点坐标和恒星的天球坐标可以计算出恒星相机在天球坐标系中的姿态,再由恒星相机与卫星本体的安装角就可以确定卫星的三轴瞬时姿态。

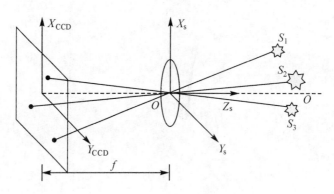

图 3.1 恒星成像与定姿原理

用于恒星定姿的仪器称为星敏感器,一般由恒星相机、姿态计算处理器和处理软件等构成。其中,恒星相机负责恒星影像的获取,处理软件负责恒星像点的提取、星图识别和姿态计算。

3.1.2 星敏感器的发展与现状

从应用角度来看,星敏感器可以分为星扫描仪(Wong,1980)、星跟踪器(Van Bezooijen,

1985)、星图仪(Eisenman,1998)等三类(林涛,1999)。其中,星扫描仪一般用于自旋飞行器的姿态校正;星跟踪器大多用于空间飞行器的精确制导与天文观测;星图仪一般用于三轴稳定飞行器的姿态确定及卫星大地摄影测量。

星敏感器最早在20世纪40年代末到50年代初研制成功,主要用于飞机和导弹的制导。60年代,星敏感器开始应用于卫星及其他空间飞行器。一般采用析像管作为探测器件,如小型卫星(SAS-C),由于析像管使用聚焦和偏移线路的模拟器件,经过严格的校正后,姿态测量精度才达到30角秒(王晓东,2003)。20世纪70年代初,电荷耦合器件(CCD)的出现极大地促进了CCD星敏感器的研制和发展,早期的CCD星敏感器的姿态精度一般都达到几十角秒。20世纪90年代,已研制出具有高可靠性、小型一体化、自主性强、大视场、高数据更新率、高精度等特性的第二代CCD星敏感器,其姿态测量精度一般优于10角秒,一些小视场的星敏感器精度达到或优于1个角秒,如美国JPE CCD敏感器。近几年出现的CMOS APS(有源像元图像传感器),将会使星敏感器的发展出现新的飞跃(李杰,2005)。

当前广为应用的主要是CCD星敏感器。美国、俄罗斯、日本、ESA各国、印度等都已成功研制出各种型号的星敏感器,且在卫星、飞船、航天飞机、空间站上广泛使用。国外多数星敏感器都具备高可靠性、小型一体化、全自主、大视场、高数据更新率、高精度等特性。

国内目前多家单位都在争相研制星敏感器,如航天部研制成功的星敏感器(精度为几十角秒量级)已经于2000年通过空间飞行试验,可以进入实用阶段;成都光电所也研制出星敏感器的地面试验样机;北京天文台研制的小型一体化星敏感器的精度已达10角秒左右。不过,与国外先进水平相比,国内总体水平比较落后(孙才红,2002)。

表3.1列出了国外几种星敏感器产品的指标,可以看出星敏感器的指向精度比滚动角精度高几倍。

表3.1 几种星敏感器精度比较

产品	公司	精度
CNES	法国 MMS	<7.2 arcsec [1σ] pitch/yaw,<36 arcsec [1σ] roll
GNC	意大利 Officine Galileo	<7 arcsec [1σ] pitch/yaw,<55 arcsec [1σ] roll
A-STR	意大利 Officine Galileo	<7 arcsec [3σ] pitch/yaw,<30 arcsec [3σ] roll
ASTRO APS	德国 Jena-Optronik GmbH	<2 arcsec [1σ] pitch/yaw,<15 arcsec [1σ] roll
ASTRO 15	德国 Jena-Optronik GmbH	<1 arcsec [1σ] pitch/yaw,<10 arcsec [1σ] roll

3.1.3 星敏感器的应用

恒星敏感器的应用较为广泛,可以用于火箭、导弹的制导,潜艇、船只的精确定位和测量(李琳琳,2003),航天器的自主定轨(赵黎平,2002)、姿态测量和姿态控制。

除了恒星敏感器外,还有磁强计、地球地平敏感器、太阳敏感器、星敏感器、陀螺仪等(黄福铭,2003)用于姿态测量的敏感器。由于不同的敏感器精度和视场不同,航天器姿态控制一般采用多种类型的姿态敏感器进行组合姿态测量。

从表3-2可以看出,在众多类型的姿态敏感器中,恒星敏感器具有如下优点:

① 测量精度最高。
② 相对于地平敏感器和太阳敏感器,其视场指向不受限制。
③ 相对基于陀螺的姿态测量系统,不受偏差和漂移的影响。

在实际的卫星姿态测量中,为了不间断地获得姿态信息,单一的敏感器并不能满足高精度、高稳定性卫星姿态测量的要求,例如太阳敏感器在卫星进入地球阴影区时便无法工作。因此,姿态控制系统一般采用多种敏感器组合的方式(郑万波,2003),如由一个光学姿态敏感器(地球、太阳、恒星敏感器)和一个惯性敏感器(如陀螺仪)进行组合定姿。光学姿态敏感器在固定的时间间隔内测量飞行器的离散姿态,用于校正惯性敏感器的偏差,而惯性敏感器则在两次绝对校正中间测量姿态的连续变化。

表 3.2　　　　　　几种姿态敏感器的性能及优缺点比较(郑万波,2003)

类　型	优　点	缺　点	精度范围
地球敏感器	适应于近地轨道,信号强,轮廓清晰,分析方便	需要扫描机构,需要防止太阳干扰,受外部因素影响大	$0.03°\sim0.1°$
太阳敏感器	信号强,功耗低,质量轻	有阴影区	$0.01°\sim0.15°$
星敏感器	精度高,自主性强,无移动部件	信号弱,结构复杂,成本高,要防止太阳干扰,星图识别算法复杂	$1''\sim20''$
磁强计	成本低,功耗低,对低轨道卫星灵敏度高	受轨道影响大,在星体内要进行磁清洁	$0.3°\sim3°$
陀螺	自主性强,不受轨道影响,在星体内容易实现	功率大,质量大,易于漂移,有高速旋转部件,易磨损	随机漂移范围:$0.005\sim1(°/h)$

3.2 星敏感器的设计

姿态测量精度是体现星敏感器优劣的指标,因此星敏感器的系统设计主要围绕提高姿态测量精度来进行。

星敏感器系统主要分为硬件和软件两个部分,硬件系统主要负责数据的采集、存储、输出等;软件系统主要负责数据处理。硬件系统主要由光学系统和电路系统组成。光学系统决定了恒星定姿的精度,电路系统主要保证恒星影像噪声抑制,提高星光信号的信噪比。

本节首先介绍星敏感器的硬件和软件的组成,然后分析影响姿态测量精度的因素,最后根据这些因素的分析着重介绍星敏感器的光学系统设计。

3.2.1 星敏感器的软硬件组成

1. 硬件组成

尽管星敏感器硬件组成的划分有很多种,但内部基本组件基本相同,一般由敏感头、电子箱、遮光罩组成(孙才红,2002;李平,2006)。现以文献(李平,2006)中系统结构为例介绍如下。

星敏感器系统结构图如图 3.2 所示,星敏感器的主要部件具体包括如下方面。

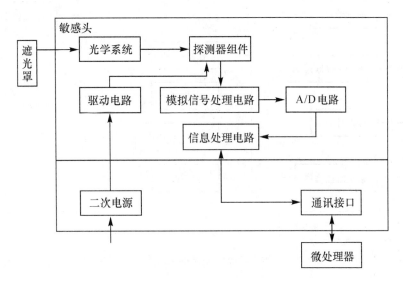

图 3.2 星敏感器系统结构图(李平,2006)

(1) 敏感头

包括光学系统、探测器组件、驱动电路、模拟信号处理电路、A/D 电路、信息处理电路,完成可见光成像、光电转换、信号输出。其中,应根据需要配置温度控制电路,减少探测器暗电流影响,提高信噪比和动态范围。信息处理机根据制导计算机指令进行工作状态控制,同时进行导航星的探测跟踪、星像处理。

(2) 电子箱

包括通信接口、二次电源。电子箱具有总线型通信接口,以保证星上姿态控制计算机与星敏感器之间的数据传输和通信。

(3) 遮光罩

安装在空间飞行器光学窗口与敏感头光学系统入瞳之间,消除太阳、月亮、地球、太空背景等强光源影响,保证敏感头完成对导航星的可见光成像。

(4) 星敏感器的信息处理器

星敏感器的信息处理器由信息处理与姿态控制计算机之间的接口电路,信息处理与成像预处理器之间的接口电路,高速信号处理电路,标准视频信号输出电路等组成。

2. 软件组成

软件系统是恒星定姿系统的另一个重要组成部分。硬件平台确定后,要提高恒星定姿的精度和效率,同样需要软件系统的高效运作。恒星定姿软件系统从功能上大体可以分为三个部分:星图提取模块、星图匹配模块和姿态解算模块。从系统的角度,可以划分得更细,如图 3.3 所示。

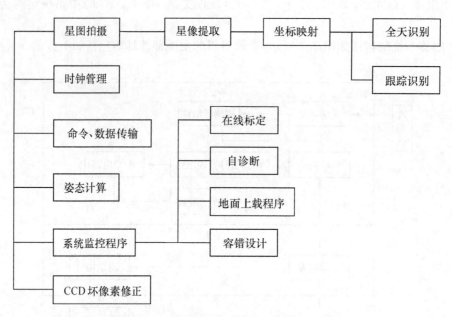

图 3.3 星敏感器软件系统框架（孙才红，2002）

3.2.2 影响姿态测量精度的因素

根据式(3.1)，在得到恒星的影像坐标和天球坐标后，可以通过后方交会计算恒星相机的姿态(王之卓，1979)：

$$\begin{cases} x - x_0 + \Delta x = -f \dfrac{a_1 \cos\alpha \cos\delta + b_1 \sin\alpha \cos\delta + c_1 \sin\delta}{a_3 \cos\alpha \cos\delta + b_3 \sin\alpha \cos\delta + c_3 \sin\delta} \\ y - y_0 + \Delta y = -f \dfrac{a_2 \cos\alpha \cos\delta + b_2 \sin\alpha \cos\delta + c_2 \sin\delta}{a_3 \cos\alpha \cos\delta + b_3 \sin\alpha \cos\delta + c_3 \sin\delta} \end{cases} \quad (3.1)$$

其中，α 为赤经；δ 为赤纬；(x, y) 为恒星的像点坐标；f 为恒星相机主距；(x_0, y_0) 为像主点；Δx、Δy 为相机畸变差改正；$(a_1, a_2, a_3, b_1, b_2, b_3, c_1, c_2, c_3)$ 为旋转矩阵的元素。

从式(3.1)可以看出，姿态角的解算精度与恒星像点坐标(x, y)、恒星相机的参数(x_0、y_0、f 和畸变差等)的测定精度有关。实验表明，恒星相机的分辨率和视场的大小、星像点的提取精度、恒星相机的参数精度以及视场内恒星的分布情况都会影响定姿的精度(Xie, 2006)。

一般来说，参与解算的恒星数目越多，恒星相机的角分辨率越高，恒星定姿的精度也越高。其中，恒星数目主要由恒星相机的视场角和"星等"探测能力决定；角分辨率由视场角大小和 CCD 面阵大小决定。但是，恒星相机的角分辨率和可利用的恒星数是互相制约的，不能无限制地提高。在恒星相机的探元尺寸固定的情况下，视场角越大，角分辨率越低；视场角越小，角分辨率越高。因此，视场角的大小保证足够的角分辨率和足够的恒星数目(至少 3 颗)，兼顾星图识别率与定姿精度的平衡。

因此，定姿精度提高主要依赖于恒星相机 CCD 分辨率、星像点定位精度以及恒星相机参数的标定精度的提高。

3.2.3 光学系统设计

CCD 星敏感器光学系统的设计指标是根据所选用的 CCD 芯片的光谱响应、几何尺寸、所需探测的极限星等、极限星等的光谱分布以及内插算法对像质的要求等决定的,其设计参数包括相对孔径、焦距、视场、系统结构形式、弥散圆尺寸、光谱范围及中心设计波长等(卢欣,1994)。

1. 视场(FOV)

视场是星敏感器最重要的参数之一。一般星敏感器的视场对角的变化从几度到超过 30°,当 CCD 像元数一定,而视场变窄时,具有以下特点(陈元枝,2000)。

① 角度分辨率将更高,俯仰和偏航角、横滚角的精度都将线性增加。

② 为保证视场中成像的星数目满足要求,镜头孔径在直径和焦距上将增加,从而使质量增加。

③ 随着孔径的增加,会有更多数量的暗星被测得,导航星表中的星数目也将增加,这意味着星识别的复杂性迅速增加。

因此,为了捕获到更多的恒星以及实时输出姿态,现今星敏感器的设计向着大视场方向发展。处理器的高速化和 CCD 器件的高集成化(像元多)使星敏感器的大视场成为可能。王晓东基于大视场星敏感器进行了相关研究(王晓东,2003)。

2. 光学系统孔径(D)

在探测元件和视频处理电路的性能确定以后,星敏感器所能探测到的极限星等主要取决于其光学系统的通光孔径 D。由于星像点的像面照度与孔径的平方成正比,因此孔径越大,敏感器的灵敏度越高。但随着孔径的加大,光学系统的像差迅速增大。为了获得必需的成像质量,必须对孔径加以限制,即与光学系统的焦距保持一定关系(黄欣,2000)。

3. 光学系统的焦距

假设 CCD 光敏面的尺寸为 $A \times A$,光学系统的焦距为 f,视场为 $\alpha \times \alpha$,则有:

$$f = \frac{A/2}{\tan(\alpha/2)} \tag{3.2}$$

焦距与孔径也有一定的关系,这个关系通常用相对孔径 F 来表示。即 $f = F/D$,F 越小,光学孔径越大,敏感器的灵敏度越高,但设计和加工难度加大,当 F 小到一定程度时,要实现优良的像质是非常困难的(黄欣,2000)。

4. 弥散圆

为使求得的 CCD 上星位置精度更高,即高于一个像元的精度,需对 CCD 上所成的像点进行离焦(弥散),让来自恒星的光扩展地投射到较多紧挨着的像素上,便于星像点提取算法根据每个像元的能量进一步取得亚像元的提取精度。

为了提高星像点提取精度,星敏感器光学系统要求在全视场范围内,在像面上弥散圆的直径分布在一个特定的范围内,能量接近正态分布,要求弥散圆质量中心的色偏差很小。另外还需要校正轴向色差、球差、像差、场曲等。

5. 色差

恒星光谱分布差异很大,从红星到蓝星光谱分布明显,造成像点中心随波长不同而改变的倍率色差,引起像点中心位置偏移和像点能量扩散不对称。为了保证星像点在 CCD 上一定的位置精度,首先需要考虑对其进行校正。吴峰等人在轻小型星敏感器光学系统设计中共采用7个球面透镜,将光栏设在第二、三透镜之间,第一个透镜和最后一个透镜的折射材料采用石英,利用光学面弯向光栏可以起到减小除场曲以外的轴外像差的作用(吴峰,沈为民,2004)。卢欣在光学系统设计时,将光栏设置在第一面,在宽光谱范围内选用耐潮级别在2级以上的无辐射玻璃,平衡像差以满足像质的要求(卢欣,1994)。

6. 光谱范围和中心波长

CCD星敏感器光学系统的工作光谱范围和中心波长是根据所需敏感的恒星光谱及CCD器件的光谱响应曲线确定的。在设计光学系统时,必须综合考虑恒星的光谱分布特性和CCD的光谱响应特性,才能保证敏感器获得尽可能高的灵敏度。黄欣采用综合恒星光谱方法可以确定光学系统中心波长和光谱范围(黄欣,2000)。

7. 光学畸变

光学畸变也是影响系统测量精度的因素之一,一般系统测量精度要求光学系统畸变不大于1/20个像元(卢欣,1994)。王虎等人通过建立畸变校正的数学模型来提高畸变校正精度(王虎,等,2001)。

3.3 软件处理算法

软件处理算法是软件系统的核心,包括星像点提取、星图识别、姿态计算等,它直接关系到恒星定姿的可靠性、精度和速度等性能指标。

3.3.1 星像点提取

星像点的位置精度不仅影响星图识别的成功率,而且关系到姿态精度。由3.2.2节分析可知,减小视场角和探元大小来提高角分辨率是有限的,只能通过星像点提取算法来提高子像素定位精度。

目前,星像点提取算法一般采用内插细分算法。其实现方法是如图3.4所示,通过光学离焦,使恒星成像位置相对强度分布均匀反映到相应像元亮度信号散布上,通过门限剔除图像背景噪声后,由内插算法求出星像点精确位置。

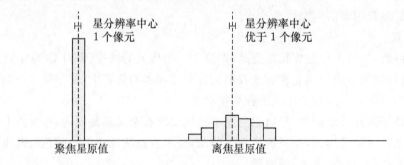

图3.4 星像点采样原理(李平,2006)

内插细分测量的方法较多,典型的有矩心法和高斯曲面拟合法等。

1. 矩心算法

矩心法是以信号光斑的质心作为光斑位置特征点,并采用矩心算法来求信号的质心(李平,2006)。矩心算法先对信号求面积的矩,然后再在区域内作面积平均,如图3.5所示。

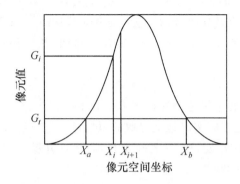

图 3.5 矩心法示意图 (李平,2006)

设CCD输出信号的光电子数为 g_i,x_i 为第 i 个像元对应的空间坐标,积分区域取与闭值 g_i 相对应点 x_a、x_b 之间的区域,其中第 x_i 区域的面积为 $g_i(x_{i+1}-x_i)$,对信号求面积的矩为 $g_i(x_{i+1}-x_i)x_i$,对整个信号的质心 x_0 的估计值 $\hat{x}$ 为:

$$\hat{x} = \frac{\sum g_i(x_{i+1}-x_i)x_i}{\sum g_i(x_{i+1}-x_i)} = \frac{\sum g_i \cdot x_i}{\sum g_i} \tag{3.3}$$

由于矩心法是对信号求面积的矩,然后再在区域内作面积平均,因此,可显著降低每个测量数据对整个信号的影响,有利于消除系统误差,减小随机误差,提高值的稳定性和重复精度。它的这种优越性,使其成为星敏感器信号处理中超精度内插细分技术采用的最主要的算法。

2. 高斯曲面拟合法

由于恒星星点图像可以近似为高斯分布,因此可以用高斯曲面对其灰度分布进行拟合(王广君,房建成,2005)。高斯曲面函数可以表示为:

$$f(x,y) = A \cdot \exp\left\{-\frac{1}{2(1-\rho^2)}\left[\left(\frac{x-x_0}{\sigma_x}\right)^2 - 2\rho\left(\frac{x}{\sigma_x}\right)\left(\frac{y}{\sigma_y}\right) + \left(\frac{y-y_0}{\sigma_y}\right)^2\right]\right\} \tag{3.4}$$

式中,A 为比例系数,代表灰度幅值的大小;(x_0,y_0) 为高斯函数的中心;σ_x、σ_y 分别为 x、y 方向的标准偏差;ρ 为相关系数,一般为简化计算,取 $\rho=0$,$\sigma_x=\sigma_y$。

利用最小二乘法可以计算出高斯函数的中心,即为星体的中心位置坐标。由于充分利用了星像灰度分布信息,高斯曲面拟合计算精度较高,抗干扰能力也较强。

3.3.2 星图识别算法

星图识别是恒星定姿软件中的关键部分,它直接关系到整个软件系统的效率。星图识别根据卫星飞行过程中识别状态分为自主识别和跟踪识别。自主星图识别不需要其他敏感设备(如陀螺仪)提供初始粗姿态,在完全自主工作状态下的识别,具有较高的实用价值。目前大部分星图识别算法都是自主星图识别算法。

星图识别其实质是识别恒星影像上的星像点所对应的恒星是恒星数据库中哪几个恒星。恒星数据库又称为基本星表(须同祺,李竞,2006),该表记录了星号、星名、星等、赤经、赤纬、自行等恒星数据。恒星识别一般通过恒星构成的图形来与预先生成的导航星表进行比对来实现。导航星表是由基本星表根据识别算法所用的比对模式生成的数据库。

根据比对的模式,目前比较流行的星图识别算法有三角形算法、匹配组算法、栅格算法(Scholl 1993;Padgett,Kreutz-Delgado,1997;李立宏,等,2000)等。

最近发展的方法主要有奇异值分解算法(Kalispell,1987;Jer-Nan Junang,2003)、基于遗传算法的方法(李立宏,2000;Lalitha Paladugu,2003)和基于神经网络的算法(Jian Hong,2000;李春艳,2003)等。

1. 三角形匹配算法

三角形匹配算法的核心思想是预先把基本星表中的恒星进行组合,构成三角形模式数据库(三角形导航星表),在定姿时实时地把提取的恒星像点进行组合生成恒星三角形,然后与数据库中的同构三角形进行匹配,唯一地确定所摄影的恒星(Scholl 1993;Padgett,Kreutz-Delgado,1997;李立宏,等,2000)。

图 3.6 显示了三角形星模式识别算法的实现过程。首先从星敏感器实时星图中选取不共线三颗星组成一个待识别的星三角形,通过与导航星表中的星三角形进行比较,在满足匹配约束条件下完成对星模式的识别。

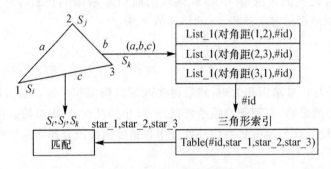

图 3.6 三角形星模式识别算法

星模式识别的三角形算法具体实现过程如下。

(1) 从星图中选出最亮的 a_k 恒星,组成 $C_{a_k}^3$ 个待识别的恒星三角形。

(2) 对每一个星三角形,标记其顶点:三条边对应的星对角距按照升序排列,与导航星表中星对角距进行比较,找出满足差值在 $\pm\varepsilon_d$(角距误差门限)范围内的星对。

(3) 对于上一步得到的每一个星对,确定被标识的敏感器顶点星与对应导航星的星等误差是否在 $\pm\varepsilon_b$(星等误差门限)范围内,如果是,把该导航星对放进匹配表中。

(4) 如果匹配表为空,显示匹配失败;否则,检查是否所有的导航星对在同样的星敏感器视场角范围内。如果不是,在同样的视场角内存在最大的导航星组,认为这一组为识别结果星组。如果不存在最大星组(它们大小一样),显示匹配失败。

2. 匹配组算法

匹配组算法的原理是预先建立两两组合的星对数据库(星对角距导航星表),在定姿时实时地把提取的恒星像点组合成星对,然后与数据库中的星对进行匹配,通过多个匹配的星对(匹配组),唯一地确定所摄影的恒星(Padgett,Kreutz-Delgado,1997)。算法具体实现过程如下。

(1) 从恒星星图中选出最亮的 a_k 个星像点对象。

(2) 将 a_k 个星点对象分别作为顶点星,计算它与相邻星的星对角距,在导航星对角距数据库中找到误差在 $\pm\varepsilon_d$ 范围内的片段。

(3) 对于星图中每一个星组,如果可能,标记每一个片段中星等误差在 $\pm\varepsilon_b$ 范围内的所有导航星,在适当的匹配组中记录每一个片段。

(4) 通过确认匹配组中星对角距关系,找出最大一致匹配组。

(5) 如果不存在最大一致匹配组,或者最大匹配组不充分满足条件,则算法失败;否则匹配组给出导航星和观测星之间正确的对应关系。

3. 栅格算法

图 3.7 中星图识别的栅格算法也是一种直观的方法。其步骤如下:首先选择一颗星 S_i,在以 r 为半径的圆周外找一颗最近的星 S_n;以 S_i 为原点、从 S_i 到 S_n 的方向为 x 轴正向确定一个坐标系统,在该坐标系上定义一个网格:敏感器星图上在模式半径 r_p 范围内的所有观测星投影到这个网格上;网格大小为 $g\times g$,典型情况下分辨率比敏感器 CCD 分辨率小得多;结果模式是简单的位矢量,有观测星的网格值是 1,没有观测星的网格值是 0。这个模式就是星 S_i 的特征。

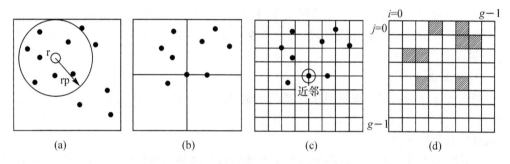

图 3.7 栅格算法中模式建立过程

该算法的具体实现过程如下。

(1) 从恒星星图中选出最亮的 a_k 个星对象。

(2) 对每一个星点对象,找出半径 r_p 外最近的一颗星,确定网格指向,然后利用整个视场形成一个模式。

(3) 找出导航模式中最相近的匹配模式,如果匹配数超过 m,就把敏感器观测星与模式相关联的导航星配对。

(4) 进行类似三角形算法的一致性检测,寻找视场角直径范围内最大识别星组,如果该组大小大于 1,则返回这一组的配对结果;如果不存在最大组,或者不能进行识别,则报告错误。

4. 奇异值分解算法

奇异值分解算法利用观测坐标系下的观测单位列矢量矩阵的奇异值和参考坐标系下相应的参考单位列矢量矩阵的奇异值来进行星模式识别(Kalispell,1987;Jer-Nan Junang,2003)。从数学原理上来说,该算法进行模式识别所用的奇异值相对于坐标变换是不变的,而且对于噪声干扰而言,该算法所用的特征不变量是稳健的。该算法可同时完成星模式识别和飞行器姿态估计。

算法具体原理与过程如如图 3.8 所示,采用星敏感器小孔模型,设 v_i 和 $w_i(i=1,\cdots,N)$ 分别表示天球坐标系下的参考单位矢量和 CCD 星敏感器坐标系下的观测单位矢量,这些矢量满足

$$W = CV \tag{3.5}$$

其中,列矢量矩阵 W 和 V 定义如下:

$$W = [w_1 \quad w_2 \quad \cdots \quad w_N]_{3 \times N}$$
$$V = [v_1 \quad v_2 \quad \cdots \quad v_N]_{3 \times N}$$

C 是方向余弦矩阵,满足关系式: $C^T C = CC^T = I$

对 W、V 进行奇异值分解得:

$$W = P_v \Sigma_v Q_v^T = \sum_{i=1}^{3} p_{vi} \sigma_{vi} q_{vi}^T$$

$$V = P_w \Sigma_w Q_w^T = \sum_{i=1}^{3} p_{wi} \sigma_{wi} q_{wi}^T$$

式中,P_v 和 P_w 是对应左奇异矢量 P_{vi} 和 $P_{wi}(i=1,2,3)$ 的 3×3 正交矩阵;Q_v 和 Q_w 是对应右奇异值 q_{vi} 和 $q_{wi}(i=1,2,\cdots,N)$ 的 $N \times N$ 正交矩阵;$\sum_v$ 和 $\sum_w$ 是对角矩阵,对角线元素 σ_{vi} 和 $\sigma_{wi}(i=1,2,3)$ 是矩阵 V 和 W 的奇异值。对于任意 $N \geq 3$ 个不同矢量,恰好存在 3 个非零奇异值和 3 个左奇异矢量以及 3 个右奇异矢量,使得 W 和 V 的分解唯一(朱长征,2004)。

先利用奇异值进行匹配,成功后带入参考单位矢量 W 和观测单位矢量 V,同时解求方向余弦 C,进而求得视轴指向。

5. 遗传算法

基于遗传算法的星模式识别算法把星模式识别看做一种组合优化问题,并用遗传算法来求解(李立宏,2000;Lalitha Paladugu,2003)。

该算法具体描述如下。

(1) 根据敏感器观测视场内各个观测星得到的角距向量初始化种群,选择控制参数。

(2) 根据个体所包含的角距信息搜索导航星数据库并计算个体适应度值;判断是否匹配成功,匹配成功或已经达到最大遗传代数则退出。

(3) 按照遗传算法原理产生新的种群,重复上一步。

6. 神经元网络算法

按照入射光子量的强度选择一颗最亮的恒星 G_1,对应的模式识别问题变成把观测星图与已知导航星表进行比较,在导航星表中找出一个与观测星图模式一致的已知星模式(Jian Hong,2000;李春艳,2003),于是神经网络就可以用来完成模式识别的最优化问题,就能够使观测星模式与导航星模式进行最优匹配。完成模式识别以后,就可以计算出星敏感器视轴在天球坐标系中的指向。图 3.9 显示了基于神经网络的星模式识别算法(Paladugu, et al, 2003)中特征矢量的构造方法。

利用神经网络方法确定飞行器姿态的关键是获取特征矢量。首先,在视场中选择 10 颗观测星,从中找出最亮的星,称为第一导航星 G_1,求出从第一导航星到其余观测星的距离。如果选择最亮的星时在敏感器星等误差范围内得到两颗或更多的星,则选择离视轴最近的星为第一导航星。第一导航星到其余星的距离按照矢量几何进行计算。第二导航星 G_2 选择距离第一导航星最近的那颗星。把第一导航星与第二导航星的连线作为参考基线,计算其余观测星

与第一导航星连线与该基线的夹角,并计算从第一导航星到其余观测星的矢量。这样,对于整个视场内的10颗观测星,共得到9个r值和9个交角余弦值。于是求得的特征矢量为:

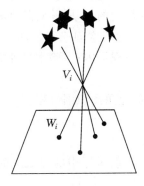
图 3.8 星敏感器小孔模型

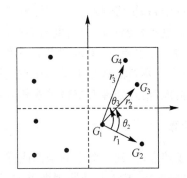
图 3.9 神经网络算法中特征适量的构造

$$\boldsymbol{F}_v = [r_1^2, r_2^2, \cdots, r_9^2, \cos^2\theta_1, \cos^2\theta_2, \cdots, \cos^2\theta_9] \tag{3.6}$$

在得到了特征矢量后,就可以利用神经网络(比如 Kohonen 网络)进行模式识别了。

7. 几种星图识别算法的比较

目前几种主流星图识别算法都存在一些不足,如三角形存贮容量大,不利于快速计算;栅格法对星等存在严重依赖,可靠性低;匹配组算法复杂,匹配速度慢;基于奇异值分解不易设定门限,遗传算法、神经网络算法匹配速度慢等。其优缺点归纳如表 3.3 所示。

表 3.3 常见星图识别算法比较

星模式识别算法	优 点	缺 点
三角形匹配法	匹配简单	以三角形为基元,公共边重复存贮,导航星表容量大且易冗余匹配
栅格法	导航星容量小,识别率高	需 CCD 视场内有较多恒星,对视场和星等灵敏度有严格要求
匹配组	识别准确率可接近100%	算法复杂,在识别过程中所需的运算量和存储容量都比较大
基于奇异值分解的算法	模式识别特别快;模式识别与姿态估计可同时完成;产生最优姿态估计;导航星标相对较小($\leqslant$500KB)	算法原理抽象,不易理解;识别特征不变量不同于星模式,差别甚微,判别门限不易选取
基于遗传的算法	需要预先训练,稳健性好;存储量要求较小	每次使用都要进行一次最优化,精度和速度易收到优化参数的影响
基于神经网络的算法	一旦训练完好,能很快完成模式识别	训练需要较大计算强度;要求很大的训练集合,以完成多种模式识别;精度易受到训练集合大小和训练时间长短的影响;潜在地需要较大存储量来存储权值

3.3.3 跟踪星图识别

在自主星图识别成功实现星图的初始捕获后,星跟踪器信息处理系统将转入星图的跟踪过程。在此过程中,系统将跟踪已识别导航星在敏感器视场内的移动,并对新进入视场的观测星进行识别。该过程强调跟踪的精度与姿态的刷新速率。随着空间飞行器的运动,视场内观测星可能出现的情况主要有:①识别出的观测星仍然保留在视场内;②除主星外的某一颗观测星脱离了视场;③一颗新的观测主星出现在视场内。

针对上述情况,信息处理系统将采取相应的措施,以简化星图识别过程。

3.3.4 姿态计算

星图识别成功后,得到星图中的全部或部分观测星与导航星库中的导航星的一一对应关系,利用这些对应关系,基于共线原理即可进行姿态解算。

如图 3.10 所示,$O\text{-}XYZ$ 为赤经坐标系,$s\text{-}xyz$ 为星敏感器的像空间坐标系。星敏感器的姿态角由赤经 α、赤纬 δ 以及像平面的旋转角 k 组成(王之卓,1979)。

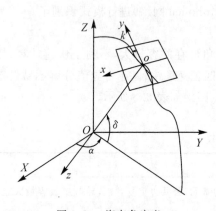

图 3.10 姿态角定义

设某颗导航星的赤经、赤纬分别为 α_i 和 δ_i,则其在赤经坐标系 $O\text{-}XYZ$ 的坐标为 $(L_i, M_i, N_i)^T = (\cos\alpha_i\cos\delta_i, \sin\alpha_i\cos\delta_i, \sin\delta_i)^T$,在星敏感器的像空间坐标系的坐标为 $(x_i, y_i, -f)^T$,其中 f 为星敏感器的焦距,则 $(x_i, y_i, -f)^T = \sqrt{x_i^2 + y_i^2 + f^2} \cdot M_s^T \cdot (L_i, M_i, N_i)^T$,即

$$\begin{cases} L_i a_1 + M_i b_1 + N_i c_1 = x_i / \sqrt{x_i^2 + y_i^2 + f^2} \\ L_i a_2 + M_i b_2 + N_i c_2 = y_i / \sqrt{x_i^2 + y_i^2 + f^2} \\ L_i a_3 + M_i b_3 + N_i c_3 = -f / \sqrt{x_i^2 + y_i^2 + f^2} \end{cases} \quad (3.7)$$

对每一颗构象在星敏感器上的恒星来说,只有 9 个方向余弦 $a_j, b_j, c_j (j=1,2,3)$ 是未知的,每个星像点可列出 3 个这样的方程式。显然,若利用 3 个星像点,可按上式列出 9 个方程式,可解出 9 个方向余弦。而星识别时,至少要有 3 颗星在误差范围内匹配才为比对成功,所以可以利用该方法,进行转换矩阵的计算。当识别星超过 3 颗时,由于存在位置误差,基于最小二乘原理,得到唯一的最小二乘解(丘维声,1999)。

最后根据解求的 9 个方向余弦,即可利用式(3.8)得到天球坐标系下的姿态角:

$$\begin{cases} \alpha = \arctan(b_3/a_3) \\ \delta = \arcsin(-c_3) \\ \kappa = \arctan(c_1/c_2) \end{cases} \quad (3.8)$$

由于实际的姿态角只有 3 个,而式(3.7)中的未知数有 9 个,因此,式(3.8)求得的只是姿态的近似解。严格的解法可以把式(3.7)按三个角度量在近似解附近展开成一次形式,然后按最小二乘法迭代求解。

3.3.5 天球坐标系到地球固定地面参考坐标系的转换

为了进一步解决地球在天球坐标系(CIS)中随时间运动的问题,最终需要将天球坐标系转换到地固坐标系(CTS),其转换关系(袁修孝,张过,2003)为:

$$\begin{bmatrix} X \\ Y \\ Z \end{bmatrix}_{CIS} = PN(t)R(t)W(t) \begin{bmatrix} X \\ Y \\ Z \end{bmatrix}_{CTS} \tag{3.9}$$

式中,$PN(t)$ 为岁差和章动矩阵;$R(t)$ 为地球自转矩阵;$W(t)$ 为极移矩阵。具体形式参考 IERS2000。

3.3.6 多星敏感器定姿

由于恒星敏感器三轴定位精度的差别较大(如表 3-1,光轴指向精度要比绕相机光轴的旋转角精度高 5 倍左右),仅使用一个星敏感器无法同时保证三轴的高精度定位。另外,为了避开太阳光线的影响,也必须在多个角度安装多个恒星像机,以保证恒星定姿的可用性和恒星定姿精度的一致性。卫星一般至少安装有两个星敏感器,两个星敏感器同时工作,互为备份。既可以使用单个敏感器数据确定卫星姿态,又可以同时使用两个敏感器的数据来确定姿态,以提高姿态确定精度(黄欣,2002)。两个或多个星敏感器一般错开安装,相互正交。另外,星敏感器往往和其他敏感器(如陀螺惯性测量组件、太阳敏感器、红外地球敏感器)一起配合使用,构成卫星定姿系统,数据处理多采用 Kalman 滤波的形式进行联合处理(刘志俭,等,2001;顾冬晴,等,2004)。

下面以两个星敏感器组合定姿为例说明姿态确定的方法。

每个星敏感器确定 1 个旋转矩阵或 3 个姿态角,加上 2 个星敏感器的姿态矩阵为 R_1 和 R_2,如果已知 2 个星敏感器坐标系和卫星本体坐标系的旋转矩阵 C_1、C_2,则卫星本体的姿态矩阵 R 满足:

$$\begin{cases} R = C_1 R_1 \\ R = C_2 R_2 \end{cases} \tag{3.10}$$

由于存在测量误差,由 R_1 和 R_2 确定的卫星本体的姿态矩阵 R 不可能完全一致。因此,R 应该由 $C_1 R_1$ 和 $C_2 R_2$ 加权确定。根据星敏感器三轴姿态测量精度的先验值,可以对 3 个角的测量值进行定权,然后按最小二乘平差的思想确定最合理的卫星姿态。

为了计算上的方便,可以把式(3.10)转换为:

$$\begin{cases} R_1 = C_1^{-1} R \\ R_2 = C_2^{-1} R \end{cases} \tag{3.11}$$

这样,每个星敏感器可以列出 9 个误差方程,误差方程的权可以由姿态角的权通过误差传播定律获得。以卫星姿态角为未知数,对式(3.11)进行线性化,可以迭代求解出最终的卫星姿态。

3.4 恒星相机标定

星敏感器是飞行器上高精度测量系统。由于设计和制造过程的偏差,使用环境的变化造成的光、机、电性能的改变等,都会不同程度地给星敏感器引入误差,影响星敏感器的精度,需要对其进行标定,美国的德州 T&M 大学和 JPL 实验室在这方面的工作比较突出。

恒星相机标定根据卫星发射前后可分为地面标定（孙才红，2002；Samaan，2003）和在轨标定（陈雪芹，耿云海，2006）。其标定的方法主要有利用恒星模拟器和精密转台标定（孙才红，2002），利用天文方法来标定（李春艳，2006），基于恒星影像的标定（Samaan，2003；张辉等，2005），利用多敏感器定姿相互标定（陈雪芹，耿云海，2006）等。标定的内容包括星像点与对应天球坐标系下经纬度的标定系数（孙才红，2002；李春艳，2006），相机内部的参数（主距、主点、畸变差等）（Samaan，2003；郝雪涛，等，2005；张辉，等，2005）以及安装误差（陈雪芹，耿云海，2006）等。下面简要介绍一下标定星像点与天文曲面赤道坐标系的系数以及恒星相机内部参数的原理与方法。

3.4.1 星像点坐标与天文曲面赤道坐标的关系系数标定

标定的原理是若星敏感器的镜头、CCD、A/D 转换器都是理想部件，就可从理论上推导出精确的 CCD 平面坐标(x_i,y_i)影射到天球坐标(α_i,β_i)的转换公式。这里，我们采用两个二次曲面方程来拟合这种关系。

星敏感器对所摄星空进行数据处理，计算出星像中心后，就可将星像在星敏感器 CCD 的平面坐标系中的位置(x_i,y_i)转换到与星载星表相同的天文曲面赤道坐标(α_i,β_i)系中，然后在同一坐标系中进行识别和跟踪。即

$$\begin{cases} \alpha_i = a_0 + a_1 x_i + a_2 y_i + a_3 x_i^2 + a_4 x_i y_i + a_5 y_i^2 \\ \delta_i = b_0 + b_1 x_i + b_2 y_i + b_3 x_i^2 + b_4 x_i y_i + b_5 y_i^2 \end{cases} \quad (3.12)$$

设有一组 N 个标准精确目标源，其赤道坐标(α_i,β_i)为已知，星敏感器对这组目标源观测得到的 CCD 本体坐标为(x_i,y_i)，将(x_i,y_i)代入式(3.12)，由最小二乘即可得到标定系数$(a_0, a_1, \cdots, a_5)$、$(b_0, b_1, \cdots, b_5)$。

实验室标定使用恒星模拟器用来模拟真实的恒星，包括恒星的光谱和星等。使用高精度单轴或双轴转台，以改变恒星模拟器模拟星光的入射方向。记录若干次转台刻度及对应的 CCD 平面内的星象坐标，代入求标定系数的公式，可得标定系数。天文标定方法与利用高精度双轴转台及单星模拟器的标定方法类似。只是用带跟踪的天文望远镜代替高精度双轴转台，单星模拟器也变成了实际的恒星。

3.4.2 恒星相机参数标定（Samaan，2003）

根据理想的小孔成像模型，星敏感器得到的测量星向量和星库星向量之间有一一对应关系，但是由于星敏感器参数改变，使得这种对应关系出现偏差。

如图 3.11 所示，每颗星在星表中有唯一的方向矢量，即

$$\hat{V}_i = \begin{bmatrix} \cos\alpha_i \cos\delta_i \\ \sin\alpha_i \cos\delta_i \\ \sin\delta_i \end{bmatrix} \quad (3.13)$$

其中，(α_i,β_i)是导航星表中序号为 i 的星的赤经和赤纬。经过星敏感器成像后，i 星在恒星相机 CCD 上的坐标为

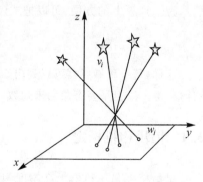

图 3.11 恒星摄影方向矢量图

(x_i, y_i),则对应的成像的测量向量为:

$$\hat{W}_i = \frac{1}{\sqrt{((x_i-x_0)^2+(y_i-y_0)^2+f^2)}} \begin{pmatrix} -(x_i-x_0) \\ -(y_i-y_0) \\ f \end{pmatrix} \tag{3.14}$$

其中,f 为恒星相机的主距;(x_0,y_0) 是恒星相机主光轴与像面的交点。

当星敏感器处于某一姿态矩阵 A 时,i 星理想的测量矢量 w_i 和其固有的方向矢量 v_i 的关系为:

$$w_i = A v_i \tag{3.15}$$

理想得到的 i 星和 j 星之间的星对角距的余弦值为:

$$\cos\alpha_{ij} = w_i^T w_j = v_i^T A^T A v_j = v_i^T v_j \tag{3.16}$$

把式(3.13)代入式(3.16),得到:

$$G(x_0,y_0,f) = \hat{V}_i^T \hat{V}_j - \frac{(x_i-x_0)(x_j-x_0)+(y_i-y_0)(y_j-y_0)+f^2}{\sqrt{(x_i-x_0)^2+(y_i-y_0)^2+f^2}\sqrt{(x_j-x_0)^2+(y_j-y_0)^2+f^2}} = 0$$
(3.17)

其误差方程为:

$$v_i = \frac{\partial G_i}{\partial \hat{f}}\hat{f} + \frac{\partial G_i}{\partial \hat{x}_0}\hat{x}_0 + \frac{\partial G_i}{\partial \hat{y}_0}\hat{y}_0 + (G_i - G(f,x_0,y_0))$$

当视场内有 n 颗星时,存在 C_n^2 个星对角距,共 C_n^2 个误差方程,根据最小二乘原理·迭代解算 (f,x_0,y_0)。这种方法基于拍摄星图,可直接用于地面标定,若以地面标定参数为初值,也可以用于恒星相机的在轨标定。

3.4.3 星地相机安装角标定

将星敏感器作为姿态测量敏感器组合之一的遥感对地观测卫星,其对地相机和恒星相机是固联在一起的。在发射和飞行过程中星地相机之间安装夹角的改变,将直接影响到对地相机姿态精度。

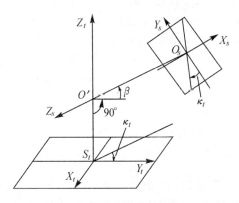

图 3.12 地相片和星相片的坐标转换

星地相机主光轴夹角的在轨标定的原理是利用地面控制点和摄站坐标数据,采用空间后方交会的方法计算地相片(对地摄影的相片)的外方位角元素,获得地相片坐标系与地心坐标系之间的旋转矩阵,然后利用恒星定姿计算星相片(对恒星摄影的相片)坐标系与地心坐标系之间的旋转矩阵,即可求得星相片坐标系与地相片坐标系之间的旋转矩阵,从而解算星地相机安装角,利用该值与实验室测定值对比,完成实时标定。

如图 3.12 所示,假设星地相机的夹角由 κ_t、κ_S、β 表示。为分析方便,假设星相机和地相机的镜头重合于 O',O_t-$X_tY_tZ_t$ 是地相机的像空间直角坐标系,O_S-$X_SY_SZ_S$ 是星相机的像空间直角坐标系。

根据星地相片之间的夹角,可得星相片像空系在地相片像空系中的旋转矩阵 M_{ts}:

$$M_{ts}=\begin{bmatrix} \cos\kappa_t\cos\kappa_s-\sin\kappa_t\sin\beta\sin\kappa_s & -\cos\kappa_t\sin\kappa_s-\sin\kappa_t\sin\beta\cos\kappa_s & -\sin\kappa_t\cos\beta \\ \cos\beta\sin\kappa_s & \cos\beta\sin\kappa_t & -\sin\beta \\ \sin\kappa_t\cos\kappa_s+\cos\kappa_t\sin\beta\sin\kappa_s & -\sin\kappa_t\sin\kappa_s+\cos\kappa_t\sin\beta\cos\kappa_s & \cos\kappa_t\cos\beta \end{bmatrix} \quad (3.18)$$

假定由地面控制点及相应像点坐标和摄站坐标利用空间后方交会方法计算所得的地相片姿态角 $\varphi、\omega、\kappa$，可以获得地相片的像空间坐标系旋转到地心坐标系的旋转阵 M_t，由星相片计算出的恒星相片的姿态角可得到星相片像空间直角坐标系旋转到地心坐标系中的旋转阵 M_s，通过建立 M_t、M_s 与 M_{ts} 间的关系

$$M_{ts}=M_t^{-1}\cdot M_s$$

便可求出星地相机夹角 $\kappa_t、\kappa_S、\beta$。

最后，根据实验室检定所得的星地相机之间夹角 $\kappa_t^0、\beta^0、\kappa_s^0$，通过计算星地相机之间夹角的变化量 $\Delta\kappa_t、\Delta\beta、\Delta\kappa_s$（$\Delta\beta=\beta^0-\beta$，$\Delta\kappa_t=\kappa_t^0-\kappa_t$，$\Delta\kappa_s=\kappa_s^0-\kappa_s$），完成星地相机安装角在轨定标。

3.5 小　　结

本章对恒星定姿的原理、硬件设计、软件算法、定姿的误差来源和解决方法等方面进行了分析和总结。从中可以看出，恒星定姿精度的提高首先依赖于恒星相机镜头的设计和制造工艺，应减少色散、畸变等硬件因素，这是高精度恒星定姿的前提；其次，高精度恒星定姿也依赖于软件处理算法，如恒星相机的在轨检校、快速可靠的星图识别、多个星敏感器以及与其他姿态敏感器的组合定姿等算法。目前，恒星定姿的软硬件设计和基本处理算法已经比较成熟，但定姿的精度仍有提高的空间。将来研究的重点是在现有研究基础上，采用新工艺、新方法，改进星敏感器的软、硬件设计，进一步提高恒星定姿的精度。

参 考 文 献

王之卓. 1979. 摄影测量原理[M]. 北京:测绘出版社,168-171.
王虎,苗兴华,惠彬. 2001. 短焦距大视场光学系统的畸变校正[J]. 光子学报,30(11):1409-1412.
王广君,房建成,2005. 一种星图识别的星体图像高精度内插算法[J]. 北京航空航天大学学报 31(5):566-568.
王晓东. 2003. 大视场高精度星敏感器技术研究[D]. 北京:中国科学院研究生院:8-11.
丘维声.1999. 解析几何. 北京大学出版社.
朱长征. 2004. 基于星敏感器的星模式识别算法及空间飞行器姿态确定技术研究[D]. 长沙:国防科技大学: 33-35.
李平. 2006. 星敏感器测角精度改进的研究[D]. 哈尔滨:哈尔滨工程大学.
李立宏. 2000. 一种基于遗传算法的全天自主星图识别算法[J]. 光电工程,27(5):15-18.
李立宏,林涛,宁永臣,张福恩,2000. 一种改进的全天自主三角形星图识别算法[J]. 光学技术,(26):373-374.
李立宏. 徐洪泽. 张福恩,2000. 一种改进全天自主栅格星图识别算法[J]. 光学技术,(26):205.
李杰,2005. APS星敏感器关键技术的研究[D]. 长春:中国科学院长春光学精密机械与物理研究所,13-15.
李春艳. 2003. 利用神经网络技术实现星敏感器的星图识别[D]. 沈阳:辽宁师范大学.
李春艳,李怀锋,孙才红. 2006. 高精度星敏感器天文标定方法及观测分析[J]. 光学精密工程,14(4):558-562.
李琳琳 ,2003. 卫星自主轨道确定及姿态确定技术研究[D]. 北京:中国科学院空间科学与应用研究中心, 63-64.

林涛（1999）. 第二代CCD星跟踪器信息处理系统关键技术的研究[D]. 哈尔滨:哈尔滨工业大学: 2-3.

袁修孝,张过. 2003. 缺少控制点的卫星遥感对地目标定位[J]. 武汉大学学报. 信息科学版,28(5): 506.

郝雪涛,张广军,江洁. 2005. 星敏感器模型参数分析与校准方法研究[J]. 光电工程,32(3): 5-8.

卢欣. 1994. CCD星敏感器光学系统设计[J]. 中国空间科学技术,(4): 49-53.

吴峰,沈为民. 2004. 轻小型星敏感器光学系统的设计. 光子学报[J]. 33(11): 1336-1338.

孙才红,2002. 轻小型星敏感器研制方法和研制技术[D]. 北京:中国科学院国家天文台: 6-16.

张辉,田宏,袁家虎,刘恩. 2005. 星敏感器参数标定及误差补偿[J]. 光电工程,32(9): 1-4.

赵黎平. 2002. 近地卫星自主轨道确定和控制系统研究[D]. 西安:西北工业大学: 71-88.

郑万波. 2003. 基于星敏感器的全天自主分层星识别算法研究[D]. 长春:中国科学院长春光学精密机械与物理研究所: 3-4.

陈元枝. 2000. 基于星敏感器的卫星三轴姿态测量方法研究[D]. 长春:中国科学院长春光学精密机械与物理研究所: 20-21.

陈雪芹,耿云海. 2006. 陀螺/星敏感器在轨标定算法研究[J]. 哈尔滨工业大学学报,38(8): 1369-1373.

须同祺,李竞. 2006. 5. 29. http://samuel.lamost.org/basic/dict/baike/twdbk28524.html.

黄欣. 2000. 星敏感器光学系统参数的确定[J]. 航天控制,(2): 44-45.

黄欣. 2002. 一体化小型星敏感器[J]. 航天控制,(2): 13.

黄福铭. 2003. 航天器飞行控制与仿真[M]. 北京:国防工业出版社.

A. R. Eisenman, C. C. L, 1998. The Advancing State-of the Art in Second Generation Star Tracker. Proc. IEEE Aerospace Conference. Aspen, 111-118.

C. Padgett. Kreutz-Delgado, S. U. d., 1997. Evalution of Star Identification Techniques. Journal of Guidance Control and Dynamics 20: 259-267.

E. C. Wong, J. Y. Lai, 1980. Attitude Determination of Galileo Spacecraft from Star Data. American Institute of Aeronauticsa nd Astronautic 80(1732): 111-124.

Jer-Nan Junang, H. Y. K, John L. Junkins, 2003. An Efficient and Robust Singular Value Method for Star Recognition and Attitude Determination. NASA/TM-212142.

Jian Hong, J. A. D, 2000. Neural-network Autonomous Star Identification Algorithm. Journal of Guidance, Control and Dynamics 23(4): 728-735.

Junfeng Xie, W. J, 2006. The analysis of the error sources affecting the accuracy of Attitude determined by star sensor. The 15th International Conference on Geoinformatics Nanjing, Proc. of SPIE 6752:675248-2-675249-8.

Kalispell, M. 1987. Attitude Determination Using Vector Observations and the Singular Value Decomposition. Journal of the Astronautical Sciences 36(3): 245-258.

Lalitha Paladugu, B. G. W, Marco P. Schoen, 2003. Star pattern Recognition for attitude determination using genetic algorithms. 17th AIAA/USU conference on Small Satellites logan.

Paladugu, L. M. P. Shcoen, 2003. Intelligent Techniques for Star-Pattern Recognition. IMECE.

R. WH. Van Bezooijen, K. R. L, J. D. Powe, 1985. Automated Star Pattenr Recognition for The Space Infrared Telescope Facility(SIRTF). Proc. IFAC Automatic Control in Space. Toulouse.

SAMAAN, M. A, 2003. TOWARD FASTER AND MORE ACCURATE STAR SENSORS USING RECURSIVE CENTROIDING AND STAR IDENTIFICATION. The Office of Graduate Studies of Texas A&M University, Texas A&M University. PHD: 25-32.

Scholl. MS 1993. Star field identification algorithm performance verification using simulated star fields. SPIE 2019: 275-290.

第 2 部分
卫星遥感成像几何物理模型

第4章 卫星遥感成像机理与辐射校正

□ 朱忠敏 龚威

自20世纪60年代美国成功发射TIROS卫星以来,遥感(尤其是卫星遥感)以其无法抵挡的魅力吸引世界各国科学家投身到对其理论及应用的研究中。历经半个世纪的发展,遥感从最初的定性分析逐渐走向定量应用的领域,其间伴随着遥感理论和硬件装备的不断更新。

4.1 遥感成像机理概述

遥感是通过不与物体、区域或现象直接接触而获取数据,并对数据进行分析得到物体、区域或现象的相关信息的一门科学。而对地遥感,是指从空间平台上通过电磁波观测地球,获取地球表层信息的理论方法的总称。传感器则是对地遥感硬件平台的核心部分,主要负责收集、探测、记录地物电磁波辐射信息的任务,是直接用于测量探测对象的电磁辐射、反射或散射特性的系统。可以说遥感的发展就是遥感传感器及其技术的发展,而传感器技术的发展离不开成像技术的发展,两者紧密相连、互为促进。每一种新成像技术的出现都会导致相应新型传感器的产生,并将遥感的应用推向更新更广阔的领域。早期的航空摄影测量是基于胶片的模拟成像技术,随着成像元件的不断更新以及数据处理技术的不断进步,出现采用以数字成像为主导的数字成像传感器。下文首先介绍航空摄影测量中的胶片和数字成像原理,然后从成像原理的角度,分别介绍扫描成像光谱仪、微波雷达和激光雷达三类较为普遍的对地观测数字成像传感器。

4.1.1 传统航空摄影成像

传统的航空遥感通常采用胶片作为成像介质进行模拟成像,其感光范围有限,通常记录波长在 $0.3\sim1.2\mu m$ 间的电磁波辐射,加之由于在航天遥感时采用摄影型相机所带的胶片有限,因此,摄影成像的应用范围受到了较大的限制。其成像原理如图4.1所示。首先,通过镜头把景物成像到胶片上,胶片上的感光剂将随光照发生变化。然后,将胶片上受光照后变化了的感光剂经显影和定影,最终形成和景物色彩相反(负片)或色彩相同(正片)的影像。

4.1.2 面阵框幅式数字相机航空摄影成像

面阵框幅式数字相机成像原理如图4.2所示。

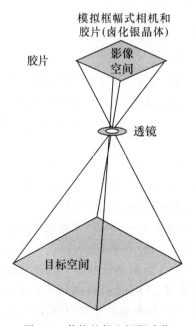

图4.1 传统的航空摄影成像

框幅式数字相机(McGarigle,1997)与传统航空摄影相机相似,也是由机身、控制曝光时间的快门和将入射光线聚焦到胶片或者数据采集器件上的镜头组成。不同的是,框幅式数字相机是用电子而不是用化学方法采集、记录和处理影像数据的。

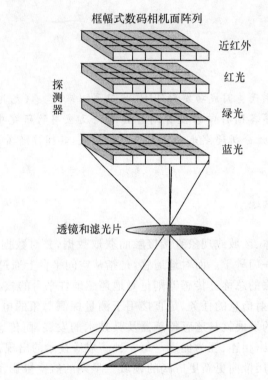

图 4.2 面阵框幅式数字相机几何成像原理示意图

4.1.3 扫描成像光谱仪成像

扫描成像是 20 世纪 50 年代以来出现和发展起来的对地观测技术,它主要依靠探测元件和扫描镜对目标地物以瞬间视场为单位进行的逐点、逐行取样,以得到目标地物电磁辐射特性信息。利用光电效应,将辐射能转化为电信号,从而对地物进行探测。扫描成像波段可以包括紫外、红外和可见光波段,数据可采用视频传输方式来接收。

80 年代初期,美国喷气推进实验室(JPL)的科学家们,在多光谱空间遥感气象卫星和陆地卫星中成功应用的基础上,首次提出成像光谱学(Imaging Spectrometry)的概念。其基本思想是在许多相互邻接甚至有些是相互重叠的狭窄光谱波段,同时收集地面的辐射图像数据。这样,不仅可以得到多个狭窄光谱波段的地面图像,而且还可得到地面上每个分辨元地面的光谱曲线数据。结果,在地面图像二维信息的基础上,增加了第三维(光谱)信息,大大提高了从遥感数据判别并获取地面信息的能力。此后经过多年的发展,世界各国相继研制出一批机载成像光谱仪,其中最具典型意义的两款仪器是可见/红外成像光谱仪(AVIRIS)和中分辨率成像光谱仪(MODIS)。90 年代中期,随着应用需求的发展,出现了另一种新型的光谱成像仪,被称为高光谱成像仪(Hyper Spectrometer Imager),它具有更强的挖掘地物光谱信息的能力。

根据扫描方式,可以将扫描成像光谱仪分为两大类:摇扫式成像仪和推扫式成像仪。

1. 摇扫式扫描成像

Landsat/MSS (http://landsat.gsfc.nasa.gov) 是典型的摇扫式离散传感器多光谱成像仪。图 4.3 所示的摇扫式成像系统主要由多探测器阵列和扫描系统组成。其中,扫描镜在垂直于卫星飞行方向上对地面进行扫描。扫描时,将来自地表的能量聚焦到离散的探测元上,探测器将该景中每个瞬时视场内测量的辐射通量转化为电信号,滤光镜位于探测器元件前,只允许特定波段的光谱通过。另一种采用线阵列探测器的摇扫系统是一种更为实用的成像技术,它将瞬时视场内的辐射通量通过色散后聚焦到线阵列探测器上,其扫描方式与 MSS 的摇扫方式类似。与 MSS 类传感器不同的是,线阵列探测器所带的探测器元件个数决定了能同步探测的波段数,因此,对每个像元来说,线阵列探测器上有多少个探测器元件,就能同步探测多少个波段。机载的可见光/红外成像光谱仪(NASA AVIRIS, 2004)采用的就是这种扫描成像方式,其扫描成像的原理如图 4.4 所示。

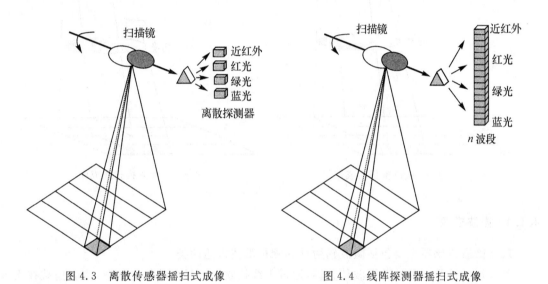

图 4.3　离散传感器摇扫式成像　　　　图 4.4　线阵探测器摇扫式成像

2. 推扫式扫描成像

推扫式成像仪的传感器一般采用线阵和面阵两种。通常采用灵敏的二极管或者电荷耦合器件(Charge-Coupled-Device, CCD)记录来自地表的辐射。推扫式成像仪不需摆动扫描镜,而且阵列可以在探测区域停留更长的时间,因此,可以获得更多的信号,从而保证了探测结果的精确性。线阵传感器推扫成像仪和面阵传感器推扫成像仪的成像原理分别如图 4.5 和图 4.6 所示。

SPOT/HRV (SPOT Image, 2004) 是典型的线阵推扫式扫描成像系统,来自地表的辐射通过平面镜进入 HRV,然后投射到两个 CCD 阵列上,每个 CCD 阵列包含 6000 个呈线性排列的探测器。随着传感器系统沿轨道向前推进,线阵列推扫式传感器在与轨道垂直的方向上逐行成像。面阵焦平面探测器件的推扫式成像光谱仪在沿飞行轨迹方向利用平台运动,实现一维成像扫描。在垂直于平台轨迹方向上,面列阵探测器在行方向的一维探测器光敏元,接收相应数目的一行地面分辨元的辐射。每个像元的辐射经过色散器件后在焦平面的列方向散开,落在焦平面面列阵的列方向一维探测器光敏元上。像元中各光谱波段的辐射,按特定光谱宽度和顺序在列方向分布。

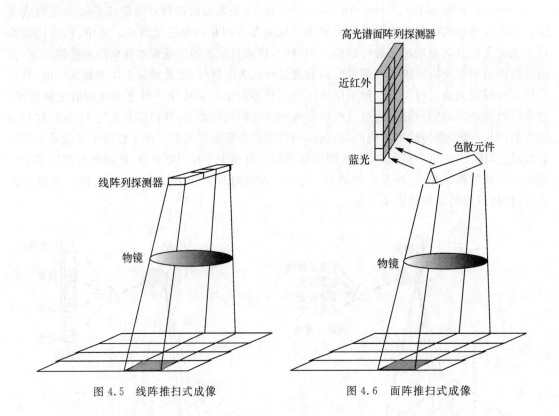

图 4.5 线阵推扫式成像　　　　　图 4.6 面阵推扫式成像

4.1.4 微波成像

成像微波传感器主要包括微波辐射计和侧视微波雷达两类。

微波辐射计是一种被动微波传感器,通过天线接收来自目标的辐射信息,当其搭载在飞行器上时,可以将天线设计成扫描的方式,以获取具有一定宽度的带状区域的辐射数据。天线扫描有两种方式:机械扫描和电控扫描,其中机械扫描可以通过让天线摆动或者让天线的角反射器摆动来实现。图 4.7 给出了微波辐射计天线波束的扫描方式原理图。

侧视微波雷达则是一种主动微波传感器系统,它利用发射微波束作为照射源。其系统结构与普通脉冲式雷达大体相近,通常由发射机、接收机、转换开关和天线等构成。

由于传统的侧视微波雷达是基于真实孔径的侧视雷达,而真实孔径侧视雷达在方位方向上的分辨率与波长、天线到目标距离成反比,而与天线在飞行方向上的长度成正比,因此,要想提高分辨率必须加大天线尺寸,这在实际的应用中受到限制。为了克服真实孔径侧视雷达的分辨率,人们提出合成孔径的概念。其基本思想是:一个尺寸适中的长条天线,在空中沿直线匀速运动的过程中,可以把真实天线看成是不同位置的天线元。这样,在每个特定位置的天线元,分别负责接收特定相位的目标散射回波。将它们储存起来,同时进行合成相干处理,就相当于得到(由多个天线构成的)长天线的操作结果。利用这种合成天线的原理,有可能制成高分辨率成像雷达。基于这一设想,各国竞相研制了合成孔径侧视雷达(Synthetic Aperture

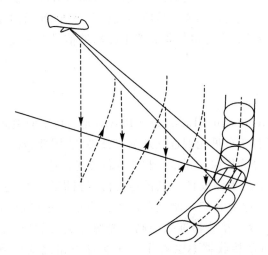

图 4.7　微波辐射计天线波束的扫描方式

Radar,SAR),并投入到航天应用领域,如加拿大第一颗雷达遥感卫星 RADARSAT-1 上就搭载了 SAR 传感器。随着 SAR 应用的深入,SAR 天线技术也逐渐从单一频段、单一极化、固定波束向多波段(L、C、X 等 3 个波段)、多极化(HH、VV、HV、VH 等 4 种极化)、变波束等多种工作方式发展。特别是相控阵天线技术与分布式发射技术相结合,组成有源相控阵天线。大大地提高天线波束快速的应变能力,为热点地区的快速、重复观测提供方便,也提高了 SAR 的工作效率。事实上,从 20 世纪 90 年代至今,美、欧、加等国(地区)研制的星载 SAR 均采用这类天线。

成像微波雷达包括 SAR、InSAR 和 D-InSAR 等基本上都属于侧视雷达,它们的成像原理基本相同,都是在卫星或飞机飞行时向垂直于航线的方向发射在航向上很窄在距离方向上很宽的波束,图 4.8 给出合成孔径侧视雷达(SAR)的成像几何示意图。当飞机/卫星飞行时不断

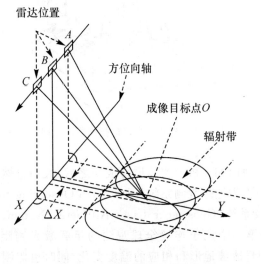

图 4.8　合成孔径雷达成像几何

发射这样的波束,然后不断接收来自地表的回波信号,那么由这些波束扫描地面的一个带状区域,形成成像带。雷达天线按时间的先后接收与飞行器距离不同的地物的反射波,然后由同步的亮度调制光点在摄影胶片或者光电接收装置上按回波信号的强度大小记录下来,形成一幅窄条带影像。

4.1.5 成像激光雷达

激光雷达(Light Detection and Ranging,LIDAR)是与传统的微波雷达结构相似的一种主动探测系统,其工作波长位于可见光到近红外的光波波段,因此,常被称为光雷达。根据其是否成像,可以将激光雷达分为成像激光雷达和非成像激光雷达。

目前已普遍应用的对地观测成像激光雷达为机载扫描激光雷达。激光雷达系统包括一个单束窄带激光器和一个接收系统。激光器产生并发射一束离散的光脉冲,打在物体上并反射,最终被接收器所接收。接收器准确地测量光脉冲从发射到被反射回的传播时间。因为光脉冲以光速传播,所以接收器总会在下一个脉冲发出之前收到前一个被反射回的脉冲。鉴于光速是已知的,传播时间即可被转换为对距离的测量。结合激光器的高度及激光扫描角度,从 GPS 得到的激光器的位置和从 INS 得到的激光始发方向,就可以准确地计算出每一个地面光斑的坐标(X,Y,Z),见图 4.9。LIDAR 系统通过扫描装置,沿航线采集地面点的三维数据。

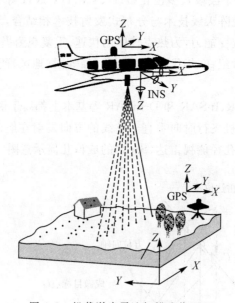

图 4.9 机载激光雷达扫描成像原理

在激光雷达的原理在地面和飞机上实验取得成功之后,人们自然地考虑解决空间或卫星上激光雷达的技术问题。作为地球观测系统计划(Earth Observing System,EOS)的一部分,美国地球科学激光测高仪系统(Geoscience Laser Altimeter System,GLAS)(http://www.csr.utexas.edu/glas/)是第一个用于连续全球观测的星载激光测距系统,其轨道高度约为 600km。该系统被用于测量冰被地形和相应的温度变化,同时也监测云层和大气的特性。该项目由 Texas 州立大学牵头,联合 NASA 和其他工业伙伴共同研发。

GLAS 系统包括一个激光测距单元、GPS 接收机、恒星追踪姿态调整器单元。测距单元的激光器发射 5ns 的短脉冲,波长为 1064nm 的红外激光和 532nm 的绿色激光同时出射,经地表、大气和云层反射回来的光子被直径为 1m 的望远镜接收。激光脉冲以每秒 40 次的速度在地球表面照出一个个直径为 70m 的亮斑,系列亮斑的间隔为 175m。GLAS 系统由供电电源、参考望远镜、主控电路箱、监控板、观星摄像机、Lidar 监测和电路组件、热管散射系统、测高仪监测组件和三个激光器、激光光束调节机构等共同组成。

在用于测高的空间激光雷达中,如果测量激光束本身可以扫描,且扫描后的测量点之间的距离足够小,就可以实现对被探测目标的扫描成像。因此测距仪也可以实现点阵成像的功能。将测距仪与星上的相机配合使用,不仅可以实现对成像过程的准确定焦,还可以使相机得到的二维像变成包含有深度方向信息的三维像。

从目前技术发展看,空间激光雷达除前面提到的测距(高)仪之外,还包括吸收、差分吸收(DIAL)和多普勒等三种激光雷达。它们将主要用于大气测量的应用。

与此同时,在气象卫星实用化之后,为提高天气预报质量和解决气候预报问题,提出了一系列关于大气测量的新任务。人们认为,激光雷达在大气探测方面的潜力是巨大的,希望它能够解决四方面的问题:云的测量;大气中粒子、原子、分子等密度分布的测量;各大气层的压力分布测量;风的测量等共近 30 多项具体的测量任务。目前正在运行的大气探测方面的空间激光雷达为美国宇航局发射的(Cloud-Aerosol Lidar and Infrared Pathfinder Satellite Observation,CALIPSO)。由此可以看出,空间激光雷达将是 21 世纪对地观测技术的少数几个发展重点之一。

4.1.6 多传感器的集成

为了提高卫星的有效载荷利用率,一颗卫星可装备多种传感器,既有适合于小范围详细研究的高空间和高光谱分辨率的传感器,又有适合宏观快速监测的中低空间分辨率和光谱分辨率的传感器,二者综合服务于不同的需求目的。例如,美国的 TERRA 卫星上装载了 5 种对地传感器:①先进的空间热辐射反射辐射计(ASTER);②云和地球辐射能量系统(CERES);③多角度成像光谱辐射计(MISR);④中分辨率成像光谱仪(MODIS);⑤对流层污染探测装置(MOPITT)。

未来卫星的发展方向是显著提高卫星遥感传感器的分辨率。在空间分辨率不断提高的条件下,光谱分辨率、时间分辨率和辐射精度也在迅速提高;同时多传感器有效的集成也是重要的发展方向之一。

卫星遥感主要借助电磁波来实现对地球的感知。对地观测卫星与地球之间存在着随时空变化的大气层,而大气层对电磁波所携带的辐射能具有选择吸收和散射的作用。因此,导致经过大气层后达到卫星传感器的地表辐射量与真实的地表辐射信息之间出现差异。为了还原真实的地表辐射信息,需要选择合适的模型来模拟光子(辐射能)在大气层中的传输过程,然后根据应用需求采用不同的辐射校正方法对卫星影像进行大气校正处理。下面两节将分别对大气辐射传输模型和遥感影像辐射校正方法进行介绍。

4.2 遥感成像大气辐射传输模型

包围在地球周围的一层厚达数百千米的气体,称为大气。大气是由多种气体和漂浮在其中的一些固态、液态物质颗粒所组成的。气体成分主要有氮(N_2)、氧(O_2)、氩(Ar)、二氧化碳(CO_2)、水汽(H_2O)、臭氧(O_3)、氢(H_2)、氦(He)、氖(Ne)、氪(Kr)、氙(Xe)等。颗粒物质有尘埃、烟雾、水珠、冰晶、花粉等。在大气科学中,通常把含有悬浮固态、液态粒子的大气称为大气气溶胶,而这些粒子则称为大气气溶胶粒子,简称气溶胶(王永生,1987)。

大气在地球重力和其内部物理过程的共同作用之下,各种气体成分的比例处于动态平衡状态,使之得以相对稳定地保持在地球周围。大气状态主要受其分子扩散和湍流混合过程的控制。在大约100km的高度以上,分子扩散是大气的主要物理过程,使大气中质量不同成分的比例随高度而变化,大气的平均分子量随高度而减少,称为非均质层。在大约100km以下,大气的湍流混合成为主要的物理过程,造成大气的各种气体成分均匀混合,使大气中各种气体成分的比例,以及大气的平均分子量不随高度而变,称为均质层。

均质层中的大气的成分可分为两种。一种为常定成分,如氮、氧、氩等,各成分之间大致保持固定的比例。另一种为可变成分,如水汽,二氧化碳,臭氧等。这些可变成分在大气中所占的比例有着很强的时空变化,其中最为突出的是水汽。通常,将不含水汽和气溶胶粒子的纯净大气称为干洁大气。干洁大气的主要成分和次要成分及其组成比例分别列于表 4.1 和表 4.2 中。

表 4.1 　　　　　　　　干洁空气的主要成分(阎吉祥等,2001)

气体		分子式	分子量	按容积百分比	按质量百分比	浓度/$(\mu g \cdot m^{-3})$
常定成分	氮	(N_2)	28.0134	78.084	75.52	9.76×10^8
	氧	(O_2)	31.9988	20.948	23.15	2.98×10^8
	氩	(Ar)	39.948	0.934	1.28	1.66×10^7
可变成分		二氧化碳(CO_2)	44.0099	0.033	0.05	$4 \times 10^5 \sim 8 \times 10^5$

研究发现,大气的状态和特性随着高度的变化有显著的变化,并以此为依据将大气分为若干层次。常用的大气分层方法是按照大气温度随高度的变化而将大气分为对流层、平流层、中间层、热层等。

大气辐射传输是大气中的基本物理过程之一,主要目标是研究在大气中分子、气溶胶、云和陆地、水体之间的能量交换过程,并对其进行定量分析和建模。众所周知,来自太阳的电磁辐射是地球表层运动的主要能源,它与地-气系统的长波辐射共同构成地-气系统辐射平衡的基础。在大气层顶部获得的卫星遥感数据是来自地表的辐射经过大气层衰减和畸变后被卫星传感器所接收的辐射信息。显然,由于卫星-地表路径上大气层的存在使得卫星数据不能直接表征实际的地表辐射信息。因此,为了还原真实的地表辐射信息,选择适用的大气辐射传输模型来有效地去除大气对卫星数据的影响是至关重要的。

表 4.2　　　　　　　　　　　　　干洁空气的次要成分

	气　体	分子式	分子量	浓度 10^{-12} v	$\mu g/m^3$
常定成分	氖	Ne	20.183	18.18	1.6×10^4
	氦	He	4.003	5.24	920
	氪	Kr	83.80	1.14	4100
	氙	Xe	131.30	0.087	500
可变成分	一氧化碳	CO	28.01	0.01~0.2	10~200
	甲　烷	CH_4	16.04	1.2~1.5	850~1100
	甲　醛	CH_2O	30.03	0~0.1	0~16
	氧化亚氮	N_2O	44.01	0.25~0.6	500~1200
	氨	NH_3	17.03	0.002~0.02	2~20
	二氧化氮	NO_2	46.00	1×10^{-2}~4.5×10^{-2}	2~8
	二氧化硫	SO_2	64.06	0~0.02	0~50
	硫化氢	H_2S	34.07	2×10^{-3}~20×10^{-3}	3~30
	氯	Cl_2	70.90	3×10^{-4}~15×10^{-4}	1~5
	碘	I_2	253.80	0.4×10^{-5}~4×10^{-5}	0.05~0.5
	氢	H_2	2.016	0.4~1.0	36~90
	臭　氧	O_3	47.988	0~0.05	0~100

迄今为止,电磁波是能够帮助人类实现遥感感知的媒介之一,对于卫星遥感而言,主要研究对象或者说借助的媒介是电磁波,因此,遥感成像中大气辐射传输问题实质上是研究电磁波在大气中的传输。不同的物质对电磁辐射有着不同程度的选择吸收,人们通常把地球大气对电磁辐射吸收较弱的波段称为"大气窗口"。在对地观测中,为了准确获得地表信息,传感器的工作波段通常选择在大气窗口中,主要的大气窗口有:0.4~2.5μm 的可见光—近红外波段;3.5~4.0μm 的中红外波段;8~14μm 的热红外波段;300~1GHz 的微波波段。

根据传感器的工作窗口,可以将遥感简单地分成可见光-近红外遥感、红外遥感和微波遥感。从电磁波谱的角度看,三者采用的都是电磁波,但是它们的工作波长不同,因此,它们既有共性,又存在某些差异,主要体现在以下几个方面。

① 它们与地球表层以及大气相互作用时所服从的规律不同,因此描述它们辐射特性的辐射传输方程也有所不同。

② 它们携带的目标物信息不同。例如,红外遥感可以获得目标物的热状况,而可见光遥感则无法获得;微波遥感可以获得目标的极化(偏振)与相位信息,借此可以得到地形高程信息,但热红外遥感则不能;可见光-近红外遥感利用太阳光作为光源进行遥感,因此可以获得足够的能量,为提高图像的空间分辨率奠定了基础,同时,它与人眼的视觉波段范围一致,利于目视判读。

③ 针对三种波段电磁波的传感器的构成原理和方法不同。

④ 对于三种波段电磁波的大气效应及其校正方法亦有差别。

电磁辐射与大气层之间发生的三种能量交换过程如下：

一束光（辐射）在介质中传输时，将会因为与介质的相互作用而导致辐射量的变化。对于卫星遥感而言，来自目标的辐射与大气层将通过下述 3 种基本的物理过程进行能量交换。

(1) 反射

反射是入射辐射遇到云顶、水面或者陆地表面后被弹开的过程。根据反射表面特征，将反射分成三种类型：镜面反射、漫反射和方向反射。镜面反射是表面光滑物体所具有的反射特征。所谓表面光滑是指物体表面的不平整度远小于入射波长。镜面反射符合几何光学中的反射定律，即反射角等于入射角。理想镜面应为全反射面。实用上，除平整的金属表面和平静的水面可近似看做镜面反射目标外，角反射镜也是镜面反射的典型例子。漫反射是指表面粗糙物体（粗糙度等于或大于入射波长）对入射辐射的反射特征，其特点是能将入射的能量以近似均匀的形式反射到物体四周的各个方向。例如，土石表面、均匀草坪、涂覆物体表面等都可以近似地看成漫反射表面。理想的漫反射表面称为朗伯体表面（Lambertian Surface），其特征是反射强度正比于入射角的余弦。方向反射是上述两种反射类型的过渡：既不像镜面反射那样具有明确的定向反射，也不像朗伯体反射那样均匀地漫反射，而是在向四周漫反射的同时，某些方向（如符合反射定律的方向）反射较强，而其他方向反射则较弱。

(2) 散射

散射是光与介质相互作用的一种基本物理过程，位于辐射传输路径上的介质不断地从入射光中连续地吸收能量，然后将吸收的能量向各方向重新发射出去。在大气中造成散射的粒子尺度分布很广，从大气分子（$10^{-4}\mu m$）、气溶胶（$1\mu m$）、小雨滴（$10\mu m$）、冰晶（$100\mu m$）到大雨滴和雹粒（1cm）。粒子大小与散射之间的关系可以用"尺度参数"来表征。对球形粒子而言，尺度参数定义为粒子周长与入射波长之比 x，即 $x=\dfrac{2\pi a}{\lambda}$。其中 a 是粒子半径。根据粒子尺度的大小，可以将散射分为三类：当 $x<1$ 时，发生的散射称为瑞利散射，例如大气分子对可见光的散射；当 $x\geqslant 1$ 时，发生的散射称为米散射，如大气中的气溶胶粒子对可见光和近红外的散射；当 $x\gg 1$ 时，发生非选择性散射，这种情况很少出现，例如组成云雾的雨滴和冰晶对所有可见光波长的均等散射，使云呈现白色就是典型的非选择性散射。

(3) 吸收

吸收是将接收的辐射能转化为其他形式能的过程。不同的波长，其吸收能力各有差异。大气介质的吸收效应使某些波段的电磁辐射无法穿透大气，因此在对地遥感中需要避开大气吸收波段。吸收和散射共同构成消光系数（Konecny, 2003），是影响电磁辐射传输的主要因素。吸收、散射和反射的综合影响使太阳到达地表的辐射急剧减少，同时吸收和散射又使地表的反射/发射辐射难以到达卫星传感器。

辐射传输模型可以从定量的角度解释上述三个过程对辐射传输的影响。下文将在电磁辐射理论的基础上，从基本的辐射传输方程导出两类主要的辐射传输方程，即平面平行大气辐射传输方程和三维异质大气辐射传输方程。

4.2.1 基本的辐射传输方程

电磁波在大气中传输，将会由于与大气的相互作用而使辐射能发生改变。如果辐射强度

I_λ 在其传播方向上穿过距离 ds 后变为 $I_\lambda+dI_\lambda$,则有

$$dI_\lambda = -k_\lambda \rho I_\lambda ds + j_\lambda \rho ds \tag{4.1}$$

其中,k_λ 是波长为 λ 的辐射的质量消光截面,它是吸收截面和散射截面之和,因此,式(4.1)右边的第一项表示因物质对入射辐射的吸收和散射造成辐射量的衰减;ρ 代表物质的密度;j_λ 代表辐射增加截面,是由于吸收物质的发射辐射以及环境的多次散射造成的辐射量的增加(Liou,2004)。

为了便于表达,可以定义源函数 J_λ 为:

$$J_\lambda \equiv \frac{j_\lambda}{k_\lambda} \tag{4.2}$$

联立方程(4.1)、(4.2),得到新方程形式如下:

$$\frac{dI_\lambda}{k_\lambda \rho ds} = -I_\lambda + J_\lambda \tag{4.3}$$

方程(4.3)是讨论任何辐射传输过程的基础。如果对于特定的波长,如 $0.2 \sim 5 \mu m$ 范围内的辐射,在大气中进行传输时,通常可以将来自地-气系统的发射辐射略去,同时假定由多次散射产生的漫射辐射也可以略去,那么方程(4.3)可以简化为如下形式:

$$\frac{dI_\lambda}{k_\lambda \rho ds} = -I_\lambda \tag{4.4}$$

如果假定介质是均匀的,同时令 $s=0$ 时,入射辐射的强度为 $I_\lambda(0)$,那么经过距离 s 后的辐射强度可以通过对方程(4.4)积分获得:

$$I_\lambda(s) = I_\lambda(0)\exp\left(-\int_0^s k_\lambda \rho ds\right) \tag{4.5}$$

由于介质是均匀的,所以消光系数 k_λ 不随距离发生变化,那么定义一个路径长度 u 如下:

$$u = \int_0^s \rho ds \tag{4.6}$$

则方程(4.5)可以表示为:

$$I_\lambda(s) = I_\lambda(0)\exp(-k_\lambda u) \tag{4.7}$$

方程(4.7)就是著名的比尔定律/布格定律,又称为朗伯定律,它指出了在均匀消光介质中传输的辐射,其强度服从指数函数衰减的规律,且指数函数的自变量是消光截面与传输路径的乘积,该方程可以用于分析可见光-近红外在水平均匀大气中的辐射传输。

4.2.2 平面平行大气的辐射传输方程

在大气辐射传输的应用中,为了简化处理,通常将局部大气假定为平面平行的,那么可以得到适用于平面平行大气的辐射传输方程。由于假定大气是平面平行的,因此,只需考虑辐射强度和大气参数在垂直方向上变化,这种假定在物理意义上是适当的。那么,方程(4.3)就转化成如下形式:

$$\cos\theta \frac{dI_\lambda(z;\theta,\phi)}{k_\lambda \rho dz} = -I_\lambda(z;\theta,\phi) + J_\lambda(z;\theta,\phi) \tag{4.8}$$

方程(4.8)中各参数含义与方程(4.3)类似,其中,$I_\lambda(z;\theta,\phi)$ 表示辐射强度,$J_\lambda(z;\theta,\phi)$ 表示由多次散射和发射辐射所贡献的辐射量,θ 表示方位角,ϕ 表示方位角,Z 表示所测量的分层平面与地平面之间的垂直距离。在这里引入一个表示由大气上界向下测量的垂直光学厚度 τ:

$$\tau = \int_z^\infty k_\lambda \rho \, \mathrm{d}z \tag{4.9}$$

那么,就有:

$$\mu \frac{\mathrm{d}I_\lambda(\tau;\mu,\phi)}{\mathrm{d}\tau} = -I_\lambda(\tau;\mu,\phi) + J_\lambda(\tau;\mu,\phi) \tag{4.10}$$

式中,$\mu = \cos\theta$,方程(4.10)就是描述平面大气中存在多次散射的常用辐射传输方程。

假设平面平行大气层层顶高度为 $\tau = 0$,底部高度为 $\tau = \tau_*$;$I_\lambda(0;\mu,\phi)$、$I_\lambda(\tau;\mu,\phi)$ 和 $I_\lambda(\tau_*;\mu,\phi)$ 分别表示大气层顶部、高度 τ 处以及大气层底部向上辐射强度;$I_\lambda(0;-\mu,\phi)$、$I_\lambda(\tau;-\mu,\phi)$ 和 $I_\lambda(\tau_*;-\mu,\phi)$ 分别表示大气层顶部、高度 τ 处以及大气层底部向下辐射强度。为了求取高度 τ 处的向下辐射强度,在方程(4.10)两边同时乘以 $\exp(-\tau/\mu)$,然后由 τ 积分到 τ_*,得到 $I_\lambda(\tau;\mu,\phi)$:

$$I_\lambda(\tau;\mu,\phi) = I_\lambda(\tau_*;\mu,\phi)\exp\left(-\frac{\tau_* - \tau}{\mu}\right) + \int_\tau^{\tau_*} J(\tau';\mu,\phi)\exp\left(-\frac{\tau' - \tau}{\mu}\right)\frac{\mathrm{d}\tau'}{\mu} \tag{4.11}$$

其中,$0 < \mu \leq 1$。

另外,用 $-\mu$ 代替 μ,从 $\tau = 0$ 积分到 τ,可得 $I_\lambda(\tau;-\mu,\phi)$:

$$I_\lambda(\tau;-\mu,\phi) = I_\lambda(0;\mu,\phi)\exp\left(\frac{-\tau}{\mu}\right) + \int_\tau^{\tau_*} J(\tau';-\mu,\phi)\exp\left(-\frac{\tau - \tau'}{\mu}\right)\frac{\mathrm{d}\tau'}{\mu} \tag{4.12}$$

其中,$0 < \mu \leq 1$。方程(4.11)、(4.12)中的第一项分别表示顶部辐射和底部辐射通过距离 τ 被衰减后的辐射强度;第二项则表示的是内部大气的贡献。上述方程(4.11)、(4.12)常用于红外遥感和多次散射相关的辐射传输研究。

4.2.3 三维异质大气的辐射传输方程

在很多实际的大气条件下,例如在局部范围或者水平方向上不均匀的浓云、雾中的辐射传输,以及需要考虑大气球面形状的辐射传输中,平面平行大气的假设是不成立的。此外,影响和改变地-气辐射收支平衡的大气气溶胶,在大气层中通常容易随时间和空间的改变而发生较大的变化,在这种状态下,平行大气的假设也是不精确的。令消光系数为 β,且 $\beta = k_\lambda \rho$,则上述的普通辐射方程(4.3)简化为如下形式:

$$-\frac{\mathrm{d}I_\lambda}{\beta \mathrm{d}s} = I_\lambda - J_\lambda \tag{4.13}$$

微分算子从时间和空间的角度定义如下:

$$\frac{\mathrm{d}}{\mathrm{d}s} = \frac{1}{c}\frac{\partial}{\partial t} + \Omega \cdot \nabla \tag{4.14}$$

式(4.14)中,c 是光速;Ω 是通过位置向量 s 后在给定的散射方向上的单位向量;t 表示时间。假设入射辐射不随时间变化,那么方程(4.13)将转化成如下形式:

$$-\frac{1}{\beta(s)}(\Omega \cdot \nabla)I_\lambda(s,\Omega) = I_\lambda(s,\Omega) - J_\lambda(s,\Omega) \tag{4.15}$$

方程(4.15)即为适用于三维异质大气的辐射传输方程,其中 $J_\lambda(s,\Omega)$ 由单次散射、多次散射和介质的发射辐射共同决定。在笛卡儿坐标系 (x,y,z) 中有:

$$\Omega \cdot \nabla = \Omega_x \frac{\partial}{\partial x} + \Omega_y \frac{\partial}{\partial y} + \Omega_z \frac{\partial}{\partial z} \tag{4.16}$$

上式中的方向余弦定义如下:

$$\Omega_x = \frac{\partial x}{\partial s} = \sin\theta\cos\phi = (1-\mu^2)^{1/2}\cos\phi \qquad (4.17)$$

$$\Omega_y = \frac{\partial y}{\partial s} = \sin\theta\sin\phi = (1-\mu^2)^{1/2}\sin\phi \qquad (4.18)$$

$$\Omega_z = \frac{\partial z}{\partial s} = \cos\theta = \mu \qquad (4.19)$$

θ 和 ϕ 分别是上文中提到的天顶角和方位角,且 $|s| = s = (x^2+y^2+z^2)^{1/2}$。对于方程(4.16)而言,难以获得解析解,通常采用数值法对它进行求解。该方程可用于三维异质云层的辐射传输研究以及解释球形大气的辐射传输问题。

4.3 遥感影像辐射校正

卫星对地遥感与常规的站点测量相比较,其优势在于能以不同的时空尺度提供多种目标(如地表和大气等)的特征信息。然而,地球大气、陆地和水体都是非常庞大复杂的系统,仅仅使用时间、空间、光谱和辐射分辨率都有限的传感器并不能完整而真实地记录它们。此外,遥感这种不接触的测量手段还引入许多不确定性因数(如传感器系统性能、大气环境、卫星飞行姿态以及观测几何等),影响了遥感数据的质量。同时,由于遥感数据的应用严重依赖于数据预处理技术和专题信息提取技术的高低,因此,数据预处理过程就显得尤为重要。

数据预处理包括几何校正和辐射校正。辐射校正通过消除或者减弱数据中的辐射误差提高遥感系统获取的地表光谱反射率、辐射率或者后向散射等测量值的精度。几何校正则使测量值及其产品获得正确的地理位置,保证其能与地理信息系统和空间决策支持系统中的其他空间数据信息之间的一致性(Marakas,2003)。

4.3.1 辐射校正的分类

太阳光经过大气传输到地表,与地表发生作用,再次通过大气被传感器接收。在这复杂的信息传播过程中,因许多因素的影响而使最终接收到的电磁波辐射产生失真。辐射校正需要考虑传感器本身的仪器属性引入的噪声,以及大气层和周围环境对目标辐射信号的影响,因此,辐射校正是一个相对复杂的过程。根据辐射误差的来源,可以将辐射影响因素分为以下几个主要方面。

1. 系统误差

这种误差通常是由对地系统本身引起的(Teillet,1986),可以通过卫星发射前或在轨飞行时的定标测量来确定并校正。

2. 太阳高度角的影响

在传感器成像过程中,太阳高度角的变化会带来辐射强度的变化,传感器天顶角与太阳方位角之间的相互关系的变化也会使传感器接收到的电磁波强度发生变化。

3. 传感器引入的误差

理想的状态下,成像传感器系统记录的各个波段的辐射能精确表达离开目标地物的辐射。但是,如果某个探测器工作不正常或定标不准,则传感器系统本身就会引入辐射误差。数字影像处理技术有时可以修复误定标的遥感信息使之与正确的实测数据保持相对的一致,但对于没有获得数据的区域,有时只能作修饰性的调整(Jensen,2007)。

常见的此类误差及对应的修复方法主要有以下几种。

(1) 随机坏像元。有时,一个探测器未记录某个像元的数据,当此种情况发生时,该像元就被称为坏像元。当坏像元在影像中较多出现时,就被称为散粒噪声。通过简单的阈值算法来确定影像中的坏像元,并利用相邻像元的均值在校正影像中替代坏像元的值。

(2) 行或列缺失。若摇扫系统的某个探测器工作不正常,就可能产生一整行没有光谱信息的线。如果推扫系统的某个探测器工作不正常,就可能产生一整列没有光谱信息的线。坏行或坏列被称为行或列缺失。采用简单的阈值算法,定位每一条坏扫描行。一旦确定了坏扫描行,就可能根据前一扫描行和后一扫描行的像元均值确定缺失行的像元值。经过上述修复,影像的目视解译效果要比原行缺失影像好得多。同样,此种方法也可应用于列缺失的修复。

(3) 行或列部分缺失。有时,在探测器沿某扫描行正常运行时,由于某种原因,探测器在几个列上工作不正常,然后在扫描行的其余部分又工作正常,这就会导致这个扫描行的部分像元没有数据,这被称为行部分缺失;相似地,如果在某一列上出现类似问题,就称为列缺失。由于其像元数据的丢失是随机发生的,故不能对其进行系统性修复和处理。一般需要手工逐像元改正。数据处理人员要对数据集进行分析,使用坏像元的相邻像元的平均值替换坏像元亮度值。

(4) 行起始问题。当扫描系统在行起始阶段工作不正常时,就将数据放到不恰当的位置上。例如,某个扫描行的像元数据被整体左移或右移,这被称为行起始问题。如果行起始问题总是与某列或某几列的固定水平偏移相关,就可以通过简单的平移解决问题;但如果行起始问题位移量是随机的,则需要进行逐行人机交互修复。

(5) n 行条带。有时候,虽然探测器还在工作,但没有进行正确的辐射调整,这会导致影像上出现系统的比邻近行更亮或更暗的行,这就是 n 行条带。通过对整景影像采集数据的 n 个探测器的数据直方图进行计算,如果某个探测器的均值和中值与其他探测器相差很大,这就表明该探测器可能工作不正常。在数据校正中,对非正常工作的探测器记录的所有像元值进行偏置或增益校正。

4. 下垫面的影响

地形中的坡度坡向也会引入辐射误差(Gibson, Power, 2000),在某些地区,感兴趣区域可能完全处于阴影中,极大地影响了其像元亮度值。坡度坡向校正的目的是去除由地形引起的光照度变化,使两个反射物性相同的地物,虽然坡向不同,在影像中仍具有相同的亮度值。坡度坡向校正方法主要有简单余弦校正(Civco, 1989)、Minnaert 校正(Teillet, et al, 1982)、C 校正(Teillet, et al, 1982)和统计—经验校正(Meyer, et al, 1993)等。

5. 大气的影响

大气效应去除,即所谓的大气辐射校正,通常是在数据下传到地面站后,卫星数据的使用者根据各自不同的应用角度而采用不同的校正策略。在下文中将重点介绍遥感影像的大气辐射校正。

4.3.2 基于大气辐射传输理论的大气校正方法

卫星遥感器在获取信息过程中受到大气分子、气溶胶和云粒子等的吸收和散射的影响,使得在大气层顶接收到的信号中带有一定的非目标地物的辐射信息,降低了遥感信号的精度,影响了定量遥感的分析和应用(亓雪勇,田庆久,2005)。因此,大气校正成为遥感定量化研究的重点,是遥感信息定量化过程中不可缺少的一个重要环节。遥感影像的大气校正研究始于20世纪70年代,经过近四十年的发展,涌现了许多大气校正方法,大致可以归纳为基于大气辐射传输模型的方法、基于统计的方法、基于图像特征的相对大气校正方法(Kaufman,Tanre,1996)以及混合大气校正法。下面将介绍一些主要的大气校正方法。

1. 常用的大气校正模型

早在1972年,Tumer与Spencer就提出通过模拟大气-地表系统来评估大气影响的方法,可作为最早的大气辐射传输模型之一(Tumer,Spencer,1972)。当时研究的重点在于消除大气对影像对比度的影响。20世纪80年代后,许多学者对卫星影像的大气校正开展了更深入的研究(Lee,Kaufman,1986),使模拟地-气系统辐射传输过程的能力有了较大的提高,发展了一系列辐射传输模型,包括6S(Second Simulation of the Satellite Signal in the Solar Spectrum)(Vermote,et al,1997)、LOWTRAN(Low Resolution Transmission)系列和MODTRAN(Moderate Resolution Transmission)(Berk,et al,1989)等模型。现实的地-气系统是一个复杂多变的系统,而模型只是对现实世界的近似描述,通常模型的参数越多就越精确,同时计算复杂度也更高了,因此,在选择辐射传输模型时要在精度与复杂度之间折中考虑。下面介绍几个常用的、有解析表达式的典型的大气辐射传输模型。

(1) 简单地-气耦合模型

该模型没有考虑地-气系统的多次反弹,适用于晴朗大气和地表反射率比较低的应用环境,是早期基于统计方法的理论基础。类似的模型还常用于海色遥感的大气校正中。其表达式如下:

$$L = TL_g + L_p \tag{4.20}$$

式中,L 是传感器接收的总辐射;T 是地表-传感器路径上的总的大气透过率;L_g 则是地表的反射辐射;L_p 是大气程辐射。

(2) 基于地表均一、朗伯的模型

该模型(Kaufman,Sendra,1988)是近几十年来卫星光学遥感影像的大气校正和气溶胶参数反演的主要理论基础,其表达式如下:

$$L(\rho, \mu_s, \mu_v, \varphi) = L_0 + \frac{\rho T(\mu_s) T(\mu_v)}{(1-s\rho)} \frac{F_0 \mu_s}{\pi} \tag{4.21}$$

利用入射太阳辐射项 $\frac{F_0 \mu_s}{\pi}$ 归一化式(4.21),可得:

$$\rho_{TOA}(\mu_s, \mu_v, \varphi) = \rho_0 + \frac{\rho_s T(\mu_s) T(\mu_v)}{(1-s\rho_s)} \tag{4.22}$$

该模型同时考虑了路径辐射、大气吸收以及多次散射的影响。其中,L 是地表反射率为 ρ_s 时传感器在大气层顶部接收到的向上辐射;L_0 是大气程辐射;F_0 是沿太阳入射方向入射到地表的总的辐射(Irradiance);$T(\mu_s)$ 和 $T(\mu_v)$ 分别是沿太阳入射角和观测角向上和向下的总透过率;S 是大气对各向同性入射光的反射率;μ_s 和 μ_v 分别是太阳天顶角和观测天顶角的余弦;φ 是太阳方位角和观测方位角之差。

方程右边的第一项表示辐射路径上大气层对卫星接收信号的贡献,即所谓的程辐射 L_0,当地表反射率较小时,卫星信号主要取决于程辐射的贡献;第二项则是地表反射辐射经大气衰减以及地-气之间多次耦合作用后到达卫星传感器的辐射贡献,其分母项体现了地-气之间多次耦合作用,当地面反射率较大时,地面贡献将成为卫星信号的主要贡献项。

(3) 基于地表均一、非朗伯的模型

这类模型以 6S 为代表,并且在 MODIS 大气校正中得到实现。其模型方程如下所述:

$$\rho_{TOA}(\theta_s,\theta_v,\phi_s-\phi_v)=\rho_{R+A}+e^{-\tau/\mu_v}e^{-\tau/\mu_s}\rho_s(\theta_s,\theta_v,\phi_s-\phi_v)+e^{-\tau/\mu_v}t_d(\mu_s)\overline{\rho}+$$
$$e^{-\tau/\mu_s}t_d(\mu_v)\overline{\rho}'+t_d(\mu_s)t_d(\mu_v)\overline{\overline{\rho}}+\frac{T(\mu_s)T(\mu_v)S(\overline{\overline{\rho}})^2}{1-S\overline{\overline{\rho}}} \quad (4.23)$$

式中,ρ_{TOA} 是大气顶部的表观反射率;ρ_s 是地表反射率;θ_s 和 θ_v 分别是太阳和观测天顶角;ϕ_s 和 ϕ_v 分别是太阳和观测方位角;ρ_{R+A} 是大气分子和气溶胶分子的后向散射;τ 是大气光学厚度;μ_s 和 μ_v 分别是太阳天顶角和观测天顶角的余弦;$t_d(\mu_s)$ 和 $t_d(\mu_v)$ 是沿太阳入射方向向下和沿观测方向向上的散射光透过率;$T(\mu_s)$ 和 $T(\mu_v)$ 是向下和向上的大气总的透过率;S 是大气向下的半球反射率;$\overline{\rho}、\overline{\rho}'$ 和 $\overline{\overline{\rho}}$ 分别是半球-方向、方向-半球以及半球-半球反射率。

(4) 基于地表非均一、朗伯的模型

该模型考虑了交叉辐射项,主要用于单角度天顶观测的遥感影像的大气校正。其本质是将传感器接收的地表辐射分成两个部分,是对地表均匀、朗伯模型的一种修正。其基本形式如下所述:

$$L_{TOA}=A\frac{\rho_s}{1-\rho_eS}+B\frac{\rho_e}{1-\rho_eS}+L_0 \quad (4.24)$$

式中,L_{TOA}、ρ_s、L_0 和 S 同前面公式;ρ_e 是像元周围区域的平均反射率;A 和 B 是依赖于大气透过率和几何状况的系数。方程右边第一项表示的是像元反射直接进入传感器的部分,第二项表示的是地表像元的反射经大气的散射进入传感器的部分。方程中,ρ_e 需要通过大气点扩散函数对图像进行卷积获得,其他参数可以通过辐射传输模型(如 MODTRAN 等)模拟获得。6S 辐射传输模型中则通过引入"环境函数"来处理邻近像元对目标像元的影响。

(5) 基于地表非均一、非朗伯的模型

Verhoef 等给出了一个同时考虑多个扇入扇出参数和交叉辐射项的地表—大气辐射传输方程(Verhoef, Bach, 2003)。该模型包括 4 个地表参数和 6 个大气参数,与 6S 的前向模型类似。模型方程如下:

$$r_p=\rho_{so}+\frac{\tau_{ss}\overline{r_{sd}}+\tau_{sd}\overline{r_{dd}}}{1-\rho_{dd}\overline{r_{dd}}}\tau_{do}+\frac{\tau_{sd}+\tau_{ss}\overline{r_{sd}}\rho_{dd}}{1-\rho_{dd}\overline{r_{dd}}}r_{do}\tau_{oo}+\tau_{ss}r_{so}\tau_{oo} \quad (4.25)$$

模型中,ρ 表示大气后向的体散射;τ 表示透过率;r 表示一个半无限介质的表面散射。脚标 s 表示直射光通量;d 表示半球的散射光;o 表示观测方向的辐射亮度。r_p 是大气层顶星照率;r_{so} 是目标的二向反射率;r_{do} 是目标的半球方向反照率;$\overline{r_{sd}}$ 是周围目标平均的方向半球反照率;$\overline{r_{dd}}$ 是周围目标的平均的半球—半球反照率;ρ_{so} 是大气层顶二向反照率;ρ_{ss} 是大气向下的球面反照率;τ_{ss} 是太阳—目标方向的直射透过率;τ_{oo} 是观测方向的大气透过率;τ_{sd} 是太阳入射方向的散射透过率;τ_{do} 是入射的散射光在观测方向上的透过率。

模型由四项组成:第一项对应程辐射;第二项表征了邻近像元的贡献;第三项是散射光被目标反射到达传感器的部分;第四项表示直射光被目标反射的部分。其中后两项来自目标反射,只有最后一项直接与目标的 BRDF 相关联。如果假设目标是朗伯体,则方程中的 4 个 r 是相同的。此外,MODTRAN 也对下垫面为非均匀、非朗伯情况进行了模拟,但是没有给出解析形式。

2. 业务运行的常见大气校正程序及其基本算法

经过多年的发展,大气校正理论和软件的研制都取得了很大的进展,如 6S 和

MODTRAN 等通用的辐射传输模型也逐渐发展，日趋成熟。同时也涌现出多种基于通用辐射传输模型的商业软件，如 ACORN、ATCOR、ATREM、FLAASH 等。下面针对应用最为广泛的几种软件进行简要介绍。

(1) 6S 模型

6S 模型是法国大气光学实验室和美国马里兰大学地理系在 5S(Simulation of the Satellite Signal in the Solar Spectrum)模型的基础上发展起来的。该模型计算散射和吸收，并对模型的输入参数进行改进，使其更接近实际。该模型对主要大气效应 H_2O、O_3、O_2、CO_2、CH_4 和 N_2O 等气体的吸收，大气分子和气溶胶的散射都进行了考虑。它不仅可以模拟地表非均匀性，还可以模拟地表双向反射特性。与 LOWTRAN 模型、MORTRAN 模型比较，6S 模型具有较高的精度。

(2) MODTRAN 模型

Berk 等对 LOWTRAN 模型进行修改得到 MODTRAN 模型(Berk, et al, 1989)，其主要的改进包括：将其光谱的半高全宽度(full width half maximum, FWHM)从 $20cm^{-1}$ 减少到 $2cm^{-1}$，并对分子吸收算法进行改进，更新了在分子吸收中气压温度关系的处理，同时保持了 LOWTRAN 7 的基本程序和结构界面。此外，MODTRAN 在计算分子透过率上与 LOWTRAN 相比较，主要改进体现如下方面。

① LOWTRAN 使用单参数带模式及分子密度的标度函数，而 MODTRAN 使用 3 个与温度相关的参数：吸收系数、线密度和平均线宽。对于每种分子，其光谱分辨率为 $1cm^{-1}$ 间隔。对线中心在间隔内和间隔外的邻近谱线分别建模。间隔内的谱线采用 Voigt 线型积分得到。采用 Curtis-Godson 近似将对层的分层路径等价为均匀路径。

② 由于 MODTRAN 的 $1cm^{-1}$ 光谱分辨率可提供同样的光谱精度，因此不再采用 LOWTRAN 的 K-分布方法来提高光谱分辨率。

③ MODTRAN 采用 Voigt 线型和线参数对温度和压力的显式表达，比 LOWTRAN 所使用的单参数带模式更好地处理了高于 30km 高度路径上分子的吸收和散射处理。

3. 几种商业软件

下文针对几种目前广泛应用的商业软件进行简要的介绍。

(1) ACORN(Atmospheric CORrection Now)

ACORN(http://www.imspec.com/index.html)是一种适用于高光谱和多光谱遥感数据处理的大气校正软件，是由 ImSpec LLC 公司开发研制的。ACORN 适用的光谱范围为 400~2500nm，支持的传感器较多，有 IKONOS、SPOT、LANDSAT、HYPERION 和 EARTHWATCH 等。它采用 MODTRAN4 创建查找表，来处理分子和气溶胶的吸收和散射，目前 ACORN 软件已经作为插件集成到 ENVI 中，同时它还有单独的发行版本。

(2) ATCOR(Atmospheric and Topographic Correction Model)

ATCOR 是 Richter 研究小组开发的大气和地形校正软件(Richter, 1996a, 1997, 1998, 2003a, 2003b)。从 1996 年 Richter 发布这个算法至今，ATCOR 历经多个版本的更新，从 ATCOR1 发展到目前的 ATCOR4，并且集成到 ENVI、PCI 以及 ERDAS IMAGINE 等遥感处理软件中，几乎支持所有的商用传感器。最初，该软件是针对窄视场传感器设计开发的，采用 MODTRAN 作为其大气辐射传输模型，借助 DEM 数据可以同时对地形和大气进行校正。其中，ATCOR2 假定地表水平、朗伯，并同时考虑邻近效应和气溶胶的空间不均匀性，对窄视场卫星传感器影像(如 TM 影像)进行校正;ATCOR3 中增加了地形的影响,在假定地表朗伯的基础上通过使用 G 函数来考虑由于地形高度角变化引起的地表 BRDF 的变化,该版本需要 DEM 数据的支持;ATCOR4 是 ATCOR3 的改进,主要用于机载传感器和宽视场卫星传感器影像的大气和地形校正,它采用了最新的 MODTRAN4 辐射传输模型来构造大气关键参数的查找表,同时采用 APDA 算法反演水蒸气参数。

(3) ATREM (The Atmospheric Removal Program)

ATREM(http://cires.colorado.edu/cses/atrem.html)软件同时考虑分子吸收和大气散射对遥感信号的影响。其分子吸收算法是基于 HITRAN 数据库的,并使用多个波段数据进行水汽含量反演。大气散射的算法则是基于 6S 辐射传输模型的。目前 ATREM 已经被集成到 ENVI 中,同时也发行了单版。

(4) FLAASH (Fast Line-of-Sight Atmospheric Analysis of Spectral Hypercubes)

FLAASH(Anderson, et al, 1999)是由 Spectral Sciences Inc、Air Force Research Laboratory(AFRL)和 Spectral Information Technology Application Center(SITAC)联合开发的大气校正软件,主要用于处理从紫外到红外的高光谱和多光谱遥感数据。它采用大气辐射传输模型公式(式(4.24)),基于 MODTRAN4 建立查找表,逐像元进行大气校正,支持卫星的斜程观测和天顶观测,同时还采用点扩散函数对临近效应进行订正,是一款功能强大而齐全的大气校正软件。

除了上述软件外,还有若干针对具体传感器的算法,在此不再一一介绍。

4.3.3 基于图像统计特征的大气校正方法

1. 直方图调整法

直方图调整法是一种相对辐射校正方法,适用于归一化单时相遥感影像不同波段的强度。其基本的理论基础是:大气分子和气溶胶等的散射作用随波长增长呈衰减趋势,因此,近红外波段的数据比可见光波段的数据受大气散射影响小。该方法通常假定遥感影像的近红外和中红外数据不受大气散射的影响,而可见光波段则受大气散射影响大,并且还假设大气的散射影响在整幅影像上是均匀的。该方法分析可见光波段的直方图,认为直方图的最小值和零值的距离是来自大气后向散射的影响,从而调整直方图将其减去。该方法简单,易于实现,但是它仅考虑大气的加性影响,因此校正精度不高,已有人对该方法进行分析并提出了改进方案(Liang, et al, 2001)。

2. 直方图匹配法

直方图匹配法(Richter, 1996b)也是一种基于统计的相对辐射校正方法,它与直方图调整法的思路不同,首先假设图像中清洁区域和混浊区域的地物的直方图原本是相同的,那么确定清洁区域后,将混浊区域的直方图匹配到对应的清洁区域,达到大气校正效果,目前,该方法已经集成到 ERDAS 处理软件中了。

直方图匹配法简单易于实现,但是由于需要清洁区域和混浊区域的地物具有相对一致的组成,而且气溶胶的空间变化不能剧烈,因此,适用范围较小。

3. 聚类匹配法

Liang 提出采用聚类分析的思路来反演气溶胶光学厚度(Liang, et al, 2001),该方法是直方图匹配法的一种延展。它没有将图像分为清洁和混浊区域,而是将像元分成很多类,认为每一类的平均值在不同的大气条件下是相同的。在进行分类时通常选取受大气影响小的波段如近红外和中红外等。各个波段分别进行平均反射率的匹配。他假定图像中存在清洁区域,根据匹配的反射率和表观反射率,从查找表反演这个地方的气溶胶光学厚度。若气溶胶的空间变化过于剧烈,则可以进行一个低通滤波来作空域平滑。

4.3.4 基于图像光谱特征的大气校正

1. 经验线方法

经验线方法(Karpouzli,Malthus,2003)是一类基于地物光谱的方法,常被用来做简单的辐射定标。该方法假定在研究区域中存在一系列随时间变化反射率不变的目标(高、中和低反射率,至少需要两个目标),而且目标的反射特性均匀,面积足够大到可以在图像上被分割出来。目标最好是:水平均匀(方差尽可能小)、朗伯;最好不选用光谱变化比较大的植被;面积最好大于3倍的像元空间分辨率,譬如MODIS,一般至少为750m×750m。此外,还假设图像内大气属性局部均匀,尤其是气溶胶是均匀分布的。

该方法的基本思想是:将地面目标的反射率和对应传感器像元做线性回归,其斜率反映大气消光的大小,截距则反映程辐射的大小。回归等式可以用于其他像元的校正。该方法精度取决于大气状况的均匀程度和地面测量的精度等,并至少需要两个不相关的地表光谱测量作为参数。

该方法的优点是不需大气参数,没有考虑多次反弹和临近效应。缺点是需要地面同步测量。拟合公式只适用于本幅影像。由于大气散射的方向差异,要求各个目标成像的观测几何保持一致。而且这种方法没有考虑地气系统的多次反弹,因此,不适用于混浊的大气,在选用地面目标的时候,最好面积足够大到可以尽可能地减少临近像元的影响。显然,拟合公式的理论依据是大气校正模型(式(4.20))。

可能的改进方法是,如果地面目标多于3个,可通过拟合公式(4.21)的3个参数来进行大气校正。

2. 土壤线方法

Chi提出一种利用沙土的土壤线进行大气校正的方法(Chi,2003),该方法适用于干旱和半干旱地区。该方法假设在整幅影像上大气的作用是均匀的,并且图像上存在足够的像元能够构成土壤线。同时,必须有对相同地表目标的同步光谱测量,地面是均匀朗伯体。该方法的基本思想是:对于满足假设条件的同一目标,分析其地表土壤线与从卫星信号得到的土壤线之间的差异,认为两者的差异是由大气作用所造成的。土壤类型的差异是地表土壤线变化的主要原因,每种土壤有一种土壤线,而且不随湿度、观测几何和时间等的改变发生变化。因此,通过坐标变化将卫星上观测的土壤线转化到与地表等价的观测结果,获得在红色和近红外波段上的平均校正差值,然后将其用于整幅影像的校正。

该方法的精度用于裸土最好,植被次之,水体最差。其原因在于,大气对不同地物的影响所产生的平均校正差值是大气"加"和"乘"作用的综合,和地物光谱特性密切相关。严格意义上讲,该方法仅适用于土壤(而且是特定的观测角度),因此,把适用于土壤的平均校正差值用于其他地物是不合适的。该方法所需参数是裸土的地面光谱测量。

该方法优点是方法简单,不需要大气参数。缺点是仅适用于干旱和半干旱地区,而且仅适用于红色和近红外两个能组成土壤线的波段,需要假定大气作用空间均匀。此外,该方法还没有考虑大气散射的方向性。

可能的改进思路是,通过适当的修正,用土壤线估算气溶胶的光学厚度,然后再用更精确的物理模型订正大气影响。

3. 暗目标减法(Dark Object Subtraction,DOS)

该方法假设大气影响是由程辐射构成的,而且程辐射是加性的,不考虑透过率的乘性影响;同时,还假设图像上存在一些完全处于阴影中的点,这些点的信号完全来自大气的散射。由于地球表面几乎没有完全是绝对黑的表面,因此,该方法通常假定暗目标的发射率为1%,更符合实际情况一些。此外,还假设大气的作用在整幅影像上是均匀的。

该方法的基本思想是,通过选取图像上满足假设条件的像素点,从而获得一个平均的程辐射值,整幅影像减去这个值,达到对影像的大气校正。

该方法的研究目标主要集中在选取暗目标以及 haze 区域上。算法精度取决于当时的大气状况和选取的暗目标的精度。

该方法无需参数。

该方法优点是严格基于图像的方法,不需地表同步测量和大气参数,算法简单;缺点是当目标的反射率高于15%时精度难以接受,同时,暗目标的选取具有不确定性,往往引入很大的噪声;此外,不校正透过率的影响。由于大气的散射是观测角度的函数,因此,该方法不适用于宽视场的卫星影像。大气的影响是散射和吸收的共同作用,对于暗目标而言,该方法增加了其亮度,而对于亮目标而言,可能增加其亮度,也可能减少其亮度(Fraser and Kaufman, 1985)。因此,该方法不适用于亮目标的大气校正。

可能的改进——这种方法可以用于提取气溶胶的光学厚度,然后将获得的气溶胶光学厚度作为参数用于其他大气校正方法中(如辐射传输法等)。譬如,Kaufman 利用暗目标法提取气溶胶的光学厚度,然后利用辐射传输法和点扩散函数对 MODIS 影像进行大气校正,其精度满足业务运行的要求。

算法的精度——在暗目标法中,大气校正的精度受限于暗目标反射率估计的精度,如果能够准确估计暗目标的反射率,那么反射率校正的精度理论上可以达到±0.01。Chavez 对暗目标法进行了总结并提出了改进方法,对如何计算透过率给出了较为简单的方法。总之,改进的暗目标法不是直接用来减去程辐射,而是用来估计气溶胶的光学厚度,然后用辐射传输方程进行大气校正。

4. 不变目标法

不变目标法常用于多时相图像的大气校正(Casells and Garcia, 1989)。该方法假设多天的图像序列中至少有两个不同发射率的目标像元,其地表反射不随时间发生变化。因此,将其中一幅图像的反射作为参考,从而根据目标的表观反射率估算气溶胶光学厚度。然后将估算的气溶胶光学厚度输入大气校正模型,进行计算。该方法不需要知道目标的绝对反射率,是一种相对的大气校正方法。

5. 对比减法

在地表反射率变化相对稳定的区域,卫星观测信号的随时间的变化可以归咎为大气属性的变化(如气溶胶和水汽的时间变化)。气溶胶散射可以减小局地反射率的对比度,从而减小其方差。气溶胶越多,则方差越小。因此,局地的方差大小可以用来估计气溶胶光学厚度的大小。该方法已经成功用于沙尘检测(Tanre, et al. 1988, 1991)。图像上两个像元表观反射率的差值与地表反射率差值之间的关系可近似描述为：

$$\Delta \rho_{ij}^*(\mu_s, \mu_v, \phi) = \Delta \rho_{ij}(\mu_s, \mu_v, \phi) T(\mu_s) \exp\left(-\frac{\tau}{\mu_v}\right) \quad (4.26)$$

式中：$\mu_s = \cos(\theta_s)$，$\mu_v = \cos(\theta_v)$；θ_s，θ_v 和 ϕ 分别是太阳天顶角、观测天顶角和相对方位角；$T(\mu_s)$ 是太阳—地表路径上的大气总的透过率（直射+漫射）；$\exp\left(-\frac{\tau}{\mu_v}\right)$ 是地表—传感器路径上的直射透过率。如果用方差来描述空间的变化，那么表观反射率的方差 σ^{*2} 和地表反射率的方差 σ^2 应该线性相关，即

$$\sigma^{*2} = \sigma^2 T(\mu_s) \exp\left(-\frac{2\tau}{\mu_v}\right) \quad (4.27)$$

假如知道地表变化的方差（或者是通过某个晴天的图像得到的），那么就可以根据上式来估算透过率（与气溶胶光学厚度之间相关）。

该方法假定目标的反射不随时间变化，而且与临近像元具有很大的对比，因此，限制了其应用。该方法反演气溶胶光学厚度的均方误差（RMS）在 0.1 左右，精度不高，仅适用于大气比较混浊的情况，例如沙尘检测等（Holben, et al. 1992）。

4.3.5 其他大气校正方法

1. 植被指数法

植被指数法是一种间接的大气校正方法，可以在不同程度上去除大气的影响。例如，Kaufman 提出过一个大气阻抗植被指数（AVRI：Atmospherically Resistant Vegetation Index）(Kaufman and Tanre, 1992)。他根据植被的光谱特性，利用辐射传输模型对蓝光、红光和近红外波段的数据进行分子散射和臭氧吸收的校正，然后对三个波段数据进行组合，利用蓝光波段和红光波段的辐射差异对红光波段的辐射值进行校正，从而减少了大气效应对卫星辐射信号的影响。

2. 云阴影法

该方法假设研究区域存在两个或者多个地表反射率相同的目标，其中有一个目标是位于云层的阴影下空，而与其邻近的目标则处于太阳的直射下，未被云层遮挡。根据两个目标表观反射率的差异得到大气相关参数，将其导入辐射传输模型（Reinersman, et al. 1998）。该方法要求地面两个目标都是水平均匀，且云的阴影也是均匀的，即要求两个目标上空的大气光学属性是相同的。

4.4 小 结

本章首先从传感器的成像原理和所获取图像性质的角度介绍了模拟与数字框幅相机、扫描光谱成像仪、微波成像仪和激光雷达的成像机理及过程。然后分析大气层对卫星对地遥感信号的影响，并介绍适用于不同应用场景下的大气辐射传输模型，最后对现有的遥感影像辐射校正方法进行总结和分类。

现有的大部分历史卫星资料多属于单角度观测数据，为了充分利用历史资料进行地球资源调查和全球灾害预测等科学研究，提高原始数据精度的大气辐射校正则成为制约遥感数据进一步用于分析的关键。尽管大气辐射校正已经取得较大的进步，然而从卫星信号中同时准

确地分离大气信号和地表辐射信号仍然是其必须解决的主要问题。此外,在大气校正方法的研究中还有以下几个方面值得关注:

① 实时的同尺度大气参数的获取,即与地表像元同尺度实时的水蒸气和气溶胶等时空多变大气组分参数的获取。

② 大气校正尺度的选择,即卫星影像分辨率与大气校正尺度之间的关系,不同尺度的大气参数如何用于地表参数的反演。

③ 多源数据用于大气校正时,数据的融合方法的研究,以及如何利用新的卫星数据所提供的经验知识挖掘历史资料中隐藏的新信息。

大气校正的未来发展方向可能首先还是关注基本校正方法的研究,然后是关于各类校正方法和模型的同化,以及多源数据融合后获取的先验知识在大气校正的合理应用,等等。

参 考 文 献

亓雪勇,田庆久.2005.光学遥感大气校正研究进展[J].国土资源遥感,4(66).

王永生.1987.大气物理学[M].北京:气象出版社.

阎吉祥,龚顺生,刘智深.2001.环境监测激光雷达[M].北京:科学出版社.

Jensen J R 著.陈晓玲,龚威,李平湘,田礼乔,译.2007.遥感数字影像处理导论[M].北京:机械工业出版社.

Liou K N 著.郭彩丽,周诗健,译.2004.大气辐射导论:第 2 版[M].北京:气象出版社.

Anderson, G. P., Pukall, B., Allred, C. L., Jeong, L. S., Hoke, M., Chetwynd, J. H., et al, 1999, FLAASH and MODTRAN4: State-of-the-Art Atmospheric Correction for Hyperspectral Data, *Proceedings of the IEEE Aerospace Conference*, Vol. 4, pp. 177-181.

Berk, A., Bernstein, L. S. and Robertson, D. C., 1989, *MODTRAN: a moderate resolution model for LOWTRAN 7*, GL-TR-89-0122.

Casells, V. and Garcia, M. J. L., 1989, An alternative simple approach to estimate atmospheric correction in mulitemporal studies, *International Journal of Remote Sensing*, 10: 1127-1134.

Chi, H., 2003, Practical atmospheric correction of NOAA-AVHRR data using the bare-sand soil line method, *International Journal of Remote Sensing*, 24:3369-3379.

Civco, D. L., 1989, Topographic normalization of Landsat thematic mapper digital imagery, *Photogrammeric Engineering & Remote Sensing*, 55(9):1303-1309.

Fraser, R. S. and Kaufman, Y. J., 1985, The relative importance of scattering and absorption in remote sensing, *IEEE Transactions on Geoscience and Remote Sensing*, 23:625-633.

Gibson, P. J. and Power, C. H., 2000, *Introductory remote sensing: digital image processing and applications*, London: Routledge.

Holben, B., Vermote, E., Kaufman, Y. J., Tanre, D., and Kalb, V., 1992, Aerosol retrieval over land from AVHRR data—Application for atmospheric correction, *IEEE Transactions on Geoscience and Remote Sensing*, 30: 212-222.

http://cires.colorado.edu/cses/atrem.html.

http://landsat.gsfc.nasa.gov.

http://www.csr.utexas.edu/glas.

http://www.imspec.com/index.html.

Karpouzli, E. and Malthus, T., 2003, The empirical line method for the atmospheric correction of IKONOS imagery, *International Journal of Remote Sensing*, 24:1143-1150.

Kaufman, Y. J. and Sendra, C., 1988, Algorithm for automatic atmospheric correction to visible and near-IR satellite imagery, *International Journal of Remote Sensing*, 9: 1357-1381.

Kaufman, Y. J. and Tanre, D., 1992, Atmospheric resistant vegetation index (ARVI) for EOS-MODIS, *IEEE Transactions on Geoscience and Remote Sensing*, 30: 261-270.

Kaufman, Y. J. and Tanre, D., 1996, Strategy for direct and indirect method for correcting the aerosol effect in remote sensing: from AVHRR to EOS-MODIS, *Remote Sensing of the Environment*, (55): 65 ~ 79.

Konecny, G., 2003, Geoinformation: remote sensing, photogrammerty and geographic information system. New York, Taylor & Francis.

Lee, T. Y. and Kaufman, Y. J., 1986, Non-Lambertian effects on remote sensing of surface reflectance and vegetation index, *IEEE Transactions on Geoscience and Remote Sensing*, (24): 699-708.

Liang, S., Fang, H. and Chen, M., 2001, Atmospheric correction of Landsat ETM+ land surface imagery-Part I: Methods, *IEEE Transactions on Geoscience and Remote Sensing*. 39: 2490-2498.

Marakas, G. M., 2003, *Decision support system in the 21st century*. NJ, Prentice Hall.

McGarigle, B., 1997, Digital aerial photography becoming a cost-effective solution, *Geo. Info* (March), http://www.govtech.net/1997.

Meyer, P., Itten, K. I., Kellenberger, T., Sandmeier, S. and Sandmeier, R., 1993, Radiometric Corrections for Topographically Induced Effects on Landsat TM Data in an Alpine Environment, *ISPRS Journal of Photogrammetry and Remote Sensing*, 48(4):17-28.

Reinersman, P. R., Carder, K. L., and Chen, F. I. R., 1998, Satellite-sensor calibration verification with the cloud-shadow method, *Applied Optics*. 37:5541-5549.

Richter, R., 1996a, Spatially adaptive fast atmospheric correction algorithm, *International Journal of Remote Sensing*, 17:1201-1214.

Richter, R., 1996b, Atmospheric correction of satellite data with haze removal including a haze/clear transition region, *Computers & Geosciences*, 22:675-681.

Richter, R., 1997, Correction of atmospheric and topographic effects for high spatial resolution satellite imagery, *International Journal of Remote Sensing*, 18:1099-1111.

Richter, R., 1998, Correction of satellite imagery over mountainous terrain, *Applied Optics*, 37: 4004-4015.

Richter, R., 2003a, *Atmospheric/ topographic correction for satellite imagery (ATCOR-2/3 User Guide)*. DLR-German Aerospace Center, Wessling, Germany DLR IB 564-01/02, January.

Richter, R., 2003b, *Atmospheric/ topographic correction for satellite imagery (ATCOR-4 User Guide)*. DLR-German Aerospace Center, Wessling, Germany DLR IB 564-02/03, January.

SPOT Image, 2004, http://www.spotimage.com/home.

Tanre, D., Deschamps, P. Y., Devaux, C. and Herman, M., 1988, Estimation of Saharan aerosol optical thickness from blurring effects in Thematic Mapper data, *Journal of Geophysical Research*, 93: 15955-15964.

Tanre, D. and Legrand, M., 1991, On the satellite retrieval of Saharan dust optical thickness over land: two different approaches, *Journal of Geophysical Research*, 96:5221-5227.

Teillet, P. M., Guindon, B. and Goodenough, D. G., 1982, On the slope-aspect correction of multispecreal dcanner data, *Canadian Journal of Remote Sensing*, 8(2): 84-106.

Teillet, P. M., 1986, Image correction for radiometric effects in remote sensing, *International Journal of Remote Sensing*, 7(12): 1637-1651.

Tumer, R. E. and Spencer, M. M., 1972, Atmospheric model for correction of spacecraft data, *Remote Sensing of the Environment*: 895-934.

Verhoef, W. and Bach, H., 2003, Simulation of hyperspectral and directional radiance images using coupled biophysical and atmospheric radiative transfer models, *Remote Sensing of the Environment*, 87: 23-41.

Vermote, E. F., Tanré, D., Deuzé JL, Herman, M. and Morcrette, J. J., 1997, Second simulation of the satellite signal in the solar spectrum: an overview, *IEEE Transactions on Geoscience and Remote Sensing*, 35(3): 675-686.

第 5 章 卫星遥感影像几何定位模型

□ 袁修孝 余俊鹏

卫星遥感影像在成像过程中由于受到诸多复杂因素的影响,使各像点产生了不同程度的几何变形。建立遥感影像几何定位模型可以正确地描述每一个像点坐标与其对应地面点物方坐标间的严格几何关系,以便对原始影像进行高精度的几何纠正及对地目标定位,从而实现由二维影像反演实地表面的平面或空间位置,以满足各种遥感应用的需求。

5.1 卫星遥感影像几何定位模型综述

随着航天技术、传感器技术、空间定位技术和计算机技术的发展,遥感逐步向高空间分辨率、高时间分辨率和高光谱分辨率方向发展。高清晰度、现势性强的遥感影像已成为人类获取地球空间信息的重要数据源。近十多年来,高分辨率的遥感影像已不再是军方的独占资源,它的商业化已标志着遥感在数据采集和更新上的一场革命(李德仁,2000)。

IKONOS、QuickBird 高分辨率卫星遥感影像进入国际市场以后,为航天摄影测量开辟了新的应用研究领域。成像几何模型作为遥感影像几何处理和地球空间信息提取的理论基础,已成为亟待研究解决的关键技术。对于线阵推扫式传感器影像,已经出现了各种各样的成像几何模型。它们在严密性、复杂性以及定位准确性方面都有着各自的特点。目前最主要的几何定位模型可以分为严格几何定位模型、有理多项式函数模型(Rational Function Model,RFM)和仿射变换模型等几种类型。

严格几何定位模型力求描述传感器的成像特点及物像之间的严密坐标变换关系,一般是对中心投影的严密共线条件方程进行拓展而形成的,需要根据不同的传感器而设计。为了能够较好地反映传感器的成像特点,必须获得传感器在成像过程中的各种物理参数,如卫星轨道星历、姿态角变化、传感器物理特性参数和成像方式等。其形式相当复杂,缺乏通用性。为了能够利用严格几何定位模型从影像提取地球空间信息,终端用户需要具有摄影测量的专门知识和相当专业、复杂的应用处理系统。

严格几何定位模型具有较高的定位精度,一直是遥感对地目标定位的首选。然而,一些高性能的传感器系统虽然实现了商业化,但是传感器的核心信息和卫星轨道参数并未公开。同时,为了降低对用户专业水平的需求,扩大用户范围,确保遥感卫星的核心技术参数不被泄露,部分遥感卫星影像已经过初步几何校正和重采样,影像成像时的严格几何关系被破坏,无法利用严格几何定位模型进行处理,用户只能根据影像自带的有理多项式参数(Rational Polynomial Coefficients,RPC)进行影像处理,以通用的有理函数模型来取替严格几何定位模型(张永生,刘军,2004)。RFM 是一种广义的新型遥感卫星影像几何定位模型,独立于传感器和平台(Pageres, et al 1989),具有优良的内插特性(Burden, Faires, 1997),是一种能获得与严格几何定位模型几乎同等精度的通用模型。若给定适当数量的控制点信息，RFM 亦可获得很高的拟合精度。因此，在数字摄影测量工作站中，RFM 将有可能取代复杂的严格几何定位模型。

此外，SAR 卫星遥感影像的几何定位模型也可以用 RPC 参数来表示，与光学遥感影像一样进行摄影测量处理，从而降低 SAR 影像几何处理的难度（秦绪文，等，2006）。

5.2 严密几何定位模型

就光学线阵推扫式卫星遥感影像而言，建立严密几何定位模型时，需要考虑表 5.1 所示的在遥感成像过程中造成影像变形的各种物理因素，如卫星位置、传感器姿态、相机参数等，再利用这些几何条件来建立几何定位模型。

表 5.1　　　　　　　　　　　线阵推扫式卫星遥感影像变形成因

类别	子类别	误差源
影像获取系统	平台	平台运动速度的变化，平台姿态的变化
	传感器	传感器扫描速度的变化，扫描侧视角的变化
	测量设备	钟差或时间不同步
被观测物体	大气	折射
	地球	地球曲率、地球自转、地形因素等
	地图投影	大地体到椭球体以及椭球体到地图投影的变换

1. Kratky 模型（Kratky，1989a，1989b）

将摄影测量中严格定义的共线条件方程与传感器外方位元素模型相结合而成。假定卫星运行在一个椭圆轨道上，通过从标准轨道参数中提取出的卫星位置而将传感器位置表达成平近点角的函数，而传感器姿态的变化则通过时间的三次多项式拟合得到。该模型通过对地理经度和地球自转改正来考虑地球自转运动，通过对卫星轨道加线性改正的方法来考虑地球重力场摄动对轨道的影响。这一模型首先被用于 SPOT 影像的处理，然后又用于 MOMS 影像的处理，取得了比较好的结果。随后，国内外许多学者对该模型进行了较为深入的研究，并将其应用于推扫式卫星遥感影像模拟、DEM 提取、正射影像制作等方面（江万寿等，2002）。

2. Westin 模型（Westin，1990）

Westin 对 SPOT 的成像几何做了较为深入的探讨，在假设 SPOT 卫星运行轨道为圆形轨道的前提下建立了该模型。该模型将卫星轨道参数（轨道半径、轨道倾角、升交点赤经和平近点角）和传感器姿态表示为时间的三次多项式函数，但对地球摄动力的考虑不够全面，并且忽略了大气折射对信号传播的影响。其优点在于形式简单，而且仅用一个地面控制点就可以调整卫星的轨道参数。后来，Radhadevi 等利用该模型研究了印度卫星的成像几何（Radhadevi and Ramachandran，1998），Valadan 等采用该模型对 SPOT-1B 影像进行了处理（Valadan，1998），Rantakokko 等利用该模型研究了 SAR 图像的成像几何（Rantakokko and Rosenholm，1999），Bang 利用该模型对 KOMPSAT-EOC 影像进行了纠正（Bang，2001），Gonçalves 等将该模型与 SAR 定位模型相结合以减少解求定位参数所需的地面控制点（Gonçalves and

Dowman,2003),均取得了较好的试验结果。

3. 定向点(Orientation Point)几何模型(Kornus, et al, 1998, 1999a)

可用于航空及航天三线阵传感器影像的处理。对航空影像,该模型采用基于多项式的方法,仅对所谓定向点位置的外方位元素进行严格估计,定向点位置根据控制点和连接点的分布情况按固定间隔预先确定,各定向点外方位元素可用一多项式函数如拉格朗日多项式表达。根据导航数据构建观测方程,其系统误差因条带或区域而异,分别用12个参数(包含偏移项和漂移项)表示。对航天影像,卫星历元时刻的位置矢量即外方位线元素通过轨道约束条件(理想情况下为开普勒轨道)计算。由于缺乏描述成像过程姿态变化的严格动态模型,姿态(即外方位角元素)用定向点模型计算。这一模型成功地对德国 MOMS-02/D2、MOMS-02/P2、MEOSS、HRSC、WAOSS 等传感器影像进行了试验,经对 MOMS-02/D2 数据处理结果表明,在单航带内只需少量控制点甚至无须地面控制信息情况下,定位精度能达到平面 10m (0.7pixel)、高程 4m (0.3pixel)以内。

4. 定向片(Orientation Image)模型

以定向点几何模型为基础,德国航宇中心(DLR)的 Kornus 提出了定向片模型(Kornus and Ebner, 1999b),用于 MOMS-2P 三线阵影像的几何定位。该模型基于扩展的共线条件方程,首先在所谓定向片上利用导航数据(位置及姿态)确定初始外方位元素,其系统误差(偏移量和漂移量)均被看做附加参数。两个相邻定向片之间任意扫描行的外方位元素可看做由此两定向片外方位元素内插生成。各线阵的内方位元素则由 5 个参数表示:像主点偏移量(2个)、线阵在影像平面上的旋转角(1个)、焦距偏移量(1个)、线阵弯曲度(1个)。利用三度重叠影像,所有未知参数可在光束法平差中全部求解出来。该模型需要自动生成大量的影像连接点。试验表明,在导航数据具有足够精度时,控制点数目对定位结果的影响不大,否则单航带内至少需要 7 个控制点才能得到稳定的参数解。利用 MOMS-NAV 导航数据(约 5m 导航精度),仅用 4 个控制点可以达到平面 8m、高程 10m 的定位精度。我国西安测绘研究所王任享院士也提出了类似的 EFP(等效框幅式相片)空中三角测量方法(王任享,2001,2002)。该方法在经典框幅式相片光束法平差的基础上引入卫星摄影条件下线元素和角元素都能成立的"同类外方位元素二阶差分等于零的约束条件",使 EFP 空中三角测量能够得到稳定的解。模拟试验表明,几何条件最好情况下可以达到 2~3m 的高程精度。

5. 动态轨道参数模型

卫星的运动轨迹由真近地点角与升交点赤经两个轨道参数描述,且假设这两个参数在成像过程中满足线性变化条件。姿态变化规律通过漂移速度参数表示。该模型试验于 SPOT 1A、1B,MOMS-02 等影像已证明有良好的效果。Dowman 认为该模型经过改进扩展后,可以成为通用的严格几何定位模型(Dowman and Michalis, 2003)。Valadan 提出了类似的轨道参数模型(Valadan and Sadeghian, 2003)。值得说明的是,即使对于不提供具体星历信息的 IKONOS 影像,轨道参数模型同样可以很好地重建其外方位元素,用该模型对 IKONOS Geo 级影像(CE90,标称精度 50m)进行处理,可以达到比 IKONOS Precision Plus 级影像(CE90,标称精度 2m)更优的结果。

6. 汉诺威大学 IPI 实验室研发的程序系统 BLUH/BLASPO(Jacobsen and Passini, 2003)

该系统采用的理论模型中,卫星的详细星历数据没有直接用于平差计算,而是用于提高卫星标准轨道参数的精准度,包括轨道倾角、轨道长半轴、轨道偏心率。卫星运动中的低频扰动分量所造成的系统误差影响可在附加参数自检校中去除。该模型中每景影像的未知数为14个,其中6个表示标准轨道条件下的外方位元素,另外8个表示标准轨道与真实轨道之间的差异。该模型具有很强的普适性,已经成功用于多种线阵影像(MOMS,SPOT,IRS-1C,DPA,IKONOS,QuickBird,SPOT5/HRS)的处理。以SPOT-5 HRS影像(GSD10m)提取地面高程模型的试验为例,平地可以达到4.5～6m,林地可以达到7.5～9m的精度。

7. 简单地学参考模型

瑞士苏黎士联邦技术大学(ETH)Poli提出的简单地学参考模型(Poli,2001a,2001b,2002a,2003,2004)。

该模型可适用于航空航天甚至直升机平台线阵影像的定位处理。对于航空影像,飞机的飞行轨迹由分段多项式函数描述,分段数取决于控制点和连接点的数目及分布情况。对于航天影像,由于轨道的平滑性、可预测性以及定向元素之间较高的相关性,可直接采用2次或3次拉格朗日多项式表示,同时将卫星运行的轨道特性作为约束条件。该模型同样需引入自检校参数,自检校参数包括像主点偏移、焦距偏移、镜头畸变引起的偏心分量、扫描行方向的成像比例变量及线阵在焦平面上旋转角量,这些参数事先需进行互相关分析,以有选择地使用。利用该模型进行自检校光束法平差可获得最优的外方位元素参数模型。Poli分别用该模型对SPOT-5/HRS影像与ASTER立体影像进行定位试验,表明平面与高程提取精度均能稳定保持在1个像素水平左右(Poli,2002b)。

8. 加拿大遥感中心(CCRS)Toutin提出的3D物理几何模型(Toutin,2006)

该模型可用于单传感器(Single-Sensor)平台和多传感器(Multi-Sensor)平台。模型中的每个参数都不具有实际的物理几何意义,而是几个相关几何变量的数学抽象表示,这些参数组成了相互独立的参数集,最大限度地减少了参数估计时参数相关性造成的影响,但也使形式上与一般严格模型有差异。根据共线和共面条件列出的两类观测方程共同组成误差方程组。在最小二乘估计中除使用了控制点信息外,还利用了轨道约束条件。理论上只需要3个地面控制点就可以解算出所有参数。Toutin利用该模型进行了同一大范围地区异源高分辨率遥感影像(ETM+,SPOT,ASTER,ERS-1)之间的联合定位平差(Toutin,2004a),在减少控制点要求的同时能够保证定位精度水平稳定不变,显示出该模型优秀的普适性、稳健性和可靠性。由于控制点精度对平差结果有直接的影响,Toutin还分析了地面控制点提取精度(0.1～10m)对模型最终定位结果的影响(Toutin,2004b)。对QuickBird(GSD 0.61m)影像进行试验表明,采用10m精度的地面控制点时影像定位的平面精度为6.5m;采用3～5m精度的地面控制点时,影像定位平面精度为5m;采用0.2m精度的地面控制点时,影像定位平面精度可以达到1.6m。

9. 台湾中央大学的Chen在研究Formosat-2卫星时提出的一种轨道模型(Chen, et al, 2005)

该模型为了克服位置和姿态等几何参数之间的强相关性,在最小二乘迭代平差中采取线元素、角元素分开求解的策略获得了稳定的解,有效改进了初始几何参数的精度,使Formosat-2的定位精度能够保证在10m以内。

10. 武汉大学的袁修孝等建立了中巴资源卫星的严格几何定位模型(袁修孝,张过,2003)

从理论上分析姿态角对地目标定位精度的影响,通过真实飞行摄影条件下的试验场检校解算出姿态角偏置矩阵,从而消除线阵传感器安装误差等引起的对地观测误差,使无控制点情况下定位精度得到大幅度提高。

综观以上所述可以看出，无论哪一种模型都是建立在共线条件这一摄影测量基本方程之上的，这就要求首先准确地恢复影像的内外方位元素。但与中心投影的框幅式成像不同，线阵推扫式影像每一扫描行都有自身的外方位元素。假如一景影像包含 10 000 个扫描行，每行影像有 6 个外方位元素，则一共有 60 000 个未知参数。按照传统的基于控制点的后方交会方法解求影像的外方位元素是不可能的，必须建立与时间相关的外方位元素参数模型。这些参数必须能反映成像过程中外方位元素的变化规律，这样共线条件方程也就得到了拓展。

假设成像过程中卫星运动基本符合理想的二体力学条件，则线元素的变化规律可以从开普勒轨道方程导出，因此不少模型在平差中引入轨道方程作为约束条件以提高求解的可靠性，甚至考虑各种摄动因素进一步提高精度。而角元素即姿态的变化规律由于各种空间力矩生成的机制仍未明晰，没有相应的物理约束条件，一般采取多项式来拟合。

基于严格几何定位模型的光束法平差以测控系统提供的星历姿态数据作为初始值，引入少量的地面控制点后，根据最小二乘原理得到高精度的定向元素估计值，其中如何克服线角元素之间的强相关性仍是一难点，线元素以轨道参数形式表示可减小这一相关性，但也增加了处理的难度，有些模型甚至以数学上完全独立的参数集代替线角元素进行处理，但本质上属于严格几何定位模型。

此外，大多数模型都引入了附加的自检校参数组成系统误差模型，与卫星影像内外方位元素参数一起求解，从而在平差过程中自检定并消除系统误差的影响。德国 DLR 曾在 MOMS 卫星平台发射前利用严格的实验室检校法获得各传感器内方位元素的检校值。但在实际飞行成像过程中发现，由于各种复杂的环境因素，真实参数与原来的检校参数值仍存在显著的差异。因而，在线自检校法(In Flight Self-calibration)仍是目前较为可靠且有效的解决方案。

5.3 仿射变换几何模型

由于高分辨率卫星传感器的突出特征表现为长焦距和窄视场角，定向参数之间存在很强的相关性，从而影响利用控制点进行定向的精度和稳定性。虽然存在多种解决相关性的方法如分组迭代、合并相关性等，但是结果并不十分理想。针对这种情况，Okamoto 提出利用仿射投影变换的几何模型用于摄影测量重建。仿射变换模型利用卫星传感器成像时的几何特点，将行中心投影影像转化为相应仿射投影影像后，以仿射影像为基础进行地面点的空间定位，这样模型各参数之间的相关性大大减小，通过少量控制点即可稳定地恢复模型参数。通过 SPOT 1、2 级立体影像的定位试验证明，最少只需 6 个均匀分布的地面控制点，就可获得 6m 的平面精度和 7.5m 的高程精度(Okamoto, et al, 1988, 1992, 1996, 1999)。

张剑清等发展了基于仿射变换模型的光束法区域网平差(张剑清，等，2005)，进一步减少了该模型对地面控制点数目的要求。武汉大学的胡安文等对此作了进一步的研究，改善了线阵传感器立体观测过程中具有前后向倾角时模型的不严密性(胡安文，张祖勋，2006)。

仿射变换模型能够获得的定位精度与严格几何定位模型相当，有些条件下甚至更优。

5.4 有理多项式函数模型

有理多项式函数模型是对直接线性变换、仿射变换以及共线条件方程等模型的进一步推广，在 IKONOS 影像上的应用获得了巨大的成功。近几年已在美国军方广泛应用，NIMA(原美国国家影像与测绘局)已将其作为分发影像数据的标准几何模型之一,并在国家影像传递格式 NITF 中详细说明了有理函数的多项式形式、坐标系统、参数次序等。研究各种非严格的几何模型处理高分辨率遥感影像的方法及潜力,是遥感技术发展对摄影测量提出的新的研究课题。

　　RFM 模型是卫星遥感影像通用几何定位模型中的一种,是在充分利用卫星遥感影像附带的辅助参数基础上,对构建的严格几何定位模型进行拟合而得到的广义传感器模型。在模型中由光学投影引起的畸变表示为一阶多项式,而像地球曲率、大气折射及镜头畸变等改正,可由二阶多项式表示。高阶部分的其他未知畸变可用三阶多项式模拟。模型各参数即为有理多项式参数(Rational Polynomial Coefficient,RPC)。尽管有理函数理论在十几年前已经出现,但仅在近几年才受到普遍关注,在摄影测量和遥感领域的应用较少,相关研究也不多。IKONOS 卫星的成功发射推动了对有理函数模型的全面研究。国际摄影测量与遥感学会(ISPRS)已成立专门工作组研究有关 RFM 模型的精度、稳定性等方面的问题。

　　Madani 讨论了 RFM 模型的优缺点,并与严格几何定位模型进行了比较,认为 RFM 模型可以用于摄影测量处理(Madani,1999)。Di 等也探讨了 RFM 模型和严格几何定位模型的优缺点以及从 RPC 恢复严格传感器模型的可行性(Di, et al, 2003)。Yang 通过对 SPOT 影像和 NAPP 影像的 RFM 定位试验认为,对于 SPOT 影像,二阶甚至三阶带不同分母的 RFM 模型能够取代严格几何定位模型;对于航空影像,一阶 RFM 模型可以达到足够高的精度(Yang,2000)。

5.5　小　　结

　　严格几何定位模型、仿射变换模型、有理函数多项式模型是目前最为常用的成像模型。三种模型中,严格几何定位模型理论最为严密。在星载姿轨系统能精确获得所有定向元素,或者依靠地面点准确恢复出定向元素的前提下,利用该模型可得到高精度、高可靠性的定位结果。就目前姿轨测定系统精度水平而言,定轨数据虽然已经达到分米级的水平,但姿态数据的精度仍未达到直接用于测图的水平,造成直接定位精度有限。利用控制点的遥感影像定位主要困难在于定向参数多,以及定向参数之间的强相关性。为克服以上困难,各种严格几何定位模型根据不同实际情况采取了各自的解决方案,但还没有一种模型能够完全解决所有问题。因此,严格几何定位模型的改进仍将是一个研究热点。仿射变换模型相对简单实用,其理论依据是长焦距、大航高、窄视场角条件下中心投影的成像光束近似于平行投影,从而可将其当做平行光束处理。该模型避开定向参数之间相关性这一难点,简化了几何定位模型,最后只需作相应误差补偿,这样用少量控制点就可达到较高的定位精度。然而从理论上讲,仿射模型仍然存在不足,尤其是地形起伏较大的情况。有理多项式模型的形式与共线方程相近,但是一种完全的数学模型,只要提高多项式的阶数,就可以达到很高的拟合精度,试验证明 3 阶有理多项式函数模型能以 0.01pixel 的精度拟合严格几何定位模型,因此有理多项式函数模型不失为高分辨率卫星遥感影像几何处理的通用几何定位模型。

参 考 文 献

巩丹超,张永生.2003.有理函数模型的解算与应用[J].测绘学院学报,20(1):39-46.

胡安文,张祖勋.2006.对高分辨率遥感影像基于仿射变换的严格几何模型的讨论[J].武汉大学学报·信息科学版,31(2):104-107.

江万寿,张祖勋,张剑清.2002.三线阵 CCD 卫星影像的模拟研究[J].武汉大学学报·信息科学版,27(4):414-419.

李德仁.2000.摄影测量与遥感的现状及发展趋势[J].武汉测绘科技大学学报,25(1):1-6.

秦绪文,张过,李丽.2006.SAR 影像的 RPC 模型参数求解算法研究[J].成都理工大学学报·自然科学版,33(4):349-355.

王任享.2001.卫星摄影三线阵 CCD 影像的 EFP 法空中三角测量(一)[J].测绘科学,(4):1-5.

王任享.2002.卫星摄影三线阵 CCD 影像的 EFP 法空中三角测量(二)[J].测绘科学,(1):1-7.

袁修孝,张过.2003.缺少控制点的卫星遥感对地目标定位[J].武汉大学学报·信息科学版,28(5):505-509.

张剑清,张勇,程莹.2005.基于新模型的高分辨率遥感影像光束法区域网平差[J].武汉大学学报·信息科学版,30(8):659-663.

张永生,刘军.2004.高分辨率遥感卫星立体影像 RPC 模型定位的算法及其优化[J].测绘工程,13(1):1-4.

Bang, W., 2001, Kompsat-Eoc sensor model analysis, *FIG Working Week* 2001, Seoul, Korea, http://www.fig.net/pub/proceedings/korea/full-papers/pdf/session4/bang-cho.pdf.

Burden, R. L. and Faires, L. D., 1997, *Numerical analysis*, Cole Publishing Company.

Chen, L., Teo, T. and Liu, L., 2005, Rigorous georeferencing for formosat-2 satellite images by least squares collocation, *International Geoscience and Remote Sensing Symposium*, 5:3526-3529.

Di, K., Ma, R. and Li, R., 2003, Rational functions and potential for rigorous sensor model recovery, *Photogrammetric Engineering and Remote Sensing*, 69(1):33-41.

Dowman, I. and Michalis, P., 2003, Generic rigorous model for along track stereo satellite sensors, *ISPRS Workshop on High Resolution Mapping from Space*, Hanover, http://www.ipi.uni-hannover.de/html/publikationen/2003/workshop/dowman.pdf.

Gonçalves, J. A. and Dowman, I., 2003, Precise orientation of SPOT panchromatic images with tie points to a SAR image, http://www.isprs.org/commission3/proceedings/papers/paper108.pdf.

Jacobsen, K. and Passini, R., 2003, Analysis of SPOT HRS stereo data, *ISPRS Workshop on High Resolution Mapping from Space*, Hanover, http://www.ipi.uni-hannover.de/html/publikationen/2003/workshop/jacobs.pdf.

Kornus, W. and Ebner, M., 1998, Photogrammetric point determination and DEM generation using MOMS-2P/PRIRODA three-line imagery, *ISPRS Commission IV*, Stuttgart, http://www.ifp.uni-stuttgart.de/publications/commIV/kornus.pdf.

Kornus, W., Ebner, M. and Schoeder, M., 1999a, Photogrammetric block adjustment using MOMS-2P imagery of the three intersecting stereo-strips, *ISPRS Workshop on Integrated Sensor Calibration and Orientation*, Portland, Maine, USA.

Kornus, W., Ebner, M. and Schroeder M., 1999b, geometric in flight calibration by block adjustment using MOMS-2P imagery of three intersecting stereo strips, *ISPRS Workshop on Sensors and Mapping from Space*, Hanover.

Kratky, V., 1989a, Rigorous photogrammetric processing of SPOT images at CCM Canada. *ISPRS Journal of Photogrammetry and Remote Sensing*, (44):53-71.

Kratky, V., 1989b, On-line aspects of stereo photogrammetric processing of SPOT images. *Photogrammetric Engineering and Remote Sensing*, 55(3):311-316.

Madani, M., 1999, Real-time sensor-independent positioning by rational functions, *ISPRS Workshop on Direct Versus Indirect Methods of Sensor Orientation*, Barcelona, pp.64-75.

Okamoto, A., 1988, **Orientation theory of CCD line-scanner images**, *International Archives of*

Photogrammetry and Remote Sensing, 27(B3):609-617.

Okamoto, A., and Akamatsu S. 1992, Orientation theory for satellite CCD line scanner imagery of Mountainous terrain, *International Archives of Photogrammetry and Remote Sensing*, 29(B2):205-209.

Okamoto, A., Hattori, S. and Hasegawa, H. and Ono, T., 1996, Orientation and free network theory of satellite CCD linescanner imagery, *International Archives of Photogrammetry and Remote Sensing*, 31(B3):604-610.

Okamoto, A., 1999, Geometric characteristics of alternative triangulation models for satellite imagery, *ASPRS-RTI*, *Annual Conference*, pp. 64-72.

Pageres, F. C., Mikhail, E. M. and Fagerman, J. A., 1989, Aatch and on-line evaluation of stereo SPOT imagery, *ASPRS-ACSM Convention*, Baltimore, USA, 31-40.

Poli, D., 2001a, General model for multi-line CCD array sensors: application for cloud-top height estimation, *The 3rd International Image Sensing Seminar on New Development in Digital Photogrammetry*, Japan, http://www.photogrammetry.ethz.ch/general/persons/daniela_pub/2001_gifu.pdf.

Poli, D., 2001b, Direct georeferencing of multi-line images with a general sensor model, *ISPRS Workshop on High Resolution Mapping from Space*, Hannover, http://www.photogrammetry.ethz.ch/general/persons/daniela_pub/2001_hannover.pdf.

Poli, D., 2002a, Indirect georeferencing of airborne multi-line array sensors: A simulated case study, *International Archives of Photogrammetry and Remote Sensing*, 34(3A):177-182.

Poli, D., 2002b, General model for airborne and spaceborne linear array sensors, *International Archives of Photogrammetry and Remote Sensing*, 34(B1):177-182.

Poli, D., 2003, Georeferencing of multi-line CCD array optical sensors with a general photogrammetric model, *IGARSS*, *Toulouse*, France, http://ieeexplore.ieee.org/iel5/9010/28606/01295310.pdf.

Poli, D., 2004, Orientation of satellite and airborne imagery from multi-Line pushbroom sensors with a rigorous sensor model, *International Archives of Photogrammetry and Remote Sensing*, Istanbul, http://www.photogrammetry.ethz.ch/general/persons/daniela_pub/2004_poli_model.pdf.

Radhadevi, P. V. and Ramachandran, R., 1998, Murali Mohan A. S. R. K. V. restitution of IRS-1C pan data using an orbit attitude model and minimum control, *ISPRS Journal of Photogrammetry and Remote Sensing*, (53):262-271.

Rantakokko, H. and Rosenholm, D., 1999, Rectification of slant range imagery through a direct image to ground relationship, *Photogrammetric Record*, 16(94):685-694.

Space Image: RPC Data File Format, Document Number QA-REF-054, 9/12/2000.

Toutin, T., 2004a, Spatiotriangulation with multisensor VIR/SAR images, *IEEE Transactions on Geoscience and Remote Sensing*, 42 (10):2096-2103.

Toutin, T. and Chenier, R., 2004b, GCP requirement for high-resolution satellite mapping, ISPRS comm3, Istanbul, http://www.isprs.org/istanbul2004/comm3/papers/385.pdf.

Toutin, T., 2006, Generation of DSMs from SPOT-5 in-track HRS and across-track HRG stereo data using spatiotriangulation and autocalibration, *ISPRS Journal of Photogrammetry and Remote Sensing*, 60(3):170-181.

Valadan, M. J., 1998, Mathematical modeling and accuracy testing of SPOT level 1B stereopairs, *Photogrammetric Record*, 16(91):67-82.

Valadan, M. J. and Sadeghian, S., 2003, Rigorous and non-rigorous photogrammetric processing of IKONOS geoimage, *ISPRS Workshop on High Resolution Mapping from Space*, Hannover, http://www.ipi.uni-hannover.de/html/publikationen/2003/workshop/valadan.pdf.

Westin, T., 1990, Precision rectification of SPOT imagery, *Photogrammetric Engineering and Remote Sensing*, (56):247-253.

Yang, X. H., 2000, Accuracy of rational function approximation in photogrammetry, *International Archives of Photogrammetry and Remote Sensing*, XXXIII(B3):146-156.

第6章 基于 RPC 参数的几何模型求解

□ 张永军　张剑清　丁亚洲

　　从三维模型到二维图像是投影运算,从二维图像获得三维信息是什么运算呢?近年来,人们试图通过有理多项式建立一类通用的模型来解决从二维图像恢复三维信息的问题,称为有理多项式函数模型(Rational Function Model,RFM),其参数(Rational Polynomial Coefficient,RPC)的求解、基于 RFM 的三维空间坐标解算、扫描影像核线几何关系和近似核线影像生成、高精度 DEM 提取以及 DOM 制作等是研究的主要内容。

6.1　RPC 参数的解求

　　研究有理多项式函数模型的目的在于替代形式复杂的以共线条件方程为基础的严格成像物理模型,其实质是利用大量坐标已知的控制点以及对应的影像点坐标,采用有理多项式函数的形式来拟合严格成像物理模型。利用有理多项式函数模型处理卫星遥感影像的关键在于精确求解 RPC 参数。

　　RPC 参数的解算有两种方案:地形相关和地形无关。地形相关的解算是根据一定数量的地面控制点,用平差迭代的方法解算出 RPC 参数,这和解求影像外方位元素的空间后方交会方法类似。当传感器模型难以建立或者精度要求不高的时候,这种方法被广泛地应用。但当实际的地形起伏较大,而控制点的数量有限或者分布不够合理时,这种解算方法会引起 RPC 参数之间产生强相关,使得结果不稳定,甚至不能得到可靠的解(Sohn, et al. 2001)。

　　通常采用的是地形无关的解法,该方法必须首先建立严格成像的物理模型。在建立严格成像模型以后,利用严格模型生成密集均匀的控制格网,以格网点作为控制点,按照最小二乘原理计算 RPC 参数。这些格网点的坐标可以利用严格成像模型计算得到(通常是利用影像坐标和高程值计算地面点的平面位置,其中高程值的确定是通过估计地面的起伏,在地面的起伏范围内,取若干高程面),而不需要实际的地形信息。地形无关的解法实际上是对严格成像模型的拟合。

　　Fraser 和 Grodecki 研究了 IKONOS 影像的 RPC 参数求解方法,证实了 RFM 模型在对单线阵推扫式卫星遥感影像处理中可以取代严格成像模型(Fraser and Hanley,2003;Grodecki and Dial, 2003)。刘军等通过 RPC 模型拟合框幅式、推扫式传感器严格几何模型的试验,验证了适当方式构建的 RPC 模型能够"替代"严格传感器模型完成摄影测量处理,并能实现传感器参数的隐藏(刘军,等,2002)。

　　Tao 等研究了根据最小二乘法解求 RPC 参数的算法,并用1景 SPOT 影像和1景航空影像作试验,得出有分母的 RFM 模型比没有分母的 RFM 模型精度要高的结论(Tao and Hu,2000,2001,2002)。巩丹超等对航空影像和 SPOT 影像进行了 RPC 参数求解试验(巩丹超,

2003a)。秦绪文等首次对 ERS-SAR 卫星影像进行了基于 SRTM DEM 无须初值的 RPC 模型参数求解试验，对比了 9 种形式 RPC 模型参数的求解精度，并对控制点格网大小及高程分层对参数求解精度的影响作了评价(秦绪文等，2006)。

当 RFM 模型采用二阶或者二阶以上形式时，解算 RPC 参数会存在模型过度参数化问题，RFM 模型中分母的变化会非常剧烈，导致法方程系数阵的状态变差，最小二乘平差不能收敛。以上研究中，对于 RPC 参数的解求均采用岭迹法确定岭参数 k。虽然岭估计是克服法方程病态性的一种常用方法，能在某种程度上改善最小二乘估值，但它存在两个致命的问题：一是由于岭估计改变了方程的等量关系，使得估计结果有偏；二是岭参数的确定非常困难，且随意性很大，其估计结果与岭参数选择密切相关，若选择不同的岭参数，得到的估计结果可能会大不相同，不具有可推广性。

那么，能否寻找一种算法既改善法方程的病态性，又不改变法方程的等量关系，从而克服岭估计的两个缺点呢？张新洲提出了谱修正迭代法求解法方程，不论法方程呈良态、病态或秩亏，其解算程序均不需要加任何变化。当法方程呈良态时，经几次迭代就可收敛到精确解。当法方程呈病态时，收敛速度稍慢，但估计结果无偏。

6.2　基于 RPC 参数的三维空间坐标解算

按照摄影测量立体目标定位原理，立体像对的左右影像分别建立各自的有理函数模型以后，可以由相应同名像点的像方坐标(x_l, y_l)和(x_r, y_r)，求解其物方点坐标(B, L, H)。目前，虽然在一些商业软件遥感软件包中已经有基于 RFM 的三维重建模块，例如 SOCET SET、ERDAS OrthoBase、PCI Geomatica 等，但是技术细节未公布。

张剑清等(Zhang, et al, 2001)在 IKONOS 立体影像对和 RPC 参数的基础上，采用经典摄影测量中空间后方交会的思想建立 IKONOS 影像对的 3D 模型，实现了基于 IKONOS 影像对的地面点三维坐标计算、DTM 提取、正射影像和 3D 景观的生成等，并在数字摄影测量工作站 VirtuoZo 中开发了相应的模块，实现了商业化的应用。

张永生等(张永生，等，2004；刘军，等，2003)提出在左右影像的 RFM 具有不同坐标标准化参数的情况下，求解地面点三维坐标的方法。该方法对每对同名像点列出 4 个方程，首先把误差方程线性化，按最小二乘原理解算 3 个坐标未知数。在实际解算中，需要地面点的近似坐标。可选取地面范围的几何重心作为地面坐标的初值，反复迭代直至改正数小于给定的阈值，从而求得精确的地面点坐标，完成对地立体定位。

由于在求解误差方程时首先进行了线性化，故地面点三维坐标的解算需要进行迭代，其初值可以利用 RPC 参数的一次项计算，也可以简单地取正则化平移参数的均值。此算法的收敛性较好，一般迭代 3~4 次即可(刘军，等，2006a)。

由于有理多项式模型是对严格几何模型的拟合，并且其本身也存在有系统误差，模型中系统误差主要是由于卫星传感器定位定姿精度有限引起的系统性偏差。许多国际国内的专家认为：RPC 参数在影像和空间之间构像关系中所起的作用都可以归结为影像上的一个简单的仿射变换(Zhang, et al, 2003；Zhang, et al, 2004；张剑清，等，2004a；李德仁，等，2006；刘军，等，2006b)，并提出了一种基于 RPC 参数的区域网平差模型。该模型不是直接对 RPC 参数进行平差，而是对每一张影像定义一个仿射变换，建立点在影像上的量测坐标和根据有理多项式计算的影像坐标之间的仿射变换关系,并通过已知的少数控制点的地面坐标及其在影像上的量测坐标计算每一幅影像的仿射变换参数和所有连接点的地面坐标。

6.3 基于 RPC 参数的近似核线影像生成

核线影像在影像匹配中起着重要的作用。它可以大大提高影像对中寻找同名点和特征地物的速度,即使在模糊匹配时也可以极大地减少搜索范围。对于常规框幅式航空影像,核线的生成技术已十分成熟,被广泛使用。一般采用两种方法来确定框幅式影像的核线:一是通过物空间的共线条件方程,二是利用共面条件(张剑清,等,2004b)。

对于 IKONOS、QuickBird、SPOT-5 等高空间分辨率线阵推扫式影像,由于其独特的成像方式,使得每一条扫描线的外方位元素都不相同;加之描述像点与物点间的几何关系没有建立,不可能像框幅式中心投影影像那样建立严格的核线。它只能产生近似的核线及其相应的近似核线影像。

目前,有 3 种方式获得线阵推扫式成像立体影像对:同轨前后视航向重叠、异轨旁向重叠和三线阵扫描。在两种理想情况下可以生成具有严密核线几何关系的直线核线(Habib, et al, 2005)。

① 当同轨立体影像对中所有扫描线之间的基线方向与传感器运动方向在一条直线上时。

② 如果构建立体像对的左、右两个传感器阵列的瞬时成像平面共面,则左、右扫描线恰好构成左、右核线。

然而,大多数情况下这种理想条件难以满足,并且对扫描影像建立严格的核线模型会需要大量的外方位元素,如果在严格模型下进行核线重采样将面临很大的困难。

Michel Morgan(Morgan, 2004)根据遥感卫星平台轨道高、成像视场角小的特点,用平行投影模型代替中心投影成像几何模型,将核线定义为方位元素控制下的 P 点在另一景影像中(有很多扫描带组成)的所有可能同名点的集合(轨迹)。指出外方位元素从一条扫描带到另一条扫描带的变化是决定核线形状的一个因素,利用平行投影建立了推扫式影像的直线形式的近似核线模型,在此模型下,只要已知 4 对以上的同名点对,就可以确定核线的参数,并可在平行投影的基础上生成核线影像。但是该模型要求传感器的视场角非常小,对某些影像(如 ADS40 等)该模型不再适用。

Jaehong 等(Jaehong, et al, 2006)首先利用 3 个地面控制点进行 RPC 参数纠正,然后把中心投影转换为平行投影,利用每幅影像的平行投影参数求得核线影像的平行投影参数,最后依据类似于微分纠正的方法进行核线影像的重采样,该模型也要求满足高轨道、窄视场角的条件。

AI-Rousan 等(AI-Rousan, et al, 1997)把线阵 CCD 推扫式影像核线的几何定义为:假设一条光线从地面点 Q 出发,经过左影像的投影中心 S 成像于左影像上点 q,那么这条光线上的每一点可以被唯一地投影到右影像上,这些点在右影像形成一条曲线,称之为 q 的核线。该核线模型也是非线性的。需要特别强调的是,某点的核线是指该点与该点所在影像的投影中心决定的这条光线在同名影像上的投影线。如果 q' 为 q 的同名点,显然它总是位于这条曲线上。该模型以线中心投影为条件,把传感器的位置和姿态的变化描述成扫描行数(或时间)的二阶多项式。

巩丹超等（巩丹超，等，2003a，2003b，2004，2006）通过与框幅式中心投影遥感影像核线模型的对比研究，利用投影轨迹法建立了一种既适用于框幅式中心投影影像，又适用于线阵CCD推扫式遥感影像的扩展核线模型，并分析了模型的基本特性，为核线在线阵CCD推扫式影像中的应用提供了理论基础。

周月琴（周月琴，1988）提出了一种不需要已知左右影像的外方位元素及DEM数据而能够确定核线的多项式拟合法。

苏俊英等（苏俊英，2002）从SPOT影像的几何特性出发，分析了当前SPOT影像解析中基于多项式拟合的SPOT影像近似核线影像生成算法的缺陷以及该方法的误差源，在此基础上提出了一种考虑地形起伏的具有匹配约束条件的多项式拟合近似核线生成算法。

张祖勋等通过多年的研究，在线阵遥感影像的自动匹配方面取得了很好的成果，完全不需要借助近似核线影像即可进行自动快速影像匹配及立体恢复等工作。

由以上的总结可以看出，目前用RPC生成扫描影像核线的理论还存在以下不足。

① 以线中心投影和影像的方位元素为基础，对某些只已知RPC的影像（如IKONOS）不能适用。

② 把中心投影转化为平行投影，通用性不强。

③ 核线模型大多是非线性的。如何更好地利用RPC生成扫描影像的核线影像还需要更深入的研究。

6.4 高精度DEM生成及DOM制作

新一代的SPOT-5 HRG/HRS成像仪可提供20m、10m、5m和2.5m四种分辨率的影像，并且采用全新概念的Super-mode方法实现从两幅同时采集的相对精确定位的5m分辨率影像生成2.5m分辨率影像。IKONOS、QuickBird的高分辨率对用户更是有着很强的吸引力。由高分辨率卫星遥感影像的成像原理可知，通过同名点对在左右影像中的坐标可以直接计算出其对应地面点的空间坐标，这样就可以实现无地面控制的立体测图、DEM生成、DOM制作等。然而，由于推扫式影像的特点是每个扫描带具有不同的外方位元素，所以目前在扫描影像上提取DEM的方法大多是按行中心投影，对每一行影像建立共线条件方程，通过求解共线方程参数，然后再代入空间前方交会公式来获得物方的三维坐标，进而提取DEM（Zhang，et al，2003，2004；张永军，等，2006；黄玉琪，2006；贾秀鹏，等，1998），这是一个非常复杂的过程。

研究表明，基于RPC参数提取高精度DEM，商家提供的RPC参数一般不能满足要求。立体影像对的左右影像分别建立各自的RPC参数以后，要选取适当的控制点，对RPC参数进行区域网平差，以得到精度更高的RPC参数。模型的系统误差和偶然误差得到改正后，提取影像中的特征点进行影像匹配，利用同名像点的影像坐标根据前方交会方法计算同名点的地面高程信息，最后建立空间格网，利用插值法内插出格网点的高程，实现DEM的自动提取（Lee，2002）。这些算法与经典摄影测量算法是一致的。如果地面控制点数量不足，可以通过建立"伪控制点"的方法来解决（Bang，et al，2003）。

Jiann-Yeou Rau（Rau and Chen，2005）使用线性模型作为处理IKONOS影像对的传感器模型，根据IKONOS传感器窄视场角的特点，在平行投影的基础上，利用多解析度模板匹配算法（Multi-resolution Template-based Image Matching）寻找同名点，生成的DSM的均方根误差(RMSE)达到了 2m 以内,展现了利用 IKONOS 影像对提取高精度 DEM 的巨大潜力。

Joanne Poon 等(Poon, et al, 2005)把 IKONOS 影像对生成的 DSM 数据和相应试验区的激光雷达影像数据进行对比研究发现,在地形起伏较大、地形条件较为复杂的地区,其精度可以达到 3 个像素以内,在地形平坦的裸露区域,可以达到子像素级的精度。

Taejung Kim 等(Kim, et al, 2002)利用基于核线约束和图切分(Graph-cut)技术提取了城区的 IKONOS 影像高精度的 DEM。线阵传感器模型采用直接线性变换模型(DLT),通过核线约束实现有控制的二维匹配。但是核线约束如何更适应高程不连续的情况和图切分算法提取 DEM 的速度问题仍然需要进一步研究。

Hong-Gyoo Sohn 等(Sohn, 2002)利用地形相关的 RPC 参数解求方法,选取足够的均匀分布的控制点,通过相关分析选择最佳的 RPC 参数,提高了 SPOT 影像的平面和高程精度,并成功地利用地形相关的 RPC 参数生成了 DEM。

由于 DOM 有很多线画图无法比拟的优点,因此其在城市规划、土地管理、铁路、公路选线等方面有着特殊的应用。高精度的 DEM 生成以后,可以利用线阵扫描影像的数字微分纠正方案制作数字正射影像图(张祖勋,张剑清,1997)。首先在地面上确定一个规则格网,其间隔与 DEM 的间隔一致,所有格网点的行、列坐标显然是已知的,将格网坐标利用影像参数投影到像方即可得到对应的像点坐标,逐个格网进行纠正即可得到 DOM。

需要指出的是,这里所得到的 DEM、DOM 的地面坐标一般参考 WGS 84 坐标系,若用户采用的是某一国家坐标系或局部地方坐标系,还需要采集相应坐标系下的地面控制点进行坐标转换(刘先林,赵利平,2002)。

王利英、宋伟东(2006)描述了商业遥感图像处理软件中正射影像图制作的融合、纠正等的流程及原理。利用商业化的遥感图像处理软件(如 ERDAS 等)或数字摄影测量工作站(如 VirtuoZo 等)对卫星遥感影像进行正射纠正,继而制作系列正射影像图来满足一般性的需求,也是一条经济有效的技术路线。

6.5 小 结

由本章的论述可以看出,目前利用基于 RPC 参数的传感器几何模型来进行摄影测量研究和提取空间三维信息还存在一定的问题,特别是用 RPC 生成扫描影像核线的理论还需进一步完善;以线中心投影和影像的方位元素为基础的方法不适用于已知 RPC 参数的影像(如 IKONOS);如果利用把中心投影转化为平行投影的方法,则其通用性就受到了限制。如何更好地利用 RPC 参数来进行摄影测量研究,为人类的三维信息需求服务,还有一段很长的路要走。

但是可以肯定的是,基于 RPC 参数的几何模型与传感器的严格几何模型相比,具有简单性、通用性、保密性、高效性等优点。同时,RPC 模型较之其他通用传感器模型可以获得更高的拟合精度。

随着越来越多高分辨率传感器的投入使用,独立于传感器平台的广义传感器模型的研究与应用将更加广泛。目前,我国也自主研发了较高分辨率的遥感卫星,未来几年还有发射更高分辨率卫星的计划,这些卫星影像拥有巨大的应用市场,商业前景广阔。所以,研究适合于国产高分辨率卫星的 RPC 模型,并基于此实现 DEM 和 DOM 快速采集及立体量测也是解决我国卫星传感器核心信息保密与商业化应用之间矛盾的可行途径之一。

参 考 文 献

巩丹超,张永生.2003a.有理函数模型的解算与应用[J].测绘学院学报,20(1):39-46.

巩丹超.2003b.高分辨率卫星遥感立体影像处理模型与算法[D].郑州:信息工程大学.

巩丹超,张永生,邓雪清.2004.线阵推扫影像的核线模型研究[J].遥感学报,8(2):97-101.

巩丹超,张永生,陈筱勇.2006.线阵CCD推扫式影像的扩展核线模型[J].测绘科学技术学报,23(4):246-249.

黄玉琪.1998.SPOT影像的DEM自动生成[J].测绘通报,(9):13-16.

贾秀鹏,焦伟利,李丹.2006.基于SPOT 5异轨立体像对提取DEM试验与精度评估[J].测绘信息与工程,31(2):32-34.

李德仁,张过,江万寿,等.2006.缺少控制点的SPOT 5 HRS影像RPC模型区域网平差[J].武汉大学学报(信息科学版),31(5):377-381.

刘军,张永生,范永弘.2002.有理函数模型在航空航天传感器摄影测量重建中的应用及分析[J].信息工程大学学报,3(4):66-69.

刘军,张永生,范永弘.2003.基于通用成像模型——有理函数模型的摄影测量定位方法[J].测绘通报,(4):10-13.

刘军,王冬红,刘敬贤,等.2006a.利用RPC模型进行IKONOS影像的精确定位[J].测绘科学技术学报,23(3):229-234.

刘军,张永生,王冬红.2006b.基于RPC模型的高分辨率卫星影像精确定位[J].测绘学报,35(1):30-35.

刘先林,赵利平.2002.IKONOS影像正射纠正[J].三晋测绘,(9):8-10.

秦绪文,张过,李丽.2006.SAR影像的RPC模型参数求解算法研究[J].成都理工大学学报(自然科学版),33(4):349-356.

苏俊英.2002.基于匹配约束的多项式拟合SPOT核线影像研究,遥感信息,(4):11-14.

王利英,宋伟东.2006.基于高分辨率QuickBird影像的数字正射影像图的制作[J].测绘与空间地理信息,29(4):68-71.

张剑清,潘励,王树根.2004a.摄影测量学[M].武汉:武汉大学出版社.

张剑清,张勇,郑顺义,等.2004b.高分辨率遥感影像的精纠正[J].武汉大学学报(信息科学版),29(11):994-998.

张永军,张勇.2006.SPOT 5 HRS立体像对无控制绝对定位技术研究[J].武汉大学学报(信息科学版),31(11):941-944.

张永生,巩丹超,等.2004.高分辨率遥感卫星应用——成像模型、处理算法及应用技术[M].北京:科学出版社.

张祖勋,张剑清.1997.数字摄影测量学[M].武汉:武汉测绘科技大学出版社.

周月琴.1988.SPOT影像近似核线的研究[D].武汉:武汉测绘科技大学.

Al-Rousan N., Cheng, P, Petrie, G., et al., 1997, Automated DEM extraction and orthoimage generation from SPOT level 1B imagery, *Photogrammetric Engineering & Remote Sensing*, 63(8):965-974.

Bang K. I., Jeong, S., Kim, K. O. et al, 2003, Automatic DEM generation using IKONOS stereo imagery, *Geoscience and Remote Sensing Symposium*:4289-4291.

Fraser, C. S. Hanley, h. b., 2003, Bias compensation in rational functions for IKONOS satellite imagery, *Photogrammetric Engineering and Remote Sensing*, 69(1):53-58.

Grodecki, J. Dial, G., 2003, Block adjustment of high resolution satellite images described by rational functions, *Photogrammetric Engineering and Remote Sensing*, 69(1):59-68.

Habib, A. F., et al, 2005, Analysis of epipolar geometry in linear array scanner scenes, *The Photogrammetric Record*, 20(109):27-47.

Jaehong O. h., Shin, S. W. and Kim, K., 2006, Direct epipolar image generation from IKONOS stereo imagery based on RPC and parallel projection model, *Korean Journal of Remote Sensing*, 22(5):451-456.

Joanne, P., et al, 2005, Quality assessment of digital surface models generated from IKONOS imagery, *The Photogrammetric Record*, 20(110): 162-171.

Lee, J. B., 2002, Study on extracting 3D geospatial information with high spatial resolution satellite imagery by RPC, Seoul National University.

Kim, T., et al, 2002, DEM generation from an IKONOS stereo pair using EpiMatch and Graph-Cut algorithms, *Proceeding of International Symposium on Remote Sensing*: 524-529.

Morgan, M., 2004, Epipolar resampling of linear array scanner scenes, University of Calgary, Canada.

Rau, J. Y. Chen, L. C., 2005, DSM generation from IKONOS stereo imagery, *Journal of Photogrammetry and Remote Sensing*, 10(3):265-274.

Sohn, H. G., Park C. H. and Jeong, J. S., 2001, Sensor modeling for high resolution satellite imagery, *The Journal of Korean Society of Civil Engineers*: 151-160.

Sohn, H. G., Park, C. H. Yoo, H. H., 2002, Surface reconstruction using terrain-dependent rational function model, *Geoscience and Remote Sensing Symposium*: 3498-3500.

Tao, C. V. Hu, Y., 2000, Investigation of the rational function model, *ASPRS Annual Convention*, Washington D. C.

Tao, C. V. Hu. Y. A., 2001, Comprehensive study of the rational function model for photogrammetric processing, *Photogrammetric Engineering and Remote Sensing*, 67(12):1347-1357.

Tao, C. V. Hu, Y., 2002, 3D reconstruction methods based on the rational function model, *Photogrammetric Engineering and Remote Sensing*, 68(7):705-714.

Zhang, J., Zhang, Z. Cao, H., 2001, 3-Dimension modeling of IKONOS remote sensing image pair with high resolution, *International Conferences on Info-tech and Info-net*: 273-278.

Zhang, J., Zheng, S. Zhang, Y., 2003, DTM modelling from remote sensing image with high resolution, *SPIE Third International Symposium on Multispectral Image Processing and Pattern Recognition*, (10).

Zhang, J., Zhang, Y., Zheng S., Zhang, H. Li Z., 2004, Key technique of accurate rectification for remote sensing image with high resolution, *Archives of ISPRS 2004 Congress*, (7):1096-1100.

第 3 部分

遥感影像智能解译与目标识别

第7章 遥感影像智能解译的理论与方法

□ 方涛 霍宏

人类获取的信息中有80%是来自于图像资源,而人类视觉感知、理解加工的视觉认知过程是这一信息获取的重要手段与途径。研究人类视觉认知机理将为计算机模式识别、机器视觉、图像理解等提供重要的理论基础。分析研究当今视觉认知理论研究进展与发展现状,尤其是视觉认知模型的研究进展与发展趋势,对理解从人类目视解译到计算机自动理解过程具有重要的理论指导意义。在此基础上,从广义的图像到遥感界视角看当今影像尤其是遥感影像智能解译理论、方法、进展研究现状与发展趋势。

7.1 视觉认知理论研究现状与评价

7.1.1 人类的认知机制与理论研究概述

认知这个词来源于拉丁语 cognoscere,意思是认识、理解,现在被广泛应用于描述信息处理与知识应用。在古希腊时代,柏拉图和亚里士多德就花费了很大的精力去寻求理解人的认知和智力的本质和规律。一般来说,认知能力是有生命的生物的基本属性,大多数的学者认为大脑是认知过程的主体,认知过程包括从知觉的输入到复杂问题求解,从个体到周围环境等各个方面和层次的智能活动,与感知、推理、智力和学习等紧密相关。在心理学和人工智能领域,认知代表智能实体(人、智能系统、高自主机器人)的心智功能和心理过程,例如综合、推导、决策、规划和学习等。对认知的研究主要有两方面:一方面是想尽量弄清楚大脑是如何实现认知过程的信息处理流程(神经心理学),包括感知、思维等信息处理过程;另一方面是想用纯粹的信息处理系统来模拟认知过程(Artificial Intelligence,AI)。这两个方面相辅相成,共同推进认知研究的进展。

20世纪50年代,研究人类自身认知过程和机制的认知科学诞生。它是一门融合心理学、语言学、信息科学、神经科学、计算机科学,乃至哲学和人类学的交叉科学,成为21世纪智力革命的前沿。认知科学研究的范围包括知觉、注意、记忆、学习、意识、动作、语言、推理、思考乃至情感动机在内的各个层面的认知活动。

1. 知觉

知觉建立在多种感觉的基础上,是大脑对多种感觉信息进行综合加工后形成的外界事物的直观反映。知觉一般分为空间知觉、时间知觉、运动知觉、社会知觉等。认知科学需要研究知觉信息的表达与处理、不同知觉的关联、知觉的组织、学习和动态记忆、知觉模型的建立等不同层次的问题,并在此基础上研究其他层次的认知过程。

2. 注意

注意是人的心理活动对一定事物的指向和集中。心理学与认知心理学的研究表明:瞬时记忆中的信息如果不加以注意就会很快消失,注意有助于信息的理解和记忆,而注意障碍会影响人的认知水平,因此注意在人类大脑信息加工中起着重要的作用。

Treisman 等(1980)提出了视觉注意的特征整合理论,并对视觉中的注意前处理进行了研究(Treisman,1985),认为注意前和集中注意阶段是视觉处理过程两个相互联系的阶段。

目前建立的注意模型主要有知觉选择模型与反应选择模型。知觉选择模型强调注意的选择特性,信息选择先于信息加工;而反应选择模型强调注意对刺激的反应。如今,脑成像技术也已经可以较精确地测量人在完成特定的注意任务时大脑中各区域脑血流的变化,使得人类对人脑中注意网络的功能结构等更加了解,这将有助于对注意机制的进一步研究。

认知科学需要根据注意本身的选择性、转移性和焦点集中等特征,研究注意机制在大脑信息加工中所处的层次,并建立符合人类注意机制的注意模型。

3. 记忆

《辞海》中"记忆"的定义是人脑对经验过的事物的识记、保持、再现或再认。从信息加工的角度看,记忆是信息输入、编码、储存、提取的过程,记忆可分为瞬时记忆(也称为感觉记忆)、短时记忆(现称为工作记忆)和长时记忆三种类型。瞬时记忆是最直接、最原始的记忆,并存在很短的时间;短时记忆的信息是瞬时记忆的信息受到注意而储存在大脑中的,因而短时记忆的时间间隔比瞬时记忆的要长些;长时记忆是对短时记忆反复加工的结果,可以保持一分钟以上时间甚至终身。

Baddeley 和 Hitch(1974)在模拟短时记忆障碍实验的基础上,提出了工作记忆的概念,将工作记忆分成中枢执行系统、视觉空间初步加工系统和语音环路三部分。工作记忆与短时记忆不同,除了具备存储功能外,还可以进行信息加工。人们发现工作记忆与语言理解能力、注意及推理等联系紧密,有关工作记忆的结构和作用形式的认识也在不断地丰富和完善。此外,人们对瞬时记忆、长时记忆也进行了大量的研究。

认知科学在研究记忆与认知之间联系的基础上,需要研究并建立各种记忆的认知模型,并辅助其他认知活动的研究。

4. 学习

学习是人类的一种高级认知活动,也是一种基本的认知能力。人类通过学习实现经验与知识的积累并加深对外界事物的理解和把握。神经细胞之间联系结构突触的可塑性变化是学习的神经生物学基础。人们进行了大量的关于学习的认知机制的研究。加拿大心理学家 Hebb(1949)提出了著名的基于突触连接增强的 Hebb 学习规则,成为神经网络连接学习的基础;Reber(1967)把人类的学习过程分为内隐学习和外显学习;Kohonen(1982)提出自组织映射网络;Haken(1991)将协同的非线性动力理论与神经网络有机结合,提出了协同联想记忆网络;Amari(1985)提出用微分流形和统计推理来研究神经网络,在 Amari 理论的基础上,Shi 等(1998)提出了由场组织模型和场效应模型构成的神经场模型。

认知科学需要研究人类学习模式,并探索学习过程中信息的组织、存储、表示等诸多认知内容。

5. 意识

意识是人类大脑最神秘的部分,也是心理学研究的主要对象。行为主义心理学不承认意识的存在,但认知心理学的研究表明意识确实也对认知有重要的影响。目前人们已经从知觉入手研究意识,但仍处于初级阶段。

此外，认知科学还对如动作、语言、推理、思考、情感动机等其他的认知活动开展了研究，并已经从心理学、语言学、神经学、生物物理学、人工智能、计算科学等不同的角度对认知进行了大量的分析和研究，也在不同的领域取得了一定的进展和成果。然而，早期学者们对认知科学的研究过于乐观，如1965年Simon预言："在20年内，机器将能做人所能做的一切"；1977年Minsky预言："在一代人之内，创造'人工智能'的问题将会基本解决"，这些预言都未实现。总而言之，现在认知科学仍处在婴儿期，主要进行的还是基础研究，可以预见未来前景无限。

7.1.2 视觉认知机制与理论研究现状

感知外界物体的大小、明暗、颜色、动静，对人类有重要意义，至少有80%以上的外界信息经视觉获得，视觉是人类最重要的感觉。整个视觉的形成过程是各个部分相互配合下共同完成的，是一个复杂的生理和心理过程。长期以来，科学家一直认为，人眼之所以能够看到物体是依靠视觉神经细胞中的感受野，但科学家经过多年研究发现，人的视觉神细胞中，除了感受野，还存在一个整合野(Yao, et al, 2002)。每一个神经细胞都有一个小的视野，包括一个中心和一个外周，中心和外周分别是指在神经科学界定义的感受野和整合野。中心就是检测这个目标，外周就是检测这个背景。通过它们之间的相互作用，检测目标和背景之间特征上的差别，便能很快地捕捉到目标。

人脑是怎样认知外界视觉世界的呢？生理学和组织学的实验表明，视觉信息是由一些并行系统加工处理的，这些系统分别处理形状、颜色、运动等信息。大脑皮层中存在着两个视觉系统，物体形状和空间位置的知觉是人类视觉最重要的任务，是由大脑皮层中两个不同的系统完成的。心理学家和神经科学家都认为视觉信息的处理分布于不同的通道中，这些处理通道与解剖学中的视觉系统中各部分正好一一对应。在过去数百年中，对脊椎动物的视觉系统进行的解剖研究支持了上述观点。实际上，早期的双视觉系统假设是由神经生理学家在对动物的视觉系统进行研究的过程中提出来的。Ingle(1973)和Schneider(1969)分别在两栖类和哺乳类动物中发现视觉系统的认知功能是受不同的功能区所控制的。视网膜接收到信息后经视交叉(Optic Chiasm)有两个不同的通路，90%的神经会从侧膝核(LGN)再传到视觉皮层；还有10%的神经会传到上丘核，侧膝核位于丘脑，是视觉信息传送的中间站，主要是对视网膜传来的信息进行调节组织，继续传往脑的V1区。Ungerleider和Mishkin(1982)在短尾猿上进行了两类任务试验，发现移去颞叶的短尾猿无法区分物体，而移去顶叶的短尾猿不能完成定位。所以他们认为有两种不同的通道处理不同的信息，腹侧通路主要负责对象的辨识，背侧通路主要负责物体的位置信息。Milner和Goodale(1995)发现，腹侧途径有问题的病人在识别物体的颜色、大小、形状、方向上有严重障碍，并阻碍他们抓取这些物体；背侧途径损坏的病人，对物体的颜色、大小、形状、方向有正确的判断，但无法正确抓取这些对象。根据神经心理学双向分离原则，腹侧途径和背侧途径可视为相互独立的物体特征与动作的机制。与之前观点不同的是，他们认为背侧途径不只是处理物体位置信息，还进一步关系到如何做一个动作。它们的发现给知觉与行为的分离提供了一定的证据，指出了人的视觉对物体的知觉与对行为的控制属于两个不同的系统。Bridgeman、Kirsch和Sperling(1981)的实验也得出了类似的结论。

以Marr视觉计算理论为代表的观点认为，视觉实际上是一种信息处理过程，一种分层次的、模块化、单向的在各个阶段有不同信息表达方式的、由低到高的处理过程,最终则是从3个层次建立对外部世界的描述。

①将原始图像转换成基本要素图,以提取出明显的轮廓和边缘信息。

②以观察者为中心,提取图像中物体在3D世界中的深度信息和其表面各处的方向信息,实现目标的2.5维描述。

③以物体为中心的3D形状与空间位置的描述,得到场景的3D几何信息。

各个层次都需要从计算理论、算法与描述和硬件实现三个方面去研究。这一观点采用基于重构的视觉信息处理方法,但是这几个过程大多存在病构问题,即使是良构的,结果也极易受到噪声的干扰。以Gestalt理论为基础的另一派科学家发现,人类具有对图像数据进行组织归纳的能力,也就是具有在多个层次上发现图像数据的规则性、一致性、连续性等整体特性的能力。把点状数据聚集成整体特征的聚集过程是所有其他有意义的处理过程的基础,人的视觉系统具有在对景物中的物体—无所知的情况下从景物的图像中得到相对的分组和结构的能力(感知分组)。通过聚集过程可形成某种反映物体空间结构的图像关系,从而根据这些图像关系产生对图像内容的假设。Gestalt流派主要是基于推理的视觉理论,反映人类视觉本质的某些方面,但它对感知组织的基本原理只是一种公理性的描述,而不是一种机理性的描述。因此这种理论从1920年提出以来未能对视觉研究产生根本性的指导作用。但研究者对感知组织原理的研究一直没有停止,特别是在20世纪80年代以后,Witkin和Tenenbaum(1983)、Lowe(1985)、Pentland(1986)等人在感知组织的原理以及视觉处理应用方面取得了新的重要研究成果。这两派理论各自反映了视觉过程中的一个方面,但都未能对视觉过程作出满意的解释,在相互争论中推动了视觉理论研究。

7.1.3 视觉注意理论与计算模型研究

在图像处理的很多任务中,关键的问题都是如何检测所需要的目标。很多算法采用的策略是对整个图像各区域按照相同的优先级进行处理以检测目标,但是含有目标的有效区域通常仅是其中的很小一部分,这样就导致了计算的复杂度,还产生了不必要的计算浪费。而人类视觉系统(Human Visual System,HVS)可以很好地解决这一问题:面对一个复杂场景时,HVS能够迅速将注意力集中到少数几个显著区域,这种HVS处理机制被称为视觉注意,这些显著区域被称为注意焦点(Focus of Attention,FOA)。显然,非常有必要将这种机制引入图像处理领域。

在视觉感知过程中,基于并行处理的视觉感觉所提供的数据量远远大于基于串行处理的视知觉所能处理的数据量,视觉注意在这两者之间充当了桥梁作用,在其引导下,视知觉具备了选择能力,维持了较高效率。因此视觉注意的实质是数据筛选,如何处理在视觉感觉阶段形成的包括尺度、特征和方位在内的各种数据的竞争关系,找到优胜者是其面临的主要问题。

视觉注意包括两种类型:一种是与任务无关的由底向上的视觉注意;另一种是与任务相关的由顶向下的视觉注意。一部分研究者从图像处理角度出发,试图构造一个能够检测图像显著区域的通用算子(Bridgeman, et al, 1981; Bridgeman, et al, 1981; 1998; Kadir, et al, 2001);另一些研究者则从人类视觉过程出发,希望创建一个类似于HVS的视觉注意模型(Wai, et al, 1994; Itti, et al, 1998; Stentiford, et al, 2001)。后者依据神经科学的成果来模拟人类的HVS系统,走出了另一条图像处理的道路,对传统图像分析过程产生了较大震动,受到了各国研究者的广泛关注。在这些视觉注意模型中,Itti 等(1998;2001a;2001b)提出的基于显著性的模型最具代表性,获得了较高的认可度(Yee,et al,2001;Boccignone,et al,2002;Salah,et al,2002)。当然,除了 Itti 的计算模型外,有许多其他的科学家从不同的角度提出了其他的不同的显著计算模型,如 Tsotsos 等(1995)、Wolfe 等(1996)、Breazeal 等(1999)、Balkenius 等(2004)以及 Tsotsos 等(2005)。这些计算模型相互作用,有力地推动了视觉注意理论研究,为视觉注意的进一步应用打下了良好的基础。

Itti(2005)从生理学理论的角度回顾了大量的早期工作,从中可发现最有影响的 Itti 模型可追溯到 Niebur 等(1995)。Parkhurst 等(2002)发现采用 Itti 模型计算出的显著图要比受试者主观的结果要好。Ouerhani 等(2004)等其他人的实验表明,同样用 Itti 的显著计算模型计算出的显著图以某种近似概率密度与受试者的测试显著图相关。Itti 等(2003)为了分析动态场景,在原有的 Itti 计算模型中加入了时间闪烁和 Reichardt 模型。在短时电影片段中用增广模型计算出的显著性结果比人眼快速扫视的结果要好,其中的运动和时间模块可准确地预测出人眼的快速扫视。最近的结果显示,当自底向上的影响很强时,这种动态成分与人眼的快速扫视是紧密关联的(Tatler,et al,2005)。

对于 Itti 的计算模型及其效果的解释来说,并不是没有争议的。Turano(Carmi,et al,2006)使用 Itti98 显著计算模型预测出的凝视点与 Parkhurst 等(2002)的结果相比并无明显优势。然而,在 Turano 的试验中,使用另一种性能测量的方法来比较模型预测的凝视点与人眼的凝视点,并同时在动态环境中应用了这个静态模型。Tatler 等(2005)采用了可选择的特征集合以及另一套性能评测的方法对 Parkhurst 等(2002)的结论给出另一种解释。Draper 和 Lionelle(2005)发现,使用 Itti 模型实现的 iLab 软件包对于图像来说并不是尺度和旋转不变的,因而质疑在对象识别系统中使用 Itti 计算模型的适当性。Henderson 等(2006)显示,Itti 的计算模型并不能说明在搜索任务中的人类行为。在不同的特征形成显著图的过程中,它对最终的显著图的贡献既不是严格线性的,也不是严格等作用的,如果能依据人眼的凝视模式进行参数优化,可能使结果更符合人眼的观测效果。

7.2 认知模型研究进展

认知模型研究的发展道路是人类对自身认知机制的不断探索历程。本节从认知模型的研究到视觉认知模型的研究,分析评述认知模型及视觉认知模型的研究进展,以及遥感影像智能解译与视觉认知模型之间的联系。

7.2.1 认知模型研究发展历史

人们很早就认识到人类所具有的多种不同的认知能力,如感知与注意、知识与表示、记忆与学习、语言、问题求解和推理等认知能力,并开展各种各样的研究来寻找这些认知能力背后真正的主宰,即研究人类认知世界的具体过程,了解其内在的运行机理,包括人的思维机制、信息处理机制等。

认知模型是指建立相应的计算机模型来模拟人类的某种或多种认知能力或行为。认知模型的研究涉及哲学、语言学、心理学、逻辑学、脑神经科学、生物学、遗传学、计算机与信息科学、认知科学、人工智能等多个领域的知识。

认知模型一般研究如何模拟人类进行信息的输入、处理与存储等,并运用这些信息形成知识或规则来解决问题。认知模型的研究可追溯到20世纪50年代中期,1956年,美国的Newell与Simon提出的"逻辑理论家"模拟人类的逻辑智能,使得计算机第一次执行了抽象指令,而不是精确的计算,被认为是第一个成功的认知模型。1957年,两位学者在LT模型的基础上,又提出了"通用问题求解系统",模拟人解决问题的过程,从初始状态开始一步一步地解决,直至问题解决为止。该模型能解决汉诺塔等简单问题,但还不能像人类一样运用复杂的知识来解决某个具体问题。1959年出现了模拟人类口语学习的EPAM(Elementary Perceiving and Memory Program,EPAM)模型(Feigenbaum,1959),它包含一个类似判别树的记忆结构,对刺激具有识别能力,新的刺激会不断添加到记忆结构中,可以进行学习。到2002年,EPAM模型已经发展到第六代,可以模拟人类的瞬时记忆、短时记忆、长时记忆,其核心是具有判别能力的长时记忆部分。EPAM-VI能对视觉、听觉的刺激进行分类。该模型以定量的方式精确地描述和解释了大量有关人类知觉和记忆过程的心理现象,为建立一个认知的统一理论做出了重要贡献。1976年,美国心理学家Anderson提出基于人类联想记忆模型(HAM)(Anderson,et al,1973)的ACT(Adaptive Control of Thought,ACT)模型(Anderson,1976),认为陈述性记忆和产生式记忆之间的碰撞激发了人类的认知行为。2004年,在心理学研究成果基础上构建的ACT已经发展到ACT-R 6(Adaptive Control of Thought-Rational),ACT-R 6可以模拟人类的工作记忆、科学推理等高级认知过程。1978年,基于数据驱动的发现学习系统BACON(Langley,1978)诞生,该系统利用启发式规则来发现数据和符号中的不变性和趋势,搜索并发现其中的定理和规律。1983年,BACON已发展到BACON6,它重新发现了天文、物理、化学等领域的定理和规律,是对人类思维活动的成功探索。Norman(1980)提出人类的认知活动不仅仅只包含语言、学习、记忆、感知、思维、技能等认知因素,还需要考虑情感、意志、兴趣等非认知因素,Norman模型在输入/输出控制系统和认知系统之间加入了情感系统。SOAR(State,Operator,and Result)模型(Laird,et al,1987)给出了开发智能系统的统一框架,并在2007年推出8.6版,该框架由单一的任务(问题)空间、永久性和临时性知识表示、目标生成机制、学习机制等组成,可以模拟完整的人的认知能力,如决策、推理、理解、计划、学习等。目前,各国的人工智能和认知科学领域的学者们正用此框架进行各种研究工作。史忠植等(1990)提出人类思维的层次模型,认为人类思维是一个从感官形成的初级思维→概括→抽象的一个过程,他把人类思维分为具有层次关系的感知思维、形象思维、抽象思维等。COGNET模型(Zachary,et al,1991)认为,人类的认知活动是一个多任务的并行处理过程,在处理过程中各个任务相互竞争且相互协同来解决问题。该模型由问题上下文、感知处理器、任务集、评估处理触发器、注意焦点管理器、任务执行处理器、动作应变器等组成。该模型已成功地应用于航空交通控制,但却不具备学习功能。MAC/FAC(Many Are Called but Few Are Chosen)模型(Gentner,et al,1995)是模拟人类进行相似性检索的认知模型,它将相似性检索分为两个阶段:MAC阶段利用非结构化的匹配器从记忆池中过滤出候选信息,FAC阶段利用结构化的匹配器获得最后的匹配结果。OMAR模型(Deutsch,et al,1995)是基于知识的高精度的模拟人类行为的认知模型,采用智能代理技术,可用于集成环境、分布式模拟和信息系统,模拟人类根据环境中发生的事件,在不同的目标间动态转换,也是一种状态认知模型。EPIC(Executive-process Interactive Control)模型(Kieras,Meyer,1997)是一个模拟人类信息处理的认知模型,依据人类的感知、行为方式和任务分析方法等,提供了一个详细且准确的构建人机交互的框架。该模型通过计算机仿真实现,可以准确地生成如人眼运动、讲话等活动来模拟人的行为。CLARION(Connectionist Learning with Adoptive Rule Induction ON-Line)模型(Sun,1997)将认知分为外显式和内隐式两种,人类自顶向下的学习首先是进行外显式认知,然后紧跟内隐式认知;而人类自底向上的学习是先进行内隐式认知,并作为随后外显式认知的基础。该模型分为顶层和底层,每层都有其各自的表示和处理方式,但都划分成行为中心系统和非行为中心系统。

随着人类对人类自身认知机制的不断探索,各国学者对认知模型的研究也在不断地前进和深入。认知模型从早期模拟人类的问题求解、注意、记忆等初级认知能力,向模拟人类更加复杂的推理、学习等高级认知能力发展;从执行简单逻辑指令的模型向复杂的具有自组织、自学习功能的模型发展;从模拟单一的认知行为向模拟多种认知行为发展;从简单的程序模块向集成框架、并行化、分布式发展。但是,由于人类认知活动的复杂多样性,以及人类对这些认知活动机理还在不断的探索中,目前还难以甚至无法建立一个统一的认知模型。不过,认知模型研究的最终目标是模拟人类的多种认知能力,以人类认知的方式实现计算机的智能化,赋予计算机与人一样的智能。

7.2.2 视觉认知模型分析比较

人类获得的信息大部分来自于视觉,大脑处理的大部分信息也是视觉信息,而人类大多数高水平的认知能力,如问题求解、视觉表示等也都与视觉相关,视觉给人更加直观的印象,从而更易于触发人的灵感,可以说视觉是影响认知的一个重要因素。视觉认知(Visual Cognition)是认知科学中一个重要的研究领域,是对人类自身视觉系统的内在机理进行的探索,其研究主要包括视觉感知机制、目标检测、视觉注意、目标识别与分类、基于知识的视觉等。虽然神经生理学的研究已经表明人类视网膜接收的光信号被编码成光信息,形成多个数据流传给大脑的不同部分,而且也知道大脑的哪些功能区参与视觉信息的处理;然而,心理学的研究表明,人类对所见世界的感知受很多因素影响,除了受观察者的视点、光线强度、运动等影响外,还与观察者本身的年龄、经验、情绪甚至文化背景等有关,即使面对同一个场景,不同的人所感知到的内容也不尽相同。此外,人在有意识和无意识状态下,视觉认知的结果也可能完全不同。

视觉认知模型就是研究人类如何用眼睛感知世界,如何进行视觉信息的搜索、选择、加工、存储、解释等内在机理,建立模拟人类进行视觉信息处理的计算机模型,使得计算机可以像人一样看到并解释世界。对视觉认知模型的研究主要分为两大类:一类是依据人类视觉系统自身的内在机制,研究可以模拟人类视觉认知的通用模型;另一类是根据具体的应用需求,研究面向应用或任务的专用视觉认知模型。

Neisser(1967)将视觉信息处理分为注意前和集中注意等两个阶段。Chen(1981,2005)提出了拓扑性质的认知理论,认为拓扑不变性决定目标和背景的分离,并用实验(1982)证明了视觉对拓扑结构的敏感性。Feldman和Ballard(1982)根据简单的视觉感知只需几百毫秒的原理,认为瞬间视觉不会超过100步处理过程,提出"百步法则"算法。Marr视觉计算理论框架(Marr,1982;姚国正,等,1988)将人类视觉系统分为低层、中层、高层三个层次。低层视觉获取原始输入图像中的特征,构成要素图;中层视觉恢复图像中有关场景的2.5维信息,如深度、表面法线方向、轮廓等;高层视觉在原始图、要素图、2.5维图的基础上,恢复出物体的完整三维信息。该计算理论框架可以看做是对视觉认知研究的一个杰作,它对后来的计算机视觉、认知科学的研究都产生了深远的影响。Tsotsos(1990)研究了瞬间视觉的复杂性,并针对瞬间视觉提出一个粗略的通用计算机视觉框架。Rao 等(1996)依据当场景中的目标被锁定后,通常会有 300ms 的凝视时间,提出了视觉认知中的视线跟踪模型,该模型可以成功地预测人眼运动。Itti 等人(1998)基于生物学原理,提出了一个视觉选择注意模型(显著性模型),模拟人类的视觉选择机制,利用视觉图像的颜色、亮度和方向等特征,按照 center-surrounding 视觉初加工机制,以各个像素间的差异度来计算像素点的显著性,最后通过生成显著性图谱,从而突出图像中最先被人眼识别的区域。Gustavo 与 Josef(2001)基于神经动力学,提出模拟视觉选择注意机制的神经元互连模型,并把该模型用于视觉搜索。Wheeler 和 Treisman(2002)提出了短期视觉记忆中的特征绑定模型,相同的特征竞争记忆空间,而不同的特征可以并行存储,Delvenne 和 Bruyer(2004)的实验验证了该模型。这些都是在人类视觉系统自身的内在机制研究的基础上,所进行的通用视觉认知模型的探索。

视觉信息往往还和特定的行业及特定的应用环境有关,如驾驶员需要认知道路、路标、行人、车辆等视觉信息;病理检验员需要认知显微镜下的细胞、组织等视觉信息;产品检验员需要认知产品的外观、质量等视觉信息;遥感目视解译人员需要认知不同地物的颜色、形状、纹理等视觉信息。可见,这些专用的视觉认知模型需要将人类的视觉知识、领域知识、高水平的识别能力、推理能力等相结合,形成一种特殊的认知能力。

Bruce 和 Young(1986)提出了专用于人脸识别的认知模型,该模型用结构化编码匹配的方式来识别相似的人脸。Herrmann 和 Pickle(1996)提出了阅读统计图的四个子任务认知模型:地图定位、图例理解、地图与图例集成和统计信息提取等。骆剑承(2000)提出了遥感地学智能图解中的认知模型,并把该模型分为三个层次:遥感影像传输和基本处理、遥感影像视觉生理认知、遥感影像逻辑心理认知等。骆剑承等(2001)提出了基于神经计算的遥感影像认知模型,并融合基于进化计算思想的地学优化模型,还提出了遥感生理视觉模型的体系结构。Schwaninger(2002)对与机场安全有关的视觉认知问题进行了研究。Pani 等(2005)提出了显微镜下的组织结构的认知模型。这些都是从具体的任务或特定的应用目标的角度对视觉认知模型的探索。

到目前为止,尽管人们已经做了各种各样的实验研究人类的视觉认知,并对视觉认知过程中的各种现象进行实验验证,但对视觉认知的整个过程还并不完全清楚,而这有待于脑神经学、心理学、神经生理学、计算机科学等各领域专家的共同努力。目前,还没有一个完善的视觉认知模型可以描述或模拟人类怎样有意识或无意识地识别和解译其所看到的事物。视觉认知模型研究正方兴未艾,相信随着对视觉认知研究的不断深入,新的视觉认知模型会不断产生并日趋成熟。

7.2.3 视觉认知模型与遥感影像智能解译

遥感影像解译包括目视解译,人机交互解译,基于知识的遥感影像解译和遥感影像智能解译(即自动解译)等(李德仁等,2001)。

传统的遥感影像解译存在人力投入巨大,易受人的经验等主观性因素影响等问题,而基于知识的遥感影像解译中又存在专家知识易受地域、时间限制等问题。遥感影像智能解译就是让计算机自动提取并综合利用遥感影像的光谱、形状、纹理等各种特征,再结合领域专家的知识或专业知识,以及其他非遥感的数据资料,自动完成遥感影像的解译工作,是遥感领域的研究热点和难点。

目前,遥感影像智能解译的研究大多集中在如何根据低层次的颜色、形状、纹理等特征,并结合其他的数据进行遥感影像的自动分割与分类方面,或者根据领域专家的知识建立专家系统辅助遥感影像的解译。

视觉认知模型包含从低层次的视觉感知到高层次的视觉认知等一系列复杂的特征抽取、信息加工、存储、识别等过程。而遥感影像的目视解译是目视解译人员对遥感影像进行自底向上的视觉感知过程与自顶向下的视觉认知过程相互作用的结果,因而,完全可以探索用于遥感影像智能解译的视觉认知模型。

近年来,已经有一些研究者将模拟人类视觉认知机制的视觉认知模型引入到遥感影像智能解译中,开辟了一条新的自动解译道路。骆剑承等(2001)提出了以神经网络和进化计算为核心的遥感视觉生理认知模型,并指出针对不同的应用需求和目标,必须结合相关的领域知识来建立专用的遥感视觉生理认知模型。张鹏和王润生(2005)模拟人类视觉系统的视觉注意机制,提出一个基于自底向上的视觉注意的遥感图像分析认知模型,在遥感影像中先按照视觉显著性的强弱寻找注意焦点,然后再由注意焦点引导遥感影像的进一步分析过程。基于多源信息空间的遥感影像自动解译(杨桄,等,2006)模拟人脑判读的方式,将遥感影像中的地物分类为光谱信息空间、形状信息空间、区域地学信息空间、干扰信息空间等,然后对各信息空间进行定量的数学描述,再经过计算机的分析和处理,自动输出解译结果。

面向遥感影像智能解译的视觉认知模型的研究还只是处于起步阶段。由于人类对视觉认知的研究还在继续以及遥感影像解译本身的复杂性,因而建立面向遥感影像智能解译的视觉认知模型的道路还很漫长。

7.3 遥感影像智能解译现状与展望

自从电子计算机诞生,尤其是计算机信息处理理论与技术的发展以来,就伴随着各种图像理解的出现,因此本节从多领域发展角度来分析评述当前图像理解及其计算模型的发展研究水平与现状,为遥感影像解译研究提供多学科交叉线索,再重点从遥感界视角,分析评述遥感影像智能解译的理论研究现状、水平与发展趋势。

7.3.1 图像分析与理解研究水平与发展趋势

图像理解不同于模式识别,前者是对图像作出描述,完成图像中的目标和景色关系的合理解译,后者通常是按预先规定的类别对目标对象进行简单的分类。一般地讲,图像理解指的是两个过程的相互影响:图像内容的发现与图像内容的解译,但是图像信息内容仍然是定义不清楚的、模糊的概念(Diamant,2005)。

图像理解的发展始于20世纪50年代,当时仅处理2D图像的理解,主要通过分割和分类方法来实现,没有形成一个完整的体系,这些分类方法至今仍是热点研究方向。分割并提取图像中的目标和富有意义区域一直是图像理解的一个重要内容。尽管图像分割已开展了广泛的研究,但还没有一个通用的算法(Ma, et al, 2000)。基于像素值不连续性和相似性的图像分割技术大体可分为基于区域的分割方法和基于边缘的分割方法。典型的基于区域的分割方法有种子区域生长(Seeded Region Growing, SRC)(Adams, 1994)、K 均值(K-means Clustering, KMC)(Hartigan, 1975)和约束重力聚类(Constrained Gravitational Clustering, CGC)(Andrew and Yung,1998)等,这类分割方法主要使用了边缘提取和连通技术。文献 (Kass, et al, 1988; Cohen,1991; Brejl, et al, 2000; Iannizzotto et al, 2000; Goldenberg, et al, 2000; Goldenberg, et al, 2001; Sappa, et al, 2001; Sumengen, et al, 2003)等展现了最近几十年在这方面的研究成果。基于边缘的方法主要使用图像边缘信息定位区域边界,而边界点连接起来就形成一个封闭的分割区域,边界信息涉及强度空间、颜色空间和纹理空间等特征空间中的不连续性。Ma 等(2000)提出了一个基于纹理流的边缘分割技术;大多数基于边缘的分割技术(Brejl, et al, 2000; Sappa, et al, 2001)或多或少使用了一些相同的方法。与上面的方法不同,一些基于轮廓的模型(属于基于边界的分割)(Kass, et al, 1988; Cohen, 1991; Iannizzotto, et al, 2000; Goldenberg, et al, 2000; Goldenberg, et al, 2001; Sumengen, et al, 2003)保证了边缘的封闭性而不需要边缘连通工具。Haris 等(1998)、Yu 等(2002)和 Chung 等(2005)也提出了将基于边界分割法和基于区域分割法融合的分割方法。在图像分类中,用得较多的是传统的模式识别分类算法,即在已知样本类别中选取各类训练样本,通过特征提取,确定判别规则,训练好判别规则参数,对未知类别数据进行分类。常见的监督分类方法有 K 近邻法、决策树法、最大似然度分类、贝叶斯分类法、神经网络法和支持向量机等分类法。大部分分类算法解决线性问题时,计算效率较高;解决非线性问题时,效率较低,无法满足要求。为此,近年来对支持向量机结构风险理论、二次优化理论、核空间理论的研究,提高了支持向量机解决非线性问题的能力(Cortes, et al, 1995; Burges, 1998; Bradley and Mangasarian,1998; Alessandro, et al, 2007, Veeramachaneni and Nagy, 2007)。

20 世纪 60 年代后,Robert 设计的积木世界图像理解程序使得图像理解发展成一个较为完整的体系结构。Robert 采用几何的方法提取出图像的点线特征,依据这些点线特征建立起图像的 3D 立体结构,采用匹配的方法完成 3D 物体的识别。随后,在图像理解领域产生了 3D 影像分析、图像序列分析、双目图像分析等研究方向。3D 影像分析要求从多个视觉位置对目标进行定位、检测和识别。由于我们不能控制自然场景中静止目标所处的位置和环境,也不能控制运动目标的运动轨迹,因此 3D 目标检测器要求对光照变化、局部遮挡不敏感。为了定位目标和预测场景未来的状态,需要准确估计场景几何形状和跟踪场景中运动目标。近几年出现的很多 3D 影像分析系统,比如 Gariboto 等(2005)设计了一个用于安检的 3D 场景分析系统用于重建 3D 场景和检测可疑目标;Burschka 等(2005)提出了一个基于视觉的交通信号检测和道路中运动目标估计系统用于自动的 3D 重建和场景分类;Leibe 等(2007)构造了一个定位和跟踪运动车辆的动态 3D 场景分析系统等。而图像序列分析(也叫三维运动分析)是利用投影图像序列方法估计运动物体在 3D 空间中的直线对应关系及光流等,采用了张量分析及卡尔曼滤波方法估计运动参数,运用松弛法、聚类法寻找特征匹配关系,进而提取物体的 3D 深度信息。近几年来在图像序列分析研究及应用方面取得了一定进展(Wilson, et al, 1998, Ortiz, et al, 2000; Zhang, et al, 2001; Markou, et al, 2006; Ristivojevic, et al, 2006)。

20 世纪 70 年代后,Marr 从一个多学科交叉的角度探讨了图像理解问题,建立了以表示为中心的视觉计算理论,提出了图像理解过程分基本要素图、2.5 维要素图和三维物体模型的三个表示层次,为图像理解提供了一条新的研究途径。人的视觉系统是一个结构复杂、性能优越的图像理解系统。从仿生学角度上讲,视觉特性以及视觉模型的研究,对图像理解的研究很有启发性和吸引力。有研究表明,在视觉处理的初级阶段,存在一种自底向上的模式,即对场景或图像内容存在关注区域(显著区域),该关注区域不受客体所携带任务的影响,是一种无意识的人类视觉注意焦点。尽管这方面研究时间不长,但通过模仿人类视觉自底向上的特性,出现了大量的显著性目标检测算法。Itti 等(1998)等通过模仿人类初级视觉特性,建立了一个显著性模型,并成功地应用到图像检索和场景分类(Itti and Siagian,2007)中。Hou 等(2007)又提出了一个基于光谱残差的显著性模型,通过实验对比,该模型的显著性目标检测更符合人类视觉的注意焦点。因此基于目标显著性的研究正成为图像理解的一个重要的研究方向。

20 世纪 80 年代后,人工智能、知识工程的提出影响了整个计算机科学领域的研究,不可避免地影响了图像理解的发展。依据知识的表达与推理能够较好地从二维图像推导出三维景物描述,因此基于知识的图像理解受到了极大的关注。随后出现了一大批基于知识的图像理解系统,比如有 VISIONS 系统(Draper, et al,1989)、ACRONYM 系统、MOSAIC 系统等,在这类典型系统中,控制器和视觉运算器都是结合在一起,且这些系统不能通用于所有领域。随着贝叶斯网络的出现,以及它在知识表示和信息整合方面的优势,使得图像理解系统得到更进一步发展。TEAI 系统使用了贝叶斯网络和选择性感知相结合的方法来构造视觉运算器,该运算器使得系统能够更快速地解译场景内容;SUCESSR 系统使用了自底向上的推断模式,这个推断主要结合图像的几何属性,并使用了贝叶斯聚合的方法。

作为很多小的专用的解译系统的一个分布式网络,VISIONS 模式系统为建立通用的解译系统提供了一个框架,其中每个模式就是识别一类对象的专家(Draper, et al, 1988)。在基于知识的影像解译系统和计算机视觉中,根据在解译噪声和混乱场景中的可靠性和算法的动态复杂性,Wallace(1988)提出了分割 2D 影像的高层次解译方法的关键对比,这些对比的方法包括边界相关、广义 Hough 变换、相关的距离度量、图匹配、启发式搜索和松弛标注。Reiter 和 Mackworth(1989)提出了形式化描述与解译影像领域知识、场景领域知识以及影像与场景领域之间描述映射的逻辑框架,这样的框架需要影像规则、场景规则与描述规则,而将影像的解译定义为这些规则的逻辑模型。Li 等(1989)用不同方法研究了金属目标的微波成像,并基于散射机制和影像检索中用的后向投影算法的分析,解译和预测了重构的影像,讨论了各种散射机制和重构影像之间的连接。Weems 等(1989)评价了影像理解的体系结构(Image Understanding Architecture, IUA),IUA 集成同时运行在 3 个计算粒度层次上的并行过程。每个层次是一个与其他层次不同的并行处理器,以满足解译过程中对应的每个抽象过程的处理需要,而经由并行数据与控制路径在层次之间进行通信,每层的处理元素也可经由不同机制彼此并行通信。该体系在基于知识的计算机视觉中是一个支持实时的影像理解应用和研究的大量并行多层次系统,根据处理元素类型、处理空间和处理元素之间通信,其设计考虑集成的实时视觉的体系需要。

知识引导下的影像解译方法在 20 世纪 80 年代很流行,该方法将大量特定目标和特定领域知识应用于解译问题,试图识别在 2D 影像中目标和确定 3D 影像中这些目标与相机之间的关系。这些系统面临的主要问题就是目标类型在实例中的变化以及在如何根据形状、颜色、纹理、大小等定义目标类型方面的差异。知识引导视觉系统由于以下两个原因不成功。

①低层次和中等层次视觉方法在当时还不成熟,以至于不能支持这些系统的解译目标,这

个问题随着 3D 计算机视觉,尤其是立体和形状重构领域的进展已在很大程度上得到解决。

②作为一个独立问题,视觉方法的控制问题仍没有恰当的陈述。

20 世纪 90 年代,Truve(1990)提出了基于多层次解译的计算视觉方法,将在每个层次之间的步骤看做发生在 3 个阶段。

(1) 剖析(Parsing)。影像中特征及其组合是已知标签。

(2) 解译(Interpreting)。建立几个解译,假定根据较高层次标签给定每个特征至多一个解译。

(3) 修剪(Pruning)。由于全局约束要放弃某些解译。

其中,剖析和修剪是由多关系句法(平凡的属性句法和图表句法的概括)指导,在影像解译中,对这类句法利用自下而上的剖析算法。Marefat 等(1991)在制造领域研究了视觉问题的某些特点,分析了制造应用中影像智能解译的框架,包括系统中知识表达、推理和控制以及一致性维护,合并对象知识、关系知识和推理与问题求解的知识这三类知识。Chu 等(1992)在利用多传感器自动解译系统(Automatic Interpretation Using Multiple Sensors,AIMS)探测和识别室外几公里范围内场景的人造目标时,将多传感器融合应用于长度、密度、速度和温度 4 个感知模式以改善影像分割和解译效果,利用分割模块计算影像分割区域的低层次属性并转化为 KEE 格式,再用 KEE 和 LISP 构造基于知识的解译模块。AIMS 以自底向上形式应用前向连接,以便于从低层次处理模块生成的数据库中获得对象层次的解译。通过融合多传感器影像,Foresti 等(1993)提出一个层次分布式系统来解译 3D 道路场景,其中通过联系每个表达层次专家处理单元,将识别问题分割为一组低复杂度的子问题。由于在多个层次上使用观测和约束的先验知识,以这个方式限制可能解的搜索空间,相同推理机制的不同实例应用在每个层次上,因此为了有助于获得全局约束解,每个处理单元可以自动地搜索局部解,这使得系统容易维护和扩展。Draper 等(1996)评价了知识引导视觉系统面临的问题,并认为不充分的视觉方法和缺乏复杂的控制形式将阻碍这些稳健的知识引导视觉系统未来的发展。影像解译的问题就是在领域知识辅助下的推理问题,Kumar 和 Desai(1996)明确地将这个问题表达为已知概率分布的最大后验估计(Maximum a Posteriori,MAP),并利用贝叶斯网络来表达这个概率分布函数和解译所需要的领域知识,可以获得最优的解译集。自适应与学习以一种重要方式影响视觉过程,这适合从早期的视觉编码到复杂的模式识别的所有层次的视觉功能,Caelli 和 Bischof(1996)在模式识别与影像理解中讨论了当前感兴趣的学习模式,并指出了在理解人的感知学习中这些模式是很有用的。机器学习已经应用于与场景解译有关的很多问题,从这些研究中很清楚地看到研究或者选择适合于涉及已知问题形式的数据模型类型的学习算法很重要。Terry 等(1997)集中讨论了关于不同数据结构的学习问题,尤其考虑了在视觉数据中与关系结构学习有关的问题,还讨论了多目标复杂场景的规则评价问题。

Caelli(2000)将影像理解与目标识别作为一类涉及将看到的与已知的捆绑在一起的过程,从这个观点来看,阐明系统如何学习有关来自影像的空间信息,如何编码以及这样的知识如何与新的影像数据匹配是很重要的,并从如何提取和匹配影像特征的研究中充分确定了影像理解的科学理解范围。为了克服当前医学、工业等领域中很多影像解译系统缺乏稳健性、精确性和灵活性问题,以及存在很多有限观测、环境影响和噪声等棘手的问题,Perner(2001)引入了基于案例的推理策略(Case-based Reasoning,CBR)。基于案例影像解译在很多方面不同于其他 CBR 应用,需要研究特殊的影像相似性度量,影像不同抽象层次的案例表达和维护及学习策略。在空间推理中空间实体之间的关系起主要作用,在影像解译中,计算机视觉和结构识别、不精确信息管理组成一个关键点,因此需要模糊框架展现完美的特征来表达不同层次上空间的不精确性,知识及其表达的不精确性,提供强有力的工具来融合、决策和推理。Bloch(2005)评价了定义空间关系的模糊方法,包括拓扑和度量关系。

目前,基于知识的图像理解系统共同存在以下问题。

①视觉运算器的控制不是一个独立模块,改变控制模式将影响其他模块的运行。

②系统结构安排不够合理,对训练好的系统,将后来发现的新知识再输入系统存在困难。

一个理想的图像理解系统应具备以下内容。

①采用多级知识的表示方式,使得系统能容纳不同的特征集和目标类型。

②采用动态的结构安排,使得系统在下一步解译中能充分利用解译出的图像的上下文关系和状态。

③在解译过程中能控制处理的流程。

④能将信息映射成语义符号。

⑤能收集来自不同数据源的知识。

⑥在对立假设中能识别目标和解决冲突。

国际上图像理解的研究已经有三十多年的历史,在某些方面已取得了一些可喜的成果。国内对图像理解的研究也已开展了十多年,并取得了一定的成绩。但图像理解是一个不断发展的领域,所涉及的内容非常多,总体上讲,对图像理解的研究还不太成熟,由于理论的不完善和技术的复杂性,至今没有建立一套完整的体系结构和实用的图像解译系统,开展图像理解研究具有重要的理论与应用价值。

7.3.2 遥感影像的低层次特征提取与分析

在模式识别领域,特征通常可分为低层次特征和高层次特征,后者又常称为语义特征。低层次特征或高层次特征概念已有部分描述在文献(Zhang and Chen,2002;Zhou, et al,2000;Sethi and Coman,2001;Lau, et al,2002;Luo, et al,2003;Liu, et al,2007),但还没有完整的描述。我们在综合上述文献相关结论的基础上,将低层次特征和高层次特征的概念归纳如下:低层次特征多为直接从图像信息中提取的"数学符号",它们几乎不受人们主观看法的影响(Zhang and Chen,2002),如光谱特征、形状特征、纹理特征、位置特征等。而高层次特征是通过对影像信息(或者多种低层次特征信息)分析、识别、归纳或抽象得到的一种影像对象的属性描述,如遥感影像上多个单体目标及其相互关系(如对车、道路以及道路上的车的描述)。

尽管人们习惯于利用高层次特征来对感兴趣的图像信息进行对比或评价,但是在实际应用中高层次特征难以通过计算获取,相反低层次特征可通过一定的算法由计算机自动提取。此外,低层次特征通常是高层次特征形成的基础;高层次特征往往可以通过分解或映射转化成一系列的低层次特征(Sethi and Coman,2001)。由于高层次特征多来源于人的主观概念,特征的定义会受到人的看法差异的影响(Zhou, et al,2000),目前遥感影像的分类和识别研究主要还是在低层次特征基础上进行。下面我们将主要概述高空间分辨率遥感图像的低层次特征的提取。

在遥感影像分析处理中,要恰当地引入知识处理机制,按层次划分知识并在知识层次上引入智能处理方法,以提高遥感分析理解效果。其中最关键的是特征,只要特征足够且合适,某一地物就可以被唯一地表征,目前主要利用光谱特征,还需要引入其他类型的特征。

低层次特征可以是基于像素的,也可以是基于对象的。基于像素的特征主要反映像素的性质或属性,如像素的光谱特征、空间位置特征等。而基于对象的特征综合了像素特征并使得对象属性的内容更加丰富,因而基于对象的特征除了包含基于像素的特征性质外,还包括形状、纹理等其他的特征,同时这些对象更适合我们进行遥感影像理解。

由于硬件技术的限制,早期的遥感分辨率普遍较低,遥感影像中混合像元较多,目标之间边界模糊,对图像进行分割,提取对象的意义不大,因而遥感影像处理的主要是基于像素的特征。近几年来,随着遥感影像的分辨率的提高,人们能够更多地在对象层次上考虑分类或识别问题,基于对象的分析与处理已经成为遥感影像理解的发展方向(Gitas, et al, 2004; Benz, et al, 2004; Walter, 2004; Liu, et al, 2006; Drǎguţ, 2006)。上述这些文献中大多采用了多尺度分割技术来产生图像对象基元,在此基础上进行提取对象的特征信息,从而实现基于对象的遥感影像分析与处理。大量研究表明,采用基于对象的特征或同一对象的多种特征组合的分类或识别方法明显克服了基于像素特征的信息种类简单、信息量少的缺陷,从而极大地提高了分类或识别系统的性能。遥感影像基于对象的低层次特征主要包括光谱特征、形状特征、纹理特征等三方面的内容(Lau, et al. 2002; Liu, et al, 2006; Liu, et al, 2007)。

对比其他类型特征,光谱信息特征往往具有算法简单、计算快速等优点,因而在早期的遥感影像分类或识别研究工作中主要采用光谱特征来表达对象的信息(Wang, 1990; Bruzzone and Serpico, 1997; Gorte and Stein, 1998),目前,光谱特征仍然是各种图像分类或识别系统最常用到的特征之一(Solberg, 1999; Walter, 2004; Zhang, et al, 2006; Liu, et al, 2006)。在遥感研究领域,经常用到的遥感影像的光谱特征主要有光谱的均值、亮度、方差、光谱层比率、对象间邻近关系等(Solberg, 1999;)。对于一个影像对象来说,有直接相邻关系和间接相邻关系。前者是分割后对象间有边界直接相连,故相邻对象之间的距离为0;后者则是在相邻对象之间还有其他的影像对象,邻近关系包含多种关系特征,如邻近对象均值差、邻近对象绝对均值差、高亮度邻近对象均值差、低亮度邻近对象均值差等。

形状特征是"对象"重要的特征之一,如在高分辨率遥感影像的一个重要的研究方向——人造地物的识别与分类研究中,形状特征往往能比其他类型的特征更好地反映出"特定对象"的关键信息(Liu, et al, 2007)。当前在高空间分辨率遥感影像的分类或识别工作中经常用到的形状特征信息主要包括对象的面积、长度、宽度、长宽比系数、形状因子、密度等直接反映影像对象整体属性的参数。形状因子反映了影像对象边界平滑度,影像对象越不规则,则形状指数的值会越高,在实际计算中通常将影像对象边界长度与影像对象面积的平方根值的4倍的比值作为形状指数。为进一步满足更好地反映目标形状信息的要求,以提高识别系统的性能。近年来一些新的形状特征概念又相继出现,如采用像素空间位置关系统计信息的形状指数和采用几何信息表示的几何冲量特征、Fourier-Mellin变换特征等(Zhang, et al, 2006; Inglada, 2007)。然而在大多遥感影像的分类系统中,形状特征信息很难以单独的特征出现来辅助分类工作的进行,它往往需要与其他某种特征(如光谱特征、纹理特征)或多种特征结合一起出现才能更好地发挥形状信息的优势。Zhang and Huang等(2006)深入分析了形状指数特征的描述形状信息的性能,并融合了形状指数特征和光谱信息的特征进行高分辨率遥感影像分类系统的分类,实验表明融合了形状信息的特征组合能取得优于其他特征(如共生矩阵纹理、小波纹理等)的分类效果。

近年来,随着高空间分辨率遥感影像卫星的出现,使得遥感影像中地物的结构、形状和纹理信息表现得更加清楚和丰富,同时对于一些复杂的地物,光谱信息已难以区分目标间的变化,因而纹理信息特征的提取及相关算法性能分析越来越受到研究学者的重视。纹理特征信息已广泛应用于遥感影像的分类、分割和基于内容的检索系统中(Ruiz, et al, 2004; Solberg, 1999; Liu, et al, 2007)。纹理分析方法主要分为统计纹理分析方法、结构纹理分析方法以及基于数学变换的纹理分析方法。其中基于统计的纹理分析方法是遥感影像对象纹理分析最基本的一类方法。该方法考虑纹理中灰度级的空间分布,计算影像中每点的局部特征,从特征的分布中推导出一些统计量来刻画纹理,典型的基于统计的纹理分析方法有灰度共生矩阵法(Marceau, et al, 1990)、灰度-梯度共生矩阵、长游程法(Galloway, 1975)等算法。结构纹理分析方法主要有相关函数法(Tamura, et al, 1978)、Tamura 纹理(刘龙飞,等,2003)和分形纹理分析方法(赵建华,等,2004),其中自相关函数可用来表示纹理的粗糙或光滑;分形维数是分形纹理分析方法中重要度量指标,有 Hausdorff 维数、计盒维数(Box-counting)及量规维数,在遥感影像中通常采用量规维数来进行分维数的计算。基于人类对纹理的视觉感知的心理学的研究,Tamura 等人提出了纹理特征的表达,其纹理特征包括粗糙度、对比度、方向度、线相似度、规整度和粗略度等。而数学变换纹理分析方法主要有小波变换纹理、傅里叶变换纹理和 Gabor 小波变换纹理(Ruiz, et al, 2004)。Gabor 变换已被公认为是信号处理和图像表示的最好方法之一,广泛用于图像纹理特征的提取(Liu, et al, 2007)。Gabor 小波是将 Gabor 基函数经过移位、旋转和比例变换后得到的一组相似的 90°相移的 Gabor 函数(Manjunath, et al, 1996; Lau, et al, 2002)。

7.3.3 基于知识的遥感影像理解理论与方法研究进展

本小节我们将先给出遥感影像解译相关概念,再讨论遥感影像解译的发展历程,最后重点分析基于知识的遥感影像理解理论与方法。

1. 相关概念、定义

遥感影像解译是对遥感影像综合比较、分析、推理和判断,最后提取出各种地物目标信息的过程(杨桄,等,2004)。由于遥感自动解译中统计分类方法本质上有一定局限性,不能利用目标的多种特征、属性和其他特点获得知识,因此人们引入了影像理解思想。影像理解的根本任务是从遥感影像中认识和理解地球系统和地面信息,即利用计算机模拟人的视觉系统来解译遥感影像。按照 Rosenfeld 对遥感影像理解的定义,就是计算机利用具有一定含义的、符号化的描述来自动表达影像所含的内容,主要包括目标的识别、定位、重建和跟踪,以及影像定向和自动生成数字地面模型等处理过程。

目前遥感地学理解和分析研究的前沿是以遥感地学分析模型为支持,运用统计分析、神经计算、知识处理模型、地学优化等技术,对遥感信息、地学知识的相互作用进行综合运用,建立集成地学知识、地理信息和遥感信息等处理分析模型的智能化遥感影像地学理解与分析系统(骆剑承,等,2001)。地理信息系统、人工智能、图像理解、模式识别、人工神经网络、模糊集理论、生理和心理认知理论都已用于遥感自动解译中。基于知识的遥感影像解译系统是把知识划分为不同层次,按照知识层次融合,从神经网络和专家系统角度实现对遥感影像高层理解。

从图像工程的角度来看,图像理解是高层次的和基于符号的。理解还可以认为是一个匹配和推理过程。如果在遥感理解过程中引入知识,如相关的背景知识和人类经验,就可以模拟高层次视觉活动和逻辑判断,消除一部分信息的模糊性,并做出进一步推断和解释。在这里,知识指的是与遥感影像有关的特定领域知识,往往具有不确定性、可表示性和可利用性。知识所指的范围很广,但归纳起来可分为地学知识和专家知识。它一般针对的是有物理意义的对象,不能用于像素级的分析。知识往往放在综合数据库中。综合数据库又称为事实库、上下文、黑板等,它是一个用于存放问题求解过程中各种当前信息的数据结构,如问题的初始状态、原始数据、推理中得到的中间结论及最终结论(王永庆,1999)。

2. 遥感影像解译的发展历程

从20世纪70年代起,随着第一颗陆地卫星发射成功,人们就开始利用计算机进行卫星遥感图像的解译研究。最初主要采用目视解译,利用图像的影像波谱特征和空间特征(形状、大小、阴影、纹理、位置和布局等),与多种非遥感信息资料相组合,运用生物地学相关规律,进行由此及彼、由表及里、去伪存真的综合分析和逻辑推理的思维过程(濮静娟,1992)。这种方法的实质仍然是遥感影像目视判读,它依赖于影像解译人员的解译经验与水平,它在遥感图像解译方法上并没有新突破(秦其明,2000)。

20世纪80年代,主要是利用统计模式识别方法进行遥感影像计算机解译,如使用最大似然法对遥感影像数据进行分类,运用光谱特征,对多波段卫星影像进行分类,从中获取森林资源信息(Strahler,1980;秦其明,2000)。这种方法的特点是根据图像中的地物多光谱特征,对遥感影像中的地物进行分类。Swain(1985)评价了地球数据信息系统背景下遥感解译应用的技术,包括从光谱、时态和空间域提取信息的方法。Tailor等(1986)分析了当前遥感数据的机器解译方法后,引入了外部知识类型并讨论了使用外部知识的技术以改善遥感数据解译。

20世纪80年代后期,Goodenough(1988)与Ehlers等(1989)提出遥感与地理信息系统一体化的问题,这有助于推动地理信息系统与遥感影像自动解译系统的结合。在国内,一些研究者注意到,地理数据与遥感图像数据覆合,可以改变以往遥感数据的单一光谱信息结构,增加遥感图像数据的信息量。也有不少学者进行了地学专题数据与遥感数据覆合的工作,为遥感解译增加了辅助性的背景信息,提高了计算机解译精度。此外,在建立一个自动的遥感影像解译系统时,数据不确定性是一个引起某些主要困难的关键问题,人工智能技术提供了处理数据不确定性的一些方法,但也有限制。为了取得准确的解译,分析之前需要进行遥感数据的几何、大气校正等处理(Wang, et al, 1987)。在这一时期也开始出现了基于知识的遥感影像解译研究,比如解译航空影像需要丰富的场景知识,包括航摄飞机类型、市郊住宅发展、城区等在内的这些场景知识将有助于低层次的和中间层次的影像分析,并将通过约束对可靠的场景模型的搜索来驱动高层次的解译,还需要有特定工具来采集和表达大量的知识库。在解译系统中,为了解译航空影像,David等(1989)描述了一组交互式地获取场景要素和空间约束知识的工具,这些工具包括交互式的知识获取的用户接口、自动的知识编辑器和性能分析工具。

20世纪90年代研究遥感解译知识的获取、表达、搜索策略和推理机制,并将解译专家系统用于遥感图像解译的研究工作有较大的发展(杨桃,等,2004)。Venkateswar等(1990)提出了建立航空影像解译的一般框架,其中层次和结构化的场景知识常常用frames表达,通过利用生产规则指定了求解领域问题的知识,利用一个基于假定的真值维护系统(ATMS)说明了有效搜索问题。在这些理论指导下,开发了一个从航空影像中以层次方式探测建筑的系统:组织线段为顶点,再组织成为边界,用阴影分析做屋顶假设,所有这些元素都由frames表示并用ATMS搜索模式处理这个层次分组过程中的模糊性问题。Middelkoop等(1991)提出运用地物分类知识进行遥感影像分类,秦其明(1991)提出了基于专家知识实现卫星图像的目标地物的自动解译等。今天,计算机视觉应用常常要处理多种不确定的和不完整的视觉信息,为了以合理的代价达到可靠的结果,基于统计理论、Dempster-Shafer 证据理论和模糊集,Pinz 等(1996)引入"Active fusion"新方法以提供主动选择和综合不同来源的信息,并将此方法应用于多时相 Landsat 影像的农业区分类。Chaudhury 等(1996)描述了基于引擎的影像解译推理,推理模式假定根据局部和/或关系特征表达目标的领域知识,根据推断的目标,推理策略找到影像中特征检测的一个合理的和一致的解译,这样的推理系统适应于 2D 和 3D 目标识别、航空影像解译等不同类型影像解译问题。利用遥感数据进行地图更新是卫星数据处理与解译的一个重要的应用领域,地图数字化存储在 GIS 中并同时与影像一起浏览以允许交互更新,是现实世界高度抽象的表达,需要找到一种地图与影像内容的内在的表达以便于允许自动地对比两个不同产品。在地图引导影像解译过程中,基于定量的和空间推理原理,Brennan 和 Sowmya(1998)讨论了以定量方法表示地图与影像内容。

  来自不同传感器平台的不断增长的遥感影像需要有效的分析技术,这些工作的主要思想就是通过利用有关场景的先验知识自动解译多传感器、多时相的遥感影像,这些系统可以使用 GIS 的专题地图知识、传感器投影和场景目标的时态变化信息。利用语义网络明确地表达先验知识。在不同传感器中考虑到传感器的成像物理原理和目标的材料与表面特性,已研究通用概念,区别知识库中目标的语义与其视觉表达。这些专家的解译知识多是基于特定地区、特定时相的解译知识,其针对性很强,随着地域、时域的变化,一些知识往往随之失去效用,不能在运行过程中自我学习,实现解译知识的更新,因此基于知识和专家系统的解译方法在一定程度上可提高计算机解译精度,但还远未达到实用化阶段。

  21 世纪初,随着基于图像检索、计算机视觉和图像分析的进步,将有可能建立完整的算法和算子库,至少在理论上允许遥感或图像处理专家配置解决图像理解的复杂问题的应用,但是仍然以一种很费力的方式进行对地观测数据分析,于是 Datcu 和 Seidel(2005)提出了知识驱动的信息挖掘(Knowledge Driven Information Mining, KIM),这是以人为中心的概念(HCCs)下的一种先进的新型遥感图像处理系统,这样的系统允许改善特征提取、语义搜索、获取知识的可利用性,交互知识发现和新的用户接口。Madhok 和 Landgrebe(2002)引入了基于协同人机交互的遥感数据分析的过程模型以解决复杂图像理解任务。Bückner 等(2002)利用语义网模拟场景先验知识,从而将先验知识引入到遥感影像解译过程中。Sester(2000)指出为了有效地自动处理不断增长的数字化数据,其中一个关键的问题就是以自动的方式利用基于知识的系统来解译和操作这些数据,而这些数据的解译需要相关的知识。但是在自动处理中提供必要的知识是一个瓶颈,为此描述了半自动知识获取的方法,其中通过利用非监督的机器学习,从已知事例数据可以获取知识。Bückner 等(2002)提出了利用结构的和整体的方法来进行目标识别与场景理解,用整体方法提取和描述线、边界等简单基元以及街道、建筑等复杂的基元,而结构依赖关系直接表示为语义网络。Straub 等(2003)引入了一个基于知识的影像解译系统(GeoAida),提出了基于关系邻近图的一般组算法来确定建筑排列,并给出了从航空影像中提取树的影像操作算子的例子。Narayanan 和 Davis(2006)为航空影像基于模型的解译在注意聚焦后提出了一种并行搜索模式,从窗口中生成候选目标作为其连接综合的部分,通过检测从区域计算的参数是否满足模型约束,将每个候选目标与模型进行匹配。在道路跟踪半自动影像解译系统研究中,Zhou 等(2007)通过检验几个知识转移模型,研究了人的输入对影像解译的影响,验证了解译系统的性能不仅依赖于知识转移模式,也依赖于用户输入,指出了研发用户自适应的影像解译系统,利用用户与计算机间的交互作用适应和更新解译算法的重要性。

从本质上看,目前的智能化处理方法还是从传统的基于像素角度来理解遥感影像的,这种方式存在如下缺陷。

① 只能反映单个像元的光谱特征,无法从整体上理解其特点。

② 基于单个像元的统计分析不能表达认识论方面的基本概念,也就难以从地理学和景观生态学方面来考虑(Blaschke and Hay, 2001)。

Blaschke and Hay 还指出遥感影像的分析应该从语义角度出发,即对影像中有意义的单元及其它们之间的关系来理解,而不是仅仅基于独立的像元。Lobo 等(1996)、Hellwich 等(2000)和 Aplin 等(2001)采用"每地块"或"每斑块"对遥感影像进行分类,其中"地块"、"斑块"即是同质地表图斑,这样的分类结果更容易理解。结果表明,一般来说,对于中高分辨率遥感影像,基于单元的方法比基于像元的方法有更好的结果。

3. 基于知识的遥感影像理解理论与方法

地球系统是复杂的巨系统,地面信息是海量的、多维的,而遥感影像是简化的二维数据,人们对遥感影像中信息往往认识不足,对地学空间分析和过程演绎往往是模糊的、多义的;另一方面,当今遥感影像处理与应用还远远落后于遥感获取技术的发展水平。尤其突出的是我们很难面向各种应用,从遥感影像中快速、自动地获得各种地学信息并实现向地学知识的转换,导致高成本获取的遥感数据大量闲置。因此遥感信息的自动获取、判别、理解和分析已成了当前遥感应用的热点和难点(薛重生和徐凯,2002)。

在基于知识的遥感影像理解模型框架中,影像的高层处理是遥感影像理解的核心层次,它是在特征单元的基础上,把不同层次的知识加入高层的影像分析理解中去。首先利用地物特征描述库中的视觉知识浅层理解基于特征描述的空间单元,得到各个空间单元所属的地物类型;以浅层视觉理解为基础,根据经验以及环境信息的不确定性和模糊性等,设计一系列的符号规则及其相应的置信度,再根据 GIS 等辅助数据,利用基于规则的环境知识推理,可以得到某一特征对象对某一类地物的置信度;利用贝叶斯推理或证据推理将同一对象单元的视觉知识和环境知识组合,以得到准确的单个地物信息提取和理解结果(骆剑承,等,2001)。

近年来,基于知识的光谱特征遥感信息模型得到了快速发展,将知识作为分类的辅助信息参与分类,建立基于知识的遥感影像分类方法,可有效地提高分类精度。现有的各种智能计算方法在遥感影像理解中已得到广泛应用,大多数基于知识的遥感影像处理方法都是采用符号化的表示和推理的方式,如语义网络和逻辑规则;而对智能化的影像分析理解方法,如人工神经网络,对知识的表达采用的是一种隐式方式,这就使得很难将以符号规则等方式表示的领域知识融合到以人工神经网络为代表的智能计算方法中去,而且也很难从这些以隐式方式表达知识的智能计算方法模型中获取和挖掘易于理解的知识(郑江,等,2003)。

作为连接主义的神经网络和作为符号主义的专家系统构成了人工智能中的两大分支,各有所长,结合起来可以分为基于神经网络的专家系统、基于专家系统的神经网络和两者对等的模型三种模式,并利用这些模式来智能化理解遥感影像(王永庆,1999)。此外地理专家系统是由地理信息系统与专家系统组成的。由于地理知识具有宏观性、层次性、动态性、不确定性和复杂性等特点,单纯的地理专家系统只能表达简单知识,推理方法单一,对复杂地理知识表达不够完整,对某些地理问题没有相应的地学信息机理来解释,因此目前也出现了构造地理智能体(GeoAgent)与地理神经网络专家系统、地理专家系统与空间数据挖掘技术集成以及地理专家系统与地理模型库集成等发展趋势(王静,等,2003)。

基于神经网络的知识处理也可以理解为基于知识的神经网络,涉及其知识的表达、获取、推理是相互独立的。知识的表示架构决定着知识获取及其推理的实现方式,专家系统采用知识的显式表示,而基于神经网络采用隐式的知识表示,将知识模型化形式化,即将遥感问题的若干知识在同一网络中表示,像 McKeown(1987)的 SPAM、Matsuyama and Hwang(1985)的 SIGMA 以及倪玲等(1997)开发的智能化遥感影像分析理解系统形式上都是基于符号知识处理的专家系统。这对于遥感影像中一些与人类视觉相关的特性的认知和理解存在很多不足。因此,这些基于符号人工智能实现的影像分析理解系统在实际中的应用还十分局限;而基于专家系统的神经网络,则以专家系统为主,以神经网络作为辅助。知识获取是传统专家系统构造的瓶颈,而学习恰是神经网络的特长,因此把神经网络用于知识获取可以由遥感解译中的具体案例自动获取知识,在推理中还可以运用并行推理技术以提高推理效率(王永庆,1999)。

基于智能计算模型和知识处理的遥感影像理解包括松散型集成和紧密型集成两个层次(骆剑承,等,2001),其中在当前流行的松散型集成结构中,智能计算模型与知识处理模型之间相互独立,地学知识作为神经网络的输入直接处理,在知识处理模型中通过串行连接进行逻辑判断和模型验证。Murai 和 Omatu(1997)就是把神经网络中得到的遥感影像分类结果中的误差通过知识系统进行校正。但是在知识处理本质上看,这种集成方式并没有很好地利用神经网络的并行处理自组织、自学习特性,知识处理模块知识作为一个算法,提供了一种非参数分类器的功能。而紧密型集成结构就能很好地利用神经网络的特性实现分布式处理、并行联想等知识处理功能,形成相应专家系统。

在这些模式中,都要涉及知识的表示、获取与推理。基于神经网络的知识获取、知识表示与知识推理是基于知识的遥感影像理解的重要研究内容,其中知识的获取与表示是推理的基础。从神经网络中提取符号知识将有助于理解,基于神经网络的知识获取目前侧重于如何提取符号规则(郑江,等,2003)。此外需要将获取相应的知识信息转化为可理解的形式。知识可以模型化、形式化,知识的表示方法一般可分为局部表示法和分布式表示法,分布式表示法又可以分为模块化分布式表示和全局分布式表示(Browne and Sun,2001)。但是符号规则难以融合进去,也很难从这些模型中获取挖掘易于理解的知识(Leung,1997)。而基于神经网络的知识推理是一种非线性的数值计算过程,可以将问题变为特定的输入模式,通过计算可得特定的输出模式,以实现问题的推理求解,这种推理是一种自适应的方式(王永庆,1999)。

目前大多数研究都是把知识应用于后期处理,基于知识的遥感影像理解也正逐步走向更深层次的应用,甚至能在缺乏一些基本信息如缺乏地面控制点的情况下稳健地应用。这些技术已经在很多领域取得了丰硕的成果,其应用还在多方位深层次展开,基于知识的遥感影像理解理论研究必然有较大突破。

7.4 小 结

分析和理解海量的遥感影像数据是高度复杂的任务,没有新的概念、理论、方法和新技术支持,将阻碍系统地应用对地观测数据。

理解影像各种信息内容是遥感影像解译的关键问题之一,但是图像信息内容仍然是定义不清楚的、模糊的概念。早期的解译系统缺少综合不同图像处理结果或信息的能力,遥感影像数据的理解是低层次信息和高层次信息处理流的相互影响,但是这种影响至今未能得到很好的定义。遥感影像解译离不开场景所固有的各种先验知识、GIS 信息等,但是这类信息、知识与遥感影像低层次特征信息之间如何更好地表达与整合,实现我们对解译目标的全新认识,至今仍然没有得到很好解决。

在遥感与地学分析领域,随着高空间、高光谱、高时间遥感影像数据获取能力的大大增强,海量遥感影像处理、分析与解译已经向着精确化、网格化、自动化和智能化方向发展。在遥感智能解译中,图像处理、计算机视觉、模式识别、人工智能、神经网络、认知科学、心理学等多学科交叉与融合,将会不断涌现出各种新思想、新概念、新理论、新技术,为此我们应该深入挖掘遥感影像自身的特征,加强面向遥感影像解译的影像信息内容描述研究;基于协同人机交互作用的过程模型解决复杂的遥感影像解译;综合多种遥感影像处理算法及其相关结果的影像解译方法;研究遥感影像集多种低层次特征、高层次特征、多种先验知识于一体的遥感影像认知模型也将成为新的研究趋势。我们有理由相信,假以时日,将逐步形成遥感影像智能解译理论体系,一个真正实用的遥感影像解译系统将会出现,遥感对地观测技术也必将极大地造福全人类。

参 考 文 献

D. Marr. 姚国正,刘磊,王云九,译.1988.视觉计算理论[M].北京:科学出版社.
史忠植,余志华.1990.认知科学和计算机[M].北京:科学普及出版社.
濮静娟.1992.遥感图像目视解译原理与方法[M].北京:科学技术出版社.
倪玲,舒宁.1997.遥感图像专家系统中面向对象的知识表示[J].武汉测绘科技大学学报,22(1):32-34.
王永庆.1999.人工智能原理与方法[M].西安:西安交通大学出版社.
骆剑承.2000.遥感影像智能图解及其地学认知问题探索[J].地理科学进展,19(4):289-296.
秦其明.2000.遥感图像自动解译面临的问题与解决的途径[J].测绘科学,25(2):21-24.
李德仁,李清泉,陈晓玲,等.2001.信息新视觉——悄然崛起的地球空间信息学[M].武汉:湖北教育出版社.
骆剑承,周成虎.2001.遥感影像生理认知概念模型和方法体系[J].遥感技术与应用,16(2):103-109.
薛重生,徐凯.2002.遥感影像中地学信息理解和分析的智能化研究[J].地学前缘,9(3):13-13.
王静,刘湘南.2003.地理专家系统的应用现状及发展趋势综述[J].地理与地理信息科学,19(6):11-15.
刘龙飞,陈云浩,李京.2003.遥感影像纹理分析方法综述与展望[J].遥感技术与应用,18(6):442-443.
郑江,骆剑承,陈秋晓,蔡少华,鲁学军,沈占锋,孙庆辉.2003.遥感影像理解智能化系统与模型集成方法[J].地球信息科学,5(1):95-102.
杨桄,刘湘南.2004.遥感影像解译的研究现状和发展趋势[J].国土资源遥感,(2):7-10,15.
赵建华,杨树锋,陈汉林.2004.基于分形纹理的遥感图像岩性识别方法[J].遥感信息,(2):2-4.
张鹏,王润生.2005.基于视觉注意的遥感图像分析方法[J].电子与信息学报,27(12):1855-1860.
杨桄,张柏,王宗明,宋开山.2006.基于多源信息空间的遥感影像自动解译研究[J].东北师大学报(自然科学版),38(1):131-135.
秦其明.1991.一类基于知识制导的遥感图像自动识别[M]//中国博士后论文集(第四集).北京:北京大学出版社,540-547.
Hebb, D. O. . 1949. *The Organization of Behavior*, New York: John Wiley.
Feigenbaum E A. 1959. An information processing theory of verbal learning, Santa Monica: The RAND

Corporation.

Neisser U. 1967. Cognitive Psychology, Appleton-Century-Crofts, New York.

Schneider G E. 1969. Two visual systems, *Science*, 163: 895-902.

Reber A S. 1967. Implicit learning of artificial grammars, *Journal of Verbal Learning and Verbal Behavior*, 6: 855-863.

Ingle, D. J., 1973, Two visual systems in the frog, *Science*, 181(1175): 1053-1055.

Anderson, J. R. and Bower, G. H., 1973, Human associative memory, Washington, DC: Winston & Sons.

Baddeley, A. D. and Hitch, G. J., 1974, Working memory, in G. A. Bower (Ed.), *Recent Advances in Learning and Motivation*, 8: 47-90.

Galloway, M. M., 1975, Texture analysis using grey level run lengths, *Computer Graphics and Image Processing*, 4: 172-179.

Hartigan, J. A., 1975, Clustering algorithms, John Wiley Sons.

Anderson, J., 1976, Language, memory and thought, Hillsdale, NJ: Erlbaum Associates.

Tamura, H., Mori, S. and Yamawaki, T., 1978, Texture features corresponding to visual perception, *IEEE Transactions on Systems, Man, and Cybernetics*, 18(6): 460-473.

Langley, P. W., 1978, BACON1: A general discovery system, *Proceedings of the Second National Conference of the Canadian Society for Computational Studies of Intelligence*, 173-180.

Treisman, A. M. and Gelade, G., 1980, A feature-integration theory of attention, *Cognitive Psychology*, 12(1): 97-136.

Norman, D., 1980, Twelve issues for cognitive science, *Cognitive Science*, 4:1-32.

Strahler, A. H., 1980, The use of prior probabilities in maximum-likelihood classification of remotely sensed data, Remote Sensing of Environment, 10:135-163.

Chen, L., 1981, Perceptual organization, Hillsdale, NJ: Lawrence Erlbaum Associates, Inc.

Bridgeman, B., Kirsch, M. and Sperling, A., 1981, Segregation of cognitive and motor aspects of visual function using induced motion, *Perception and Psychophysics*, 29: 336-342.

Bridgeman, B., Kirsch, M. and Sperling, A., 1981, Segregation of cognitive and motor aspects of visual function using induced motion, *Perception and Psychophysics*, 29: 336-342.

Feldman, J. A. and Ballard, D. H., 1982, Connectionist models and their properties, *Cognitive Science*, 6: 205-254.

Ungerleider, L. G. and Mishkin, M., 1982, Two cortical visual systems, In D. J. Ingle, M. A. Goodale, and R. J. W. Mansfield (Eds.), Analysis of visual behavior, Cambridge, MA: MIT Press.

Kohonen, T., 1982, Self-organized formation of topologically correct feature maps, *Biological Cybernetics*, 43:59-69.

Marr, D., 1982, *Vision: a Computational Investigation into the Human Representation and Processing of Visual Information*, New York.

Witkin, A. P. and Tenenbaum, J. M., 1983, *On the Role of Structure in Vision*, In J. Beck, B. Hope, & A. Rosenfeld (Eds.), Human And Machine Vision.

Amari S., 1985, Differential-geometrical methods in statistics, *Lecture Notes in Statistics*, Springer, New York, 28.

Treisman, A., 1985, Preattentive processing in vision, *Computer Vision, Graphics and Image Processing*, 31(2): 156-177.

Lowe, D., 1985, *Perceptual Organization and Visual Recognition*, The Netherlands, Kluwer Academic Publishers.

Swain, P. H., 1985, Advanced interpretation techniques for earth data information systems, *Proceedings of the IEEE*, 73(6): 1031-1039.

Matsuyama, T. and Hwang, V., 1985. SIGMA: a framework for image understanding-integration of bottom-up and top-down analyses. *Proceeding IJCAI* 1985: 908-915.

Tailor, A., Cross, A., Hogg, D. and Mason, D., 1986, Knowledge-Based interpretation of remotely sensed images, *Image and Vision Computing*, 4(2): 67-83.

Bruce V. and Young A., 1986, Understanding face recognition, *Britain Journal of Psychology*, 77: 305-327.

Pentland, A. P., 1986, Perceptual organization and the representation of natural form, *Artificial Intelligence*, 28(3): 293-331.

Laird, J. E., Newell, A. and Rosenbloom, P. S., 1987, Soar: an architecture for general intelligence. *Articial Intelligence*, 33(1): 1-64.

Wang, F. J. and Newkirk, R., 1987, Data correction for automated remote sensing image interpretation, IGARSS '87 - *International Geosciences and Remote Sensing Symposium*, Ann Arbor, MI; United States, 909-912,198.

McKeown, D. M.,1987, The role of artificial intelligence in the integration of remotely sensed data with geographic information systems, *IEEE Transactions on Geosciences and Remote Sensing*, 25 (3): 330-348.

M. Kass, A. W. and Terzopoulos, D., 1988, Snakes: active contour model, *International Journal of Computer Vision*, 1(4): 321-331.

Wallace, A. M., 1988, A comparison of approaches to high-level image interpretation, *Pattern Recognition*, 21(3): 241-259.

Goodenough, D. G., 1988, Thematic mapper and Spot integration with a geographic information system, *Photogrammetric Engineering and Remote Sensing*, 54(2): 167-176.

Draper, B. A., Brolio, J., Collins, R. T., Hanson, A. R. and Riseman, E. M., 1988, Image interpretation by distributed cooperative processes, *Computer Vision and Pattern Recognition*, Proceedings CVPR '88., Computer Society Conference on, 129-135.

David Mm McKeown, Jr., Harvey, Wilson A. and Wixson, Lambert E., 1989, Automating knowledge acquisition for aerial image interpretation, *Computer Vision, Graphics, and Image Processing*, 46(1): 37-81.

Weems, C. C., Levitan, S. P., Hanson, A. R., Riseman, E. M., Shu, D. B. and Nash, J. G., 1989, The image understanding architecture, *International Journal of Computer Vision*, 2(3): 251-282.

Li, H. J., Farhat, N. H., Shen, Y. and Werner, C. L., 1989, Image understanding and interpretation in microwave diversityimaging, *IEEE Transactions on Antennas and Propagation*, 37(8): 1048-1057.

Reiter, R. and Mackworth, A. K., 1989, A logical framework for depiction and image interpretation, *Artificial Intelligence*, 41(2): 125-155.

Ehlers, M., et al, 1989, Integration of remote sensing with geographic information system: a necessary evolution, *Photogrammetric Engineer and Remote Sensing*, 55(11): 1619-1627.

Draper, B. A., Collins, R., Broglio, J., Hanson, A. and Riseman, E., 1989, The schema system, *International Journal of Computer Vision*, 2: 209-250.

Marceau D. J, Howarth, P. J., Dubois, J. M and Gratton, D. J, 1990, Evaluation of the grey-level co-occurrence matrix method for land-cover classification using Spot imagery, *IEEE Transactions on Geosciences and Remote Sensing*, 28(4): 513-519.

Truve, S., 1990, Image interpretation using multi-relational grammars, *Computer Vision*,. Proceedings, Third International Conference on Publication Date: 146-155.

Tsotsos, J. K., 1990, Analyzing vision at the complexity level, *Behavioral and Brain Sciences*, 13:423-469.

Venkateswar, V. and Chellappa, R., 1990, A framework for interpretation of aerial images, *Pattern Recognition*, Proceedings, 10th International Conference on: 204-206.

Wang, F., 1990, Fuzzy supervised classification of remote sensing images, *IEEE Transactions on Geosciences and Remote Sensing*, 28(2): 194-201.

Haken H., 1991, *Synergetic Computers and Cognition*, Springer, Berlin.

Cohen, L. D., 1991, On active contour models and balloons, *CVGIP: Image Understanding*, 53(2):211-218.

Marefat, M. and Kashyap, R. L., 1991, Image interpretation and object recognition in manufacturing, *IEEE Control Systems Magazine*, 11(5): 8-17.

Middelkoop, H. and Janssen, L. F., 1991, Implementation of temporal relationship in know ledge based classification of satellite image, *Photogrammetric Engineer and Remote Sensing*, 17(7): 937-945.

Zachary, W. W. and Ross, L., 1991, Enhancing human-computer interaction through use of embedded COGNET models, *Proceedings of the Human Factors Society 35th Annual Meeting*, 425-429.

Chu, C. C. and Aggarwal, J. K., 1992, Image interpretation using multiple sensing modalities, *IEEE Transactions on Pattern Analysis and Machine Intelligence*, 14(8): 840-847.

Foresti, G. L., Murino, V., Regazzoni, C. S. and Vernazza, G., 1993, Distributed spatial reasoning for multisensory image interpretation, *Signal Processing*, 32(1-2): 217-255.

Wai, W. Y. K. and Tsotsos, J. K., 1994, Directing attention to onset and offset of image events for eye-head movement control, *Proceedings of IEEE Workshop Visual Behavior*: 274-279.

Adams, L. B., 1994, Seeded region growing, *IEEE Transactions on Pattern Analysis and Machine Intelligence*, 16(6): 641-647.

Milner, A. D. and Goodale, M. A., 1995, *The Visual Brain in Action*, Oxford: Oxford University Press.

Niebur E., Itti, L. and Koch, C., 1995, Modeling the "where" visual pathway, *In Proceedings of 2nd Joint Symposium on Neural Computation Caltech-UCSD*, Sejnowski, T. J. (Ed.), Institute for Neural Computation, La Jolla.

Gentner, D. and Forbus, K. D., 1995, MAC/FAC: a model of similarity-based retrieval, *Cognitive Science*, 19(2): 141-205.

Cortes, C. and Vapnik, V., 1995, *Support-Vector Networks*, Machine Learning.

Tsotsos, J. K., Culhane, S. M., Winky, Y. K. W., Yuzhong, L., Davis, N. and Nuflo, F., 1995, Modeling visual attentionvia selective tuning, *Artificial Intelligence*, 78(1): 507-545.

Deutsch, S. E., Cramer, N. L. and Feehrer, C. E., 1995, *Research development, training and evaluation (RDT&E) support: operator model architecture*, Final Report. (AL/HR-TR-1995-0018). Wright-Patterson AFB, OH: Armstrong Laboratory, Logistics Research Division.

Wolfe, J. M. and Gancarz, G., 1996, Guided search 3.0: a model of visual search catches up with Jay Enoch 40 years later, *Basic and Clinical Applications of Vision Science*, Kluwer Academic Netherlands, 189-192.

Manjunath, B. S. and Ma, W. Y., 1996, Texture features for browsing and retrieval of image data, *IEEE Transactions on Pattern Analysis and Machine Intelligence*, 18(8): 837-842.

Lobo, A., Chic, O. and Casterad, A., 1996, Classification of mediterranean crops with multisensor data: per-Pixel versus per-object statistics and image segmentation, *International Journal of Remote Sensing*, 17: 2358-2400.

Draper, B. A., Hanson, A. R. and Riseman, E. M., 1996, Knowledge-directed vision: control, learning, and integration, *Proceedings of the IEEE*, 84(11): 1625-1637.

Kumar, V. R. and Desai, U. B., 1996, Image interpretation using bayesian networks, *IEEE Transactions on Pattern Analysis and Machine Intelligence*, 18(1): 74-77.

Caelli, T. and Bischof, W. F., 1996, Machine learning paradigms for pattern recognition and image understanding, *Spatial Vision*, 10(1): 87-103.

Herrmann, D. and Pickle, L. W., 1996, A cognitive subtask model of statistical map reading, Visual Cognition, 3(2): 165-190.

Pinz, A., Prantl, M., Ganster, H. and Borotschnig, H. K., 1996, Active fusion—a new method applied to remote sensing image interpretation, *Pattern Recognition Letters*, 17(13): 1349-1359.

Chaudhury, S., Gupta, A., Parthasarathy, G. and Subramanian, S., 1996, An abductive reasoning based image interpretation system, *International Journal of Pattern Recognition and Artificial Intelligence*, 10(6): 613-641.

Rao, R. P. N., Zelinsky, G. J., Hayhoe, M. M. and Ballard, D. H., 1996, Modeling saccadic targeting in visual search, *Advances in Neural Information Processing Systems*, 8: 830-836. Cambridge, MA: MIT Press.

Murai, H. and Omatu, S., 1997, Remote sensing image analysis using a neural network and knowledge-based processing, *International Journal of Remote Sensing*, 18(4): 811-828.

Bruzzone, L. and Serpico, S. B., 1997, Classification of imbalanced remote-sensing data by neural networks, *Pattern Recognition Letters*, 18(11-13): 1323-1328.

Leung, Y., 1997, *Intelligent Spatial Decision Support System*, Heidelberg, Springer.

Caelli, T. and Bischof, W. F., 1997, The role of machine learning in building image interpretation systems, *International Journal of Pattern Recognition and Artificial Intelligence*, 11(1): 143-168.

Sun R., 1997, Learning, action, and consciousness: a hybrid approach towards modeling consciousness, *Neural Networks*, 10(7): 1317-1331.

Kieras, D. E. and Meyer, D. E., 1997, An overview of the EPIC architecture for cognition and performance with application to human-computer interaction, *Human-Computer Interaction*, 12: 391-438.

Shi, Z. Z., Zhang, J. and Liu, J., 1998, Neural field fheory-a framework of neural, *Information Processing Neural Network and Brain Proceedings*, 421-424.

Haris, K., Efstratiadis, N. E., Maglaveras, N. and Katsaggelos, A. K., 1998, Hybrid image segmentation using watersheds and fast region merging, *IEEE Transactions on Image Processing*, 7(12): 1684-1699.

Bradley, P. S., Mangasarian, O. L., 1998, Massive data discrimination via linear support vector machines, *Technical Report* 98-05, Madison, WI: Univ. of Winsconsin.

Burges, C. J. C., 1998, A tutorial on support vector machines for pattern recognition, *Data Mining and Knowledge Discovery*, 2(2): 121-167.

Brennan, J. and Sowmya, A., 1998, Satellite image interpretation using spatial Reasoning, http://citeseer.ist.psu.edu/257462.html.

Lai, A. H. and Yung, H. C., 1998, Segmentation of color images based on the gravitational, clustering concept, *Optical Engineering*, 37(3): 989-1000.

Gorte, B. and Stein, A., 1998, Bayesian classification and class area estimation of satellite images using stratification, *IEEE Transactions on Geosciences and Remote Sensing*, 36(3): 803-812.

Wilson, R., Meulemans, P., Calway, A. and Kruger, S., 1998, Image sequence analysis and segmentation using G-blobs, *In IEEE International Conference on Image Processing*, 483-487.

Itti, L., Koch, C. and Niebur, E., 1998, A model of saliency-based visual attention for rapid scene analysis, *IEEE Transactions on Pattern Analysis and Machine Intelligence*, 20(11): 1254-1259.

Roland Wilson, Peter Meulemans, Andrew Calway and Stefan Kruger, 1998, Image Sequence Analysis and Segmentation Using G-blobs, in IEEE International Conference on Image Processing, 483-487.

Breazeal, C. and Scassellati, B., 1999, A Context-Dependent Attention System for a Social Robot, In Proceedings of the Sixteenth international Joint Conference on Artificial Intelligence, San Francisco, CA, T. Dean (Ed.), Morgan Kaufmann Publishers.

Solberg, A. S., 1999, Contextual data fusion applied to forest map revision, *IEEE Transactions on Geosciences and Remote Sensing*, 37(3): 1234-1243.

Goldenberg, R.; Kimmel, R.; Rivlin, E.; Rudzsky, M., 2000, Fast Active Object Tracking in Color Video, Page(s): 101-104, The 21st IEEE Convention of the Electrical and Electronic Eng, in Israel.

Iannizzotto, G., Vita, L., 2000, Fast and Accurate Edge-Based Segmentation with no Contour Smoothingin 2-D Real Images, IEEE Transactions on Image Processing, 9(7): 1232-1237.

Brejl, M. and Sonka, M., 2000, Object localization and border detection criteria design in edge-based image segmentation: automated learning from examples, *IEEE Transactions on Medical Imaging*, 19(10): 973-985.

Ma, W. Y. and Manjunath, B. S., 2000, Edge flow: a technique for boundary detection and image segmentation, *IEEE Transactions on Image Processing*, 9(8): 1375-1388.

Zhou, X. S. and Huang, T. S., 2000, CBIR: from low-level features to high level semantics, *Proceedings of the SPIE Image and Video Communication and Processing*, San Jose: 426-431.

Hellwich, O. and Wiedemann, C., 2000, Object extraction from high-resolution multisensor image data, *The 3rd International Conference on Fusion of Earth Data*, Sophia Antipolis, 26-28 January: 105-115.

Caelli, T., 2000, Learning paradigms for image interpretation, *Spatial Vision*, 13(2-3): 305-313.

Sester, M., 2000, Knowledge acquisition for the automatic interpretation of spatial data, *International Journal of Geographical Information Science*, 14(1):1-24.

Ortiz, A., Simó, M. and Oliver, G., 2000, Image sequence analysis for real-time underwater cable tracking, *The Fifth IEEE Workshop on Applications of Computer Vision*, Palm Springs: 230-236.

Kadir, T. and Brady, M., 2001, Saliency, scale and image description, *International Journal of Computer Vision*, 45(2): 83-105.

Itti, L. and Koch, C., 2001a, Computation modeling of visual attention, *Nature Reviews Neuroscience*, 2(3): 194-230.

Itti, L. and Koch, C., 2001b, Feature combination strategies for saliency based visual attention systems, *Journal of Electronic Imaging* 10(1):161-169.

Goldenberg, R., Kimmel, R., Rivlin, E. and Rudzsky, M., 2001, Fast geodesic active contours, *IEEE Transactions On Image Processing*, 10(10):1467-1475.

Stentiford, F. W. M., 2001, An evolutionary programming approach to the simulation of visual attention, *IEEE Congress on Evolutionary Computation*, 2(1): 851-858.

Sappa, A. D. and Devy, M., 2001, Fast range image segmentation by an edge detection strategy, *Proc. IEEE Conf. 3D Digital Imaging and Modeling*: 292-299.

Perner P., 2001, Why case-based reasoning is attractive for image interpretation, *Lecture Notes in Computer Science*, 2080: 27-43.

Aplin, P. and Atkinson, P. M., 2001, Sub-pixel land cover mapping for per-field classification, *International Journal of Remote Sensing*, 22(14): 2853-2858.

Deco, G. and Zih, J., 2001, Top-down selective visual attention, a neurodynamical approach, *Visual Cognition*, 8(1): 118-139.

Yee, H., Pattanaik, S. and Greenberg, D. P., 2001, Spatiotemporal sensitivity and visual attention for efficient rendering of dynamic environments, *ACM Transactions on Graphics*, 20(1): 39-65.

Zhang, D. S. and Lu, G. J., 2001, A comparison of shape retrieval using fourier descriptors and short-time fourier descriptors, *IEEE Pacific Rim Conference on Multimedia*, Beijing: 855-860.

Browne, A. and Sun, R., 2001, Connectionist inference models, *Neura Networks*, 14(6): 1331-1355.

Sethi, I. K. and Coman, I. L., 2001, Mining association rules between low-level, image features and high-level concepts, *Proceedings of the SPIE Data Mining and Knowledge Discovery*, III: 279-290.

Blaschke, T. and Hay, G., 2001, Object-oriented image analysis and scale-space: theory and methods for modeling and evaluating multiscale landscape structures, *International Archives of Photogrammetry and Remote Sensing*, 34, part 4/W 5: 22-291.

Zhang, C. and Chen, T., 2002, From low level features to high level semantics, http://amp.ece.cmu.edu/Publication/Cha/chapter27.pdf, Chapter 27: 1-14.

Boccignone, G., Mario, F. and Caelli, T., 2002, Generalized spatio-chromatic diffusion, *IEEE Transactionsons on Pattern Analysis and Machine Intelligence*, 24(10): 1298-1309.

Lau, H. F. and Levine, M. D., 2002, Finding a small number of regions in an image using low-level features, *Pattern Recognition*, 35(10): 2323-2339.

Parkhurst, D., Law, K., and Niebur, E., 2002, Modeling the role of salience in the allocation of overt visual attention, *Vision Research*, 42(1): 107-123.

Salah, A. A., Alpaydin, E. and Akarun, L., 2002, A selective attention based method for visual pattern recognition with application to handwritten digit recognition and face recognition, *IEEE Transactions on Pattern Analysis and Machine Intelligence*, 24(3): 420-425.

Wheeler, M. E. and Treisman, A. M., 2002, Binding in short-term visual memory, *Journal of Experimental Psychology: General*, 131(1): 48-64.

Schwaninger, A., 2002, Visual cognition and airport security, *Airport*, 3: 20-21.

Madhok, V. and Landgrebe, D. A., 2002, A process model for remote sensing data analysis, *IEEE Transaction on Geoscience and Remote Sensing*, 40(3): 680-686.

Bückner, J., Pahl, M., Stahlhut, O. and Liedtke, C. E., 2002, A knowledge-based system for context dependent evaluation of remote sensing data, *Lecture Notes in Computer Science*, 2449: 58-65.

Yu, Z. Y. and Bajaj, C., 2002, Image segmentation using gradient vector diffusion and region merging, http://citeseer.ist.psu.edu/575357.html.

Yao, H. and Li, C. Y., 2002, Clustered organization of neurons with similar extra-receptive field properties in the primary visual cortex, *Neuron*, 35(3): 547-553.

Straub, B. M., Gerke, M. and Pahl, M., 2003, Automatic mapping of settlement areas using a knowledge-based image interpretation system, *Lecture Notes in Computer Science*, 2626: 355-364.

Sumengen, B., Manjunath, B. S. and Kenney, C., 2003, Image segmentation using multi-region stability and edge strength, http://www-iplab.ece.ucsb.edu/publications/03ICIPBaris.htm.

Itti, L., Dhavale, N. and Pighin, F., 2003, Realistic avatar eye and head animation using a neurobiological model of visual attention, *Proceedings of the SPIE 48th Annual International Symposium on Optical Science and Technology*, Bellingham: 64-78.

Luo, J. C., Zheng, J., Leung, Y. and Zhou, C. H., 2003, A knowledge-integrated stepwise optimization model for feature mining in remotely sensed images, *International Journal of Remote Sensing*, 24(33): 4661-4680.

Balkenius, C., Eriksson, A. P., and Astrom, K., 2004, Learning in visual attention, *Learning for Adaptable Visual Systems*, St Catharine's College, Cambridge, UK, unpaginated CDROM.

Gitas, I. Z., Mitri G. H. and Ventura, G., 2004, Object-based image classification for burned area mapping of creus cape, Spain, using NOAA-AVHRR imagery, *Remote Sensing of Environment*, 92(3): 409-413.

Ouerhani, N., Von Wartburg, R., Hugli, H., and Muri, R. M., 2004, Empirical validation of the saliency-based model of visual attention, *Electronic Letters on Computer Vision and Image Analysis*, 3(1): 13-24.

Benz, U. C., Hoffmann P., Willhauck, G., Lingenfelder, I. and Heynen, M., 2004, Multi-resolution object-oriented fuzzy analysis of remote sensing data for GIS-ready information, *ISPRS Journal of Photogrammetry and Remote Sensing*, 58: 239-258.

Ruiz, L. A., Fdez-Sarría, A. and Recio, J. A., 2004, Texture feature extraction for classification of remote sensing data using wavelet decomposition: a comparative study, http://www.isprs.org/istanbul2004/comm4/papers/508.pdf.

Delvenne, J. F. and Bruyer, R., 2004, Does visual short-term memory store bound features?, *Visual Cognition*, 11(1): 1-27.

Walter, V., 2004, Object-based classification of remote sensing data for change detection, *ISPRS Journal of Photogrammetry and Remote Sensing*, 58(3-4): 225-238.

Chung, R. H. Y., Yung, N. H. C., Cheung, P. Y. S., 2005, An efficient parameterless quadrilateral-based image segmentation method, *IEEE Transactions on Pattern Analysis and Machine Intelligence*, 27(9): 1446-1458.

Diamant, E., 2005, Paving the way for image understanding: a new kind of image decomposition is desired, *Lecture Notes in Computer Science*, 3540: 17-24.

Garibotto, G. and Cibei, C., 2005, 3D scene analysis by real-time stereovision, *Proceedings of the 2005 IEEE International Conference on Image Processing*, 2: 105-112.

Itti, L., 2005, Quantifying the contribution of low-level saliency to human eye movements in dynamic scenes, *Visual Cognition*, 12(6): 1093-1123.

Tatler, B. W., Baddeley, R. J., and Gilchrist, I. D., 2005, Visual correlates of fixation selection: effects of scale and time, *Vision Research*, 45(5): 643-659.

Tsotsos, J. K., Liu, Y. J., Martinez-Trujillo, J. C., Pomplun, M., Simine, E. and Zhou, K. H., 2005, Attending to motion, *Computer Vision and Image Understanding*, 100(1-2): 3-40.

Pani, J. R., Chariker, J. H. and Fell, R. D., 2005, Visual cognition in microscopy, *The 27th Annual Conference of the Cognitive Science Society*, Stresa, Italy: 1702-1707.

Burschka, D. and Hager, G. D., 2005, Vision-Based 3D scene analysis for driver assistance, *Proceedings of the 2005 IEEE International Conference on Robotics and Automation*: 812-818.

Chen, L., 2005, The topological approach to perceptual organization, *Visual Cognition*, 12(4): 553-701.

Bloch, I., 2005, Fuzzy spatial relationships for image processing and interpretation: a review, *Image and Vision Computing*, 23(2): 89-110.

Datcu, M., and Seidel, K., 2005, Human-centered concepts for exploration and understanding of earth observation images, *IEEE Transactions on Geosciences and Remote Sensing*, 43(3): 601-609.

Zhang, L., Huang, X., Huang, B. and Li, P., 2006, A pixel shape index coupled with spectral information for classification of high spatial resolution remotely sensed imagery, *IEEE Transactions on Geosciences and Remote Sensing*, 44(10): 2950-2961.

Liu, Y. X., Mao, L., Xu, F. F., Huang, S., 2006, Review of remotely sensed imagery classification patterns based on object-oriented image analysis, *Chinese Geographical Science*, 16(3): 282-288.

Carmi, R. and Itti, L., 2006, Causal saliency effects during natural vision, Proceedings of the 2006 Symposium on Eye Tracking Research and Applications, San Diego: 11-18.

Drăguţ, L. and Blaschke, T., 2006, Automated classification of landform elements using object-based image analysis, *Geomorphology*, 81: 330-344.

Torralba, A., Oliva, A., Castelhano, M. and Henderson, J. M., 2006, Contextual guidance of eye movements and attention in real-world scenes: the role of global features on object search, *Psychological Review*, 113(4): 766-786.

Narayanan, P. J. and Davis, L. S., 2006, Parallel search for the interpretation of aerial images, *Concurrency: Practice and Experience*, 6(6): 517-541.

Markou, M. and Singh, S., 2006, A neural network based novelty detector for image sequence analysis, *IEEE Transactions on Pattern Analysis and Machine Intelligence*, 18(10): 1664-1677.

Ristivojevic, M. and Konrad, J., 2006, Space-time image sequence analysis: object tunnels and occlusion volumes, *IEEE Transactions on Image Processing*, 15(2): 364-376.

Zhou, J., Cheng, L., Caelli, T. and Bischof, W. F., 2007, Knowledge transfer in semi-automatic image interpretation, *The 12th International Conference on Human-Computer Interaction*, Beijing, 22-27 July: 1028-1034.

Liu, Y., Zhang, D. S., Lu, G. J. and Ma, W. Y., 2007, A survey of content-based image retrieval with high-level semantics, *Pattern Recognition*, 40(1): 262-282.

Hou, X. D., and Zhang, L. Q., 2007, General purpose object detection: a spectral residual approach, *http://cvpr.cv.ri.cmu.edu/ap.htm*.

Itti, L. and Siagian, C., 2007, Rapid biologically-inspired scene classification using features shared with visual attention, *IEEE Transactions on Pattern Analysis and Machine Intelligence*, 29(2): 300-312.

Veeramachaneni, S. and Nagy, G., 2007, Analytical results on style-constrained bayesian classification of pattern fields, *IEEE Transactions on Pattern Analysis and Machine Intelligence*, 7(29): 1280-1285.

Alessandro, B., Alessandro, C. and Stefano, S., 2007, Classification and recognition of dynamical models: the role of phase, independent components, kernels, and optimal transport, *IEEE Transactions on Pattern Analysis and Machine Intelligence*, 29(11): 1958-1972.

Inglada, J., 2007, Automatic recognition of man-made objects in high resolution optical remote sensing images by SVM classification of geometric image features, *ISPRS Journal of Photogrammetry and Remote Sensing*, 62(3): 236-248.

Leibe, B., Cornelis, N., Cornelis, K. and Luc, V. G., 2007, Dynamic 3D scene analysis from a moving vehicle, *Proceedings of the 2007 IEEE International Conference on Computer Vision and Pattern Recognition*: 1-8.

第8章 遥感影像高性能处理方法

□ 杨景辉 李海涛

　　遥感影像数据量的爆炸式增长及遥感应用对数据处理的巨量需求,促进了遥感影像高性能处理方法和技术的发展。遥感影像高性能处理方法目前采用的主要技术有以并行数据处理为基础的高性能集群处理技术和以大规模分布式处理为基础的网格计算技术。

8.1 遥感影像高性能处理方法及其必要性

　　旨在提高遥感影像处理性能的技术与算法都可以归入遥感影像高性能处理方法,提高的性能主要表现在处理速度、处理精度和可靠性。提高遥感影像处理性能的方法包括两类:一类是改进遥感影像处理算法,通过优化数据处理算法达到提高性能的目的,如采用计算量少的数据融合算法以提高处理量;另一类是采用高性能计算平台为遥感数据处理工具,并在高性能计算平台上研究与开发相应的遥感影像处理的软件与算法,以达到提高性能的目的。本章主要讨论后一类,对在遥感数据处理过程中通过应用高性能计算技术和改进处理硬件平台带来性能提高的方法和技术进行综述。目前,遥感影像高性能处理主要采用高性能集群处理技术(William, et al, 2003;Wilkinson and Allen, 2003)和大规模分布式处理技术,以实现遥感影像大规模并行处理和处理资源的共享。

　　在对遥感影像高性能集群处理技术和遥感影像大规模分布式与网格化处理技术综述之前,首先阐述遥感影像高性能处理的必要性。

8.1.1 处理高速增长的对地观测数据的需要

　　目前已经进入第四代对地观测卫星时代(Zhou, et al, 2002),即新一代高分辨率卫星(1997～2010年)时代。第四代对地观测卫星的主要特点表现在其高空间分辨率、高光谱分辨率、回访周期短、影像条带宽、立体成像能力、多种成像模式等方面。目前国际上在轨的典型高分辨率光学传感器卫星有 IKONOS II、QuickBird II、EROS A1、EROS B1、OrbView 4、SPOT5 等,在轨和即将发射的微波传感器卫星包括 RadarSat 1、ENVISAT、ALOS、TerraSAR、COSMO-SkyMed 和 RadarSat 2。上述多源对地观测系统每时每刻都在获取大量对地观测数据,以满足不同的应用。

　　以高空间分辨率光学卫星获取数据为例,分辨率每提高至原来的 n 倍,其获取的数据量将为原来的 n^2。如覆盖北京的 1m 分辨率 IKONOS 全色影像数据量将是相同区域 10m 分辨率 SPOT 4 全色影像数据的 100 倍,同时存储每个像元值所用大小为 16 比特,而存储 SPOT4 影像每个像元值所用大小为 8 比特。未来形成的对地观测星座将提供更强的数据覆盖能力和快速获取能力,观测到同一区域的周期将越来越短,将形成对地观测时间序列,观测周期每缩短一半,获取的数据量将增加一倍。目前高光谱数据波段数已经有一千多个。对地观测技术的发展使得获取的多源对地观测数据呈现爆炸性增长,因此发展以提高数据处理量为目的的遥感影像高性能处理技术尤为必要。

8.1.2 我国战略发展的需要

为了满足我国国防建设和经济建设的急迫需求和抗衡某些国家在航天遥感中对我国的强大压力,我国正着手发展自己的高分辨率遥感卫星,并建立天地一体化空间信息获取、处理和分发系统。我国空间信息领域八位院士建议我国持续发射和建立中国军民两用高分辨率、高光谱遥感和雷达卫星群(李德仁,等,2004)。《国家中长期科学与技术发展规划纲要》确定未来15年内我国将实施"高分辨率对地观测系统"重大专项(中华人民共和国国务院,2006);"十一五"期间,我国将继续研制并发射资源、气象、海洋系列卫星,环境与灾害监测预报小卫星星座和测绘等对地观测卫星,为我国卫星遥感规模化与业务化应用提供稳定的数据源(国防科工委,2006)。国家的对地观测与航空航天领域一系列战略发展规划,显示了我国在未来的一段时间内经济社会发展和国防建设对空间信息的巨大需求。

8.1.3 具有处理时间限制的遥感应用(Siyal and Fathy, 1997)的需求

有些遥感应用,如应急响应、灾害评估和环境监测等对处理时间有限制,要求在短时间内完成大量的高精度遥感数据处理运算。处理速度、精度和处理能力如果得不到解决,必将造成大量遥感数据积压,无法发挥遥感技术所具有的宏观、快速和综合的优势。具有快速、实时处理要求的遥感应用还包括战场侦察卫星数据快速成图与打击评估,气象预报,星/机上快速数据处理与实时分析,卫星接收数据的实时分发,高分辨率合成孔径雷达的实时成像,高分辨率卫星数据交通状况监测与快速分析和多源遥感影像基于内容的目标检索等。

遥感影像高性能处理的巨大需求促进了遥感影像高性能处理技术的发展,目前已有包括美国 NASA、美国马里兰大学遥感信号与图像处理实验室、法国 InfoTerra 公司、中国科学院计算所、国防科技大学、武汉大学、中国测绘科学研究院等国内外知名研究机构和企业开展了此领域的研究与开发工作,设立了相关的研究与开发项目。同时《高性能计算应用国际杂志》(International Journal of High Performance Computing Applications)即将在 2008 年秋季出版高光谱遥感数据高性能处理专刊(The Special Issue on High Performance Computing for Hyperspectral Imaging)(Plaza and Chang, 2008a),由 Plaza 和 Chang 主编的著作《遥感高性能计算》(High Performance Computing in Remote Sensing)也已经出版(Plaza and Chang, 2007a)。我国在遥感影像高性能处理领域也设立了相关研究内容,不少研究机构也开展了相关的研究工作。

8.2 遥感影像高性能集群处理技术

目前,高性能遥感数据集群处理关键技术具体实现包括基于低成本的可扩展 64 位计算平台下高精度数据处理技术和大规模并行处理技术,同时具有任务调度与管理、海量数据快速存取与管理能力,使之广泛适用于各种遥感数据处理应用。下面将通过两个方面来综述遥感影像高性能处理技术的研究与发展现状。首先阐述遥感影像高性能集群处理系统的国内外研究与发展现状,重点介绍法国 InfoTerra 公司研发的像素工厂(ISTAR Pixel Factory™)遥感影

像处理系统和由中国测绘科学研究院承担的 863 计划课题正在研发的遥感影像集群处理系统;然后将对遥感影像高性能集群处理关键技术——遥感影像的大规模并行处理进行综述。

8.2.1 遥感影像高性能集群处理系统国内外发展现状

目前世界上集多项最先进的遥感数据处理技术和自动化处理技术的海量遥感数据处理平台是由法国 InfoTerra 公司研制的像素工厂系统。该系统数据处理过程如图 8.1 所示,具有强大数据处理能力的遥感集群处理系统像素工厂的输入为多源遥感数据,可以是航空数据、高分辨率光学卫星数据和雷达数据等,经过像素工厂系统的快速批量处理,输出各级数据产品。

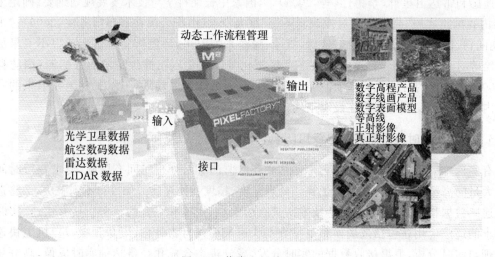

图 8.1　像素工厂处理过程

该遥感数据处理系统采用计算机集群系统为其硬件处理平台(见图 8.2),并在该集群硬件平台上开发了适合遥感数据大规模并行处理功能和算法,提供了遥感数据处理任务管理与调度功能,使得这个遥感集群处理系统相对于单机遥感处理系统,性能有了极大的提高,主要表现在多任务支持,处理吞吐量大,可靠性强,集中式管理等。

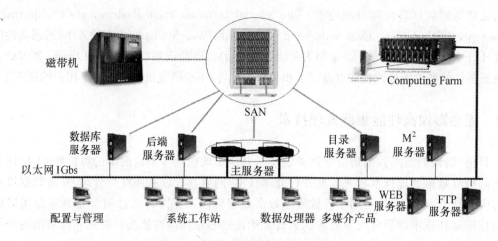

图 8.2　像素工厂采用硬件处理平台

像素工厂实现了数据输入/输出、大气校正和传感器校正、图像增强、滤波、几何纠正、正射影像生成、自动提取 DSM、半自动提取 DTM、自动等高线生成、制图与投影变换、图像镶嵌、矢量与栅格转换、影像库管理、自动空中三角测量等遥感图像处理与摄影测量功能,支持多级、多格式产品输出。像素工厂相比主流单机遥感图像处理系统 ERDAS Imagine、PCI、ENVI 及国产遥感软件平台 CASM ImageInfo、Titan Image、IRSA、GeoImage 等具有以下几方面的突出特点。

①支持大规模并行处理,数据处理吞吐量大。
②扩展性强,采用灵活体系结构,能集成第三方软件插件。
③自动化程度高,采用多种自动化遥感处理技术,如自动提取 DSM。
④支持多种传感器处理,支持几乎所有主流光学卫星传感器、SAR 传感器和航空数码传感器。
⑤支持多用户和多任务管理,以产品管理为中心。
⑥可靠性高,响应速度快,处理精度相对高。
⑦初步具备海量存储和管理能力。

国内遥感影像高性能集群处理系统最新发展代表之一是由中国测绘科学研究院正在研发的遥感影像集群处理系统。在 863 课题支持下,项目组正在研发的遥感影像集群处理系统采用高吞吐量、高可靠性、高精度、低成本、扩展性强的适用于遥感数据存储与处理新型集群计算机系统,该硬件平台具有高速存储系统网络与并行集群计算系统,具备海量存储与大规模并行数据处理能力,如图 8.3 所示。硬件平台包括具有多个磁盘冗余阵列(Redundant Array of Inexpensive Disks,RAID)的存储系统网络(Storage Area Network,SAN),具有延时少、带宽

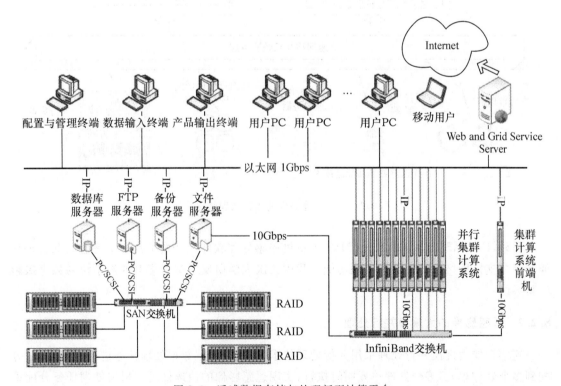

图 8.3 遥感数据存储与处理新型计算平台

高(达到10Gbps)、易于实现消息传递并行计算的并行集群计算系统。并在遥感数据存储与处理新型集群计算机系统之上研发遥感影像快速处理软件系统。该高性能处理软件系统采用可扩展和分层的体系结构,整个体系结构图8.4所示,主要包括高速网络与系统服务层,支持并行处理的遥感数据共性与通用处理模块,支持可视化流程定制的输出模块。高速网络与系统服务层为整个高性能遥感数据集群处理系统提供数据通信和系统服务;支持并行处理的遥感数据共性与通用处理模块并行实现遥感影像处理通用与共性功能,并对输入输出接口进行定义;可视化流程定制输出功能对产品处理流程进行可视化定制,其输出为最终产品。

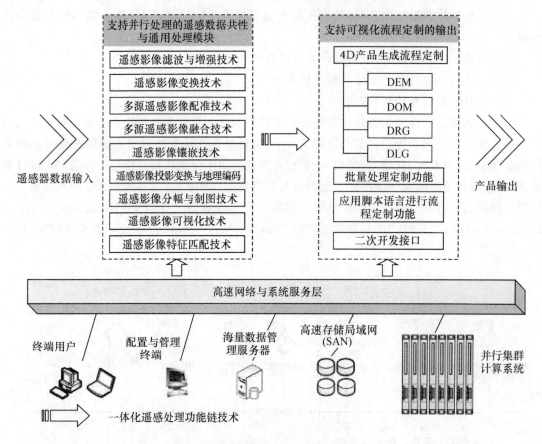

图 8.4　遥感影像高性能集群处理软件系统

另外,ERDAS Imagine、PCI、ENVI 等单机遥感处理软件也开发了大容量遥感数据管理功能和部分支持网络环境的数据处理功能。我国武汉大学研发了基于集群处理系统的数字摄影测量系统。

8.2.2　遥感影像的大规模并行处理

遥感影像大规模并行处理采用并行处理技术,对大的遥感数据处理任务进行分解,然后分配到多个处理单元,多个处理单元同时执行,实现遥感影像的快速处理。根据处理任务分配策略(Boussakta, 1999; Masayoshi, et al 2001; Han, et al 2001; Ramaswamy, et al 1997;

Nicolescu and Jonker，2002)的不同,可分为区域分解策略、功能分解策略、流水线技术任务分解策略和分治任务分解策略。针对遥感影像数据处理的特点,常采用的区域分解策略如图8.5 所示。分配到每个处理单元的可以是一维数据条,也可以是二维数据块。可以在遥感数据并行处理中应用的另一种任务分解策略是功能分解策略,如图 8.6 所示,两条可并行执行的功能链分配到两个不同处理单元,实现并行处理,提高数据处理能力。通常在处理大容量遥感数据时,采用大粒度的并行处理,尽量减少并行执行进程之间的通信,提高并行执行的加速比,特别是在已有串行程序修改最小的情况下实现并行处理(Serot，et al，1997；Valencia，et al，2007；Plaza，et al，2006b)。

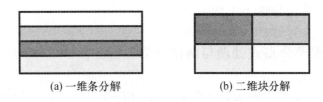

(a) 一维条分解　　　　(b) 二维块分解

图 8.5　遥感影像的两种区域分解策略

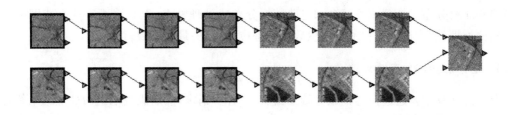

图 8.6　功能分解策略

目前,遥感数据 64 位并行处理技术还处于应用试验阶段,在原有 32 位计算平台上实现了一些并行图像处理库,如 FFTW2.1.5 等。基于 32 位计算平台实现了几个并行文件系统,如 PVFS。很多的并行处理库并不是为遥感数据处理专门设计的,但遥感数据处理有其自身的特点,因此,我们将针对遥感数据并行处理的特殊性,重点发展 64 位计算平台下并行处理技术,应用我们开发的技术并开展应用试验,掌握相关领域前沿关键技术。

并行处理具有优良的任务协同并行工作能力,可以实现计算资源的最大化共享和应用,实现海量数据的高效、智能处理。中国科学院计算所开展的课题"并行处理的理论、算法与结构",以数字信号处理应用为背景,研究了与并行算法相匹配的并行体系结构,重点研究了 FFT 的并行实现方法;以遥感图像处理应用为背景,研究了网络并行处理的体系结构与实现技术,在分布式网络环境下的共享内存、共享磁盘文件、共享显示装置等方面进行了有益的探索,实现了一个基于 PC 或工作站机群的并行遥感图像处理系统,它具有处理速度快、存储容量大和性能价格比高等特点,并初步实现了高分辨率遥感图像的分屏显示。中国科学院遥感卫星地面站研制了一套基于微机机群的大数据量遥感图像快速并行处理系统和与之结合应用的并行文件系统,该系统基于 32 位 PC 机群,系统吞吐量大。

本课题组在国家973计划和863计划课题支持下,也开展了遥感影像大规模并行处理的研究与开发工作,正在开展的研究包括面向对象分类算法、遥感影像融合算法、自动提取DEM算法和自动配准算法在集群计算机系统下的并行实现。同时,以本课题组自主研发的遥感数据处理平台软件ImageInfo v3.0为基础,应用以上适用于遥感数据处理的并行处理任务分解策略,在消息传递并行计算环境下开发影像滤波与增强、遥感影像变换等通用与共性处理模块。

在遥感影像处理算法并行化实现方面,近年来针对各主要遥感图像处理算法提出了不少并行化实现方法,主要包括影像卷积、影像变换、地表覆盖分类和高光谱影像处理(Kalluri, et al, 2000; Plaza, et al, 2006a; Plaza, et al, 2007b; Plaza, 2008c; Sikorski and Bourbakis, 2002; Bevilacqua and Piccolomini, 2000)。

8.3 遥感影像大规模分布式处理与网格计算

遥感影像大规模分布式处理(尤其近年来出现的网格技术)以计算服务化的方式实现遥感影像高性能处理,该技术能通过高速网络调用异地的处理资源和数据资源,实现遥感数据处理的高效、实时和地域无关性。目前我国已在国家基础网格平台上开展了部分遥感相关应用。本节将先介绍分布式处理相关概念和遥感数据分布式处理特点,重点综述广域高速网络大规模分布式处理(即网格计算技术在遥感数据处理应用中)的最新进展。

8.3.1 遥感影像的分布式处理

分布式计算主要通过向远程服务端发出服务/计算请求,然后服务端返回处理结果给客户端的一种计算模式,其核心是Client/Server计算模型和相关的中间件技术。以SUN公司的EJB/J2EE、Microsoft的COM+/DNA和OMG的CORBA/OMA为典型代表。进入21世纪以来,随着电子商务需求的发展,面向Web的企业计算解决方案成为热点,W3C提出了Web Service技术体系,Microsoft推出了.Net技术,SUN推出SUN ONE架构。

遥感影像的分布式处理(Hawick, et al, 2003; Petrie, et al, 2002; Bharadwaj and Surendra, 2002)主要处理对象为遥感影像,其请求的处理服务主要包括遥感数据处理的各方面,可能处理包括几何纠正、辐射定标、影像融合、地物提取与分类等。而分布式处理中的远程服务端既可以在局域网范围内,也可以在广域网范围内。目前兴起的网格计算就是一种大规模广域分布式处理技术。图8.7是Definien公司采用的分布式处理方案,Definien公司客户端(Definiens Clients)通过网络向eCognition软件服务器发出请求,eCognition面向对象分类软件将处理结果返回给客户端。由于eCognition软件服务器提供强大的处理能力和高的可靠性,整个处理系统能向用户提供遥感影像高性能处理服务。

8.3.2 遥感影像网格化处理

网格计算(Foster and Kesselman, 1999; Tuecke, et al, 2002; 都志辉, 等, 2002)是指(通过高速网络)集成大量的计算机系统,以提供单一和一组计算机所不能提供的数据处理能力和功能。如图8.8所示,网格基础设施将网络上的各种高性能计算机、服务器、PC、信息系统、海

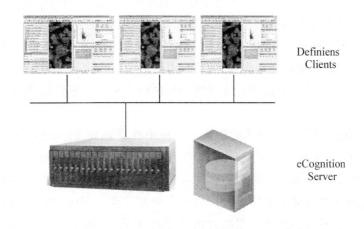

图 8.7　遥感分布式处理系统结构

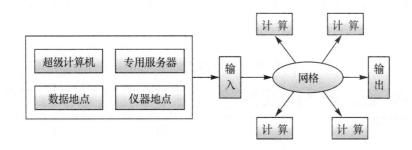

图 8.8　网格基础设施组成示意图

量数据存储和处理系统、应用模拟系统、虚拟现实系统、仪器设备和信息获取设备（例如传感器）集成在一起，为各种应用开发提供底层技术支撑，将 Internet 变为一个功能强大、无处不在的计算设施。为满足本地用户的需要，网格系统可以使用共享的语言和接口协议，在全球范围内接入存储资源、计算资源、信息和服务。对用户而言，组成网格系统的集成网络具有"通透性"，这些由远端提供的服务看起来与本地计算机提供的服务没有区别（Gannon，et al，2005）。网格技术可以实现虚拟组织成员间的大规模科学计算、商业合作、远程实验、高性能分布式计算和数据处理。

　　由于遥感数据处理量巨大，且具有处理时间限制，因而属于计算密集型应用。遥感应用部门往往在遥感数据处理计算资源、处理软件、存储设备和数据处理经验等方面存在不足。网格化遥感数据处理技术为以上两个问题提供了一种可行的解决办法。由于网格计算能面向用户提供一个功能强大、无处不在的计算设施，通过高速网络和计算服务化的方法可以调用你并不知道在何处的存储、计算和各种应用服务。如此，就可以很容易地解决大规模遥感数据处理遇到的问题，提高遥感数据处理的吞吐量，强大计算设施的保障可以在很短的时间完成指定的操作，保证了遥感数据处理的时效性。同时，对于调用遥感数据处理网格服务的用户而言，节省了购买大量硬件设备和软件的费用，降低了成本。

网格计算应用于遥感数据处理的另一个优点是消除了遥感应用与遥感数据处理之间的屏障。很多情况下来自各行业从事遥感应用的研究者并不熟悉遥感数据处理技术与过程，还阻碍了遥感应用的发展。网格计算这种新的计算服务化方法可以在遥感应用研究者不了解数据处理技术的前提下完成数据处理操作，只需要知道如何调用在网格环境下已经提供的遥感数据处理服务就可以了，且强大的网格计算环境将提供包括所有遥感数据处理功能的各种网格服务。

目前，遥感影像网格化处理技术的研究主要集中在高速网络环境下遥感影像处理的远程调用与协作机制，广域网络分布式计算环境不同于遥感处理平台软件，专业遥感处理模块在不同操作环境下的协同工作机制和软件实现（一种可能可行的远程调用与协作机制如图 8.9 所示）；高速网络环境下遥感影像网格服务调用体系的建立，实现网格计算环境下高分辨率、雷达、高光谱等多源遥感数据处理网格服务的描述、绑定、发布、查找、定位、调用；网格计算环境下海量遥感数据共享与数据传输机制；在遥感影像网格计算平台下的开展土地利用与地表覆盖自动提取、土地资源遥感动态监测、自然灾害监测与预警等示范应用。

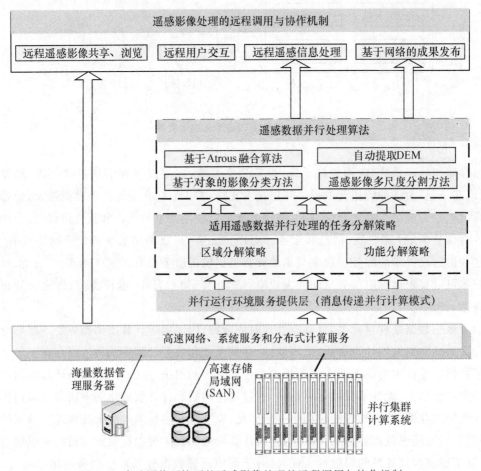

图 8.9　高速网络环境下的遥感影像处理的远程调用与协作机制

目前，国内外已经建立了若干网格基础设施，并在此之上开展了一些序列与遥感影像处理与空间信息服务相关的网格应用项目。

ESG 是美国能源部(Department of Energy，DOE)2000 年启动的研究项目，它是利用网格计算技术将紧急处理技术、分布联合计算技术、大规模数据分析服务技术结合起来，为下一代的天气分析研究、气候变化研究和全球气候模拟等提供无差别、强大的计算和工作环境。美国的国家航天航空局 NASA、国家气象局 NOAA 和地质调查局 USGS 等都制定了一个或者多个基于网格的空间信息研究和应用计划。数据网格(Data Grid)计划是欧盟领导下的一个欧洲的合作项目，主要目的是构建欧盟的下一代科学研究的原型环境，它是一个面向数据的计算网格，欧盟提出的 Data Grid 的口号是下一代的互联网。英国的 e-Science 网格其第一位的目标是推动科学技术的进步，第二位的目标是影响产业界。欧洲空间局 ESA、法国空间局 CNES 都有很周密的网格研究计划，如 ESA 已经实现了基于网格的 eoPoratl，这是一个类似于美国 EHCO 的新一代数据分发和服务系统。

目前，我国已经建成连接中国科学院超级计算中心和上海超级计算中心等多个节点的中国国家网格(China Grid)。在国家 863 计划的信息获取与处理技术主题中，专家组很有远见地在 2002 年开始设立了空间信息栅格(Spatial Information Grid，SIG)专题，这应该是我国第一个国家级的应用领域的网格研究计划。空间信息栅格是一种汇集和共享空间信息资源，进行一体化组织与处理，具有按需服务能力的空间信息基础设施。有关的研究计划包括"基于 SIG 框架的(上海)城市空间信息应用服务系统"和"基于 SIG 框架数字城市服务系统与示范研究"等项目，目的在于建立基于网格的空间信息服务和管理体系及其应用系统，应用于数字城市的建设。国内现在正经历国家信息化快速发展的阶段，全国已经有几十所大学和研究机构开展了网格方面的理论和应用研究，典型代表有华中科技大学、国防科技大学等单位，它们各自研发了自己的影像网格平台和计算软件。"十五"期间，在 863 计划支持下，中国林业科学院资源信息所等科研部门针对网格技术在林业中应用开展了一系列研究，初步提出了森林资源数据、空间计算、图像处理等资源网格服务化相关技术规范，以森林资源监测和退耕还林工程为示范应用，建立了以林业空间数据服务和专题空间计算为主要功能的数字林业应用网格(Digital Forestry Grid，DFG)。通过 DFG 初步建立了林业数据资源共享服务体系，构建了森林资源调查数据和处理分析等多种网格服务；通过工作流技术初步实现了从分布式的数据服务、空间处理直至结果网络发布整个业务流程的自动化，该网格已成为中国国家网格的重要组成部分。在分布式遥感数据处理平台技术研究方面，针对多源遥感数据开展了分布式存储、资源注册、资源发现、信息产品发布、快速反演等技术的研究，在标准、平台体系结构、处理服务和系统原型设计等方面已经奠定了坚实基础(Shen，et al，2005)。目前的空间信息网格已经基本具备了基于多源数据源的数据服务和大型遥感处理软件核心功能的网格化使用等能力。

8.4 小　　结

遥感影像高性能处理方法还包括针对大规模遥感数据的专用处理设备。如 Setoain 等人提出了基于 GPU 实现的自动端元提取技术(Setoain，et al，2007)。采用高性能嵌入式处理设备提高遥感数据处理速度以满足实时处理需求的方法近年来也得到应用，《高性能遥感处理》(High Performance Computing in Remote Sensing)一书中提出了采用现场可编程处理阵列(Field-programmable gate array, FPGA)(Soldek and Mantiuk, 1999)进行遥感影像的高性能处理。Plaza and Chang 通过比较基于集群计算平台和基于 Xilinx Virtex-II FPGA 处理设备实现纯净像元指数(Pixel Purity Index, PPI)算法,并比较了这两种实现方法的各自优点和缺点 (Plaza and Chang, 2008b)。

以高性能集群处理技术和大规模分布式处理技术为主要代表的遥感影像高性能方法,因能满足大规模遥感数据处理需求而备受关注。高性能集群技术以集群式计算机为处理平台,通过多处理单元并行处理达到提高处理速度的目的;而大规模分布式处理技术尤其近年来出现的网格技术以计算服务化的方式实现遥感影像高性能处理,该技术强调的是在一个广域范围内计算资源、数据资源等资源的共享与集成,通过网格基础设施的支持,实现遥感数据处理的高效、实时和地域无关性。

目前,遥感影像高性能处理存在的问题主要体现在以下几方面。

①对遥感数据高性能处理认识不够,目前遥感数据处理相关研究过多集中在遥感影像处理算法和模型方面的研究,如影像分类算法、几何定位模型等,一些效果较好的算法因为计算量巨大而无法得以应用。

②遥感相关研究机构和数据处理部门没有建立遥感数据大规模处理设备,极大地制约了高性能处理技术的发展。

③已研究的高性能遥感处理算法,如遥感影像并行分类算法,没有形成实用化软件模块。如我国自主产权的遥感处理软件仍缺乏对以上两种高性能处理技术的支持,缺乏规模化处理能力,不能让遥感数据应用部门认识到处理速度提高带来的效率的提高。

另外,我国网络基础设施建设现状和大型跨地域示范应用的缺乏也制约着我国网格技术在遥感领域的应用。

未来研究热点仍集中在具有规模化处理能力的大型遥感数据集群处理系统的研制,各种遥感数据处理算法并行化实现方法,高分辨率、雷达、高光谱等多源遥感数据处理网格服务体系的建立,以及基于网格平台之上的大型跨地域遥感示范应用等方面。另外,为满足特定环境下遥感数据处理需求,基于 GPU 和嵌入式处理设备的遥感数据高性能处理技术也是一个值得关注的研究方向。

参 考 文 献

Bevilacqua, A. and Piccolomini, E., 2000, Parallel image restoration on parallel and distributed computers, *Parallel Computing*, 26(4):495-506.

Bharadwaj V. and Surendra R., 2002, Theoretical and experimental study on large size image processing applications using divisible load paradigm on distributed bus networks, *Image and Vision Computing*, 20:917-935.

Boussakta, S., 1999, A novel method for parallel image processing applications, *Journal of Systems Architecture*, 45(10):825-839.

Chen H., Chen Y. Q., Adam F., et al., 2001, Data distribution strategies for high-resolution displays, *Computers & Graphics*, 25:811-818.

Foster I. and Kesselman C., 1999, The Grid: Blueprint for a New Computing Infrastructure. Morgan

Kaufmann Publishers, Inc. San Francisco, CA.

Gannon, D., Alameda, J., Chipara, O., et al, 2005, Building Grid Portal Applications From a Web Service Component Architecture, *Proceedings of the IEEE*, 93(3):551-563.

Hawick, K. A., Coddington, P. D. and Jame, H. A., 2003, Distributed frameworks and parallel algorithms for processing large-scale geographic data, *Parallel Computing*, 29(10):1297-1333.

Kalluri, S. N. V., Ja Ja, J., Bader, D. A., Zhang, Z., et al, 2000, High performance computing algorithms for land cover dynamics using remote sensing data, *International Journal of Remote Sensing*, 21(6&7):1513-1536.

Masayoshi A., Hiroki F. and Yoshinari K., 2001, Several partitioning strategies for parallel image convolution in a network of heterogeneous workstations. *Parallel Computing*, 27(3): 269-293.

Nicolescu C. and Jonker, P., 2002, A data and task parallel image-processing environment, *Parallel Computing*, 28:945-965.

Petrie, G., Fann, G., Jurrus, E., Moon, B., Perrine, K., Dippold, C., and Jones, D., 2002, A Distributed Computing Approach for Remote Sensing Data, *Computing Science and Statistics*, 34.

Plaza A., Valencia, D., Plaza, J., and Chang, C. I., 2006a, Parallel Implementation of Endmember Extraction Algorithms from Hyperspectral Data, *IEEE Geoscience and Remote Sensing Letters*, 3(3): 334-338.

Plaza, A., Valencia, D., Plaza, J., and Martinez, P., 2006b, Commodity Cluster-Based Parallel Processing of Hyperspectral Imagery, *Journal of Parallel and Distributed Computing*, 66(3):345-358.

Plaza, A., and Chang, C. I., 2007a, High Performance Computing in Remote Sensing, Chapman & Hall/CRC Press, Computer & Information Science Series.

Plaza, A., Plaza J., and Valencia, D., 2007b, Impact of Platform Heterogeneity on the Design of Parallel Algorithms for Morphological Processing of High-Dimensional Image Data, *Journal of Supercomputing*, 40(1): 81-107.

Plaza, A., and Chang, C. I., Guest Editors, 2008a, Special Issue on High Performance Computing for Hyperspectral Imaging, *International Journal of High Performance Computing Applications*, to appear in fall.

Plaza, A., and Chang, C. I, 2008b, Clusters versus FPGAs for Parallel Processing of Hyperspectral Imagery, *International Journal of High Performance Computing Applications*, accepted for publication.

Plaza, A., 2008c, Parallel techniques for information extraction from hyperspectral imagery using heterogeneous networks of workstations, *Journal of Parallel and Distributed Computing*, accepted for publication.

Ramaswamy, S., Sapatnekar, S. and Banerjee, P., 1997, A framework for exploiting task and data parallelism on distributed memory multicomputers, *IEEE Transactions on Parallel and Distributed Systems*, 8 (11).

Serot, J., Ginhac, D. and Derutin, J. P., 1999, SKiPPER A skeleton-based programming environment for image processing applications, in: *Fifth International Conference on Parallel Computing Technologies*.

Setoain, J., Prieto, M, Tenllado, C., Plaza, A., and Tirado, F., 2007, Parallel Morphological Endmember Extraction Using Commodity Graphics Hardware, *IEEE Geoscience and Remote Sensing Letters*, 43(3): 441-445.

Shen Z. F., Luo J. C., Zhou, C. H, et al., 2005, System design and implementation of digital-image processing using computational grid, *Computers & Geosciences*, 31:619-630.

Soldek, J., and Mantiuk R., 1999, A reconfigurable processor based on FPGAs for pattern recognition, processing, analysis and synthesis of images, *Pattern Recognition Letters*, 20(7):667-674.

Tuecke S., Czajkowski K. and Foster I., 2002, Grid Service Specification. http://www.gridforum.org/ogsi-wg.

Valencia, D., Plaza, A., Martinez P., and Plaza, J., 2007, Parallel Processing of High-Dimensional Remote Sensing Images Using Cluster Computer Architectures, *International Journal of Computers and their Applications*, 14(1): 23-34.

Wilkinson, B. and Allen, M., 2003, Parallel Programming: Techniques and Applications Using Networked

Workstations and Parallel Computers (Second Edition), Prentice Hall.

William, G., Ewing, L. and Thomas, S., 2003, Beowulf Cluster Computing with Linux (Second Edition), the MIT Press.

Zhou, G. Q., et al., 2002, Current Status and future tendency of sensors in earth observing satellites, Proceedings of Pecora 15/Land Satellite Information IV/ISPRS commission I/FIEOS on "*Integrated Remote Sensing at the Global, Regional and Local Scale*", Denver, USA, XXXIV (1).

第9章 高分辨率影像目标识别与智能解译

□ 刘振军　梅天灿

近十几年来高分辨率遥感卫星的成功发射，标志着地球空间数据获取与处理技术新纪元的来临，它扩大了遥感应用范围，提高了地理数据的更新速度。然而，随着影像分辨率的提高，也带来了一系列信息处理与识别的新问题。如何解决这些问题，提高解译精度和可靠性是当前研究的一个热点问题。

9.1 高分辨率遥感影像的特性

9.1.1 高分辨率遥感卫星发展现状

高分辨率卫星影像通常是指像素空间分辨率在10m以内的遥感影像。早期高分辨率影像的应用主要集中在军事领域，20世纪90年代以后才逐渐进入民用领域。1994年美国取消了对10~1m级分辨率卫星遥感影像数据的商业销售禁令，从而揭开了发展高分辨率商业遥感卫星的序幕。随后，美国国内四家私营公司提出了5套高分辨率卫星遥感系统方案并获得发射许可，其中包括DigitalGlobe公司的EarlyBird和QuickBird卫星系统，GDE公司的GDE卫星系统，Oribimage公司的OrbView卫星系统以及Space Imaging公司的IKONOS卫星系统。稍后，以色列的EROS-2和法国SPOT-5等高分辨率遥感卫星系统也相继面世。这些卫星的传感器多采用线阵CCD探测器，推扫方式成像，可同时获得地面的高分辨率全色和多光谱影像。为缩短重访周期，卫星能在穿轨方向上以一定的角度左右侧视，获取相邻轨道的星下点图像；同时为了获取立体像对，还能在轨道方向上前视和后视成像，形成无明显时间差的立体覆盖。

高分辨率卫星影像进入世界遥感影像数据市场，大大缩小了卫星影像和航空相片之间分辨能力的差距，打破了较大比例尺地形图测绘只能依赖航空遥感的局面。以专题制图图上0.1mm作为适宜专题制图遥感像元空间分辨率的限定，0.61~2.5m的高空间分辨率数据已可用于制作和更新1∶10 000至1∶3 000甚至更大比例尺的地形图。这些数据都有立体像对产品，可同时获得DEM。

目前，世界上已发射的商用高分辨率卫星主要包括：1999年9月，美国空间成像公司(Space Imaging Inc.)发射成功的小卫星上载有IKONOS传感器，能够提供1m的全色波段和4m的多光谱波段，轨道高度681km，轨道倾角98.1°，轨道周期98min；2001年10月由美国Digital Globe公司发射的Quick Bird卫星是目前世界上唯一能提供亚米级分辨率的商业卫星，分辨率为0.6m，轨道高450km，幅宽16.5km；2003年12月由美国ORBIMAGE公司发射的OrbView-3卫星，全色波段分辨率为1m，轨道高度470km，周期小于3d；2006年，日本发射

ALOS 卫星,空间分辨率为 2.5m,多光谱分辨率为 10m,幅宽为 70km;CBERS 2B——由中国和巴西联合发射,分辨率为 5m;俄罗斯发射 Resurs DK-1 俄罗斯新一代高分辨率卫星,轨道高度 604km,全色 0.9m,多光谱 1.5m,重访周期 5～7d,幅宽 28.3～47.2km;2007 年 9 月 18 日,Worldview-Ⅰ卫星由美国 Digital Globe 公司发射,分辨率为 0.5m;THOES 卫星——由泰国发射,分辨率为 2m。

未来几年内,预计将要发射的商业卫星有:2008 年,GeoEye-1 卫星——将由美国 GeoEye 公司发射,全色分辨率为 0.41m,多光谱分辨率 1.64m,像幅宽 15.2km,回访周期小于 3d,轨道高度 670km;Rapid Eye-1 卫星——将由美国 Germany 公司发射,分辨率为 6.5m,幅宽 77km,轨道高度 630km;Worldview-Ⅱ卫星——将由美国 Digital Globe 公司发射,能提供最高 1.8m 分辨率的 8 频段多频谱图像和 0.5m 分辨率的全色图像;EROS C 卫星——将由以色列发射,分辨率为 0.7m;Pleiades 卫星——将由法国发射,分辨率为 10.7m;CBERS 卫星——将由中国和巴西联合发射,分辨率为 35m;2009 年,Pleiades 2 卫星——将由法国发射,分辨率为 0.7m;2010 年,CBERS 4 卫星——中国和巴西联合发射,分辨率为 5m。

表 9-1 列出了目前几种常用的三维高分辨率卫星的基本参数。

表 9-1　　　　　　　　　常用高分辨率卫星基本参数

卫星	IKONOS	QuickBird	SPOT-5
成像方式	推扫	推扫	推扫
立体能力	立体;前后	立体;前后	立体;前后
模式	全色/多光谱	全色/多光谱	全色/多光谱
空间分辨率/m	全色:1	全色:0.6	全色:2.5/5
	多光谱:4	多光谱:2.4	多光谱:10
成像波段/nm	Pan: 450-900	Pan: 450-900	Pan: 490-690
	B: 450-530	B: 450-520	G: 490-610
	G: 520-610	G: 520-600	R: 610-680
	B: 640-720	B: 630-690	NIR: 780-890
	NIR: 770-880	NIR: 760-900	SWIR: 1580-1750
像素深度/bit	11	11	11
图幅宽度/km	11×11	16.5×16.5	60×60
周期/d	1～3	1～3.5	1～3
轨道高度/km	681	450	822

9.1.2　高分辨率影像的特性分析

1. 高空间分辨率

米级、亚米级分辨率带来了清晰的图像,目标物的形状清晰可见,影像中地物尺寸、形状、结构和邻域关系得到更好反映,人们感兴趣的大多数地物特征可以直接探测。高空间分辨率同时使得地物类型更加多样,纹理类型和纹理区域明显增多,纹理特征更具变异性,同一地物内部组成要素丰富的细节信息得到表征,使地物的光谱统计特征不稳定。同时,高空间分辨率也使得影像具有多尺度的特点,不同的尺度反映不同的信息内容和信息的不同详细程度。

2. 高时间分辨率

重复轨道周期缩短至 1~3d 左右,并且根据需要卫星能在穿轨方向上以一定角度左右侧视,获取相邻轨道的星下点影像,从而使同地区成像时间间隔显著缩短,使其动态监视地表环境变化和人类活动成为可能。

3. 光谱波段数减少

受信噪比和传输瓶颈限制,高分辨率商业卫星一般只包括 1 个高分辨率全色波段和 4 个低分辨率多光谱波段,光谱测量仅限在蓝、绿、红和近红外范围。为提高解译精度,除光谱特征外,还需充分考虑地物的空间信息和纹理特征。

4. 单幅影像的数据量显著增加

高空间分辨率数据包含了精确的地理信息和高精度的地形信息,高空间分辨率数据所含数据量是相同面积中、低分辨率数据的 10 倍以上。就全色波段而言,地面覆盖面积为 16.5km×16.5km 的 QuickBird 数据量可达 1.4GB,是同面积 Landsat TM 数据量的 24.5 倍,SPOT-5 数据量的 16.4 倍,对计算机的存储、显示等性能提出了更高要求。

9.1.3 高分辨率影像信息提取面临的问题

高分辨率卫星影像数据获取能力的提高,使我们获得了从宏观到微观、从定性到定量的持续性对地观测能力。过去中低分辨率的数据更多是进行宏观的定性分析,难以定量计算,而高分辨率的遥感影像可以进行定量分析,满足了工程化的应用。

高分辨率影像带来的信息是大容量的、多元化的、丰富的,但同时也是复杂的。同谱异物现象依然大量存在,同物异谱现象更加明显。这对现有模式识别和信息提取理论和算法提出了更大的挑战。一方面,需要探讨新的理论和方法,掌握高分辨率影像中地物存在的多尺度特性、内部结构及邻域空间关系特征,以便有效提取高分辨率影像中存在的特定地物目标信息;另一方面,我们也不能期望使用一种或单纯几种技术来解决所有的问题,这就需要根据信息源的特点与处理目标的不同,综合地使用一种或几种不同的处理技术和不同的分析方法,以获得相对理想的处理结果。

此外,利用该类卫星的高分辨率特点和其他卫星具有的丰富波谱信息,通过建立专题分析模式,将多传感器、多时相遥感数据源的信息进行融合处理,针对各种应用问题进行专题分析与处理,可以提取丰富的专题信息,增强对目标物的检测与识别能力。

9.2 高分辨率影像的多尺度分割方法

9.2.1 高分辨率遥感影像的尺度特性

由于自然界和人工对象均存在度量其空间异质性的空间尺度,地学实体本质的空间特性只有在一定的尺度范围内才能得以展现和度量。地学和生态学的科学家们很早已经意识到,尺度的思想对于理解地球这个复杂系统以及理解在地球表面发生的各种自然现象有着重要的意义(Marceau,1999a)。

要研究高分辨率影像的尺度特征描述方法,首先要确定什么是尺度。事实上,目前还没有一个关于尺度的统一定义。在不同的文献中,从不同的应用角度定义了尺度(Marceau,1999a,Marceau,1999b,Meentemeyer,1989,Woodcock,1987)。在遥感中,尺度多理解为时空尺度和光谱尺度。空间分辨率、时间分辨率和光谱分辨率分别是空间尺度、时间尺度和光谱尺度的表征。遥感影像的空间尺度又包含两个方面的含义,即影像集的空间分辨率和影像反映的实际地理区域的大小。

不同目标在影像上具有的尺度不同,因此不同分析目的所关注的尺度也会不同。2.5m分辨率的影像可以用来分析房屋,而1 000m分辨率的影像可能只能用来分析植被覆盖,特定的目标分析要在特定的尺度上来进行。在同一分辨率或同一尺度的影像中提取的信息是有限的,不同性质的类别信息有其最适宜的空间分辨率或尺度,应该在多分辨率或多尺度的影像中进行地物的解译和信息提取(王春泉,2005)。

另外,由于影像的原始信息或者提取的专题信息其分析结果都会随空间单元的粒度的变化而不同,Marceau和Hay认为遥感的尺度问题可以看做可塑性面积单元(the Modifiable Areal Unit Problem,MAUP)的一个特例(Marceau,1999)。

Goodchild等(1997)等人提出尺度问题研究应该围绕以下几个方面。
①尺度在空间模式和地物信息检测中的作用以及尺度对建模的冲击。
②特征对尺度域的依赖性和尺度阈值的识别。
③多尺度分析和多尺度建模方法的实现。

近年来,国内外在影像尺度特性及多尺度影像信息提取方向的工作主要集中于遥感图像不确定性分析、基于多尺度分割的特征提取及面向对象分类应用等方面。主要问题包括不同尺度对分割结果的影响,从目标尺度空间到语言尺度空间的多尺度分割,以及同一语义层次下地物的空间尺度不一致分割等(刘正军,2005;宫鹏,2006)。

到目前为止,已经有许多学者对面向对象的遥感影像处理方式进行了大量的研究和尝试性实验。第一个面向对象的遥感信息提取软件eCognition已经采用了面向对象和模糊规则的处理与分析技术,并成功地将其投入商业运用。随着该软件的成功应用也涌现了大量面向对象方法的相关应用研究和文献。研究表明,在多数情况下,基于基元的遥感影像分析理解方法会比基于像元的遥感影像分析理解方法取得更好的效果,特别是应用在高空间分辨率的遥感影像上(明冬萍,2005)。

9.2.2 尺度转换及遥感影像多尺度序列的生成

不同的地物需要适当的距离和比例尺才能进行有效、完整的观察。这意味着高分辨率遥感影像虽然能提供更多的地物细节信息,但对于某些尺度的地物个体的信息提取未必合适。这就涉及尺度转换的实现,以及转换中不同尺度间影像信息是如何传递的问题。尺度转换是指把某一尺度上所获得的信息和知识扩展到其他尺度上的过程。它包括尺度上推(Scaling-up)与尺度下推(Scaling-down)(邬建国,2000)两种类型。高分辨率影像具有较小的空间尺度,通过尺度上推可以获得较低分辨率的影像。理想的上推结果应能够维持高分辨率数据中的内在信息。

从遥感影像的尺度转换原理来说,遥感影像分析中尺度转换方法主要有基于统计的方法、基于地学机理的方法以及两者相结合的方法。基于统计的方法不考虑遥感影像尺度变化的物理机理,通过数学建模的方法来实现尺度的转换,常用的方法包括简单聚合法、直接外推法、期望值外推法、显式积分法与云梯尺度转换法(赵文武,2002),以及基于数学中多分辨率变换分析的方法等。其中简单聚合法是在对上推过程中小尺度上特征变量的简单聚合;直接外推法和期望值外推法是在保持模型粒度不变的基础上,通过增加模型幅度来获取大尺度上的总体特征或期望值。前四种方法主要考虑了相邻尺度域间的信息转换,云梯尺度转换法多适用于多跨度的尺度域的信息推绎(赵文武,2002;黄慧萍,2003)。基于地学机理的方法针对特定的遥感信息,通过建立多个变量的模型来预测某一地学变量(李小文,2005)。两者结合的方法,一般是通过数学方法获得遥感影像的多分辨率表达,然后将遥感信息和根据专题应用获得的背景知识融入到不同尺度间和尺度内不同对象间的关系的建模中,来达到信息提取、图像分割的目的(焦李成,2006)。

遥感影像分析方法大致可分为两类:一类是传统的基于像元的方法,该方法以像元为单位对信息进行提取,较少顾及像素的空间关系,传统的基于光谱的遥感影像分类可归为此类;另一类是面向对象的影像分析方法,这类方法处理的基本对象是有一定含义的影像实体,信息提取过程中更多地考虑了空间信息和对象的语义信息。目前较多应用的遥感影像多尺度分析考虑了不同像素层和对象层之间的交互关系,属于面向对象的分析方法。影像的多尺度表达构建了一个独特的影像信息等级结构。这种结构和地物个体的尺度等级相联系,使得原始像元信息在不同空间尺度间存在,形成树形结构的多层次的对象表达(图斑)。遥感影像的多尺度表达的方法大致可以分为两类:一类是基于异质性最小的区域合并算法,采用不同的特征异质性阈值生成不同尺度影像对象层(陈建裕,2006);另一类是通过数学方法如小波变换、分形等建立影像空间的多尺度序列,通过尺度层次间和尺度内相邻像元关系的建模,实现影像中对象的表达(Panjwani,1995;Bouman,1994;Crouse,1998;Hyeokho and Choi,2001;秦前清,1995)。

9.2.3 高分辨率遥感影像的多尺度分割

与其他图像分割相比,遥感影像分割难度更大,也更具挑战性(陈秋晓,2004),体现在如下几个方面。

(1) 遥感影像常常是大尺寸图像。这就对遥感影像分割的效率提出了很高的要求。那些对于测试图像(小尺寸图像)来说还算理想的分割方法对于大尺寸的遥感影像来说也许毫无用处。因而,快速、高效便成为遥感影像分割的一个基本要求。

(2) 遥感影像常常是多波段影像。与单通道影像相比,多通道的遥感影像显然包含了更多的信息。但是,大多数的分割方法都是基于单通道的,并且通常难以直接扩展到多波段分割任务中。与单波段影像相比,针对多波段影像的分割难度更大,方法更复杂。

(3) 遥感影像地物类型丰富、多样。大部分影像分割方法需事先知道区域或类别的数目。在遥感影像中,由于地物类型繁多,事先给出类别数或区域的数目变得不切实际。因而,针对遥感影像的分割方法必须是非监督的。

(4) 遥感影像呈现明显的纹理特征。遥感影像不仅具有色彩较单一的平滑区,更具有以纹理特征为主导的区域。纹理是一种区域特性,因此纹理必然要在图像的某个区域上才能反映和测量出来,仅利用像素的灰度级信息并不能将其中的不同区域分割开。有效的纹理特性的表达和抽取成为遥感影像分割的前提。但是,由于自然纹理的复杂性,有效的纹理特性的表达和抽取难度很大。

(5) 遥感影像所记录的地物常常呈现多尺度特征。通常地，每一次分割我们仅可获得某个尺度下的图像划分，该结果对其他尺度下的分析也许毫无用处。因而，多尺度分割具有十分重要的意义，但难度也更大。

在高分辨率影像分析中，影像的多尺度分割常常是最为关键的一部分。现有的图像分割的方法非常多，但是，寻找一种适合于高分辨率遥感图像的方法是有些困难的。常用的图像分割方法主要有6种：自顶向下分割；基于边缘检测的分割；自底向上的迭代像素聚类；主动轮廓模型（ACM）方法；全局优化方法。

目前，图像分割大部分仅限于中、低分辨率的遥感图像和 SAR 图像，对于高分辨率遥感图像研究较少。对于遥感图像的研究仅限于全色波段或者单波段进行，很多针对遥感图像分割算法的计算量大、运算速度慢。对于遥感图像，尤其是高分辨遥感图像，没有充分地利用高分辨率遥感图像所体现出来的影像特征，而是仅仅依靠图像的光谱信息进行分割。这种方法对于多光谱或者高光谱图像有较好的效果，但不能有效地融合地物所表现出来的其他各种特征（陈忠，2006）。在高光谱遥感影像分割方面研究较多的有以下几种。

1. 基于分水岭变换（Beucher，1979）的多尺度、多特征图像分割

近年来，该方法在图像分割中的应用不断受到重视，相关的研究日益增多，卢官明（2000）、陈小梅等（2001）、龚天旭和彭嘉雄（2003）、刘喜英等（2003）、陈秋晓（2004）都有一定的研究成果。分水岭变换有两种：一种方法开始于寻找图像的每个像素到图像表面高程的局部极小的下游路径，定义集水盆地为满足一下条件的所有像素的集合，这些像素的下游路径终止于同一个高程极小点；另一种方法基本上是第一种方法的对偶，代替确定下游路径的是从底开始的填充集水盆地。在这两种方法中，代表性的分水岭变换方法是沉浸水分水岭算法和降水分水岭算法。

2. 基于区域的影像分割

包括基于区域生长图像分割法（Wang，1998）和区域分裂合并法。区域生长法适用于目标为面状的均值区域，区域边缘轮廓明显且比较规则的区域分割（2000）。其优点是原理简单直观、可以并行计算，对于较均匀的连通目标有较好的分割效果；它的缺点是需要人为确定种子点，而且初始种子的位置和数量对结果的影响比较大，容易受噪声等其他因素影响而得到不规则的边界和小洞。区域分裂与合并方法的优点是不需要预先设定种子点，但分割结果中夹杂极小面积的区域，使大区域的边缘不光滑，这时应再建立一个判决准则，将这些极小的区域合并到相邻的大区域中（周春艳，2006）。

3. 形态分割方法

数学形态学是一门建立在严格数学理论基础上的学科，其基本思想和方法对图像处理的理论和技术产生了重大影响。数学形态学在高分辨率遥感影像分割中起着重要作用。数学形态学用于图像分割的缺点是对边界噪声敏感。为了改善这一问题，刘志敏等（1998）提出了基于图像最大内切圆的数学形态学形状描述图像分割算法和基于目标最小闭包结构元素的数学形态学形状描述图像分割算法，并使用该算法对二值图像进行了分割，取得了较好的效果。邓世伟等（1995）提出一种基于数学形态学的深度图像分割算法。朱长青等（2004）提出了一种形态分割方法，此方法是基于测量方法的灰度形态开、闭运算的差定义的。该方法与区域增长技术相类似。不同于标准的形态分割方法的基于边缘检测技术的分水岭线的检测。它尝试寻找

一些对图像的边缘表面有影响的边缘结构,边缘结构的大部分像素被看做边界像素。这种方法性能优于传统的分割方法,它能保留小的但在图像中占有重要地位的区域,能减少传统形态分割中引人注目的超分割问题,因此,这种方法有利于处理高分辨率遥感影像。

4. 多尺度分割

常用的有基于邻域异质性最小的多尺度分割方法、基于置信度的均值漂移多尺度分割方法以及基于随机场模型的多尺度分割方法。

(1) 基于邻域异质性最小的多尺度分割方法。该方法是由 Battz 和 Schäpe(1999) 提出的,是一种区域增长和合并方法。它采用自底向上的区域增长方式,即数据驱动方法对影像进行完全的分割。具体策略为,从单像素大小的影像区域(对象)开始,在全图范围内,把相邻的小影像区域逐步合并为更大的影像区域。在每一步合并处理步骤中,基于新生成的更大影像区域局部异质性最小进行相邻影像区域的合并;当新生成的更大影像区域异质性大于由尺度参数定义的阈值时,合并过程将终止,程序完成影像分割。该算法在 eCognition 软件得到实际应用。

杜凤兰等(2004)、王文宇等(2006)、丁晓英等(2005)利用 eCognition 对影像进行分割和分类取得好的效果。该技术在进行分割的过程中可根据不同的景观现象设置不同的分割停止阈值,从而生成不同尺度的影像对象层,与原始遥感影像不同的是分割后影像层中的基本单元已不再是单个像元,而成为具有丰富空间、纹理与邻域信息的有意义对象。

如果需要分析的景观地物比较复杂,其尺度效应十分明显,则分割阈值的设置就非常关键。每种地物在其相应尺度的影像层中进行提取分析,这比不同性质地物在同一尺度的数据中进行提取分析要理想得多,得到的结果也精确得多。合适的尺度的选择直接决定影像对象的大小以及信息提取的精度。对每一幅影像进行多尺度的分割都要求有其特殊的尺度,如提取房子和树木的分割所采用的尺度明显地小于提取森林与草地需要的尺度。分割尺度不同,形成的多边形差异很大,尺度越小,生成的多边形越多,单个多边形的面积越小。对于一种确定的地物类型,最优分割尺度值是分割后的多边形能将这种地物类型的边界显示得十分清楚,并且能用一个或几个对象表示出这种地物,保证既不能太破碎,也不能边界模糊。不同的分割阈值生成相应尺度的对象层,从而构建影像对象之间的层次等级网络。该网络以不同空间尺度表示了多边形对象所包含的影像信息,每一个影像对象"知道"它的左右邻域以及上层对象、下层对象。分割尺度最小的对象层中包含的多边形最多,而分割尺度较大的对象层中多边形包含的像元数目就比较多,且对象数量比较小。在对象层结构安排方面,分割前的原始影像作为层次网络的最底层,小尺度的对象层放在网络结构的底部,而大尺度的对象层放在网络结构的顶部。新生成的对象层可以放在已存在层的上面、下面或两层之间创建新的层,也可以覆盖原有的层。每一层以它直接的子对象为基础来构建,对子对象进行合并生成较大对象的对象层;或者以其父对象为基础构建,对父对象进行分割得到较小对象的对象层。影像对象的层次网络给类别信息的提取提供了方便:影像对象的信息可以在同一时刻以不同的空间尺度被表达,因而可以利用它们之间的关系进行分类;不同的等级层次可以根据不同的数据被分割;影像对象的形状可以根据再分类的子对象进行修正。

(2) 基于置信度的均值漂移多尺度分割方法。均值漂移(Mean Shift)是一种是非参数估计密度函数的方法,它使每一个点通过有效的统计迭代"漂移"到密度函数的局部极大值点(Comaniciu and Meer, 2002)。基于置信度的均值漂移分割算法通过分析影像的特征空间并进行聚类来达到分割的目的。它首先将影像空间中的元素用对应的特征空间表示,通过将特征空间的点聚集成团,然后再将它们映射回影像空间得到分割的结果。通常,并不能预先知道影像中待分割出的确切的类别数,并且各类地物的概率分布密度的参数形式也是未知的。Mean Shift 算法通过直接估计特征空间概率密度函数的局部最大值来获得未知类别的密度模式,并确定这个模式的位置,然后使之聚类到和这个模式有关的类别当中去。

(3)基于随机场模型的多尺度分割方法。基于高斯马尔可夫随机场(GMRF)模型的纹理图像分割方法是基于统计的方法,通过分析图像的灰度空间的分布情况来提取图像的纹理特征,然后利用聚类方法如 K-means 聚类法等在纹理特征空间中聚类来完成图像的分割。

基于马尔可夫随机场模型的分割技术可以是监督分割或非监督分割(李旭超,2006)。在监督分割方法中,标号数已知,模型参数可以从训练样本中获得;而在非监督分割方法中,标号数未知,模型参数必须从观察图像中估计。因此,非监督分割问题实质是随机场模型同观察图像的拟合问题。在实际应用中,训练数据往往无法获得,因此非监督分割方法在实际应用中更广泛。在空域中,非因果马尔可夫随机场模型在图像分割中得到了广泛的应用。

空域非因果马尔可夫随机场模型 N-MRF(Non-causal Markov Random Field)是贝叶斯图像分割中的常用方法(李旭超,2006)。通常考虑四方面的问题:①特征场的建模方法;②标号场的表示;③模型参数的估计;④图像分割的准则。

这种建立在像素级的 N-MRF 具有完美的数学推导和理论框架,在计算机视觉中有广泛的应用(Geman,1984)。特征场的表示通常采用高斯 MRF(Noda, et al,2002;Tab, et al,2006;Thrasyvoulos,1992;赵银娣,2006)或自回归 MRF 来建模(Wang,1999)。高斯场根据邻域像素之间的交互关系又可以分为高斯混合模型和高斯马尔可夫随机场。高斯混合模型假设相邻像素之间相互独立,而高斯 MRF 则考虑了相邻之间的约束关系。另外,为了使特征场更好地拟合观测数据,也有人提出使用通用混合分布来表示特征场的方法(李旭超,2006)。常用的模型参数估计方法有最小二乘法、极大似然法、伪极大似然法、EM 算法和遗传算法等。建模完成后,必须选择合适的分割准则进行分割。常见的分割准则有极大后验准则(MAP)、极大后验边缘概率准则(MPM)、最小方差估计准则(Bouman,1994)等。

由于图像的非平稳性,使得非因果马尔可夫模型在图像分割应用中受到了限制,于是发展了一种建立在空域上具有因果关系的马尔可夫层次模型(Bouman,1994)。这种模型具有有效的算法,但仍然是建立在空域的基础之上,因此对图像的非平稳性仍然很难刻画。随着小波理论的应用成熟,现在发展了一种建立在小波域上的马尔可夫层次模型(Noda, et al.2002;Wang,1999),这种模型能较好地刻画图像的非平稳性,在纹理图像分割上表现出良好的应用前景。

9.3 高分辨率影像的解译与智能目标识别

9.3.1 高分辨率遥感影像分类与解译方法

传统的基于统计理论的分类方法已经发展得很成熟了,在现有的商业遥感软件中都有非常成功的应用。但是每种方法都还存在着缺点,潘建刚等(2004)对传统的分类方法进行了总结。

对于高空间分辨率的遥感图像如果再利用单一的传统分类方法,就会造成分类精度降低,空间数据大量冗余。因此,近几年出现了很多新的分类方法和理论,这些理论和方法基本还处在研究探索的阶段,下面予以简要说明。

1. 基于知识的影像分类方法

光谱信息仅是地物特征的一个方面,地物与地物的差别不仅只是表现在光谱信息上,而且还表现在形态、大小、位置分布、空间结构等各个方面,因此,必须将诸多因素纳入到分类体系中。如黎夏(1995)利用地物的形状信息对分类结果作后处理,并提高了分类精度;周成虎等(1996)采用基于知识的方法识别 AVHRR 影像上的水体;术洪磊等(1997)采用 GIS 辅助知识的方法对影像进行分类。

2. 决策树分类

决策树模型(Decision Tree)是数据建模时常用的一种方法。1986 年 Quinlan 提出了著名的 ID3 算法(Quinlan,1992)。在 ID3 算法的基础上,1993 年又提出了 C4.5 算法。为了适应处理大规模数据集的需要,若干改进的算法被相继提出,其中 SLIQ 和 SPRINT 是比较有代表性的两种算法。

(1)ID3 算法。核心是在决策树各级节点上选择属性时,用信息增益(Information Gain)作为属性的选择标准,以使得在每一个非叶节点进行测试时,能获得关于被测试记录最大的类别信息。其具体方法是:检测所有的属性,选择信息增益最大的属性产生决策树节点,由该属性的不同取值建立分支,再对各分支的子集递归调用该方法建立决策树结点的分支,直到所有子集仅包含同一类别的数据为止。最后得到一棵决策树,它可以用来对新的样本进行分类。ID3 算法的优点是:算法的理论清晰,方法简单,学习能力较强。其缺点是:只对比较小的数据集有效,且对噪声比较敏感,当训练数据集加大时,决策树可能会随之改变。

(2)C4.5 算法。C4.5 算法继承了 ID3 算法的优点,并在以下几方面对 ID3 算法进行了改进:①用信息增益率来选择属性,克服了用信息增益选择属性时偏向选择取值多的属性的不足;②在树构造过程中进行剪枝;③能够完成对连续属性的离散化处理;④能够对不完整数据进行处理。

C4.5 算法产生的分类规则易于理解,准确率较高。其缺点是:在构造树的过程中,需要对数据集进行多次的顺序扫描和排序,因而导致算法的低效。此外,C4.5 只适合于能够驻留于内存的数据集,当训练集大得无法在内存容纳时程序无法运行。

此外,分类回归树(CART)(刘勇洪,2005)也是一种常用的决策树分类法,它利用训练样本来构造二叉树并进行决策分类。

王萍(2004)和罗来平(2006)详细阐述了决策树分类法;李爽等(2003)采用决策树法对 Landsat TM 图像进行分类取得好的效果;刘勇洪等(2005)用决策树法对 MODIS 数据进行分类,精度较高;都金康等(2001)提出使用决策树方法建立了一个决策树模型,从 SPOT5 卫星影像中来自动提取水体信息;杜明义等(2005)建立了一个基于决策树的荒漠化模型,对土地荒漠化进行了遥感图像分类研究;李彤等(2004)则应用了决策树方法进行了土地覆盖分类方面的应用。

3. 多分类器分类

在实际应用中,不同的分类器之间可能有一定的互补性。近年来多分类器结合的思想在遥感图像分类领域,特别是针对高分辨率遥感图像也逐渐得到应用。分类器组合主要有两种方式:一种是分类器的选择,另一种是分类器的融合。从组合的形式上来说有串行组合、并行组合、层次组合。目前，比较流行的多分类器组合技术主要有 Bagging 算法和 Boosting 算法。参考文献(何灵敏,2006;石洪波,2004;唐伟,2005)对 Bagging 和 Boosting 算法进行了详细的阐述并使用该方法对 IKNOS 影像进行了分类,精度较高。柏延臣等(2005)采用多分类器法对美国 Lanier 湖区的 Landsat TM 数据进行分类。Gincinto 和 Roli(1997)通过将多个神经网络分类器结合进行遥感图像软分类;Wilkinson 等(1995)提出了一种将神经网络分类器和统计分类器结合进行遥感图像分类的方法。

4. 人工智能和专家系统影像解译法

随着研究的发展,人们利用知识工程和专家系统来解决分类问题,研究遥感解译知识的获取、表示、搜索策略和推理机制,并将解译专家系统用于遥感影像解译的研究工作。这在一定程度上可提高计算机解译精度,但远未达到实用阶段的水平,都还处于研究探索的阶段。主要包括以人工神经网络为代表的生理仿真技术和基于知识的逻辑推理技术。现有的神经网络模型主要有基于多层感知器的遥感影像分类模型、基于径向基函数的遥感影像分类模型(骆剑承,周成虎;2000)、基于学习向量分层-2 网络的遥感影像分类模型、基于 Kohonen 自组织特征映射网络的遥感影像分类模型(刘修国,2004)、基于自适应共振模型的遥感影像分类模型、分层神经网络分类算法(熊桢,2000)、海布里德学习向量分层网络分类器、模糊神经网络、小波网络,等等。甘淑等(2003)利用专家系统对滇西北植被影像进行分类。

5. 模糊分类

遥感图像像元所描述的对象由于各种原因往往具有模糊性,遥感影像中每一个像元中可能混有所有的类别,只是隶属度不同而已,模糊分类的关键在于确定混合像元中各类别的隶属度。然而,目前确定模糊隶属函数还没有一种成熟有效的方法,仍然停留在依靠经验确定,带有一定的主观性和盲目性。

6. 基于支持向量机的分类

SVM 在形式上类似于多层前向网络,而且也可以用于模式识别、回归分析、数据挖掘等方面。但是,支持向量机方法能够克服多层前向网络的固有缺陷,它有以下几个优点:它是专门针对有限样本情况的,根据结构风险最小化原则,尽量提高学习机的泛化能力,其目标是得到现有信息下的最优解而不仅仅是样本数趋于无穷大时的最优值;算法将实际问题通过非线性交换转换到高维的特征空间,在高维空间中构造线性判别函数来实现原空间中的非线性判别函数,这一特殊的性质能保证机器有较好的泛化能力;它巧妙地解决了维数灾难问题,使得其算法复杂度与样本维数无关。许磊(2006)和刘志刚(2004)探讨了支持向量机在遥感分类中的应用,在高分辨率遥感影像目标识别中的应用是当前该算法的一个重点研究方向。

7. 纹理分类方法

随着高分辨率遥感的飞速发展,影像能够表现的细节越来越详细,因此纹理的分析与分类,特别是对于高分辨率遥感的分类就显得越来越重要。近来图像纹理是学术界的研究热点,出现了很多有关纹理研究的理论和方法。纹理的分析方法大致可以分为结构方法、统计方法、模型方法和数学变换方法四种。

结构方法认为纹理由许多小的纹理元构成,不同类型的纹理基元,不同的方向、形状等,决定了纹理的表现形式。纹理基元在遥感影像里很难确定或者分辨。数学形态学的运算可以消除图像中不相干的细节,保持住图像形状的主要特征,从而实现纹理分割。

统计方法主要是灰度共生矩阵和灰度游程长度法,Haralick 于 1973 首先提出灰度共生矩阵,定义了反差、熵、逆差矩、灰度相关、能量、角二阶矩以及协方差等14种纹理特征。灰度游程长度即为同一直线上具有相同灰度值的最大像元集合,它与灰度级数、长度、方向等因素有关。孙艳霞(2005)详细论述了共生矩阵的应用。

模型方法包括自相关模型、马尔可夫随机场模型和分形模型。利用图像的自相关函数$\rho(x,y)$随x、y大小变化的规律,可以描述图像纹理的粗糙度、规整度、粗略度等特征。Markov模型反映了纹理的结构,即纹理元之间的相互关系,而模型参数则表达了纹理元的特性。黄桂兰、郑肇葆(1997)对基于Markov随机场的方法进行了实验研究。黄宁等(2003)研究了基于高斯隐马尔可夫随机场的遥感分类。基于分形几何的影像纹理分析是以影像纹理的分维值作为最基本的分析工具。对遥感图像的分维最常用的算法有以下几种:①基于尺度变换的方法;②利用测度关系的方法;③用密度相关函数的方法;④利用光谱密度的方法;⑤基于表面积与体积的分形关系的方法;⑥用分布函数的方法。

利用表征图像灰度曲面和自然形状的代表性模式是Fractal Brown函数分维值(肯尼思,1993;黄桂兰,1995)。薛重生和王霞等(1997)以及黄桂兰和郑肇葆(1995)都对分形几何在遥感影像分析中的应用进行了详细的探讨。

数学变换方法包括空间域滤波、傅里叶滤波、Gabor和小波模型等。过去对纹理分析缺乏对不同尺度的纹理有效分析,最近发展起来的Gabor和小波变换可以克服单一分辨率的缺点。小波变换提供了一种多分辨率分解,可以从粗到细对影像分析,并且在每一水平上都可以提取信息。朱长青和杨晓梅(1997)提出了一种称为最佳分辨率小波分解的方法,他们认为遥感影像在小波分解的中频通道含有最重要的纹理信息,并对这一通道进行了再分解。朱长青等研究了基于小波变换特征的遥感地貌纹理特征提取和分类方法,结果具有较高的分类正确率。陈杉和秦其明等(2003)利用小波变换对高分辨率遥感影像进行纹理分类,取得较好的分类结果。

此外,武汉大学的郑肇葆(2003)研究了基于遗传算法与单纯形法组合的影像纹理分类方法,李霆等(2003)研究了基于遗传聚类的遥感分类算法。

8. 数学形态学在影像分类中的应用

数学形态学以几何特性和结构特性的定量描述与分析为其主要研究内容,而高分辨率遥感影像恰好提供了清晰的几何信息和结构信息。加拿大学者将多级形态分解应用于一幅SPOT全色波段图像进行土地覆盖的分类处理;日本学者将形态边缘检测应用于日本名古屋一幅陆地卫星TM 1波段数据的分类处理,以提取水体(张宝光,2000);琚存勇等(2005)用形态学对高分辨率影像分类取得较好的结果。

9. 面向对象分类方法

随着遥感卫星数据获取技术的不断发展,遥感影像空间分辨率不断增高,已经达到亚米级。在高分辨率影像上,不仅地物的光谱特征更明显,其景观的结构、形状、纹理和细节等信息也都非常突出,加之空间分辨率的增加使得影像的尺寸或相同地面面积的像元数目也随之增加,因而传统的基于像元的,尤其是基于像元光谱统计的影像处理方式的效率以及其所能获得的结果信息都是十分有限的,而且其处理结果中往往会存在许多小斑块。因此,为了更好地实现高分辨率遥感影像的信息提取,充分利用高分辨率影像的丰富信息,同时克服传统信息提取的困难,面向对象的遥感影像信息提取方法和软件应运而生。该方法以对象为最小单元,在分类时不仅依靠地物的光谱信息,更多地是利用地物的几何形态和结构信息。德国Definiens

Imaging 公司已经基于这种思想开发了软件系统 eCognition 并成功将其投入商业运用,随着该软件的广泛成功应用,也出现了大量面向对象分类技术的相关应用研究和文献。研究表明,在多数情况下,基于基元的遥感影像分析理解方法会比基于像元的遥感影像分析理解方法取得更好的效果,特别是应用在中、高空间分辨率的遥感影像上。

面向对象的遥感信息提取技术以相同特征的"同质均一"的图块对象为基本分析单元,如光谱、纹理和空间组合关系,对象的属性包括颜色、尺寸、形状、结构、纹理、阴影、空间关系等。由于顾及了更多的结构、特征等信息,面向对象遥感信息提取的精度高、效果好,并逐步得到深入的应用。Feature Analyst(FA)和 eCognition(EC)是目前最先进的两种针对高分辨率遥感影像信息提取的商业化软件。FA 以特定地理目标为提取对象,比如道路、建筑物、桥梁和植被等,结合使用基于像元水平的空间信息,以此提取并分析影像中的全部特定对象。EC 的提取对象不是单个的特定目标,而是基于图像分割后的多边形,结合使用影像空间和波谱两方面的信息,对整幅图像进行分类及分析(牛春盈,2007)。

成功地利用机器学习技术是这两个软件的重要特征。机器学习技术在遥感影像处理中的应用研究已经有多年历史,但成熟的商业化软件一直比较少见。FA 和 EC 成功地将机器学习应用于实际,并通过用户干预的方式实现。首先,由用户通过定义样本或给定初始规则来指定要提取的特征;然后,计算机学习样本以进行分类,在获得初始提取结果之后,用户可修改或精化提取规则来迭代学习过程以改善结果;最后,手工编辑提取的结果,去除没有处理好的部分。FA 的分类算法尚未公开。EC 采用多种分类方法:基于样本的监督分类,基于知识的模糊分类,二者结合的分类及人工分类,其中基于样本的监督分类和基于知识的模糊分类是其核心。基于样本的监督分类使用最近邻法,通过在特征空间中寻找最近的样本对象进行分类;基于知识的模糊分类使用成员函数法,利用图像对象与样本对象之间距离的大小确定每个对象隶属于某一类别的程度。美国国家地理空间情报局(NGA)对 FA 和 EC 的机器学习算法的评估指出:这两种软件都能够有效提高分类精度,但其自动提取工具仍需一定程度的人工干预,且这种人工干预通常不可或缺(牛春盈,2007)。

目前,国内外许多学者对面向对象的遥感信息提取进行了大量研究和实验。孙晓霞等(2006)利用面向对象信息提取的软件提取 IKNOS 影像中的河流和道路,精度较高。明冬萍等(2005)提出了面向对象的信息提取框架。Willhauck 等(2002)采用面向对象的影像分析方法,集合了多种数据如 ERS SAR 影像、植被图及 NOAA 数据,完成了印尼在 1997 年与 1998 年严重森林火灾后的制图任务。Huang 等(2003)进行了相关的实验,也对这种基于基元和面向对象的分类结果的精度和准确性进行了肯定。尤其值得一提的是,第一个面向对象的遥感信息提取软件 eCognition 已经采用了面向对象和模糊规则的处理与分析技术并成功将其投入广泛商业运用。王文宇等(2006)对比了 ERDAS 和 eCognition 的分类结果,eCognition 的结果好于 ERDAS;丁晓英(2005)利用 eCognition 对土地进行分类;牛春盈等(2007)对面向对象影像信息提取软件 Feature Analyst 和 eCognition 做了分析与比较。面向对象的影像分析渐渐地成为一种趋势。

总的来看,面向对象的遥感影像分析方法的潜在优越性(陈秋晓,2003)表现在如下方面。

(1) 改善影像分析和处理的结果。与直接基于像元的处理方式相比,基于对象的遥感影像分析和处理更符合人的逻辑思维习惯。

(2) 提高处理和分析效率。面向对象的遥感影像分析和处理,显著地提高影像处理和分析速度。另外,这些对象可以方便地存储在数据库中,并可以在需要的时候及时调用。

(3) 提升空间分析功能。面向对象的遥感影像分析方法能够引入各种空间特征如距离、拓扑邻接、方向特征等,使空间分析变得容易,从而使遥感影像分析系统具有空间分析方面的先天优势。空间分析功能的提升,有望使这些影像分析系统升格为相关学科的主流分析平台。

(4) 促成多源数据的融合,引导 GIS 和 RS 的整合。面向对象的遥感影像分析具有更深层次的意义,它可能在很大程度上诱导 RS 和 GIS 的高度整合。

综上所述,面向对象的影像提取技术是在空间信息技术长期发展的过程中产生的,在遥感影像分析中具有巨大的潜力。随着影像分辨率的提高,影像目标地物轮廓更加清晰,空间细节信息更加丰富,在这种情况下,面向对象的影像信息提取方法的应用将成为未来信息提取方向的一个重要发展趋势,具有较好的发展前景。

9.3.2 高分辨率遥感影像目标识别中的特征提取与影像理解

一般来说,进行基于高分辨率遥感影像的目标识别,信息处理是在低、中、高三个层次上进行(王润生,1997)。低层处理提取输入图像的边缘、线段、纹理、角点等特征,得到要素图。中层处理对图像中感兴趣目标进行检测和测量,以获得它们的客观信息从而建立对图像的描述。中层处理输出的可以是对目标特征测量的结果,也可以是基于测量的符号,它们描述了图像中目标的特点和性质。高层处理是在中层处理的基础上,进一步研究图像中各个目标的性质和它们之间的相互关系,并得出对图像内容含义的理解以及对客观场景的解释。对影像从不同角度进行分析,在各个层次上采取不同的方法,就构成了不同的目标识别或影像理解系统,这些系统之间的差别主要表现在智能化处理程度的不同。

1. 底层特征提取

无论是桥梁、道路等点、线状地物,还是建筑物、机场、港口等面状地物的自动或半自动提取,都涉及底层特征提取的问题,而且底层特征提取结果的好坏直接关系到后续的目标识别过程。影像底层特征提取是为目标识别和影像理解提供与任务相关的图像结构和线索。影像底层特征包括点状特征、线状特征、形状特征、灰度特征、纹理特征等。底层特征提取方法有二值化、边缘跟踪、模板匹配、区域分割、形态分析、动态规划等。

以道路提取为例,Nevatia 和 Babu(1980)将影像与一组边缘滤波器进行卷积,求得边缘强度、方向,然后通过设定阈值和细化检测边缘像素,最后将边缘像素连接起来得到影像中线状特征即道路。GDPA(Wang and Paul,1992)也是一种基于边缘检测的道路提取方法,该方法通过梯度、梯度方向以及沿着梯度方向的断面寻找影像中的脊线(Ridge)来检测道路。Steger(1996)利用微分几何提取影像中的线状目标,包括直线和曲线。提取的分段直线或曲线通过连接算法得到道路和道路连接点。Vosselman 和 De(1995)结合最小二乘和卡尔曼滤波,利用垂直于道路方向的灰度断面进行道路跟踪,这种方法也可以看做一种模板匹配方法,只不过模板的形状固定不变。可变模板轮廓跟踪最早由 Kass(1987)提出,后来广泛用于医学图像轮廓提取;Grun 和 Li(1997)将该方法和最小二乘结合用于道路提取。早期该方法对种子点的初始位置要求较严,后来许多学者在该方法基础上提出了许多改进算法用以克服上述问题。区域分割是图像分析的一个重要工具,在道路提取中也有重要应用,特别是在高分辨率影像中,大部分道路表现为具有狭长形状的区域,因此可以通过区域分割方法将道路区域提取出来,然后基于边界跟踪得到道路轮廓。Benjamin 和 Gaydos(1990)采用最大似然法对红外图像进行分割,Zhang(2003)用 ISODATA 对彩色影像进行分割,得到道路区域;Faber 和 FoRSTNER(1999)对城区多光谱高分辨率影像基于纹理分析进行图像分割提取道路;Lee(2000)采用分水岭变换对高分辨率影像进行分割,然后结合道路知识提取道路;Mena(2003)基于纹理分析对影像进行分割提取道路。数学形态学在图像分析中占据着重要的地位,同样在道路提取中有着广泛应用。Zhang(1999)提出了一种基于数学形态学的道路网提取方法,与此类似的还有安如等(2003)所做的工作,该方法首先基于光谱信息对影像进行分类,根据道路的光谱信息确定道路区域;然后基于形态,运算滤除与道路具有相似光谱特征的目标得到道路。

在建筑物提取方面,Lin and Nevitia(1997)等提出利用边缘检测算法提取建筑物屋顶边缘线。唐亮等(2005)提出了将直线 Snakes 方法应用于建筑物提取的方法。侯蕾等(2006)综合利用建筑物的若干特征进行了建筑物的识别。田岩等(2002)探讨了利用 Canny 边缘检测算子并结合几何位置关系进行直线段提纯处理的航空影像矩形房屋提取方法,该算法在高分辨率(0.5m 以上)全色航空影像上提取大型建筑物有一定效果。

底层特征提取为最终目标识别提供最原始、最直接的信息。在目标提取中究竟需要提取哪些底层特征,如何由底层特征识别目标由高层图像理解部分决定。但是可靠、高效的底层特征提取为高层目标识别奠定了坚实的基础。

2. 中层特征编组

底层处理的结果是得到以像素为单元测出的图像特征,作为中层处理的输入。中层处理是对底层处理结果进行分析、选择、编组、抽象、综合,形成符号描述,减小数据量,提高描述质量,更接近图像的本质。

Pires(2000)基于 Hough 变换从底层特征、边缘图中抽象出直线符号,进而从高分辨率航空影像中提取道路和建筑物。Hough 变换对噪声不敏感,但是运算量大,效率不高。

Bajcsy 和 Tavakoli(1976)在道路提取的研究中对模板匹配检测出的边缘像素进行选择连接,选择连接的依据是道路的曲率和道路点间的距离。Ton 等(1989)根据在高分辨率遥感影像中道路表现为一组平行线所界定的区域这一特点,对底层边缘特征进行组织,在所有边缘中搜索相互平行的边缘,从而从 Landsat TM 影像中自动提取道路。文贡坚(2001)基于卡尔曼滤波器在边缘图中提取直线,得到直线符号描述,在此基础上对城市主要道路进行提取,该方法提取直线基元速度较快且鲁棒性较好。蔡涛(2001)基于多波段遥感影像提取道路网,该方法通过在不同波段的影像分别提取直线和平行线对,以克服影像中道路表示的不确定性。

陶文兵和柳健等(2003)提出了一种从航空城区图像中自动提取矩形建筑物的方法。该方法基于从航空城区图像中提取的边缘,经过轮廓跟踪,采用 Splitting 方法提取直线,得出其相应的直线几何图形,提出了一系列直线处理的方法(如直线的分类、排序、合并、调整等);引入知识定义了几种近似的矩形结构;采用几何结构元分析的方法,提取图形中构成矩形的各种基本结构元,再根据结构元合并的准则,将各种基本结构元通过一定的合并算法合并成矩形结构。Tavakoli 和 Rosenfield(1987)以灰度和几何信息来组合线段,根据相容性条件来构成块,最后综合块与提取出的阴影的关系来确定该块是否为建筑物。这种利用阴影分析的方法最大的缺陷就是当建筑物阴影不存在(如无太阳或在太阳的正下方)或当地面不平坦时很难实用。

在基于区域分割的道路提取方法中,中层处理对经分割后得到的不同区域进行处理,从中得到关于区域的形状、灰度、熵、矩等特征描述。Nagao 和 Matsuyama(1980)首先对图像进行平滑,基于光谱特性对图像进行分割。在分割图像中提取几何和光谱特征,得到对底层特征的符号描述。在高层处理阶段依据中层处理结果对这些区域进行连接,最终得到道路及道路网络。

在中层处理中,感知编组方法应用非常普遍。感知编组概念来自格式塔心理学研究人眼识别目标时的视觉机制所得到的成果。在影像理解中,它是指将低层原始特征、线索进行整合,组织得到对影像数据明晰的、结构化的描述,从而提高后续处理的效率和鲁棒性。

胡翔云(2001)基于感知编组对底层特征进行组织,将分散、不连续的边缘依据道路属性连接为道路网,该方法主要从中小比例尺影像中提取道路网。Lin和Nevitia等(1997)提出根据感知分组理论,利用边缘检测算法得到图像中的边缘,再根据空间关系对边缘图像中的边缘线段进行分组,搜索平行线,并在此基础上搜索矩形,以组成符合建筑物空间结构的轮廓,从而得到建筑物位置。Yoon和Kim等(1999)将边缘线段组成线段空间关系图,按照图的搜索方法,找寻可能的建筑物结构,即可以构成建筑物轮廓的线段集合。Lee(2003)在采用ECHO分类器(Kitting,1976)对多光谱IKONOS图像进行建筑物分类和掩模处理的基础上,采用Hough变换提取建筑物的主导方向线,结合房顶呈矩形(或矩形组合)这一合理的假设条件检测出所有的建筑物单元并进行边界跟踪,以提取出最后的建筑物边缘线。孟亚宾(2007)结合主方向探测和直线角度统计的方法,并结合直线之间的几何关系,如共线、平行、垂直等,对矩形组合型建筑物的垂直边进行跟踪,并将相距很近(在一定的阈值范围内)的两条边界直线合并为一条边界直线,使这些直线构成完整的房屋边界,并除掉多余的干扰直线。

中层处理在对底层特征进行分析、编组时,经常用到多尺度和多分辨率分析。这里多尺度分析特指对输入影像用不同尺度的高斯滤波器进行滤波,得到不同尺度下的平滑影像。小尺度下的平滑影像可以分析目标精细结构,大尺度平滑图像可以对目标的全局特征进行提取、分析。将不同尺度下的分析结果融合在一起,从而得到目标的更全面的信息。多分辨率分析则是分别在高分辨率和低分辨率影像中对同一目标的特征进行分析、综合。由于同一目标在不同分辨率影像中表现形式不同,多分辨率分析可以将二者的优点结合起来,从而得到较好的识别结果。Heipke和Steger(1995)在不同尺度上分析影像中道路特征用以识别目标。Mayer和Laptev(1997)对多尺度分析理论用于道路提取进行了详细分析,给出了一个理论框架,对基于多尺度道路提取具有指导意义。Hinz等(2001)、Laptev和Mayer(2000)分别基于多分辨率分析从高分辨率影像中提取道路。

中层处理是对底层处理结果进一步简化抽象,以形成可以与目标表示自然匹配的结构形式,起着承上启下的作用,所进行的运算包括比较和加工底层提取的、与区域、直线、表面有关的记号,再进一步编组、累积,以形成与目标匹配的中层符号描述。中层处理得到的符号描述是对影像所反映的现实世界更稳定、更全面的描述。

3. 高层目标识别

高层处理是在底层和中层处理基础上,对中底层输出的线索和假设进行仲裁、验证、推理,最终得到对影像中目标的描述。高层处理阶段涉及的大部分运算是符号计算和管理目标模型的几何数据计算。由于在三维世界向二维影像投影过程中损失了大量信息,引入各种先验知识弥补信息损失,推断成像过程中因遮挡、阴影等引起的部分目标和景物丢失成为一种自然的选择。

高层处理用到的关于目标的先验知识,包括目标的一般模型,目标间的相互关系等。知识存储在知识库中,识别时将中层处理得到的关于具体影像的符号描述和知识库中关于目标的一般模型进行匹配,匹配过程可能需要在知识引导下进行。

近来随着人工智能和面向对象信息提取技术的发展,出现了基于知识提取复杂景物影像中地物的趋势(Arcot,2000)。基于知识的地物提取不再依赖于影像符号描述和一般模型描述之间的匹配,而是基于知识进行验证、推理的结果,并且基于知识的系统具有较好的灵活性和识别率。

基于知识的影像理解的一个关键问题是如何表示知识。基于知识的地物(如道路、建筑物等)提取方法使用较多的是基于规则推理、语义网络的知识表示方法。

Wang(1998)基于产生式规则推理的知识表示方法,从 Landsat 影像中提取农村地区的高速公路网,平均识别率达到 87%。采用相同知识表示方法的还有 Vosselman(1995)等。近来基于语义网络表示的方法似乎更受学者们的青睐,出现了许多基于语义网络的影像理解系统。其中专门用于道路网络提取的有 Hinz(2001),该论文对道路在现实世界的特性,道路的几何、材料特性,道路在影像中的表现形式以及三者之间的联系用语义网络进行描述。道路与周围环境的关系同样基于语义网络进行描述。在提取道路线索、产生道路假设后,基于知识对道路假设进行验证;同时基于道路的全局特征和上下文信息,借助知识推理对因遮挡、阴影而丢失的道路进行提取。在该论文中同时讨论了乡村和城市地区道路提取,虽然两者在具体特性的表现形式有很大区别,但提取策略是一样的。近来,Baumgartner 和 Hinz(2002)对该模型进行了进一步的完善。进行类似研究工作的还有其他一些学者。

Stassopoulou 等(2000)通过使用一种基于 Canny 算子的多尺度分割与边缘分割相结合的方法对影像进行分割和区域特征提取(几何形状、辐射特性、上下文状况,如道路建筑物之间的关系),并结合其他成像条件在 Bayesian 网络支持下支持识别并提取房屋特征。Croitoru 和 Doytsher(2004)针对 H 形的建筑物,提出了一种模型化的方法:首先对标准的 H 形建筑物模型各边角关系进行编码,形成字符串序列表示的建筑物模型;通过采用聚类的方法来检测建筑物所在位置并根据位置寻找影像的一个子集,在这个子集中仅包含一个建筑物单体;采用 Hough 变换方法进行直线段的检测,然后统计直线段的方向,寻找建筑物的主方向,根据主方向和建筑物相邻边相互垂直的特点排除干扰线段;对剩余的相互垂直的一些直线进行字符编码,将编码与知识库中的 H 类型建筑物模型编码进行匹配,获得待求 H 类型建筑物的具体参数。

在面向对象遥感影像分类软件 eCognition 中,由于采用了模糊分类方法,可以比较方便地添加分类规则。规则可以是底层的基于像元的灰度、光谱等的统计参数,也可以是分割后基元的灰度统计、邻域拓扑关系,还可以是不同空间尺度下的对象层次关系以及先验知识等,因此,该方法比较适合于在具有语义关系的环境中进行高层次的知识推理,被广泛应用于进行建筑物、道路、水体、绿地等信息的提取。

值得指出的是,高分辨率遥感目标识别与影像理解分为三个层次并不意味着三个层次的处理是孤立分开的。当高层处理出现竞争解释,需要新信息支持决策时,会反过来控制或重新进行有关的底层、中层处理。控制策略也不一定是低层-中层-高层的自下而上的方式,可以从目标模型出发,采取高层-中层-低层的自上而下的方式,还可以是这两种方式的混合。同时知识的应用并不仅仅局限于高层处理,在影像处理的各个阶段实际上都需要有知识的引导。

9.3.3 高分辨率影像典型地物提取

随着高空间分辨率传感技术的发展，利用遥感手段将会获得更加丰富的地表景观信息。然而，由于信息量大、细节增多、纹理变化复杂等原因，高分辨率卫星影像的处理和信息提取面临更加复杂的难题。

遥感信息提取的目标主要是人工地物，其中人工地物中的80%是道路和建筑物。提取道路和建筑物等人工地物具有很大的意义，可以实时地更新地理数据库和地形图，这一部分在地图上变动较频繁，所占的面积也比较大，因此，道路和建筑物的提取就成了信息提取所研究的重点。

1. 道路提取

道路提取分4个主要的步骤（胡翔云，2001）：①道路特征的增强；②道路"种子点"确定；③将种子点扩散成段；④道路段的判断与修复。目前研究中最主要的难点是综合利用道路关联信息和拓扑特性解决道路的自动连接和道路网的提取。另外，现有的方法基本都是半自动的提取，全自动的方法还不是很完善。半自动的道路提取方法主要有：基于二维小波变换的遥感影像中道路信息的提取（朱运海，2002）；基于像素与背景的算子模型的道路提取（Donald and Jedyna，1996）；基于树结构的特征判别模型的道路提取（Gruen，1985）；基于最小二乘B样条曲线的道路提取（Gruen，1997）；基于启发式图搜索的道路提取（Steger，1997）；基于聚类与模糊集的道路网络提取（Gruen，1995）；基于窗口模型特征的道路提取。自动提取方法有：基于平行线对的道路提取（Ton1989）；基于二值化和知识的道路提取（Donald，1996）。林宗坚（2003）、史文中（2001）对现有的道路提取方法进行了比较全面的总结。

目前比较成熟的原理性方法有以下几种。

①最小二乘模板匹配方法（Heipke，1994；Gruen，1994）。该方法在给定特征点初始值的条件下，以最小二乘法估计模板与影像之间的几何变形参数，解算和精度评定方法比较成熟，可获得较高精度。

②动态规划方法（胡翔云，2001）。该方法导出了道路的一般参数模型，将其表达成种子点之间的"代价"函数，以动态规划作为确定种子点之间最优路径的计算工具。

③Snakes或Active Contour模型（胡翔云，2001）。该方法来自计算机视觉界，将初始曲线的变形归结为外部约束、内在约束和影像特征引起的"势能"，由三者和的能量极值点作为结果，可扩展到三维。

④LSB-Snakes方法（Gruen，1999）。该方法是由最小二乘法与Snakes法结合起来的方法，将线状特征的样条描述和影像特征很好地结合，是目前理论上最为严密的方法。

⑤基于边缘跟踪的方法（Heipke，1994）。该方法给出起始点和方向，自动边缘跟踪，自动终止于无边缘处作为新的起点。

在高分辨率遥感影像上，随着影像分辨率的提高，影像细节特征越来越丰富，道路目标也越来越多，许多较窄的在低分辨率影像上难以辨别的道路也能分辨出来。可是，随之而来的是影像上非目标噪声也越来越多。利用目前已有方法，提取高分辨率影像道路特征则比较困难，因此，如何有效地利用高分辨率影像的高分辨率特性提取道路值得研究。一般地，在高分辨率遥感影像上，道路具有一定的宽度，其形状像一个窄的矩形或带状线；在城市区域，道路长度通常大于或等于一个街区；同时道路网络具有一定的规则。深入分析研究这些高分辨率影像道路特点,对于利用高分辨率影像提取道路网络具有重要意义。

2. 建筑物提取

建筑物提取主要有以下三种思路。

①以区域分割为基础的区域分析。如 Nago 的航空像片理解系统;张煜采用几何约束与影像分割相结合的快速半自动房屋提取(张煜,2000);杨益军(2002)针对建筑物密度高,且灰度值大于背景值的航空影像提出了基于区域分割进行建筑物检测;巩丹超(2002)针对顶部灰度和纹理均匀一致的建筑物也提出了基于分割区域进行边缘追踪的提取思路。

②基于角点检测和匹配的方法。徐芳(1998)基于角点检测和匹配的方法设计建筑物的半自动提取,但是没有充分利用房屋的直线边缘信息;巩丹超(2002)针对建筑物边缘清晰的影像提出了基于边界线检测的建筑物提取。

③由于航空摄影测量相片具有优越的提供立体相对的能力,极大地促进了基于多片、多视角分析技术的建筑物高度提取以及三维重建。

此外,有研究中利用 DSM 或现有 GIS 数据等再辅助获得建筑物高度信息的(Claus,2000)。目前对建筑物的提取的模型还有待于进一步完善,对知识和线索的利用和集成的程度也有待于提高。

建筑物的检测与定位目前越来越受到人们的关注,研究者们从各种不同的途径提出了多种方法(徐锋,2003)。李月海(2006)分析了以候选建筑物重心为种子点存在的缺陷,提出了一种新的寻找种子点的方法。尤红建(2005)提出基于双向投影直方图的建筑物匹配识别。杨益军(2002)分析了基于灰度的检测方法。除了上述的几大类检测方法外,还有一些其他的检测方法,诸如不同数据源的融合分类检测(Tupin,2003),机器学习方法检测屋顶(Maloof,2002)等。Nevatia 等(1997)利用单幅影像直接提取建筑物,这类检测方法一般是先检测直线和角点等低层特征,通过生成矩形轮廓来假设屋顶轮廓,用高度、阴影和墙来验证屋顶轮廓,这些方法对扁平屋顶和人字形屋顶的建筑物提取具有一定的效果。但是,仅仅利用单幅影像要从二维图像推断出三维信息是很困难的,而且不能得到好的鲁棒性。Roux(1994)利用了多幅影像对直线以及角点等低层特征进行匹配,从而使提取的结果更具鲁棒性。Kim 等(2000)利用多幅影像进行立体像对匹配,得到 DEM 数据,从而更好地分离建筑物。Yanlin 等(2001)则结合灰度图像和深度图像产生建筑物初始轮廓,再利用具有恰当的方位和尺度参数的矩形模板来逼近轮廓,然后矩形模板进一步变形以合并更多的边缘,由此产生具有凹凸形状的真正轮廓。刘少创等(1995)首先对影像进行分割,然后利用 Snakes 模型求得目标分割的轮廓描述。Liu 等(2005)采用面向对象分类技术进行地表覆盖的分类,并将建筑物类型与其他地物类型进行分离,在此基础上对建筑物进行轮廓拟合,对简单的建筑物轮廓提取具有较好的效果。孟亚宾(2007)从建筑物的外形几何轮廓出发,提出了基于边缘检测结合区域生长和基于分类两种方法进行建筑物提取,对建筑物的半自动提取进行了研究。上述所列举的方法大部分都是基于假设检验或建立模型库,且都是针对较简单的建筑物,并假设建筑物屋顶具有几何规则性,阴影假设投影在平坦地面上。如果建筑物屋顶不具有几何规则性,阴影被遮挡,则这些方法就不能准确地提取和描述建筑物。相关的文献资料非常多,不再列举。

3. 水体信息提取

快速、准确地提取水体信息已经成为水资源调查、水资源宏观监测及湿地保护的重要手段。闭值法、差值法、比率测算法、密度分割法、色度判别法、多波段谱间关系法、基于知识的水体自动判别方法以及根据形状信息进行水体识别与分类等各种方法相继提出并得到了应用。

刘建波等(1996)利用密度分割法从 TM 图像中提取水体的分布范围。陆家驹等(1994)分别用阈值法、色度判别法、比率测算法从 TM 资料中识别水体。杨存建等(1998)发现 TM 影像中,只有水体具有波段 2 加波段 3 大于波段 4 加波段 5 的特征,据此可以将水体单一提取出来。Barton 等(1989)利用 AVHRR 影像数据的通道 2 和通道 1 比值图像识别水体并对洪水进行了昼夜监测。Steven(2002)在利用 TM 影像、航空影像等数据对美国 10 个主要城市的湖泊的透明度进行评估时,利用非监督分类的方法将 TM 影像分为 10 类,然后又将分类后影像聚类成水体和陆地两类,并利用聚类后的影像作为二值掩膜进一步生成只有水体的影像。周成虎、杜云艳等(1996)提出了基于水体光谱知识的 AVHRR 影像水体自动提取识别的水体描述模型,并将该模型应用于太湖、淮河、渤海等地区。Shih(1985)利用 LandSat MSS 提取水体,认为单波段密度分割法与波段 5 和波段 7 组合的非监督分类法所获得的水体表面积仅差 3%,两种方法都可采用。高永光等(2002)通过对各地物光谱曲线特征进行分析,利用居民地光谱特征与其他地物的差异性,建立条件表达式,从而把该区的居民地提取出来。万显荣等(2002)提出了利用种子点与连通性分析的半自动水体信息的提取方法。李戈伟(2002)利用 TM 遥感影像利用水体指数法实现对洪水淹没范围的提取。赵鹏祥等(2000)利用 TM 影像先对延安市及环城地区的遥感影像进行植被指数增强,然后利用分类的方法对研究区的绿地信息进行了有效的提取。邓劲松等(2005)利用波段运算得到特征波段(PRWI),经过图像增强处理后提取水体和居民地混合信息,在此基础上通过分析水体的光谱特征,发现水体和居民地在近红外和短波红外上有显著差异,采用决策树模型将水体专题信息提取出来。都金康等(2001)用决策树分类方法,在各节点设计不同的分类器,可以有效地提取山区中的水体。杨忠恩等(1995)采用一、二通道反射率数据(CH1、CH2)构成的归一化植被指数(NDVI)来识别水体,并初步提出了应用模糊数学的方法提取混合像元中的水体面积信息。汪金花等(2004)利用多波段的波谱间关系法对水体及其他几种物体光谱特性进行了实验分析。李畅游等(2004)应用多光谱混合分析法提取乌梁素海水水体范围。何智勇等(2004)利用小波技术对图像进行膨胀和去噪处理,并提出了一种多窗口线性保持技术对线性水体进行保持,最后利用水体信息的地学特征,对图像进行联合特征去噪,获取最终的水体影像信息。

4. 城市绿地信息提取

城市绿化水平是衡量城市生态环境质量和平衡状况的主要标准,因此,收集城市的绿化信息非常重要。国外在这方面进行了较多的研究。Singh(1989)早在 1989 年就将城市遥感的主要方法总结为分类后对比法、多时相复合法、影像差值/比值法、植被指数法、主成分分析法和变换向量分析等。

近年来,我国许多大中城市也逐渐开始了城市绿地信息遥感动态监测。2003 年江苏省张家港市申报国家级园林绿化城市时,利用了真彩色航空遥感影像调查了建成区的绿地现状,提出了航空影像绿地专题提取的一般步骤以及具体的提取方法(2003)。2004 年大庆市绿地信息快速获取中,采用了多尺度分割的技术,侧重于影像的高分辨率与城市中的重要景观绿地。

相关领域的学者也做了大量的研究。陈永富等(2006)采用面向对象的信息提取技术,研究了退耕还林的遥感特征提取技术。蒲智等(2006)应用面向对象的多尺度分割技术,对乌鲁木齐市的城市绿地进行了信息提取。郑光等(2005)利用亮度指数和垂直植被指数,对南京市的 ETM+遥感影像进行了城市绿地动态分析。徐涵秋等(2006)采用遥感影像融合算法对厦门市的植被变化进行了遥感动态分析。车生泉等(2001)利用 TM 数据和 SPOT 数据对上海外环线内城市绿地景观进行了分类研究。李宝华等(2005)运用遥感和 GIS 技术,对开封市绿地信息进行了提取研究。郭程轩等(2003)对广州的城市绿地从宏观和微观两方面进行研究,实现了对城市绿地的信息提取和精度分析。

9.4 小 结

由于高分辨率遥感影像具有信息量大、纹理变化复杂,不同地物提取尺度各异等特点,决定了高分辨率影像分析技术的技术难度。在以上研究实践中,我们也看到现有的高分辨率影像分类与解译技术对于解决信息提取的问题还存在较大的差距。概括而言,主要包括以下几方面。

(1) 底层特征提取相对成熟,高层目标综合分析和识别研究较少。目前研究的信息提取的方法大多是在人工判断目标物已存在的前提下进行的,利用高层知识自动检测目标的能力还局限于有限的类型,没有一个通用的模型;许多研究在特征提取后即认为实现了目标的提取,缺少高层的匹配和推理过程,不可避免地具有一定的人为性和主观性。

(2) 复杂地物模型的建模方法和高层次语义知识处理还有待进一步提高。虽然目前的软件已经利用了地物特征或者地物对象本身及其之间的空间关系(形状、大小、位置等)来判别复杂目标,但对复杂场景条件下地物模型的建模和描述能力还比较弱。模型知识的完备性考虑不够,只能应对简单地物类型的识别;各类模型特征的自动归类能力也较弱;对高层次语义知识的利用水平还有待进一步提高,目前还在相当程度依赖人为性和主观性;在知识的处理与运用上,关于地物空间语义关系知识的运用程度还不够,而对于带有不确定性的模糊推理和证据理论推理等的研究和利用还不深入。如在 Feature Analyst 和 eCognition 软件中,设置的样本对象不同,往往导致分类结果有较大差异。

(3) 单一类型信息提取方法研究较多,多种方法集成处理研究较少。由于高分辨率遥感影像内容的复杂性及地物类型的多样性,单一、普适的影像提取方法还难以实现。必须建立丰富多样的方法库,针对特定目标,选择合适的特征提取和分类方法,结合特定的先验知识进行特定地物的提取;同时集成多种方法,实现不同类型地物的综合提取。这应当是当前技术条件下的一种现实的、可行的途径。

(4) 多源数据的综合利用程度较低。多源数据的利用不仅可以解决高分辨率影像中目标地物相互遮掩的问题,同时由于信息的冗余,可以增加目标地物提取的可靠性和识别率。不同类型的数据提供了目标不同侧面的特征信息,将这些信息进行融合可以有效弥补单一数据源信息量有限的缺陷。如基于 DSM 数据可以很容易地将道路和建筑物屋顶区别开来。多源数据除了包括不同传感器获取的数据(如光学影像、SAR、LIDAR)外,还包括 GIS 数据、地图数据、DSM 数据等地理数据。随着传感器技术和 GIS 技术的发展,数据获取成本的降低,这一方法在信息提取和更新中将会得到广泛的应用。

(5) 先验知识库的创建和应用程度均不高。针对各种空间分辨率、数据类型、地物类型、成像条件、物候条件等建立的知识库还很不充分,对现有知识库的利用还很不充分,对基于知识的目标提取、分类和解译技术的探讨还不够深入。

(6) 对关联目标的识别的能力不强。关联目标的识别往往对待提取地物具有重要的参考意义。在有些情况下,只能借助关联目标的识别并结合先验知识才可能提取待提取地物。譬如，道路关联目标中最主要的是建筑物、树木、桥梁，对于一个完整的道路提取系统应当包含这些目标的识别功能，在这个过程中可以用到上述的知识库。

（7）多分辨率分析中的信息抽取和组织能力有待加强。通过对同一地区不同分辨率的影像进行分析处理来识别影像中目标的全局概要信息、局部细节信息以及要素之间的拓扑特征，可提高对目标地物特征的总体把握程度。近年来，多分辨率分析在道路、建筑物等地物提取中的应用取得了较好的结果，但总体而言，其信息抽取和组织能力还较弱，仍然有待加强。

（8）对海量数据的处理能力还较低。目前的方法和处理软件对于目标搜索和识别的效率较低，特别对于细节复杂的高分辨率影像，还只能是在局部尺度局部范围条件下进行特定目标的分析。为提高大数据量遥感影像的处理速度，一方面应该模拟人的视觉机制，快速定位感兴趣目标，仅对感兴趣区域进行处理，从而减少处理时间，提高处理速度；另一方面，要开发网络化、并行化、协同化的图像处理与目标识别软件，充分发挥多人多机协同并行处理的优势。

综上所述，我们认为，今后一段时期内，将在已有研究的基础上，围绕现存的高分辨影像目标识别与智能解译理论和技术中的一系列问题，探索并行化、集成化、知识化、专业化的目标识别与解译技术。

参 考 文 献

安如,冯学智,王慧麟.2003.基于数学形态学的道路遥感影像特征提取及网络分析[J].中国图像图形学报，8(7):798-804.

柏延臣,王劲峰.2005.结合多分类器的遥感数据专题分类方法研究[J].遥感学报,9(5).

蔡涛,王润生.2001.一个从多波段遥感图像提取道路网的算法[J].软件学报,12(6):943-948.

车生泉,宋永昌.2001.城市绿地景观卫星遥感信息解译—以上海市为例[J].城市环境与城市生态,14(2):10-12.

陈建裕,潘德炉,毛志华.2006.高分辨率海岸带遥感影像中简单地物的最优分割问题[J].中国科学（D辑），36:1044-1051.

陈秋晓.2004.高分辨率遥感图像分割方法研究[D].北京:中国科学院研究生院.

陈杉,秦其明.2003.基于小波变换的高分辨率影像纹理结构分类方法[J].地理与地理信息科学,19(3):6-9.

陈小梅,倪国强,刘明奇.2001.基于分水岭算法的红外图像分割[J].光电子·激光,12(10):1072-1075.

陈永富,黄建文,等.2006.面向对象的退耕还林造林效果遥感特征提取技术研究[J].林业资源管理,4(2):57-61.

陈忠.2006.高分辨率遥感图像分类技术研究[D].北京:中国科学院研究生院.

邓劲松,王珂,邓艳华,等.2005.SPOT-5卫星影像中水体信息自动提取的一种有效方法[J].上海交通大学学报（农业科学版），23(2):198-201.

邓世伟,袁保宗.1995.基于数学形态学的深度图像分割[J].电子学报,23(4):6-9.

丁晓英.2005.eCognition在土地利用项目中的应用[J].测绘与空间地理信息,28(6):116-117.

杜凤兰,田庆久,夏学齐,等.2004.面向对象的地物分类法分析与评价[J].遥感技术与应用,1(19):20-24.

都金康,黄永胜,冯学智,等.2001.SPOT卫星影像的水体提取方法及分类研究[J].遥感学报,5(3):214-219.

杜明义,金倩.2005.基于决策树的荒漠化遥感分类技术[J].矿山测量,6(2):49-52.

甘淑,袁希平,何大明.2003.遥感专家分类系统在滇西北植被信息提取中的应用试验研究[J].云南大学学报，25(6):553-557.

巩丹超,张永生.2002.基于航空影像的建筑物半自动提取技术研究[J].测绘通报,10:15-18.

高永光,祝民强,朱骥,等.2002.赣中红壤区TM图像的居民地信息自动提取专家模式研究[J].国土资源与遥感,4(54):67-69.
宫鹏,黎夏,徐冰.2006.高分辨率影像解译理论与应用方法中的一些研究问题[J].遥感学报,10(1):1-5.
龚天旭,彭嘉雄.2003.基于分水岭变换的彩色图像分割[J].华中科技大学学报(自然科学版),31(9):74-76.
郭程轩,甄坚伟.2003.基于TM图像的城市生态绿地格局分析与评价[J].国土资源遥感,57(3):33-36.
何灵敏.2006.支持向量机集成及在遥感分类中的应用[D].杭州:浙江大学.
何智勇,章孝灿,黄智才,等.2004.一种高分辨率遥感影像水体提取技术[J].浙江大学学报(理学版),31(6):701-707.
侯蕾等.2006.一种遥感图像中建筑物的自动提取方法[J].计算机仿真,23(4):184-187.
胡翔云.2001.航空遥感影像线状地物与房屋的自动提取[D].武汉:武汉大学.
黄桂兰,郑肇葆.1997.航片影像纹理分类方法的探讨[J].测绘通报,6:38-41.
黄桂兰,郑肇葆.1995.分形几何在影像纹理分类中的应用[J].测绘学报,24(4):283-291.
黄慧萍.2003.面向对象影像分析中的尺度问题研究[D].北京:中国科学院研究生院.
黄宁,朱敏慧,张守融.2003.一种采用高斯马尔科夫随机场模型的遥感图像分类算法[J].电子与信息学报,1(25):50-53.
焦李成,孙强.2006.多尺度变换域图像的感知与识别:进展和展望[J].计算机学报,29(2):177-193.
琚存勇,蔡体久,冯仲科.2005.基于数学形态学和最大似然法的遥感图像分类研究[J].北京林业大学学报,27(2):84-87.
肯尼思.法尔科内(英).1993.分形几何——数学基础及其应用[M].沈阳:东北大学出版社.
李宝华,孟华.2005.基于TM影像的开封市绿地信息提取研究[J].泰山学院学报,27(6):94-98.
李畅游.2004.乌梁素海遥感影像的水体提取方法与分析[J].内蒙古农业大学学报,25(1):1-4.
李海月.2006.遥感图像中建筑物自动识别与标绘方法研究[D].北京:中国科学院研究生院.
李爽,张二勋.2003.基于决策树的遥感影像分类方法研究[J].地域研究与开发,22(1):17-21.
李彤,吴弊.2004.采用决策树分类技术对北京市土地覆盖现状进行研究[J].遥感技术与应用,19(6):485-487.
李霆,陈学佺,邹晓涛.2003.基于遗传聚类算法和小波变换特征的自动分类[J].计算机工程,29(2):153-155.
李戈伟.2002.基于遥感和GIS的洪灾检测和评估方法研究[D].北京:中国科学院.
李小文.2005.定量遥感的发展与创新[J].河南大学学报(自然科学版),35(4):49-56.
李旭超.2006.小波变换和马尔科夫随机场在图像降噪与图像分割中的应用研究[D].杭州:浙江大学.
黎夏.1995.形状信息的提取与计算机自动分类[J].环境遥感,10(4):279-287.
林宗坚,刘政荣.2003.从遥感影像提取道路信息的方法评述[J].武汉大学学报(信息科学版),28(1):90-93.
刘建波,戴昌达.1996.TM影像在大型水库库情检测管理中的应用环境遥感[J].环境遥感,11(1):54-58.
陆家驹,李士鸿,陈鸣,等.1994.利用卫星遥感资料复核水库库容曲线[J].华东电力,(6).
刘少创,林宗坚.1995.航空影像分割的Snake方法[J].武汉测绘科技大学学报,20(1):7-11.
刘勇洪,牛铮,王长耀.2005.基于MODIS数据的决策树分类方法研究与应用[J].遥感学报,9(4):405-412.
刘喜英,昊淑泉,徐向民.2003.基于改进分水岭算法的医学图像分割的研究[J].微电子技术,31(4):39-42.
刘修国,罗小波.2004.自组织神经网络在遥感影像分类中的应用研究[J].国土资源遥感,4:14-18.
刘正军.2005.高分辨率影像建筑物提取研究[R]//中国科协第97次《青年科学家论坛》.
刘志敏,杨杰.1998.数学形态学的图像分割算法[J].计算机工程与科学,20(4):21-27.
刘志刚.2004.支撑向量机在光谱遥感影像分类中的若干问题研究[D].武汉:武汉大学.
卢官明.2000.区域生长型分水岭算法及其在图像序列分割中的应用[J].南京邮电学院学报(自然科学版),20(3):51-55.
骆剑承,周成虎.2000.基于径向基函数(RBF)映射理论的遥感影像分类模型研究[J].中国图像图形学报,5(A)2:94-99.
罗来平.2006.遥感图像分类中模糊模式识别和决策树方法的应用研究[D].北京:首都师范大学.

孟亚宾.2007.高分辨率遥感影像建筑物提取[D].沈阳:辽宁工程技术大学.

明冬萍,等.2005.高分辨率遥感影像信息提取及块状基元特征提取[J].数据采集与处理,20(1):34-39.

牛春盈,江万寿,黄先锋,等.2007.面向对象影像信息提取软件 Feature Analyst 和 eCognition 的分析与比较[J].遥感应用,2:66-70.

潘建刚,赵文吉,宫辉力.2004.遥感图像分类方法的研究[J].首都师范大学学报(自然科学版),25(3):86-91.

蒲智,刘萍,杨辽,等.2006.面向对象技术在城市绿地信息提取中的应用[J].福建林业科技,33(1):40-44.

秦前清,杨宗凯.1995.实用小波分析[M].西安:西安电子科技大学出版社.

石洪波,黄厚宽,王志海.2004.基于 Boosting 的 TAN 组合分类器[J].计算机研究与发展,41(2):340-345.

史文中,朱常青.2001.从遥感影像提取道路特征的方法综述与展望[J].测绘学报,30(3):257-262.

孙晓霞,张继贤,刘正军.2006.利用面向对象的分类方法从 IKONOS 全色影像中提取河流和道路[J].测绘科学,31(1):62-63.

孙艳霞.2005.纹理分析在遥感图像识别中的应用[D].乌鲁木齐:新疆大学.

唐亮,谢维信,黄建军,等.2005.直线 Snakes 及其在建筑物提取中的应用[J].西安电子科技大学学报,32(1):60-65.

唐亮,谢维信,黄建军,等.2005.从航空影像中自动提取高层建筑物[J].计算机学报,7:1199-1204.

唐伟,周志华.2005.基于 Bagging 的选择性聚类集成[J].软件学报,16(4):492-502.

陶文兵,柳健,田金文.2003.一种新型的航空图像城区建筑物自动提取方法[J].计算机学报,26(7):866-873.

田岩,张均.2002.基于面积特征的城区航空影像匹配方法[J].红外与激光工程,31(5):371-374.

万显荣,舒宁.2002.一种基于种子点与连通性分析的快速水体边界提取方法[J].国土资源遥感,46(4):44-49.

汪金花,张永彬,孔改红,等.2004.谱间关系法在水体特征提取中的应用矿山测量[J].12(4):30-32.

王春泉.2005.面向对象的遥感影像信息提取技术研究与实现[D].济南:山东科技大学.

王萍.2004.遥感土地利用/土地覆盖变化信息提取的决策树方法[D].济南:山东科技大学.

王润生.1997.图像理解[M].长沙:国防科技大学出版社.

王文宇,等.2006.基于 eCogniton 的高分辨率遥感图像的自动识别分类技术[J].北京建筑工程学院学报,22(4):26-29.

文贡坚,王润生.2001.从航空遥感影像中自动提取主要道路[J].软件学报,11:957-964.

邬建国.2000.景观生态学概念与理论[J].生态学杂志,19(1):42-45.

熊桢,郑兰芬.2000.分层神经网络分类算法[J].测绘科学,29(3):229-234.

徐芳.1998.航空影像基于角点检测的房屋半自动提取[D].武汉:武汉大学.

徐锋.2003.遥感图像中建筑物提取与分析研究[D].南京:河海大学.

徐涵秋.2006.环厦门海域水色变化的多光谱多时相遥感分析[J].环境科学学报,26(7):1209-1218.

许磊.2006.支持向量机和模糊理论在遥感图像分类中的应用(出版地不详).

薛重生,王霞.1997.基于分形几何的遥感图像纹理分析方法及应用[J].地质科技情报,(9):99-105.

杨存建,徐美,黄朝水.1998.遥感信息机理的水体提取方法的探讨[J].地理研究,(17):86-89.

杨益军,赵荣椿,汪文秉.2002.航空图像中人工建筑物的自动检测[J].计算机工程,28(8):20-21,27.

杨忠恩,骆剑承,徐鹏炜,等.1995.利用 NOAA-AVHRR 资料提取水体信息的初步研究[J].遥感技术与应用,10(1):25-29.

尤红建,胡岩峰,张世强.2005.自动识别航空 CCD 图像上建筑物的方法[J].光电工程,32(9):8-11.

袁桂生.2003.真彩色航空影像绿地专题提取[J].现代测绘,26(4):26-28.

张宝光.2000.数学形态学在遥感数字图像分类处理中的应用[J].测绘信息与工程,(2):1-5.

章毓晋.2000.图像分割[M].北京:科学出版社.

张煜,张祖勋,张剑清.2000.几何约束与影像分割相结合的快速半自动房屋提取[J].武汉测绘科技大学学报,25(3):238-242.

赵鹏祥,刘建军,王得祥,等.2000.基于 RS 的绿地信息提取方法的研究——以延安市及环城地区为例[J].西北林学院学报,18(2):91-94.

赵文武,傅伯杰,陈立项.2002.尺度推绎研究中的几点基本问题[J].地球科学进展,17(6):905-911.

赵银娣,张良培,李平湘.2006.广义马尔科夫随机场及其在多光谱纹理影像分类中的作用[J].遥感学报,10(1):123-129.

郑光,田庆久,李明诗.2005.基于ETM+遥感影像的南京市城市绿地的动态监测[J].应用技术,(5):22-24.

郑肇葆.2003.遗传算法与单纯形法组合的影像纹理分类方法[J].测绘学报,32(4):325-329.

周春艳.2006.面向对象的高分辨率遥感影像信息提取技术[D].青岛:山东科技大学.

周成虎,杜云艳.1996.基于知识的AVHRR影像的水体自动识别方法与模型研究[J].自然灾害学报,5(3):100-108.

朱长青,王耀革,马秋禾,等.2004.基于形态分割的高分辨率遥感影像道路提取[J].测绘学报,33(4):347-351.

朱长青,杨晓梅.1997.具有更佳分辨率小波分解的遥感影像纹理分类[J].地理研究,16(1):53-58.

朱运海,江涛.2002.基于二维小波变换的遥感影像中道路信息的提取方法[J].矿山测量,(3):310-311.

Baatz, M. and Schäpe, A., 1999, Object-oriented and multi-scale image analysis in semantic networks, *International Processding of the 2nd International Symposium on Operationalization of Remote Sensing*, 16-20August, Enschede, ITC.

Bajcsy, R. and Tavakoli, M, 1976, Computer recognition of roads from satellite pictures, *IEEE Transactions on System, Man and Cybernetics*, 6(9): 623-637.

Barton, I. J., and Bathols, J. M., 1989, Monitoring floods with AVHRR, *Remote Sensing of Environment*, 30(1): 89-94.

Baumgartner, A., Hinz, S. and Wiedemann, C., 2002, Efficient methods and interfaces for road tracking, *International Archives of Photogrammetry and Remote Sensing*, 34(3B): 309-312.

Benjamin, S. and Gaydos, L., 1990, Spatial resolution requirements for automated cartographic road extraction, *Photogrammetric Engineering and Remote Sensing*, 56(1): 93-100.

Beucher, S. and Lantu ejoul, C., 1979, Use of watersheds in contour detection, *Processding of International Vdork-shopon Image Processing*, 17-21.

Bouman, C. A, and Shapiro, M., 1994, A multiscale random field model for Bayesian image segmentation, *IEEE Transactions on Image Processing*, 3(2): 162-177.

Claus, B., 2000, Towards fully automatic generation of city models, *International Archives of Photogrammetry and Remote Sensing*, Amsterdam: XIX.

Comaniciu, D. and Meer, P., 2002, Mean shift: A robust approach toward feature space analysis, *IEEE Transaction on Pattern Analysis and Machine Intelligence*, 24(5): 603-619.

Croitoru and Doytsher, Y., 2004, Right-angle rooftop polygon extraction in regularised urban areas: Cutting the corners, *The Photogrammetric Record*, 19(18): 311-341.

Panjwani, D. K. and Healey, G., 1995, Markov random field models for unsupervised segmentation of textured color images, *IEEE Transactions on Pattern Analysis and Machine Intelligence*, 17(10): 939-954.

Donald, G., and Jedyna, K. B., 1996, An active testing model for tracking roads in satellite images, *IEEE Transform on Pattern Analysis and Machine Intelligence*, 18(1): 12-14.

Faber, A. and Forstner, W., 1999, Scale characteristics of local autocovariances for texture segmentation, *International Archives of Photogrammetrie and Remote Sensing*, 32:(7-4-3).

Tab, F. A., Naghdy, G. and Mertins, A., 2006, Scalable multiresolution color image segmentation, *Signal Processing*, 86(7): 1670-1687.

Tupin, F. and Roux, M., 2003, Detection of building outlines based on the fusion of SAR and optical features, *ISPRS Journal of Photogrammetry & Remote Sensing*, 58:71-82.

Geman, S. and Geman, D., 1984, Stochastic relaxation gibbs distributions and the Bayesian restoration of images, *IEEE Transactions on pattern analysis and machine intelligence*, 6(6): 721-741.

Gincinto, G. and Roli, F., 1997, Ensembles of neural networks for soft classification of remote sensing images, *Proceeding of the European Symposium on Intelligent Techniques*.

Gruen, A, 1985, Adaptive least squares correlation a powerful image matching technique, *South African Journal of Photogrammetry, Remote Sensing and Cartography*, 14 (3): 175 - 1871.

Gruen, A. and Li, H., 1995, Road extraction from aerial and satellite images by dynamic programming, *ISPRS Journal of Photogrammetry and Remote Sensing*, 50(4): 11-201.

Gruen, A. and Li, H., 1999, Semiautomatic linear feature extraction by dynamic programming and LSB-Snakes, *Photogrametric Engineering & Remote Sensing*, 63 (8): 985-995.

Gruen, A. and Pgouris, P., 1994, Linear feature extraction by least square template matching constrainted by internal shape forces, *ISPRS Commission Workshop*.

Lee, H. Y., 2000, Towards knowledge-based extraction of roads from 1m-resolution satellite images, image analysis and interpretation, *Proceedings of 4th IEEE Southwest Symposium*: 171-176.

Heipke C, 1994, Semiantomatic extraction of roads from aerial images, *IAPRS Commission Workshop*, Munich.

Heipke, C., Steger, C. and Multhanmmer, R., 1995, A hierarchical approach to automatic road extraction from aerial imagery, *Integrating Photogrammetric Techniques with Scene Analysis and Machine Vision II*, SPIE Vol. 2486: 222-231.

Noda, H., Mahadad, N. and Kawaguchi, E., et al., 2002, MRF-based texture segmentation using wavelet decomposed images, *Patter Recognition*, 35(4): 771-782.

Hinz, S., Baumgartner, A. and Mayer, H., et al, 2001, Road extraction focusing on urban areas. In: Baltsavias, E. P., Grün, A., Gool, and Eds, L. V., *Automatic extraction of man-made objects from aerial and space images (III)*, A, Balkema Publishers, Lisse: 255-266.

Huang, H. P, Wu, B. F. and Fan, J. L, 2003, Analysis to the relationship of classification accuracy segmentation scale image resolution, *IEEE Transactions on Image Processing*, IGARSS, 6: 3671-3673.

Hyeokho, C., Richard G., and Baraniuk, 2001, Multiscale image segmentation using wavelet-domain hidden markov models, *IEEE Transactions on Image Processing*, 10(9): 1309-1321.

Kass, M., Witkin, A., and Terzopoulous, D., 1987, Snakes: active contour models. In: Brady I. M., Rosenfield A. Eds. *Proceedings of the 1st International Conference on Computer Vision*. London: IEEE Computer Society Press, 259-268.

Laptev, I. and Mayer, H., 2000, Automatic extraction of roads from aerial images based on scale space and snakes, *Machine Vision Application*, 12 (1): 23-31.

Lee D. S., Shan, J. and Bethel, J. S., 2003, Class-guided building extraction from IKONOS imagery, *Photogrammetry Engineering and Remote Sensing*, 69(2): 143-150.

Liu, Z. J, Wang, J. and. Liu, W. P, 2005, Building extraction from high resolution imagery based on multi-scale object oriented classification and probabilistic hough transform, *Proceedings of IGARSS'05*, 2250-2253.

Marceau, D. J. and Hay, G. J., 1999, Remote sensing contributions to the scale issue, *Canadian journal of remote sensing*, 25(4): 357-366.

Marceau, D. J. and Hay, G. J., 1999, Scaling and modeling in forestry: Applications in remote sensing and GIS, *Canadian Journal of Remote Sensing*, 25(4): 342-346.

Maloof, Langley and Binford, 2002, Improved rooftop detection in aerial images with machine learning, *Kluwer Academic Publishers*, Printed in the Netherlands.

Mathew, S., Crouse and Robert D, et al, 1998, Wavelet-based statistical signal processing using hidden markov models, *IEEE Transactions on Signal Processing*, 46(4): 886-902.

Mayer H, Laptev L and Baumgartner A. et al, 1997, Automatic road extraction based on multi-scale modelling, context and snakes, *International Archives of Photogrammetry and Remote Sensing*, 32(Part 3-2W3): 106-113.

Meentemeyer, V., 1989, Geographical perspectives of space, time, and scale, *Landscape Ecology*, 3(3/4): 163-173.

Mena, J. B., 2003, State of the art on automatic road extraction for GIS update: a novel classification, *Patter*

Recognition Letters, 24:3037-3058.

Goodchild, M. F., Quattrochi, D. A., 1997, Scale, multiscaling, Remote Sensing, and GIS, Scale in Remote Sensing and GIS. Boca Raton, FL, *CRC Lewis Publishers*, 1-11.

Nagao, M, and Matsuyama, T., 1980, A structural analysis of complex aerial photographs, *Plenum Press*, New York.

Roux, M, and Mckeown D. M, 1994, Feature matching for building extraction from multiple views, *IEEE Proceedings of Computer Vision and Pattern Recognition*: 46-53.

Nagao, M. and Matsuyama, T., 1980, A structural analysis of complex aerial photographs, *Advanced Application in Pattern Recognition*, *Plenum Press*, New York, 1: 1-199.

Nevatia, R. and Babu, K., 1980, Linear feature extraction and description, *Computer Graphics and Image Processing*, 13(3): 257-269.

Pires, R. L. 2000, Line extraction with the use of an automatic gradient threshold technique and the hough transform, *International Conference on Image Processing Proceedings*, 3:909 - 912

Quinlan, 1992, ID3 *learning algorithm*, *inductive learning*, *machine learning*, Science publishing house.

Nevitia R., Lin, C. and Huertas, A, 1997, A system for building detection from aerial images, *In Proceedings*, *Automatic Extraction of Man-Made Objects from Aerial and Space Images (II)*, Birkhauser, Basel, Switzer-Ian: 77-86.

Shih S R, 1985, Comparison of ELAS classifications and density slicing Land sat data for water surface are assessment, Johnson A. I., *In: Hydrologic Applications of Space Technology (Publication* No, 160). Intl. Assoc. *Hydrological Science*.

Singb, A., 1989, Digital change detection techniques using remotely-sensed data, *International Journal of Remote Sensing*, 10(6): 989-1003.

Sowmya. A. and Trinder, J., 2000, Modeling and representation issues in automatic feature extraction from aerial and satellite images, *ISPRS Journal of Photogrammetry & Remote Sensing*, 55:34-47.

Stassopoulou, A., 2000, Building detection using Bayesian networks, *International Journal of Pattern Recognition and Artificial Intelligence*, 83(5): 705-740.

Steger, C, 1996, An unbiased detector of curvilinear structures, *Technical Report FGBV-96-03*, *FGBV*, *Informatic IX*, Technical University Munich.

Steger, C., Ma, Yer. and Radigb, H., 1997, The role of grouping for road Extraction, automatic extraction of man-made objects from aerial and space images. *Based Birkhaeuser Verlag*:245-2551.

Steven, M. and Kloibe, 2002, Application of Landsat imagery to regional-scale assessments of lake clarity, *Water Research*, 36:4330-4340.

Yoon, T., Kim, T. and. Park, W. K., et al, 1999, Building segmentation using an active contour model, *Processing of ISPRS conference on Sensors and Mapping from Space*, Hannover, 27-30.

Thrasyvoulos N. P., 1992, An adaptive clustering algorithm for image segmentation, *IEEE Transactions on Signal Processing*, 40(4): 901-914.

Ton, J., Jain, A. K., Enslin and W. R., et al, 1989, An automatic road identification and labeling in Landsat-4 TM Images, *Photogrammetric*, 43 (2): 257-276.

Vosselman, G. and De K. J., 1995, Road tracing by profile matching and Kalman filtering, *Proceedings Workshop on Automatic Extraction of Man-Made Objects from Aerial and Space Images*, Switzerland: 265-274.

Wang, L., Liu, J., 1999, Texture classification using multiresolution markov random feld models, *Pattern Recognition Letters*, 20: 171-182.

Wang, J. P., 1998, Stochastic relaxation on partitions with connected components and its application to image segmentation, *IEEE-PAMI*, 20(8).

Wang, J. and Paul, M. T, 1992, Road network detection from SPOT imagery for updating GIS in the rural-urban fringe, *International Journal of Geographical Information System*, 6(2): 141-157.

Willhauck, G., Benz, U. C., and Siegert, F., 2002, Semiautomatic classification procedures for fire monitoring using mufti-temporal SAR images and NOAA-AVHRR hotspot data, *Proceedings of the 4th*

European Conferencen, *Synthetic Aperture Radar*, Cologne, Germany: 4-6.

Wilkinson, G., Fierens, F. and Kanellopoulos, I., 1995, Integration of neural and statistical approaches in spatial data classification, *Geographical Systems*, 2:1-20.

Woodcock, C. E. and Strahler, A. H, 1987, The factor of scale in remote sensing, *Remote Sensing of Environment*, 21:311-332.

Guo, Y. L., et al, 2001, Learning-Based Building Outline Detection from Multiple Aerial Images, *Processing of CVPROI*, 2:545-552.

Kim Z. W., Huertas, A. and Nevatia, R., 2000, Automatic description of complex buildings with multiple images, *Proceedings of the 5th IEEE Workshop on Applications of Computer Vision*: 155-162.

第10章 高光谱遥感影像解译智能化方法

□ 龚龑 林丽群 舒宁

当前,高光谱影像分析技术可以划分为三个方面,即波谱空间分析技术、光谱特征空间分析技术和部分应用现状。波谱空间分析技术立足于地物目标反射率随波长的变化特征,光谱特征空间分析技术则着重考察光谱空间中特征点的集群特性,而高光谱的应用则建立在前两类基于像元技术基础之上。为了有效地将人的知识引入到目标识别过程中来,以像斑作为解译单元将是未来重要的研究途径之一。

10.1 波谱空间分析技术

10.1.1 光谱匹配技术

人们通过对地球上各类物质的长期研究,逐步认识了电磁波与地物的相互作用机理;同时,长期的高光谱试验也搜集了大量的实验室标准数据,建立了许多地物标准光谱数据库。本小节主要介绍通过对比,分析地面实测的地物光谱曲线和成像光谱仪所得的光谱曲线来区分地物目标的方法。

在高光谱图像处理中,光谱匹配分类技术是成像光谱地物识别的关键技术之一。所谓光谱匹配是指通过研究两个光谱曲线的相似度来判断地物的归属类别。在实际应用中有两个关键问题需要解决,即光谱数据库的建立和光谱匹配方法的研究。

1. 光谱数据库

随着高光谱遥感的发展,国内外相关科研工作者进行了大量的光谱测量,获得了丰富的光谱资料。为了提高光谱数据的利用率,为光谱研究提供强有力的支持工具,针对高光谱数据的数据库管理系统也得到了建立和快速的发展。许多研究机构在长期工作的基础上,建立了地物标准光谱库,以下是对部分光谱库的介绍(白继伟,2002)。

(1) IGCP-264 光谱库。由美国 IGCP-264 项目于 1990 年收集建立,包括由 5 种光谱仪测量所得到的 5 个光谱库。

(2) John Hopkins 大学光谱库。采用 Beckman 和 FTIR 光谱仪测量,测量对象包括各种火成岩、变形岩、沉积岩、雪、土壤、水体、矿物、植被以及人工目标等多类物质。

(3) JPL 的 ASTER 光谱库。采用 Beckman5240 光谱仪测量,包括 160 种矿物岩石在 $125\sim500\mu m$、$45\sim125\mu m$、小于 $45\mu m$ 三种微粒尺度下的光谱,以研究微粒尺度与光谱之间的关系。

另外,在许多遥感商用软件中也包括高光谱数据库模块。如在 ENVI 软件中拥有波谱库管理、编辑及分析模块,它包含了美国地质调查局的 USGS 光谱库,喷气推进实验室的 JPL 标准物质成分波谱库和 John Hopking 大学植被波谱库,用户可查看、建立、重采样标准波谱库和自己的波谱库,从而使用户可进行物质成分分析、热红外分析和植被分析。

在 PCI 软件的高光谱分析(Hyperspectral Data Analysis,HDA)模块中也提供了基于 USGS 光谱库发展的高光谱地物库,并支持用户有限光谱通道的光谱库,即可由用户自行组合成有限光谱通道的光谱曲线库。它同时提供用户各种光谱分析能力,自动地物判识(根据光谱特点)等功能,用户可用上述工具对高光谱影像进行辅助的或半自动的地物判识,或结合 PCI 软件的多光谱分析(Multispectral Analysis)和神经元网络分类模块及其他影像解译方法进行地物判识。

在 ERDAS 软件的高光谱工具模块(Hyperspectral Tools,HT)中,也包括 JPL 以及用户自定义的光谱库。

在国内,中国科学院遥感所在长期基础研究支持下也建立了自己的典型地物光谱数据库,并将其集成到自行开发的图像处理软件 HIPAS 中。HIPAS 光谱库有如下特点。

(1) 数据量丰富,适用性强。汇集遥感应用研究所近些年来所积累的相关地物目标和背景参数数据,并可以随时添加更新的地物目标、地物目标群及其相关背景的光谱数据。同时,测试仪器中,包括国内外的十几种常用的地物光谱仪,具有广泛的适用性。

(2) 参量信息丰富,便于相关研究。每条光谱数据除包括光谱数据本身外,还尽可能地包含了测量时的环境参数、仪器参数以及目标参数。环境参数包括了测量时的日期、时间、太阳高度角、方位角、高度、大气参数等;仪器参数包含了仪器名称、仪器平台、仪器倾角等与仪器有关的信息;目标参数除包含了目标本身的形态、性质参数外,还附有地物照片。

(3) 标准化高。按照统一的测试标准(具体标准可与用户协商确定),保证数据源的可靠性,并且以定标后的各种仪器的标准波长为基准,如果仪器在使用过程中出现波长漂移等现象,则对应标准波长对植被光谱数据进行自动插值校正,从而保证了数据的可靠性和可比性。

2. 光谱匹配方法

从概念上出发,光谱匹配主要有以下 3 种运作模式。

(1) 从图像的反射光谱出发,将像元光谱数据与光谱数据库中的标准光谱响应曲线进行比较搜索,并将像元归于与其最相似的标准光谱响应曲线所对应的类别,这是一个查找过程。

(2) 利用光谱数据库,将具有某种特征的地物标准光谱响应曲线当做模板与遥感图像进行比较,找出最相似的像元并赋予该类标记,这是一个匹配过程。

(3) 根据像元之间的光谱响应曲线本身的相彻度,将最相似的像元归并为一类,这是一种聚类过程。

从一般意义上来讲,光谱匹配主要指前两种情况,即基于高光谱数据库的光谱匹配技术。地物覆盖由于化学成分差异形成可诊断的典型光谱吸收特征,这成为地物光谱识别的理论基础。主要的光谱匹配方法有如下几种。

(1) 二值编码匹配。对光谱库的查找和匹配过程必须是有效的,成像光谱数据冗余度较大,为实施匹配,研究人员提出了一系列对光谱数据进行二值编码的方法,使得光谱可用简单的 0、1 来表述。最简单的编码方法是:

$$h(n) = \begin{cases} 0, x(n) \leqslant T \\ 1, x(n) > T \end{cases} \tag{10.1}$$

其中,$x(n)$ 是像元第 n 通道的亮度值;$h(n)$ 是其编码;T 是选定的门限值,一般选为光谱的平均亮度,这样每个像元灰度值变为 11bit。但是有时这种编码不能提供合理的光谱可分性,也不能保证测量光谱与数据库里的光谱库相匹配,所以需要更复杂的编码方式。

(2) 分段编码匹配。对编码方式的一个简单变形是将光谱通道分成几段进行二值编码,对每一段来说,编码方式同上所示。这种方法要求每段的边界的所有像元矢量都相同。为使编码更加有效,段的选择可以根据光谱特征进行,例如在找到所有的吸收区域以后,边界可以根据吸收区域来选择。

(3) 多门限编码匹配。采用多个门限进行编码可以加强编码光谱的描述性能。例如采用两个门限 T_a、T_b 可以将灰度划分为 3 个域:

$$h(n) = \begin{cases} 00, x(n) < T_a \\ 01, T_a \leqslant x(n) \leqslant T_b \\ 11, x(n) > T_b \end{cases} \tag{10.2}$$

这样,像元每个通道值编码为 2 位二进制数,像元的编码长度为通道数的两倍。事实上,两位码可以表达 4 个灰度范围,所以采用 3 个门限进行编码更加有效。

(4) 仅在一定波段进行编码匹配。这个方法仅在最能区分不同地物覆盖类型的光谱区编码。如果不同地物的光谱特征仅在某些特定波段显示出差异,那么我们可以仅选择这些波段进行编码,这样既能达到良好的区分目的,又能提高编码和匹配识别效率。

(5) 光谱角度匹配。当模式类的分布呈扇状分布时,定义两矢量之间的广义夹角余弦为相似函数,这即为较为广泛应用的广义夹角匹配模型。将像元 N 个波段的光谱响应作为 N 维空间的矢量,则可通过计算它与最终光谱单元的光谱之间广义夹角来表征其匹配程度,即夹角越小,说明越相似(Jia and Richards, 1993)。两矢量广义夹角余弦为:

$$\cos(\alpha) = \frac{X \cdot Y}{|X| \cdot |Y|} \tag{10.3}$$

(6) 光谱相似性测定光谱匹配。需要一个指标来衡量在整个测量的波长范围内光谱的相似程度。可用相关系数来衡量光谱响应的匹配程度。相关系数定义为:

$$r_{xy} = \frac{\sigma_{xy}^2}{\sigma_{xx} \cdot \sigma_{yy}} = \frac{\sum_i (x_i - \bar{x}_i)(y_i - \bar{y}_i)}{\sqrt{\sum_i (x_i - \bar{x}_i)^2} \sqrt{\sum_i (y_i - \bar{y}_i)^2}} \tag{10.4}$$

式中,σ_{xy}^2 为协方差;σ_{xx} 和 σ_{yy} 为标准差。

也可以用两光谱曲线的均方差 D 来定义相似性测定(白继伟,2002):

$$D = \left[\frac{1}{\lambda_b - \lambda_a} \int_{\lambda_a}^{\lambda_b} [s_1(\lambda) - s_2(\lambda)] d\lambda \right]^{1/2} \tag{10.5}$$

式中,λ_a 和 λ_b 表示光谱区间端点;$s_1(\lambda)$ 和 $s_2(\lambda)$ 表示两条相异的光谱曲线。

10.1.2 混合像元分析技术

遥感影像中的像元很少是由单一均匀的地表覆盖类型组成的,一般包含了多种地物的混合光谱信息。如果能够得到各种端元组分的丰度信息,将更有利于提高解译精度。本小节主要介绍混合像元分解的理论与方法。

成像光谱仪为了追求很高的光谱分辨率,往往需要采用较大成像面元,因而使得相应的空间分辨率较低。以 AVIRIS 遥感数据为例,其谱间分辨率为 10nm,空间分辨率为 20m。

由于混合像元的光谱信息不代表任何一种单一的地物类型,如果简单地将它作为端元光谱进行分析,其结果并不可靠。光谱混合分析技术就是用来处理混合像元分类问题的,一般来讲,该技术将混合像元的反射率表示为端元组分的光谱特征和它们的面积百分比(丰度)的函数。

混合像元模型可以归结为线性模型、概率模型、几何光学模型、随机几何模型和模糊分析模型 5 种类型(宋江红,2006)。

在解决混合像元问题时,应用最多的是线性混合模型。在该模型中,假设地面上被观察到的区域光谱响应模式是区域各端元组分的线性混合,该模型的优点是模型简单,物理含义明确。非线性混合模型是考虑了电磁波在地物间的多次反射而产生的,它和线性混合模型是基于同一个概念,后者是非线性混合在多次反射被忽略的情况下的特例。

概率模型一般用于只有一两类地物混合的条件下,利用线性判别分析和端元组分将像元分为不同的类别。

几何光学模型适用于冠状植被地区,把地面看成由树及其投射的阴影组成,这个模型同时假设树在像元间的分布符合泊松分布,树的高度的分布函数是已知的。

随机几何模型和几何光学模型类似,将地面看成由光照植被面、阴影植被面、光照背景面和阴影背景面四种状态的地面的线性组合,同时把大多数主要的土壤和植被参数当成随机变量处理,以消除一些次要参数波动引起的地面差异性的影响。

模糊模型建立在模糊集合理论的基础上,和分类概念不同,一个像元不是确定地分到某一类别中,而是同时和多于一个的类相联系。其基本原理是将各种地物类看成模糊集合,像元为模糊集合的元素,每一像元均与一组隶属度值相对应,隶属度也就代表了像元中所含此种地物类别的面积百分比。

上述所有的模型都把像元的反射率表示为端元组分的光谱特征和它们的面积百分比(丰度)的函数。然而,由于自然地面的随机属性以及影像处理的复杂性,像元的反射率还取决于除了端元的光谱特征和丰度以外的因素。

因此,每种模型的差别在于:在考虑混合像元的反射率和端元的光谱特征、丰度之间的响应关系的同时,怎样考虑其他地面特性和影像特征的影响。在线性模型中,地面差异性被表示为随机残差;而几何光学模型和随机几何模型是基于地面几何形状来考虑地面特性的;在概率模型和模糊模型中,地面差异性是基于概率考虑的。

就所有的模型而言,混合像元的反射率和端元的光谱特征都是必需的参数。此外,对于几何光学模型和随机几何模型,还需要地物的形状参数、高度分布、空间分布、地面坡度、太阳入射方向以及观测方向等参数。

10.1.3 基于波长(频率)变量的分析技术

本小节主要介绍基于光谱波长变量的分析技术。这种技术立足于波长变化量或相应的参数变量(自变量)与生物物理和生物化学参量(因变量)的关系,对因变量进行估计。

在这类技术中,研究最多的是"红边"。"红边"的定义是反射光谱的一阶微分最大值对应的光谱(波长)位置,通常位于 680nm 至 750nm 之间。这种"红边"的位置依据叶绿素含量、生物量和物候变化,在波长轴方向移动。

研究人员已经从实验室或机载高光谱数据中证实了这种"红边"位移现象(浦瑞良,宫鹏,

2000)。当绿色植物叶绿素含量高、生长活力旺盛时,"红边"会向红外方向(长波方向)偏移;反之,当植物由于病虫害或者物候变化等原因而"失绿"时,"红边"会向蓝光方向移动。更深入的研究发现(Niemann,1995),"红边"位移除了受季节、长势因素及病虫害因素影响外,还受植物年龄影响。因此,"红边"分析技术成为植被分析的有效途径。

在这类方法中,"红边"除了可以通过实测高光谱数据的一阶微分求得外,也可以通过"红边"反射光模型获得。比较著名的有反高斯红边光学模型(浦瑞良,宫鹏,2000),该方法用一条半反高斯曲线来逼近放射光谱曲线,并基于此获取"红边"特性:

$$R(\lambda) = R_s - (R_s - R_0)\exp\left(\frac{-(\lambda_0 - \lambda)^2}{2\sigma^2}\right) \tag{10.6}$$

式中,R_s 为近红外区域肩反射值;R_0 为红光区域叶绿素吸收量最小反射值;λ_0 是与 R_0 对应的波长;σ 是高斯函数中的标准差。

为了估计该模型参数,研究人员提出了多种方法,最主要的是线性拟和方法和最佳迭代拟和方法(浦瑞良,宫鹏,2000)。

10.1.4 高光谱影像定量化分析技术

将遥感信息定量化是将来高光谱遥感解决实际问题的重要途径,这便于将实验室光谱分析模型直接应用于高光谱数据的处理与分析中来,快速、方便地认知地面目标的属性。对于高光谱遥感而言,反射率的反演是定量化分析技术的主要内容。

人们为了研究地表物质的光谱响应行为,长期以来测量了大量的地面光谱数据,建立起了地物光谱数据库,使得通过光谱匹配技术从图像直接识别地物类型成为可能。为此,必须将遥感器获得的辐射亮度 DN 值转换为反射率值。

太阳辐射能到达地球外大气层后,同大气进行十分复杂的相互作用。其中有一部分辐射能经过大气的散射作用,还没有到达地面,便直接进入到传感器中,这一过程称为程辐射或路径辐射,这部分能量未包含任何地面信息。

另一部分太阳辐射能经过大气的吸收衰减作用,透射进来,到达地面。此外,由于大气散射作用形成的天空光,作为一种普遍照度,同透射能量一起作用在地面目标上。此时,地面目标以其自身的光谱反射率进行能量反射。反射能再次与大气进行作用,经大气二次衰减后,进入传感器。

因此,图像反射率的转换实际上就是通过大气校正来实现定标,定标是定量遥感的基础。大气的影响表现在程辐射和交叉辐射两个方面。

程辐射是一个全局效应,对稳定大气条件可以认为是均匀分布叠加于整个图像。交叉辐射是一个局部效应,可以认为主要是临近像元的影响,其结果是图像的边缘变模糊,可以用大气的点扩散函数来近似。下面介绍几种常用的图像反射率方法(白继伟,2002)。

1. 利用辐射传输方程进行反射率反演

大气削弱和散射的乘性和加性效应以及太阳光谱形状等的影响可以利用辐射传输模型来确定,对不同的成像系统以及大气条件研究人员发展出多种大气校正模型。经典的模型有 MODTRAN、LOWTRAN、6S 及 ATREM 等(张良培,张立福,2005)。

这些经典模型形式各异,我们可以将其概括为如下的方程形式:

$$f(\rho, L, \theta_1, \theta_2, \cdots, \theta_k) = 0 \tag{10.7}$$

式中，ρ 和 L 分别表示入瞳辐射值和反射率；θ_k 表示模型中的所提供的配套参数。

依据大气状况，可以在模型参数文件中查找出相应参数。这样，在定标的基础上，我们就可以依据 L 计算出 ρ。这类模型逻辑严密，分析较为精确。

通常，在基于辐射传输方程的反射率反演模型中，包含了众多的参数，这些参数的观测与估计往往需要一个长期的过程，因此，这在一定程度上制约了这类模型的推广应用。由于大气辐射传输模型形式复杂，研究人员开始寻求一些简明的模型，例如，基于数学抽象的模型。

2. 基于数学抽象的模型

在寻求函数与变量之间关系的时候，多项式拟合是一种常用方法，而最简单的多项式就是线性关系。人们在实践中发现，在近似处理的情况下，可以将地面反射率与传感器入瞳值概括为线性关系。

$$\rho_i = a_i \cdot L_i + b_i \tag{10.8}$$

式中，i 表示波段。该模型中只具有 a 和 b 两个参数，但是该模型的参数不具备明显的物理意义，所以无法从观测中得到，所以，通常要借助于样本进行线性回归。

每个样本包含两个数值，即 ρ 和 L，其中，反射率 ρ 在野外测量得到，一般与卫星成像同步进行；入瞳辐射值 L 依据该样本在影像中的灰度值和传感器定标关系得到。

得到多个样本之后，即可采用最小二乘法解算出回归系数。解算出每个波段段的回归系数后，ρ 和 L 的关系也就确定下来了。再结合定标关系，即可依据 DN 值计算出反射率 ρ。

3. 利用图像本身来做反射率反演

这类方法仅从图像数据本身出发进行反射率反演，不需要其他辅助数据。典型的方法包括内部平均法和平均场法等。内部平均法将像元 DN 值除以整幅图像在该波段的平均 DN 值。平均场法在图像中找到一块亮度大而光谱响应曲线变化平缓的区域，图像 DN 值除以该区域的均值光谱响应。这类方法也称相对大气校正，是非常近似的处理方法。

10.2 基于光谱特征空间分析技术

10.2.1 光谱特征降维技术

本小节对主要的光谱特征降维技术进行介绍。高光谱数据降维方法大致可以分为替代法和变换法。前者是选择少数的原始波段影像代替高维的原始影像，后者是通过一定的模型变换，用变换得到的特征影像进行后续分析。

对于高光谱数据，特征选择获取原特征（波段）空间的子集，而特征提取对原特征空间进行变换，得到新特征。特征提取利用了全部波段信息，目的是用较少特征获得相对高的分类识别精度，该方法对整个特征空间作变换产生新特征，不像特征选择能保持原特征的物理含义。

在遥感、数据挖掘、生物信息分析等领域，模式分类固然是一个重要应用，但进一步确定哪些特征影响具体的分类识别任务，更能反映数据与应用相关的特性，对信息提取、数据本质理解意义重大。通过特征选择，在满足一定精度要求的前提下，用较少特征完成观测对象的数据收集和分析处理，可极大节约测量和计算成本。特征提取需在整个特征空间进行，而特征选择一旦选定特征，可直接在特征子空间进行数据处理（黄春，2006）。

1. 特征变换方法

(1) 线性变换技术。特征提取是按一定准则对原始光谱特征进行一定的变换或映射到低维空间,达到在低维特征空间中保留主要有用信息的目的。常用的特征变换方法诸如主成分分析法(Principal Component Analysis,PCA)、穗帽变换法、典型分析法以及通用光谱特征转换方法等等(张立福,2005)。主成分分析法是使用最为广泛的方法之一,其原理简单,实现算法高效。主成分分析又称 K-L 变换,是在均方误差最小情况下的最佳正交线性变换。其变换原理是先求出原始影像矩阵的协方差矩阵,由特征方程求出协方差矩阵的特征值,然后将特征值按大小顺序排列,并求出与特征值相对应的特征向量。再由特征向量构成正交变换矩阵,利用该矩阵对原始影像矩阵进行正交变换,即得到变换后的影像矩阵。新的影像矩阵的行向量就是变换后的成分影像,靠前的成分影像中包含了原始影像的主要信息。因此 PCA 方法在降低维数的同时提取大量的有用信息,得到广泛应用。但是,PCA 方法通常反映的是全局特征,对局部特征的表现较差,各分量具有不确定性。有时候对于特定目标,有效信息往往存在于被舍弃的成分中。对于高光谱数据,不能简单使用 PCA 方法。

投影寻踪方法(Projection Pursuit, PP)是一种专门处理高维数据的降维方法,研究始于 20 世纪 70 年代,已被成功应用到很多领域(Friedman, 1974)。其主要思想是,把高维数据往一维空间作线性投影,在某种优化指标的指导下,探索性地寻找最优的投影方向,该投影方向最大限度地揭示了数据的某种内在结构(易尧华,等,2004;张连蓬,等,2004)。广义说来,很多特征提取方法都可归为 PP 法,差别只在投影指数的不同,比如 PCA 感兴趣的投影要求满足方差的极大化。PP 法中,对投影矩阵的估计是通过最优化投影指数完成的,具体实现时一般采用迭代方式逐个优化获得投影向量。因此,投影指数的确定和指数的优化是 PP 法的两个关键因素。在遥感分类中,投影指数往往选取散度或 Bhattaeharyya 距离(简称 B 距离),优化算法可采用传统梯度下降法以及进化算法等。

(2) 非线性变换技术。前述方法多基于线性变换获得投影子空间,下面介绍的方法多基于非线性变换。近来备受关注的等距特征映射(Tenenbaum, 2000)和局部线性嵌入(Roweis, 2000)是两种非线性降维方法。Isomap 被应用到高光谱数据处理中,对高光谱数据进行特征提取与分类(Chen, 2005),同时 LLE 在高光谱数据降维和分析中的应用研究也在展开(Kim, 2003)。

随着核函数技术的发展,基于核函数的非线性特征提取方法受到重视。有人提出了核空间主成分分析法(Scholkopf, 1998),将数据非线性映射到高维核空间,再利用传统 PCA 法进行特征提取。

利用神经网络也能实现非线性特征提取与分类。多层前向网络作为特征提取器,其隐层输出可被视为输出层用于分类的非线性提取特征。而径向基函数网络、支持向量机等前向型网络也具有同样的功能,均在遥感数据信息提取和分类中得到大量应用(骆剑承,等,2002)。

非线性特征提取能反映数据的非线性结构,但往往带来较大的计算负担。相比而言,线性特征提取则简单快速,因此,应该根据实际应用,综合考虑质量和效率,以选择适当的特征提取方法。

2. 特征选择技术

特征选择是选择少数的原始波段影像代替高维的原始影像。特征选择过程一般有子集产生、子集评估、停止准则和结果有效性验证。该选择流程如图 10.1 所示。

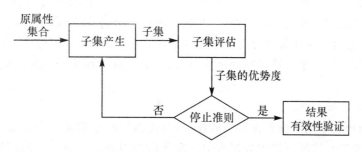

图 10.1 特征选择总体流程

特征选择算法按一定准则从原特征集合选择若干特征。根据子集生成的不同方式,可分为特征加权算法、子集搜索算法及随机搜索算法。

(1) 特征加权算法。该方法是从单一特征出发,利用某种准则,评价该特征与目标的相关程度,并赋以权值。Relief 和多类问题扩展 Relief-F 算法就是该类方法的典型代表。

(2) 子集搜索算法。子集搜索算法根据一定搜索策略在特征空间寻找使评价准则函数最优的特征子集。其搜索方式可分为完全搜索、启发式搜索和随机搜索。穷举法属于完全搜索,但其计算量难以承受;启发式搜索采用了贪婪算法,从特征空集或全集出发,每一次选择或去除的特征都符合当前状态下某种意义的最优,希望通过这种每次的局部最优导致最终子集是问题的最优解。如顺序前向选择和顺序后向选择,每次都选入或丢弃一个当前的最佳或最差特征;广义顺序前向选择和广义顺序后向选择则是每次选入或丢弃多个变量,在一定程度上考虑了特征间的相关性,但增加了计算量。这些方法中,特征一旦加入或丢弃就不能改变,搜索空间很有限。

(3) 随机搜索。与前两种搜索方式相比,随机搜索出现较晚。它不是从特征全集或空集出发,而是随机产生特征子集作为初解,对子集进行更新直至其不再改变或达到规定迭代次数为止。

随机搜索可分为两类,一类以单解(子集)为考察对象,可利用模拟退火或随机变异爬山法(RMHC)完成解更新(Mitchell,1999);另一类基于种群(多个可能解的集合)随机搜索,遗传算法就是这类方法的代表。目前有许多关于这方面的研究,同时将其他方法如神经元网络、粗集理论等与 GA 相结合进行特征选择的研究也取得了一定进展。Korycinski 等(Korycinski, et al,2003)在高光谱数据分析中提出结合 Tabu 搜索和二叉树分类器的特征选择方法;1995 年提出的粒子群优化算法(Kennedy,1995)是一种新的基于群体智能的进化计算技术,它模拟了鸟群的觅食行为,具有一定的记忆功能,可实现在解空间的快速搜索。

10.2.2 多维光谱特征分类技术

本小节主要介绍多维光谱特征分类技术。这种技术将每一波段的影像视为随机变量,多维影像像元构成多维矢量。通过对这些矢量的分析,诸如统计分析和基于数据挖掘的分析方法,将各像元归于不同的类别。

1. 传统分类技术

依据是否使用类别的先验知识,分类可分为监督分类和非监督分类。非监督分类中,常见的算法有 C_均值聚类算法、ISODATA 算法等。经典的监督分类法有最大似然法。对于高光谱数据,最大似然法的运算效率不够好,因此有学者提出改进方案,称为简化最大似然性判别函数。依据所有波段间的相关性分为若干连续的波段组,由这些不同波段组构成每个类别的协方差阵,再从每个波段组计算出判别函数值,最后求所有波段组产生的函数值的和,对每个像元分类。

2. 基于数据挖掘的分类技术

分类在数据挖掘中是一项非常重要的任务,分类的目的是学会一个分类函数或分类模型(也常常称做分类器),该模型能把数据库中的数据项映射到某一个给定的类别中。要构造分类器,首先让分类器对样本数据进行学习,形成相应的分类判决标准,再对待分析数据集进行分类。

分类器的构造方法有神经网络方法、机器学习方法、统计方法等等。神经网络方法主要是 BP 算法,它的模型表示是前向反馈神经网络模型。机器学习方法包括决策树法和规则归纳法,前者对应地表示为决策树,后者则一般为产生式规则。统计方法包括贝叶斯法、支持向量机法、粗糙集理论等。另外,最近又兴起了一种新的粗糙集(Rough Set,RS)方法,其知识表示是产生式规则。下面介绍几种常见的基于数据挖掘的分类技术。

(1) 神经元网络

基于神经网络模型的分类器由于无须建模,不需要对数据的概率分布做出任何假设,也不需要概率密度的参数,通过对训练样本的直接学习,掌握样本中隐含的规律,实现对数据的准确划分,近年来在遥感图像的分类应用中得到了广泛应用。神经网络模型具有上百种,其中应用最广泛的是多层前向神经元网络模型,其学习算法是误差后向传播算法(BP)。目前有许多学者对 BP 进行改进,同时结合其他方法,如遗传算法,对其进行改进(瞿东辉,1995;尹淑琳,2006)。一个三层结构 BP 网络示意图如图 10.2 所示,它包括输入层、隐含层和输出层。

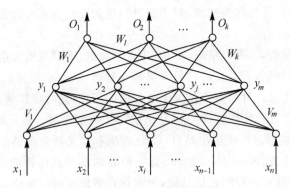

图 10.2 典型的 BP 网络模型

神经元网络技术用于高光谱数据中的不足之处是由于波段众多,网络规模较大,需要很长的迭代时间。另外,神经网络不同于那些以分类规则的形式出现的分类知识,神经网络的分类知识蕴含在结构中,其学习和决策过程不易理解,具有非透明性。如何规避神经网络的网络训练时间较长和分类规则解释性差的缺憾,在高光谱影像分类中是一个需要研究的问题。

(2) 决策树分类

决策树方法已经广泛地用于各个研究领域的分类识别。但是相对于传统的模式识别方法,如最大似然法,决策树方法还没有被广泛地运用到遥感影像分类(Brodley,1997)。决策树方法用于遥感分类问题上具有很大的优势,因为决策分类器不依赖于先验知识,易于解译,还能处理噪声数据,因此决策树在土地覆盖研究中有很重要的潜在应用。

决策树就是一个类似流程图的树形结构,其中树的每个内部节点代表对一个属性的测试,其分支就代表测试的每个结果,而树的每个叶节点就代表一个类别,树的最高层节点就是根节点,是整个决策树的开始。例如图 10.3 就是一棵具有 4 个特征、3 种类别属性的决策树。其中 x_i 是特征值,η_i 是阈值,Y 为属性值。

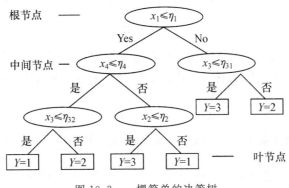

图 10.3　一棵简单的决策树

由于地物在遥感影像上的空间特征是极其复杂的,想用一种方法将所有类别区分开来往往是非常困难的,特别是对不同土地覆类型的精细划分,难度更大。决策树的引入可以使这一问题得到很好的解决,它能充分发挥高光谱数据信息丰富的优势,采用分级形式,针对不同的集合选取不同的标准或方法对其进行最有效的划分,将复杂的多分类问题逐步简单化从而彻底解决。

问题的关键是如何选择特征用于构建一棵决策树模型。这个过程通常分为建树和裁剪两个阶段。决策树算法有很多,最早的决策树方法是由 Quinlan 提出的基于信息熵的 ID3 算法,后来,Quinlan 对 ID3 作进一步扩展,提出 C4.5 算法(王萍,2004),将分类问题从类别属性扩展到数值型属性。不同的算法构建树的过程中采用的标准不同,如 C4.5 算法采用属性的增益率来选择属性特征,它首先选择能够最好地将样本分类的属性作为"测试"属性,即计算每个属性的信息增益率,并选取具有最高增益率的属性作为给定数据集的测试属性,创建一个节点,并以该属性标记,然后对属性的每个值分别创建分支,并据此划分样本。递归地使用上述过程,并依据预设的终止条件,从而可构造出一个树状结构的模型。算法的详细介绍请参考相关文献。

决策树分类的不足是:对于某些数据集,当数据集的实例个数较多时,产生的决策树非常大;此外,数据集中属性值的遗失情况和类分布均匀性对决策树的分类效果产生较大的影响。为了改善决策树分类,研究人员采用了基于先验概率的决策树用于远程遥感数据分类法,以及基于多值属性的模糊决策树分类方法(林丽群,2005)。

(3) 支持向量机

支持向量机作为一种最新的也是最有效的统计学习方法,近年来成为模式识别与机器学习领域一个新的研究热点。支持向量机因其具有适用高维特征、小样本与不确定性问题的优越性,成为一种极具潜力的高光谱遥感分类方法。

其基本原理为,设训练样本为输入向量 $\boldsymbol{X}=(x_1,x_2,\cdots,x_i,\cdots,x_n)^{\mathrm{T}}$,表示输入模式;$Y$ 为目标输出,则最优决策面方程为:

$$\boldsymbol{w}^{\mathrm{T}}\boldsymbol{x}_i+\boldsymbol{b}=0 \tag{10.9}$$

向量 w 和偏置 b 须满足约束:

$$y_i=(\boldsymbol{w}^{\mathrm{T}}\boldsymbol{x}_i+\boldsymbol{b})\geqslant 1-\varepsilon_i \tag{10.10}$$

式中,ε_i 为线性不可分条件下的松弛变量,它表示模式对理想线性情况下的偏离程度。根据决策面在训练数据上平均分类误差最小的准则,可推导出以下优化问题:

$$\phi(w,\varepsilon)=\frac{1}{2}\boldsymbol{w}^{\mathrm{T}}\boldsymbol{w}+C\sum_{i=1}^{N}\varepsilon_i \tag{10.11}$$

式中,C 是正则化参数,表示 SVM 对错分样本的惩罚程度,是错分样本比例和算法复杂度之间的平衡。用拉格朗日乘子法,最优决策面的求解可转化为以下的约束优化问题:

$$Q(a)=\sum_{i=1}^{N}a_i-\frac{1}{2}\sum_{i=1}^{N}\sum_{j=1}^{N}a_ia_jy_iy_jk(x_i,x_j) \tag{10.12}$$

式中,$\{a_i\}_{i=1}^{N}$ 为拉格朗日乘子,且式(10.5)满足约束条件:

$$\sum_{i=1}^{N}a_iy_i=0,\quad 0\leqslant a_i\leqslant C,i=1,2,3,\cdots,N \tag{10.13}$$

$K(x,x_i)$ 为核函数,满足 Mercer 定理。常用的核有以下两种:

多项式核

$$K=(\boldsymbol{x}^{\mathrm{T}}\boldsymbol{x}_i+1)^p \tag{10.14}$$

RBF 核

$$K=\exp\left[-\frac{1}{2\sigma^2}\parallel x-x_i\parallel^2\right] \tag{10.15}$$

SVM 应用于多光谱和高光谱遥感分类的试验表明,它不受特征空间维数限制,能够克服 Hughes 现象,但以下几个方面仍需要深入研究(杜培军,2006)。

①核函数的选择与优化。目前一些遥感分类中应用的 SVM 多数是采用常规的线性核、多项式核和径向基核,尤以 RBF 核得到了较多的应用。如何针对特定问题选择核函数,目前并无一个准则,是一个比较困难的问题。

②最优特征子集与维数的确定。SVM 虽然可以克服高维空间的限制,通过小样本学习发现支持向量,达到较好的分类效果,但在不同特征维数等情况下,对 SVM 的分类精度是否有影响是值得研究的一个问题。

③分类方案的选择与优化,在分类策略方面,最初 SVM 主要是针对两类问题,但遥感分类时一般都是多类问题,特别是高光谱遥感分类中往往要涉及地物类别细分问题。根据高光谱遥感影像分类的特点,如何合理选择分类策略也需要进一步研究。

(4) 贝叶斯分类

贝叶斯分类(Bayesian Classification, BC)来源于概率统计学,并且在机器学习中被很好地研究。近几年,作为数据挖掘的重要方法备受瞩目。朴素贝叶斯分类(Naive Bayesian Classification, NBC)具有坚实的理论基础,和其他分类方法相比,理论上具有较小的出错率。

但是,由于受其对应用假设的准确性设定的限制,因此需要再提高和验证类方法,提高基于普遍使用的高斯估计的准确性。

(5) 粗糙集

粗糙集理论是一套从数据中发现规则的严密的数学方法,它在处理不精确、不一致、不完整和冗余等信息时具备优良的数据推理性能,因此20世纪90年代以来,粗糙集理论在自动知识获取以及知识发现领域,特别是数据分类中得到了广泛的应用。粗糙集的基本出发点就是通过降低数据表示的精度来发现隐含的模式,而这些模式在数据被过于精确地表示的情况下往往被忽略。粗糙集的理论基础是把知识看做不可分辨关系,对论域的分类能力,引入上、下近似的概念来刻画知识的不确定程度。粗糙集的一个重要概念是属性约简,即寻找到可以与原始属性集合相同的精度将对象分类的最小的属性集合,将多余属性去掉可以得到更加强壮且简洁的分类规则。粗糙集在数据挖掘中的另一个重要应用领域是规则获取,通过删除冗余属性值,决策表中的每一个实例即对应一条分类规则,这种规则及相应的推理过程更易于被证实和解释(王丹,2005)。

粗糙集理论是一种解决含糊和不确定问题的数学工具。粗糙集理论不需要预先给定某些特征和属性的数量描述,可直接从给定问题的客观描述集合出发,通过不可分辨关系和不可分辨类确定问题的近似域。粗糙集的主要思想是把事物分成肯定的、否定的和可能的三个集合,分别用下近似、负域和边界表示,从而找出该问题的内在规律。近年来,粗糙集应用在多个领域,与模糊数学等理论一起成为处理不确定信息的重要工具。

(6) 遗传算法

遗传算法是基于进化理论的机器学习方法,它采用遗传结合、遗传交叉变异以及自然选择等操作实现规则的生成。

(7) 关联分类

关联分类是一种利用关联规则进行分类的新技术。关联分类包括两个步骤:首先发现规则结论为类标签的所有分类关联规则(Class Association Rules,CARs),然后从已发现的CARs中选择分类能力强的规则来覆盖训练集。与传统的决策树算法比较,基于关联的分类具有较高的分类预测准确度,但一般的关联分类算法存在系统资源消耗大、执行效率低的问题(许孝元,2005)。

10.2.3 高维特征空间影像分割技术

本小节主要介绍基于高光谱数据的影像分割技术。同普通影像分割相比,高光谱遥感影像分割最显著的特点就是高维引起的复杂性问题。基于传统影像的数据处理方法已不能完全满足高光谱数据处理需求,本小节将对这方面新的处理方法进行介绍。

从时间顺序上讲,常规影像分割技术产生于高光谱遥感影像分割之前;从应用范围上讲,高光谱影像分割是影像分割技术的特例。所以,本小节首先对经典影像分割技术进行归纳分析。

1. 影像分割技术概述

影像分割是影像处理与机器视觉的关键技术之一,自20世纪70年代起一直受到人们的高度重视,至今已提出许多种分割算法。但因尚无通用的分割理论,现提出的分割算法大多是针对具体问题的,并没有一种适合所有图像的通用分割算法。

但无论在哪种应用领域,影像分割都具备如下基本特征:把图像划分成若干互不交叠区域的集合,这些区域要么对当前的任务有意义,要么有助于说明它们与实际物体或物体的某些部分之间的对应关系。

2. 影像分割方法

由于影像分割技术涉及诸多领域,方法众多,所以研究人员对影像分割方法存在不同的分类方式。

乐宋进将分割方法分为4类(乐宋进,2004):阈值分割方法、边缘检测方法、区域提取方法以及结合特定理论工具的分割方法。

魏弘博等将影像分割方法分为3类(魏弘博,等,2004):基于直方图的分割技术(阈值分割、聚类等)、基于邻域的分割技术(边缘检测、区域增长)以及基于物理性质的分割技术。

赵荣椿将影像分割方法概括成6大类(赵荣椿,1998):基于门限化的方法、基于边缘检测的方法、基于像素分类的方法、基于人工神经网络的方法、基于模糊集理论的方法和基于多分辨率分析的方法。

王爱民根据使用知识的特点与层次,将影像分割为数据驱动与模型驱动两大类(王爱民,2000)。这样分类更符合当前图像分割的技术要点。前者直接对当前图像数据进行操作,诸如基于边缘检测的分割、基于特征聚类的分割以及基于区域的分割,等等;后者则建立在模型估计的基础之上,如目标模型、随机场模型,等等。

本小节对基于阈值的方法、基于区域的分割方法、基于聚类的分割方法和基于模型的分割方法4类常见的分割方法进行简要介绍。

(1) 基于阈值的分割

阈值分割(刘文萍,1997)是最常见的并行的直接检测区域的分割方法,它简单地用一个或几个阈值将图像的灰度直方图分成几个类,如果只需选取一个阈值称为单阈值分割。它将图像分为目标和背景两大类。如果选取多个阈值分割称为多阈值方法,图像将被分割为多个目标区域和背景。阈值分割方法基于对灰度图像的一种假设:目标或背景内的相邻像素间的灰度值是相似的,但不同目标或背景的像素在灰度上有差异。

阈值分割主要针对灰度影像进行,其优点是实现简单,当不同类的物体灰度值或其他特征值相差很大时,它能很有效地对图像进行分割。其难点在于阈值的设定方法,对传统阈值法的改进包括局部阈值、模糊阈值、随机阈值等方法。

(2) 基于区域的分割

基于区域的分割主要包括区域生长以及分裂合并方法。区域生长方法从若干种子点或种子区域出发,按照一定的生长准则,对邻域像素点进行判别并连接,直到完成所有像素点的连接。其中种子点可采用人机交互或自动方法设定。这种方法的关键在于种子点的位置、生长准则和生长顺序等。

区域合并是一种自下而上的方法,输入图像以像素或碎部基元开始,然后在类似的相邻区域根据某种判断准则迭代地进行合并。区域分裂技术则是一种自上而下的方法,整个图像先被看成一个区域,然后区域不断被分裂为多个区域,直到每个区域内部都是相似的。分裂合并方法的研究重点是分裂和合并规则的设计。

(3) 基于聚类的分割

由于不同目标的特性不同,反映在直方图上会有很多峰值以及对应的一些优势灰度值,对于多维影像,在特征空间中,像元分别倾向于聚集在各自不同的特征区域附近,形成集群。聚类法在特征空间对像素点集进行聚类,包括硬聚类、概率聚类、模糊聚类等。聚类准则是聚类分割的关键。

K-均值、模糊 K-均值以及自组织迭代算法(ISODATA)是常用的聚类算法。K-均值算法先对当前的每一类求均值(类心),然后按类心对像素进行重新分类,并且迭代修正类心。模糊 K-均值算法从模糊集合理论的角度对 K-均值进行了推广。同 K-均值方法相比,ISODATA 具备了在迭代过程中对聚类进行分裂与合并的功能。

(4) 基于模型的分割

基于模型的分割建立在先验知识的基础上,一般来讲都包括了对模型的估计和利用模型分割两个步骤。这种分割方式能够较好地符合待分割影像的实际特点。

所涉及模型有多种形式,常见的模型诸如组合优化模型、目标几何与统计模型、随机场模型以及物理模型,等等。

基于组合优化模型的分割倾向于将分割看做一个组合优化问题,并采用一系列优化策略完成图像分割任务。主要思路是在分割定义的约束条件之外,根据具体任务再定义一个优化目标函数,所求分割的解就是该目标函数在约束条件下的全局最优解。基于目标几何与统计模型的分割(谌海新,1999)是将目标分割与识别集成在一起的方法,常称做目标检测或提取。基本思想是将有关目标的几何与统计知识表示成模型,将分割问题转换为匹配问题。随机场模型一般通过一组参数对模型进行刻画,并利用参数来指导分割。基于物理模型(Nayar, 1991)的分割能够识别阴影,也能够描述表面的朝向,从而提高分割的准确性,具有较强的针对性,但模型参数的获取较复杂。

3. 高光谱影像分割技术

同普通影像分割相比,遥感影像分割具有自身的特点。其中最显著的特点之一就是,遥感影像分割所得到的同质区都与地面目标具有直接或间接的对应关系,用于地学理解是遥感影像分割的根本目的,从这一根本目的出发,针对不同的应用,研究人员发展了许多不同的遥感影像分割方法。

高光谱影像分割是遥感影像分割的特例,这里必须指出,这项技术的使用存在一个前提,即对光谱特征的差异具有一定的容忍度,允许一定程度的光谱信息损失。实际上,多光谱影像分割也存在这种情况,只是在高维空间中体现得更为突出。

经过高光谱影像分割,具备相似光谱特征的像元组合成同质图斑,这时候,就以图斑为单位对光谱特征进行表达,同一图斑内部的光谱特征差异就被忽略。从影像理解的最终目的出发,这种代价的付出是为了得到具备影像空间整体意义的目标基元。

所以,要辩证地看待这个问题:一方面,高光谱影像分割要以获取同质区为目的;另一方面,在分割实施过程中,要尽可能准确地把握住光谱集群特征和局部特征,使得这种信息损失对后续解译不产生较大影响。这也正是目前高光谱分割技术所关注的热点之一。

从技术实践上讲,高光谱影像分割方法的类型也基本遵循常规影像分割的划分方式。但是,同传统分割方法相比,这方面研究的突出特点是力图解决高维数据所引发的新问题。

由于实践途径各不相同,具体应用背景不同,使得高光谱影像分割技术往往受到各领域的交叉影响,所以,各种具体的分割方法差异较大。本文将选取在该领域较有影响的研究以及较新的研究进展进行介绍。

Tu 和 Chen 在特征选择和特征提取的基础上,采用了一种新的迭代最大似然法

(Maximum Likelihood，ML)用来提高高光谱数据分割处理的速度(Tu and Chen，1998)。

Chang 提出了一种完全特征值空间模型(Complete Modular Eigenspace，CME)，采取了一种特征尺度变换(Feature Scale Uniformity Transformation，FSUT)方法进行高光谱信息提取方法，并与聚类方法结合进行影像分割(Chang and Hsuan，2005)。

James 介绍了一种递归平行虚拟机模型(Recursive Parallel Virtual Machine，RPVM)，结合区域增长法和光谱聚类方法，提出了一种基于特征边界点检测的分割方法，产生了一系列影像分割集(Plaza and Tilton，2000)。

Refaat 将均值区域理论(Mean Field，MF)与支持向量机(Support Vector Machines，SVM)相结合进行了高光谱影像分割(Refaat，2005)。Mayer 对光谱空间中目标之间边界确定方法进行讨论，在研究中引入了自适应余弦估计器(Adaptive Cosine Estimator，ACE)和匹配滤波器(Matched Filter，MF)等模型(Mayer，2005)。Shah 结合改进的独立成分分析方法进行了高光谱影像分割 (Shah，2002)。

Qian 从有损数据压缩(Lossy Data Compression)的角度来看待高光谱影像分割问题，提出了一种基于多倍码书算法的光谱索引方法来解决影像分割问题(Qian，2000)。

Lemon 针对灌木及矮树林场区域的航空高光谱影像，从数据融合的角度出发进行影像分割，首先对光谱特征进行量化，然后综合考虑光谱特征和林场几何特征进行模糊数据融合(Fuzzy Data Fusion，FDF)，最后经过一个兼顾背景信息(Context-Dependent)的后处理过程得到分割结果。Lemon 等人还将 DEM 等其他非光谱信息引入到高光谱影像分割中来，主要针对植被区域进行了实验(Lemon，2000)。

Heesung 提出了一种基于完全四叉树分解方法(Quad-Tree Decomposition，QTD)的自适应高光谱影像分割的方法，将光谱特征空间分析同波谱曲线分析相结合，用来提高分割的精度(Heesung，2000a)。

Heesung 还采取了一种改进最小距离分类器进行高光谱影像分割，在实现过程中采用了迭代局部特征提取(Iterative Local Feature Extraction，ILFE)的方法，目的也是增强算法的自适应性(Heesung，2000b)。

Acito 等人提出了一种新的统计分割算法，通过高斯混合模型(Gaussian Mixture Model，GMM)对光谱特征空间进行描述，分析特征集群的分布规律，从而实现完全的非监督分割(Acito，2003)。不过，这种多维统计方法所付出的计算代价是相当大的。

在类似的领域，Michael 进行了较为深入的研究，在利用 GMM 的过程中，针对高光谱特征空间非正态性的客观现实，采用了改进的椭球等高线分布律(Elliptically Contoured Distributions，ECDs)，并且利用 EM 算法优化了参数求解过程(Michael，2004)。

Acito 等人还将影像分割和高光谱混合像元分解相结合，将影像分割作为端元信息提取的前提，使得端元分析具有局部自适应性，在结合 AVIRIS 数据的实验中，取得了较好的结果(Acito，2002)。

值得一提的是，与之相反，Manuel 则是将端元信息提取作为影像分割的前奏，结合一种自组织形态学记忆法(Autoassociative Morphological Memories，AMM)，有效结合端元信息分析得到最后的影像分割结果(Manuel，2004)。

Lennon 等针对高光谱数据分割的预处理，将纯量形式的各向异性滤波器扩展至矢量形式，首先利用最大噪声区变换(Maximum Noise Fraction Transform，MNFT)将高光谱数据投影至变换空间,对各投影成分按照最大信噪比排序,并以此为依据对各分量进行不同强度的滤波,通过这种方法来改善影像分割的效果(Lennon, et al, 2002)。

Mercier 在小波变换的基础上,针对每个波段,提取出反映多尺度空间特征的小波系数,并建立波段间的系数分布律,在此基础上进行特征相似性度量,基于此完成非监督分割(Mercier and Lennon, 2002)。

类似的研究还有,Kashif 将主成分分析和小波变换相结合进行影像分割,而 Cagnazzo 和 Poggi 等人则利用分割来指导小波分析(Kashif, 2003; Cagnazzo, 2004)。此外,还产生了针对高光谱影像分割的模糊神经系统等模型,这类模型基于加权增量神经元网络(Weighted Incremental Neural Networks, WINN)而构建,结合分水岭算法确定网络输出端节点数目。

Hong 从高光谱影像中选择出若干波段进行纹理特征提取,然后将纹理特征作为附加信息同高光谱数据一起参与分割(Hong, 2004)。

Bukhel 针对高光谱数据采取了系统性(Systematic)分割方法,首先通过多维直方图方法得到初始分割结果,然后对初始结果中的过分割(Over-Segmentation)区域进行合并,在合并过程中尝试了一系列同质性标准。研究表明,分割结果对不同的同质性标准具有较好的稳定性,但对初始分割的依赖性较大(Bukhel, 2004)。

与此类似,Sanghoon 也进行了两步分割研究,首先利用局部分割器(Local-Segmentor)进行第一步分割,在这一步中对像元的空间连通性有较严格限制,然后采用全局分割器(Global-Segmentor)进行合并处理,减少同质区数量(Sanghoon, 2004)。

Zortea 在进行高光谱特征提取的文献中,提出了一种树形局部最优算法(Tree Suboptimal Algorithms, TSOA),并通过一种自顶向下的策略来实现高光谱影像分割(Zortea, 2004)。Plaza 则研究了分割结果的自动选择,针对分割进行到何种程度为最优的问题进行了讨论(Plaza, 2005)。

分析以上高光谱影像分割方法可以发现,它们都与高光谱数据高维、海量等特征紧密相联,这些方法反映出如下几种研究倾向。

①将高光谱影像分割同特征选择相结合,对经典的影像分割方法进行优化和改进,使其能够满足高维数据的分析,通过这种方式使得高维空间分析的运算效率得到提高。不少研究体现出这种思想。

②将高光谱影像分割同其他研究方向相结合。这种研究倾向表现在多方面,比如 Qian 利用矢量量化来协助解决影像分割问题(Qian, 2000),以及 Acito 和 Manuel 等人将混合像元分解与影像分割相结合,都属于这种情况(Acito, 2002; Manuel, 2004)。

③在分割过程中充分利用非高光谱信息。比如 DEM 信息、背景信息等,还包括从数据中提取出的小波参数等反映空间尺度特征的信息,将这些非光谱信息引入进来,参与高光谱分割。

④在分割过程中,针对高维特征空间的非规则性和局部集群多样性采取相应对策。高维特征空间的复杂性使得常规模型难以满足需要,非球形集群、非规则分布以及局部空间特征差异等客观事实促使研究人员采取了各种相应方案。诸如 Michael 的非正态高斯分析,以及 Heesung、Sanghoon 等人在局部特征空间采取的自适应策略,等等(Michael, 2004; Heesung, 2001; Sanghoon, 2004),大量的研究都体现了特征空间的非规则性和局部集群多样性是高光谱分割必须面对的关键问题。

10.3 高光谱遥感主要应用研究现状

10.3.1 高光谱遥感地质调查研究

区域地质制图和矿产勘探是高光谱技术的主要应用领域之一。各矿物和岩土在电磁波谱上显示的诊断光谱特征可以用来识别矿物成分。本小节主要介绍岩石矿物的光谱特征机理及矿物光谱吸收特征参数。

1. 岩石矿物光谱特性

根据物质的电磁波理论,任何物质其光谱的产生均有严格的物理机制。根据分子振动能力级差的计算,其能量级差较小时,产生相应近红外区的光谱;分子电子能级之间的能量差距一般较大,产生的光谱位于近红外、可见光范围内。矿物晶格中存在着铁等过渡性金属元素决定了 $0.4\sim1.3~\mu m$ 波谱范围内的光谱特征;$1.3\sim2.5~\mu m$ 波谱范围内的光谱特征是由矿物组成中的碳酸根、羟基及可能存在的水分子决定的;$3\sim5~\mu m$ 的红外波段的光谱特征则由 Si—O、Al—O 等分子键的振动模式决定。由于电子在各个不同能级间的跃迁而吸收或发射特定波长的电磁辐射,从而形成特定波长的光谱特征,因此,不同晶格结构的岩石矿物成分有其不同的光谱特征。这是利用高光谱数据寻找岩矿的物理前提。

由于电子在各个不同能级之间的跃迁而吸收或发射特定波长的电磁辐射,从而形成特定的光谱特征。由于各种岩石矿物晶体结构各不相同,各种晶格振动而产生的光谱特征与其特有的晶体结构有关,因此不同的岩石矿物成分其光谱特性是不一样的。

2. 光谱吸收特征参数

高光谱地质遥感主要是利用高光谱数据识别各种矿物成分(包括丰度)和成图(矿物成分空间分布)。主要研究内容包括从许多光谱参数中提取各种地质矿物的定性、定量信息。光谱吸收特征参数包括吸收波段波长位置(P)、深度(H)、宽度(W)、斜率(K)、对称度(S)、面积(A)和光谱绝对反射值。

为了客观分析波谱曲线的吸收特征,利用包络线消除技术,将波谱曲线中与目标物质成分密切相关的典型吸收峰提取出来,用统一的基线来对比每一个吸收峰,进行光谱波形的分析研究。

3. 高光谱遥感岩矿光谱识别研究进展

在地质应用中,矿物识别和信息处理技术可分为以下 3 大类型。

(1) 基于单个诊断性吸收的特征参数。岩石矿物单个诊断性吸收特征可以用吸收波段位置、吸收深度、吸收宽度、吸收面积、吸收对称性、吸收的数目和排序参数作一完整的表征。根据端元矿物的单个诊断性吸收波形,从成像光谱数据中提取并增强这些参数信息,可直接用于识别岩矿类型。

(2) 基于完全波形特征。利用整个光谱曲线进行矿物匹配识别,可以在一定程度上改善单个波形的不确定性影响(如光谱漂移、变异等),提高识别的精度。基于整个波形的识别技术方法是在参考光谱与像元光谱组成的二维空间中,合理地选择测度函数度量标准光谱或实测光谱与图像光谱的相似程度,如相似指数法(Similarity Index Algorithm, SIA)、光谱角识别方法(Spectral Angle Mapper, SAM)

(3) 基于光谱知识模型。基于光谱模型的识别技术方法是建立在一定的光学、光谱学、结晶学和数学理论之上的信号处理技术方法。它不仅能够克服上述方法存在的缺陷，而且在识别地物类型的同时，精确地量化地表物质的组成和其他的物理特性。

10.3.2 高光谱数据提取生物物理、生物化学参数研究

本小节主要介绍从高光谱数据中提取出用于植被和生态研究的生物物理和生物化学参数信息的技术。其中，生物物理参数主要是指用于陆地生态结构研究的变量，如叶面指数、生物量及其他冠层结构等参数；生物化学参数主要指植物体内各种色素及氮、磷、钾等营养成分。

1. 生物物理参数研究

植被作为地球陆地覆盖面最大、对人类生存环境和生存质量影响最大的因素，一直是遥感工作者重点关注的对象之一。生物物理信息主要是指叶面积指数（Leaf Area Index, LAI）、生物量、植物种类、植被郁闭度、光合有效辐射、净生产率及其他冠层结构参数等。生物物理信息在植被生态学研究中具有重要意义，常规遥感已在植被指数（Vegetation Index, VI）、叶面积指数等信息获取方面得到应用，高光谱遥感的出现明显提高了常规遥感所能获取的生物物理信息的准确性和可靠性，尤其是高光谱遥感以其极具潜力的信息获取能力，为促进人类对植被生态系统的深入了解，解决现代信息农业建设中的农田信息获取这一瓶颈问题创造了条件。下面着重谈谈高光谱遥感在 LAI 估计、类型识别、郁闭度提取等方面的应用。

(1) 叶面积指数估计。叶面积指数是植物生态研究中的一个重要指标，它与生物量、植物长势均有密切关系，是确定森林二氧化碳、水和氧气交换率的重要变量。过去应用遥感方法估计森林 LAI 的研究主要局限于一些相对较宽的波段的多光谱数据。大部分研究致力于找出 LAI 与从遥感数据中提取的各种植被指数的一些简单统计关系来估计 LAI，精度不高。原因之一是，宽波段遥感数据中往往混有相当比例的非植物光谱，致使各种植被指数与 LAI 的关系不紧密。而这种非光谱在高光谱遥感数据中采用光谱微分技术可以得到压抑，从而提高遥感数据 LAI 的相关性。

(2) 森林树种的识别。在自然资源管理、环境保护、生物多样性和野生动物栖息地研究中，正确识别森林树种非常重要。常规的树种调查和识别方法主要依赖于一些成本高、费时、费力的野外森林调查方法或利用大比例尺航片的判读方法。在过去二三十年里，大面积地应用数字遥感数据（如 TM、SPOT）进行的树种识别实践只能分到树种组或简单地将树种分为针叶、阔叶两大类。这主要由两个因素决定：一是由于缺少高光谱分辨率和大量的光谱波段，因为不同的树种经常有极为相似的光谱特性（通常成为"异物同谱"现象），它们细微的光谱差异用宽波段遥感数据是无法探测的；二是由于光学遥感所依赖的光照条件无常，可能引起相同的树种具有显著不同的光谱特性（即所谓的"同物异谱"现象）。高光谱遥感能够探测到具有细微光谱差异的各种物体，因此，能够大大地改善对植被的识别和分类精度。

(3) 森林郁闭度信息提取。森林郁闭度信息估计如同森林树种识别对于森林生态系统研究和森林经营管理都是非常重要的。常规的森林郁闭度信息估计通过野外调查和航片判读技术获得。这种常规获取方法劳动强度大，且费时费力，成本高。遥感技术的推广应用特别是成像光谱学的出现给地区尺度以至大区域进行森林郁闭度估计提供了有力的工具。郁闭度在遥感图像上是一个比较容易提取的参数，但在空间分辨率低时（>20m），由于像元光谱混合的问题，利用宽波段遥感数据提取的郁闭度信息精度不会太高。利用高光谱数据实行的混合

光谱分解方法就可以将郁闭度这个最终光谱单元信息提取出来，合理而真实地反映其在空间上的分布。如果利用宽波段遥感数据实行这种混合像元分解技术，效果不会太好，其原因是波段太宽、太少，不能代表某一成分光谱的变化特征，即由少数几个宽波段数据描述混合像元诸成分光谱代表性不够。而高光谱的情形就完全不同了，每个高光谱图像像元均可近似用一条光谱曲线描述。因此用它分解混合像元诸成分光谱分量精度必定很高，许多线性光谱混合模型求解结果证明了这一点。浦瑞良等在定标的 CASI 高光谱图像上选择"纯"的最终单元，以用于定标的 AVIRIS 图像光谱混合像元分解，由此方法提取的森林郁闭度信息分量图像比红外航片判读值高出 2%～3%，且郁闭度分布看上去比较合理，说明从高光谱图像数据中用光谱混合模型方法提取森林郁闭度信息是可靠的(浦瑞良,2000)。

2. 植被生物化学信息的提取

生物化学信息是研究和理解植被生态系统过程和生理机制(如光合作用、碳氮循环等)的重要参数，是诊断植物营养状况的重要依据。

高光谱遥感技术的出现已使从遥感数据提取生物化学参数成为可能。在区域以至全球尺度上提取生物化学信息对于研究和理解生态系统过程诸如光合作用、碳、氮循环以及林下凋落物分解速率，描述和模拟生态系统都是十分重要的。现有许多利用高光谱数据提取生物化学信息的研究多采用多元统计回归的方法，这种方法是建立在粗叶光谱各种生化成分吸收特征的综合假设基础上的。例如，用逐步回顾分析方法可以确定对于某种化学成分重要的波长位置，并说明这种波段值和化学成分浓度有较好的相关性。据此我们可以用这些确定的波长位置来估计某种化学成分的浓度。

10.3.3 基于高光谱遥感的大气及环境研究

本小节主要介绍高光谱遥感技术在大气及环境等方面的研究概况。着重叙述在这两方面研究应用的高光谱数据处理方法。

1. 大气遥感

在大气遥感中，利用高光谱数据主要对水蒸气、卷云、气溶胶等大气成分和状况进行监测。

水蒸气作为 AVIRIS 光谱范围内的主要吸收体和大气的主要变化成分之一，是目前研究工作关注的主要对象。目前许多算法通过评价 940nm 水蒸气吸收强度及其与总大气柱水蒸气量的关系。有人从 AVIRIS 高光谱数据中逐像元提取大气总柱水蒸气信息，以便利用这种信息推算地表反射率。

在大气气溶胶光学和辐射特性方面，国际上近年来一直大力发展卫星遥感与地基光学遥感相结合的观测技术与反演方法。中高分辨率的成像光谱仪(MODIS、HIRDLS、GLI)、多角度的成像光谱仪(MI2SR)等星载探测器的一个重要应用方向正是探测全球(包括陆地)的气溶胶光学特性。

卷云在地球能量平衡中发挥着重要的作用，但在宽带光谱遥感中是一个无法探测的因子。在高光谱中，可利用水汽在 1 380nm、18 350nm 处的强烈吸收确定卷云分布。

2. 遥感环境

高光谱遥感以其特有的高光谱分辨率，对水体污染浓度进行有效识别，因而对调查和监测环境问题具有独到的效果。例如，在对海洋赤潮的监测中，以往利用遥感技术进行监测，因受传感器性能的限制，不能进行定量分析，无法对赤潮作出准确检测，更无法对赤潮进行进一步的分类研究。而高光谱遥感数据因其具有分辨率高、波谱连续性强的特点,不但使对赤潮的准确检测成为可能,而且可对其进行分类和识别。范文义(2002)研究了高光谱遥感在荒漠化监测中的应用,并提出了基于高光谱分辨率数据处理算法的荒漠化监测评价指标信息提取方法。

10.4 小　　结

　　近年来,高光谱数据的分析和应用主要形成了两类典型方式:波谱空间分析技术和光谱特征空间分析技术。随着成像光谱技术的不断进步,高光谱海量数据的压缩和信息提取方法的研究,以及通用的高光谱数据存储显示及分析系统的研究都将成为高光谱数据处理领域未来的研究重点。

　　与此同时,在成像光谱仪技术水平和高光谱数据处理技术水平不断提高的基础上,其地学应用潜力将得到充分挖掘。如何在引入知识库的条件下,针对光谱信息、空间关系信息等多种新信息建立合理的推理机制值得深入研究。尤其在利用高光谱遥感技术进行目标识别方面,如何根据具体的应用领域和需要解决的问题的特殊性,建立起有效的应用模型也将成为高光谱遥感的重要应用领域。

　　一直以来,传统的高光谱遥感影像理解方案大多是基于像元而进行的,这种影像理解方式存在相当大的局限性。遥感影像的计算机解译将人的知识引入到目标识别过程中来,使得目标的自动提取成为可能。在这种条件下,基于像元的影像分类方式无法充分体现目标实体的丰富特征,作为目标在影像上的直接体现,影像同质区(或称像斑)具有更佳的目标特征承载能力。

　　在高光谱遥感影像解译中,面对海量的高维数据,如何合理地构建解译机制,如何高效地进行影像分割获取同质区基元,如何合理地组建影像同质区对象的特征,如何有效地将图斑对象的光谱特征和非光谱特征结合分析,都必将成为未来研究的热点方向。

参 考 文 献

白继伟.2002.基于高光谱数据库的光谱匹配技术研究[D].北京:中国科学院.
宋江红.2006.基于混合像元模型的高光谱数据分类[D].西安:西北工业大学.
浦瑞良,宫鹏.2000.高光谱遥感及其应用[M].北京:高等教育出版社.
张良培,张立福.2005.高光谱遥感[M].武汉:武汉大学出版社.
黄春.2006.高光谱遥感数据特征约简技术研究[D].西安:西北工业大学.
张立福.2005.通用光谱模式分解算法及植被指数的建立[D].武汉:武汉大学.
易尧华,梅天灿,秦前清,龚健雅.2004.高光谱影像中人工目标非监督提取的投影寻踪方法[J].测绘通报,
　　(2):20-22.
张连蓬,储美华,刘国林,江涛.2004.高光谱遥感波段选择的非线性投影寻踪方法[J].徐州师范大学学报(自
　　然科学版),22(4):49-53.
骆剑承,周成虎,梁怡,等.2002.支撑向量机及其遥感影像空间特征提取和分类的应用研究[J].遥感学报,6
　　(1):50-55.
瞿东辉.张立明.1995.多层前馈网络在模式识别中的理论和应用[J].电子学报,23(7):64-66.
尹淑玲.2006.基于自适应遗传算法和改进BP算法的遥感影像分类[D].武汉:武汉大学.
王萍.2004.遥感土地利用土地覆盖变化信息提取的[D].青岛:山东科技大学.
林丽群,舒宁.2005.基于决策树的多光谱影像分类研究[J].测绘信息与工程,31(5):1-3.

杜培军,林卉,孙敦新.2006.基于支持向量机的高光谱遥感分类进展[J].测绘通报,(12):37-40.

王丹.2005.粗糙集理论在图像处理中的若干问题研究[D].长沙:国防科技大学.

许孝元.2005.分类关联规则归纳算法及应用研究[D].广州:华南理工大学.

乐宋进,武和雷,胡泳芬.2004.图像分割方法的研究现状与展望[J].南昌水专学报,23(2):15-20.

魏弘博,吕振肃,蒋田仔,刘新艳.2004.图像分割技术纵览[J].甘肃科学学报,16(2):19-24.

赵荣椿,迟耀斌,朱重光.1998.图像分割技术进展[J].中国体视学与图像分析,3(2):121-128.

王爱民,沈兰荪.2000.图像分割研究综述[J].测控技术,19(5):1-6.

刘文萍,吴立德.1997.图像分割中阈值选取方法比较研究[J].模式识别与人工智能,10(3):271-277.

谌海新,沈振康,夏放怀.1999.一种基于目标特征的多门限图像分割方法[J].电子学报,27(3):32-36.

范文义.2002.荒漠化程度评价高光谱遥感信息模型[J].林业学报,(2):61-67.

Jia, X. and Richards, J., 1994, Efficient maximum likelihood classification for imaging spectrometer data sets, *IEEE Transactions on Geoscience and Remote Sensing*, 32(2): 274-281.

Niemann, K.O., 1995, Remote sensing of forest stand age using airborne spectrometer data, *International Public of Remote Sensing*, 61(9): 1119-1127.

Friedman, J. H. and Tukey, J. W., 1974, A projection pursuit algorithm for exploratory data analysis, *IEEE Trans on Computers*, 23(9): 881-889.

Tenenbaum, J. B., SIIva, V. D. and Langford, J. C., 2000, A global geometric framework for nonlinear dimensionality reduetion, *Scienee*, 290 (5500): 2319-2323.

Roweis, S. T. and Saul, L. K., 2000, Nonlinear dimensionality reduction by local linear embedding, *Science*, 290 (5500): 2323-2326.

Chen, Y., Crawford, M. M. and Ghosh, J., 2005, Applying nonlinear manifold learning to hyperspectral data for land cover classification, *Proceedings of IEEE International Geoscience and Remote Sensing Symposium*, Seoul, Korea, 25-29 July: 4311-4314.

Kim, D. H. and Finkel, L. H., 2003, Hyperspectral image processing using locally linear embedding, *Proceedings of 1st International IEEE EMBS Conference on Neural Engineering*, Capri Island, Italy, 20-22 March: 316-319.

Scholkopf, B., Smola, A. and Muller, K. R., 1998, Nonlinear component analysis as kernel eigenvalue problem, *Neural Computation*, 10(5): 1299-1319.

Mitchell, M., Holland, J. H. and S. Forrest, 2002, When will a genetic algorithm outperform hill climbing, *Neural Information Processing Systems*, San Mateo: 51-58.

Korycinski, D., Crawford, M. M. and Barnes, J. W., 2003, Adaptive feature selection for hyperspectral data analysis using a binary hierarchical classifier and tabu search, *Proceedings of 2003 International Geoscience and Remote Sensing Symposium*, Toulouse, France: 297-299.

Kennedy, J. and Eberhart, R. C., 1995, Particle swarm optimization, *Proceedings of IEEE International conference on Nuural Networks*, Perth, Australia: 1942-1948.

Brodley, C. E., Friedl, M. A. and Strahler, A. H., 1996, New approaches to classification in remote sensing using homogeneous and hybrid decision trees to map land cover, *Geoscience and Remote Sensing Symposium*, New York, 27-31 May: 532-534.

Nayar, S. K., Ikeuchi, K. and Kanade, T., 1991, Suface Reflection: Physical and Geometrical Perspectives, *IEEE Transactions On Pattern Analysis and Machine Intelligence*, 13 (7): 611-634.

Te-Ming, T. and Chin-Hsing. C, 1998, A Fast Two-Stage Classification Method for High Dimensional Remote Sensing Data, *IEEE Transactions On Geoscience and Remote Sensing*, 36(1): 182-194.

Yang-Lang, C. and Hsuan, R., 2005, A complete modular eigenspace feature extraction technique for hyperspectral images, *Geoscience and Remote Sensing Symposium*', (2): 1253-1256.

Plaza, A. J. and Tilton, J. C, 2005, Automated Selection of Results in Hierarchical Segmentations of Remotely Sensed Hyperspectral Images, *IEEE Transactions On Geoscience and Remote Sensing* (7): 4946-4949.

Refaat, M. M. and Farag, A. A., 2005, Advanced Algorithms for Bayesian Classification in High

Dimensional Spaces with Applications in Hyperspectral Image Segmentation, *IEEE Transactions On Geoscience and Remote Sensing* (9): 5021-5032.

Chintan, A. S, Manoj K. A., Stefan, A. R. and Pramod, K. V., 2002, ICA Mixture Model based Unsupervised Classification of Hyperspectral Imagery, *IEEE Proceedings of the 31st Applied Imagery Pattern Recognition Workshop*, 16-17 Oct: 29-35.

Shen-En, Q., Allan, B. H., Dan, W. and Davinder, M., 2000, Vector Quantization Using Spectral Index-Based Multiple Subcodebooks for Hyperspectral Data Compression, *IEEE Transactions On Geoscience and Remote Sensing*, 38(3): 1183-1190.

Lemon, M., Mouchot, M. C., Mercier G. and Hubert-Moy, L., 2000, Segmentation of Hedges on CASI Hyperspectral Images by Data Fusion from Texture, Spectral and Shape Analysis, *IEEE Transactions On Fuzzification* (7): 825-827.

Heesung, K., Sandor, D. and Nasser M. N., 2000, An adaptive segmentation algorithm using iterative local feature extraction for hyperspectral imagery, *IEEE Transactions On Geoscience and Remote Sensing* (1): 74-77.

Heesung, K., Sandor, D. and Nasser M. N., 2000, an adaptive hierarchical segmentation algorithm based on quadtree decomposition for hyperspectral imagery, *IEEE Proceedings of Image Processing*, 10-13 Sept. (7): 776-779.

Acito, N., Corsini, G. and Diani M., 2003, An unsupervised algorithm for hyperspectral image segmentation based on the Gaussian mixture model, *IEEE Geoscience and Remote Sensing Symposium IGARSS '03*, 21-25 July (6): 3745-3747.

Michael, D., Farrell, J. and Russell, M. M., 2004, Estimation of elliptically contoured mixture models for hyperspectral imaging data, *IEEE Proceedings of Geoscience and Remote Sensing Symposium*, 20-24 Sept.(2): 2412-2415.

Acito, N., Corsini, G. and Diani, M., 2002, An unsupervised algorithm for the selection of endmembers in hyperspectral images, *IEEE Geoscience and Remote Sensing Symposium IGARSS '*, (3): 1673-1675.

Manuel, G., Josune, G. and Carmen, H., 2004, Further Results on AMM for Endmember, *IEEE Induction, IEEE Workshop on Advances in Techniques for Analysis of Remotely Sensed Data*, 27-28 Oct. (8): 237-243.

Lennon, M., Mercier, G. and Hubert-Moy, L., 2002, Nonlinear filtering of hyperspectral images with anisotropic diffusion, *IEEE International Symposium of Geoscience and Remote Sensing*, 24-28 June: 2477-2479.

Mercier, G. and Lennon, M., 2002, On the Characterization of Hyperspectral Texture, *IEEE International Geoscience and Remote Sensing Symposium*, (5): 2584-2586.

Kashif, M. and Rajpoot, N. M., 2003, Wavelet Based Segmentation of Hyperspectral Colon Tissue Imagery, *IEEE Proceedings of International Multi Topic Conference*, 8-9 Dec.: 38-43.

Cagnazzo, M., Poggi., G. and Verdoliva, L., 2004, Region-oriented compression of multispectral images by shape-adaptive wavelet transform and spiht, *International Conference on Image Processing*, 24-27 Oct. (4): 2459-2462.

Paul, S. H., Kaplan, L. M. and Mark J. T., 2004, Hyperspectral Image Segmentation using Filter Banks for Texture Augmentation, *IEEE Workshop on Advances in Techniques for Analysis of Remotely Sensed Data*, 27-28 Oct.(8):254-258.

Bukhel, B., Rotnian, S. R. and Blumberg, D. G., 2004, Reclustering Hyperspectral Data Using Variance-Based Criteria, *IEEE Convention of Electrical and Electronics Engineers in Israel*, 6-7 Sept.:309-312.

Sanghoon, L. and Melba, M. C., 2004, Hierarchical Clustering Approach for Unsupervised Image Classification of Hyperspectral Data, *IEEE International Geoscience and Remote Sensing Symposium*, (2): 941-944.

Zortea, M. and Haertel, V., 2004, Experiments on Feature Extraction in Remotely Sensed Hyperspectral Image Data, *IEEE International Geoscience and Remote Sensing Symposium*, (2):964 - 967.

第 11 章 合成孔径雷达影像的智能分类与信息提取

□ 张永红 张继贤 王志勇 余海坤

合成孔径雷达具有全天候、全天时的成像能力,并且能够进行极化测量和干涉测量,获取关于地表丰富的后向散射特性以及高精度的三维地形及微小形变信息。20 世纪 90 年代以来,SAR 技术得到了迅猛的发展,已经成为对地观测的主要手段,在测绘、资源环境监测、地质、地震、火山监测、海洋、军事等领域得到了广泛的应用。

11.1 SAR 影像的智能分类

11.1.1 SAR 极化分解方法

极化 SAR 通过测量地物的散射矩阵,可以全面地刻画目标的极化散射特性。这是极化 SAR 相对于一般单极化 SAR 系统的最显著优势。

但是,目标的极化散射特性与其物理特性、几何形状、结构、取向等密切相关,并且地物目标通常是分布式的,由多个像元组成。由于地面坡度、粗糙度、介电常数等几何特性的不均一性,以及地表植被散射的影响,每个像元又可以看做是多种单散射体的集合,其后向散射是这些小散射体的统计平均(Durden, et al 1989a; Durden, et al, 1990b)。极化 SAR 系统测量得到的目标散射矩阵或者 Stokes 矩阵通常反映的是这些散射体集合平均的散射特性,直接利用它们分析地物目标的散射特性是困难的,这需要我们对极化数据进行分析,有效地分离出目标的散射特性,其核心理论是极化目标分解。

极化 SAR 目标分解就是将地物回波的复杂散射过程分解为几种单一的散射过程,每种散射过程对应一种或多种特定的散射机理。Huynen 最早提出目标分解的概念,将平均 Stokes 矩阵分解为散射体和随即噪声的 Stokes 矩阵之和(Cloude and Pottier, 1996)。后又发展起来很多目标分解理论,总体可以分为两大类:基于复反射电压矩阵的分解和基于反射功率矩阵的分解。基于复反射电压矩阵的分解方法有多种,常用基于 Pauli 矩阵的分解、Krogager 的 SDH 分解、Cameron 分解等。基于反射功率矩阵的分解有 Freeman 分解、Cloude 分解等。

1. 基于复反射电压矩阵的分解

基于复反射电压矩阵即相关矩阵的分解要求目标的散射特性是特定的(或稳态的),散射回波是相干的,故又称为相干目标分解(CTD)。该类方法的主要思想是将散射矩阵分解成几种基本散射矩阵之和或之积的形式,这些基本散射矩阵可以对应某种简单或者规范的单散射体的散射。

Pauli 分解是将目标散射矩阵分解成 Pauli 基矩阵的加权和的形式,当地物目标满足互易条件时,分解结果如下:

$$\boldsymbol{S} = \begin{bmatrix} S_{hh} & S_{hv} \\ S_{hv} & S_{vv} \end{bmatrix} = \alpha S_a + \beta S_b + \gamma S_c \tag{11.1}$$

Pauli 基矩阵物理意义明显,其分解结果分别对应平面散射、二面角散射和走向为 45°的二面角散射三种散射成分。Pauli 分解简单易用,由于 Pauli 基是完备正交基,具有一定的抗噪性,在有噪声或去极化效应的情况下仍能用它进行分解。它的主要缺点在于有两个 Pauli 基矩阵都表示同一种散射机制,即 Pauli 分解只能区分奇次散射和偶次散射两种散射机制。通常人们利用 Pauli 分解形成彩色合成图,以检验极化数据的可靠性,对影像进行初步解译。

Krogager 分解是把散射矩阵分解为平面或球(Sphere)、二面角(Diplane)和螺旋线(Helix)三种散射矩阵之和,因此又被称为 SDH 分解(Krogager,1990;Krogager and Czyz,1995)。利用圆极化基,Krogager 分解可以这样表示:

$$\begin{aligned} \boldsymbol{S}_{RL} &= \begin{bmatrix} S_{rr} & S_{rl} \\ S_{rl} & S_{ll} \end{bmatrix} = \begin{bmatrix} |S_{rr}| e^{j\varphi_{rr}} & |S_{rl}| e^{j\varphi_{rl}} \\ |S_{rl}| e^{j\varphi_{rl}} & -|S_{ll}| e^{j(\varphi_{rr}+\pi)} \end{bmatrix} \\ &= e^{j\varphi} \left\{ e^{j\varphi_s} k_s \begin{bmatrix} 0 & j \\ j & 0 \end{bmatrix} + k_d \begin{bmatrix} e^{j2\theta} & 0 \\ 0 & -e^{-j2\theta} \end{bmatrix} + k_h \begin{bmatrix} e^{j2\theta} & 0 \\ 0 & 0 \end{bmatrix} \right\} \end{aligned} \tag{11.2}$$

Krogager 分解的优势是将 3 个基本的散射矩阵与 3 种不同的散射机制对应起来,弥补了 Pauli 分解的不足。但它只能区分 3 种理想的确定性散射机制,即它把所有的可能存在的散射机制都认为是这 3 种散射机制的线性组合,而实际地物中螺旋体目标是不常见的。

Cameron 分解法是将散射矩阵分解为互易分量和非互易分量,然后再将互易分量分解为对称分量和非对称分量,即

$$S = S_{\text{rec}} + S_{\text{non rec}} = S_{\text{sym}} + S_{\text{asym}} + S_{\text{non rec}}$$

以上基于复反射电压矩阵的分解都是直观地将散射机制与分解出来的每一部分对应起来,物理意义非常明晰,但是只是把散射局限于某几种特定的简单散射机制,对其他的散射机制没有考虑,因此它们只适用于纯确定性目标的情况,不适用有其他目标的情况,如随机的分布式的目标。

3 种基本的散射模型如图 11.1 所示。

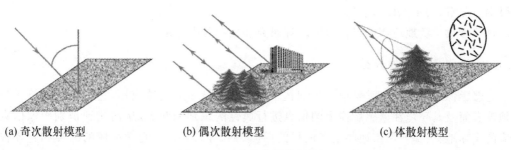

(a) 奇次散射模型　　　　(b) 偶次散射模型　　　　(c) 体散射模型

图 11.1　3 种基本的散射模型

2. 基于反射功率矩阵的分解

因为地面分辨单元总是大于电磁波波长,地物表面包含很多空间分布的散射中心,测量获得散射矩阵是这些散射单元的总体贡献。为了处理这种统计散射效应和扩展散射体问题,人们提出利用功率反射矩阵。Huynen 最早提出这种基于功率矩阵的分解,他把 Mueller 矩阵分解为平均单散射成分和随机噪声。由于反射功率矩阵的元素都是实数,形式上更为紧凑,基于反射功率矩阵的分解得到了广泛的发展和应用,典型的如 Freeman 基于散射模型的分解和 Cloude 基于目标相干矩阵特征值的分解。

Freeman 分解(Freeman and Durden, 1998)基于自然界地物一般都能保持飞行方向对称性的假设,因此同极化分量与交叉极化分量不相关。根据奇次散射、偶次散射和体散射模型把目标协方差矩阵分解为这 3 种成分的加权和。Freeman 分解得到 3 种基本的散射分量,因此非常利于目标的解译和地物散射机理的划分。但是,虽然根据这 3 种散射模型建立的奇次和偶次散射相关矩阵秩都为 1,分别对应单一的散射机制,但体散射相关矩阵秩为 3,并不对应 1 种单一的散射,因此 Freeman 分解得到的 3 种散射并不相互独立,体散射成分与其他两种散射是相关的。

基于目标相干矩阵特征值的 Cloude 分解是目前广泛应用的一种典型方法。由散射矩阵运算得到的目标相干矩阵为半正定埃米尔特矩阵,具有 3 个非负实特征值,总可以被对角化,且对角元素为非负的实数。根据相干矩阵的特征值可以获取散射熵 H、各向异性 A,根据特征矢量可以得到平均散射角 α 等参数。

散射熵 H 描述了目标散射的随机性。当 $H=0$ 时,说明目标只有一种主要的散射机理,相关矩阵只有一个特征值不为零,此时处于完全极化状态。随着熵的逐渐增大,目标去极化程度增加,目标极化散射信息的不确定性加大,说明目标散射由几种散射过程组成。如果熵 H 值较高,说明 3 个特征值的大小近似相等,目标处于较高的去极化状态。在 $H=1$ 的极限情况下,所能获得的极化信息为零,目标的散射完全随机,即处于完全非极化状态。

各向异性 A 反映目标散射的各向异性程度,当熵较高时可以表征除主导地位的散射机制以外的两种散射机制对散射结果的影响,是熵的有益补充。低各向异性意味着相关矩阵两个较小特征值对应的散射机制强度比较接近,高各向异性表示两个较小特征值差别较大,即目标的散射对应的两种较强的散射机理。

平均散射角 α 的值在 $0°\sim 90°$ 之间,它反映了地物的平均散射机理类型。$\alpha=0$ 表示各向同性的表面散射;随着 α 角度的增加,反映出的散射机理变为各向异性的表面散射;当 $\alpha=45°$ 时,表示偶极子散射模型 α 角继续增大,反映的散射机理为各向异性的二面角散射;在 $\alpha=90°$ 的极端情况下,表示二面角散射。

这些参数广泛地应用于目标散射机理研究和地物分类应用。

11.1.2 极化 SAR 影像分类

遥感影像的计算机分类是模式识别技术在遥感领域中的具体应用,它是利用计算机技术对地球表面及其环境在遥感影像上的信息进行属性的识别和归类,从而达到识别影像信息所相应的实际地物、提取所需地物信息的目的(孙家抦,等,2003)。光学影像的分类和解译很早就是遥感领域的主要研究内容,已经形成了一些经典的监督和非监督的分类方法。近年,随着人工智能等技术的发展,一些新的分类算法出现了。这些基于光学影像的分类方法也可以用于极化 SAR 影像的分类。但是,对于极化 SAR 影像的智能解译来说,最重要的是那些基于 SAR 极化特性而发展的一些独特的分类方法(王之禹,等,2001a;王之禹,等,2001b;刘秀清,杨汝良,2004;杨震,等,2004;刘国庆,等,1998)。本章重点介绍基于 H-α 平面或者 H-A-α 空间的图像分割非监督分类,基于目标相关矩阵或者协方差矩阵的复 Wishart 监督分类,$H/A/\alpha$ 非监督分类与 Wishart 监督分类结合形成的 Wishart $H/A/\alpha$ 分类,以及综合利用多种极化参数组合进行的监督分类方法。这些是基于极化信息进行分类和智能解译的最重要的方法。

1. H-A-α 非监督分类

基于目标相关矩阵特征值的 Cloude 分解可以得到散射熵 H、各向异性 A 和平均 α 角参数,它们有着明确的物理含义,都可以描述地物目标的散射机理。H 和 α 角形成一个平面,通过划分 H-α 平面区域可以区分不同的散射机制,从而实现对极化 SAR 影像的分割,见图 11.2。

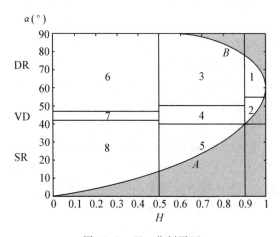

图 11.2　H-α 分割平面

熵 H 和 α 角都在一定取值范围内变化,并且两者是有联系的:当熵增加时,α 角的范围将减小,因此在 H-α 平面形成曲线 A 和曲线 B,把整个平面划分为有效区(白色区域)和无效区(暗色区域)。

把 α 角取值范围[0,90°]划分为表面散射(SR)、体散射(VD)和二次散射(DR),把熵 H 的取值范围划分为低熵($0 \leqslant H \leqslant 0.5$)、中熵($0.5 \leqslant H \leqslant 0.9$)和高熵($0.9 \leqslant H \leqslant 1$),这样把整个 H-α 平面的有效区域分割为 8 个区域,分别对应不同的散射机理,通过它实现极化 SAR 影像的分割。

显然在高熵区域 α 角的取值范围很小,区分不同散射机理的能力受到较大制约,因此这种方法不太适合高熵地区,如浓密的森林和植被区域。并且,上述代表各种散射机理之间的边界确定比较武断,分类过程中经常出现有较多的簇分布在边界附近。

各向异性 A 可以把 H-α 二维分割平面上升为三维特征空间,如图 11.3 所示(Hellmann,2001)。通过设定阈值 $A=0.5$ 把 H-α 平面的 8 个区域细分为 16 个区域,提高了区分不同散射机理的能力(Cloude, et al,2002),特别是对于高熵区域有较好的区分。

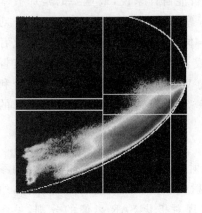 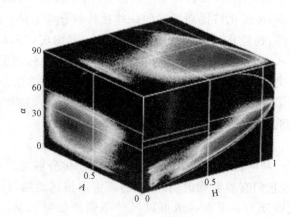

(a) $H\text{-}\alpha$ 分割平面 (b) $H\text{-}A\text{-}\alpha$ 分类空间

图 11.3　$H\text{-}\alpha$ 分割平面及 $H\text{-}A\text{-}\alpha$ 分类空间图

2. 基于复 Wishart 分布的最大似然法监督分类

Lee 等人证明了目标协方差矩阵和相关矩阵均满足复 Wishart 分布，他们采用基于采样相关矩阵复 Wishart 分布的最大似然估计进行监督分类(Lee, et al,1994a)。

根据训练样本计算每一类别 m 的类别中心为：

$$V_m = E[T \mid T \in \omega_m] \tag{11.3}$$

根据贝叶斯最大似然分类像元 P 的相关矩阵 T 到类别 m 的距离为：

$$d(T, V_m) = n[\ln \mid V_m \mid + \mathrm{tr}(V_m^{-1} T)] - \ln[P(m)] \tag{11.4}$$

监督分类时，先根据训练样本计算每个类别中心 V_m，若对所有的类别 $j = 1, 2, \cdots, m, j \neq m$，有

$$d(T, V_m) \leqslant d(T, V_j) \tag{11.5}$$

则该像元属于 m 类。

这种监督分类方法是根据训练样本的统计特性进行的，不能区分目标的散射机理，但是它能够充分利用极化 SAR 数据的信息，不论雷达数据是单视、多视或者滤波都能够适用，并且能够应用于部分极化数据。

3. Wishart $H\text{-}A\text{-}\alpha$ 非监督分类

$H\text{-}\alpha$ 或者 $H\text{-}A\text{-}\alpha$ 分类是根据规范的目标的散射机理进行的，实际应用时有以下限制和不足之处：$H\text{-}\alpha$ 平面各类别之间的界线划分太武断，造成散射特性相同或者近似的目标因为在 $H\text{-}\alpha$ 平面上位置的细微差别就被划分到其他区域，使分类结果杂乱无章；分类使用的参数 H 和 α 或者 H、A 和 α 虽然由全极化数据计算得出，但不能包含极化 SAR 的全部信息。基于目标相关矩阵复 Wishart 分布的最大似然分类虽然可以克服以上缺点，但它只是纯粹依据相关矩阵的统计特性进行的，不能识别目标的散射机理。

把上面的 $H\text{-}\alpha$ 或者 $H\text{-}A\text{-}\alpha$ 分类与监督分类结合起来就可以克服各自的缺点，得到很好的分类效果(Lee, et al, 1994b；Ferro-Famil, et al, 2001)。具体方法是：先用 $H\text{-}\alpha$ 平面 $H\text{-}A\text{-}\alpha$ 把影像分割为 8 类或者 16 类，然后将每一类作为输入利用 Wishart 距离进行迭代。步骤如图 11.4 所示。

通过 Wishart 迭代后的分类图像比起迭代前 $H\text{-}\alpha$ 或者 $H\text{-}A\text{-}\alpha$ 分类效果有很大的改善，各

类别之间没有固定的界线,而是随着迭代循环自适应地进行调整,类别中心也相应移动,更符合实际地物的散射机理。

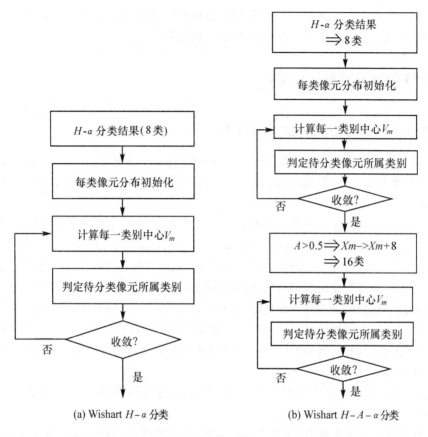

(a) Wishart H-α 分类   (b) Wishart H-A-α 分类

图 11.4　Wishart H-α 和 Wishart H-A-α 非监督分类流程图

4. 基于多种参数组合的监督分类

极化 SAR 相对传统单极化 SAR 包含了更多的信息,但由于极化椭圆表面分布的连续性,代表极化状态的方位角和椭率角的大小有一个渐变的过程,因此地物在不同极化状态的回波信号之间存在着很大的相关性,造成数据冗余,从而影响分类精度,不利于地物的识别和图像的解译(Ulaby and Elachi,1990)。

近年来,很多学者提出可以利用目标分解获取的不同散射成分代替通过极化合成获取的各种极化状态图像,再结合多种极化参数例如散射熵、平均散射角 α、极化度、相位差等参数,从而形成多种极化参数组合,在这种多维特征空间里利用最大似然或者神经网络分类,地物之间的可区分性可以得到较大的提高,分类精度会得以改善。这种方法可以获取较理想的分类精度,但它具有较强的针对性,不是普遍适用的。例如,同样的数据组合在其他地区数据分类中可能效果并不理想,因此如何从众多的极化参数中提取和筛选合适的参数进行分类是很重要的研究内容。

极化 SAR 在土地覆盖和土地利用方面的应用是目前极化 SAR 应用研究中的热点,而极化 SAR 影像的分类是其最核心的研究内容。目前,经典的 H-A-α 分类与监督分类结合方法是很有发展前途的方法。极化 SAR 数据的最大优点之一是可以通过极化合成技术获取任意一种极化状态下的目标散射功率,因此可以找到某些极化状态使研究目标之间的对比达到最优,这为极化 SAR 影像的分类研究提供了新的思路:目标相对最优极化与 H-A-α 分类或者监督分类相结合的分类,这也是当前非常值得关注和研究的内容。

11.2 DEM 和地表变形信息提取

11.2.1 DEM 和地表形变信息提取的前沿技术

DEM 和地表形变信息的提取是 InSAR(Interferometric Synthetic Aperture Radar) 干涉测量技术最重要的两个应用领域(Bamler and Hartl, 1998; Massonnet, et al, 1998; Rosen, et al, 2000)。

目前,利用 InSAR 技术提取 DEM 的研究重点仍然是对干涉数据的处理算法的研究(Hanssen, 2001a),如复数影像的高精度配准、干涉条纹图的增强、基线估计、相位解缠等实用化算法的研究。随着实用化算法的深入研究,InSAR 技术在提取 DEM 方法已经比较成熟,但在某些困难地区(如植被覆盖茂盛地区、地形陡峭地区)仍然存在着一些需要进一步研究的方面,如大规模数字高程模型的建立和地形测图等,DEM 的镶嵌,困难地区的相位解缠等(张继贤等,2004)。解决部分困难地区的测图问题以及地形图的快速更新问题是当前 InSAR 地形测图方面需要解决的问题,提高 InSAR 技术提取 DEM 的精度及可靠性也是需要进一步研究的重点内容(Wimmer, et al, 2000)。

多波段、多角度、多极化等是 InSAR 技术进行地形测图的几个重要的方法和技术(Massonnet, et al, 1998; Rosen, et al, 2000)。

目前,针对地表形变的研究,主要集中在地震、火山等形变比较明显或瞬时发生的地表形变的监测,有许多成功的应用案例,如对美国 Landers 地震(Massonnet, et al, 1993)、美国 Hector 地震(Sandwell, 2000)、日本岛的一些地震(Tomiyama, 2004)、中国台湾的 Chi-Chi 地震(Pathier, 2003)、意大利的 Etna 火山(Massonnet, 1995)、美国阿拉斯加的一系列火山(Lu, et al, 2000a; Lu, 2000b; Lu, 2000c)、冰岛火山等的监测。

与地震所引起的明显的地表形变相比,地面沉降等所造成的地表形变要么是形变范围小,要么是形变量小,用 D-InSAR(Differential SAR Interferometry) 技术进行探测存在一定的困难。基线去相关、时间去相关、大气效应的影响是困扰 InSAR 技术在城市地面沉降监测中的 3 个难题(Ferriti, 2000a)。地面沉降一般都比较缓慢,因而需要采用时间间隔较长的 SAR 影像对其进行 D-InSAR 研究,而时间基线过长,常常会造成时间去相关,同时大气效应也会造成形变假象,给 D-InSAR 的数据处理和解译带来很大的困难。

D-InSAR 技术在地表微小形变监测方面已经有许多成功的应用案例,在城市地面沉降监测方面也取得了一些成果(Chatterjee, et al, 2006),但 D-InSAR 技术的研究却迟迟没有投入大规模的实际应用,一方面是因为当前用于干涉处理的数据比较难获取而且价格昂贵,另一方面是因为差分干涉测量的若干理论和技术问题还没有得到彻底解决,还存在着许多需要解决的问题。

① 对干涉数据处理的实用化方法研究还不够深入,特别是对干涉数据的高精度配准、精密基线估计、相位解缠等实用化方法还有待进一步的研究(王超,等,2002)。

② 大气效应是星载 D-InSAR 形变测量的主要误差源之一(Tarayre,1996;Janssen,2004),在城市地面沉降监测中,由于沉降量一般都很小,大气效应会造成形变假象,给数据处理和解译带来困难,因此必须考虑消除或减弱大气效应的影响。

③ 传统的 D-InSAR 技术受到时间去相关、基线去相关的严重影响,导致相干性很差,在相干性较低的区域,没法正确完成相位解缠,进而导致传统 D-InSAR 技术的失效。而永久散射体技术的出现,为我们提供了一种新的思想和方法,可以基于永久散射体的思想,开展一些新的 InSAR 技术的研究。

InSAR 技术的发展主要体现在以下几个方面。

(1) 雷达传感器的发展

在雷达传感器研究方面,正在从过去的单一波段、单一极化、单一工作模式、视角固定向高分辨率、多波段、多极化、多工作模式、视角可变的方向迅速发展(郭华东,2000),为获取丰富的 SAR 数据资源奠定了基础。

2006 年初,日本发射了 ALOS/PALSAR 雷达卫星;2007 年 6 月,德国和意大利分别发射了 TerraSAR-X 和 COSMO-SkyMed 雷达卫星;2007 年加拿大发射 Radarsat-2 雷达卫星。这些雷达卫星都具有多极化、多工作模式、可变视角的工作能力,这也为我们的科学研究和应用提供了更丰富的数据。ALOS/PALSAR 雷达系统的成功发射将为 InSAR 研究提供较长波段(L 波段)的图像。另外,我国的雷达卫星也在筹备计划之中,预计本世纪初将发射升空。

全极化雷达传感器(ALOS/PALSAR、Radarsat-2、TerraSAR-X 等)是未来的一个发展方向(Lu,2007d),它将更好地描述地表植被特征和地面特性,特别是极化测量技术与干涉测量技术的结合(极化干涉测量、Polarimetric SAR interfereometry、Pol-InSAR),可以同时把目标的精细物理特征与空间分布特性结合起来,不仅能够提高传统 InSAR 测量的精度,而且有助于更好地理解目标的散射机理和所发生的散射过程,可以用于反演地表植被参数、识别地表植被的类别信息,还可以提供森林的高度参数等。

(2) InSAR 技术应用范围的发展

从早期 InSAR 技术主要应用于地形制图,到开展地表形变比较明显的地震形变、火山活动、冰川移动等大面积监测研究,随着 InSAR 技术的不断成熟和研究工作的不断深入,又逐渐转向地面沉降、山体滑坡等引起细微持续的地表形变。另外,在森林调查与制图、海洋测绘以及土地利用与分类、水文、地质等方面也得到成功应用(舒宁,2000)。

(3) 数据处理方法的发展

针对 InSAR 技术中的关键数据处理步骤,如配准、相干性分析、降噪滤波(Goldstein and Werner,1998)、相位解缠等,出现了大量数据处理理论与分析方法、算法设计,使得该技术从早期粗略、宏观的理论研究转变为目前精细、微观的应用研究。

(4) 大气效应问题的解决

大气效应是目前 InSAR 技术监测地面沉降的一个重要误差源(Zebker,1997),但随着 CGPS 网的不断建立和扩大,气象卫星的不断发射,研究的不断深入,该问题将迎刃而解,InSAR 技术监测地面沉降的精度将进一步提高(Ge, et al,1997a;Ge, et al,2000b)。

随着星载 SAR 系统的不断发射,InSAR 数据处理实用化算法及软件的不断完善,关键技术的成熟,雷达差分干涉测量技术将会在未来的城市地面沉降监测起到越来越重要的作用。特别是 InSAR 时序分析技术(如永久散射体技术)利用大量的雷达数据,充分挖掘时间域、空间域的有用信息,获取高精度的地表形变信息,将在地表形变测量中起到越来越重要的作用,并成为城市地面沉降监测的重要技术手段。

11.2.2 影响 DEM 和地表形变信息提取精度的关键问题

影响 DEM 和地表形变信息提取精度的因素很多,除了获取的雷达数据的质量影响外,InSAR 干涉测量的数据处理的算法和技术是一个重要的方面,如复影像数据的高精度的配准、噪声滤除、相位解缠、基线估计等数据处理步骤;另外,还有一些关键影响 DEM 和地表形变信息提取精度的问题,这些问题需要进行深入的分析和研究。

1. 如何实现相干性较低区域的相位解缠

虽然目前关于相位解缠的算法有很多(Ghiglia, 1998; Costantini, 1998; Eineder, 1998; Xu and Cumming, 1999; Curtis, et al, 2000; Carballo and Fieguth, 2000),但在相干性较低的区域的相位解缠仍然是一个十分棘手的问题。由于干涉数据的相干性受到很多因素的影响,其相干性往往不高,在低相干区的相位解缠一般很难进行,甚至会出现错误的解缠结果(廖明生,2003)。另外,在地形陡峭的地区,相位解缠的可靠性还需要进一步的验证。还需要分析相位解缠算法对 DEM 的提取和地表形变测量结果的影响,保证相位解缠结果的准确性。

2. 如何更加准确地对大气效应进行建模并改正

大气效应是困扰星载 InSAR 测量精度的一个重要因素(Delacourt, 1998; Williams, 1998),目前大气效应还没有很好地被描述和理解,已有的大气效应消除方法还处于一个初级研究阶段(Li, 2004),离理想状态还很远,需要进一步开展大气效应的研究,建立 CGPS 网对 InSAR 观测结果进行改正,提高 InSAR 测量的精度和可靠性。还可以采用其他一些气象数据或气象卫星数据(如 MODIS、MERIS)等对 InSAR 观测结果进行改正。

3. 如何优化 InSAR 时序分析技术的数据处理步骤

需要进一步地优化 InSAR 时序分析技术的数据处理步骤,特别是对大范围的数据处理,还有待进一步的研究。

目前,在城市和岩石裸露较多的地区,该技术取得了比较好的效果,在植被覆盖密集地区,还有待进一步的试验研究(比如如何在植被覆盖密集地区选取足够密集的 PS 点)(Hooper,2006a),还需要进行必要的精度评价,并研究参数(系统参数和环境参数)对 PS InSAR 测量精度的影响。

4. 如何实现 InSAR 技术与其他技术的集成应用

InSAR 技术与 GPS、LIDAR 等数据的融合应用已经成为 InSAR 技术研究的一个新的热点之一(Emardson, 1999)。当前,InSAR 产品与其他数据的融合尚处于初级阶段,要实现 InSAR 技术在城市地面沉降监测中的应用,还需要融合其他观测技术及数据,如 GPS 技术、LIDAR 数据、MODIS、MERIS 数据等。

5. 不同雷达卫星的联合干涉的应用

过去的十几年里,已经有多颗 SAR 卫星(如 Seasat、ERS-1/2、JERS-1、Radarsat-1、ENVISAT)的数据被成功地应用于干涉测量。日本的 ALOS PALSAR 已于 2006 年初发射成功;意大利已经于 2007 年 6 月 8 日发射了 4 颗 COSMO-SkyMed 雷达卫星的第一颗,为 X 波段,空间分辨率为 1m,其余 3 颗到 2009 年底前也将发射升空；德国的 TerraSAR-X 雷达卫星也已经于 2007 年的 6 月 15 日发射成功,为 X 波段,分辨率为 1.5～30m；加拿大的 Radarsat-2 也于 2007 年发射升空；TerraSAR-L 雷达卫星也计划于 2008 年发射升空。总之,在今后的几年还会有许多雷达卫星不断发射升空。随着雷达卫星的不断发射,会有越来越多的雷达数据被用于干涉测量,如何将这些雷达卫星整合起来,实现对过去及当前正在发生的地表形变进行高精度的监测,是一个值得深入研究的问题。

11.2.3　PS-InSAR 技术

D-InSAR 技术虽然可以用于地表形变的测量,但在进行城市地面沉降的监测中还存在着许多问题。首先在时间基线较长的情况下,许多地表反射体的散射特性发生了很大的变化,导致时间去相关现象非常严重,严重的时间去相关几乎导致无法形成干涉,如时间跨度超过 3 年的干涉对几乎形成不了干涉,D-InSAR 技术也就失去它对地表微小形变的监测的能力。另外,基线去相关现象十分严重。由于目前的星载 SAR 系统都不是专门为干涉目的设计的,使得满足干涉条件(主要是空间基线要小于临界基线)的干涉数据对非常少,大部分干涉对的垂直基线超出了临界基线而不能形成干涉,这大大影响了雷达数据的使用效率。复杂多变的大气状况,使得雷达脉冲传播信号在经过大气层时发生折射和延迟,而在城市地面沉降监测中,城市地面沉降量比较小,一般在几个毫米,最多也不过几个厘米,由于大气效应的存在,使得 D-InSAR 技术无法达到其固有的监测精度。

针对 D-InSAR 技术的 3 个致命的缺陷,许多科学家积极地探讨新的 InSAR 技术来进行城市地面的监测,人工角反射器方法(Corner Reflector,CR)被最先提出,德国地学研究中心(GFZ)的 Xia、Reigber 等人(Xia,2002)在这方面做了详细的试验分析和应用研究。之后,意大利的 Ferretti 等(Ferretti,2000a；Ferretti,2001b)提出了永久散射体(Permanent Scatterers,PS)技术。

所谓永久散射体,就是指某些地面目标对雷达波始终保持强反射特性,不因时间的变化而改变,在相当长的时间间隔内仍然保持稳定的散射特性的散射体。通常这样的散射体小于一个像元,对于 ERS 而言,小于 20m×4m。永久散射体主要是城市里的人工建筑物,在山区或空旷地区,一些裸露的岩石等也可以构成永久散射体。

在永久散射体处理技术中,Ferretti 等利用了一个大的雷达数据集(覆盖同一地区的约 40 景 ERS 雷达数据),对同一主影像形成差分干涉图。在所有的干涉对中,有的干涉对的基线甚至大于临界基线,他们提出了一种利用幅度离散指数确定稳定散射体的方法,将一线性模型应用于雷达数据集来估计地表线性形变速率和高程的误差,然后用时间-空间域滤波来估计非线性地表形变和大气项相位。

PS InSAR 技术的主要目标是研究某一地区地表的长期的变化规律,如城市地面沉降的长期监测、地震或火山形变的长期监测和预测等(Adam and Kampes,2003；Hanssen,2003b)。由于 PS InSAR 技术充分利用了长时间序列的雷达数据的时间域和空间域特性,很好地解决了大气效应的难题,地表形变监测精度达到了毫米级,真正实现了 InSAR 技术在城市地面沉降中的监测,PS InSAR 技术已经成为 InSAR 技术中的一个重要的研究方向和研究热点(Colesanti,2003b)。

国内外的许多研究人员基于 PS InSAR 的思想,发展了持久散射体技术(Persistent

Scatterer InSAR)(Hooper,2004b；Hooper,2006a)和干涉点目标分析技术(Interferometric Point Target Analysis, IPTA)(Wegmuller, et al, 2004a; Wegmuller, et al, 2005b)。这两种方法在本质上与PS InSAR基本相同,都属于InSAR时序分析技术,都是对干涉图中散射特性保持稳定的那些点进行空间域和时间域特性分析,以获取地面沉降的形变历史和大气延迟相位。

PS InSAR技术的研究重点仍然在数据处理的实用化方法和流程方面,主要研究内容包括参考影像(或公共主影像)的选取、永久散射体的选取、系统方程的求解、PS大气相位的估计、非线性形变相位及大气延迟相位的分离等几个方面(Ferretti,2001b；Ketelaar and Hanssen, 2003；Wegmuller, et al, 2004)。

欧空局的ERS系列卫星为干涉测量提供了大量的试验数据,然而不幸的是由于2002年以后ERS-2雷达卫星工作于ZGM(Zero Gyro Mode)模式,在这之后获取的ERS-2数据的多普勒中心频率与其他相比差异很大。根据干涉测量的理论,多普勒中心频率的差异会导致频谱的偏移,从而导致去相干;在多普勒中心频率差大于方位向带宽时,两幅影像完全不相干,无法生成干涉图。

欧空局后来又发射了ENVISAT ASAR雷达卫星,ASAR在保留了原来ERS卫星的一些特性的基础上,还增加了一些更先进的特性,因此,我们可以选择ENVISAT ASAR数据进行干涉处理。

对ERS与ASAR雷达数据的交叉干涉测量,是实现对当前正在发生的地面沉降监测的一个有效的途径(Colesanti,2003a),特别是将ERS与ASAR雷达数据同时应用于PS InSAR技术中,这将是一个十分困难而又有重要意义的工作。然而,由于ERS与ENVISAT ASAR数据的参数存在着许多差异,给干涉处理带来了许多的困难,这需要我们去深入地进行分析和研究。

11.3 小 结

本章主要介绍了SAR影像的智能分类方法,DEM和地表形变信息的提取方法和技术,对数据处理的方法和技术进行了阐述,对存在的问题进行了详细的分析,对研究热点和研究方向进行了总结。

高分辨率、多波段、多极化、多工作模式是未来的雷达传感器的发展方向。充分利用极化SAR信息是对地物进行智能分类的有效方法,其中主要的研究内容将包括:极化SAR散射模型和机理研究,SAR极化合成技术,适用于极化SAR的智能分类算法。InSAR数据处理算法的稳定性和可靠性,DEM与地表形变提取精度的影响因素,大气效应的改正,InSAR技术与其他技术的集成应用及不同雷达卫星的联合应用都将是未来InSAR的研究方向和研究热点。PS InSAR技术将成为地表微小形变监测的实用方法。

参 考 文 献

张继贤,杨明辉,黄国满.2004.机载合成孔径雷达技术在地形测绘中的应用及其进展[J].测绘科学,29(6):24-27.

廖明生. 2003. 雷达干涉测量——原理与信号处理基础[M]. 北京:测绘出版社.

舒宁. 2000. 微波遥感原理[M]. 武汉:武汉测绘科技大学出版社.

孙家柄等. 2003. 遥感原理与应用[M],武汉:武汉大学出版社.

王超,张红,刘智. 2002. 星载合成孔径雷达干涉测量[M]. 北京:科学出版社.

杨虎,郭华东,李新武,等. 2003. 极化雷达目标信息分解技术及其在古湖岸线探测中的应用[J]. 地球信息科学,(2):109-114.

郭华东. 2000. 雷达对地观测理论与应用[M]. 北京:科学出版社.

王之禹,等. 2001. 基于最优状态的多波段全极化 SAR 数据 ML 分类方法[J]. 电子与信息学报,23(5):507-511.

王之禹,等. 2001. 基于 Mueller 矩阵分解的非监督聚类算法[J]. 电子与信息学报,23(5):454-459.

刘秀清,杨汝良. 2004. 基于全极化 SAR 非监督分类的迭代分类方法[J]. 电子与信息学报,23(12):1982-1986.

杨震,等. 2004. SAR 图像极化干涉非监督 Wishart 分类方法和实验研究[J]. 电子与信息学报,26(5):752-759.

刘国庆,等. 1998. 多视极化合成空间雷达图像的分类和极化通道优化[J]. 电子科学学刊,20(1):56-61.

Adam N, Kampes B. 2004. The development of a scientific permanent scatterer system[C]. *Proceedings of the 2004 Envisat & ERS Symposium*, Salzburg, Austria, September.

Bamler R, Hartl P. 1998. Synthetic aperture radar interferometry. *Inverse Problems*, 14:1-54.

Carballo G F, Fieguth P W. 2000. Probabilistic cost functions for networks flow phase unwrapping, *IEEE Transactions on Geoscience and Remote Sensing*, 38(5):2192-2201.

Chatterjee, et al. 2006. Subsidence of Kolkata (Calcutta) City India during the 1990s as observed from space by differential synthetic aperture radar interferometry (D-InSAR) technique, *Remote Sensing of Environment*, 102:176-185.

Cloude S R and Pottier E. 1996. A review of target decomposition theorems in radar polarimetry, *IEEE Transactions on Geoscience and Remote Sensing*, 34(2):498-518.

Colesanti C. 2003. ERS-ENVISAT permanent scatterers interferometry, *International Geosciences and Remote Sensing Symposium*, Toulouse.

Colesanti C, et al, 2003. SAR monitoring of progressive and seasonal ground deformation using the permanent scatterers technique, *IEEE Transactions on Geoscience and Remote Sensing*, 41(7):1685-1701.

Costantini M. 1998. A novel phase unwrapping method based on network programming, *IEEE Transactions on Geoscience and Remote Sensing*, 36(3):813-821.

Curtis W C and Zebker H A. 2000. Network approaches to two-dimensional phase unwrapping: intractability and two new algorithms, *Journal of the Optical Society of American A*, 17(3):401-414.

Delacourt. 1998. Tropospheric corrections of SAR interferograms with strong topography application to Etna, *Geophysical Research Letters*, 25(15):2849-2852.

Durden S L, Van Zyl J J and Zebker H A. 1989. Modeling and observation of the Radar polarization sgnature of forested areas, *IEEE Transactions on Geoscience and Remote Sensing*, 27(3):290-301.

Durden S L, Van Zyl J J and Zebker H A. 1990. The unpolarized component in polarimetric Radar observations of forested areas, *IEEE Transactions on Geoscience and Remote Sensing*, 28(2):268-271.

Eineder M. 1998. Unwrapping large interferograms using the minimum cost flow algorithm, *Proceedings of the IEEE*, 83-87.

Emardson R. 1999. Neutral atmospherie delay measured by GPS and SAR, *EOS*, 80 (17):79.

Ferretti A. 2000. Nonlinear subsidence rate estimation using permanent scatterers in differential SAR interferometry, *IEEE Transactions on Geoscience and Remote Sensing*, 38(5):2202-2212.

Ferretti A. 2001. Permanent scatterers in SAR interferometry, *IEEE Transactions on Geoscience and Remote Sensing*, 39(1):8-20.

Freeman A and Durden S L. 1998. A three-component scattering model for polarimetric SAR dada, *IEEE Transactions on Geoscience and Remote Sensing*, 36 (3):963-973.

Ge L, Ishikawa Y and Fujiwara S. 1997. The integration of inSAR and CGPS: a solution to efficient deformation monitoring, *International Symposium on Current Crustal Movement and Hazard Reduction in East Asia and South-east Asia*, Wuhan, China, November.

Ge, L, Han S and Rizos C. 2000. The double interpolation and double prediction (DIDP) approach for InSAR and GPS integration, *IAPRS*, Vol. XXXIII, Amsterdam, The Netherlands, July: 16- 23.

Ghiglia D C. 1998. *Two-dimensional phase unwrapping: theory, algorithms and software*, New York: John Wiley & Sons, Inc.

Goldstein and Werner C. 1998. Radar Interferogram filtering for geophysical applications, *Geophysical Research Letters*, 25(21): 4035-4038.

Hanssen R F. 2001. *Radar Interferometry—Data Interpretation and Error Analysis*, Kluwer Academic Publisher.

Hanssen R F. 2003. Subsidence monitoring using contiguous and PS-InSAR: quality assessment based on precision and reliability, *Proceedings of 11th FIG Symposium on Deformation Measurements*, Greece.

Hoffmann. 2003. The application of satellite radar interferometry to the study of land subsidence over developed aquifer systems, *ph. D thesis of Stanford University*.

Hooper A. 2004. A new method for measuring deformation on volcanoes and other natural terrains using InSAR persistent scatterers, *Geophysical Research Letters*, 31:23611.

Hooper A. 2006. Persistent scatterer radar interferometry for crustal deformation studies and modeling of volcanic deformation, *ph. D thesis of Stanford University*.

Janssen V. 2004. Tropospheric corrections to SAR interferometry from GPS observations, *GPS Solutions*, 8 (3): 140-151.

Ketelaar V and Hanssen R F. 2003. Separation of different deformation regimes using PS-InSAR data, *Processding of FRINGE Workshop*, Frascati, Italy.

Krogager E. 1990. A new decompositon of the Radar target scattering matrix, *Electronic Letters*, 26(18): 1525-1527.

Krogager E and Czyz Z H. 1995. Properties of the sphere, deplane, helix decomposition, *Processeding 3rd international Workshop on Radar Polarimetry*, IRESTE: 106-114.

Li Z W. 2004. Modeling atmospheric effects on repeat pass InSAR measurement, *ph. D thesis of Hong Kong Polytechnic University*.

Lu Z, Wicks C, Dzurisin D, et al. 2000. Aseism icinflation of Westdahl volcano, Alaska, revealed by satellite radar interferometry, *Geophysical Research Letters*, 27(11): 1567-1570.

Lu Z. 2000. Ground deformation associated with the March 1996 earthquake swarm at Akutan volcano, Alaska, revealed by satellite radar interferometry, *Jouranal of Geophysical Research*, 105(B9): 21483-21496.

Lu Z. 2000. Synthetic Aperture Radar interferometry of Okmok volcano, Alaska: Radar observations, *Journal of Geophysical Research*, 105(B5): 10791-10806.

Lu Z. 2007. InSAR imaging of volcanic deformation over cloud-prone areas-Aleutian Islands, *Photogrammetric Engineering & Remote Sensing*, 73 (3): 245-257.

Massonnet D. et al. 1993. The displacement field of the Landers earthquake mapped by radar interferometry, *Nature*, 364:138-142.

Massonnet D. 1995. Deflation of Mount Etna monitored by spaceborne radar interferometry, *Nature*, 375: 567-570.

Massonnet D and Feigl K L. 1998. Radar interferometry and its application to changes in the earth surface, *Reviews of Geophysis*, 36(4): 441-500.

Pathier E. 2003. Coseismic displacements of the footwall of the Chelungpu fault caused by the 1999, Taiwan, Chi-Chi earthquake from InSAR and GPS data, *Earth and Planetary Science Letters*, 212: 73-88.

Rosen P A, et al. 2000. Synthetic Aperture Radar Interferometry, *Proceedings of the IEEE*, 88(3): 333-382.

Sandwell D T. 2000. Near real-time radar interferometry of the Mw 7.1Hector Mine earthquake, *Geophysical*

Research Letters, 27(19): 3101-3104.

Tarayre H. 1996. Atmospheric propagation heterogeneities revealed by ERS-1 interferometry, *Geophysical Research Letters*, 23(9): 989-992.

Tomiyama N. 2004. Detection of topographic changes associated with volcanic activities of Mt. Hossho using D-InSAR, *Advances in Space Research*, 33: 279-283.

Wegmuller U, Werner C, et al. 2004. Multi-temporal interferometric point target analysis, in Analysis of Multi-temporal remote sensing images, Smits and Bruzzone (ed.), Series in Remote Sensing, *World Scientific*, 3:136-144.

Wegmuller U, Werner C, et al. 2005. ERS-ASAR integration in the interferometric point target analysis, *FRINGE* 2005 *Workshop*, ESA ESRIN, Frascati, Italy, 28. Nov. 2. Dec.

Williams. 1998. Integrated Satellite interferometry: Tropospheric noise, GPS estimations and implications for interferometric SAR product, *Journal of Geophysical Research*, 103(B11): 27051-27068.

Wimmer C, Siegmund R, et al. 2000. Generation of high precision DEMs of the wadden sea with airborne interferometric SAR, *IEEE Transactions on Geoscience and Remote Sensing*, 38(5): 2234-2245.

Xia Y. 2002. Differential SAR interferometry using corner reflectors, *International Geosciences and Remote Sensing Symposium*: 1243-1246.

Xu W and Cumming I. 1999. A region-growing algorithm for InSAR phase unwrapping, *IEEE Transactions on Geoscience and Remote Sensing*, 37 (3): 124-133.

Zebker H A. 1997. Atmospheric effects in interferometric synthetic aperture radar surface deformation and topographic maps, *Journal of Geophysical Research*, 102(B4): 7547-7563.

第4部分

空间信息集成与更新

第12章 多源空间信息的集成方法

□ 龚健雅 高文秀 陈静 向隆刚

在空间技术、地理信息技术和网络技术的推动下,我们不断获得大范围甚至全球的空间数据,它们被应用到越来越多的行业领域之中。但是,这些应用是由不同的组织和个人根据自身的需求,在不同的软件平台中搭建和维护的,互操作性很差。除了行业专家外,普通公众同样需要空间信息,以感知世界和方便出行,随着Google Earth等虚拟数字地球软件的出现,空间信息正在经历一场从行业应用领域进入公众应用领域的革命。一个空间信息系统所需的数据将很可能是大范围且来源不同的数据源,这就会涉及全球空间数据的无缝组织、分布式管理以及不同数据源之间的数据共享和集成。

12.1 全球无缝空间数据的组织与管理

随着空间技术和信息技术的不断进步,特别是遥感(Remote Sensing,RS)与全球定位系统(Globe Position System,GPS)技术的飞速发展,我们能够获得有关地球及其各种资源环境和社会现象的多分辨率的、海量的、实时的对地观测数据。其数据量是非常庞大的,以美国国家空间数据中心(National Space Science Data Center,NSSDC)为例,一天的新数据量就达到了TB量级。

在过去相当长的一段时间内,人们重点关注的是局部地区的问题。与此相适应,传统地理信息系统(Geographic Information System,GIS)采用平面数据模型,即通过地图投影,将三维球面数据变换到二维平面之上。随着技术的进步和经济的发展,在不断获得全球空间数据的同时,许多应用领域,包括全球环境变化检测、气象模拟预报、资源可持续开发和数字地球等,越来越频繁地使用大范围甚至全球多尺度的地理空间数据进行分析决策。

平面空间数据模型在处理大范围甚至全球的空间数据时,将导致数据缝隙、几何变形和拓扑不一致等问题。其根本原因是:地图投影将球面上各向异性的度量扭曲为各向同性的欧氏空间,使得大区域内的距离、方位和面积等的计算是不精确的,甚至是没有意义的(胡鹏,等,2001)。

为了保证全球地理数据的空间表达是全球的、连续的和层次的,我们需要研究非欧氏几何的空间数据模型。全球离散格网(Globe Discrete Grid,GDG)是基于球面的一种可以无限细分,但又不改变其形状的地球拟合格网,当细分到一定程度时,可以达到模拟地球表面的目的(周启鸣,2001),它具有层次性和全球连续性,避免了平面投影带来的缝隙和变形,成为目前学术界的研究热点之一。

12.1.1 空间数据的缝隙问题

地球是一个巨大的梨形椭球体,在其表面半径为27km的局部范围内,人们根本觉察不到地球曲率的影响(陈述彭,2004),此时的地球表面可被看做是一个平面,而不会产生任何问题。如果我们关注的范围进一步扩大,由于地理空间的连续性及其相关性,空间数据的组织与管理必须解决地图投影带来的缝隙问题。空间数据的无缝与空间数据的一致性往往密切相关:空间数据缝隙的产生常常来自空间数据的不一致(包括不同的椭球参数和不同的投影方法等),即空间数据库中数据的不一致是产生缝隙的主要原因之一(不一致是原因,缝隙是结果)。

空间数据的缝隙问题归根到底是由地图的平面表示造成的,这种平面数据模型在应用到大范围甚至全球时,其内在的局限性越来越明显,主要表现在以下几个方面。

(1)人们对地球椭球体的空间三维坐标向二维坐标进行投影变换的理论和方法的研究已经有100多年的历史,地图投影的种类也有600多种,其中有计算公式的也有200多种(Frank and Hugo,2001)。投影类型的丰富为空间数据处理提供了极大的自由度,使局部复杂的球面数据能够在平面上更加方便地处理,但同时也给全球数据的管理和分析带来了诸多不利的影响,如不同的国家和地区,为了使各自范围内的区域在投影之后,各种变形能满足一定的精度,所采用的投影方法各种各样,这样在边界上容易出现空间数据的断裂和重叠,导致全球空间数据实体的不连续。

(2)为了达到覆盖整个地球的目的,使地球数据能够在平面上进行描述,就需要把获取的球面数据进行一系列的平面投影转换。在转换过程中,位置、方向和面积将会出现不同程度的变形,目前还没有一个投影方法能同时保持距离和面积的不变形(Willmott,et al,1985;White,et al,1992)。以广泛用于航海图和航空图编制的墨卡托(Mercator)投影为例(如图12.1),格陵兰岛看起来比非洲还要大,而实际情况是非洲差不多有14个格陵兰岛大;阿拉斯加看起来和巴西差不多大,而实际情况是巴西的面积是阿拉斯加的5倍。

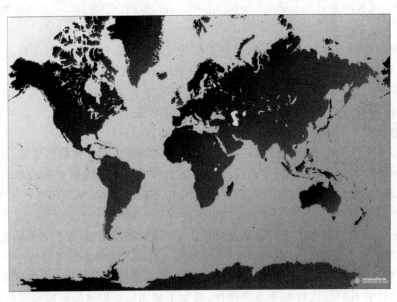

图 12.1　墨卡托投影后的世界地图

(3)空间位置的平面投影坐标与实际空间位置之间的差别,随覆盖面积的增加而增大,已超出现代高精度测量的要求(Lukatela,1987a)。由于椭球面是一个不可展的曲面,要把这样一个曲面展开在平面上,不可避免地会产生缝隙,需要通过数学手段对经纬线进行"拉伸"或者"压缩",才能形成一幅完整的地图。这样,系统分析中一个简单的计算就需要很多的"修正数"来解决平面坐标与实体几何位置的差别,大大降低了系统的处理效率。

(4)大地坐标系总是随着技术的进步而不断精化的,其变换对传统空间数据表达的数字地图带来至今无法解决的问题(李德仁,崔巍,2004b)。由于 GPS 和整个卫星大地测量和卫星重力测量等技术的飞速发展,全球时空基准与框架不断精化,其周期越来越短,最终必将走向实时动态化。因此,以存储某一坐标系下的坐标串为主要方式的地理信息系统是适应不了这种变换的。

(5)用常规平面概念理解空间数据的真实特性,经常导致把平面上常规量算和分析技术盲目移植到全球数据管理系统中。比如,平面上两点的距离是欧氏距离,而在球面上是大弧距离。

(6)传统平面数据模型不能满足全球海量数据的多分辨率表达需求。例如,利用逐步层次显示技术,从亚洲范围视图逐步放大到北京天安门局部细节视图,在每一步放大过程中,空间三维椭球面向二维平面转换的机理和参数都不相同(林宗坚,1999);另外,不同的分辨率可能选择不同的投影方法和不同的分带标准。例如,我国小比例尺地图采用兰勃特(Lambert)投影,大、中比例尺采用高斯-克吕格(Gauss-Kruger)分带投影,两者的数学模型和转换参数都不相同。即便投影方法相同,1∶5 万(6 度带)和 1∶1 万(3 度带)地图之间仍然需要换带计算。以上事实说明,现有数据的数据结构和表达模式是以平面投影为基础的,从本质上看是单一尺度的,很难满足全球空间数据从宏观到微观(或者相反)多分辨率计算和操作的要求。

综上所述,传统空间数据模型处理大范围甚至全球范围的多分辨率海量空间数据时,在量算和分析上将出现偏差,问题的根源在于传统空间数据模型是一种建立在欧氏几何基础之上的平面模型。为了在全球范围内有效地存储、检索和分析不断更新的海量空间数据,从根本上解决传统空间数据模型的局限性,需要构建覆盖全球的无缝空间数据模型。

12.1.2 球面的无缝剖分模型

全球离散格网是一种可以无限细分的、拟合地球表面的、具有无缝性和层次性的网格单元,每一个单元有全球唯一的编码。剖分方式直接决定了离散格网数据的存储方式和索引方式,并最终影响到离散格网数据的调度效率。很多文献都提到了如何对球面进行空间剖分,归纳起来,主要有等经纬度格网、变经纬度格网、正多面体格网和自适应格网。

1. 等经纬度格网

等经纬度格网是指经线和纬线按固定间隔在地球表面上相互交织所构成的格网,它是地学界应用最早,也是目前应用得最为广泛的一种全球离散格网,如图 12.2 所示。等经纬度格网的典型代表是四叉树(Quad Tree,QT)算法,其基本思想是用等经纬度间隔的面片对全球进行空间划分,同一层面片的经纬度间隔相等,相邻层面片的经纬度间隔倍率为 2。它最初由 Klinger 和 Dyer 于 1976 年提出,后经 Samet 进一步完善。Samet 用四叉树描述覆盖全球的空间数据,并且考虑了地球曲率误差的影响(Samet,1984)。

近年来,国内外学者对此又进行了一些新的探索,如美国乔治亚州技术学院研制的 VGIS(Virtual GIS)(Koller,et al,1995),它首先将地球划分为 8×4=32 个区域,每一个区域作为一棵四叉树的根节点,按经纬度逐层细分,细分区域则用投影后建立的规则格网来表达。该方

图 12.2　等经纬度格网

法在局部区域内仍然采用地图投影来模拟表达曲面地形,不可避免地会带来投影误差,而且随着分辨率的提高,该系统所采用的局部坐标系会达到上万个,既增加了系统的数据转换负担,又不利于数据的实时处理。

许多有关全球范围的空间数据也是以等经纬度格网来表达的,如美国地质调查局(US Geological Survey,USGS)提供的 GTOPO 30 数据,它将全球划分成 33 个区域,如图 12.3 所示,每一个区域内每隔经纬度 30 弧秒给出一个高程值。

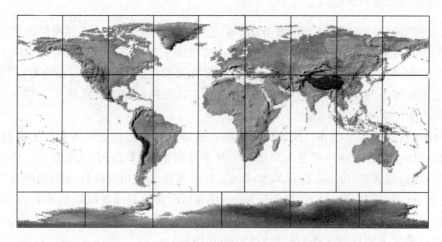

图 12.3　基于经纬度划分的 GTOPO 30 数据块

等经纬度格网有一定的局限性。首先,当单元从赤道向南北两极移动时,其面积和形状变形越来越大,而在南北两极,网格将退化为三角形而不是矩形。其次,等经纬度格网没有顾及空间数据的密度和大小,必然产生大量的数据冗余(Sahr,et al,1998)。例如,在 GTOPO 30 数据中,位于赤道上离散高程点之间的距离大约是 1km,但随着纬度的增加,离散高程点之间的距离越来越短,极点的高程值被重复存储了 43 200 次。

2. 变经纬度格网

近年来,为了使同一层次格网的面积近似相等,或者限制在同一量级上,业界提出了变间隔的经纬网剖分方案。例如,美国国家图像制图局 NIMA(National Imagery and Mapping Agency)提供的数字高程数据 DTED(Digital Terrain Elevation Data)采用了纬度间隔固定(3 弧秒),而经度间隔从赤道到两极逐渐增大的方案(如图 12.4 所示):纬度在 0°～50°之间,经度间隔是 3 弧秒;纬度在 50°～70°之间,经度间隔是 6 弧秒;纬度在 70°～75°之间,经度

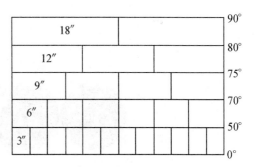

图 12.4　DTED 数据的格网划分

间隔是 9 弧秒;纬度在 75°～80°之间,经度间隔是 12 弧秒;纬度在 80°～90°之间,经度间隔是 18 弧秒。Bjφrke 采用了与 DTED 类似的空间划分方案,但其划分方法更细,进一步保证了格网单元的面积相等(Bjφrke,et al,2003)。

变经纬度空间划分的典型代表是椭球四叉树(Ellipsoid Quad Tree,EQT)算法,其基本思想是用等面积的面片对全球进行空间划分,同一层面片的面积相等,相邻层面片的面积倍率为 4,如图 12.5 所示。图 12.5 示意了两种构造椭球树的方法:①经度差固定而纬度差变化;②纬度差固定而经度差变化。

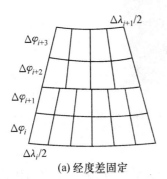 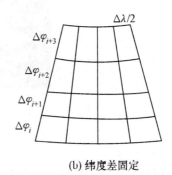

(a) 经度差固定　　　　　　　　(b) 纬度差固定

图 12.5　椭球四叉树分割

第一种方法由于相邻矩形的角点不重合,其构造方法比较复杂。Ottoson 详细阐述了如何用椭球四叉树对全球空间数据进行组织管理,其基本思路是先通过三角函数运算求出每个面片的面积,然后通过递归和迭代计算出面片的宽度和边界坐标(Ottoson,et al. 2002)。这种方法计算量大,消耗时间多,不利于快速索引的实现。张立强在 Ottoson 的基础上,结合网络三维数字地球系统的特点,完善和改进了椭球四叉树(张立强,2004),其主要贡献是椭球四叉树的索引算法。

总体而言,基于地理坐标系的格网划分存在高纬度地区单元变形严重的问题,即便其面积

与中低纬度区域单元相等也没有什么意义。为此,Geofusion 将全球划分为 6 个区域,其中 4 个位于南北纬 45°之间,采用矩形网格覆盖,另外两个是南北两极,采用三角形网格覆盖 (Geofusion,2005),如图 12.6 所示。分开处理避免了高纬度地区矩形网格带来的变形,但是其数学模型比较复杂。

图 12.6 GeoFusion 全球格网

3. 正多面体格网

除了基于地理坐标的等经纬度和变经纬度格网划分之外,采用正多面体代替球面进行剖分也是球面无缝剖分的常用方法。基本做法是:首先把球体的内接正多面体(正四面体、正六面体、正八面体、正十二面体和正二十面体等)的边投影到球面上作为大圆弧,使得球面三角形(或者四边形、五边形和六边形等)的边覆盖整个球面(如图 12.7 所示),以此作为球面剖分的基础;然后对球面多边形进行递归细分,从而建立全球连续的、近似均匀的球面格网(如图 12.8)。正多面体格网克服了经纬度格网的非均匀性和奇异性的缺陷,在全球范围内是无缝的、稳定的和近似均匀的,成为构建全球无缝格网的有效工具之一(Dutton,1991c)。

正八面体的顶点位于南北极点和赤道上经度为 0°、东西经 90°和 180°的 4 个点上,因而给定任意点的地理坐标,很容易算出它落在正八面体的哪一个面上。因此,Dutton 选择正八面体和四元三角网(Quaternary Triangular Mesh,QTM)作为全球 DEM 组织的基础(Dutton,

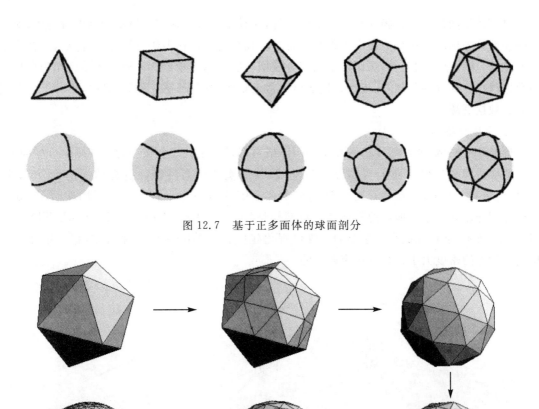

图 12.7 基于正多面体的球面剖分

图 12.8 正八面体面递归剖分

1984a)。内接正八面体的球面投影部分是球面三角形,其递归细分可基于三角形、菱形和六边形进行。最流行的递归细分方法则是经纬度平分法(Dutton,1996d),即对每一个三角形,根据顶点的经纬度坐标进行平均,产生 3 条边的重点,中点连线的球面投影把该三角形分为 4 个小的球面三角形,依次类推下去,如图 12.9 所示。

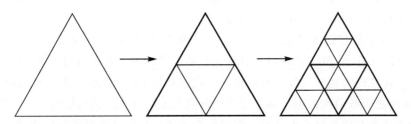

图 12.9 三角形的递归细分

多面体格网的地址码隐含地表达空间位置,在频繁处理全球多分辨率数据的过程中,对地址码和地理坐标的转换算法提出了很高的要求。现存的算法在编码方案和速度方面还存在不足。此外,从数据结构上看,多面体格网剖分模型一般采用三角形四叉树层次结构作为全球空间数据组织与管理的基础,而传统数据输出通常是矩形的(如遥感正射影像等),不利于充分利用原有数据资源。

4. 自适应格网

等经纬度格网、变经纬度格网和正多面体格网都是基于经纬度按一定的规则剖分球面的,而自适应格网则是以球面上实体要素为基础,并按实体的某种特征进行球面的剖分(如图12.10所示)。Lukatela 在其开发的 Hipparchus 系统中(Lukatela,2000b),利用球面 Voronoi 多边形剖分建立了全球地形的不规则三角网模型(Triangulated Irregular Network,TIN),如图12.11所示,从而完成全球地形的三维可视化建模。在 Hipparchus 系统中,格网单元是根据实体数据的密度大小进行自适应调整的。

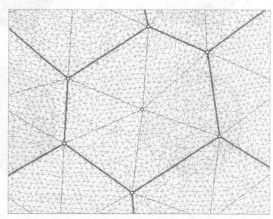

图 12.10 球面 Voronoi 格网划分　　　　图 12.11 球面 Voronoi 格网的内部 TIN

基于 Voronoi 剖分的自适应格网比规则或者半规则的剖分格网具有更大的灵活性。但是,Voronoi 格网的递归剖分相当困难,难以建立多分辨率层次的金字塔结构,这对那些需要不同分辨率数据的应用是非常不利的,如大规模场景的三维实时可视化,通常会基于视点远近建立细节层次模型(Level of Detail,LOD)。

以武汉大学李德仁院士为代表的一些专家和学者提出的空间信息多级网格(Spatial Information Multi-Grid,SIMG)也可以看做是自适应格网的一种(李德仁,等,2003a)。其核心思想是根据一定规则将地球划分成不同粗细层次的格网,采用中心点表示格网单元的地理位置,同时记录与之关联的数据项。落在每个格网内的地物对象记录与格网中心点的相对位置,以高斯坐标系或者其他坐标系为基准。空间信息多级网格能够根据实际地物的密集稀疏程度确定所需要的格网尺度(分层密度),地物稀疏的区域采用粗格网,而地物密集的区域(如城市)采用细格网。

12.1.3 球面格网数据的组织

对于球面离散格网,金字塔模型是使用得最为普遍的一种数据组织方法,它是一种多分辨率层次的模型,即有多个分辨率层次,相邻层次之间有固定的倍率关系,每一个层次覆盖同一区域。图 12.12 示意了一个三层金字塔模型,内部采用了矩形递归细分。

正多面体格网和等经纬度格网分别是研究领域和工程领域最为关注的两个球面剖分模型。而在正多面体格网剖分模型中,正八面体的在球面上的投影边与赤道和子午线重合,使得正八面体剖分易于确定球面点的位置,是球面无缝剖分研究的热点之一。

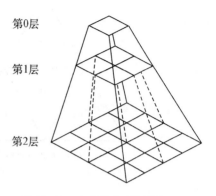

图 12.12 多分辨率金字塔模型

1. 正八面体格网数据的组织

在正八面体格网中,一个球面三角形被细分为 4 个小球面三角形,如此类推下去。一个球面三角形的位置码由一个八分码和最多 30 个四分码组成,在第 k 个剖分层次,球面三角形 A 的编码行为 $a_0 a_1 \cdots a_k$,其中,a_0 是八分码(即正八面体的初始剖分码),其他是四分码。球面地球表面被初始剖分为 8 个等球面三角形,a_0 的编码规则如图 12.13 所示。

已知经纬度,则单元码 a_0 的计算公式如下:
$$a_0 = \lambda \text{ div } 90 - 4 \times ((\varphi - 90) \text{ div } 90) \tag{12.1}$$

上式适合除南北极点之外的任何区域,其中,div 是整除运算;λ 是经度值,从 $-180°$ 到 $+180°$;φ 是纬度值,从 $-90°$ 到 $+90°$。

在现有的文献中,比较有代表性的球面三角形编码方案有以下几种。

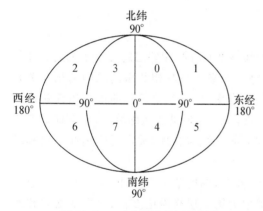

图 12.13 正八面体的初始剖分

(1)固定方向编码(Goodchild and Yang,1992)。
(2)ZOT(Zenithial Ortho Triangular)编码(Dutton,1989b)。
(3)LS 编码(Lee and Samet,1998)。

同其他编码方案相比,LS 编码的空间临近性(即位置相邻的球面三角形在编码上的临近程度)最高。

在 LS 编码中,每个球面三角形的地址码由深度和位置两部分组成,其中的位置码是在它的父码上再加 2 位(如图 12.14 所示):在朝上的球面三角形中,用 00 表示上球面三角形,01 表示左下球面三角形,10 表示中央球面三角形,11 表示右下球面三角形;在朝下的球面三角形中,用 01 表示左上球面三角形,10 表示中央球面三角形,11 表示右上球面三角形,00 表示下球面三角形。

LS 编码方案有以下优势。

(1)只需知道一个顶点、方向和尺寸,就能判断另外两个顶点的位置,这样可以用编码来确

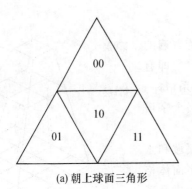 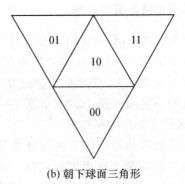

(a) 朝上球面三角形　　　　　(b) 朝下球面三角形

图 12.14　LS 编码方案

定空间的位置,因而很容易实现空间的遍历。

(2) 通过子球面三角形的顶点很容易判断出它与父亲的相对位置,编码为"10"的子球面三角形总是和父球面三角形有相反的方向,其他 3 个子球面三角形与父球面三角形的方向相同。

(3) LS 编码方案的三连续率为 2/3(Lee and Samet,1998),是 ZOT 编码和固定方向编码的 2.5 倍,邻近查找的效率很高。

2. 等经纬度格网数据的组织

在等经纬度格网中,同一层格网的分辨率(即经纬跨度)相同,相邻层的分辨率之间是 2 倍关系。经纬度格网的数据实际上是经纬网点阵列,每一个格网与其相邻格网之间的拓扑关系隐含在该阵列的行列号之中。根据格网的行列号和分辨率,经过简单运算即可算出任意格网点的地理坐标,反之亦然。等经纬度格网结构简单,操作方便,借助于压缩算法,其存储效率也很高,因而非常适合于大范围的、多分辨率的空间数据的组织与管理,被广泛应用在工程领域中。

我们规定,全球地理坐标经度范围为 $[-180°,+180°]$,纬度范围为 $[-90°,+90°]$,此范围以外的坐标值均视为无效值;第 $k+1$ 层格网的分辨率为第 k 层格网的 2 倍;每层的横向和纵向格网数比为 2∶1,且第 0 层的分块数为 $2×1$,易知,第 k 层的分块数 $=2^{k+1}×2^k$,格网块的编码顺序是由左到右、由下到上。

基于上述规定,我们很容易求得在第 k 层,一个经纬度坐标落在哪一个网格内,以及一个网格的经纬度范围。具体来说,已知经度 λ 和纬度 φ,它在第 k 层中所属网格的行列号可通过如下公式计算而来:

$$\text{RowNo}= \lfloor (2^k(\varphi+90.0))/90.0 \rfloor \bmod (2^k) \tag{12.2}$$

$$\text{ColNo}= \lfloor (2^k(\lambda+180.0))/90.0 \rfloor \bmod (2^{k+1}) \tag{12.3}$$

式中:$\lfloor \rfloor$ 是向下取整运算符;mod 是取模运算符;λ 是经度值,从 $-180°$ 到 $+180°$;φ 是纬度值,从 $-90°$ 到 $+90°$;k 是层号,从 0 开始。

反过来,已知一个网格的层号是 k,行号是 y,列号是 x,那么,该网格的经纬度范围可通过如下公式计算而来:

$$\text{west}=((x \bmod 2^k)2^k/90.0)-180.0 \tag{12.4}$$

$$\text{east}=\text{west}+90.0/2^k \tag{12.5}$$

$$\text{south} = ((y \bmod 2^k) 2^k / 90.0) - 90.0 \tag{12.6}$$
$$\text{north} = \text{south} + 90.0 / 2^k \tag{12.7}$$

图 12.15 示意了全球四层等经纬度格网的编码,第 0 层分辨率是 180°,有 1 行 2 列;第 3 层分辨率是 22.5°,有 8 行 16 列。依据式(12.2)~式(12.7),我们可以算出北京(经度约 116.5°,纬度约 40.0°)落在第 3 层中的行号为 5、列号为 13 的网格内,该格网的经度范围是 112.5°~135.0°,纬度范围是 22.5°~45.0°。

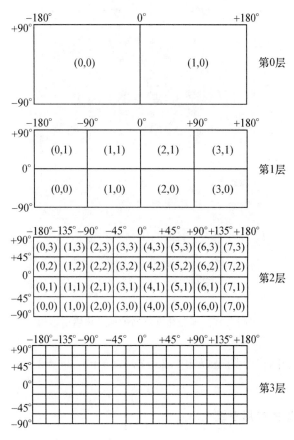

图 12.15 全球四层等经纬度格网的编码

等经纬度格网形成的金字塔结构同四叉树结构有很大的相似性:两者均采用分层模型,且相邻层之间的倍率固定为 2。因此,等经纬度格网模型通常使用四叉树结构作为网格的索引,图 12.16 是等经纬度格网的四叉树索引的示意图。设一个网格的层号是 k,列号是 x,行号是 y,那么在四叉树中:

该网格的左邻网格是 $(k, (x+1) \bmod 2^{k+1}, y)$;

该网格的右邻网格是 $(k, (x-1+2^{k+1}) \bmod 2^{k+1}, y)$;

该网格的上邻网格是 $(k, x, (y-1+2^k) \bmod 2^k)$;

该网格的下邻网格是 $(k, x, (y-1+2^k) \bmod 2^k)$;

该网格的父亲网格是 $(k-1, \lfloor x/2 \rfloor, \lfloor y/2 \rfloor)$,其中,$k > 0$。

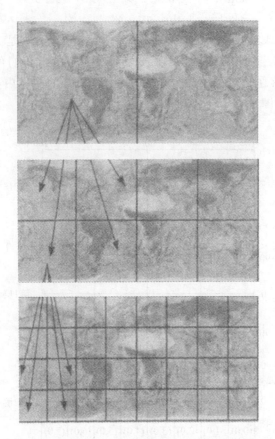

图 12.16 等经纬度格网的四叉树索引结构

该网格的 4 个儿子网格分别是 $(k+1, 2x, 2y)$、$(k+1, 2x+1, 2y)$、$(k+1, 2x, 2y+1)$ 和 $(k+1, 2x+1, 2y+1)$。

12.1.4 无缝空间数据的应用系统

随着计算机科学、通讯科学、地球科学和空间科学等学科的发展，以及政府和企业的日益重视，空间数据类得以迅猛发展，行业内收集和积累了海量的空间数据。除了行业专家外，普通百姓同样需要空间信息，以感知世界和方便日常生活。目前，空间信息正在经历从行业领域进入公众领域的一次革命，在这一趋势下，工业界推出了多个虚拟数字地球系统，以无缝地集成、表现和分析大范围甚至全球的海量空间数据。

1. Google Earth 与 World Wind

Google Earth 是世界软件巨头 Google 在 Keyhole EarthViewer 3D 的基础上发布的，组织、管理和可视化全球多尺度、多类型、海量空间数据的虚拟数字地球系统。该软件面向大众，易学好用，在推出之后立即得到了广大用户的高度评价。图 12.17 是 Google Earth 的界面效果图。

Google Earth 采用变经纬度格网，总共 18 个层次。经度方向等间隔划分，从 $-180°$ 到

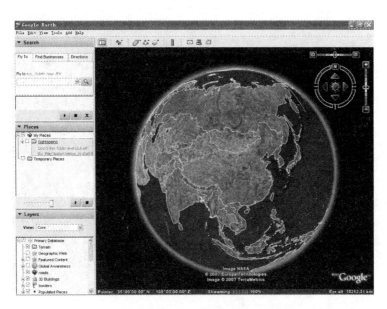

图 12.17　Google Earth 启动界面

+180°;纬度方向则是在通用横轴墨卡托投影(Universal Transverse Mercator,UTM),投影之后再做等间隔划分,从 −80.05° 到 +85.05°,两极地区特殊处理。

Google Earth 的优势在于其运用了独创的 Google File System(GFS)和 BigTable 技术:GFS 是一个可扩展的分布式文件系统,由一个主控器(Master)和大量的块服务器(Chunk Server)构成,一个文件被分成固定大小的多个块,存储在不同的块服务器之中,文件到块的映射则由主控器维护;BigTable 是一个稀疏的、多维的、排序的图,每个单元由行关键字、列关键字和时间戳三维定位,其内容是一个不解释的字符串。基于上述两项技术,Google Earth 服务器能够运行于大量廉价的普通硬件之上,为大量的用户提供总体性能很高的网络空间数据服务。

World Wind 是美国航空航天局(National Aeronautics and Space Administration,NASA)为了展示其在航空航天领域的成果而推出的空间数据三维可视化系统,除了展现地球之外,还包括了月球、金星和火星等。World Wind 是一款免费开源的软件,对外发布 NASA 和 USGS 采集的空间数据,第三方可通过 WMS 服务在 World Wind 上发布影像资料。图 12.18 是 World Wind 的界面效果图。

World Wind 把逻辑上相关的影像或者地形组织成一个数据集(Dataset),其第 0 层分辨率可以是任意合理的值,采用等经纬度方法进行递归细分。可视化时以影像格网为中心,为每一个落在视野范围之内的影像网格实时构造地形三角网。

World Wind 的界面、操作和功能等方面可能不如 Google Earth,但是,World Wind 的最大优势在于它是完全开放源代码的。因此,World Wind 不仅拉近了空间数据与普通百姓之间的距离,而且大大推动了学术界和工程界研发全球空间信息系统的浪潮。

2. GeoGlobe

GeoGlobe 是由武汉大学测绘遥感信息工程国家重点实验室自主研发的,用于组织与管理全球海量空间数据的原型平台,并基于网络,为本地或异地用户提供大范围空间数据的三维可

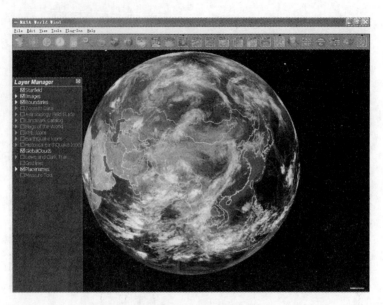

图 12.18　World Wind 的界面

视化、查询和分析等功能。

　　GeoGlobe 通过对全球海量的多数据源、多分辨率、多尺度和多时相的矢量数据、影像数据、地形数据和三维城市模型数据进行高效的分布式组织与管理,从而实现任何人、任何时候、在任何地点,通过网络环境,以任意高度和任意角度动态地观察地球的任意一个角落,给用户一种身临其境的感觉。图 12.19(a)～(c)分别给出了 GeoGlobe 地形数据、模型数据和矢量数据的可视化效果图。

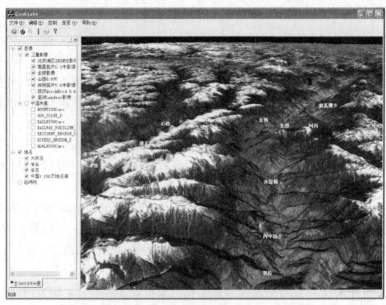

(a)

第 12 章 多源空间信息的集成方法　　229

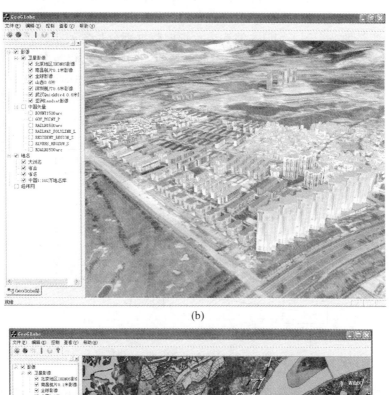

(b)

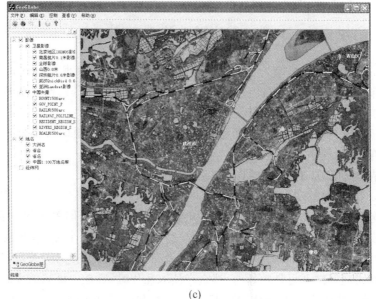

(c)

图 12.19　GeoGlobe 中地形、模型和矢量的可视化效果图

　　GeoGlobe 采用等经纬度格网,分为影像和地形两类:影像格网第 0 层的分辨率是 18.0°,全球有 10 行 20 列;而地形格网第 0 层的分辨率是 20.0°,全球有 9 行 18 列。模型数据和矢量数据同样被组织成行列结构,并同某一分辨率的影像格网关联。

　　为了提高多分辨率影像/地形金字塔的 I/O 性能,并使之同时具有较高的可扩展性,GeoGlobe 使用了一种索引与数据相分离的金字塔结构(以下简称分离式金字塔),其核心思想是将索引信息剥离出来单独组织:一个金字塔结构包括索引与数据两个部分,两者通过指针关联。在分离式金字塔结构中,每一个瓦片的数据被存储在数据部分,它同时在索引部分有一条记录,指出这个瓦片的级别和编号,以及该瓦片的尺寸及其在数据部分中的位置。图 12.20 给出了分离式金字塔的一个例子,其中,箭头表示指向数据部分位置的指针。检索时,首先扫描索引部分(索引部分较小,通常可以常驻内存,同磁盘 I/O 代价比较起来,基于内存的扫描代价是较小的),在定位出待请求瓦片的位置之后,借助 1 次 I/O 操作即可读出该瓦片。

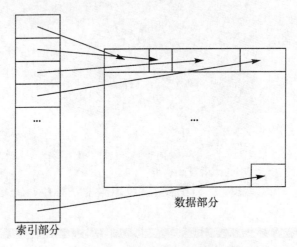

图 12.20 分离式金字塔示例图

较之传统的一体式金字塔结构实现,这种分离式金字塔结构实现有以下 3 个主要特点。

(1) 索引部分和数据部分各自组织,互不干涉,在索引部分相邻的两个瓦片不一定在数据部分相邻;反之亦然。

(2) 内外存结构一致。当系统配置足够内存时,无须任何转换即可将分离式金字塔结构从磁盘导入内存。

(3) 数据结构简单,易于实现、操作和扩展。

3. 数据部分组织

数据部分通常很大,不大可能装入内存之中,其 I/O 性能是我们关注的主要问题。显然,读取单个瓦片没有任何优化技巧可言,但是,用户往往依次请求多个瓦片,并且这些瓦片是语义相关的,它们或者在水平方向上有兄弟关系,或者在垂直方向上有父子关系。如果相邻的两个被请求瓦片在物理存储上也是相邻的,那么在读取瓦片时,磁盘中机械磁头的移动距离将被尽可能地减少,因而能够降低 I/O 代价。基于上述考虑,我们可以对那些有兄弟或父子关系的瓦片进行聚簇存储,从而利用瓦片请求的局部性来提高数据部分整体的 I/O 性能。

对于数据部分来说,一种直观的组织方法是逐层、逐行和逐列组织各个瓦片,即首先存储第一层瓦片,接着存储第二层瓦片,如此等等。而在一层内,首先存储第一行瓦片,接着存储第二行瓦片,如此等等。这种组织方法虽然简单,但是几乎没有考虑到访问的局部性,使得其空间邻近性(包括水平和垂直两个方向)很差。

考虑水平方向上的访问局部性,我们需要尽可能地提高一个层中瓦片的空间邻近性。在二维空间中,空间邻近性指按某种编码方式将二维位置映射成一维码后,邻接的二维位置在一维码中的距离远近程度。在已出现的多种编码方式中,Morton 码(也称 Z-order 码)是其中最为简单有效的一种。Morton 码是对行列号的二进制码进行位交叉之后的得到的一种编码,例如,$(3,4)_M=26$,其编码过程见图 12.21 所示。据此,我们可以得到一种数据部分的组织方式(以下称之为逐层 Morton 码组织),即首先逐层组织,而在一层内,按 Morton 码大小依次存储各个瓦片。

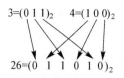

图 12.21 $(3,4)$ 的 Morton 编码

考虑垂直方向上的访问局部性,我们应该首先存储父瓦片,接着存储儿子瓦片,依次类推下去,即按照深度优先顺序组织各个瓦片(以下称之为深度优先组织)。

显然,水平和垂直两个方向上的访问局部性是相互矛盾的,照顾水平方向上的访问局部性必然会损害到垂直方向上的访问局部性,反之亦然。在实际应用中,即使是以下钻操作为主,在下钻到一个层次之后也会请求该层中在视野范围之内的所有瓦片。因此,较之垂直方向上的访问局部性,水平方向上的访问局部性更为重要一些,由此可见,逐层 Morton 码组织比深度优先组织更适合于用来组织数据部分。

4. 索引部分组织

索引部分较小,一般可以装入内存之中。虽然同 I/O 操作相比,CPU 操作快了很多,但是,通过扫描索引来定位瓦片也是不可取的。为此,我们提出了索引部分的逐层有序组织,即首先逐层组织,而在同一层内,按编码大小依次存储各个瓦片对应的索引项。在逐层有序组织中,每一层索引项的起止点被预先记录在数据字典中。对于索引部分来说,逐层有序组织可以借助二分查找,从而将瓦片定位的时间复杂度从 $O(N)$ 降为 $O(\log_2 N)$。当新来一个瓦片请求之后,首先依据其行列号计算出层内编码,然后在所属层的索引项范围之内进行二分查找。前面已经说过,索引部分组织并不依赖于数据部分组织,因此,索引部分可以采用更为简单的编码方式,如行优先码(即逐行顺序编码),而不是 Morton 码。

虽然瓦片数据的尺寸不大可能一样,但是,瓦片索引的尺寸一定是相同的。基于这一认识,我们提出了索引部分的直接定位组织,进一步将瓦片定位的时间复杂度降至 $O(1)$。直接定位组织和逐层有序组织的瓦片存储顺序是一致的,但是在直接定位组织中,即使一个瓦片缺失,我们仍然为其保留一个索引项,因而不需要在索引项中显式地记录瓦片编码。依据一个瓦片的层号、行号和列号,我们可以直接计算出其索引项的位置,从而取出该瓦片的尺寸和在数据部分的位置。以行优先码为例,瓦片位置的计算方法如下:

$$\text{TileIdxPos}=\text{LevelOffset}+(\text{RowNo}*\text{NumCols}+\text{ColNo})*\text{TileIdxLen} \quad (12.8)$$

其中,TileIdxPos 是待请求瓦片的索引位置;LevelOffset 是在待请求瓦片的所属层中索引项的位置偏移;RowNo 是待请求瓦片的行号;NumCols 是在待请求瓦片的所属层中一行的列数目;ColNo 是待请求瓦片的列号;TileIdxLen 是一条索引项的长度。

对于索引部分来说,直接定位组织在时间复杂度方面优于逐层有序组织,但是在空间复杂度方面,我们需要做具体的分析。设一个金字塔有 N 层,第一层有 M 个瓦片(包括缺失瓦片),瓦片缺失率是 S,索引项中一个分量的长度为 L。逐层有序组织的一条索引项包括编码、尺寸和位置,则其空间开销是 $3LM(\sum_{i=1}^{N}4^{i-1})S$;而直接定位组织的一条索引项包括尺寸和位置两个分量,其空间开销是 $2LM\sum_{i=1}^{N}4^{i-1}$。容易得出,当瓦片缺失率小于 $2/3$ 时,直接定位组织在时间复杂度和空间复杂度两个方面都优于逐层有序组织。因此,同逐层有序组织相比,直接定位组织绝大部分情况下更适合于用来组织索引部分。但是,对于北京地区 11 层 IKNOS 影像数据来说,由于瓦片缺失率高达 99.43%,其索引部分采用逐层有序组织更合理一些(空间开销约 200K,而采用直接定位组织,空间开销超过 43M)。需要指出的是,即使索引部分大到不能装入内存,直接定位组织仅仅需要一次 I/O 即可读出索引项信息。

12.2 多源异构空间数据的互操作技术

随着地理信息技术的发展,地理信息系统(GIS)的应用范围已经逐渐从工程应用转向行业和社会化应用(Gong, et al, 2004),而地理信息技术与网络技术的结合推动 GIS 的应用扩展到了各个应用领域和广泛的地理区域。随之在 Internet 上出现了大量不同类型、分布式异构地理信息源,如数据库、数据文件、地图图片等,它们是由不同的商业组织、政府组织、企业和个人根据应用需求在不同的软件平台或数据库管理系统中创建并维护的。许多应用所需的数据可能来自不同数据源,这涉及不同数据源之间的地理信息的共享和集成,而实现地理信息共享的根本解决办法是地理信息源之间具备互操作能力。

地理信息互操作是指地理信息系统及地理数据库之间能够自由地交换描述各种地理现象和对象特征的地理信息,并能相互调用功能程序,共同合作以实现用户的应用需求。国际地理信息联盟(Open GIS Consortium,OGC)认为,互操作就是不同地理信息系统开发商生产的软件系统通过一致的、开放的接口进行交互的能力。地理信息互操作的目的之一就是实现异构数据源、不同 GIS 应用系统、不同操作系统和平台之间无损的数据共享,它应该具备简单、透明、开放、有效等特征(Levinsohn,2000)。所谓简单是指用户在访问数据的时候无须了解其所属数据源的信息;透明是指数据转换和共享的复杂过程对数据用户是透明的;开放是指数据交换独立于具体实现技术,可以在任何数据源、数据格式、操作平台之间实现数据交换;有效是指数据转换结果是可靠的,能够满足特定用途的需求。

实现地理信息共享和互操作的一个基本方法是所有的系统采用统一的数据结构来存储和描述地理信息,并遵循统一的数据标准,这样所有的系统就可以无障碍地访问任何数据。但这不现实,不可能使得全球的地理信息系统采用单一的结构和统一的标准。所以我们需要研究异构地理信息共享与互操作的技术和标准。多年来,国际标准化组织 ISO/TC211 和开放地理信息联盟为此进行了大量的研究工作,解决了一系列技术问题,并制定了一系列标准规范。地理信息互操作有多个层次,从易到难、从低层次到高层次可分为网络协议互操作、硬件和操作系统互操作、空间数据文件互操作、数据库管理系统互操作、数据模型互操作和应用语义互操作(Bishr,1998)。每个层次具有各自的特点,且对应不同的技术,Bishr(1998)详细描述各个层次互操作的具体特征。

地理信息共享和互操作技术的发展主要有三种方式:数据格式转换,直接访问,基于网络服务标准的数据共享和互操作。本节分三个小节分别予以介绍。

12.2.1 数据格式转换

数据格式转换是最基本的地理信息共享方式,它经历了两个发展阶段。最初的数据格式转换是不同 GIS 系统的数据格式之间的直接转换,比如从 Arc/Info 的 E00 格式转换为

Geostar 的数据格式,这种方式不仅会导致信息损失,而且只有在详细掌握对方数据结构的前提下才能实现。后来采用空间数据交换格式标准作为中介实现不同 GIS 之间的数据转换。许多国家都制定了空间数据交换格式标准,如美国的空间数据转换标准 SDTS,澳大利亚的 ADSTS,英国的 NTF 等。中国也于 1999 年颁布了中华人民共和国国家标准——地球空间数据交换格式(CNSDTF),包括矢量数据交换格式(VCT 格式)、影像数据交换格式(IMG 格式)和格网数据交换格式(DEM 格式)。此外,国际标准化组织(ISO)和 OGC 推出的 GML 数据格式,也可以作为空间数据交换格式的标准。这些数据格式标准为空间数据提供了一个公共数据模型和 ASCII 的文件格式,GIS 系统将其内部格式的数据转换为标准格式的数据文件,其他 GIS 系统依据同一标准读取该数据文件,然后再转换为内部数据格式,如 ESRI 在 Arc/Info 中提供了 SDTSIMPORT 和 SDTSEXPORT 模块负责输入和输出遵循 SDTS 格式的数据。但是这些数据格式转换标准一般都很复杂,需要软件公司投入较大资金和精力去支持和维护(ESRI White Paper,2005)。

此外,一些商用 GIS 软件的公开数据格式由于使用广泛也基本被看做是一种标准的数据格式,如 ESRI 的 ShapeFile 和 E00、AutoCAD 的 DXF 等,与 SDTS、VCT、VPF 相比,它们相对简单,其他 GIS 软件系统可以通过编写程序读取这些格式的数据,同时也可以将自己的数据写成这些格式的数据文件,便于其他系统读取。

图 12.22 显示了基于数据格式转换技术实现数据共享和互操作的基本过程,它需要两次数据转换。此外,数据格式转换一般是整个数据集的批量转换。换句话说,就是将一种格式的数据文件转换为另外一种格式的数据文件(Bishr,1998),无法实现地理要素级的在线数据共享和数据更新,所以并不是真正意义上的地理信息共享和互操作(Gong,et al,2004)。

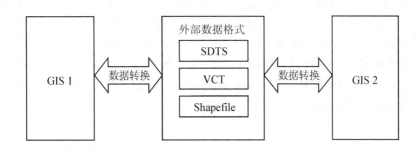

图 12.22 基于数据格式转换技术的数据共享

为了方便用户进行空间数据转换,有些软件公司开发了空间数据转换软件。空间数据转换软件是一种专门用于不同空间数据格式之间进行数据转换的软件,如加拿大的 FME 软件。它可以看成是一种中间平台,不同格式的空间数据通过它转入或转出。转入或转出的数据格式可能是商用软件自定义的外部交换格式,如 E00、DXF 等;也可能是标准数据格式,如 SDTS、GML 等;它也可能是直接读写空间数据库管理系统的内部数据格式,如 ArcSDE、Oracle Spatial 等;另外,还可能通过标准接口,如 OGC 的 Simple Feature Access for SQL、Simple Feature Access for COM、Simple Feature Access for CORBA 等。利用这种软件可以很方便地进行不同空间数据格式之间的数据转换。如果这种软件采用组件技术设计,用户还可以用它进行二次开发,添加新的数据格式。

12.2.2 基于直接访问的地理信息共享和互操作

基于数据格式转换的数据共享需要有一个外部数据文件作为中介来实现不同系统之间的数据共享,而基于直接访问的数据共享则意味着一个 GIS 系统直接读取多个数据源(包括数据库和其他 GIS 系统)的不同格式的数据(Gong, et al, 2004;ESRI White Paper, 2005),它避免了数据格式转换的烦琐过程,它提供了一种较为经济实用的数据共享和互操作模式(Gong, et al, 2004)。比如 Intergraph 的 GeoMedia 实现了对大多数 GIS/CAD 软件数据格式的直接访问,如 MGE、Arc/Info、Oracle Spatial、SQL Server、Access MDB 等。中国科学院地理信息产业发展中心开发的 SuperMap 2.0 则提供了存取 MapInfo、Oracle Spatial、ESRI ArcSDE、SuperMap SDB 文件等的 API 函数;武汉武大吉奥有限公司开发的 GeoStar 提供了读取 Arc/Info 的 ShapeFile 和 E00、Oracle Spatial、ESRI ArcSDE 和 MapInfo 的 MIF 数据等 API 函数。

直接访问数据的前提是要充分了解数据源的数据格式和数据模型,如果某个数据源的数据不公开,直接访问其数据就比较困难;此外,如果宿主软件改变了原有的数据格式,应用软件的数据访问函数就需要更新和调整,而且针对不同数据格式的数据源需要编写相应的访问函数(Gong, et al, 2004),这会给软件开发商造成很大的负担和软件维护压力。

为了支持网络环境下的空间数据在线共享和异构数据的直接访问,OGC 和 ISO/TC211 等国际标准化组织根据不同的通信协议分别定义了基于 SQL、DCOM 和 CORBA 的公共数据访问接口的 API 函数。如 OGC 为 COM 定义的简单要素访问协议(Simple Feature Access for COM),为用户提供了一个标准的数据访问接口。任何一个 GIS 系统可以遵循该标准接口进行系统设计与开发,也可以在其内部私有数据访问接口之上再次包装成标准数据访问接口(Gong, et al, 2004)。不同系统之间可以通过调用彼此提供的数据访问接口实现数据共享(如图 12.23 所示)。这种基于 API 函数的数据访问接口采用二进制格式传输数据,效率很高,但是结构复杂不易被理解和应用。此外,基于 CORBA 和 DCOM 的分布式系统的数据请求方和数据服务方采用紧密耦合的模式,如果服务方接口发生变化,请求方必须做相应修改(杨涛,刘锦德,2004),并且由于使用私有的协议容易受到防火墙的限制,使基于公共接口的直接访问方法的推广应用也存在一定困难。

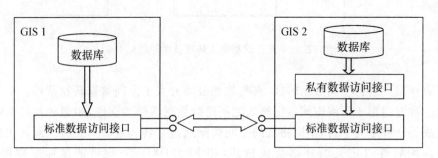

图 12.23 基于直接访问的数据共享和互操作

12.2.3 基于网络服务的地理信息共享和互操作方法

W3C(The World Wide Web Consortium)网络服务架构工作组定义网络服务(Web Service)是一个由统一资源标识码(Uniform Resource Identifer,URI)标识的软件应用程序,

它的接口和物理位置由 XML 编码来定义、描述和发现；一个 Web Service 可以在 HTTP 协议之上通过基于 XML 的消息传递机制实现与其他软件程序之间的交互。Web Service 具有自包含、自组织、自描述、模块化、标准化、网络化、开放的、语言独立、可互操作性、动态性等特性(IBM Redbook, 2004)，这些特性使得 Web Service 成为现在乃至将来地理信息共享和互操作的重要途径和发展趋势(Roger, 2005)，是被软件工业界和地理信息系统界公认的最好方法。

ISO、OGC 和 FGDC 等标准化组织依据网络服务、地理信息共享和互操作特性制定了相关标准和规范，定义了统一的地理信息服务接口，使得用户可以通过相同方式访问不同数据源的数据，而无须掌握数据源的位置和内部结构。很多 GIS 厂商竞相推出基于网络服务标准的网络 GIS 平台，如 ESRI 的 ArcIMS、ArcExplore，并在此基础上基于 OGC 规范开发了地理信息服务组件，如网络地图服务(Web Map Service, WMS)和网络要素服务(Web Feature Service, WFS)等服务组件，使得 ArcIMS 可以顺利地为用户提供地图影像数据和地理要素矢量数据(ESRI White Paper, 2003)。这些地理信息服务组件还可以被其他 GIS 系统及其组件直接调用，实现系统之间的数据共享和互操作。图 12.24 显示了基于网络服务的地理信息共享和互操作的基本思想。不同的 GIS 系统遵循地理信息网络服务标准开发各自的 Web Services，其他的 GIS 系统或者客户端通过调用其 Web Service 的服务接口访问其可以提供的地理数据，而且不同的 Web Service 之间也可以直接调用彼此的服务接口进行交互。Web Service 为用户屏蔽了 GIS 以及其内部数据结构的差异性，而且通过网络使用户能够访问到更多类型、更广范围内的地理信息。实际上，Web Services 不仅仅由 GIS 系统提供，还可以由地理信息用户根据需要自行开发，只要符合地理信息网络服务标准就可以为其他用户提供自己拥有的数据，所以地理信息网络服务标准是实现网络环境下地理信息共享和互操作的关键。

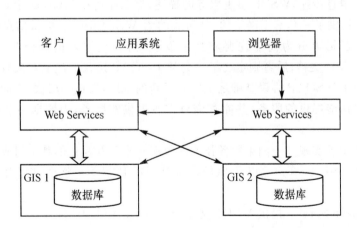

图 12.24　基于 Web Service 的地理信息共享和互操作

网络服务是一个相对较新兴的技术，已经被广泛作为重要的面向服务的系统体系主要技术之一，这是因为网络服务为 Internet 上异构信息的共享和异构系统的集成提供了一个分布式计算方法(IBM Redbook, 2004)。网络服务规范完全独立于编程语言、操作系统和硬件环境，使服务提供者和使用者之间能够保持松散的关系。网络服务(Web Service)是建立在 HTTP 分布式平台之上的，遵循特定的网络协议，以发送消息的方式传输数据。网络服务技术是基于可扩展标记语言(eXtensible Markup Language, XML)、简单要素访问协议(SOAP)、服务描述语言(WSDL)和统一描述发现与集成(UDDI)等技术之上的(OGC,2005e)。

XML 是一种通用的、简单的纯 ASCII 文本数据格式,具有自描述性,使得数据能够在不同的应用程序中进行分析处理,适合数据交换和共享。用户可以自己定义 XML 的标识,每个标识具有明确的语义,因此具备良好的开放性。XML 说明数据是什么意思,但不定义数据该如何表达,把数据和表达形式分离了,同一份数据可以有不同的表达方式。XML 独立于应用程序和操作系统,确保了结构化数据的统一。目前,XML 已成为网络环境下描述数据的标准技术,也是描述 Web Services 信息的标准手段。

Web Service 采用 SOAP 消息协议(Message Protocol)实现客户端和服务端之间的通信,并通过 HTTP 传输协议(Transport Protocol)在不同应用程序之间传递 SOAP 消息。SOAP 消息使用 XML 编码格式,一个 SOAP 消息包含信封(Envelope)、消息头(Header)、消息体(Body)和错误信息(Fault)等基本要素。信封用来标识 XML 文档是一个 SOAP 消息,消息头说明文档的头信息,消息体包括请求和响应的信息,在消息处理过程中发生错误时会提供错误信息。由于 SOAP 协议绑定于 HTTP 之上,可以实现跨语言、跨操作系统的消息传递,而且不受防火墙的阻碍。

WSDL 是网络服务描述协议(Description Protocol),同样采用 XML 编码方式描述一个 Web Service 能够做什么,该服务驻留在什么地方以及如何调用该服务等内容,而无须顾忌 Web Service 的具体实现方法,使服务接口的描述和具体实现分离开来。由于采用了 XML,WSDL 能够对用各种语言实现的 Web Service 接口进行描述,这对已有系统的集成有独特的好处。WSDL 使用类型、消息、端口等元素来描述服务接口,调用者可以通过接口描述了解 Web Service 所需的数据类型、消息结构、传输协议等信息,从而调用相关服务。

SOAP 负责消息传递,WSDL 负责服务的描述,那么如何在 Internet 上查找和定位所需的服务呢？UDDI 提供了一套基于网络的、分布式的为 Web Services 提供信息注册的实现标准规范。UDDI 在逻辑上分为商业注册和技术发现,前者是用来描述企业及其提供的 Web Service 的一份 XML 文档；后者则定义了一套基于 SOAP 协议的注册和发现 Web Service 的程序接口。UDDI 在 SOAP 协议基础之上定义了新的一层,在这一层次,不同企业可以用相同的方法描述自己所能提供的服务,并能查询对方所提供的服务,为数据共享提供了必要的途径。

图 12.25 显示了实现基于网络服务技术的数据共享和互操作的基本组成部件:数据、Web Service、UDDI 注册中心、客户端以及 SOAP 和 WSDL 协议等。整个过程由 4 个基本步骤组成。

(1)注册。Web Service 提供 WSDL 文档,在 UDDI 注册中心注册。
(2)查找。客户端在 UDDI 注册中心查找满足自己需要的 Web Service。
(3)客户端根据注册中心返回的 WSDL 文档中描述的 Web Service 地址绑定服务。
(4)客户端调用服务。

实际运行过程中(3)和(4)可以归结为同一个步骤。

数据主要由数据服务器提供,可以采用各种不同的数据库系统,也可以采用文件管理系统。Web Service 可以采用多种语言来实现,如 Java、.NET,并且在某个应用服务器上进行部署,同时在服务注册中心进行注册。客户端可以采用 GIS 应用系统,也可以采用网络浏览器。由于遵循地理信息服务标准,各个组成部件的实现都是相互独立的,它们通过标准的通信协议

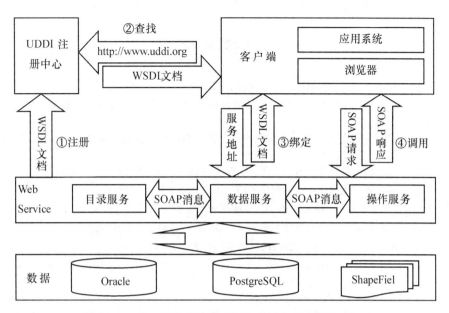

图 12.25 基于网络服务技术的数据共享和互操作框架

进行消息的传递和数据的传输。

目前,网络服务技术已经比较完善,相关地理信息标准的制定工作也逐渐完成,地理空间数据共享与互操作的技术与标准已基本成熟,目前需要解决的问题是各 GIS 厂商和数据提供者尽快采用相关的标准来实现空间数据服务。尽管 W3C 关于网络服务的定义并没有指定需要 SOAP 和 HTTP 协议,也不一定需要 UDDI 来注册和发布服务信息,但是为了便于实现地理信息共享和互操作,不同网络服务实现程序应该遵循 OGC 和 ISO 定义的、被普遍公认的地理信息网络服务标准,方便客户端以同样的方式访问和调用地理信息服务,这也有利于网络服务和地理信息系统开发商推广产品。

12.3 小　　结

本章首先介绍了全球空间数据的无缝组织与管理,概括出全球离散格网的四种剖分模型,它们分别是等经纬度格网、变经纬度格网、正多面体格网和自适应格网;接着介绍了等经纬度格网剖分和正多面体格网剖分之中,多分辨率格网的编码和组织方法。在此基础之上,本章介绍了全球空间数据无缝组织的三个应用系统,它们分别是 Google Earth、World Wind 和 GeoGlobe。其中,GeoGlobe 由武汉大学测绘遥感信息工程国家重点实验室自主研发,本章详细描述了 GeoGlobe 中瓦片金字塔的组织方法。

本章随后介绍了多源异构空间数据源的互操作技术,在互操作的支持下,地理信息系统及地理数据库之间能够自由地交换描述各种地理现象和对象特征的地理信息,并能相互调用功能程序,共同合作以实现用户的应用需求。首先介绍了基于数据格式转换和直接访问的互操作方法,接着重点介绍了基于网络服务的地理信息共享和互操作方法。由于 Web Service 具有自包含、自组织、自描述、模块化、标准化、网络化、开放的、语言独立、可互操作性、动态性等特性,它已成为现在乃至将来地理信息共享和互操作的重要途径和发展趋势。

参 考 文 献

陈述彭,周成虎,陈秋晓. 2004. 格网地图的新一代[J]. 测绘科学,29(4):1-4.
胡鹏,吴艳兰,杨传勇. 2001. 大型 GIS 与数字地球的空间数学基础[J]. 武汉测绘科技大学学报,26(4):317-321.
李德仁,邵振峰,朱欣焰. 2003a. 论空间信息多级网格及其典型应用[J]. 武汉大学学报. 信息科学版,29(11):945-950.
李德仁,崔魏. 2004b. 空间信息语义网格[J]. 武汉大学学报(信息科学版)29(10):847-851.
林宗坚. 1999. 关于构建数字地球基础框架的思考[J]. 测绘软科学研究,(4):1-4.
杨涛,刘锦德. 2004. Web Services 技术综述——一种面向服务的分布式计算模式[J]. 计算机应用,24(8):1-4.
张立强. 2004. 构建三维数字地球的关键技术研究[D]. 北京:中国科学院遥感应用技术研究所.
周启鸣. 2001. 数字地球参考模型[M]. 武汉:武汉测绘科技大学出版社. 88-95.
Bishr, Y., 1998, Overcoming the semantic and other barriers to GIS interoperability, *International Journal of Geographic Information Science*, Vol. 12, No. 4, 299-314.
Bjørke, J. T., John, K. G. and Morten H., et al. 2004, Examination of a constant-area quadrilateral grid in representation of global digital elevation models, *International Journal of Geographic Information Science*, 18(7):653-664.
Dutton, G., 1984a, Geodesic modeling of planetary relief, *Cartographica*, 21(2):188-207.
Dutton, G., 1989b, Modeling locational uncertainty via hierarchical tessellation, *Accuracy of spatial database*, London, British, 125-140.
Dutton, G., 1991c, Polyhedral hierachical tessellations: the shape of GIS to come, *Geographical Information Systems*, 1(3):49-55.
Dutton, G., 1996d, Encoding and handling geospatial data with hierarchical triangular meshes, *Proceedings of 7th international symposium of spatial data handling*, Netherlands, 34-43.
ESRI White Paper, 2003, Spatial Data Standards and GIS Interoperability, http://www.esri.com/library/whitepapers/pdfs/spatial-data-standards.pdf.
ESRI White Paper, 2003, Spatial Data Standards and GIS Interoperability, http://www.esri.com/library/whitepapers.
ESRI White Paper, 2005, Interoperability in Enterprise GIS, http://www.esri.com/library/whitepapers.
Frank, C., Hugo, D., 2001, The world in perspective: a directory of world map projections, http://www.amzon.com/exec/obidos.
Geofusion, 2005, Geomatrix Toolkit programmer's manual, http://geofusion.com.
Gong J., Shi L. and Du Daosheng, et al., 2004, Technologies and standards on spatial data sharing, *Proceedings of ISPRS*, B4, 118-128.
Goodchild, M. F. and Yang, S., 1992, A hierarchical data structures for global geographic information systems, *Computer vision and geographic image processing*, 54(1):31-44.
IBM Redbook, 2004, Patterns: Service-Oriented Architecture and Web Services, http://www.redbooks.ibm.com/redbooks.nsf/redbooks/.
Lee, M. and Samet, H., 1998, Traversing the triangle elements of an icosahedral spherical representation in constant time, *Proceedings of 8th international symposium on spatial data handling*, BC, Canada, 22-33.
Levinsohn, A., Geospatial Interoperability: The Holy Grail of GIS, *GeoEurope*, http://www.geoplace.com/gw/2000/1000/1000data.asp.
Lukatela, H., 1987a, Hipparchus geopositoning model: an overview, *Proceedings of 8th international symposium on computer-assited cartography*, Baltimore, Maryland.
Lukatela, H., 2000b, Ellipsoidal area computations of large terrestrial objects, *Proceedings of 1st international*

conference on discrete grids, California, USA, 26-28 March.

Koller, D., Lindstrom, P. and Ribarsky, W., 1995, Virtual GIS: a real-time 3D geographic information system, *Proceedings of IEEE visualization*, Georgia, USA, 94-100.

Open GIS Consortium(OGC), 2001, OpenGIS Metadata, Version 5.

Open GIS Consortium (OGC), 2002, OpenGIS Abstract Specification—Topic 12: OpenGIS Service Architecture, Version 4.3.

Open GIS Consortium(OGC), 2003, Web Coverage Service, Version 1.0.0.

Open GIS Consortium (OGC), 2004a, OpenGIS Abstract Specification—Topic 0: Abstract Specification Overview, Version 5.

Open GIS Consortium(OGC), 2004b, Web Map Service, Version 1.3.

Open GIS Consortium (OGC), 2004c, OpenGIS Geography Markup Language (GML) Implementation Specification, Version 3.1.0.

Open GIS Consortium(OGC), 2005a, OGC Web Services Common Specification.

Open GIS Consortium (OGC), 2005b, OpenGIS Implementation Specification for Geographic Information—Simple feature access-Part 1: Common architecture, Version 1.1.0.

Open GIS Consortium (OGC), 2005c, OpenGIS Implementation Specification for Geographic Information—Simple feature access-Part 2: SQL option, Version 1.1.0.

Open GIS Consortium(OGC), 2005d, Web Feature Service Implementation Specification, Version 1.1.0.

Open GIS Consortium(OGC), 2005e, OWS 2 Common Architecture: WSDL SOAP UDDI, Version 1.0.0.

Ottoson, P. and Hauska, H., 2002, Ellipsoidal quadtree for indexing of global geographical data, *International journal of geographical information*, 6(3): 213-226.

Roger A. L, 2005, Geospatial Standards, Interoperability, Metadata Semantics and Spatial Data Infrastructure, *paper for NIEeS Workshop on Activating Metadata*, Cambridge, UK, July 6-7.

Sahr, K. and White D., 1998, Discrete global systems, *Proceedings of 30th symposium on the interface, computing science and statistics*, Minneapolis, Minnesota, USA, 269-278.

Samet, H., 1984, The quadtree and related hierarchical data structures, *Computing Surveys*, 16(2): 188-260.

Willmott, C., Powe, C. and Philpot, W., 1985, Small-scale climate maps: a sensitivity analysis of some common assumptions associated with grid-point interpolation and contouring, *The American Cartographer*, 12(1): 5-16.

White, D., Kimmerling, A. J. and Overton, W. S., 1992, Cartographic and geometric components of a global sampling design for environment monitoring, *Carography & geographical information systems*, 19(1): 5-22.

第13章 多时相遥感影像变化检测

□ 周启鸣 眭海刚 马国瑞

多时相影像处理和变化检测技术数十年来一直是遥感应用研究的活跃领域,在解决地表环境变化和人类活动引起的变化信息及相互作用机理中发挥着巨大的作用,大量的现时和历史数据使得长时期的变化检测和建模成为可能,激励更高级的影像处理技术特别是在时间维上的处理技术的深入研究。多时相影像变化检测的研究包括变化检测的预处理、检测分类体系、变化检测方法和检测精度评估四个方面的内容。

由于自然和人为的因素,人类赖以生存和繁衍的地球及其环境随着时间不断地变化,人类在地球上的各种活动也具有时空变化特征。全球变化、土地利用变化、城市发展、空间数据库更新等关系到人民生活和人类社会可持续发展的一系列问题,集中起来归结为地物目标的变化检测问题(Richard,et al,2005;Bovolo and Bruzzone,2007)。地表地物的及时准确的变化信息对于理解人与自然现象的关系及相互作用机理至关重要,能够辅助人们更合理地规划和决策(Lu,et al,2004)。遥感技术是宏观研究环境变化及人类活动的影响因素的最重要手段。30多年来,多时相的遥感影像已经逐步应用于环境监测与人类活动规划的各个方面,大量的遥感影像变化检测技术被广泛报道(Singh,1989;Lu,et al,2004)。

变化检测是根据对同一物体或现象不同时间的观测来确定其不同的处理过程(Singh,1989)。遥感影像变化检测是利用不同历史时期的覆盖同一地表区域的多源遥感影像和相关地理空间数据,结合相应地物特性和遥感成像机理,采用图像、图形处理理论及数理模型方法,确定和分析该地域地物的变化,包括地物位置、范围的变化和地物性质、状态的变化(Zhao,2003)。使用遥感数据进行变化检测的基本前提是:由感兴趣的对象本身变化导致的辐射值或局部纹理的变化,与由不感兴趣的事件(诸如大气条件、照射角和视角、土壤湿度、季节、天气、潮汐等)导致的变化是可分的(Deer,1999)。变化检测研究的目的就是找出感兴趣的变化信息,而滤除那些作为干扰因素的不相干的变化信息(Richard,et al,2005)。

各国学者从不同的角度针对不同的应用研究了大量的变化检测方法和理论模型,如代数法(Prakash and Gupta,1998;Sohl,1999)、分类法(Jensen,et al,1995;Munyati,2000)、面向对象法(Coppin and Bauer,1996;Heikkonen and Varjo,2004;Walter,2004;Baudouin,et al,2006)、时间序列分析法(Eastman and Fulk,1993;Zhou,et al,2007)、可视化法(Sunar,1998;Asner,et al,2002)等,广泛应用于土地利用/覆盖变化、森林和植被变化、灾害监测、地理信息更新、目标监视与跟踪、生态环境监测等领域(Pilon,et al,1988;Vogelmann,1988;Roy,et al,1991;Sader,et al,1991;Alwashed and Bokhari,1993;Coppin and Bauer,1994;Jha and Unni,1994;Muchoney and Haack,1994;Ridd and Liu,1998;Foody and Boyd,1999;Liu and Zhou,2005)。

许多学者(Singh, 1989; Mouat, et al, 1993; Coppin and Bauer, 1996; Jensen, 1996; Carlotto, 1997; Deer, 1999; Yuan, et al, 2000; Lu, et al, 2004; Richard, et al, 2005)对变化检测方法和技术进行了综述,普遍认为变化检测是一个复杂的综合处理过程,现有的检测方法没有一种最优方法能够适合所有的应用,而且自动化程度偏低。在应用驱动下新的变化检测方法不断涌现,但是能否从根本上解决上述难题值得怀疑。目前的综述文献对检测方法进行了分类整理,得出了许多有用的结论,但是缺乏对变化检测理论和方法的系统分析,也没有提出较为系统的解决方案。

本文并不打算提出具体的变化检测方法,而是定位于在归纳总结变化检测技术现状基础上,研究变化检测的综合解决思路。文章首先分析了地表变化的驱动力因素;然后分别从变化检测预处理、检测分类体系、变化检测方法和检测精度评估四个方面详细论述变化检测技术;最后指出了变化检测技术面临的挑战及可能的出路。

13.1 地表变化驱动力分析

利用遥感影像检测地表变化的主要任务包括三类:确定变/没变(if),确定变成了什么(what),确定怎么变(how)即变化过程。这三类之间检测内容逐层递进,检测难度也逐步递增。不同的变化检测方法能够提供不同程度的变化检测信息,如差值法只能提供变/没变信息;分类比较法能够提供变成什么;时间序列分析法可以提供怎么变,变化的过程、轨迹等信息。地表变化主要有四种形态:地物种类变化,扩展、缩减或改变形状,位置变化,破碎或合并(Lu, et al, 2004)。研究地表变化及其在影像上变化的特性和规律,充分利用变化的先验知识,有助于提高变化检测处理的自动化程度(Lunetta and Elvidge, 2000; Zhang, 2004)。

地物变化有其自身的演化规律,认识地物变化规律,可以对地物变化进行空间、时间上的预测。本文将引起地表变化的导因分为自然变化、动植物活动引起的变化和人类活动引起的变化三类。每种变化具有不同的变化类型和表现形式。表13.1根据不同变化的表现与特性,给出了每类变化中对变化检测有用的信息或知识,可以用来辅助变化检测的数据选择和检测方法的设计。

不过利用遥感影像监测地表变化也具有一定的局限性,受遥感影像时间、空间、光谱和辐射分辨率的限制,变化尺度太小,变化时间过快(瞬时变化),变化发生在特定的波谱空间,变化过于微弱等难以在遥感影像上反映的信息无法利用遥感影像监测。可见,遥感影像能够监测的地表变化必须满足一定的空间、时间、光谱分辨率要求。

除了研究地表地物自身的变化规律外,研究地物及其变化的影像特性也至关重要。地物光谱曲线是影像上识别地物的主要依据,成像几何关系和成像机理的研究有助于增强特定影像与地表地物的位置和光谱对应关系,提高影像解译地物的准确性,通过建立不同时相影像的位置对应关系,最大程度地减小影像变化反演地物变化的不确定性。另外,人们在认识自然的过程中积累了大量关于地表的数据与先验信息,充分利用这些先验信息,结合数据挖掘技术可以辅助变化检测快速、准确地进行。

表 13.1　　　　　　　　　　　　地表变化驱动力分析

导因	变化类型	典型变化	对变化检测有用的信息和知识
自然作用	突发性的自然灾害	地震、风暴、洪水、火灾、泥石流、火山爆发和雨、雪、雹、霜等	灾害频发区的地理分布、发生周期、强度信息等;每种灾害的孕灾环境、致灾因子和承灾体及其相互作用机理
	地表缓慢的自然变化	土地沙漠化、河道的演变等	引起变化的主要原因,演化模型
动植物引起	植被生长、衰老等变化	各个生长阶段表现出的大小、颜色、形状等的变化;植被的扩张、衰落等造成面积和范围的变化	植被的地理分布;植被生长周期及各个阶段的光谱特性;植被扩张模型等
	动物活动引起变化	动物对植物的破坏和动物对人造地物的破坏	动物的地理分布、数量分布等;动物的习性、生长繁殖规律等
人类引起	对自然界的直接变化	城市建设(如修建房屋、道路、桥梁、水库等)、战争、开山伐林等	人类改造自然的规划、设计信息
	对自然界的间接变化	地面下沉,温室效应,城市扩张,气候异常等	人类活动对自然界间接作用机理

可以看出,变化检测不是一个孤立的影像处理过程,研究地表变化原因与规律可以为检测数据选择和方法设计提供指导,结合地物及其变化的影像特性,综合利用已有基础地理信息数据和数据挖掘技术可以最大程度地减小信息反演的不确定性。反过来,变化检测方法也为地表变化规律研究提供了更好的技术手段,有助于更合理地对地表进行规划改造,二者之间相辅相成。

13.2　变化检测的预处理

不同的应用需要的变化检测步骤不同,通常遥感影像的变化检测过程包含数据选择、预处理、特征选择与提取、变化比较与判别、精度评估等诸多环节(Richard,et al,2005;Coppin,et al,2004)。影响最终检测结果的因素很多,也比较复杂,与研究对象、数据源、几何校正和辐射校正质量、检测方法和步骤、检测人员知识和经验、经济条件与时间限制等均有关系(Jensen,1996;Weber,2001;Lu,et al,2004)。其中,对应特定区域或目标的变化检测应用需求,首要的任务是进行数据源的选择。几何校正、辐射校正等预处理步骤对于消除不同时相影像的非地表显著变化必不可少。

13.2.1　数据源选择

选取合适的遥感影像是遥感变化检测的基础。数据源的选择包括检测影像的选择、参考数据的选择和多源数据的选择。研究地表地物变化,首先要选择与研究地物的目标特征相匹配的数据源(Weber,2000)。在变化检测前,对检测区域进行调查,分析研究地物的空间分布、光谱特性及时相变化的特点,结合各种遥感影像的成像机理和成像特性,筛选出合适的影像作为检测数据源。Jensen 和 Cowen(1999)经研究后得出了城市和郊区属性与需要这些信息的最小遥感分辨率,Pu(1988)与 Chen(2000)同时给出了一些特定目标变化探测的最小图像空间分辨率。

变化检测需要对不同时相影像进行比较,作为参考源的历史影像选择至关重要。一般来说,使用相同传感器的数据,每年的相近日期拍摄,相似的气候条件和气象条件,采用相同的预处理方法,最大限度地消除几何和辐射差异引起的非显著变化是不同时相选择数据源的基本原则(Coppin and Bauer,1996;Biging,et al,2000)。另一个需关注的问题是影像质量,一般情况下认为研究区云的覆盖大于20%则不能使用,在具体应用时还需要考虑其他影响因子,如土壤水分对光谱的响应特征影响等。实际上由于数据源的选择受卫星发射日期、经济条件、气象条件等多种因素制约,要保证不同时相数据源空间、光谱和辐射分辨率全部一致实属不易。

理论上,相同地区的任意两幅影像都能进行变化检测。不过考虑到实际的应用意义,参考数据的选择受到一定的限制,虽然两幅影像空间、光谱分辨率难以实现完全的一致,但参考数据的空间分辨率一般不应低于检测影像,通常接近检测影像空间分辨率。参考数据的光谱分辨率通常应与检测影像波段基本匹配(Solberg,et al,1996)。时间分辨率的选择与研究目的和研究对象的变化周期有关,Lunetta 等(2004)研究了时间分辨率对土地变化检测的影响,结果表明,最小3~4年的时间周期才能用来较为精确地检测土地变化,提高时间间隔如1~2年的时相图像,结果更优。如果需要对地图进行修测与更新,选择遥感图像分辨率必须满足地图成图比例尺的需要。

尽管两时相影像变化检测是最普遍的方式,但随着多源数据获取的便捷,利用多源数据进行检测可以有效地消除大气和地形等的影响,增强地物识别提取能力,从而提高变化检测的准确性(Lambin and Linderman,2006)。集成多源数据的变化检测越来越重要。多源数据进行检测大致有四种基本情况:多种空间分辨率组合检测(Mayaux and Lambin,1997;Zhou,et al,2004),多时相(时间序列)数据集成检测(Lambin and Linderman,2006;Alexandre,et al,2006),多种光谱分辨率数据融合检测(Gong,1994;Solberg,et al,1996;Pohl and van Genderen,1998;Chen,et al,2004;Zhang,2005),遥感与地理信息数据(如 DLG、DEM)集成检测(Lu,et al,2004),以及由这四种基本情况的任意组合(Zhou,et al,2004)进行变化检测。

多种空间分辨率数据组合检测能够"由粗到细"地观察变化,对于突发性的灾害监测非常有用(Lambin and Linderman,2006),一般情况下,选择数据空间分辨率应该参考变化检测研究对象的空间分布特性。多种时间分辨率数据通常有助于探测地物变化的规律,提高变化预测预警的准确性(Martin,1989;Charbonneau,et al,1993;Michener and Houhoulis,1997;Petit and Lambin,2001),不过研究对象变化的时间特性千差万别,适合地物变化周期的多时相遥感数据才能发挥作用。多种光谱分辨率数据(如可见光、红外、SAR 等)从不同的成像特性出发,获取地物更加全面的光谱曲线,有利于地物的反演、识别。而且不同成像机理的影像受环境的影响不同,可以相互补充,相互验证,提高变化检测的准确性。遥感与地理信息集成的变化检测可以充分利用已知地物的位置和属性信息,在城镇区域变化检测中非常必要。

一般来说,综合利用多种空间、时间、光谱遥感影像及地理信息数据有助于提高变化检测的精度。但考虑到数据成本及各种传感器本身的特性,多源数据不易获取,因此最大程度地利用多源数据的差异部分,减小多源数据的过多冗余是利用多源数据的参考原则之一。多源数据融合检测有两个基本问题需要回答,但目前缺乏研究:一是针对某一具体应用,利用哪些多源数据组合进行检测结果是最优的;二是对给定的具体应用和给定的多源数据,对变化检测问题能解决到什么程度。上述两个问题实际上是要从理论和实践上回答变化检测和多源数据融合之间的关系。

13.2.2 辐射校正

不同时期的光学遥感影像,拍摄季节与日期不同,太阳高度角不同,拍摄角度不同,气象条件不同,云、雨、雪等覆盖程度不同等都会造成影像辐射值不同,显著地影响变化检测结果的精度,所以在变化检测之前,通常需要进行辐射校正(Leonardo,et al,2006)。

辐射校正是指消除或减弱传感器得到的测量值与目标的光谱反射率或光谱辐射亮度的不一致,包括绝对辐射校正和相对辐射校正两种类型(Elvidge,et al,1995),绝对辐射校正主要校正由于传感器的状态、姿势以及太阳光照、大气扩散和吸收等引起与地物表面辐射特性无关的辐射失真。典型的方法包括:利用大气辐射传递码将辐射值校准到标准值(Kaufman,1988;Tanre,et al,1990),利用实验室的光谱曲线将辐射值校准到标准值(Smith,et al,1990),利用暗目标和辐射传递码将辐射值校准到标准值(Teillet and Fedosejevs,1995),通过暗目标去除进行场景校准(Chavez,1988)等。由于测量当前数据的大气参数和地面目标非常昂贵而且不实际,尤其对于历史数据几乎是不可能的,因此多数情况下绝对辐射校正在实际中是难以实现的。相对辐射校正将一幅影像作为参考影像,调整另一幅影像的辐射特性,使之与参考影像匹配。其主要方法包括:利用直方图规则化进行场景之间的校正(Chavez and Mackinnon,1994),利用不变目标进行场景之间的辐射校正(Casselles and Garcia,1989;Hall,et al,1991;Schott,et al,1988)等。相对辐射校正能够消除和减少大气、传感器和其他噪声的影响,算法简单,从而被广泛使用(Andrefouet,et al,2001;Song,et al,2001)。

在变化检测预处理中,目前经常使用的辐射校正算法包括图像回归法(Yang and Lo,2000)、伪不变特征法(Casselles and Garcia,1989)、暗集—亮集法(Schott,et al.1988)、未变化集辐射归一法(Hall,et al,1991)、直方图匹配法(Chavez and Mackinnon,1994)、6S法(Vermote,et al,1997)等。并非所有的变化检测方法都需要进行辐射校正,尽管有些学者认为辐射纠正是在多时相遥感影像土地覆盖变化分析中是必须的(Leonardo,et al,2006),但大量研究表明,如果所求类别的光谱信号是从待分类的影像中得来的,那么在分类后比较变化检测之前是没有必要进行大气校正的(Kawata,et al,1988)。

13.2.3 几何校正

许多变化检测方法都要求对多时相影像进行精确配准,如果不能得到较高的影像配准精度,则在整个场景内将有大量的伪变化区域,因而高精度的多时相影像配准一般是必须的(John,et al,1992;Dai and Khorram,1998;Stow,1999;Verbyla and Boles,2000;Carvalho,2001;Stow and Chen,2002)。通常认为子像素级的几何配准精度可以接受。

John 等(1992)利用 Landsat MSS 影像模拟 MODIS 数据系统地研究了几何配准误差对变化检测结果的影响,然而还有许多方面需要定量分析、完善。Dai 和 Khorram(1998)分析了TM 影像配准精度与变化检测的关系,得出 TM 第四波段影像检测结果受配准精度影响最大,不少于 0.1934 个像素的误差会导致检测精度下降 10% 的结论。Zhang(2005)利用变差理论研究了 Landsat 7 的第 5 波段和 SPOT 4 全色影像的几何配准误差对变化检测的影响,结果表明,一个像素的几何配准误差可以使得变化检测精度下降 45%,要获得 90% 的变化检测精度,影像几何配准精度要求高于 0.22 个像素。Bovolo 和 Bruzzone(2007)利用基于 CVA 的极坐标变化检测框架,研究两时相影像经过辐射校正但配准精度在 2 个像素左右时变化矢量的极坐标分布,结果发现未变化类中心基本在原点,但是具有一定的形状,受影像内容和配准误差的方向影响。配准误差产生大量的高幅度值的差异点,这些差异值分布在整个方向域,与真正变化类的方向不同。方向信息可以用来减小配准误差对变化检测的影响。

可以看出,子像素级的几何配准精度对变化检测是必需的,但是否对所有配准的数据源、各种目标、所有的变化检测方法和应用都有影响或影响多大,目前仍缺乏深入的研究。由于成像模型、成像角度、拍摄条件、地球曲率与旋转等原因,特别是在山地和城区,地形起伏造成不同时相特别是不同传感器遥感影像之间很难进行高精度的配准,因此需要进行正射校正。通常运用高分辨率影像数字摄影测量技术创建(Meyer, et al. 1993; Gooch and Chandler, 1998; Chandler, 1999)合适精度的数字高程模型 DEM,再根据成像模型进行正射校正,消除地形差异。

需要指出的是,不是所有的变化检测方法都需要高精度的几何校正,精确的几何校正对基于像素级的变化检测方法(如代数运算法、分类法等)是必须的,但对于基于特征级的变化检测方法如面向对象法,对提取出的特性或目标进行比较时,可以采用顾及配准误差的缓冲区分析法(眭海刚,2002),从而可以避开过于苛刻的高精确配准要求,但在对于何种目标可容忍多大的配准精度误差目前缺乏研究。

鉴于配准对变化检测的影响,一种好的方法是将影像配准与变化检测同步进行,充分利用未变化地物目标作为图像配准的依据,影像配准与变化检测整体解求,可以克服传统方法配准误差的传递和累积,提高变化检测精度。其主要的缺点是增加了算法的难度,需要逐像元逐个目标自动判断其是否发生了变化,同时算法需要迭代。张晓东(2005)研究了基于多边形的影像配准与变化检测整体解求方法,将整个变化检测看做一个 GIS 与遥感影像面状地物特征匹配的过程,克服了传统方法配准误差的传递和累积,取得了较好的试验效果。

13.3 变化检测分类体系

多年以来,研究人员提出了多种遥感影像变化检测技术,各国学者纷纷从不同的方面进行了总结分类,从不同的侧面反映了变化检测研究的内容和方法(Richard, et al, 2005; Lu, et al, 2004; Li, et al, 2002)。但是变化检测技术涉及多种空间、时间、光谱分辨率影像及地理信息数据的综合分析,处理过程比较复杂,单一的分类方法不足以反映变化检测研究内容的全貌。依据不同的分类原则可形成不同的分类体系,本文从检测目的、检测数据、检测维数、检测时间尺度、检测内容等方面给出了如图 13.1 所示的变化检测分类体系。任何一种变化检测技术都可以用下述五个方面进行描述。

从变化检测的目的来分,遥感影像变化检测分为确定变/未变(If)类型(Angelici, et al, 1977; Pilon, et al, 1988; Chavez and Mackinnon, 1994; Sunar, 1998; Coppin and Bauer, 1994)、确定变成什么(What)的变化检测(Li and Yeh, 1998; Petit, et al. 2001; Liu and Lathrop, 2002; Woodcock, et al, 2001; Dai and Khorram, 1999)和确定怎么变(How)即确定变化过程、

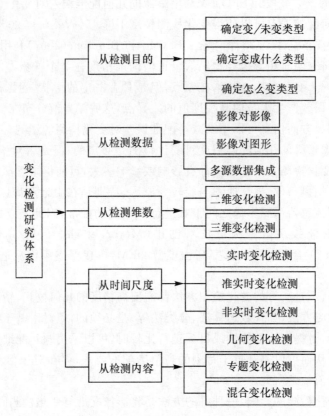

图 13.1 变化检测分类体系

变化轨迹类型（Lambin and Linderman,2006）的变化检测三类。确定变/未变类型主要检测变化的位置和范围信息,不关心变化的属性,一般用于检测某一确定的变化类型。差值、比值、植被指数比较、主成分分析法等使用较多。确定变成什么（What）的变化检测类型不仅需要了解变化的位置和范围,而且需要知道变化的类型,多用于土地利用/覆盖变化检测、地理信息更新等领域。一般利用分类比较法,变化矢量分析法和其他混合方法等进行解决。确定怎么变（How）变化类型不仅要检测变化的位置、范围和属性,最重要是确定变化的过程、变化的轨迹,总结出地表地物变化的规律,对未来的变化进行预测预警。确定怎么变类型是变化检测的最高层次,也是变化检测技术的理想目标,对检测数据源、检测方法提出了更高的要求。三种变化检测类型的检测内容逐层递进,检测难度逐层递增,实际使用时应根据不同的应用需要进行选择。

从数据源的类型来分,可以分为影像对影像（Sohl,1999;Prakash and Gupta,1998;Bruzzone,et al,1999;Bovolo and Bruzzone,2007）、影像对图形（Johnsson,1994;Theseira,et al,2002）、多源数据集成（Drury and Walker,1987;Bonham-Carter,et al,1988;Venkataraman,et al,2000）的变化检测三大类。其中影像与影像的变化检测使用最多,研究最为广泛,但绝大多数的研究集中在像素级水平,影像与影像的变化检测可以根据不同传感器特性进一步细分;影像与图形数据由于使用的数据组织、表现形式不同,典型的应用是用旧的GIS数据和新的影像进行变化检测,多用于特征级的变化检测方法（Gautama,et al,2007）;多源遥感数据集成检测已被证明是提高遥感变化检测精度的有效途径,而且是充分利用已有遥感信息资源的有效手段,多源数据集成变化检测是变化检测的发展趋势。

从检测的维数来分,可以分为二维变化检测(Gautam and Chennaiah,1985;Read and Lam,2002;Weng,2002;Lu,et al,2004;Rigina,et al,1999;Singh,et al,1990;Manavalan,et al,1995)和三维变化检测(John,et al,2005;Li,et al,2002)两类。由于应用关注的重点是参考数据源的问题,二维变化检测研究的最多,应用也最为广泛。不过有些应用如城市地理信息更新、军事目标变化与监测等涉及三维情况,需要检测地物的高度变化,这时三维变化检测十分必要,必须予以考虑。另外,航空和卫星影像的立体像对、LIDAR 数据等三维信息的获取为三维变化检测提供了便捷手段。夏松(2006)研究了立体影像变化检测和 DEM 更新的策略,可同时提供变化检测结果、更新后的 DEM 和新影像的外方位元素。

从检测时间尺度来分,可以分为实时变化检测(Ivanov,et al,2000)、准实时变化检测(Javier,et al,2003;David,2005)、非实时变化检测(Coppin and Bauer,1996;Heikkonen and Varjo,2004;Walter,2004;Lu,et al,2005)三类。实时变化检测一般用于检测动目标的变化,如移动目标的检测与跟踪,该类型的变化检测随着视频技术的广泛应用而备受关注,特别是在军事领域;准实时变化主要用于对时间要求相对较高的情况,如火灾检测、泥石流监测、军事打击评估等;非实时变化用于变化比较慢的地物检测,如城市建筑物变化、森林、河流、土地利用/覆盖变化等,一般情况下的变化检测都属于非实时的类型。

从检测内容来分,可以分为几何变化(AI-Khudhairy,2005)、专题变化(Sunar,1998;Macleod and Conglton,1998;Lyon,et al,1998;Coppin and Bauer,1996;Chalifoux,et al,1998;Arbogast and Brown,1999)和混合变化检测(Munyati,2000)三类。几何变化检测关注检测目标的几何位置变化,如道路、建筑物的新建与改变等;专题变化主要是不同的专题应用,如土地利用变化、植被覆盖变化、城市扩张变化等;混合变化综合分析每个目标的位置与属性的变化,获取更全面的变化信息。

每种方法都具有上述分类体系中的多重属性,例如分类后比较法从检测目的来看,为确定变成什么变化类型或确定怎么变类型;从检测数据来看,为影像与影像的变化检测;从检测维数看,为二维变化检测;从检测时间尺度来看,为准实时或非实时变化检测;从检测内容来看,为专题变化或混合变化检测类型。表 13.2 从不同应用角度分析了常用的变化检测方法及具有的多重属性。

表 13.2 变化检测典型应用的方法和隶属的分类属性

典型应用领域	检测方法	分类体系(属性)
土地使用/覆盖变化	分类后比较法,直接多时相分类法,目视解译法	确定变成什么类型,确定变化轨迹类型,影像对影像变化,二维变化,非实时变化,混合变化类型
森林和植被变化	植被指数差值法,植被指数比值法,分类后比较法	确定变/未变类型,影像对影像,二维变化,非实时变化,专题变化
灾害监测	差值法、比值法、模型法(火灾指数)、回归法,目视解译法	确定变/未变类型,影像对影像,二维变化,准实时变化,几何变化

续表

典型应用领域	检测方法	分类体系(属性)
城市变化与地理信息更新	差值法,比值法,面向对象法,目视解译法	确定变/未变类型,确定变成什么类型,影像对影像,影像对图形,二维/三维变化,非实时变化,混合变化类型
目标监视与跟踪	差值法,比值法,分类比较法,面向对象法,目视解译法	确定变成什么类型,确定怎么变类型,影像对影像,影像对图形,二维/三维变化,非实时变化,混合变化类型
军事战争的侦查、监测和效果评估	差值法,比值法,面向对象法,目视解译法,时间序列分析	确定变/未变类型,确定变成什么类型,影像对影像,影像对图形,二维/三维变化,准实时变化,混合变化类型
其他应用(湿地改变、景观变化、作物监测等)	分类后比较法,目视解译法,面向对象法,差值法等多种方法	确定变/未变类型,影像对影像,影像对图形,二维/三维变化,准实时变化,混合变化类型等多种类型

13.4 变化检测方法

目前提出的变化检测方法非常多,各国学者纷纷从不同的方面进行了总结分类。最早进行分类的是 Singh(1989),他将变化检测分为分类比较法和直接比较法两类,Deer(1999)将变化检测分为三类:基于像素级的变化检测、基于特征级的变化检测和基于目标级的变化检测;李德仁(2003)根据图像配准和变化检测的数据源两个因素将变化检测方法分为两大类七种方法。最新的分类方法则当归 Richard 和 Lu(Richard,et al. 2005;Lu,et al. 2004)的研究工作。Radke 等人将其概括为直接的差值法、统计假设检验法、预测模型、阴影模型、背景模型等,虽考虑全面但缺乏针对遥感影像变化检测的特殊性考虑。Lu 等对遥感影像的变化检测方法归结为七类:算术运算法、变换法、分类比较法、高级模型法、GIS 集成法、视觉分析法和其他方法,并详细探讨了变化检测预处理、阈值选择和精度评估技术。从不同的角度存在不同的分类方法。

显然,从不同的角度可形成不同的分类方法,本文在前人分类的基础上,从检测变化的本质策略上进行分类。本文将变化检测方法分为两大类:两时相影像变化检测和时间序列影像变化检测,前者只检测两个时刻地面的变化,后者分析连续的时间尺度,分析地表随时间的变化规律。目前大多数的方法都属于两时相的变化检测,很少估计时间序列影像的变化检测问题。

对两时相影像变化检测,不管采用何种方法,都可归结为下述三种思路:对不同数据源进行直接比较(直接比较法),对不同数据源提取信息后比较(分析后比较),将不同数据源纳入统一的模型进行变化检测(统一模型法)。直接比较法的对象主要包括像素、纹理特征(Chen,2002)、边缘特征(Rowe and Grewe,2001)以及各种复杂的变换后的特征,如植被指数(Lyon,et al 1998)、主成分变换(Byrne,et al 1980)、独立成分变换(Zhong and Wang,2006)、典型相关变换(张路,2004)等。分析后比较法的对象包括类别、目标对象等。统一模型法将变化检测的方法和过程作为一个整体,采用统一的平差模型进行迭代求解。

相对两时相影像变化检测,时间序列图像更强调发现地表的变化规律和发展趋势。从处理方法的角度看,时间序列影像可以分解为若干个两时相影像变化检测处理后再集成分析,也可以将时间序列影像作为一个整体,采用长时间序列分析法处理。时间序列分析法另一个重要的应用是实时变化检测的处理,如视频序列影像的监视与跟踪,需要近实时地得到变化检测结果,因此实时影像序列分析是时间序列变化检测的重要组成部分。

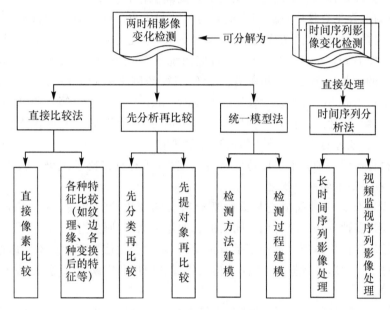

图 13.2 变化检测分类思想

基于上述思路,本文将变化检测方法分为直接比较法(Coppin and Bauer,1996;Lobo,1997;Atkinson and Lewis,2000;Townshend,et al. 2000)、分类比较法(Jensen,et al,1995;Munyati,2000)、面向对象比较法(Coppin and Bauer,1996;Heikkonen and Varjo,2004;Walter,2004;Baudouin,et al,2006)、模型法、时间序列分析法、可视化法(Asner,et al,2002;Sunar,1998)和混合法七大类。

1. 直接比较法

直接比较法是对像素灰度值或各种特征(包括纹理、边缘和变换后的特征)等直接进行代数运算比较,差值与比值是最简单最常用的比较方法,另外包括相关系数法、变化矢量分析法(CVA)、内积分析法,交叉相关法等多种方法。虽然 Lu 等(2004)将变换法作为单独的一类变化检测方法,严格地将变换的目的设定为减少波段间的数据冗余,其间并没有变化检测算法,这就意味着变换只是变化检测的一个处理步骤而不能作为一种变化检测方法。另外,许多模型如光谱混合模型、生物参数估计模型等针对特别的应用需求,通过将影像反射值转化为物理参数,基于这些模型的变化检测方法比较这些物理参数值,仍然属于直接比较法,不过比较的内容略有不同而已。直接比较法可以选择多种特征集(如纹理特征、矩特征、边缘特征的多种组合)代替单个像素值进行比较(Hegarat-Mascle and Seltz,2004),可以选取地学特征(如植被指数、土壤指数等)和各种变换后的特征(如主成分变换、独立成分变换、典型相关变换和小波变换等)进行直接代数比较,增强变化检测性能和效率。

无论是差值法、比值法还是 CVA,最后都得到一幅结果影像,在结果影像上再利用阈值分割技术即可以将变化信息提取出来。这类方法有一个共同的特征,就是需要选择变化分割阈值(Lu,et al,2004)。直接比较法比较简单,应用最为广泛,主要的缺点是差异影像分割阈值选取困难和对噪声敏感,只能提供变/不变信息,对需要知道变成什么的变化检测不能处理,而且对破碎变化效果不佳,严重受预处理包括辐射校正和几何配准精度的影响,因此为了获取好的直接比较变化检测结果,需要进行一系列的预处理工作。

变化阈值的选择是直接比较法变化检测的关键和难点。通常有两种选择阈值策略:一是通过人机交互选择经验性数值来确定,需要反复试验,才能得到令人满意的结果;二是统计测量法选择阈值,如 Bruzzone 和 Prieto(2000)应用统计模式识别中的贝叶斯决策理论加以解决,取得了较好的效果。最近,一些学者广泛使用神经网络(Gonzalo,2006)、马尔可夫模型(Kasetkasem and Varshney,2002)、数学形态学(Wang,et al,2005)等方法,顾及周围邻域像元对当前像元的影响,通过迭代处理获取全局最优的变化检测结果,然而由于算法的复杂性,实际应用得很少。通过对直接比较法阈值选择的研究可以得出下列结论。

(1)由于没有任何一种算术可以适应所有的应用,所有直接比较法仍然被广泛使用,阈值选择是必要而且是最重要的步骤之一。

(2)虽然没有任何一种阈值选择策略适合所有的变化检测算法,不过 Farid 和 Yakoub (2006)研究表明,多种方法的综合用于阈值的选取不失为一种好方法。

(3)因为任何变化检测阈值选择都是有风险的,真的变化信息不能从不同影像中完全提取处理,所以针对不同的影像数据源,不同的检测目标和应用研究阈值,选择方法十分重要。

2. 分类比较法

分类比较法一般包括分类后比较法和直接多时相分类法两种。分类比较法的核心思想是将遥感影像分成不同的种类并提供变化信息矩阵。典型的应用包括土地使用/覆盖变化、森林与植被变化、非城区与城区的转变、沼泽地的变化等(Jensen,et al,1995;Munyati,2000)。主要优点是可以克服由于多时相影像的传感器性质、分辨率等因素的差异带来的不便,不需要数据归一化过程。主要缺点是:对于类别的合理划分要求比较高,分类和变化检测步骤的分离造成分类误差会产生误差传播。严格来说,由两个独立分类产生的变化图的精度近似于各自精度的乘积。

分类后比较法是指对每个影像独立进行分类,然后根据相应像素类别的差异来识别发生变化的区域,其分类过程可以是监督的或非监督的。多时相直接分类法利用组合的两时相影像进行直接变化判别。组合影像中相同的地物将反映出相似的光谱特征,从而保证了组合影像的光谱稳定性;但当两个数据存在较大的差异时,受实际土地利用/土地覆盖变化的影响,两时相数据在相同位置处将对应不同的地面目标,导致光谱特征在该处发生突变,并与周围地物在光谱上失去协调性,从而可以检测出变化信息。该方法可以直接反映变化数量,不足之处在于采用监督分类时,不同变化组合训练区的选取比较困难,采用非监督分类时变化性质不易确定。

分类比较变化检测的精度主要依靠分类的精度,所以后分类比较法的核心在于分类技术的应用。分类方法通常需要大量的训练样本进行监督和非监督学习,当获取的训练样本不够全面或不够准确时,通常不能获取到好的变化检测结果。这种方法的另一个缺点是用于分类精度评估的地面真值的获取非常困难而且代价高昂(Bruzzone and Prieto,2000),致使变化检测的精度评估十分困难。近年来,许多先进的数学理论被用于分类比较变化检测方法中,如人工神经网络、模糊逻辑、贝叶斯网络等,取得了较好的试验效果(Abuelgasim,et al,1999;Dai and Khorram,1999;Gopal and Woodcock,1999;Woodcock,et al,2001;Liu and Lathrop,2002;Bovolo and Bruzzone,2007;Florence,et al,2006;欧阳赟,等,2006)。

3. 面向对象比较法

面向对象比较法也叫特征与目标比较法,基本思路是:对不同时相的影像先分别进行图像分割,提取特征如点、线、面特征、图斑、类别、目标等,然后对影像区域进行特征抽取和特征描述,构造区域特征变化准则函数,再通过影像区域比较,分析确定区域的变化情况,进而研究特定目标的变化信息。典型的应用是高分辨率遥感影像上人工地物的变化检测及地理信息更新与军事侦察。面向对象法直接比较提取出来的对象,对噪声和配准条件不敏感。比较目标时需要考虑两个问题:一是怎样比较目标,另一个是怎样确定目标间发生变化。眭海刚(2004)提出的缓冲区检测算法能够实现目标的变化检测,其基本思想是对旧图上的检测地物以一定的缓冲距离构造缓冲区,以此缓冲区为范围对新图上的数据进行检测,判断新图上的地物与旧图上地物所形成缓冲区的关系及属性的改变来确定变化检测的结果。缓冲距离以新老图上的配准误差、旧图上地物的精度等进行构造。

许多先验信息如GIS信息在面向对象变化检测中可以使用,特别是检测图形目标变化时,GIS数据库中的位置和属性信息有助于减小变化检测的难度。多数目标变化有其自身的规律,如道路特别是重要道路的变化往往非常缓慢,因此旧的GIS数据库中的道路网通常可以用于辅助检测未变化的道路或者提取新建的道路。除此之外,其他各种来自GIS数据库的信息和知识,如空间关联规则、空间聚类规则、空间关系规则、空间分布规则、空间地物演化规则等都可以用于辅助变化检测。事实上,基于GIS的变化检测并不是一个新课题,许多学者结合GIS研究了遥感影像的变化检测(Lo and Shipman,1990;Weng,2002;Yang and Lo,2002;眭海刚,2002;张晓东,2005)。GIS强大的分析功能为多源遥感数据变化检测提供了方便,遥感与GIS集成进行变化检测是发展趋势,越来越多的学者着手进行遥感与GIS的变化检测研究(Lu,et al,2004)。

目标级的变化检测关键在于目标检测与分割,不过由于目标自动提取难度大、准确度低,目标提取本身比较困难,使得面向对象法很难实用化,特别是图像对图像的变化较少运用,但对图像与图形的变化检测非常重要。目标检测与提取是面向对象变化检测法的技术瓶颈,考虑到目标提取的困难,基于知识的目标检测系统通常运用于此类方法中(Zhang,et al,2002)。虽然目标提取很难,不过随着影像分割技术的发展,越来越多的人研究目标级的变化检测并取得了不错的结果(Flanders,et al,2003;Lo and Shipman,1990;Weng,2002;Yang and Lo,2002;眭海刚,2002;张晓东,2005)。

4. 模型法

模型法是一类较为特殊的变化检测方法,用于直接比较法和分类比较法。不同的模型法关注问题的本质规律,重点放在如何建立数据模型上。其基本思路是将变化检测的各个步骤及方法采用统一的模型求解,获取更优的检测结果。通常,模型法包括基于处理方法的模型法和基于处理过程的模型法。模型法变化检测的主要工作在于模型的建立与应用。模型法的优点在于稳健，能够简化处理，一体化的处理能够提高变化检测精度，可能从根本上解决变化检测问题。缺点是建立合适的模型非常困难，存在模型假设错误的风险，而且许多时候模型法的建立比较耗时。

比较理想的基于处理方法的模型是直接建立地面物体与遥感信息之间对应关系的模型，这样从遥感数据可反演地表的变化，思路清晰而简单，但目前无法形成这样有效的模型。因此更一般的情况是基于处理方法的模型法根据一定的假设条件，对研究的内容进行建模（多使用概率统计模型），通过简化数据量和方法，达到快速、准确地进行变化检测的目的。不同的应用驱动形成不同的模型，如 Hussin 等(1991)使用面积生产模型检测森林覆盖变化；Morisette 等(1999)使用广义线性模型检测土地覆盖变化；Yue 等(2002)使用曲线理论研究黄河三角洲的变化；Read 和 Lam(2002)指出空间统计模型如分形维数可以用来检测土地覆盖的变化。由于影像可以看做是一个随机场，基于概率统计模型方法，如马尔可夫模型（Kasetkasem and Varshney,2002）、贝叶斯网络（欧阳赟,2006)、核函数方法(Hassiba,2006；马国锐,2007)均属于基于方法的模型法。其他的模型如预测模型(Skifstad and Jain,1989)、阴影模型(Liu,et al, 1998；Li,et al,2002)、背景模型(Ivanov,et al,2000)也包含在此类方法中。另一方面，基于处理过程的模型法是对变化检测过程建模，基本思想是将变化检测的各个步骤纳入到统一的框架作为一个整体考虑，以减少中间处理环节对后续处理的影响。Li(2002)指出影像配准与变化检测集成处理非常必要，可以避免配准误差对变化检测的影响，同时提出两种模型，一种是新的未配准影像和旧的 DOM 和 DEM 进行检测，另一种是多重叠立体像对和旧的 4D 产品进行三维变化检测。核心思想是将影像配准、参数解算、变化检测、三维重建和先验信息应用作为一个整体运用平差理论、不确定理论、模糊理论和优化理论统一解算，获取各方面最优解。由于在轨变化检测对实时、自动要求很高，因此基于处理过程的变化检测算法对在轨变化检测十分关键。需要指出的是，上述两种方法从不同角度对变化检测进行建模，因而集成基于方法和基于过程的模型法是可行的，也是必要的。不过由于模型法总体上研究得较少，需要进一步深入研究。

5.时间序列分析法

时间序列分析法主要用于时间趋势分析。相比两时相影像变化检测，时间趋势分析通常用于低空间分辨率图像，如 AVHRR 和 MODIS，它们有高的时间分辨率。使用这些影像，空间细节的损失使得自动分类的精度非常低，因而时间序列分析通常限定在大面积目标的变化分析，如植被变化(Lambin and Ehrlich,1997)、土地覆盖变化(Mertens and Lambin,2000)等。定量参数如归一化植被指数、土地覆盖面积等常常作为度量的变量用于时间序列影像变化检测中。

时间序列分析法用于处理长时间序列的遥感影像和视频监视序列影像。二者均可以分解为若干个两时相影像单独变化检测处理再进行集成，也可以作为一个整体采用时间序列分析法，描述事物随时间发展变化的数量规律性。刘惠英(2004)将时间序列变化分为长期趋势变动、季节变动、周期波动和不规则变动，广泛使用趋势图直接预测法、移动平均法、回归法和时间序列谐波分析法等研究时变规律。利用遥感影像变化检测技术研究地表的变化规律和变化趋势时，需要长期的变化监测影像，主要通过比较各种变化检测指标的年际曲线或生长期曲线的差异获取变化信息。目前，标准主成分分析法(Eastman and Fulk,1993)和 CVA 方法(Malila,1980)是基于遥感数据时间序列曲线进行土地覆盖变化分析的较为常用的两种方法。

Zhou 等(2004,2007)提出了利用多时相分类影像构造土地覆盖类型变化轨迹,并在此基础上根据其驱动力分类的方法对各种变化轨迹分类。动态贝叶斯网络利用时序动态数据产生可靠概率推理,可以实现遥感影像变化检测从静态到动态的分析。欧阳赟(2006)利用北京3个时期的 TM 影像,研究了动态贝叶斯网络用于多时相遥感变化检测的理论和方法。

虽然传统的视频变化检测主要基于通常的视频监视,已广泛应用于银行、交通和生产车间(Kirchhof and Stilla,2006;Celik,et al,2007),不过随着遥感技术的快速发展,越来越多的航空和卫星平台的视频获取变成现实,因此实时的影像序列变化检测越来越重要。视频监视序列影像时间采样率高,数据量非常大,相邻两帧影像变形大,成像较模糊,给传统变化检测带来了新的挑战,可以借鉴视频影像处理中的光流技术(Woelk and Koch,2004)、Kalman 滤波跟踪、背景建模(Celik,et al,2007)等技术,深入研究时间序列影像分析技术。

6. 可视化法

可视化法是最普通最广泛使用的变化检测方法,虽然大量自动半自动变化检测方法被使用,但它仍然是不可替代的方法。可视化变化检测法利用人眼对彩色的较强识别能力和视觉暂留特性,创造有利条件,使得人眼更易于进行变化比较与分析,辅助人眼来识别和发现变化。可视化解译能够充分利用分析人员的经验和知识,纹理、大小、形状和影像模式,这些对可视化解译非常有用(Lu,et al,2004)。可视化解译方法包括假彩色合成法、波段替换法、混合显示法和交替显示法。尽管可视化解译法只能用于粗略的位置发现和变化确认,无法精确地提取变化的范围,而且工作量大,效率低,但在很多应用情况下由于缺乏特别适用的方法或作为其他方法的补充,可视化法仍然被广泛使用(Asner,et al,2002;Sunar,1998)。特别是实际使用中,许多半自动变化检测得到的结果都需要利用可视化方法进行比较和变化确认等操作。

7. 混合方法

混合方法是指综合运用上述方法中的两种或两种以上方法进行变化检测处理,包括两方面内容:一是在检测的不同阶段和步骤中使用不同的检测方法进行处理,即基于过程的混合方法;二是分别使用不同的变化检测方法,再对各自的结果进行综合分析,即基于结果的混合方法。混合法的优势在于综合多种方法的优点,获得更好的变化检测结果,然而对于特定的应用,怎样选择混合方法,怎样协调多种方法的检测结果是十分困难的。这些问题可能导致算法复杂,效率降低。

基于过程的混合变化检测法常见的组合为分类法与面向对象法混合,分类法和代数法混合等。Jiang 和 Ram(2003)通过监督分类、边缘检测和多项式拟合等步骤检测提取遥感影像上的特定目标,再进行目标级的形状比较,获取变化检测结果,对湖泊变化,长期气候变迁和洪水变化检测特别有用。Warner(2005)将变化矢量分析的结果再进行监督分类,直接获取不同的变化类型;Michener 和 Houhoulis(1997)利用多时相 SPOT 数据检测洪水淹没的植被区域,发现基于植被指数的分类法比单独的分类法检测精度高。基于结果的混合变化检测方法一般使用决策级的融合策略,如投票法(Zhan,et al,2000)、模糊逻辑法(Yeary,et al,2007)等。Zhan 等(2000)同时应用5种变化检测方法,再将5种方法的结果采用投票法最终决策是否变化。目前的混合方法通常将像素、目标和类别进行综合比较,一般能够提高变化检测的准确度。不过大部分方法只是对特征和模型数量上的加减,混合处理环节割裂,综合决策分析的权重不易选取,造成混合法算法复杂,而且收效并不显著。

许多试验表明,混合变化检测方法能获取比单一的分类比较变化检测等其他方法更好的结果,是一种高效的变化检测方法(Pilon,et al,1988;Fan,et al,2001)。混合方法理论上是一种很好的方法,然而给定应用很难选择方法和过程的组合,这些原因限制了混合法的广泛使用。虽然混合方法通常表现为组合不同的数据源,组合不同的特征(光谱特征、结构特征),组合不同的变化检测级别(像素级、特征级、目标级),令人疑惑的是面对不同的应用,相同的组合获得的结果通常不同。不过,毫无疑问,混合法仍是未来的发展趋势。另外,融合基于过程的混合法和基于结果的混合法进行综合分析值得关注,特别是对应多源数据变化检测可能非常必要。

各种方法的典型代表、优缺点、发展前景和潜力如表13.3所示。

表13.3 变化检测分类与比较

分类	典型方法	优点	缺点	前景与潜力
代数法	影像差值法,影像比值法,相关系数法,影像回归法,变化矢量分析法	算法简单,易实现;部分变换方法能有效对维数约简	难以克服由于大气条件,传感器噪声和大气辐射的差异性带来的干扰,对预处理敏感	综合多源数据使用多种特征进行比较
分类法	分类后比较法,多时相直接分类,光谱特征拟合法,光谱匹配滤波法	分类软件较成熟,操作简单;可以获取变化的类别信息	分类精度直接影响变化检测的结果,分类错误造成无法弥补的误检,监督分类法的变化样本不易选取	将分类与变化检测一体化处理(模式识别法)
面向对象比较法	点、线、面特征,图斑,类别,目标比较法	受噪声和预处理影响小,属高级别的处理	目标提取本身比较困难,目标级的变化检测相对较难实现,误检太多	结合GIS信息进行目标提取与分割
模型法	预测模型,阴影模型,背景模型,地学模型,整体解求模型	有效克服噪声和光照影响,简化复杂问题	建模困难,模型的正确与否和模型的精度直接决定变化检测的结果	结合遥感成像机理,需大量试验
时间轨迹法	标准主成分分析,变化矢量分析,动态贝叶斯网络	能够检测瞬时变化,实时检测和跟踪变化,可预测未来变化	对速度要求高,从变化结果中总结规律和预测发展趋势的处理技术复杂	结合视频数据处理和时间序列处理技术进行
可视化法	假彩色合成法,波段替换法,混合显示法和交替显示法	辅助发现变化,对检测效果和精度提供直观认识,从中发现规律、积累知识	自动化程度太低,不利于大规模变化检测作业,只能用于粗略的位置发现和手工提取,检测精度低	硬件加速,提供人机交互工具辅助自动提取算法
混合方法	像素与特征综合比较法,投票法,先检测再融合法	一定程度上提高检测精度和准确性	对特征和模型只是数量上的加减,处理环节割裂,融合权重难选取	从过程、方法一体化综合分析

面对大量的变化检测方法,许多学者(Copping,et al,1997;Lu,et al,2004)针对不同的应用选择部分方法进行了比较试验,得出的结论基本一致:没有哪一种方法是最优的,能够适用于所有应用。每种方法都有各自的优缺点和适用情况,应该根据不同的情况选择使用。变化检测结果受数据源、影像质量、研究区域特性、变化检测方法和分析者知识与经验等多种因素影响,因此对于特定的应用选择变化检测方法是十分困难的,通常对几种方法进行测试和比较,选择一种相对较优的方法(Lu,et al,2004)。

从以上分析可以看出,目前的变化检测技术,从理论上看尚缺少理论基础和合适的评价标准;从方法上看主要停留在像元级的数据导引的方法,缺少知识导引的特征级变化检测方法,尚未充分利用新旧影像间的许多关联信息,也没有采用空间数据挖掘方法从旧的空间数据库提取变化检测可用的知识。尽管提出了很多变化检测方法,但多数方法使用的数据单一,没有从总体上考虑整体的解算方案,总是将变化检测作为遥感处理及应用中的一个或多个环节,需要和其他环节比如配准或分类等一起合作完成检测任务,很少考虑三维的变化检测方法,而三维的变化会在很大程度上影响检测精度,特别是在城区这种情形更为严重,处理过程中的诸多步骤需要依赖经验指导,难以进行自动化。这些问题严重阻碍了实时、自动、高精度的变化检测的发展。分析每种方法的优缺点、发展前景和潜力,本文提出未来的变化检测方法应具备下列特征。

(1)从数据源角度,利用多源数据(特别是多种时间、空间、光谱分辨率影像及 GIS 数据)集成检测,弥补影像变化与地表变化几何关系和光谱识别上的不足,提高检测精度。

(2)从处理过程上,需要将配准与变化检测进行一体化处理,以避免配准误差造成的影响,进一步考虑到立体影像的情况,可将立体参数解算、配准、三维重建等与变化检测一体化处理,解决目前配准、立体重建等与变化检测割裂造成的误差积累与扩散问题。

(3)从检测方法上,吸收模式识别理论和数据挖掘技术精华的智能化遥感影像变化检测方法,提高变化检测处理的自动化程度。

(4)从辅助知识角度,充分利用变化驱动力等先验知识指导,辅以方便的人机交互工具,以最少的人工干预获取最高的检测精度。

总之,应利用数据的多源化、过程的一体化、方法的智能化,辅以先验知识的指导,提高变化检测的精度和效率,实现变化检测的自动化、实时化和在轨化运行。

13.5 变化检测精度评价

精度评估对于理解变化检测结果和最终决策是十分重要的。变化检测的精度依赖许多因素,如精确的几何和辐射校正、地面真值数据的获取、地面景观的复杂性、变化检测方法、分析者的知识与经验、时间与成本限制等(Lu,et al,2004;Richard,et al,2005)。影响变化检测误差的因素主要包括数据源误差(影像分辨率、定位精度、影像质量等)、预处理误差(几何校正、辐射校正精度)、变化检测方法和过程造成的误差(分类误差、信息提取误差等)、外业调查误差(实测的位置、面积精度等)和后处理误差(变化确认、小图斑的去除、栅格矢量化等误差)等多种情况(邵飞,2006)。研究变化检测精度评价需要综合考虑这些因素。

对变化检测的精度评估技术主要源于遥感影像中的精度评估技术,这是由于从评估单时期的遥感影像的精度引申到两个乃至多个时期的影像的精度评估是很自然的思路。有各种各样的遥感影像精度评估技术,但最有效的也是探讨最多的则是分类误差矩阵。在分类误差矩阵的基础上,Biging等(1998)提出了适应于变化检测精度评估的变化检测误差矩阵。根据变化检测的精度评估层次,可将变化检测的误差矩阵分为简单变化检测误差矩阵和分类变化检测误差矩阵。误差矩阵和Kappa系数评价方法(Pilon,et al,1988;Green,et al,1994;Mas 1999;Kwarteng and Chavez,1998;Gong and Mu,2000)是最成熟最常用的变化检测精度评估方法。近些年,一些新的方法也被用来对土地覆盖变化检测结果进行分析与评价。Nemmour(2006)提出了模糊逻辑误差矩阵(Fuzzy Error Matrix,FEM)和接受操作特性(Receiver Operating Characteristics,ROC)的变化检测精度评估方法。Morisette和Khorram(2000)利用精度评价曲线分析了基于遥感数据的变化检测结果。Lowell(2001)发展了一种基于面积的土地覆盖变化检测精度评价方法。Liu和Zhou(2004)提出了根据检测变化在时间上前因后果的合理性对变化检测结果进行评估的方法。Biging等(1999)在专著中重点探讨了土地覆盖变化检测的精度评价的方法,详细分析了影响评价精度的各种数据处理要素,介绍了建立误差矩阵的样点选取方法,对各种评价方法的适用性进行了分析,并举例说明了各种评价方法的实际应用。

精度评价方法大致可以分为外部检验法和内部检验法两种。外部检验法利用变化检测的结果与外部真值进行比较,内部检验法根据多种数据、多个时期的变化检测结果进行一致性检验。外部检验法中比较困难的是外部变化真值的获取,目前对两时相图像变化真值的获取有3种方法:一是结合旧的GIS数据通过实地调查获取变化信息(Lu,et al,2004),结果准确,但作业量大;二是从相同(近)日期的高分辨率影像上获取变化信息,方便准确,但需要保证获取的高分辨率图像进行了正射纠正;三是直接在待处理影像上通过目视解译获取变化真值,方法简单但不准确,为了验证结果,通常需要选取大量的样本。对长时期的序列影像,变化真值的获取更为困难。由于变化检测涉及多个步骤和过程,据此对多时相分类比较法的精度评估可采用简单的分类误差平均法和误差传播模型法(Martin,1989;Charbonneau,et al,1993;Michener and Houhoulis,1997;Mertens and Lambin,2000;Carmel,et al,2001;Petit,et al,2001)。对长时期序列影像,在变化真值难以获取的情况下可以利用规则对内部结果进行一致性验证。Liu和Zhou(2004)利用基于规则的合理性评估,根据地表变化的可逆和不可逆的性质而判断分类的正确性,给出了时间序列影像后分类比较法的精度评价方法。

总体上而言,目前变化检测的精度评估主要是基于像素级的,误差矩阵是最常用最成熟的精度评估方法;对长时间序列影像变化检测的精度评估需要加强研究,特别是对缺乏变化真值情况下的精度评估技术有待从新的角度考虑;缺乏特征级的评估方法,面向对象变化检测法与其他变化检测方法的精度评估研究几乎是空白,有待深入研究。

13.6 小 结

变化检测技术是遥感应用研究的热点问题,许多学者提出了大量的检测方法和理论模型,但没有一种方法能够适合所有的应用问题,不同的方法得出的结论不同,有的甚至相互矛盾。大量综述文献分析了这些现象但没有给出具体的解决方案。

对遥感影像变化检测,首先重要的是理解地表变化的驱动力和规律。地表地物变化有其自身的演化规律,充分利用变化的规律能够辅助地物反演和变化检测,提高地物变化检测的精度。然而通常情况下很难获取地表变化规律。近年来,数据挖掘、知识发现、知识工程和其他高级技术常常用于揭示地表变化规律。

研究地表地物变化,首先需要选择适合研究对象特性的数据源,虽然目前存在一些选择数据源的基本原则,但在实际应用中仍然很难选择理想的数据,常常用近似数据源代替。多源数据特别是不同类型的数据对于变化检测是十分重要的,不过由于不知道融合多源数据与变化检测的关系,怎样选择合适的多源数据及其组合十分困难。对大多数变化检测方法,精确的辐射校正和几何校正是非常必要的,但并不是所有的方法都必须进行这些校正,例如分类比较法对辐射校正不敏感,面向对象法并不限定子像素的配准精度。

多年来,研究人员提出了多种遥感影像变化检测方法,每种变化检测方法都具有多种属性,包括检测目的、检测数据、检测维数、检测时间尺度和检测内容。目前的方法大致可以分为直接比较法、分类比较法、面向对象比较法、模型法、时间序列分析法、可视化法和混合法七类。虽然存在大量的变化检测方法,但是对应特定的应用和研究对象,很难选择合适的变化检测方法。通过比较,选择相对较优的方法进行变化检测比较使用,但并不是理想的方法。混合法具有巨大的发展潜力,不过算法设计比较困难。理想的解决方案应该能够提供一个集成多源数据、整体处理、智能化方法和先验知识指导的灵活的框架进行综合处理。

遥感影像变化检测的困难主要体现在三个方面:一是从地表地物到影像的过程不可逆,"同物异谱,同谱异物"现象的普遍存在以及定量化遥感与遥感智能化处理水平的低下,使得变化检测同遥感影像理解和识别等其他处理面临同样的"先天不足"问题;二是从影像变化到地表变化是一个病态反演问题,由于第一个问题的存在使得影像变化与地表变化不能一一对应,这造成地面真实变化难以检测而且可能增加新的伪变化,同时地表变化的不确定性使问题更加复杂;三是地表地物存在着普遍变化,次要的变化通常会干扰和影响有意义的变化,致使感兴趣的实质变化淹没在普遍的变化之中,造成变化检测难以实现真正的自动化。由此可见,变化检测是一个不完备的信息反演问题,面临着许多实际待解决的问题,需要综合利用多源信息、先验信息及智能化的方法,共同解决这一难题。本文提出如下3个方面的解决途径。

(1)采用多源数据包括多种传感器的遥感影像、多时相的遥感影像、GIS数据、地面相关数据等弥补两时相数据的不足,提高变化检测数据的完备程度,从而提高变化检测反演的准确度。

(2)充分研究地表变化的驱动力及先验知识,用以指导变化检测。地表地物变化具有自身的时空演化规律,充分利用变化规律与影像特性有助于地物及变化的反演。同时结合人们改造自然的规划、计划信息,辅助已有知识与经验的挖掘与综合分析,有助于变化位置、范围、强度的预测预警,提高检测精度。

(3)采用智能化的变化检测方法来增强检测信息量,同时减少处理过程中的信息损失。不同时相影像变化一般是非线性的,复杂度较高,研究非线性的变化检测理论与方法对于从方法上解决变化检测至关重要。智能化的模式识别技术(如人工神经网络、学习理论方法等)为变化检测方法提供了理论基础。

变化检测的方法非常多,每种方法分别适合不同的情况,具有不同的发展前景与潜力。处理过程的一体化、检测方法的智能化是未来的发展趋势。随着计算机网络和卫星技术的不断发展,变化检测的自动化、实时化、网络化和在轨化处理的需求日渐显现,变化检测技术需要解决影像自动配准与匹配、特征自动提取、目标自动解译、影像自动融合和数据自动清理及分类等关键性难题,还要解决从 GIS 空间数据库中自动进行数据挖掘和知识自动发现等,构建智能化的变化检测系统。

参 考 文 献

李德仁. 2003. 利用遥感影像进行变化检测[J]. 武汉大学学报(信息科学版)28(3):7-12.

廖明生,朱攀,龚健雅. 2000. 基于典型相关分析的多元变化检测[J]. 遥感学报,4(3):197-201.

刘惠英. 2004. 基于 MODIS 遥感数据的干旱区土地覆被分类和湖泊监测的研究[D]. 福州:福建农林大学.

马国锐. 2007. 核方法之于遥感影像变化检测研究[D]. 武汉:武汉大学.

欧阳赟,马建文,戴芹. 2006. 多时相遥感变化检测的动态贝叶斯网络研究[J]. 遥感学报,10(4):440-448.

邵飞. 2006. 基于人工神经网络的遥感影像变化信息提取方法研究[D]. 青岛:山东科技大学.

眭海刚. 2002. 基于特征的道路网自动变化检测方法研究[D]. 武汉:武汉大学.

夏松. 2006. 航空遥感影像地形高程变化与数据更新[D]. 武汉:武汉大学.

张路. 2004. 基于多元统计分析的遥感影像变化检测方法研究[D]. 武汉:武汉大学.

张晓东. 2005. 基于遥感影像与 GIS 数据的变化检测理论和方法研究[D]. 武汉:武汉大学.

ABUELGASIM, A. A., ROSS, W. D., GOPAL, S. and WOODCOCK, C. E., 1999, Change detection using adaptive fuzzy neural networks: environmental damage assessment after the Gulf War. Remote Sensing of Environment, 70:208-223.

AI-KHUDHAIRY, D. H. A., CARAVAGGL, L. and GIADA, S., 2005, Structural damage assessments from IKONOS data using change detection, object-oriented segmentation, and classification techniques, Photogrammetry and Remote Sensing, 7:825-837.

ALEXANDRE, B., KAREN, C. S. and ANDRE G. J., 2006, A novel method for mapping land cover changes: incorporating time and space with geostatistics. IEEE Transactions on Geoscience and Remote Sensing, 44 (11):3427-3435.

ALWASHED, M. A. and BOKHARI, A. Y., 1993, Monitoring vegetation changes in Al Madinah Saudi Arabia, using Thematic Mapper data, International Journal of Remote Sensing, 14(2):191-197.

ANDREFOUET, S., MULLER-KARGER, F. E., HOCHBERG, E. J., HU, C. and CARDER, K. L., 2001, Change detection in shallow coral reef environments using Landsat 7 ETM+ data, Remote Sensing of Environment, 78:150-162.

ANGELICI, G., BRYNT, N., and FRIENDMAN, S., 1977, Techniques for land use change detection using Landsat imagery. Proceedings of the 43rd Annual Meeting of the American Society of Photogrammetry and Joint Symposium on Land Data Systems, Falls Church, VA, USA:217-228 (Bethesda, MD: American Society of Photogrammetry).

ARBOGAST, A. F. and BROWN, D. G., 1999, Digital photogrammetric change analysis as applied to active coastal dunes in Michigan, Photogrammetric Engineering and Remote Sensing, 65(4):467-474.

ASNER, G. P., KELLER, M., PEREIRA, R., and ZWEEDE, J. C., 2002, Remote sensing of selective logging in Amazonia - assessing limitations based on detailed field observations, Landsat ETMz, and textural analysis. Remote Sensing of Environment, 80:483-496.

ATKINSON, P. M. and LEWIS, P, 2000, Geostatistical classification for remote sensing: An introduction, Computers and Geosciences, 26:361-371.

BAUDOUIN, D., PATRICK, B., PIERRE, D., 2006, Forest change detection by statistical object-based method. Remote Sensing of Environment, 102:1-11.

BIGING, G. S., COLBY, D. R., and CONGALTON, R. G., 2000, Sampling systems for change detection accuracy assessment. In Remote Sensing Change Detection: Environmental Monitoring Methods and Applications, Lunetta, R. S. and Elvidge, C. D. (eds.):281-308 (London: Taylor & Francis).

BONHAM-CARTER, G. F., AGTERBERG, F. P. and WRINGH, D. F., 1988, Integration of geological data sets for gold exploration in Nova Scotia. Photogrammetric Engineering and Remote Sensing, 54:1585-

1592.

BOVLO, F. and BRUZZONE, L., 2007, A theoretical framework for unsupervised change detection based on change vector analysis in the polar domain, IEEE Transactions on Geoscience and Remote Sensing, 45(1): 218-235.

BRUZZONE, L. and PRIETO, D., 2000, Automatic analysis of the difference image for unsupervised change detection, IEEE Transactions on Geoscience and remote sensing, 38(3):1171-1182.

BRUZZONE, L., PRIETO, D. F., and SERPICO, S. B., 1999, A neural-statistical approach to multitemporal and multisource remote-sensing image classification. IEEE Transactions on Geoscience and Remote Sensing, 37:1350-1359.

BYRNE, G. F., CRAPPER, P. F., and MAYO, K. K., 1980, Monitoring land cover change by principal component analysis of multitemporal Landsat data, Remote Sensing of Environment, 10:175-184.

CARLOTTO, M. J., 1997, Detection and analysis of change in remotely imagery with application to wide area surveillance. IEEE Transactions on Image Processing, 6:189-202.

CARMEL, Y., DEAN, D. J., and FLATHER, C. H., 2001, Combining location and classification error sources for estimating multi-temporal database accuracy, Photogrammetric Engineering and Remote Sensing, 67: 865-872.

CARVALHO DE, L. M. T., 2001, Mapping and monitoring forest remnants: A multiscale analysis of spatio-temporal data. PhD thesis, Wageningen University, Netherlands.

CASSELLES, V., and GARCIA, M. L., 1989, An alternative simple approach to estimate atmospheric correction in multitemporal studies, International Journal of Remote Sensing, 10:1127-1134.

CELIK, T., DEMIREL, H., OZKARAMANLI, H. and UYGUROGLU. M., 2007, Fire detection using statistical color model in video sequences, Journal of Visual Communication and Image Representation, 18: 176-185.

CHALIFOUX, S., CAVAYAS, F. and GRAY, J. T., 1998, Mapping-guided approach for the automatic detection on Landsat TM images of forest stands damaged by the spruce budworm, Photogrammetric Engineering and Remote Sensing, 64:629-635.

CHANDLER, J., 1999. Effective application of automated digital photogrammetry for geomorphological research, Earth Surface Processes and Landforms, 24:51-63.

CHARBONNEAU, L., MORIN, D., and ROYER, A., 1993, Analysis of different methods for monitoring the urbanization process. Geocarto International, 1:17-25.

CHAVEZ, P. S., 1988, An improved dark-object subtraction technique for atmospheric scattering correction of multispectral data, Remote Sensing of Environment, 24:459-479.

CHAVEZ, P. S., and MACKINNON, D. J., 1994, Automatic detection of vegetation changes in the southwestern United States using remotely sensed images, Photogrammetric Engineering and Remote Sensing, 60:571-583.

Chen, D., Stow, D. A. and Gong, P., 2004, Examining the effect of spatial resolution and texture window size on classification accuracy: an urban environment case, International Journal of Remote Sensing, 25:2177-2192.

CHEN, X., 2002, Using remote sensing and GIS to analyze land cover change and its impacts on regional sustainable development, International Journal of Remote Sensing, 23:107-124.

CHENG, K. S., YEH, H. C. and TSAI, C. H., 2000, An anisotropic spatial modeling approach for remote sensing image rectification, Remote Sensing of Environment, 73(1):46-54.

COPPIN, P. and BAUER, M., 1994, Processing of multitemporal Landsat TM imagery to optimize extraction of forest cover change features. IEEE Transactions on Geoscience and Remote Sensing, 32:918-927.

COPPIN, P. and BAUER, M., 1996, Digital change detection in forest ecosystems with remote sensing imagery, Remote Sensing of Environment, 13:207-304.

COPPIN, P., JONCKHEERE, I., NACKAERTS, K. and MUYS, B., 2004, Digital change detection methods in ecosystem monitoring: A review. International Journal of Remote Sensing, 25(9):1565-1596.

DAI X. L. and KHORRAM, S., 1998, The effects of image misregistration on the accuracy of remotely sensed change detection, IEEE Transactions on Geoscience and Remote Sensing, 36(5):1566-1577.

DAI, X. L. , and KHORRAM, S. , 1999, Remotely sensed change detection based on artificial neural networks, Photogrammetric Engineering and Remote Sensing, 65:1187-1194.

DAVID, A. L. , 2005, Multispectral Land Sensing: Where from, Where to? IEEE Transactions on Geoscience and Remote Sensing, 43(3):414-421.

DEER, P. , 1999, Digital Change Detection Techniques: Civilian and Military Application (London: Taylar & Francis).

DRURY, S. A. and WALKER, A. S. D. , 1987, Display and enhancement of gridded aeromagnetic data of the Solway Basin, International Journal of Remote Sensing, 8:1433-1444.

EASTMAN, J. R. and FULK, M. , 1993, Long sequence time series evaluation using standardized principal components, Photogrammetric Engineering and Remote Sensing, 59:991-996.

ELVIDGE, C. D. , YUAN, D. , WEERACKOON, R. D. and LUNETTA, R. S. , 1995, Relative radiometric normalization of Landsat Multispectral Scanner (MSS) data using an automatic scattergram-controlled regression, Photogrammetric Engineering and Remote Sensing, 61:1255-1260.

FAN, H. , MA A. and LI J. , 2001, Case study on image differencing method for land use change detection using thematic data in Renhe District of Panzhihua, International Journal of Remote Sensing, 5(1):75-80.

FARID M. , and YAKOUB B. , 2006, Markovian fusion approach to robust unsupervised change detection in remotely sensed imagery, IEEE Geoscience and Remote Sensing Letters, 3(4):1-5.

FLANDERS, D. , HALL-BEYER, M. , and PEREVERZOFF, J. , 2003, Preliminary evaluation of eCognition object-based software for cut block delineation and feature extraction, Canadian Journal of Remote Sensing, 29(4):441-452.

FLORENCE L. , SABINE V. , and ELEONORE W. , 2006, Fuzzy multi-temporal land-use analysis and mine clearance application, Photogrammetry and Remote Sensing, 11:1245-1253.

FOODY, G. M. , and BOYD, D. S. , 1999, Detection of partial land cover change associated with the migration of the inter-class transitional zone, International Journal of Remote Sensing, 20(14):2723-2740.

GAUTAM, N. C. , and CHENNAIAH, G. C. , 1985, Land-use and land-cover mapping and change detection in Tripura using satellite Landsat data, International Journal of Remote Sensing, 6:517-528.

GAUTAMA, S. , BELLENS, R. , GUYDETR, É. and PHILIPS, W. , 2007, Relevance criteria for spatial information retrieval using error-tolerant graph matching, IEEE Transactions on Geoscience and Remote Sensing, 45(4):810-817.

GONG, P. , 1994. Integrated analysis of spatial data from multiple sources: an overview, Canadian Journal of Remote Sensing, 20:349-359.

GONG. P. and MU, L. , 2000, Error detection in map databases: a consistency checking approach, Geographic Information Sciences, 6:188-193.

GONZALO, P. , 2006, A Hopfield neural network for image change detection, IEEE Transactions on Neural Networks, 17(5):1250-1264.

GOOCH, M. J. , CHANDLER, J. H. , 1998. Optimization of strategy parameters used in automated digital elevation model generation. In: Donoghue, D. N. M. (ed.), International Archives of Photogrammetry and Remote Sensing. ISPRS, Data Integration: Systems and Techniques, Cambridge, 32(2):88-95.

GOPAL, S. and WOODCOCK, C. E. , 1999, Artificial neural networks for detecting forest change. In Information Processing for Remote Sensing, Chen, C. H. (ed.): 225-236 (Singapore: World Scientific Publishing Co.).

GREEN, K. , KEMPKA, D. and LACKEY, L. , 1994, Using remote sensing to detect and monitor land-cover and land-use change, Photogrammetric Engineering and Remote Sensing, 60:331-337.

HALL, F. G. , STREBEL, D. E. , NICKESON, J. E. and GOETZ, S. J. , 1991, Radiometric rectification: toward a common radiometric response among multidate, multisensor images, Remote Sensing of Environment, 35:11-27.

HASSIBA, N. and YOUCEF, C. , 2006, Multiple support vector machines for land cover change detection: An application for mapping urban extensions, ISPRS journal of Photogrammetry and Remote Sensing, 61:125-133.

HEGARAT-MASCLE, S. L. and SELTZ, R. , 2004, Automatic change detection by evidential fusion of change indices, Remote Sensing of Environment, 91:390-404.

HEIKKONEN, J. and VARJO, J., 2004, Forest change detection applying Landsat Thematic Mapper difference features: a comparison of different classifiers in boreal forest conditions, Forest Science, 50:579-588.

HUSSIN, Y. A., REICH, R. M. and HOFFER, R. M., 1991, Estimating slash pine biomass using radar backscatter, IEEE Transactions on Geoscience and Remote Sensing, 29:427-431.

IVANOV, Y., BOBICK, A. and LIU, J., 2000, Fast lighting independent background subtraction, International Journal of Computer Vision, 37(2):199-207.

JAVIER, H., JOSE, I. B., PAUL, L. R., ALESSANDRO, P., FRANCO, M. and SANDRO, S., 2003, Monitoring landslides from optical remotely sensed imagery: the case history of Tessina landslide, Italy, Geomorphology, 54:63-75.

JENSEN, J. R. and COWEN, D. C., 1999. Remote sensing of urban/suburban infrastructure and socioeconomic attributes, Photogrammetric Engineering and Remote Sensing, 65:611-622.

JENSEN, J. R., 1996, Introductory Digital Image Processing: a Remote Sensing Perspective (Englewood Cliffs, NJ: Prentice-Hall).

JENSEN, J. R., RUTCHEY, K., KOCH, M. and NARUMALANI, S., 1995, Inland wetland change detection in the Everglades Water Conservation Area 2A using a time series of normalized remotely sensed data, Photogrammetric Engineering and Remote Sensing, 61(2):199-209.

JHA, C. S., and UNNI, N. V. M., 1994, Digital change detection of forest conversion of a dry tropical Indian forest region, International Journal of Remote Sensing, 15(13):2543-2552.

JIANG, L. and RAM, M. N., 2003, A shape-based approach to change detection of lakes using time series remote sensing images, IEEE Transactions on Geoscience and Remote Sensing, 41(11):1035-1037.

JOHN, C., STEPHEN, D., NANCY, G., GLENN, T., KAREN, S., 2005, Application of multi-temporal high-resolution imagery and GPS in a study of the motion of a canyon rim landslide, ISPRS Journal of Photogrammetry and Remote Sensing, 59:212-221.

JOHN, R. G., TOWNSHEND, C., Hristoper, O., JUSTICE, C. G., and JAMES, M., 1992, The impact of misregistration on change detection, IEEE Transactions on Geo-science and Remote Sensing, 30(5):1054-1060.

JOHNSSON, K., 1994, Segment-based land-use classification from SPOT satellite data, Photogrammetric Engineering and Remote Sensing, 60:47-53.

KASETKASEM, T. and VARSHNEY, P. K., 2002, An image change detection algorithm based on Markov random field models, IEEE Transactions Geoscience and Remote Sensing, 40(8):1815-1823.

KAUFMAN, Y. J., 1988, Atmospheric effect on spectral signature, IEEE Transactions on Geoscience and Remote Sensing, 26:441-451.

KAWATA, Y., VENO, S. and KUSAKA, T., 1988, Radiometric correction for atmospheric and topographic effects on Landsat MSS images, International Journal of Remote Sensing, 9:729-748.

KIRCHHOF, M. and STILLA, U., 2006, Detection of moving objects in airborne thermal videos, ISPRS Journal of Photogrammetry and Remote Sensing, 61:187-196.

KWARTENG, A. Y. and CHAVEZ, P. S., 1998, Change detection study of Kuwait City and environs using multi-temporal Landsat Thematic Mapper data, International Journal of Remote Sensing, 19:1651-1662.

LAMBIN, E. F., and EHRLICH, D., 1997, Land-cover changes in sub-Saharan Africa (1982-1991): application of a change index based on remotely sensed surface temperature and vegetation indices at a continental scale. Remote Sensing of Environment, 61, 181-200.

LAMBIN, E. F. and LINDERMAN, M., 2006, Time Series of Remote Sensing Data for Land Change Science, IEEE Transactions on Geoscience and Remote Sensing, 44(7):1926-1928.

LEONARDO, P., FRANCEISCO, G., JOSE, A., SOBRINO, JUAN, C., JIMENEZ, M. and HAYDEE, K., 2006, Radiometric correction effects in Landsat multi-date/multi-sensor change detection studies, International Journal of Remote Sensing, 2:685-704.

LI, D., SUI, H. and XIAO, P., 2002, Automatic Change Detection of Geo-spatial Data from Imagery, International Archives of Photogrammetry and Remote Sensing, Xi'an, China, 34(2):245-251.

LI,L. ,MAYLOR,K. and LEUNG,H. ,2002,Integrating intensity and texture differences for robust change detection,IEEE Transaction on Image Processing,11(2):105-112.

LI,X. ,and YEH,A. G. O. ,1998,Principal component analysis of stacked multitemporal images for the monitoring of rapid urban expansion in the Pearl River Delta,International Journal of Remote Sensing,19: 1501-1518.

LIU,H. and ZHOU,Q. ,2004,Accuracy analysis of remote sensing change detection by rule-based rationality evaluation with post-classification comparison,International Journal of Remote Sensing,25(5):1037-1050.

LIU,H. and ZHOU,Q. ,2005. Establishing a multivariate spatial model for urban growth prediction using multi-temporal images,Computers,Environment and Urban Systems,29(5):580-594.

LIU,S. , FU,C., and CHANG,S. , 1998,Statistical change detection with moments under time-varying illumination,IEEE Transaction on Image Processing,7:1258-1268.

LIU,X. and LATHROP,R. G. , 2002,Urban change detection based on an artificial neural network, International Journal of Remote Sensing, 23(12):2513-2518.

LO, C. P. and SHIPMAN, R. L. , 1990, A GIS approach to land-use change dynamics detection, Photogrammetric Engineering and Remote Sensing,56:1483-1491.

LOBO,A. ,1997, Image segmentation and discriminant analysis for the identification of land cover units in ecology,IEEE Transactions on Geoscience and Remote Sensing,35:1136-1145.

LOWELL,K. ,2001,An area-based accuracy assessment methodology for digital change maps,International Journal of Remote Sensing,22:3571-3596.

LU D. , MAUSEL, P. , BRONDIZIO, E. and MORAN, E. , 2004, Change detection techniques, International Journal of Remote Sensing,25(12):2365-2407.

LU, D. , MAUSEL, P. , BATISTELLA, M. and MORAN, E. , 2005, Land-cover binary change detection methods for use in the moist tropical region of the Amazon:A comparative study,International Journal of Remote Sensing,26(1):101-114.

LUNETTA,R. S. , JOHNSON, D. M. , LYON, J. G. , and CROTWELL, J. , 2004, Impacts of imagery temporal frequency on land-cover change detection monitoring,Remote Sensing of Environment,89(4): 444-454.

LUNETTA, R. S. and ELVIDGE, C. D. (eds.), 2000, Remote Sensing Change Detection: Environmental Monitoring Methods and Applications (London:Taylor & Francis).

LYON,G. J. , YUAN, D. , LUNETTA, R. S. and ELVIDGE, C. D. , 1998. A change detection experiment using vegetation indices,Photogrammetric Engineering and Remote Sensing,64:143-150.

MACLEOD,R. D. and CONGALTON,R. G. ,1998,A quantitative comparison of change detection algorithms for monitoring eelgrass from remotely sensed data. Photogrammetric Engineering and Remote Sensing,64 (3),207-216.

MALILA, W. , 1980, Change vector analysis: an approach for detecting forest changes with Landsat. Proceedings of the 6th Annual Symposium on Machine Processing of Remotely Sensed Data, West Lafayette,IN,3-6 June 1980:326-335 (West Lafayette,IN:Purdue University Press).

MANAVALAN,P. ,KESAVASAMY,K. and ADIGA,S. ,1995,Irrigated crops monitoring through seasons using digital change detection analysis of IRD-LISS 2 data,International Journal of Remote Sensing,16: 633-640.

MARTIN,R. G. ,1989,Accuracy assessment of Landsat-based visual change detection methods applied to the rural-urban fringe,Photogrammetric Engineering and Remote Sensing,55:209-215.

MAS,J. F. ,1999,Monitoring land cover changes:a comparison of change detection techniques,International Journal of Remote Sensing,20:139-152.

MAYAUX,P. and LAMBIN,E. F. ,1997,Tropical forest area measured from global land-cover classifications: Inverse calibration models based on spatial textures,Remote Sensing of Environment,57:29-43.

MERTENS,B. and LAMBIN,E. F. ,2000,Land-cover-change trajectories in southern Cameroon,Annals of the Association of American Geographers,90:467-494.

MEYER, P. , ITTEN, K. I, KELLENBERGER, T. , SANDMEIER, S. and SANDMEIER, R. , 1993, Radiometric corrections of topographically induced effects on Landsat TM data in an alpine environment,

ISPRS Journal of Photogrammetry and Remote Sensing,48(4):17-28.

MICHENER,W. K. and HOUHOULIS,P. F. ,1997,Detection of vegetation changes associated with extensive flooding in a forested ecosystem,Photogrammetric Engineering and Remote Sensing,63:1363-1374.

MORISETTE,J. T. ,KHORRAM, S. and MACE, T. , 1999, Land cover change detection enhanced with generalized linear models,International Journal of Remote Sensing,20:2703-2721.

MORISETTE,J. T. and KHORRAM, S. , 2000, Accuracy assessment curves for satellite-based change detection,Photogrammetric Engineering and Remote Sensing,66:875-880.

MOUAT,D. A. , MAHIN, G. C. and LANCASTER,J. ,1993,Remote sensing techniques in the analysis of change detection,Geocarto International,2:39-50.

MUCHONEY,D. M. and HAACK, B. N. , 1994, Change detection for monitoring forest defoliation, Photogrammetric Engineering and Remote Sensing,60(10):1243-1251.

MUNYATI,C. ,2000,Wetland change detection on the Kafue Flats,Zambia,by classification of multitemporal remote sensing image dataset,International Journal of Remote Sensing,21:1787-1806.

NEMMOUR,H. and CHIBANI,Y. ,2006,Fuzzy neural network architecture for change detection in remotely sensed imagery,International Journal of Remote Sensing,27(3):705-717.

PETIT,C. ,SCUDDER, T. and LAMBIN, E. ,2001, Quantifying processes of land cover change by remote sensing: resettlement and rapid land cover changes in south-eastern Zambia, International Journal of Remote Sensing,22:3435-3456.

PETIT,C. C. and LAMBIN,E. F. ,2001,Integration of multi-source remote sensing data for land cover change detection,International Journal of Geographical Information Science,15:785-803.

PILON,P. G. ,HOWARTH, P. J. and BULLOCK,R. A. ,1988,An enhanced classification approach to change detection in semi-arid environments. Photogrammetric Engineering and Remote Sensing,54(12): 1709-1716.

POHL,C. and GENDEREN,J. L. ,1998,Multisensor image fusion in remote sensing:concepts,methods,and applications,International Journal of Remote Sensing,19:823-854.

PRAKASH,A. and GUPTA,R. P. ,1998,Land-use mapping and change detection in a coal mining area - a case study in the Jharia coalfield,India. International Journal of Remote Sensing,19:391-410.

PU,J. ,YANG,S. ,DING,J. and ZHOU,L. ,1988,The primary application study of Spot image in Tangshan urban area,Remote Sensing of Environment China,3 (3):163-172.

READ,J. M. ,and LAM,N. S. N. ,2002,Spatial methods for characterizing land cover and detecting land cover changes for the tropics,International Journal of Remote Sensing,23:2457-2474.

RICHARD,J. ,RADKE,SRINIVAS,A. ,OMAR,A. K. and BADRINATH,R. ,2005,Image Change Detection Algorithms:A Systematic Survey,IEEE Transactions on Image Processing,14(3):294-307.

RIDD,M. K. and LIU J. J, 1998, A comparison of four algorithms for change detection in an urban environment,Remote Sensing of Environment,65(2):95-100.

RIGINA,O. ,BAKLANOV, A. ,HAGNER,O. and OLSSON, H. ,1999, Monitoring of forest damage in the Kola Peninsula,Northern Russia due to smelting industry, Science of the Total Environment, 229: 147-163.

ROWE N. C. and GREWE L. L. ,2001,Change detection for linear features in aerial photographs using edge-finding,IEEE Transaction on Geoscience and Remote Sensing,39(7):1608-1612.

ROY,P. S. ,RANGANATH, B. K. ,DIWAKAR, P. G. ,VOHRA,T. P. S. ,BHAN, S. K. ,SINGH,I. J. and PANDIAN, V. C. , 1991, Tropical forest mapping and monitoring using remote sensing, International Journal of Remote Sensing,12(11):2205-2225.

SADER,S. A. ,POWELL,G. V. N. ,and RAPPOLE,J. H. ,1991,Migratory bird habitat monitoring through remote sensing,International Journal of Remote Sensing,12(3):363-372.

SCHOTT,J. R, SALVAGGIO, C. AND VOLCHOK, 1988, W. J. , Radiometric scene normalization using pseudo invariant features,Remote Sensing of the Environment,26:1-16.

SINGH, A. , 1989, Digital change detection techniques using remotely-sensed data, International Journal of Remote Sensing,10(6):989-1003.

SINGH, S., SHARMA, K. D., SINGH, N. and BOHRA, D. N., 1990, Temporal change detection in uplands and gullied areas through satellite remote-sensing, Annals of Arid Zone, 29:171-177.

SKIFSTAD, K. and JAIN, R., 1989, Illumination independent change detection for real world image sequences, Computer Vision, Graph, Image Processing, 46(3):387-399.

SMITH, M. O., USTIN, S. L., ADAMS, J. B. and GILLESPIE, A. R., 1990, Vegetation in deserts: A regional measure of abundance from multispectral images, Remote Sensing of the Environment, 31:1-26.

SOHL T. L., 1999, Change analysis in the United Arab Emirates: an investigation of techniques, Photogrammetric Engineering and Remote Sensing, 65(4):475-484.

SOLBERG, A. H. S., TAXT, T. and JAIN, A. K., 1996, A Markov random field model for classification of multisource satellite imagery, IEEE Transactions on Geoscience and Remote Sensing, 34:100-112.

SONG, C., WOODCOCK, C. E., SETO, K. C., LENNEY, M. P. and MACOMBER, S. A., 2001, Classification and change detection using Landsat TM data: when and how to correct atmospheric effects? Remote Sensing of Environment, 75:230-244.

STOW, D. A. and CHEN, D. M., 2002, Sensitivity of multitemporal NOAA AVHRR data of an urbanizing region to land-use/land-cover changes and misregistration, Remote Sensing of Environment, 80:297-307.

STOW, D. A., 1999, Reducing the effects of misregistration on pixel-level change detection, International Journal of Remote Sensing, 20:2477-2483.

SUNAR, F., 1998, An analysis of changes in a multi-date data set: a case study in the Ikitelli area, Istanbul, Turkey, International Journal of Remote Sensing, 19(2):225-235.

TANRE, D., DEROO, C., DUHAUT, P., HERMAN, M. and MORCRETTE, J. J., 1990, Description of computer code to simulate the satellite signal in the solar spectrum: the 5S code, International Journal of Remote Sensing, 2:659-668.

TEILLET, P. M. and FEDOSEJEVS, G., 1995, On the dark target approach to atmospheric correction of remotely sensed data, Canadian Journal of Remote Sensing, 21(4):374-387.

THESEIRA, M. A., THOMAS, G. and SANNIER, C. A. D., 2002, An evaluation of spectral mixture modeling applied to a semi-arid environment, International Journal of Remote Sensing, 23:687-700.

TOWNSHEND, J. R. G., HUANG, C., KALLURI, S. N. V., DEFRIES, R. S., LIANG, S. and YANG, K., 2000, Beware of per-pixel characterization of land cover, International Journal of Remote Sensing, 21:839-843.

VENKATARAMAN, G., BABU, MADHAVAN., B., RATHA, D. S., JOJU, P. A., GOYAL, R. S., BANGLANI, S. and SINHA ROY, S., 2000, Spatial modeling for base metal mineral exploration through integration of geological data sets, Natural Resources Research, 9:27-42.

VERBYLA, D. L. and BOLES, S. H., 2000, Bias in land cover change estimates due to misregistration, International Journal of Remote Sensing, 21:3553-3560.

VERMOTE, E., TANRE, D., DEUZE, J. L., HERMAN, M., and MORCRETTE, J. J., 1997, Second simulation of the satellite signal in the solar spectrum, 6S: an overview, IEEE Transactions on Geoscience and Remote Sensing, 35:675-686.

VOGELMANN, J. E., 1988, Detection of forest change in the green mountains of Vermont using multispectral scanner data, International Journal of Remote Sensing, 9(7):1187-1200.

WALTER, V., 2004, Object-based classification of remote sensing data for change detection, ISPRS Journal of Photogrammetry and Remote Sensing, 58:225-238.

WANG, Z. Y. and LI, W. Q., 2005, Detecting fast motion objects based on mathematical morphology, Computer Engineering and Science, 1(27):27-29.

WARNER, T., 2005, Hyperspherical direction cosine change vector analysis, International Journal of Remote Sensing, 26(6):1201-1215.

WEBER, K. T., 2001, A method to incorporate phenology into land cover change analysis, Journal of Range Management, 54:A1-A7.

WEBER, P., 2000, Initial performance validation for the multispectral thermal imager, in Proceedings of SPIE, 4030:2-9.

WENG,Q. ,2002,Land use change analysis in the Zhujiang Delta of China using satellite remote sensing,GIS and stochastic modeling,Journal of Environmental Management,64:273-284.

WOELK,F. and KOCH,R. ,2004,Fast monocular Bayesian detection of independently moving objects by a moving observer,In Proceedings of DAGM Symposium,Lecture Notes in Computer Science,Buelthoff,C. E. ,Giese,H. H. ,Schoelkopf,M. A. and Rasmussen,B. (eds.),3175:27-35.

WOODCOCK,C. E. , MACOMBER, S. A. , PAX-LENNEY, M. and COHEN, W. B. , 2001, Monitoring large areas for forest change using Landsat: generalization across space-time and Landsat sensors, Remote sensing of Environment,78:194-203.

YANG,C. J. and LO,C. P. ,2000,Relative radiometric normalization performance for change detection from multi date satellite images,Photogrammetric Engineering and Remote Sensing,66(8):967-980.

YANG,X. and LO,C. P. ,2002,Using a time series of satellite imagery to detect land use and land cover changes in the Atlanta,Georgia metropolitan area,International Journal of Remote Sensing,23(9):1775-1798.

YEARY,M. ,NEMATI,S. ,YU,T. Y. and WANG, Y. , 2007, Tornadic time-series detection using Eigen analysis and a machine intelligence-based approach, IEEE Geoscience and Remote Sensing Letters,4(3):335-339.

YOOL,S. R. , MAKAIO, M. J. and WATTS, J. M. ,1997,Techniques for computer assisted mapping of rangeland change,Journal of Range Management,Vol. 50:307-314.

YUAN,D. ,ELVIDGE,C. D. and LUNETTA,R. S. ,2000,Survey of multispectral methods for land cover change analysis. In Remote Sensing Change Detection: Environmental Monitoring Methods and Applications,Lunetta,R. S. and Elvidge,C. D. (eds.):21-39 (London:Taylor & Francis).

YUE,T. ,CHEN,S. ,XU,B. ,LIU,Q. ,LI,H. ,LIU,G.. and YE,Q. ,2002,A curve-theorem based approach for change detection and its application to Yellow River Delta,International Journal of Remote Sensing,23(11):2283-2292.

ZHAN, X. , DEFRIES, R. , TOWNSHEND, J. R. G. , DIMICELI, C. , HANSEN, M. , HUANG, C. and SOHLBERG,R. ,2000,The 250m global land cover change product from the Moderate Resolution Imaging Spectroradiometer of NASA's Earth Observing System. International Journal of Remote Sensing, 21:1433-1460.

ZHANG,Q. ,WANG,J. ,PENG,X. ,GONG,P. and SHI,P. ,2002,Urban built-up land change detection with road density and spectral information from multitemporal Landsat TM data, International Journal of Remote Sensing,23:3057-3078.

ZHAO,Y. ,LIAO,Y. ,ZHANG,B. and LAI,S. ,2003,Monitoring technology of salinity in water with optical fibre sensor,Journal of Lightwave Technology,21(5):1334-1338.

ZHONG,J. and WANG,R. ,2006,Multi-temporal remote sensing change detection based on independent component analysis,International Journal of Remote Sensing,27(9):2055-2061.

ZHOU,Q. ,LI,B. and ZHOU,C. ,2004,Studying spatio-temporal patterns of land-use change in arid environment of China,in Advances in Spatial Analysis and Decision Making,Li,Z. ,Zhou,Q. and Kainz, W. (eds.):189-200.

ZHOU,Q. ,LI,B. and KURBAN,A. ,2007,Trajectory analysis of land cover change in arid environment of China,International Journal of Remote Sensing (in press).

第 14 章 对地观测影像信息的智能融合

□ 张晓东 李志林

对地观测卫星能够在不同电磁光谱段获取多种空间分辨率、光谱分辨率和时间分辨率的地面覆盖数据(遥感影像)。不同来源,不同光谱、空间、时间分辨率的遥感影像从不同的侧面提供了对地物的全面观测。多源海量遥感数据的涌现,使得如何有效综合利用这些数据成为遥感领域的前沿课题。遥感影像融合是解决多源海量数据集成表示的有效途径,由于不同来源的遥感数据的物理和几何特性不同,遥感影像融合实现多源数据优势互补,能够提高信息提取的有效性和可靠性。

14.1 空间信息智能融合的基本概念

多源数据融合建立在生物基础之上。人类通过自身的感知器官获取目标对象的影像、声音、气味、触觉等,加上大脑中记忆的知识、经验等,通过大脑对这些信息的融合处理,形成人类对目标对象的完整认识,以指导人类的决策和行为。人脑就是一种很完善的融合系统,它具有高度的实时性、智能性、自适应性和自我学习能力等。

20 世纪 70 年代,在美国国防部资助的声呐信号理解系统中,正式提出了数据融合(Data Fusion)的概念。以下从不同的角度对数据融合进行了定义。

① 数据融合是一种多层次、多方面的处理过程。这个过程处理多源数据的检测、关联、相关、估计和组合,以获得精确的状态估计和身份估计,以及完整、及时的态势评估和威胁估计(Waltz and Llinas,1990)。

② 数据融合是一个处理多源数据和信息的过程,以获得更丰富信息,为决策提供服务(Hall,1992)。

③ 数据融合是对多个传感器和信息源所提供的关于某一环境特征的不完整信息加以综合,以形成相对完整、一致的感知描述,从而实现更加准确的识别判断功能(徐从富,等,2001)。

自 20 世纪 80 年代中开始,数据融合在遥感领域得到重视。因为 SPOT 卫星于 1986 年发射后提供 10m 分辨率的全色(黑白)影像及 20m 分辨率的多光谱(MSS)影像。人们试图将这两种影像的优点结合起来,由此拉开了研究遥感数据融合(影像融合)的序幕。

遥感影像是二维信号数据,遥感影像融合是多传感器数据融合的一个重要分支。影像融合定义为"用某种算法组合两幅或者多幅影像,生成一幅新影像"(Genderen and Pohl,1994)。多传感器数据融合提供了一个非常有力的多源数据处理工具,它将来自多个传感器在空间、时间上的冗余或互补信息依据某种准则来进行组合,以此获得比使用任意单个传感器所无法达到的、对探测目标和环境更为精确和完整的识别与描述(Waltz and Llinas,1990;Hall,1992;Klein,1993)。

在进行遥感影像融合处理之前,人们关心以下几个问题。

① 影像融合的目的是什么?有哪些应用?
② 影像融合需要哪些处理过程?
③ 目前有哪些融合方法?其中哪种方法最佳?
④ 如何评价影像融合的结果?

遥感影像融合的主要有以下优点。

① 提高影像的分辨率。用高分辨率全色影像和低分辨率多光谱影像进行融合处理,保留多光谱影像的光谱信息,同时提高融合结果影像的几何分辨率(Carper,et al,1990;Price,1987;Simard,1982)。典型的例子是用 SPOT 全色影像和 TM 多光谱影像进行融合,获取高分辨率多光谱融合结果影像(Jutz,1988;Li,et al,2002;Shi,et al,2003)。通过序列影像的融合处理,提高影像的空间分辨率(Zhang and Blum,2001;Huang and Jing,2007;),例如 SPOT5 的超模式(Super Model)处理(谭兵,等,2004)。

② 增强影像地物特征。利用微波和光学传感器的不同物理特性,对它们获取的遥感数据进行融合处理,可以增强地物特征(Daily,et al,1978;Ehlers,1991;Franklin and Blodgett,1993)。多源传感器融合影像能够获取单个传感器无法活动的语义信息(Mitiche and Aggarwal,1986)。

③ 替换损失的信息。卫星传感器在获取影像数据时,不同的波段受不同因素影响,例如红外影像受云影响比较大,合成孔径雷达(SAR)影像可以提供反映地面粗糙度、潮湿度和形状差异的信息(Lorenzon,et al,1999),但受地形影响大。融合不同类型传感器获取的影像,可以克服单个传感器信息的不足,相互替换损失了的信息。Binaghi(1997)发现红外影像与合成孔径雷达影像的融合可以提高分类结果精度。

多源遥感影像融合符合人类认识自然的规律,它综合利用数据资料,提高了资料利用率,改善了视觉效果、变化检测、特征识别精度和分类精度等。在测绘(Bloom,et al.1988;Acerbi-Junior,et al 2006)、农业(Ulaby and Li,1982;钱永兰,等,2005)、森林(Nezry,1993;代华兵,李春干,2005)、海岸/冰/雪(Ramseier,et al 1993)、军事(李军,1999)、洪涝监测(Matthews and Gaffney,1994;MacIntosh and Profeti,1995)等领域有着广泛应用。

对于多源影像的智能融合,首先要根据具体的需求选择合适的源数据影像,将它们进行高精度的配准,然后才能根据融合的目的和融合的层次,选择合适的融合算法,将已配准的遥感影像(或提取的影像特征或模式识别的属性说明)进行有机合成,得到目标更准确的表示或估计。多源遥感信息融合的一般模型如图 14.1 所示(贾永红,2005)。

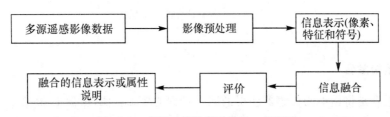

图 14.1 多源遥感影像融合的一般模型

影像融合可以在像素、特征、符号(决策)等三个不同的层次上进行。不同层次融合有着不同层的融合方法,对影像预处理的要求不同。本章试图从概念、方法、评价以及融合过程中的关键技术等方面对遥感影像融合进行归纳综述。本章由 6 部分构成:空间信息智能融合的基本概念;空间影像信息融合的预处理;空间影像信息融合的尺度效应;空间影像信息融合的方法;空间影像信息融合的评价;存在的问题与发展趋势。

14.2 空间影像信息智能融合的模式

要讨论影像信息智能融合的方法,首先要对这些方法进行分类。用不同准则,可得到不同的影像信息智能融合方法类别。例如,根据数据源的多少,影像融合可分为单源与多源影像融合。表 14.1 是基于 4 个不同准则的一种分类。当然,还可用其他准则来对影像融合进行分类。

表 14.1　　　　　　　　　　影像信息智能融合分类

分类准则	融合类别
数据源的多少	单源、多源
自动化程度	交互式、半自动、全自动
智能化程度	无智能、低智能、高智能
数据抽象的层次	像素级、特征级、符号(决策)级

本文将根据数据抽象的层次分类准则来讨论。这里,影像融合可以分为 3 个层次:像素、特征、符号(决策)级(Pohl and Van Genderen,1998;夏明革,等,2002),它们的关系如图 14.2 所示(贾永红,2005)。像素级融合为原始层,简单地利用影像的光谱信息进行融合;特征级融合高了一个层次,用提取的影像特征进行融合;决策级融合为最高层,用符号化了的影像特征进行融合。

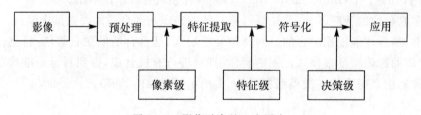

图 14.2　影像融合的 3 个层次

14.2.1 像素级融合

像素级融合是将由不同传感器获得的同一景物的多幅影像(影像1,影像2,…,影像N)经配准、重采样(在分辨率不一样时)和(根据某种算法)合成等处理后,获得一幅合成影像的技术,其处理过程如图 14.3 所示(Pohl and Van Genderen,1998)。这里的预处理包括影像配准、重采样等。像素级融合的融合算法直接对影像的每个像素进行处理。它将各影像上的相

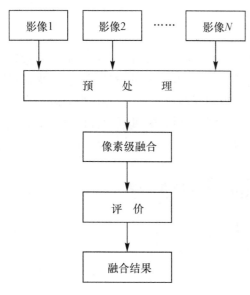

图 14.3　像素级融合

应像素通过某种变换,得到一个新的像素,原理如图 14.4 所示(Pohl and Van Genderen,1998)。像素级融合是一种最低层次的融合,能够保留尽可能多的原始信息。像素级融合也叫数据层融合。

像素级融合可以克服各单一传感器影像在几何、光谱等方面存在的局限性和差异性,提高影像质量。像素级融合可以用来增加影像中每个像素的信息内容(强赞霞,2005),为进一步的影像处理提供更多的信息。图 14.5 为 TM 多光谱影像与 SAR 影像融合的结果。但像素级融合的缺点是计算量大,融合算法要求具有较强的容错能力,以克服原始信息的不稳定性、不确定性。像素级融合一般要求多源影像在空间上精确配准,否则会产生虚假信息。

从 20 世纪 80 年代起到 90 年代,大多数的影像融合为像素级融合,如 HIS 变换、主成分分析、Brovey 变换等(Welch and Ehlers,1987;Carper,et al,1990;Chavez et al,1991;Campbell,1993)。像素级融合方法是本章的重点,将在 14.4 节详细介绍。

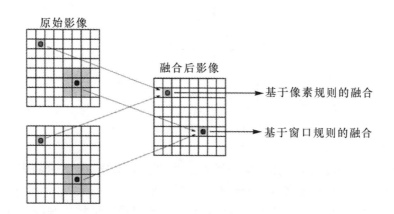

图 14.4　像素级融合原理

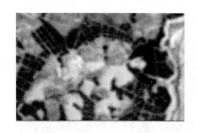

(a)TM高光谱影像

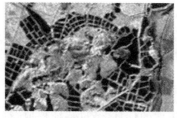

(b)SAR影像

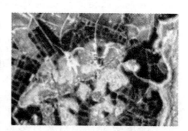

(c)融合后影像

图 14.5　影像融合实例

14.2.2 特征级融合

特征级融合是将各个数据源中提取的特征信息进行综合处理和分析的过程。其融合过程如图14.6所示(Pohl and Van Genderen,1998)。将多源遥感影像经过配准后,进行特征提取,得到一个特征向量,然后把这些特征向量融合起来,得到新的影像特征,并根据融合后得到的特征向量进行身份鉴定。它是一种中间层次的融合。特征级融合又可分为目标状态信息融合和目标特征融合(刘勇,等,1999),但在遥感领域,特征级融合通常指目标特征融合。

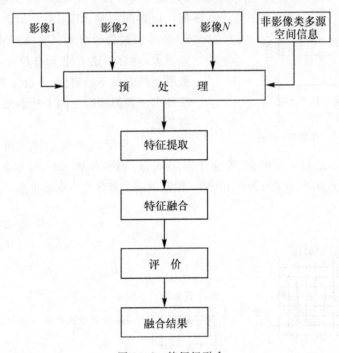

图14.6 特征级融合

在特征级融合,特征提取常采用影像分割的方法,即用影像分割方法来将影像分成若干区域,这些区域的融合根据区域的各种简单性质(如均值)来进行。

在大多数情况下,人们不是对像素本身而是对由像素组成的区域感兴趣。所以,从20世纪90年代中起,许多学者将影像融合的研究从像素级转到特征级。小波变换、证据推理及神经网络等方法得到广泛应用(Yocky,1996;Zhang and Blum,1997;Zhou,et al,1998;Zhang,1999;Matuszewski,et al,2000;Piella and Heijmans,2002;Lewis,et al,2004)。

特征级融合中的特征与特征的来源无关,特征可以来自影像或者非影像,对特征之间的配准精度相对像素级而言,要求可以低些。特征级融合对噪声的敏感度也大大降低。

14.2.3 决策级融合

决策级融合是对来自多源影像的信息,经过特征提取、符号化后,进行逻辑推理或者统计推理的过程。决策级融合过程如图14.7所示(Pohl and Van Genderen,1998)。决策层融合是在信息表示的最高级别上进行的融合处理。

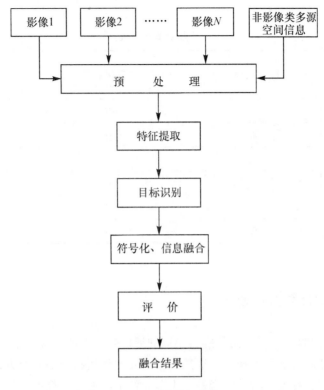

图 14.7 决策级融合

不同类型的传感器观测同一目标获得的数据在本地完成预处理、特征提取、目标识别等，以建立对所观察目标的初步结论；然后通过相关处理和决策级融合评判，获得联合推断结果，从而直接为决策提供依据。在决策级融合中，融合的符号可以是源于多源传感器的信息，也可以是来源于其他系统、模型的先验知识等。决策级融合输出的结果是对某事务做出的决策，通常按传感器信息导出的特征与模型匹配来推理。决策级融合一般不明显考虑配准，因为在符号形成时已经考虑了作为符号基础的传感器信息的空间和时间内容。如果参与融合的符号没有配准，那么可以把空间和时间属性与符号相关联用于配准(强赞霞,2005)。

决策级融合抽象的程度较高，对影像数据源的同质性要求不高，对数据的依赖性和要求较低，数据的开放性好，适用的范围较为广泛。粗集及神经网络等方法在影像的决策级融合中得到应用(Tapiador and Casanova,2002;Kiema,2002;Kumar and Majumder,2001;Petrakos,et al,2001)。

14.2.4 不同层次影像融合的比较

对于一般的数据融合过程，随着融合层次的提高，对数据的抽象性也要求越高，对各传感器的同质性要求越低，对数据表示形式的统一性也要求越高。数据转换量增大，同时系统的容错性增强。随着融合层次的下降，融合所保存的细节信息越多，融合数据的处理量越大，对融合使用的各数据间的配准精度越高；并且各融合方法对数据源及其特点的依赖性增大，不易给出数据融合的一般方法，容错性差，表 14.2 对不同层次融合的特点进行了比较(贾永红,

2005)。

表14.2　　　　　　　　　　融合层次比较

特　性＼层　次	像素级融合	特征级融合	决策级融合
信 息 量	大	中	小
信息损失	小	中	大
容 错 性	差	中	好
抗干扰性	差	中	好
实 时 性	差	中	好
融合水平	低	中	高

14.3　遥感影像融合数据预处理

一般来说，在不同时间或用不同传感器获取的遥感影像不能直接用于融合处理，因为它们的几何性质及光谱性质可能很不相同。遥感影像的几何性质指的是6个方位元素及形变。光谱几何性质指的是明亮程度、反差、噪音等。本节介绍消除遥感影像的几何性质差异性及光谱性质差异性的数据处理，包括几何配准与辐射(灰度)配准。本节的预处理指的就是这两个配准，尽管预处理也可包括其他影像处理。

14.3.1　遥感影像几何配准

影像几何配准是一个将不同时期、不同视点或不同传感器获得同一地域或物体的影像进行几何匹配的过程，其主要目的是消除或减少基准影像和待校正影像之间由于成像条件不同所引起的几何形变，从而获得具有几何一致性的两幅影像。

影像几何配准既可以是绝对的也可以是相对的。绝对几何配准将两幅影像都转换到大地坐标系(见图14.8(a))。这样一来，两幅影像上具有相同大地坐标的像素便是同名点(对应点)。绝对几何配准过程也称为几何纠正。几何纠正可用少量的地面控制点来建立像点与地面点的对应关系，也可利用传感器的6个方位元素直接进行转换。相对几何配准是以一幅影像为基准(参考)影像，将另一幅(待配准)影像转换到基准影像所在的坐标系中(见图14.8(b))。影像几何配准通常指相对几何配准，本文采用这样的约定。

影像几何配准是影像处理技术中的一个基础问题，相关领域的专家对影像匹配问题进行了深入的研究，取得了丰硕成果，有些综述文章已经对影像匹配技术进行了全面总结(Brown, 1992; Fonseca and Manjunath, 1996; Zitova and Flusser, 2003)。但以往大多数方法都是针对特定应用设计的，为了获取高精度的几何配准精度，往往还是以人机交互方法为主(Zavorin and Le Moigne, 2005)。

一个影像配准算法(RA)可以表示为包含4个要素的四元组(Le Moigne, 2002)：

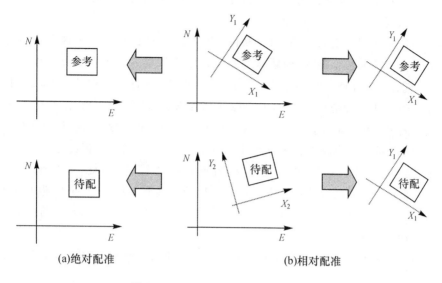

图 14.8 绝对几何配准与相对几何配准

$$RA=\{S_1,S_2,S_3,S_4\} \tag{14.1}$$

式中,S_1 表示搜索空间(Space of Search),即 1 个用于描述待匹配影像与参考影像之间空间关系的变换函数所构成的解空间;S_2 表示的是特征空间(Space of Feature),即一组(基准影像和待校正影像中)用于配准的特征;S_3 表示的是搜索策略(Strategy of Search),即在搜索空间中搜索最优解所采用的策略;S_4 表示相似性测度(Similarity Metric),即用于变换后评估待校正影像与基准影像之间的相似度指标。

因此,一个影像几何配准算法可以概括地描述为:在特征的搜索空间中,根据某种影像特征,按照一定的搜索策略,计算经映射函数变换后的待配准影像与基准影像之间的相似度指标,以输出相似程度最大的映射函数为配准的结果。根据这 4 个要素内容的不同,可以得到不同的配准方法(周海芳,等,2004)。

(1)搜索空间的设定。影像的几何变换可以归纳为平移、旋转、缩放、纵横比变化等(Fonseca and Manjunath,1996)。根据这些变换的性质不同,可以得到刚性变换、仿射变换、透视变换、多项式变换、局部变换等搜索空间。根据具体应用的不同与先验知识的多少确定不同的变换空间来描述输入影像与参考影像的映射关系。

(2)特征空间的确立。用于影像配准的特征包括边缘信息、角点等突出的特征、统计特征、模板等。

(3)搜索策略的设计。即使是有一定的约束条件,搜索空间也是巨大的,设计高效的搜索策略是实现高性能配准算法的关键之一,好的搜索策略可以有效地缩小搜索空间。目前的搜索策略包括线性搜索、松弛搜索、动态规划、广义 Hough 变换、线性规划、逐层求精、树/图匹配等。

(4)相似性测度的选择。常用的相似性测度包括差平方和、协方差系数、相关系数等。影像几何配准的关键是建立基准影像上的特征与待配准影像上的特征之间的相应关系。首先是给定基准影像上的特征,自动地找出待匹配影像上的特征,这个过程叫影像匹配。影像几何匹配技术可以分为灰度匹配和特征匹配两类。

灰度匹配方法就是以一定大小的窗口(模板)为单元,统计比较参考影像和待匹配影像之间的差异。差异小意味着相似性大,即意味着两窗口中心像素为同名点的可能性大。对于一个给定的参考影像窗口,在待匹配影像中可找到许多个(N)这样大小窗口,相应地可有 N 个差异值。其中具有最小差异值的窗口的中心像素和参考影像窗口的中心像素被认为是同名点。相似性大小通常用相关系数表示。灰度匹配也可在频率空间进行。Cideciyan 等(1992)应用傅立叶变换和相关系数进行影像匹配;Hsieh 等(1997)利用小波变换检测特征点。

特征匹配用影像特征代替影像灰度,这些特征包括边缘、线特征、面特征、不变矩等。Goshtasby 等(1986)用同名区域的重心点来计算几何配准模型参数;Ventura 等(1990)用结构相似性来实现特征匹配;Li 等(1995)利用同名区域的边界和边缘进行特征匹配;Habib and Alruzouq(2004)用线段来实现影像配准。

这些同名点用于解算影像配准几何变换模型参数。几何变换模型通常是多项式、仿射变换或透视变换。

影像配准是进行多源信息融合关键的一步,影像配准的精度将对后面的处理产生重大的影响(Hall,1997)。不同的任务对配准精度的要求不一样,有些配准精度只要求在 1 个像素内,而对于像素级的影像融合而言,几何配准精度要求达到亚像素级。

14.3.2 遥感影像辐射配准

由于大气条件、太阳高度角、传感器参数等因素的变化,使得不同的传感器在同一时相或者同一传感器在不同时相获取的同一地区影像的辐射信息存在显著差异。在进行融合之前需要对多源影像进行辐射预处理,特别对像素级的融合显得尤为重要。

对多源影像进行辐射配准有绝对校正和相对校正两种方法。绝对校正将影像灰度值转换成地表反射/辐射值(Du,et al,2002)。多源影像中相同地物具有相同的反射/辐射值,从而实现辐射信息配准。绝对辐射校正需要传感器、大气折射等参数,而这些参数往往难以精确获得,因而实际应用中采用较少。相对辐射校正是以一幅影像的辐射值为参考,调整其他影像的值接近或者与参考影像辐射值一致,进而使得多源影像的辐射信息匹配一致(Hall,et al,1991)。图 14.9 是相对校正的一个例子。常用的相对辐射校正方法有以下几种。

(1)直方图匹配。将一幅影像的灰度值分布调整到与另一幅影像的灰度值分布相近(Shimabukuro,et al,2002)。

(2)利用不变的人工地物。假设不同时相的人工地物的辐射差异满足线性关系,建立辐射配准模型,然后以此对整个影像进行校正(Woods,et al,1998)。Elvidge 等(1995)利用水体、草地等地物在近红外波段的辐射不变性,提出了一种校正方法。

(3)雾校正。假设零反射值的地物在待配准影像和参考影像上都应该具有相同的 DN 值,将待配准影像和参考影像分别减去各自的最小 DN 值,即可实现辐射配准(Chavez,1988;Yuan and Elvidge,1996)。

(4)不变像素系数。根据每个波段中的不变像素系数,计算变化了的像素值(Ya'allah and Saradjian,2005)。

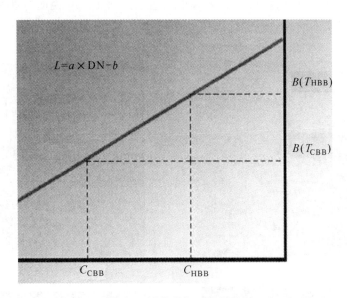

图 14.9　影像的相对辐射校正

不同的辐射相对校正方法,其应用条件、对象和效果存在差异,Yuan and Evlidge(1996)应用统计的方法对一些校正方法进行了总结和评价。辐射相对校正较绝对校正简单实用,但精度比绝对校正低,只有相对意义。

14.4　空间信息融合中的尺度效应

14.4.1　尺度的概念

尺度在地学领域一直是研究的热点问题之一。然而,尺度问题不但没有解决,而且经常造成概念混淆。本节首先对尺度进行分类。表 14.3 是基于 4 个不同准则的一种分类(李志林,2005)。

表 14.3　尺度的分类

分类准则	尺度类别
兴趣领域	数值、空间、时间、频谱、辐射(亮度)
研究区域	宏观、《==》、地学、《==》、微观
处理过程	现实、数据源、采样、处理、建模、表达
度量程度	列名、次序、间隔、比例

通常,尺度指的是空间,它应由一组参数来衡量(李志林,2005):①区域大小(或比例尺);②精度;③分辨率。

在遥感领域,空间尺度用影像空间分辨率来表示。图 14.10 说明分辨率与尺度的关系。这 4 幅影像的分辨率不同,尽管比例尺相同,范围相同,但它们代表不同尺度的影像。

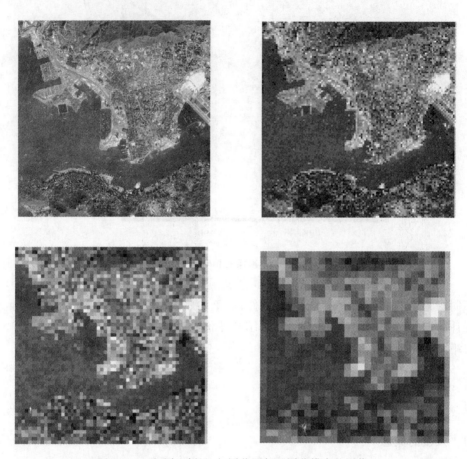

图 14.10　相同比例尺、相同范围但不同分辨率的影像

空间分辨率指一个影像上能够详细区分的最小单元的尺寸或大小。遥感影像由空间结构上相互联结的像元组成。影像分析要求为同一研究区域内的多种地物类别提供相应的适宜分辨率的遥感影像,不同的地表特征在相应尺度的影像层中得到最优的表达。单尺度影像分析方法只反映该尺度下地表物体的固有特征,已经不能满足现实世界的三维布局与结构特征的描述。多尺度遥感数据的出现推动了尺度问题研究的进一步发展。

14.4.2　尺度转换方法

尺度转换是指将某一尺度上所获得的信息和知识扩展到其他尺度上的过程。可以是向上尺度转换,也可以是向下尺度转换。向上尺度转换是将高分辨率的数据转变成低分辨率的数据;反之,向下尺度转换是从低分辨率数据中提取亚像元成分的信息。在大部分情况下,都是将遥感信息向上进行尺度转换。理想的向上尺度转换方法应该是将高分辨率信息转换到低分辨率上时,能够保持高分辨率数据中的内在信息(见图 14.11)。

尺度转化问题主要体现为两方面:一是如何在小尺度上准确描述时空异质性;二是如何实

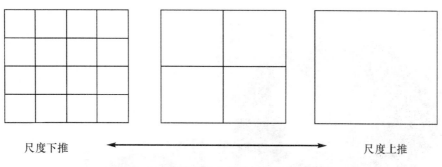

尺度下推　　　　　　　　　　　　　　　　　　尺度上推

图 14.11　尺度上推和尺度下推过程示意图

现时空异质性在不同尺度上的整合(O'Neill,et al,1992)。在遥感尺度转换研究中,需要解决以下问题。

(1)如何有效地将遥感数据和信息从一种尺度转换为另一种尺度。

(2)原始数据和信息经过尺度转换后,出现何种信息的损失或效应,即不同尺度的数据反映相同的地物和现象时的差异如何。

(3)如何评价尺度转换的效果。

图 14.11 是向上尺度转换的一例。向上尺度转换通常有聚合与重采样两类方法。聚合将 $n \times n$ 个像素变成一个(NN)像素。例如,如要将 1m 分辨率的 IKONOS 影像变到跟 SPOT5 全色影像一样的 5m 分辨率,就需将 5×5 个 IKONOS 像素变成一个新像素。在新影像的分辨率与原影像的分辨率不是整数倍关系时,重采样成了必经之路。重采样指的是在原影像上重新采样,通常经内插而得。图 14.12 表示将 2m 分辨率的影像内插成 3m 分辨率的影像。重采样的方法很多,通常应用的有最邻近法、双线性内插法、三次卷积内插法和克立格法(Kriging)(李哈滨,等,1992)。

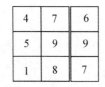

(a)原始影像,2m分辨率　　(b)2m影像,最邻近法内插　　(c)2m影像,双线性内插

图 14.12　影像进行重采样图

典型的聚合方法有金字塔方式,它通常采用以 2 为因子的金字塔数据结构。即对当前层(开始时最底层)的行列数分别除 2,得到当前层的上层的行列数,按其位置的对应关系对当前层影像进行重采样得到当前层的上层的影像数据。重复此过程直到顶层(见图 14.11)。图 14.13 是影像经金字塔尺度变换的结果。

小波变换也是常用的方法。小波变换是将原始影像分解成低频影像(L)和高频影像(H),低频影像还可以分解,分解的各级子影像都包含着原始影像的空间信息。小波变换金字塔与传统的 Laplacian 金字塔和对比度金字塔结构相似,每一层均与相应的频段相对应。每一层

图 14.13　影像的金字塔尺度变换结果(第一层为原始影像 512 像素×512 像素，第 4 层影像为 64 像素×64 像素)

小波系数分解成 4 个子带：垂直和水平方向低频的子带 LL（即低频近似影像），水平方向低频和垂直方向高频的子带 LH（即高频垂直方向影像），垂直方向低频和水平方向高频的子带 HL（即高频水平方向影像），垂直和水平方向高频的子带 HH（即高频对角线方向影像）。Mallat(1989)提出了多尺度小波分解与重构的金字塔算法，如图 14.14 所示。

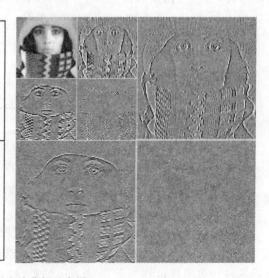

图 14.14　二层小波分解示意图

向下尺度转换是将低分辨率数据通过插值变成高分辨率的数据。例如，如要将 5m 分辨率的 SPOT 全色影像变到与 IKONOS 影像一样的 1m 分辨率，就得将一个 SPOT 像素变成 5×5 个新像素。当新影像的分辨率与原始影像的分辨率不是整数倍关系时，需要重采样。图

14.15表示将7m分辨率的影像内插成3m分辨率的影像。

给定一幅影像,它含有的信息量是固定的,所以不管采用什么方法,插值放大后的影像和原始影像的信息量相同,只是由于所采用的插值的方法不同,在视觉效果上有较大的区别。

图 14.15　插值影像放大示意图

14.4.3　尺度效应的问题

影像融合过程中进行尺度转换时,由于影像分辨率不同,可能造成的影像不匹配,产生错误的融合信息。无限度的尺度上推,造成影像信息丢失,也不利于得到较好的融合效果。这些都是尺度转换时产生的问题,称之为尺度效应。

在尺度转换的过程中,小波或金字塔分解的方法通常采用以2为因子的数据结构,即对当前层(开始时最底层)的行列数分别除2,得到当前层的上层的行列数,按其位置的对应关系对当前层影像进行重采样得到当前层的上层的影像数据,而当融合的数据源分辨率不满足2的倍数时,如对SPOT全色影像(10m分辨率)和TM多光谱影像(30m分辨率)融合,在尺度上推过程中使得融合的结果存在相位失真(王智军,等,2001),改进的方法是使用多进制小波,可避免在尺度转换中产生的尺度效应。

尺度转换是有限度的,布和敖斯尔等(2004)采用基于NDVI的方法进行尺度扩展发现,如果将ASTER和ETM影像的尺度扩展到AVHRR的1.1km的分辨率时,影像的信息量损失很大,这时候尺度扩展已经没有实际意义。研究发现,小波变换得到的融合影像随着小波分解尺度的增大,会出现明显的、有规律的方块效应,当小波分解尺度达到最大时,方块效应消失(杨炫,等,2002),如何找到适合的尺度转换范围也是尺度效应研究的问题之一。

因此,在尺度转换时,要注意以下几点。

(1)选择合适的尺度转换方法,使待融合的影像高精度配准。

(2)尺度转换只能在一定的范围内进行,针对不同的数据源以及不同的应用目的,如何选择尺度转换范围是一个值得研究的问题。

(3)传统的尺度转换往往只考虑影像的几何信息,没有考虑传感器物理特性,如辐射特性等,在尺度转换中也应该考虑影像的物理特性。

14.5　遥感影像信息智能融合方法

前面几节已介绍了影像尺度变换、配准及融合的层次,接下来介绍如何选择合适的融合方法(算法),将已配准的遥感影像进行有机合成。融合方法可分为空间域融合及变换域融合。前者包括线性复合(平均、加权平均)方法、Brovey 变换、高通滤波、主成分分析及颜色变换;后者包括小波变换、经验模态分解等。

14.5.1 逻辑与代数运算法

逻辑与代数运算是对被融合影像像素上的光谱值进行比较、加、减、乘、除、滤波等代数运算,代数处理的融合方法适用范围较窄。

1. 比较融合

对原始影像对应位置上的像素灰度值进行比较,取其最大或最小作为最终融合结果影像上对应位置的像素灰度值,其融合生成表达式为:

$$x_i = \max(x_{i,1}x_{i,2},\cdots,x_{i,n}), 取最大法 \quad (14.2)$$
$$x_i = \min(x_{i,1}x_{i,2},\cdots,x_{i,n}), 取最小法 \quad (14.3)$$

式中,x_i 是融合结果影像上的第 i 像素的灰度值;$x_{i,1},x_{i,2},\cdots,x_{i,n}$ 为这 n 幅原始影像上的第 i 像素的灰度值。

2. 线性复合(平均、加权平均)

对将要采用的原始影像对应位置上的灰度值进行加权组合,以求取融合结果影像对应位置上的像素灰度值,通用的表达式为:

$$x_i = \sum_{j=1}^{n} p_j x_{i,j} \quad (14.4)$$

式中,x_i 是融合结果影像上的第 i 像素的灰度值;$x_{i,j}$ 为第 j 幅原始影像上的第 i 像素的灰度值;p_j 为给予第 j 幅原始影像上的第 i 像素的权值。

以上两种方法实现简单,融合速度快。在特定的应用场合,可以获取较好的融合效果,适合于实时处理,但是并不适宜大多数的应用,简单的叠加会使合成影像的信噪比降低;当融合影像的灰度差异很大时,会出现明显的拼接痕迹,不利于人眼识别和后续的目标识别过程(Simdar,1982;孙家抦,等,2000;Yesou,1993)。

3. 乘积性融合

乘积变换是应用最基本的乘积组合算法直接对遥感信息进行合成。即

$$B_{i_{new}} = B_{i_m} B_h \quad (14.5)$$

式中,$B_{i_{new}}$ 代表融合以后的波段数值($i=1,2,3,\cdots,n$);B_{i_m} 表示多波段影像中的任意一个波段数值;B_h 代表高分辨率遥感信息。

4. 比值融合

将多时相遥感影像按波段进行逐像元的相除。下面以 Brovey 变换(Phol,等,1998;Thierry et al,1993)为例来介绍比值融合。Brovey 影像融合也称为色彩标准化(Color Normalized)变换融合,其思想是将多光谱影像分解为色彩和亮度成分并进行计算。获取融合结果影像的表达式为:

$$\begin{cases} R_F = \dfrac{R_{MS}}{R_{MS}+G_{MS}+B_{MS}} \times I_P \\ G_F = \dfrac{G_{MS}}{R_{MS}+G_{MS}+B_{MS}} \times I_P \\ B_F = \dfrac{B_{MS}}{R_{MS}+G_{MS}+B_{MS}} \times I_P \end{cases} \quad (14.6)$$

式中,R_F、G_F、B_F 分别为融合结果影像的红、绿、蓝波段影像;R_{MS}、G_{MS}、B_{MS} 分别为低分辨率多光谱影像的红、绿、蓝波段影像;I_P 为原始高分辨率全色影像。

得到融合影像的各个波段数据后,还应该对其进行灰度拉伸,使其灰度值的范围与原始多光谱影像的各个波段的灰度值范围一致,最终通过彩色合成得到融合影像。这种方法多用于影像锐化、TM 多光谱与 SPOT 全色、SPOT 全色与 SPOT 多光谱的影像融合。它的优点在于简化了影像转换过程的系数,锐化影像的同时能够保持较多原始多光谱影像的信息。但是,如果原始影像的光谱范围不一致,则融合后影像的光谱会严重失真。

5. 逻辑滤波器

逻辑滤波器融合是两个像素的灰度值之间进行逻辑运算实现融合的最直观的融合方法,如两个像素的灰度值均大于特定的门限值,进行"与"运算。来自"与"运算的特征被认为是对应了环境的主要方面。同样,"或"滤波用来分割影像,因为所有大于特定的门限值的传感器信息都可用来进行影像分割。两个像素的灰度值均小于特定的门限值时,用"或非"运算。

6. 高通滤波(High Pass Filter,HPF)

高通滤波融合是将原始高空间分辨率影像中的高频信息(细节、边缘)提取出来叠加到原始多光谱影像中,从而获取融合影像的方法。首先,运用高通滤波器对原始高分辨率影像进行滤波处理,消除绝大部分的低频信息;然后,把滤波结果影像与多光谱影像进行合成,形成具有高频信息的多光谱融合影像,其生成表达式为:

$$x_{Fi} = x_i + \mathrm{HP}(x_p) \tag{14.7}$$

式中,x_{Fi}、x_p、x_i 分别是融合结果影像、原始高分辨率影像和原始多光谱影像第 i 波段对应位置上像素的灰度;HP 操作表示对原始影像进行高通滤波。

这种方法可以对多光谱的单个波段进行操作(i 取一次值),也可以对多个波段进行操作(i 取多次值),然后再完成彩色合成。高通滤波融合实现简单,对多光谱波段数没有限制,采用此法的融合结果影像的光谱畸变较小,但是其空间分辨率的改善程度也相对较小,并且会丢失影像中的纹理信息。

14.5.2 分量替换方法

分量替换融合法的基本思想是:对空间配准的高空间分辨率影像与低分辨率多光谱影像进行融合时,把多光谱影像看做由空间和光谱两分量组成,为此首先将多光谱影像进行某种变换,试图分离两分量,得到与高分辨率影像高度相关的空间分量和光谱信息分量;其次,为增强空间信息,用高分辨率影像或高分辨率影像经灰度直方图匹配得到的影像代替多光谱影像变换后的空间分量(称替换分量),而保持光谱信息不变,然后进行逆变换至原始影像空间,得到融合影像。其目的是经过融合处理在保持原始光谱信息不变的同时,将高空间分辨率影像的空间信息传递到多光谱影像中,获得高分辨率多光谱影像(韩玲,2005)。分量替换思想主要包括主成分分析和颜色变换两种实现方法。

1. 主成分分析

主成分分析(Principal Component Analysis,PCA)是在统计特征基础上进行的多维正交线性变换,也称为 K-L(Karhunen-Loeve)变换,其几何意义是把原始特征空间的特征轴旋转到平行于混合集群结构轴的方向上去,得到新的特征轴。该方法先对多光谱影像进行 PCA 变换,得到主要的几个分量,然后用高空间分辨率的影像来代替第一主分量,最后进行反变换得到融合影像。除此以外,PCA 变换的另一种可行的实现方式是将多光谱影像的各个波段与高空间分辨率影像统一进行 PCA 变换,然后进行反变换得到融合影像。

主成分分析的方法使得变换后的主成分之间已不再存在相关性,即协方差为 0,它保证了各个主成分之间没有信息的重复和冗余。这种融合方法可对于 3 个波段的多光谱影像进行处理,能够在继承一定的高光谱分辨率的同时提高影像的空间分辨率。但是,由于该方法是直接用高空间分辨率的影像来替换多光谱影像,具有最大信息量的第一分量,因而会丢失原始多光谱影像中的有用的光谱信息。同时,光谱信息的集中会造成光谱特征的混乱,从而影响按照光谱特性进行分类的结果的精度。

2. 颜色变换

颜色变换是通过先将多光谱影像从 RGB 空间转换到分量不相关的其他颜色空间(如 HIS、YIQ、HSV、HLS 等),然后在变换空间里用高空间分辨率的影像替代其中某个分量,最后进行反变换到 RGB 颜色空间完成影像的融合。下面以 HIS 变换为例说明。

HIS 颜色系统的三个分量色调 H、亮度 I 和饱和度 S 具有相互独立性,并且能够准确地定量描述出颜色特征和光照强度。在这个颜色系统中,光谱信息主要集中在色调和饱和度上,而强度的改变对视觉的影响相对较小,则可以对强度分量进行替代处理。HIS 变换融合的实现步骤如下:

(1) 利用正变换公式对多光谱影像进行 RGB 颜色空间到 HIS 颜色空间的转换,得到 H、I 和 S 分量。

(2) 将高空间分辨率影像与上一步得到 I 分量进行直方图匹配,通过这种拉伸处理使得两者的均值和方差一致。

(3) 用拉伸后的高空间分辨率影像替代多光谱影像的 I 分量,并利用反变换公式对多光谱影像进行 HIS 颜色空间到 RGB 颜色空间的转换,实现影像的融合。

HIS 模型有多种,常用的有圆柱体变换、球体变换、三角形变换以及单六棱锥变换,等等。选用模型不同,则所采用的变换公式也将有所不同,如果采用圆柱体变换,则可以采用如下的正反变换公式:

正变换

$$\begin{bmatrix} I \\ v_1 \\ v_2 \end{bmatrix} = \begin{bmatrix} \frac{1}{\sqrt{3}} & \frac{1}{\sqrt{3}} & \frac{1}{\sqrt{3}} \\ \frac{1}{\sqrt{6}} & \frac{1}{\sqrt{6}} & -\frac{2}{\sqrt{6}} \\ \frac{1}{\sqrt{2}} & -\frac{1}{\sqrt{2}} & 0 \end{bmatrix} \times \begin{bmatrix} R \\ G \\ B \end{bmatrix} \tag{14.8}$$

$$H = \arctan\left(\frac{v_2}{v_1}\right) \tag{14.9}$$

$$S = \sqrt{v_1^2 + v_2^2} \tag{14.10}$$

反变换

$$v_1 = S \cdot \cos H \tag{14.11}$$

$$v_2 = S \cdot \sin H \tag{14.12}$$

$$\begin{bmatrix} R \\ G \\ B \end{bmatrix} = \begin{bmatrix} \frac{1}{\sqrt{3}} & \frac{1}{\sqrt{6}} & \frac{1}{\sqrt{2}} \\ \frac{1}{\sqrt{3}} & \frac{1}{\sqrt{6}} & -\frac{2}{\sqrt{2}} \\ \frac{1}{\sqrt{3}} & -\frac{2}{\sqrt{6}} & 0 \end{bmatrix} \times \begin{bmatrix} I \\ v_1 \\ v_2 \end{bmatrix} \qquad (14.13)$$

HIS 变换融合法可以保留原多光谱影像的色调和饱和度信息,以及高空间分辨率影像的分辨率特性,增强了影像的纹理特征并加强了影像的细节表达能力,不过,该方法只适合于 3 个波段的多光谱参与融合。

14.5.3 塔式分解方法

塔式分解变换是多分辨率分析方法的一种,最早由 Rosenfeld 和 Witkin 等人提出,并由 Marr 等学者引入到影像处理当中(Marr,1982;Burt & Adelson,1983,1985;Lindeberg,1994)。该方法的基本原理是先将原始影像进行不同尺度、多分辨率分解,然后在不同的分层上采用一定的融合规则进行融合,最后将融合后的影像重新合成,构建最终的融合影像,具体包括影像分解、塔层融合、重构影像三个部分。

最常见的金字塔形影像变换有高斯金字塔变换、拉普拉斯金字塔变换(Burt,et al,1983)、对比度金字塔变换(Toet,et al,1989)、比率低通金字塔变换、梯度金字塔变换(Burt,1992)和形态学金字塔变换(Toet,et al,1992;Matsopoulos,et al,1994)等,但这些变换方法大部分对影像的噪声比较敏感,性能不稳定。其中,拉普拉斯金字塔形变换是较早提出且最成熟的。

建立影像的拉普拉斯金字塔形分解有 4 个基本步骤:低通滤波,降采样(缩小尺寸),内插(放大尺寸)和带通滤波(影像相减)。影像的拉普拉斯金字塔形分解与高斯金字塔形分解一样,也是影像的多尺度、多分辨率分解。拉普拉斯金字塔的各层(顶层除外)均保留和突出了影像的重要特征信息(如边缘信息),这些特征信息被按照不同尺度分别分离在不同分解层上。影像的拉普拉斯金字塔的每一层是高斯金字塔本层的影像与其高一层影像的放大影像的差。将拉普拉斯金字塔的各层影像经过 Expand 算子逐步内插放大到与原始影像一样的大小,然后再相加就可以得到原始的影像,这是该塔形分解的重构过程。

对比度金字塔和比率低通金字塔虽然符合人的视觉特征,但由于噪声的局部对比度一般都比较大,所以基于这两种塔式分解的融合算法对噪声都比较敏感,不稳定。在此基础上,出现了梯度金字塔的影像分解方式。该方法从高斯金字塔的各层提取方向梯度影像。数学形态学金字塔是一种非线性的金字塔,其基本思想是通过连续地增加结构元素的尺寸或者连续地减少影像的尺寸,使越来越多的影像细节被过滤掉,于是就得到了多分辨率的形态学金字塔。它的产生过程与构建高斯金字塔相近,首先对原始影像进行滤波,然后进行下一步采样,最终得到一系列的影像,从而构成金字塔影像层。

除上述几种金字塔外,还有诸如高斯-拉普拉斯金字塔、Steerable 金字塔、FSD(Filter Subtract Decimate)拉普拉斯金字塔等影像金字塔的构建方法。但是,完成金字塔的构建只是做塔式分解影像融合方法的第一步,接下来需要在不同的影像层对影像进行融合,这时候需要选择合适的融合方法对不同层的影像进行处理。在融合的具体实施过程中,可以采用直接对单像素处理的方法,也可以选择以影像区域为单位进行融合处理。在所有层完成融合后，就可以利用不同金字塔影像构建方法实施对应的重构过程，从而得到金字塔分解法的融合影像。

金字塔法的优点是可以充分利用组合影像的全局与局部信息、空间与灰度信息，便于层次分析。具有高分辨率特点的下层有利于影像细节分析，具有低分辨率特点的上层有利于影像宏观分析。低分辨率、尺寸较小的上层分析得到的信息可以更好地指导高分辨率、尺寸较大的下层的影像分析，从而发挥不同分辨率图层的优势，简化计算，提高分析的速度和准确性。

14.5.4 频谱分解方法

频谱分解指的是将影像从空间域变换到频率域，然后在频率域进行融合。小波变换是常用的频谱分解方法。最近，经验模态分解也得到重视。

1. 小波变换方法

小波方法（Grossmann and Morlet，1984）是通过对影像信号的小波变换，得到一组分辨率和尺度不同的影像，再按一定的规则融合，得到一个融合后的影像序列，然后再重构出融合影像。它作为傅立叶变换后出现的一种新的信号分析方法，有着很多优点：该变换具有时间和频率双重定位能力，很好地解决了时间和频率分辨率的矛盾；小波变换本身不要求为正交变换；小波变换的窗口大小可以任意调节，因而具有良好的局部化性质。

小波变换的目的是将原始影像分别分解到一系列频率通道中，利用分解后的金字塔结构，对不同的分解层和不同的频带分别进行融合处理，如此可以有效地将来自不同传感器的影像的细节融合在一起。这种处理过程类似于人的视觉形成过程，因而具有较好的视觉效果。

目前，基于小波变换的影像融合方法中，可采用的小波分解方法很多，比如 Mallat 快速小波算法（Mallat，1989）、Troüs 小波算法（Shense，1992；李军，等，1996），等等。同时，小波变换方法因其良好的性能还可以与其他融合算法相结合，比如小波变换与 HIS 相结合的融合算法（Yocky，1995；Chavez，et al.，1991）、小波变换与 PCA 相结合的融合算法（Yeson，1993；Li，et al.，1999），等等。

此外，小波变换与上述多分辨率金字塔影像构建算法一个不同之处在于它消除了各层数据间的相关性。因而，在某些方面可以获得比塔式分解融合方法更好的性能。

2. 经验模态分解（EMD）方法

经验模态分解（Empirical Mode Decomposition）是由 Huang 等人在 1998 年提出的一种新的信号分析方法，它适用于分析非线性、非平稳的信号，在机械故障检测、电磁波声波信号分析等方面有良好的应用性能。这种方法从本质上说是对一个信号进行平稳化的处理，将信号中不同尺度的波动或趋势逐级分解开来，产生一系列具有不同特征尺度的数据序列和一个趋势项，其中每个数据序列被称为一个内在模式函数（Intrinsic Mode Function，IMF）。这种方法可以对数据进行空域分解，与小波方法比较，具有更好的时频特性。对影像进行 EMD 分解后，提取其中的某些层或所有层进行融合，然后将融合后的层与其他层一起进行重构得到融合影像。王坚等（2007）运用 EMD 方法对 QuickBird 全色波段影像和多光谱影像进行融合实验并与其他方法比较，得出 EMD 方法相对较好的结论；刘中轩和彭思龙（2007）提出了方向 EMD 方法，实现了遥感影像的纹理分割；Nunes（2003）等提出了用二维 EMD 方法处理影像，实现了基于数据驱动的无参数化的精确纹理分析。

14.5.5 人工智能方法

人工智能方法主要实现于特征层和决策层的影像融合,需要首先对获取的原始影像数据和其他的相关数据作初步的特征提取等信息综合处理,然后在比较高级的层面上作融合处理,主要有基于 Bayes 理论、神经网络理论、证据理论以及统计理论等。

Bayes 理论通过把被测对象的测量值与备选假设进行比较,以确定哪个假设能最佳地描述观测值,它包括极大似然估计、Bayes 估计和多 Bayes 估计等。极大似然估计是静态环境中多源信息融合中比较常用的方法。Bayes 估计用测量值概率描述和先验知识计算每个假设的一个概率值,当系统获得一个新的检测值时,依据 Bayes 方法可以由先验知识与这一新的检测值对所有假设的可信度进行更新。Bayes 理论还可以用于检测系统中多传感器数据处理的二元判断或多元判断。多 Bayes 估计把每个信息作为一个 Bayes 估计,将物体的关联概率分布结合成一个联合的后验概率分布函数,然后通过使分布函数的似然函数为最大,提供多源信息融合的最终融合值。Bayes 估计为多传感器融合提供了按概率理论规则组合传感器信息的方法,它是以 Bayes 法则为基础的技术,在给定一先验似然估计和附加证据条件下,能更新一个假设的似然函数。该方法需要先验知识,且当多个可解的假设和多个条件相关时显得很复杂。

神经网络方法首先将输入信息综合处理为一个整体输入函数,并将此函数映射定义为相关单元的映射函数,它通过神经网络与环境的交互作用把环境的统计规律反映到网络本身的结构中来,并对传感器输出信息进行学习、理解,确定权值的分配,完成指示获取、信息融合,进而对输入模式做出解释,将输入数据矢量转换成高层逻辑概念。人工神经网络的特点是:其固有的并行结构和并行处理,知识的分布存储,容错性,自适应性等。网络的知识表示与它的知识获取过程将同时完成,因而执行速度可以加快。在推理过程中,根据需要还可以通过学习对网络参数进行训练和自适应调整,因此,它是一种有自适应能力的推理方式。另外,现实世界中影像噪声总是不可避免地存在,甚至有时信息会有缺失,在这种情况下,神经网络融合方法也能以合理的方式进行推理。在进行影像融合时,神经网络经过训练后把每一幅影像的像素点分割成几类,使每幅影像的像素都有一个隶属度函数矢量组,提取特征,将特征表示作为输入参加融合。目前绝大多数的神经网络是用数字化仿真来实现的,使用软件和数字信号处理芯片来模拟并行计算。

证据理论可处理由不知道所引起的不确定性。它采用信任函数而不是概率作为度量,通过对一些事件的概率加以约束以建立信任函数,而不必说明精确的难以获得的概率,当约束限制为严格的概率时,它就变成为广义概率论。证据理论的 个基本策略是将证据集合划分为两个或多个不相关的部分,并利用它们对辨识框架独立地进行判断,然后用组合规则将它们融合起来,得到最终的判决结果。在证据相关时,可考虑用 Dempster-Shafer(D-S)理论推广方法。这种方法由 Dempster(1967)首先提出,后来由 Shafer 加以扩充和发展,它是 Bayes 方法的扩展,利用概率区间和不确定区间来确定多证据下假设的似然函数。这种方法不但可以处理由知识不准确引起的不确定性,也可以解决由不知道引起的不确定性。它的推理结构可以分为自上而下的三级:第一级为目标合成,其作用是把来自几个独立信息的观测结果合成为一个总的输出结果;第二级为推断,其作用是获取信息的观测结果扩展为目标报告,这种推理的基础是一定的信息观测结果以某种可信度在逻辑上肯定会产生可信的某些目标观测结果;第三级为更新。由于信息存在随机误差,在时间上充分独立的同一物体的一组连续报告,比任单一报告都可靠,因此,在进行推断之前要先更新和组合观测信息。需要解决的问题是如何才能有效地处理矛盾的证据与幂指数级增长的计算量等问题。

Lowrance 等(1982,1985))论证了 Dempster-Shafer 理论应用于多源数据融合的可能性,Bogler 等(1987)论证了基于 Dempster-Shafer 多源数据融合应用于目标识别、军事指挥和控制方面的一般方法。针对 Dempster-Shafer 证据理论的缺陷,也有不少学者对现有的理论框架作了一些修正和扩展,如 Thomopoulos(1989)把 Bayes 和 Dempster-Shafer 理论有效结合起来,从而克服两者各自的不足,提出了广义证据理论;Yen(1990)把 Dempster-Shafer 理论和 Zaheh 模糊集合理论相结合,从而把证据理论推广到模糊集合上,以实现不精确和模糊信息下的证据推理。

Taxt 等(1997)把影像融合统计方法分为增大矢量方法、分层法、概率松弛法和扩展统计法。在简单增大矢量法中,把不同来源取得的数据都加以链接,看起来它们都好像是由单个传感器测量得到结果,融合成的数据矢量分类为普通单源测量值。分层法用在分类过程中合并辅助和 GIS 数据。GIS 数据被分层为各种类别,每一类别使用一个光谱模型。概率松弛法是将空间前后关系的分类方法加以扩展,以合并辅助数据。扩展统计融合方法是通过各种方案而推导出来的,这些方案是用于只有一个数据源的多光谱影像分类的。每一数据都被看做是独立的,分类结果都使用加权线性组合加以融合。

14.6　影像融合方法评价

14.6.1　评价方法的分类

主观评价主要是由人在感性认识上,从主观感觉和统计结果的角度对融合效果作出相应的判定,主要的方法是目视判读。人类视觉系统被认为是最精密的光学成像系统,通过人眼接收物体的反射光在大脑中成像,然后由大脑根据储存的经验知识进行分析得到结论,这个过程所需时间很短,因此,主观评价方法具有直观、简单、快速的优点。

融合影像质量评价离不开视觉评价,主观评价方法可以从配准、融合结果影像的整体亮度、色彩、反差、清晰度,及融合结果影像的内纹理、地物边缘、是否有蒙雾或马赛克等现象出现等方面做出判定,直观地得到影像在空间分解力、清晰度等方面的差异。

人眼对色彩具有的强烈感知能力,对光谱特征的评价是任何其他方法无法比拟的,因此对融合结果的主观判断必不可少。但是这种方法的主观性比较强,人的视觉对影像上的各种变化并不都很敏感,影像的视觉质量强烈地取决于观察者,具有主观性、不全面性的特点。

目视判读的优点是操作简单、效率高,可以有效剔除一些质量差的影像,避免无谓的工作,但是这种判定会因为观察人员的素质、经验、水平的不同以及外部环境的影响而产生较大的差异,因此需要有易于掌控和科学支持的定量评价方法。客观评价方法主要采用定量的评价指标对影像进行分析,由此获取对融合效果好坏的判定,以下对其中一些常常采用的评价指标进行简要的介绍。

14.6.2　单幅影像统计特征的评定方法

常用的单幅影像统计特征的评价指标有信息熵、平均梯度、标准差和空间频率等,计算公式见表 14.4。

表 14.4　　单幅影像统计特征评定方法

指标名称	计算公式	说　明
信息熵	$E = -\sum_{i=0}^{n} P(i) \log_2 P(i)$	$P(i)$：某像素值 i 在影像中出现的概率； n：灰度值范围（一般为 0～225）。
平均梯度	$\overline{G} = \dfrac{1}{m \times n} \sum_{i=1}^{m} \sum_{j=1}^{n} \left(\left(\left(\dfrac{\partial f_{i,j}}{\partial x_i} \right)^2 + \left(\dfrac{\partial f_{i,j}}{\partial y_j} \right)^2 \right) \Big/ 2 \right)^{1/2}$	m、n：影像的宽和高； $f_{i,j}$：影像像素 (i,j) 的灰度值。
标准差	$\sigma = \sqrt{\dfrac{1}{n-1} \sum_{i=1}^{n} (x_i - \mu)^2},\ \mu = \dfrac{1}{n} \sum_{i=1}^{n} x_i$	n：影像中像素的总数； x_i：第 i 个像素的灰度值。
空间频率	$\text{RF} = \sqrt{\dfrac{1}{m \times n} \sum_{i=1}^{m} \sum_{j=2}^{n} (f_{i,j} - f_{i,j-1})^2}$ $\text{CF} = \sqrt{\dfrac{1}{m \times n} \sum_{i=2}^{m} \sum_{j=1}^{n} (f_{i,j} - f_{i-1,j})^2}$ $\text{SF} = \sqrt{\text{RF}^2 + \text{CF}^2}$	m、n：影像的宽和高； $f_{i,j}$：影像像素 (i,j) 的灰度值； RF：空间行频率； CF：空间列频率； SF：整体空间频率值。

信息熵（Entropy）（Pal，等，1991；胡召玲，等，2004；李弼程，等，2003；姜丹，1992）是用来表示任何一种能量在空间的均匀分布程度。能量分布得越均匀，熵就越大。对一个系统，当其能量完全均匀分布时，这个系统的熵就达到最大值。融合后的影像的信息熵 E 值越大，则影像中偏离影像直方图高峰灰度区的大小越大，所有灰度值出现的概率趋于相等，融合影像携带的信息量越大，信息越丰富。

平均梯度（王文杰，等，2001）可敏感地反映出影像对微小细节反差的表达能力，在影像中，某一个方向的灰度级变化率大，则它的梯度就大。用平均梯度值来衡量影像的清晰度，能够反映出影像中微小细节反差和纹理的变换特征。一般说来，该值越大，影像层次越多，影像就越显得清晰，就可以评价融合结果影像的细节表达能力。

灰度平均值 μ 即是影像亮度的平均值，一个适中的亮度均值可以反映出影像的效果比较理想；标准差 σ 是影像灰度值相对于均值的分散度的测定，值越大则影像的灰度范围越分散，影像的反差越大，得到的影像的信息量也越大；反之，则反差小，对比度不大，色调单一均匀，信息量小。融合影像的分辨率与被替代影像的标准差相关，一般来说，被替代影像的标准差越大，融合影像的分辨率越高。

空间频率（李树涛，等，2002；Xydeas，等，2000）反映了一幅影像空间的总体活跃程度，它包括空间行频率 RF 以及空间列频率 CF。

14.6.3　融合影像与标准参考影像关系的评定方法

此类方法主要是通过比较融合影像与标准参考影像之间的关系，来评价融合影像的质量以及融合效果的好坏。由于在使用中需要标准参考影像，而在遥感影像融合的实际应用中，标准参考影像不一定都能得到，所以此类方法的使用受到一定的限制。

均方根误差（RMSE）、信噪比（SNR）和峰值信噪比（PSNR）（王海晖，2003）都可用来衡量融合影像的质量以及融合效果的好坏。

如果认为标准参考影像是信息,且融合结果影像与标准参考影像的差异是噪声,那么定义融合结果影像信噪比的表达式为：

$$\mathrm{SNR} = 10\lg \frac{\sum_{i=1}^{m}\sum_{j=1}^{n}F_{i,j}^2}{\sum_{i=1}^{m}\sum_{j=1}^{n}(R_{i,j}-F_{i,j})^2} \tag{14.14}$$

定义峰值信噪比的表达式为：

$$\mathrm{PSNR} = 10\lg \frac{\max(F_{i,j})-\min(F_{i,j})}{\mathrm{RMSE}^2} \tag{14.15}$$

式(14.14)和式(14.15)中,m、n分别为影像的宽和高;$R_{i,j}$、$F_{i,j}$分别为标准影像和融合结果影像在对应像素(i,j)的灰度值;max、min分别表示取最大值和取最小值。

影像融合后,如果噪声得到抑制,而边缘信息得到很好的保留,则融合后的信息量就会增加。

14.6.4 融合影像与源影像关系的评定方法

对比融合影像与源影像之间的差异,可对融合的结果影像进行评价。常用的融合影像与源影像关系的评价方法有联合熵、光谱扭曲度、偏差指数、未变像素百分比和相关系数等,计算公式见表14.5。

表 14.5　　　　　　　　　融合影像与源影像关系的评定方法

指标名称	计算公式	说　明
联合熵	$\mathrm{UE}_{FA_1A_2} = -\sum_{i=0}^{n}\sum_{j=0}^{n}\sum_{k=0}^{n}p_{FA_1A_2}(i,j,k)\log_2 p_{FA_1A_2}(i,j,k)$	$p_{FA_1A_2}(i,j,k)$:三幅影像灰度的联合概率密度; n:灰度值范围(一般为0~225)。
光谱扭曲度	$D = \frac{1}{m \times n}\sum_{i=1}^{m}\sum_{j=1}^{n}\|x'_{i,j}-x_{i,j}\|$	m、n:影像的宽和高; $x_{i,j}$、$x'_{i,j}$:原始影像和融合结果影像上对应像素(i,j)的灰度值。
偏差指数	$\mathrm{DI} = \frac{1}{m \times n}\sum_{i=1}^{m}\sum_{j=1}^{n}\frac{\|x'_{i,j}-x_{i,j}\|}{x_{i,j}}$	m、n:影像宽和高; $x_{i,j}$、$x'_{i,j}$:原始多光谱影像和融合结果影像上对应像素(i,j)的灰度值。
未变像素百分比	$U = \frac{x}{m \times n} \times 100\%$	m、n:影像的宽和高; x:融合前后像素值未改变的像素的个数。
相关系数	$\rho = \frac{\sum_{i=1}^{m}\sum_{j=1}^{n}(x'_{i,j}-\overline{x}')(x_{i,j}-\overline{x})}{\sqrt{\sum_{i=1}^{m}\sum_{j=1}^{n}(x'_{i,j}-\overline{x}')^2(x_{i,j}-\overline{x})^2}}$	m、n:影像的宽和高; $x_{i,j}$、$x'_{i,j}$:分别为原始影像和融合结果影像上对应像素(i,j)的灰度值; $\overline{x}$、$\overline{x}'$:原始影像和融合结果影像像素灰度均值。

联合熵(Union Entropy)(贾永红,等,1997)可作为多幅影像之间相关性的度量,它能够反映影像间的联合信息。联合熵可以是两幅影像的,也可以扩展到多幅影像,只需要知道影像灰度的联合概率密度即可求解。一般情况下,融合结果影像与原始影像的联合熵的值越大,则影像包含的信息越丰富。

光谱扭曲度可以用于反映融合影像与原始影像在光谱信息上的差异大小,也常被称为偏差,其值越小,表明两者差异越小,融合的效果也就越好。

偏差指数(Difference Index)(Costantin,et al,1997)用来比较融合结果影像和融合采用的低分辨率多光谱影像偏离的程度。另一种定义偏差指数的方法是采用影像的亮度分量。偏差指数的大小反映了融合结果保持光谱的程度,偏差指数越大,则融合结果影像的光谱失真越大,融合效果越差。

未变像素百分比是融合前后影像中灰度值不变的像素的个数与影像像素总数之比,通常会被用来衡量多光谱影像融合前后的光谱变化情况。未变像素百分比越高,说明影像融合前后的光谱保持得越好,这样保真度越强,融合效果就越好。

相关系数能够反映两幅影像的光谱特征的相似程度(Nunez,et al,1999)。融合时源影像至少是两幅(设有 n 幅),所以在实际应用中,可以取多个相关系数的均值得到最终的相关系数值,其表达式为:

$$\bar{\rho}_{FA_1\cdots An} = \frac{1}{n}\sum_{i=1}^{n}\rho_{FA_i} \tag{14.16}$$

式中,ρ_{FA_i} 为融合结果影像 F 与第 i 幅源影像 A_i 的相关系数。

在 HIS 变换、PCA 变换和小波变换中使用替代法时,替代影像同较高空间分辨率影像之间的相关系数越大,则融合结果影像从原始影像中获取的信息就越多,相对融合结果效果就越好。

此外,还有人提出用交互信息量 MI、高频分量相关系数 HF、交叉熵 CE、边缘强度、边缘方位角、基于模糊积分的空间分辨率评价指标以及基于分形维数评价影像质量等各种评价融合效果的方法。

当然,在实际应用中,对融合效果的评价往往不会只依靠一种评价手段或单一的评价指标,否则会显得不全面。因此,必须将主观和客观的评价方法予以结合,并尽可能根据影像覆盖的不同地域内容、获取的不同时间、应用的不同目标等因素而采用多个合适的评价指标作为定量判定的参考。

14.7 小　　结

近十几年来,多源遥感影像融合技术虽然得到了快速发展,并在很多领域得到成功应用,但是由于其自身理论仍然不够成熟,因此仍在不断发展和完善之中。其中存在的主要问题及发展趋势可以归纳如下。

1. 选择多源遥感影像由数据与非影像数据进行融合

当前主要是影像数据的融合,在遥感影像的融合研究中,还涉及很多影像数据与各类辅助的非影像数据(如地形图、GPS 坐标等)的融合,其中 SAR 影像数据间的融合就是一种比较典型的例子。目前关于非影像数据与影像数据融合的研究较少,而它又往往影响着遥感应用系统的实现,尤其是数字地球、数字化城市、数字化环境等概念的提出,使得研究这项技术更为迫切。

2. 建立良好的空间配准模型

有时多个影像传感器的视角、观测距离、分辨率、目标的运动情况等可能是不同的,这些都给影像的配准带来困难,因此,建立良好的空间配准模型,研究出精度较高的自动化配准方案,对影像融合处理有极其重大的意义,实现影像的快速、准确和动态的配准是一项艰巨的工作。

3. 建立统一的影像融合模型

对不同的应用、不同的数据,应该提出具有普遍意义的融合算法以及所采用的流程,建立统一的标准以满足数据驱动的目的,保证不同应用中的需求得到有效的满足,而不仅仅是以光谱和分辨率特性为唯一指标,如果能够引入除光谱信息以外的其他信息,可以进一步提高遥感影像的识别精度。同目视判读一样,影像上的灰度和色调只是从遥感影像上识别目标的主要依据之一,目标的形状、大小、纹理结构、目标之间的相互关系以及活动目标的演变规律都可以作为目标识别的重要依据,在基于知识的多源遥感影像识别系统中,这些特征都可以以知识的形式存储在知识库中,在进行多源信息融合目标识别中被采用。

4. 建立合理的评价体系

虽然可以从主客观两个方面对融合结果影像做出评价,但是在具体实施的过程中往往会因为主客观评价之间或客观评价中的两种不同的指标发生冲突而必须作出取舍,因此,应该对不同的应用目的的影像融合处理提出特定的评价方法,在保证合理的情形下,应该注意满足特定的应用需求。

参 考 文 献

柏延臣,王劲峰.2005.遥感数据专题分类不确定性评价研究进展问题与展望[J].地球科学进展,20(11):1218-1225.
布和敖斯尔,马建文,王勤学,金子正美,福山龙次.2004.多传感器不同分辨率遥感数字图像的尺度转换[J].地理学报,59(1):101-110.
陈汉友.遥感影像融合技术研究及应用[D].南京:河海大学,2004.
代华兵,李春干.2005.森林资源监测中SPOT5数据融合方法的比较[J].林业资源管理,7(3):76-79.
董广军.2004.高光谱与高空间分辨率遥感信息融合技术研究[D].郑州:解放军信息工程大学.
管天云.1998.多传感器信息融合研究[D].杭州:浙江大学.
韩玲.2005.多源遥感信息融合技术及多源信息在地学中的应用研究[D].西安:西北大学.
何兵,胡红丽.2003.一种修正的D-S证据融合策略[J].航空学报,24(6):559-562.
洪贝,孙继银.2006.图像配准技术研究[J].战术导弹控制技术,(3):109-133.
胡召玲,侯飞,张海荣.2004.Landsat7卫星多光谱图像与全色图像的数据融合[J].中国矿业大学学报,33(1):37-40.
黄慧萍,吴炳方.2003.地物提取的多尺度特征遥感应用分析[J].遥感技术与应用,18(5):276-281.
黄慧萍.2003.面向对象影像分析中的尺度问题研究[D].北京:中国科学院研究生院.
贾永红,李德仁,孙家柄.2000.多源遥感影像数据融合[J].遥感技术与应用,15(1):41-44。
贾永红,李德仁.1997.选择最佳彩色变换用于遥感影像复合的定量评价方法[J].测绘通报,12(1):2-4.

贾永红.2005.多源遥感影像数据融合技术[M].北京:测绘出版社.
姜丹.1993.加权熵公理构成证明的新方法[J].中国科学技术大学学报,123(2):159-168.
金剑秋.2005.多光谱图像的融合与配准[D].杭州:浙江大学.
柯小玲.2005.图像融合方法及效果评价研究[D].西安:西北工业大学.
蓝金辉,马宝华,蓝天,等.2001.D-S证据理论数据融合方法在目标识别中的应用[J].清华大学学报,41(2):53-59.
李弼程,魏俊,彭天强.2003.遥感影象融合效果的客观分析与评价[J].计算机工程与科学,26(1):42-46.
李哈滨,伍业钢.1992.景观生态学的数量研究方法[M]//当代生态学博论.北京:中国科学技术出版社.
李军,林宗坚.1996.小波变换的多分辨率支集用于噪声图像低通滤波[J].武汉测绘科技大学学报,(21):366-370.
李军.1999.多源遥感影像融合的理论、算法与实践[D].武汉:武汉测绘科技大学.
李霖,吴凡.2005.空间数据多尺度表达模型及其可视化[M].北京:科学出版社.
李树涛,王耀南,龚理专.2002.多聚焦图像融合中最佳小波分解层数的选取[J].系统工程与电子技术,24(6):45-48.
李双成,蔡运龙.2005.地理尺度转换若干问题的初步探讨[J].地理研究,24(1):11-18.
李志林.2005.地理空间数据处理的尺度理论[J].地理信息世界,3(2):1-5.
梁继民.1999.多传感器决策融合方法研究[D].西安:西安电子科技大学.
刘贵喜.2001.多传感器图像融合方法研究[D].西安:西安电子科技大学.
刘松涛,杨绍清.2007.图像配准技术性能评估及实现概况[J].电光与控制,14(3):73-78.
刘勇,沈毅,胡恒章,李延秋.1999.精确制导武器及其支持系统中的信息融合技术[J].系统工程与电子技术,21(4):1-11.
刘忠轩,彭思龙.2005.方向EMD分解与其在纹理分割中的应用[J].中国科学(E辑),35(2):113-123.
彭晓鹃,邓孺孺,刘小平.2004.遥感尺度转换研究进展[J].地理与地理信息科学,20(5):6-14.
钱永兰,杨邦杰,雷廷武.2005.用基于HIS变化的SPOT-5遥感图像融合进行作物识别[J].农业工程学报,21(1):102-105.
强赞霞.2005.遥感图像的融合及应用[D].武汉:华中科技大学.
苏理宏,李小文,黄裕霞.2001.遥感尺度问题研究进展[J].地球科学进展,16(4):544-548.
覃征,鲍复民,李爱国,杨博.2004.多传感器图像融合及其应用综述[J].微电子学与计算机,2(21):1-5.
谭兵,邢帅,徐青,李建胜.2004.SPOT5超模式数据处理技术研究[J].遥感技术与应用,19(4):249-252.
王海晖,彭嘉雄,吴巍.2003.多源遥感图像融合效果评价方法研究[J].计算机工程与应用,39(25):33-37.
王坚,张继贤,刘正军,高祥.2007.基于经验模态分解的高分辨率影像融合[J].遥感学报,11(1):55-61.
王淑,王恒山,肖刚.2005.多源遥感影像融合理论,技术和应用[J].微应电脑应用,21(12):1-5.
王文杰,唐娉,朱重光.2001.一种基于小波变换的图像融合算法[J].中国图像图形学报(A),6(11):1130-1136.
王智均,李德仁,李清泉.2001.多进制小波理论在SPOT和TM影像融合中的应用[J].武汉大学学报(信息科学版)26(1):24-28.
夏明革,何友,唐小明,夏仕昌.2002.多传感器图像融合综述[J].电光与控制,9(4):1-7.
徐从富,耿卫东,潘云鹤.2001.面向数据融合的D-S算法综述[J].电子学报,29(3):393-396.
徐建华.2002.现代地理学中的数学方法[M].北京:高等教育出版社,2002.
徐俊锋.2006.IKONOS信息提取的尺度效应研究[D].杭州:浙江大学.
徐青.2004.多源遥感影像配准与融合技术的研究[D].郑州:解放军信息工程大学.
杨炫,裴继红,杨万海.2002.小波变换方法在高分辨率多光谱图像融合中存在的问题[J].红外与毫米波学报,21(1):77-80.
姚春燕,郁文贤,庄钊文.1999.态势估计中一种基于则十斯估计的统计时间推理方法[J].火力与指挥控制,(1):48-52.

负培东,曾永年,历华. 2006. 多尺度遥感影像融合技术及其算法研究进展[J]. 遥感信息,(6):67-71.

张景彬. 2005. 基于相关证据的信息融合算法研究[D]. 北京:燕山大学.

周海芳,刘光明,郑明玲,杨学军. 2004. 遥感图像自动配准的串行与并行策略研究[J]. 国防科技大学学报,26(2):56-61.

Acerbi-Junior, F. W. , Clevers, J. G. . P. W. and Schaepman, M. E. , 2006, The assessment of multi-sensor image fusion using wavelet transforms for mapping the Brazilian Savanna, International Journal of Applied Earth Observation and Geoinformation 2006(8):278-288.

Binaghi E. , et al. , 1997, Fuzzy contextual classification of multisource remote Sensing images, IEEE transactions on Geoscience and Remote Sensing,35(2):326-339.

Bloom A. , Fielding E. and Fu X. , 1988, A demonstration of stereophotogrammetry with combined SIR-B and Landsat TM images, International Journal of Remote Sensing,9(5):1023-1038.

Bogler, P. , 1987, Shafer-dempster reasoning with applications to multisensor target identification systems. IEEE Transactions on Systems, Man and Cybernetics,17:968-977.

Brown, L. , 1992, A Survey of Image Registration Techniques. ACM Computing Surveys,24(4):325-376.

Buede, D. M. 1988, Shafer-Dempster and Bayesian reasoning: a response to 'Shafer-Dempster reasoning with applications to multisensor targetidentification systems'. Systems, Man and Cybernetics,(18):1009-1011.

Burt P. J. et al. 1993, Enhaneed image capture through fusion. In Proceeding of the 4th Internatiolal Conefrence on Computer Vision, Berlin,173-182.

Burt, P J. 1985, A gradient pyramid basis for pattern-selective image fusion[J]. Society for information display digest of technical papers,16:467-470.

Burt, P. J. , and Kolczynski, R. , 1993, Enhaneed image capture through fusion. Proeeeding of the 4th Internatiolal Conefrence on Computer Vision, Berlin,173-182.

Burt, P. J. and Adelson, E. H. 1985, Merging images through pattern decomposition, Procedings of SPIE,575:173-182.

Burt, P. J. and Adelson, E. H. 1983, The Laplacian pyramid as a compact image code, IEEE Transactions on Communication,31(4):532-540.

Campbell, N. A. , 1993, Towards more quantitative extraction of information from remotely sensed data, Proceedings of Advanced Remote Sening Conference,29-40.

Carper W. J. , Lillesand T. M. and Kiefer R. W, 1990, The use of Intensity-Hue-Saturation transformations for merging SPOT panchromatic and multi-spectral images. Photogrammetric Engineering & Remote Sensing,56(4):459-467.

Carper, W. J. , Lillesand, T. M. and Kiefer, R. W, 1990, The use of Intensity-Hue-Saturation transformations for merging SPOT panchromatic and multi-spectral images. Photogrammetric Engineering and Remote Sensing,56(4):459-467.

Chavez, P. S, 1988, An improved dark-object subtraction technique for atmospheric scattering correction of multispectral data, Remote Sensing of Environment,24(3):459-479.

Chavez, P. S. , Sides, S. C. and Anderson, J. A. , 1991, Comparison of three different methods to merge multiresolution and multispectral data: Landsat TM and SPOT panchromatic. Photogrammetric Engineering and Remote Sensing,57(3):295-303.

Cideciyan, R. D. , Dolivo, F. , Hermann, R. , Hirt, W. ; Schott, W. , 1992, A PRML system for digital magnetic recording, Selected Areas in Communications,10(1):38-56.

Costantini, M. , Farina, A. , Zirilli, F. 1997, The fusion of different resolution SAR images. Proceedings of the IEEE, Vol. 85, No. 1, pp:139-146.

Daily, M. , Elachi, C. ; Farr, T. and Stromberg, W. , 1978, Applications of multispectral radar and Landsat imagery to geologic mapping in Death Valley, NASA-JPL publication 78-19,47pp.

Dempster, A. P. , 1967, Upper and lower probability inferences based on a sample from a finite univariate population. Oxford Journals Mathematics & Physical Sciences Biometrika,54(3-4):515-528.

Deny Yong, Shi Wen-kan. A fuzzy-Bayesian approach to target recognition based on multisensor fusion. ISSN 1064-2307, Journal of Computer and Systems Sciences International,2006, Vol. 45, No. 1, pp:114-119.

Du Yong, Philippe M. Teillet and Josef Cihlar, 2002, Radiometric Normalization of Multitemporal High-resolution Satellite Images with Quality Control for Land Cover Change Detection, Remote Sensing of Environment, 82(1):123-134.

Ehlers M., 1991, Multi-sensor image fusion techniques in remote sensing, ISPRS Journal of Photogrammetry and Remote Sensing. 4(16):19-30.

Elvidge C. D, Weerackoon R. D, Weerackoon R. D, 1995, Relative radiometric normalization of Landsat Multispectral Scanner(MSS) data using an automatic scattergram-controlled regression, Photogrammetric Engineering & Remote Sensing, 61(2):1255-1260.

ERDAS Inc, 2001. ERDAS Tour Guide.

Fonseca L M G, Manjunath B S, 1996, Registration Techniques for Multi-sensor Remotely Sensed Imagery, Photogrammetry Engineering and Remote Sensing, 62(9):1049-1052.

Franklin S. E. and Blodgett C. F, 1993., An example of satellite multisensor data fusion, Computers and Geoscience, 19(4):577-583.

Garvey, T., Lowrance, J. D. and Fischler, A., 1985, An inference technique for integrating knowledge from disparate sources. In: Multisensor Integration and Fusion for Intelligent Machines and Systems, Ablex Publishing Corporation, 309-325.

Goshtasby, A., Stockman, G. C., Page, C. V., 1986, A Region-Based Approach to Digital Image Registration with Subpixel Accuracy, Geoscience and Remote Sensing, IEEE Transactions on, GE-24(3):390-399.

Grossmann, A. and Morlet, J, 1984, Decomposition of Hardy Functions into Square Integrable Wavelets of Constant Shape. SIAM journal on mathematical analysis, 15(4):723-736.

Habib, A., and R. Al-Ruzouq, 2004, Line-Based Modified Iterated Hough Transform For Automatic Registration of Multi-Source Imagery, Journal The Photogrammetric Record 19(105):5-21.

Hall D L, Llinas J, 1997, An int roduction to multisensor data fusion[J]. Proceedings of the IEEE, 85(1):6-23.

Hall, D. L., 1992, Mathematical Techniques in Multi-sensor Data Fusion. Bsoton, Artech House.

Hanebeck, U. D., 2003, Progressive Bayesian estimation for nonlinear discrete time systems: the measurement step. IEEE conference on multi-sensor fusion and integration for intelligent systems, MFI2003, 30 July-1 Aug. 2003, 173-178.

Hopkins, H. R, Navail H, Berger Z., Merembeck B. F., Brovey R. L., SCHRIVER. J S CNES, Structural analysis of the Jura mountains-Rhine Graben intersection (Switzerland) for petroleum exploration using SPOT stereoscopic data. SPOT 1 Image Utilization, Assessment, Results pp:803-810(SEE N88-28346 22-43); FRANCE; 1988.

Hsieh Jun-Wei, Ming-Tat Ko, Hong-Yuan Mark Liao and Kuo-Chin Fan, 1997, A new wavelet-based edge detector via constrained optimization, Image and Vision Computing, 15(7):511-527.

Huang, W., and Jing, Z., 2007, Multi-focus image fusion using pulse coupled neural network, Pattern Recognition Letters, 28(9):1123-1132.

Jun Li, Yueqin Zhou, Deren Li, 1999, PCA and wavelet transform for fusing panchromatic and multi-spectral images, SPIE's International Symposium on Aerosense: Image Exploitation and Target Recognition; Orlando, Florida, USA, Vol. 3719, pp:369-377.

Jutz S. L., 1988, An attempt to merge panchromatic SPOT and multispectral TM data illustrated by a test area in the Kenyan highlands at the scale of 1:20000, Proceedings 8th EARSEL symposium, Capri, Italy.

Kiema, I. B. K. 2002. Texture analysis and data fusion in the extraction of topographic objects from satellite imagety, International Journal of Remote Sensing, 22(4):767-776.

Klein, L. A., 1993, Sensor and Data Fusion Concepts and Applications, SPIE Optical Engineering Press, Tutorial Texts, Volume TT14, 131pp.

Kumar, A. S. and Majumder, K. L., 2001. Information fusion in tree classifiers, International Journal of Remote Sensing, 21(5):861-869.

Le Moigne J, Campbell W J, Cromp R F, 2002, An automated image registration technique based on the correlation of wavelet features, IEEE Transactions on Geoscience and Remote Sensing, 40(8):1849-1864.

Le Moigne, J., Campbell, W. J. and Cromp, R F, 2002, An automated image registration technique based on the correlation of wavelet features, IEEE Transactions on Geoscience and Remote Sensing, 40(8):1849-1864.

Leung, H. and Wu. J., 2000, Bayesian and Dempster-Shafer target identification for radarsurveillance. Aerospace and Electronic Systems,36:432-447.

Lewis, J. J., O'Callaghan, R. J., Nikolov, S. G., Bull, D. R., Canagarajah, C. N., 2004, Region-based Image Fusion Using Complex Wavelets. Proc. 7th Int. Conf. on Information Fusion. Stockholm,Sweden:555-562.

Li Hui, Manjunath, B. S., Mitra, S. K., 1995, A contour-based approach to multisensor image registration, Image Processing, IEEE Transactions on,4(3):320-334.

Li, S., Kwok, J. and Wang, Y., 2002, Using the discrete wavelet frame transform to merge Landsat TM and SPOT panchromatic images, Information Fusion,3:17-23.

Lindeberg, T., 1994, Scale-Space Theory in Computer Vision, Kluwer Academic Publisher, Dordrecht.

Liu Jian, Guo J, McM. Moore. 1998, Pixel block intensity modulation: adding spatial detail to TM band 6 thermal imagery. International Journal of Remote Sensing, Volume 19, Issue 13 September 1998, pp:2477-2491.

Lorenzo Bruzzone, Diego F. P and Sebastiano B. Serpico, 1999, A Neural-Statistical Approach to Multitemporal and Multisource Remote-Sensing Image Classification, IEEE transactions on Geoscience and Remote Sensing,37(3):1350-1359.

Lowrance, J. D. and Garvey, T. D., 1982, Evidential reasoning: a developing concept. Proceedings of the Internation Conference on Cybernetics and Society;28 Oct 1982;Seattle,WA,USA.

MacIntosh H. and Profeti G., 1995, The use ERS SAR data to manage flood emergencies at a smaller scale. Proceedings of Second ERS Applications Workshop,London,UK,December.

Mallat, S G., 1989, Multifrequency channel decomposition of images and wavelet models. IEEE Transaction in Acoustics, Speech, Signal Processing,37(12):2091-2110.

Mallat, S. G., 1989, A theory for multiresolution signal decomposition: the wavelet representation Pattern Analysis and Machine Intelligence,11:674-693.

Marceau, D. J., and Hay, G.. J., 2000, Remote sensing contribution to the scale issue, Canadian Journal of Remote Sensing,25(4):349-366.

Marr, D., 1982, Vision, WH Freeman, San Francisco, CA.

Matheron, G., 1963, Principles of geostatistics. Economic Geology,58(1):1246-1266.

Matsopoulos, C. and Marshall, Z K., 1995, Application of morphological pyramids: fusion of MR and CT phantoms. Journal of Visual Communication and Image Representation,16(2):196-207.

Matsopoulos, G. K., Marshall, S. and Brunt, J., 1994, IEE Proceedings-Vision, Image, and Signal Processing, 141(3):137-142.

Matthews J. and Gaffney S., 1994, A study of flooding on Lough Corrib, Ireland during early 1994 using ERS-1 SAR data. Proceedings of First ERS-1 Pilot Project Workshop, Toledo, Spain, June:125-128.

Matuszewski, B., Shark, L. K., Varley, M., 2000, Region-based Wavelet Fusion of Ultrasonic, Radiographic and Shearographyc Non-destructive Testing Images. Proceeding of the 15th World Conference on Non-destructive Testing. Rome:358-363.

Mitiche A. and Aggarwal J. K, 1986, Multiple sensor integration/fusion through image processing: a review, Optical Engineering,25(3):380-386.

Nezry E., Mougin E., et al., 1993, Tropical vegetation mapping with combined visible and SAR spaceborne data, International Journal of Remote Sensing,14(11):2165-2184.

Nunes, J.-C., Bouaoune, Y., Delechelle, E., Niang O. and Bunel P., 2003, Image analysis by bidimensional empirical mode decomposition, Image and Vision Computing 21(12):1019-1026.

Nunez, J., Otazu, X., Fors, O., Prades, A., Pala, V. and Arbiol, R., 1999, Multiresolution-based image fusion with additive wavelet decomposition. Geoscience and Remote Sensing. 37(5):1204-1211.

O'Neill, R. V., Hunsaker, C. T. and Timmins, S. P., et. al, 1996, Scale problems in reporting landscape pattern at the regional scale, Landscape Ecology,11(3):169-180.

Pal NR., Pal S. K. 1991, Entropy: a new definition and its applications. IEEE Transcations on Systems, Man, and Cybernetics,21(5)pp:1260-1270.

Petrakos, M., Benediktsson, J. A. and Kanellopoulos, I., 2001. The, effect of classifier agreement on the accuracy of the combined classifier in decision level fusion, IEEE Transaction on Geosciences and Remote Sensing, 39(11):2539-2546.

Piella, G. and Heijmans, H., 2002. Multiresolution Image Fusion Guided by a Multimodal Segmentation. Proceeding of Advanced Concepts of Intelligent Systems:175-182.

Pohl C, Van Genderen J L., 1998, Multisensor image fusion in remote sensing: concepts, methods and applications. International Journal of Remote Sensing, 19(5):823-854.

Poznanski, V., 1990, Dempster-Shafer ranges for an RMS. Reasoning under Uncertainty, IEEE Colloquium on 'Reasoning Under Uncertainty', 5/1-5/2.

Price J. C., 1987, Combining panchromatic and multispectral resolution, imagery from dual resolution satellite instruments, Remote Sensing of Environment, 21(1):119-128.

Ramirez, L., Durdle, N. G., Raso, V. J., 2003, Medical image registration in computational intelligence framework: a review Electrical and computer engineering, Proeeedings of CCF_F~Canadian Conference, 2003:1021-1024.

Ramseier R. O, Emmons A., et al., 1993, Fusion of ERS-1 SAR and SSM/Ice data, Proceedings Second ERS-1 Symposium 'Space at the Service of our Environment', Hamburg, Germany, 11-14 Oct:361-368.

Ramseier, R. O., Emmons, A. Armour, B. and Garrity, C., 1993. Fusion of ERS-1 SAR and SSM/I ice data, in Proc. Second ERS-1 symposium, Oct. 11-14, 1993, Hamburg, Germany, Vol. ESA SP 361, 361-367.

Ranchin, T., and Wald, L., 1993. The wavelet transform for the analysis of remotely sensed images, International Journal of Remote Sensing, 14(3):615-619.

Ranchin, T., Wald, L., and Mangolini, M., 1993, Efficient data fusion using wavelet transform. the case of SPOT satellite images Mathematical Imaging: Wavelet Applications in Signal and Image Processing, Andrew F. Laine, Editor, November, 171-178.

Shalkoff R. Pattern recognition: statistical, structural and neural approaches. New York, NY: John Wisley, 1992.

Shalkoff, R., 1992, Pattern recognition: statistical, structural and neural approaches. New York, NY: John Wisley.

Shannon, C. E., 1948, A mathematical theory of communication. ACM SIGMOBILE Mobile Computing and Communications Review, 5:3-55.

Shensa M. J., 1992, Discrete wavelet transform: wedding the atrou and Mallet algorithms, IEEE Trans. Signal Process. Vol. 40, No. 10, pp:2464-2482.

Shi, W. Z., Zhu, C. Q., Zhu, C., Y. and Yang, X. M., Multi-band wavelet for fusing SPOT panchromatic and multispectral images, Photogrammetric Engineering and Remote Sensing, 69(5):513-520.

Shimabukuro, Y. E, Durate, V., Martini P. R, Ridorff B. F. T, 2001, Imagens CBERS/IR-MSS para caracterizacao de areas desflorestadas na Amazonia Proceedings X Simposio Barsileiro de sensoriamento remoto, Foz do Iguacu April 21st~25th.

Shutao Li, James T. Kwok and Yaonan Wang, 2002, Using the discrete wavelet frame transform to merge Landsat TM and SPOT panchromatic images, Information Fusion 3(2002):17-23.

Simard R., 1982, Improved spatial and altimetric information from SPOT composite imagery, Proceedings ISPRS Conference, Fort Worth, Texas, USA, December.

Simdar., 1982, Improved spatial and altimetric information from SPOT composite imagery, Processings ISPRS Conference, December 6-10, Fort Worth, Texas, USA, pp:433-440.

Tapiador, F. J. and Casanova, J. L., 2002. An algorithm for the fusion of images based on Jaynes'maximum entropy method, International Journal of Remote Sensing, 22(4):777-785.

Taxt, T. and Solberg, A. H. S. 1997, Information fusion in remote sensing. Vistas in Astronomy, 41(3):337-342.

Thomopoulos, S. C. A. Viswanathan, R. Bougoulias, D. K. 1989, Optimal distributed decision fusion. Aerospace and Electronic Systems, 25:761-765.

Toet, A., 1989, A morphological pyramidal image decomposition, Pattern Recognition Letters, 9(4):255-261.

Toet, A. ,1989,Image fusion by a ration of low pass pyramid. Pattern Recognition Letters,1989,9(4):245-253.

Ulaby, F. T. ,Li, R. Y. and Shanmugan, K. S. ,1982,Crop classification using airborne radar and Landsat data, IEEE transactions on Geoscience and Remote Sensing,20(1):42-51.

Uwe D Hanebeck. 2003,Progressive Bayesian estimation for nonlinear discrete-time systems:the measurement step. IEEE conference on multi-sensor fusion and integration for intelligent systems,173-178.

Van Genderen, J L. and Pohl C. ,1994, Image fusion: Issues, techniques and applications. Intelligent Image Fusion,Proceedings EARSeL Workshop,Strasbourg,France,11 September:18-26.

Varshney. P K. ,1997,Multisensor data fusion[C]/Proc. Electronic and Communication Engineering Journal, 1997:245-253.

Ventura, A. D. , Rampini, A. , Schettini, R. , 1990, Image registration by recognition of corresponding structures,Geoscience and Remote Sensing,IEEE Transactions on,28(3):305-314.

Walz, E. and Llinas, J. ,1990,Multisensor Data Fusion. Boston, MA:Artech House.

Welch, R. and Ehlers, M. ,1987,Merging multiresolution SPOT HRV and Landsat TM data,Photogrammetric Engineering and Remote Sensing,53(3):301-303.

Woods R. P,GRAFTON S. T. , HOLMES C. J. ,CHERRY S. R. ,MAZZIOTTA J. C. ,1998,Automated image registration:I. General methods and intrasubject, intramodality validation, Journal of computer assisted tomography,22(1):139-152.

Xydeas C S,Petrovic V S. 2000,Objective pixel-level image fusion performance measure. Proceedings of SPIE, 4051,pp:89-98.

Ya'allah S. Mohammad, and M. Reza Saradjia, 2005, Automatic normalization of satellite images using unchanged pixels within urban areas,Information Fusion,6(2005):235-241.

Yen, J. ,1991,Generalizing Term Subsumption Languages to Fuzzy Logic,Proceedings of the 12th International Joint Conference on Artificial Intelligence. Sydney, Australia, August 24-30,1991,472-477.

Yesou H. ,Besnus Y. and Polet J. ,1993,Extraction of spectral imformation from Landsat TM data and merger with SPOT panchromatic imagery-a contributino to the study of geological structures. ISPRS Journal of Photogrammetry and Remote Sensing,Vol. 48, No. 5,pp:23-36.

Yocky, D. A. , 1996, Multiresolution wavelet decomposition image merger of Landsat TM and SPOT panchromatic data,Photogrammetric Engineering and Remote Sensing,62(9):1067-1074.

Yocky,D. A. 1995,Image merging and data fusion by means of the discrete two-dimensional wavelet transform. Journal of the Optical Society of America,Part A:Optics and Image Science;12(9):1384-1396.

Yong, D. , and Shi, W. , 2006, A fuzzy-Bayesian approach to target recognitionbased on multi-sensor fusion. International Journal of Computer and Systems Sciences,45(1):114-119.

Yuan Dong, Elvidge C. D. , 1996, Comparison of radiometric normalization techniques, Photogrammetric Engineering & Remote Sensing,51(4):117-126.

Zadeh, L. A. ,1986. ,A simple view of the Dempster-Shafer theory of evidence and its implication for the rule of combination. AI Magazine,7(2):85-90.

Zavorin, I. and Le Moigne, J. ,2005,Use of multiresolution wavelet feature pyramids for automatic registration of multisensor imagery,Image Processing,IEEE Transactions on,14(6):770-785.

Zhang, L. Thomopoulos, S. C. A. , 1989, Neural network implementation of the shortest path algorithm for traffic routing in communication networks. Neural Networks 1989. Proceedings of International Joint Conference on Neural Networks, June 1989,p. 591.

Zhang, Y. ,1999. A new merging method and its spectral and spatial effects,International Journal of Remote Sensing,20(10):2003-2014.

Zhang Z. and Blum R. S. , 2001, Image registration for multi-focus image fusion. Proceedings of SPIE Conference on Battlefield Digitization and Network Centric Warfare(4339-4396), Orlando, FL, April. 2001,Vol. 4396:279-290.

Zhang Z. and Blum R. S. , 1999, A categorization and study of multiscale decomposition based image fusion schemes with a performance study for a digital camera application[J]. Proceedings of the IEEE,87(8)pp:

1315-1326.

Zhang, Z. , Blum, R. S. , 1997. A Region-based Image Fusion Scheme for Concealed Weapon Detection. Proc. 31st Annu. Conf. Information Sciences and Systems, Baltimore, MD: 168-173.

Zhou, J. , Civco, D. L. and Silander, J. A. , 1998. A wavelet transform method to merge Landsat TM and SPOT Pan data. International Journal of Remote Sensing, 19(4): 743-757.

Zitova Barbara and Flusser Jan, 2003, Image registration methods: a survey, Image and Vision Computing, 21(11): 977-1000.

第15章 时空数据模型和动态更新

□ 唐新明 吴华意 杨平 邓晓光

地球以及关联的所有对象和现象是它们在某个时刻或者某个时间段的存在或变化过程,对地观测就是获得这些状态和变化过程的数据、进而导出空间信息和地学知识。这些状态在计算机里怎么表达?时空数据模型就是要解决这个最基本的问题,任何地理信息系统都要建立在时空模型的基础上,并由此对所有的地理对象和现象的数据进行组织管理和更新。

地球空间信息学(Geospatial Information Science,Geomatics)的目标就是用现代信息技术来获得、管理和应用对地观测数据。随着航天和测量技术的发展,对地观测已经从最初的一些人工测量中得到的零散地理坐标数据到大面积的遥感影像数据,发展到目前对地观测系统地获取覆盖全球的多分辨率多时相多传感器的 DEM、影像和矢量数据。随着数据的积累,这些数据不仅描述了地球的某个状态,也描述了地球变化的一个过程,如何高效持久地将这些带时间的空间数据都表达和管理起来,首先要解决的是时空数据模型的问题。随着数据的增加,需要解决在时空数据模型的支持下,利用新获得的数据对时空数据进行静态或者动态的更新的问题。

15.1 时空数据模型

对时空模型的研究已有十多年,人们提出了各种各样的时空概念模型,有的模型是基于栅格的空间概念表达的,有的则是基于矢量的空间概念表达的,也有的是可以同时用于对栅格和矢量空间的表达。有的模型是基于要素的,它强调离散现象的表达,面向要素的时空模型易于同时对栅格和矢量空间进行表达;有些是基于场模型的,它强调表达在二维或者三维空间中被看做是连续变化的数据,适用于模拟具有一定空间内连续分布特点的现象。这些模型在表达时空数据的一体化特性中各有优劣,并且可以在一定条件下进行相互转换。

15.1.1 序列快照模型

序列快照模型(Time-slice Snapshots)也称连续快照模型(Time-slice Snapshots),如图15.1所示(Langran,1992)。序列快照模型的基本思想是将某一时间段内地理现象的变化过程,用其中间的序列快照来表达,快照间的时间间隔不一定相同。在这种模型下确定 T_i 状态下的地理现象特征是相当容易的,但是要确定 T_i 状态到 T_j 状态下地理现象包含的某个空间对象的局部特征变化则必须经过大量的快照特征比较才能实现。问题的根源在于这种模型只描述了地理现象的状态,而没有表达地理现象中空间对象快照间的联系,其对数据的内部逻辑或完整性错误的捕获能力较差,它实际上是一种基于位置或要素时变特征的建模方式。

第 15 章 时空数据模型和动态更新

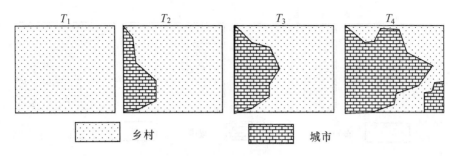

图 15.1 序列快照模型

序列快照模型的优点是非常直观和简单,是地理现象随时间变化的原始表达,由于序列快照模型是对每个状态下地理现象的完整存储,故其数据的冗余是相当巨大的。

15.1.2 时间立方体模型

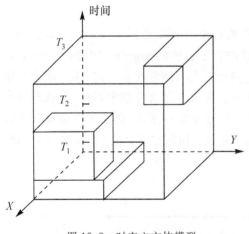

图 15.2 时空立方体模型

时空立方体模型(Hagerstrand,1970;Langran,1992b)是用几何立体图形表示二维图形沿时间维发展变化的过程,表达了现实世界平面位置随时间的演变。这个立方体是由空间二维的几何位置和一个时间维组成的一个三维立方体。如图 15.2 所示,给定一个时间位置值,就可以从 3 维立方体中获取相应截面,即现实世界的平面几何状态。

该模型形象直观地运用了时间维的几何特性,表现了空间实体是一个时空体的概念,对地理变化的描述简单明了,易于接受。模型具体实现的困难在于三维立方体的表达以及随着数据量的增加,对立方体的操作会变得越来越复杂,以至于最终变得无法处理。

15.1.3 基态修正模型

基态修正模型(Base State With Aamendments)也称为底图叠加模型(Base Map with Overlap),如图 15.3 所示。其基本思想是先确定出地理现象的初始状态,然后按一定的时间间隔记录发生变化的区域,通过对每次变化内容的叠加,即可得到每次变化的状态(快照)。增加了时间维的时空数据要比没有时间维的纯空间数据庞大得多,只存储地理现象变化的区域而不是整个地理现象的快照,可以显著地减少这种庞大的时空数据负担,大大地节约计算机的存储空间。

每一次变化实际上意味着一个事件的发生,而每一次叠加又意味着一个状态的变化,因而基态修正模型是基于事件的,它用事件数据来构造状态数据。在这一模型中,明确地描述了地理现象中空间对象在前后状态中的形态或版本信息,它包含了空间对象在时间维上的拓扑特征,因此其实现时间维查询和分析都较为简单和高效,并有利于获得空间对象的变化规律,从而捕获数据中的不一致性和不完整性错误。

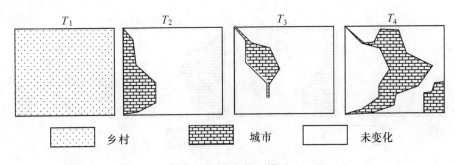

图 15.3 基态修正模型

由于在多数应用中,地理现象的现实或最近状态比其历史信息具有更大的存取频度,人们自然地想到能否以现实状态作为基态,通过修正反向获取地理现象的历史状态(Langran,1992)。为了进行优化,基态修正模型必要时采用快照的方式保存若干中间基态图形。

15.1.4 时空复合模型

时空复合模型(Space-time Composite)是在基态修正模型的基础上,由 Chrisman 于 1983 年率先提出,后来 Langran 和 Chrisman 又共同对其进行了发展(Langran,1992;Chrisman,1988)。其基本思想是,将一定时段内不同时间的空间状态人为地叠加在一起,碎分地理实体的空间状态,形成碎分后的地理实体,即复合图形元素。在时空复合模型中,每一次状态的变化都意味着一部分区域从其父体中分离出来而形成新的独立地理实体,新的实体将从其父区域中继承时变属性或获得新的变化属性。图中的城市化过程用时空复合模型表示的结果如图15.4 所示。

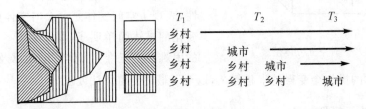

图 15.4 时空复合模型

时空复合模型一方面继承了基态修正模型的优点,另一方面,其基于空间和属性的表达形式和 GIS 的表达手段相似,易于用在矢量数据的 GIS 中。在该数据模型中,地理实体的每一次变化都单独存储,因而对时空数据的提取、分析非常方便,其存储容量也得到了更多的压缩。但其缺陷也十分明显,由于每一变化都会引起地理实体的碎分,过碎的复合图形单元带来了地理实体历史状态检索时大量复合图形单元搜索和低效的全局状态重构。总的看来,时空复合模型偏重于时空数据的存储组织而弱化了时空的语义建模(舒红,等,1997)。

15.1.5 基于事件的时空模型

由于基于状态或地理现象的时空模型(如序列快照模型)很难表达地理实体的个性变化或

事件发生的时间特征,人们想到用显式的方式来直接描述事件的时间变化特征,这就是基于事件的时空模型(Event-based Models)的基本思想。Peuquet 和 Duan 在 1995 年对基于事件的时空模型进行了较深入的研究(Pequet;Duan,1995),提出了一个基于栅格数据的面向事件的模型 ESTDM(Event-based Spatiotemporal Data Model)。该模型由基态图和压缩存储的事件变化序列组成,具有空间存储的高效性和时态检索的方便性。

一般地,在基于事件的时空模型中,时空对象状态变化是由相应的地理事件所触发的,通过引入事件表,将相互关联的属性或空间变化记录在同一个事件的各个组件内,显式、有序地给出时间的表示方法,可以建立对象状态与地理事件间的拓扑关系,为高层次的时态操作提供了基础。基于事件的时空模型非常适合诸如"在某一时间段某一地理区域中发生了什么事件"这类问题的查询,同时具有很好的数据内部一致性和较小数据冗余度。

15.1.6 面向对象的时空模型

面向对象的时空模型是以面向对象的基本思想组织地理时空信息,其中对象是独立封装的具有唯一标识的概念实体。每个地理时空对象中封装了对象的时态性、空间特性、属性特性和相关的行为操作及与其他对象的关系。Worboy 于 1992 年提出了基于 3 维时空特征的对象时空模型,其基本思想是,空间对象(只考虑平面维)加上其时间轴信息,即构成了一个完整的 3 维时空对象,如图 15.5 所示。

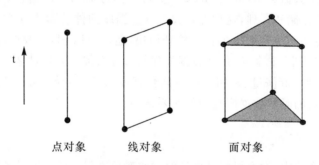

图 15.5　基本的时空对象(ST-objects)

面向对象的时空模型数据结构简单,充分利用面向对象软件技术,有利于时空数据模型的扩展与时态操作,但目前纯面向对象的 GIS 比较少,该模型仍有许多理论问题未得到解决。

15.1.7 "版本-差量"时空数据库模型

"版本-差量"时空数据库模型以前面提到的基态修正模型为基础,并对基态修正模型进行了扩展。"版本-差量"模型按事先设定的时间间隔采样,只存储某个时间的数据状态(称为基态)和相对于基态的变化量。每个对象只需存储一次,每变化一次,只有相对较少的数据量需记录,为差量存储;同时,只有在事件发生或对象发生变化时才存入系统中,时态分辨率刻度值与事件发生的时刻完全对应,通过差量存储,减少数据冗余。

在此基础上,"版本-差量"模型考虑支持时空回溯、时空分析上的逻辑设计,采用现势库、过程库、历史库和版本库四库一体存储方式来存储动态数据,同时建立分级时空索引,快速找到所需的时空过程的数据,如图 15.6 所示。该模型表达丰富的时空语义和进行快速的时空查询和时空分析的特点,并能够支持快速重现历史状态,跟踪变化,预测未来,支持时空数据的快速处理(汪汇兵,唐新明,等,2006)。

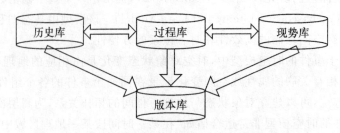

图 15.6 "版本-差量"模型采用四库一体的存储方式

15.2 时空数据库查询引擎

传统的空间数据库引擎(Spatial Database Engine,SDE)是 GIS 中介于应用程序和空间数据库之间的中间件技术,它为用户提供了访问空间数据库的统一接口,是 GIS 中的关键性技术。空间数据库引擎大多以两种方式存在:一种是利用数据库本身面向对象的特性,定义面向对象的空间数据抽象数据类型,同时对 SQL 实现空间方面的扩展,使其支持 Spatial SQL 查询,支持空间数据的存储和管理,这种方式大多以数据库插件的形式存在;另一种是利用关系数据库,开发一个专用于空间数据的存储管理模块,通过使用 SDE,改变原先使用文件来管理空间数据的方式,在共享、安全、维护和数据处理能力方面都大大超过老一代的地理信息系统,使得 GIS 应用可以建立起海量、多用户的空间数据库系统,接受并发访问。时空索引机制的建立是实现快速海量的时空数据库查询的必要条件。

15.2.1 时空索引

在时空数据库系统中,索引机制是保证对时空对象进行有效存取的关键技术,已成为时空数据库研究的焦点。目前还没有一种普遍应用于所有需求环境且高效的时空索引技术,因为时空索引技术在很大程度上与具体的时空查询请求、所采用的时空数据模型息息相关。目前多数时空数据索引方法都是基于 R 树及其变种(如 $R3$ 树),这些方法扩展了 R 树的结构以及树结构维护的机制来支持时空数据查询。根据扩展 R 树的方法不同,目前常见的时空数据索引方法可分为三类。

1)采用部分持久化技术(Partial Persistence)扩展,常见的有 HR 树、PPR 树、MVR 树、RT 树等。

2)将时间信息作为一个新的维加入到 R 树的创建过程中,具有代表性的有 3DR 树等。

3)采用时间戳参数化的外包矩形(Time-Parameterized Bounding Rectangle)方法,代表性的索引方法有 TPR 树、TPR3 树等。

HR 树为每个时间戳存储了一个独立的 R 树,但是提供了连续两个时间戳 R 树之间共享相同节点的机制(称为子树叠置技术,即 Sub-Tree Overlapping Technology)。HR 树的优点在于对时间点查询十分有效;其缺点也很明显,索引数据占据的空间太大,而且难以支持对时间片段条件的查询。

3DR 树将时间信息作为一个新的维加入到 R 树的创建过程中(2+1 维 R 树),因此用 3DR 树索引时空查询过程十分直观,它较适合于表示位置和范围均不随时间发生变化或变化较小的时空对象,而对于那些生命期长或位置变化大的对象,MBR 则过长或过大,在索引结构中会导致 3DMBR 的大量重叠,降低查询效率(Yannis Theodoridis,2000)。柳建平等提出一种对 3DMBR 进行优化分裂算法以缓解这个问题,3DR 树在处理时间片段查询时效率较高,一般只用于对历史数据的查询(柳建平,等,2003)。

MVR 树(多版本 R 树)也是由 R 树衍生而来的。由于其没有为每个时间戳存储单独的一棵 R 树,因此索引数据占据的空间较小。MVR 树索引技术处理时间点查询效率较高。TPR 树及其变种是目前唯一一类可以较好处理预期状态查询的时空索引方法。TPR 树基于时间参数化的外包矩形思想,可以用来索引连续变化的移动对象,支持对当前和预期状态的查询,但不支持对历史状态的查询(Tinis;Ensen,2000)。在 TPR 树中,每个移动对象的索引项信息包括空间 MBR 和速度外包 VBR 两个外包矩形。对于预期状态查询的处理方法与 R3 树类似,只是在 TPR 树中这个处理过程需要在给定时间戳的 TPR 树中进行。很明显,TPR 可以很好地支持时间点查询以及当前和预期状态查询;对于历史状态和时间片段查询欠佳。MV-TPR 树、TPR3 树和 PP-TPR 树都是对 TPR 树的改进,但是也存在一些问题(Tao,Papadias,等,2003)。目前对于时空数据的索引机制和技术研究,仍需要进一步的研究和探索,以解决能够同时查询历史状态和预期状态问题。

15.2.2 时空查询语言

近年来,空间数据库中随时间而变化的信息越来越受到人们的关注,时态 GIS 的思想和理论逐渐地产生和发展起来。作为时态 GIS 的核心,时空数据库同其他类型的应用数据库一样,除了需要实现时空数据的组织、存储、转换及简单的检索之外,还应根据自身的应用需求提供相应的时空分析能力。同时为了满足时态 GIS 系统处理海量数据的要求,时空数据库的发展更多地采用利用大型商业关系数据库管理时空数据的方法,以求获得较高的数据完整性和数据一致性。为了有效地利用商业关系数据库,为使用者提供方便的数据查询、数据操作和数据管理功能,时空数据库中实现时空分析功能的查询语言的设计普遍采用扩充关系数据库中标准 SQL 语言的方法。

一个基于关系数据库的时空数据库的设计通常包括 3 个部分。

(1) 将点、线、面、时间等时空数据类型作为基本数据类型,建立全关系化的时空数据模型。

(2) 在标准 SQL 语言中扩充时空数据以及时空数据项的表示方法,形成时空数据查询语言(STSQL)。

(3) 在 STSQL 语言中扩充空间运算的功能。

因此,作为时空数据库的应用接口,STSQL 语言继承了标准 SQL 语言的全部功能,在语言的用户表示上与标准 SQL 保持统一,提供了数据模型、数据表示和数据操作的可重用性。

时空数据库查询语言作为查询和操纵时空数据库的接口,众多学者对其进行了研究,归纳起来,以往提出的时空数据库语言有两种(Chomicki and Revesz,2001)。

1. 基于 SQL 的时空数据库语言

STSQL(Erwig and Schneider, 1999)是基于 ADT 的时空数据库查询语言,通过时空抽象数据类型及其操作实现时空数据表示和查询。它采用兼容 SQL 的方法进行时空数据库语言的设计,对 SQL 的子句不作任何扩充,它实际上就是纯 SQL,在时空变化表达和时空查询处理上都存在较大的缺陷。还有一种方法采取扩充 SQL 子句的方式支持时空数据存取,例如 STQL(Kim, et al, 2000)。STQL 在传统的 SQL 中扩充了 When 子句和 With 子句。从实际应用的角度考虑,兼容 SQL 的方法显然要优于后一种方法。

2. 基于 OQL 的时空数据库语言

一些学者提出了以 ODMG 对象模型为基础的时空数据模型和时空数据库语言。这类时空数据库语言以 OQL 为基础进行扩展。面向对象数据库提供了高度的数据抽象和建模能力,因此对于复杂的时空数据的表示非常有好处。但由于面向对象数据库中固有的一些问题,使得面向对象的时空数据模型在实现和实际应用上存在一定的障碍。

从目前的发展趋势来看,基于 SQL 的时空数据库语言更吸引研究者的注意,尤其是随着对象关系数据库技术的不断发展和成熟,结合 SQL 和对象关系数据库技术的时空数据库系统越来越受到人们的关注。一种基于标准 SQL 扩展的时态空间结构化查询语言——STSQL(Spatio-Temporal Structure Query Language),通过引入时态和空间的相关概念对数据类型进行扩充,同时定义新的时空操作和谓词,以支持对时空数据库的查询检索。能够用来表示时间点、时间段等时态类型和点、线、面等空间类型,给出时空对象的插入、删除、修改、查询等数据操纵的描述机制(汪汇兵,等,2006)。

15.3 时空数据可视化

可视化是"形象思维"(Visual Thinking)领域中信息和功能的自然扩展。可视化强调数据的直观表示,以使人们理解数据所表达的现象本质。然而,随着数据量的急剧增长,要表现全部给定数据已十分困难。此外,许多数据集本身的复杂性已经超出了用户对数据主要内容和内在含义的识别能力,人们已经普遍认识到对于各种层次的数据使用者,自然的用户界面是 GIS 一个非常重要的组成部分。人机交互的发展以其灵活的用户控制已经创造了完全崭新、以动态方式浏览图形信息的范例。因此,更加直观和高效的交互可视化环境(虚拟地理环境)对于海量复杂时空信息的可视化浏览有着日益显著的意义。

数据可视化(Data Visualization)是对大型数据库或数据仓库中的数据的可视化,它是可视化技术在非空间数据领域的应用,使人们不再局限于通过关系数据表来观察和分析数据信息,还能以更直观的方式看到数据及其结构关系。数据可视化技术的基本思想是将数据库中每一个数据项作为单个图元元素表示,大量的数据集构成数据图像,同时将数据的各个属性值以多维数据的形式表示,可以从不同的维度观察数据,从而对数据进行更深入的观察和分析。

对于空间数据的可视化,不只是指将大型数据集中的数据以图形、图像的形式表示,并利用数据分析和开发工具发现其中未知信息的处理过程,而且还应该包括对海量空间数据进行分析,能够把对多维空间数据进行切片、块、旋转等方法剖析数据,从而能多角度多侧面观察数据。目前,已经有许多数据可视化方法,这些方法根据其可视化的原理不同可以划分为基于几何的技术、面向像素的技术、基于图标的技术、基于层次的技术、基于图像的技术和分布式技术,等等。

时空数据库的出现,导致了一种新的数据可视化的产生,即时空数据的可视化。时空数据既包括具有空间参考的几何与属性数据,又有时间参考的各类时间数据,并且时空数据库把二者结合起来进行一体化存储,如何对时空数据进行可视化的表达成为目前研究的难点。

15.3.1 时空变化过程的分类

时空数据建模应考虑不同类型的时空过程和应用。变化是地理实体和现象的基本特征之一。研究变化的类型或地理实体和现象的基本变化规律有助于我们更深刻地把握数据模型的时间语义。根据事物变化过程的快慢、周期的长短,可将地理变化分为长期的(如地壳运动)、中期的(如城市化)和短期的(如台风、地震)。根据变化程度,实体随时间的变化从形式上可分为实体进化和实体存亡。地理实体的存亡由地理实体的本质特征引起,而本质特征是常常为用户感兴趣或着重强调的特征,有可能是某种属性特征,也可能是某种空间特征。根据变化节奏划分,存在离散变化和连续变化。离散变化又称突变,不同时刻的状态无规律可循。连续变化的实体状态值依据一定的规律约束不间断变化。变化的这种划分对时间尺度有一定依赖关系。离散变化在某种大时间尺度下可近似认为是一种连续变化,反之连续变化在小时间尺度下考察可变为离散变化。

根据时空应用所涉及的信息类型,时空过程还可以分为空间位置连续变化、属性连续变化、空间位置和属性都连续变化、空间离散变化、属性离散变化、空间和属性都离散变化、属性的离散变化而空间的连续变化和属性的连续变化而空间的离散变化等类型(唐新明,吴岚,1999)。

在信息系统中或抽象表达时,必须有一种手段来唯一地识别或区分不同的对象,而对象标识独立于对象的属性和本身之外,为我们提供了这种唯一表达对象的途径。在进行时态地理信息系统实现时,可以通过确保每个对象具有唯一不同的系统标识来确保时空对象的唯一性,在此基础上,归纳在不同层次上的变化类型,包括单个对象变化类型和对象群体的时空变化类型,定义出容纳现实世界中所有基本时空变化的类型并进行数学表达。

1989 年,Langran 在她的博士论文中讨论了时态数据应用于 GIS 的设计问题。基于关系模型,通过产生新的版本来表达对象的时态变化,她提出了三种时态版本形式,即关系表版本、元组版本和属性版本。区分一个正在变化中的对象的不同版本形式,应是时态数据库的基础。在什么情况下,一个对象发展成为新的版本,应该根据不同的应用,采用不同的原则(Langran,1992)。

Al-Taha 和 Barrera 对对象标识提出了三个准则,即标识必须满足唯一性、不变性和不可重用性。他们进一步讨论了对对象标识的操纵方法,如基于对象标识的要素识别,建议使用标识作为对象本身的句柄,通过比较操作,来判断两个标识是否指向了同一个对象要素。标识应定义成为一个抽象数据类型,对用户而言,隐藏对象识别的实际机理,只是显式地提供一些相关操作方法,如标识的比较操作、标识的赋值操作、标识的消亡操作等。他们最后列举了一些已知的各种对象演变方式,称之为对象标识的时态构造操作,如图 15.7 所示。

Claramunt 和 Theriault 对空间实体的变化进行了分类,包括变形(Deformations)和位移(Movements)(Claramunt and Theriault,1996)。根据参与变化的空间实体数量及变化形式,他们将变化分为三类基本的时空操作:第一类为单个实体的演化(Evolution),用以表示单

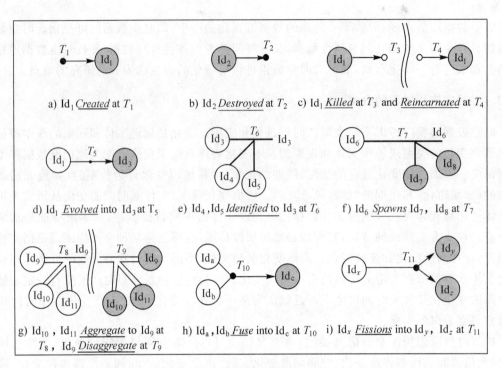

图 15.7 标识的时态构造操作

个实体的基本变化如实体的出现（Appearance）或消失（Disappearance），实体的转换（Transformations）或移动（Movements）等；第二类为功能性时空操作，包括替换操作（Replacement Processes）和扩散操作（Diffusion Processes）；第三类为实体的空间重构操作（Restructuring Processes）。Claramunt 和 Theriault 对时空操作的分类图示化表达见图 15.8。从图中可以看出，他们把时空操作归纳成有限的 16 种方式，并认为通过这 16 种方式的组合，可以表达时空变化的绝大多数现象，但同时认为，现实世界中的时空变化现象是不可能穷尽的。

Hornsby 和 Egenhofer 在 Helm 等人的可视化语言基础上提出了一套可视化变化描述语言——CDL（Change Description Language），该语言采用一些不同的图标来分别表示不同变化类型（Hornsby and Egenhofer，2000）。在 CDL 中用几个不同的基本符号来表示对象在不同时间里的状态，如对象的存在（见图 15.9(a)），不存在（见图 15.9(b)）等。对象从一种状态到另外一种状态转换，用一个方向箭头来表示，如图 15.8 所示。

Hornsby 和 Egenhofer 提出了以下影响单个对象标识变化的操作：产生（Create），消亡（Destruct），继续存在（Continue Existence），继续不存在（Continue Non-existence），再生（Reincarnate），孕生（Spawn），演变（Metamorphose），见图 15.10。对影响多个对象标识变化，他们给出了如下操作：融合（Merge），并生（Generate），混合（Mix），聚集（Aggregate），组合（Compound），联合（Unite），合并（Amalgamate），结合（Combine），分裂（Splinter），划分（Divide），分离（Secede），解散（Dissolve），选择（Select），基于 CDL 可视化的表达方式图，参见图 15.11。除了对影响对象标识的操作进行了讨论外，Hornsby 和 Egenhofer 对影响对象的属性和对象之间的关系重点是拓扑关系也进行了分析，并给出了 CDL 描述图。

第 15 章 时空数据模型和动态更新

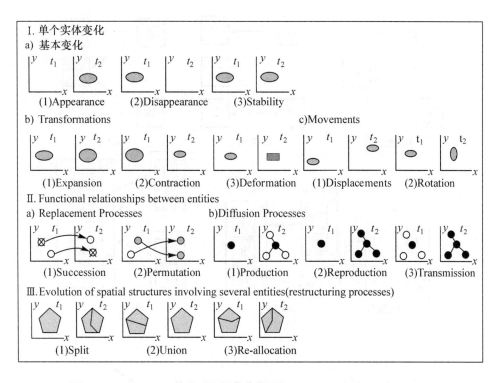

图 15.8　Claramunt 等的时空操作分类（Claramunt and Theriault，1996）

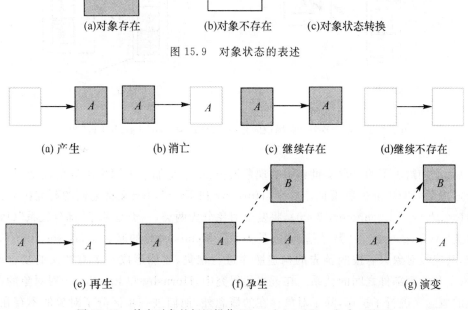

图 15.10　单个对象的标识操作（Hornsby and Egenhofer，2000）

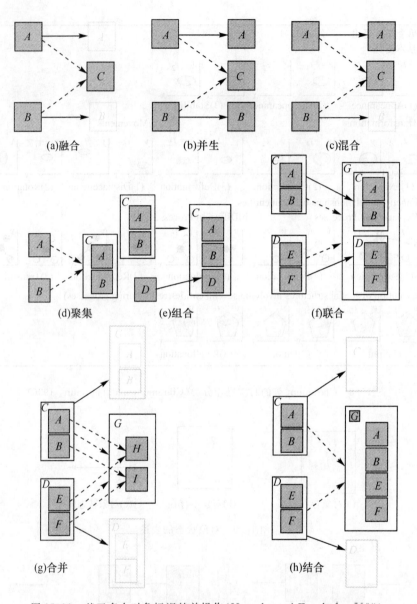

图 15.11 基于多个对象标识的并操作(Hornsby and Egenhofer,2000)

最后,他们给出了两个现实世界中的现象模拟:一个是加拿大国家疆界的演变,另一个是关于麻疹传染病的传染扩散模拟。后来,Hornsby 和 Egenhofer 又将他们的研究扩展到复合对象(Hornsby and Egenhofer,2000),将复合对象分为两类,一类是基于"部分关系"(Part-of)的聚集类(Aggregation),一类是基于"成员关系"(Member-of)的联合类(Association)。对于聚集类,其成员对象只有按照预先的构造顺序进行聚集,才能形成一个有意义的复合聚集对象,如汽车和其零部件之间的关系。在近来的研究中,Hornsby 和 Egenhofer 对对象的存在和不存在的概念又进行了扩充,除了对象存在的概念外,他们进一步区分了对象的不存在情况,即分为有历史不存在和无历史不存在。根据对象的这三种不同状态间的转换关系,导出最多

18种可能的影响对象标识的操作,尽管其中的某些操作可能在现实世界中并不存在(Hornsby and Egenhofer,2000)。

从上述一些学者的研究成果中可以看出,现实世界中地理现象的变化可以抽象成地理对象标识的产生、消亡及演化变化等过程,可见对象标识变化反映了地理现象时空变化的深层内涵,若能够在时空数据模型中建立对对象标识的操作及其变化的跟踪机制,则不仅可以还原对象的历史演变过程,还可以用于对地理对象的变化模拟。但以上一些学者,都是从直观的概念上对影响对象标识变化的操作,从不同应用角度进行了研究,没有给出一套统一的操作模型及其形式化的表达方式。所定义变化类型不能涵盖基本的时空变化过程,时空变化类型不但应该能够具有丰富的时空语义,而且在系统实现中也应有很好的可行性。

15.3.2 时空过程的动态可视化

时空数据中包含了多种信息,而作为反映时空变化的一个重要方面,时空对象的发展变化信息是我们关注的焦点,反映时空对象发展变化的时空过程能够很好地对变化进行表达,如何实现时空过程的可视化是学者们最近研究的热点。

Robertson 和 Mackinlay 在 1989 年首先提出了信息可视化的概念,他们认为硬件系统的图形性能和速度已经使得在用户界面中探索 3D 和动画成为可能。为了充分利用这些性能,新的软件结构必须支持复杂的异步交互智能体(多智能体问题),并且,还应支持流畅的交互动画(动画问题)。并认为信息可视化是对上述两个问题的解决要求最迫切的领域,因此将该项研究在该领域中进行试验,利用 2D 和 3D 动画对象来表示信息和信息的结构。

美国哥伦比亚大学计算机系的 Steven 和 Clifford 提出了一种基于坐标嵌套的多维可视化结构 Worlds Within Worlds(Steven Feiner,Clifford Beshers,2000)。输入变量映射到多个轴组成的坐标系统中,整个高维函数通过将一个坐标系嵌套在另一个坐标系中实现可视化。内部坐标系在外部坐标系中的移动将导致显示曲面的变化,因为这时候曲面的三个变量(分别由外部坐标系的 3 个轴所代表)已经发生了改变。当两个坐标系在同一个位置的时候,嵌套将会导致闭包。该方法通过将虚拟现实技术用于操纵可视化结构来减少闭包,表示的信息维数非常有限;并且,为了消除坐标系嵌套引起造成的视觉混乱,必须运用复杂的交互方式,技术实现非常困难。

采用信息可视化技术和传统空间数据的表达方式——地图符号的结合,产生了新型的针对时空数据表达方法——动态地图,也称为动画制图。国内外学者在该领域进行了很多探讨,Kraak 等在制图动画(Cartography Animation)用于时空数据的表达方面做了很多研究(Menno-Jan Kraak,2002),定义了制图动画的类型并进行了应用,通过引入新的视觉变量到传统的地图符号系统中,形成能够表达变化信息的动态地图,该种方法在很多电子地图中得到广泛使用(艾廷华,1998)。国外学者对时间变量和传统视觉变量的结合进行了研究,并对各种视觉变量的效果进行了比较,指出只有时间变量的有效组合才能够达到最满意的效果。

综观以上学者的研究,对于表现不断运动变化的时空过程和时空现象,至今还没有一个很好的理论对之进行支持,它们往往偏重其中的一个方面,如有的只强调其交互性(Grauer and Luttermann,1999),而有的强调表达上的直观性,而对于时态地理信息的一项重要功能——时空分析(包括历史重现、变化跟踪和未来预测)仍没有良好的解决方案。

15.4 时空数据的动态更新

时空数据更新是用现势性强的现状数据或变化数据更新数据库中非现势性的数据,保持现状数据库中空间信息的现势性和准确性或提高数据精度,同时将被更新的数据存入历史数据库供查询检索、时间序列分析、历史状态恢复,为决策管理和研究服务。因此时空数据库更新不是简单的删除替换,而是在更新的同时要记录历史。数据更新的实质是将现实世界中的现状实体转变为数据库中的当前对象并将原数据库当前对象转变为历史对象的过程。通常,距离上次数据更新时间越久,空间数据发生变化的量越大,复杂度越高。同时,这些变化不具有系统性,很少平均分布,有些区域没有发生变化或变化可以忽略不计,有些区域内却又发生了很大变化,需要大量的时间、精力予以观测和修正。

数据更新的过程中存在 3 个时刻,分别是最久更新时刻(T_p)、当前更新时刻(T_n)、现在时刻(T_c)。T_p 指预更新区域数据源的数据采集、整理时间。T_n 指当前升级任务的数据采集时间。当前技术条件下,数据采集后的数据处理、更新过程需要数月甚至几年的时间。T_c 是当前时刻,这个时刻总是在变化,要实时得到反映当前时刻地理数据是很困难的。显而易见,当 $T_c - T_n$ 的时间差越小,数据库的数据越精确、真实。随着对地观测技术的不断进步,空间数据的聚集、处理能力迅速增强,对地理变化的实时观测及数据的实时采集、在轨处理成为可能。可以预见,T_c 和 T_n 的时间差将会越来越小。

时空数据的更新依赖于本地或广域网络,由其数据的组织模式、分布方式来决定(Goodchild, 1998),受数据源、数据模型、尺度、方法、流程和质量控制等多种因素的影响。更新模式的分类有多种。

(1)根据更新的范围分为区域更新和基态修正更新。

(2)根据更新的时间可分为定期更新、固定变化程度的更新、增量式更新,前两种更新也称为批量更新。

(3)根据数据库的类型可分为主数据库更新和用户数据库更新,也可称为本地更新和远程更新。

(4)根据更新数据来源可分为基于业务的实时更新、基于数据生产的一体化更新、分布式数据更新等。

(5)根据更新的方式分为主动更新、被动更新,同步更新、异步更新等。

(6)根据数据尺度分为单一尺度数据更新、多尺度数据协同更新等。

15.4.1 本地更新(Local Revision)

1. 基于业务的实时更新

当空间数据和办公业务密切结合在一起的时候,日常的业务流会实时地操作、修改数据库,这就会引起数据库的实时变化。这些变化在实时更新数据库,记录这些变化信息形成的数据志文件,记载着数据库的演化历史。例如地籍数据库,它是土地变更登记、地籍调查业务的工作对象,其数据库中每个宗地的宗地号都是唯一的,就可以运用基于数据库操作业务的方式予以实时更新,同时应用数据志元数据模型(Lineage Metadata)记录要素演化历史。

数据志元数据模型可以定义为以下 2 个层次(Clarke and Clark, 1995)。

(1)描述源数据文件的数据,即文件的元数据。用以记录数据生产者在采集、整理、更新源数据文件的相关信息,如日期、数据标准等。源数据文件的元数据记录,在当前的 GIS 标准中可以被定义、识别。

(2)描述源数据文件中地理要素演化过程的数据,即要素的元数据。然而,要素的元数据模型还没能被当前的 GIS 标准很好地予以规范化,这仍然是 GIS 领域的一个研究热点。当前 GIS 系统通常能够记录单个图层的数据演化过程,还不能精确记录每个地理要素的演化历史。

Spery 等研究了地籍数据库的业务更新特点,应用数据志元数据模型分析、记录数据库各种操作引起的数据变化,保存到元数据文件中(Spery, et al, 1998, 1999, 2001),将地籍要素变化分为原子变化和复合变化,原子变化如拆分、合并等,复合变化如多宗地的综合变更等。

以图 15.12 为例说明地理变化引起的宗地演化过程。演化历史表(Lineage Direct Acyclic Graph, DAG)通过模拟这些变化,可以清晰的展示出宗地的演化、沿革历程。

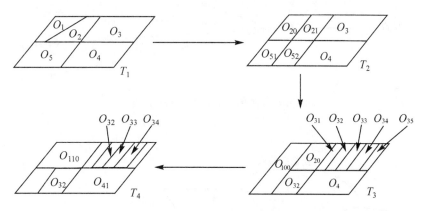

图 15.12　地籍要素演化示例图(Spery,等,2001)

* 在 T_1 时刻——存在宗地 O_1、O_2、O_3、O_4、O_5。

* 在 T_2 时刻——宗地 O_5 被分割为两个宗地 O_{51}、O_{52},宗地 O_1、O_2 的边界发生了调整,分别变为宗地 O_{10} 及 O_{20}。

* 在 T_3 时刻——宗地 O_{10}、O_{51} 合并为宗地 O_{100},宗地 O_3 被分割为 5 个宗地 O_{31}、O_{32}、O_{33}、O_{34}、O_{35}。

* 在 T_4 时刻——宗地 O_{100}、O_{20} 合并为宗地 O_{110},宗地 O_{31}、O_{35}、O_4 合并为宗地 O_{41}。

演化历史表直观地描述出从 T_1 到 T_4 时刻的所有宗地演化过程,如图 15.13 所示。原子变化引起的演化线指向是一对一的。发生复合变化时,如由 n 个宗地集体变更为 m 个新的宗地,在新旧宗地间不能明确单个宗地间的父子关系,在这种情况下,演化线指向是多重的,即一对多,如 T_2 时刻的 O_1、O_2 演变为宗地 O_{10} 及 O_{20} 的情况。

现势数据从数据源的各个更新文件中得到,引起更新的数据库操作记录在对应的新的元数据文件中。数据库更新操作如图 15.14 所示。

要精确记录每个地理要素的演化过程,需要唯一标识每一个数据记录,即每个要素要有一个全局唯一的身份 ID。一个运行稳定、维护良好的要素身份识别系统是该类更新的必要条件(Badard, 1998)。但是现有商业 GIS 系统都没有很好地支持这种要素 ID 系统,如 ArcGIS 中系统分配给要素的 ID 在要素被删除后,系统会回收再分配,所以用户需要自己设计、维护一套要素 ID 系统。

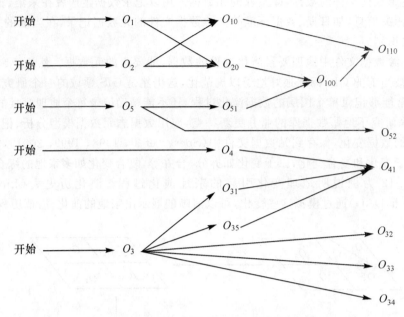

图 15.13　演化历史表（Spery,等,2001）

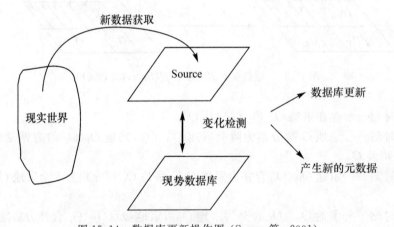

图 15.14　数据库更新操作图（Spery,等, 2001）

数据志元数据文件简单、实用,在文件式空间数据库中有着很好的应用,但也有着本身固有的缺点,如检索历史困难、没有并发控制和缺乏更新冲突的处理机制等。该类更新的变化数据来源是本地数据库的实时操作,当更新周期长、变化数据量大时,如定期开展的地籍普查,更新数据从外部输入时,就需要运用基于数据生产的一体化更新模式。

2. 基于版本的更新

当前的地理信息系统一般都采用关系数据库系统（RDBMS）来管理空间数据。RDBMS通常采用锁定→修改→释放的策略以实现其对多用户并发操作数据库的控制,但这种策略不太适合于处理地理数据的并发访问。大批量地理数据的编辑工作,可能要拖上很长时间,一般不由一个人独立完成,而是由多个人分区域、分范围操作,最后进行数据的合并,这种情形就是所谓的长事务处理。在长事务处理过程中,单个用户对数据库的长时间的锁定将导致其他用户无法访问,这极大地降低了系统的运行效率。

版本化的方法是实现多版本、多用户、多时态的数据管理模式的重要手段。目前版本机制在主流 GIS 软件中都得到了越来越广泛的支持,可以有效解决历史数据在数据库存储和多用户协同合作问题。每个用户建立自己的数据版本,各个用户独立地在自己的数据版本上进行编辑操作,而无须对多个用户同时访问的数据对象进行锁定。只有在用户完成了他的长事务处理工作后,系统才将他当时的数据版本合并到原来的数据版本中。

地理信息系统中,数据版本的概念可以理解为数据的不同状态。一方面,不同历史时期的数据状态可认为是不同版本;另一方面,同一时期多用户进行数据编辑时,每个用户编辑的数据状态也可认为是不同版本。

基于版本的更新是以某个数据作为基准数据,只记录变化的情况和信息,不重复记录不变的数据,在数据库中,使用特定的表来分别记录特征和对象被添加、删除或修改的情况。基于版本的更新的流程如下(操震洲,李清泉,2006)。

① 用户在当前版本的基础上创建新版本,创建之初,子版本与父版本的数据状态相同。
② 在新版本上进行编辑、修改工作。
③ 将编辑后的版本提交到他的父版本中去。
④ 版本合并,由于多用户并发操作的存在,当多个用户对同一空间要素进行不同的更新时,在提交给父版本时就有可能发生冲突。
⑤ 调用版本冲突处理机制,判断、协调、解决冲突。
⑥ 提交版本,完成更新。

空间数据是地理信息的数字载体,是客观地理世界的抽象表达,空间对象没有分身术,其演化具有唯一性。所以,更新数据采集编辑结束后,各子版本必须提交到父版本,在同一数据库中子版本不能和父版本一起平行演化下去。

版本更新模式的核心是版本冲突处理机制,通过图 15.15 来了解冲突是如何发生的。假设从 T_0 时刻创建版本起,经过编辑工作到达 T_1 时刻,再经过一定时间到达 T_2 时刻。这中间发生了什么呢?

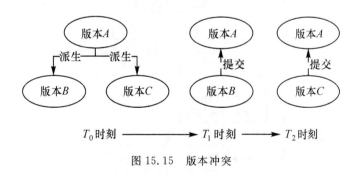

图 15.15 版本冲突

T_0 时刻——用户张某和用户李某分别从现有的版本 A 上创建版本 B 和 C,此时 3 个版本的状态是一致的。

T_1 时刻——用户张某在对版本 B 进行编辑后,提交版本 B 到版本 A,而用户李某并不知道,他继续在版本 C 上进行编辑工作。

T_2 时刻——用户李某完成对版本 C 的编辑工作后,保存,最后提交版本 C 到版本 A 中。而此时版本 A 已经被张某更新过了。如果李某在版本 C 中对张某更新过的内容也要进行更新,那么冲突就不可避免地发生了!

T_2 时刻的版本 A 可称为协调版本,版本 B 和版本 C 称为编辑版本,将 T_0 时刻的版本 A、B、C 称为编辑前版本。就冲突类型而言,具体有 3 种类型的冲突:编辑版本更新而且协调版本也更新(Updata and Update),编辑版本更新而协调版本删除(Update and Delete),编辑版本删除而协调版本更新(Delete and Update)。对于存在冲突的地物,它将存在协调版本的值、编辑版本的值和编辑前版本的值 3 种不同的值。在冲突处理中,对于第一种冲突类型,我们要协调、修改该冲突地物在两个版本中的值。对于存在的后 2 种冲突,我们需要先恢复它们在原来版本中的值,然后酌情进行删除或修改操作。

版本合并流程如图 15.16 所示,包括版本冲突判断、冲突处理和版本提交 3 个过程。在版本冲突处理中,用户比较、查看每个冲突空间要素在 3 个版本中的要素时态、属性值和几何图形,再针对每一个要素指定选择哪种版本的值。

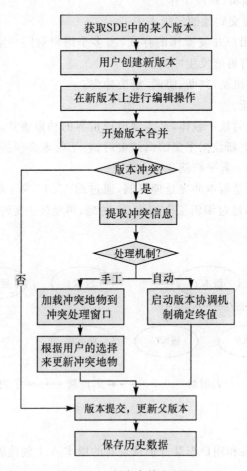

图 15.16 版本合并流程图

基于版本的更新同样需要一个运行稳定、维护良好的要素身份识别系统(Badard,1998)。同 ID 系统一样,现在 GIS 系统中对时态的支持有限,同样需要用户自己设计、维护要素的时态。那么用什么时间表达要素的时态呢? 是要素的有效时间(Valid Time)还是事务时间(Transaction Time)?

显而易见,要素的有效时间比事务时间更合理些(Spery,1998)。而什么又是要素的有效时间呢? 是指要素的变化时间(有些现象如森林生长很难确定其变化时间)还是数据观测时间? 在整个数据更新过程中,在数据采集、整理、入库、发布等各个阶段,时态都需要明确界定。

3. 基于数据生产的一体化更新

传统的空间数据更新主要由操作人员手工交互完成,当通过地面测量或航空摄影等方式将获得变化后的状态信息提交到数据中心后,操作人员通过对变化前后两个快照的内容叠加分析比较来确定哪些对象应该添加、哪些对象应该删除、哪些对象应该修改等。这种传统手工编辑更新方式不仅劳动强度大,而且容易产生错误。

随着影像识别、分类技术的发展,目前数据更新技术的自动化程度有了一定提高。基本过程如下。

① 在变化发生后,系统获得当前状态的快照。

② 将变化前后的两个快照进行叠加比较,在叠加过程中一般用到两种操作:一是集合关系操作,其可判别出对象相等、新对象出现、旧对象消失等信息;二是拓扑关系操作,其可进一步指出哪些对象之间存在交集。

③ 系统自动(或半自动化)提取出变化对象,如通过影像的综合判读、拓扑分析等。

④ 按照预先定义好的变化类型,执行相应的更新操作。

英国军械测量局(Ordnance Survey)根据实际情况,建立了推寻式和散点式相结合的更新机制(Murray,2002)。日本 GSI 采用基于栅格的更新方法,先更新 1∶2.5 万地形图,再用 1∶2.5 万地形图更新 1∶5 万地形图。美国俄亥俄州立大学测图中心研制了支持数据实时采集、处理、发布、更新的总制图系统(Total Mapping System),提出了包括 17 个步骤的更新模型(Revision Model),自动化程度较高(Ramirez,1995,1996,1998)。

这种与数据采集紧耦合的更新方法,不需要根据 ID 系统识别要素来检测对象变化,但其无法提供对象的生命周期信息(如对象出现和消失的时间等)、对象的变化过程信息(如有交的对象之间到底发生了什么变化等),是一种非时态的快照式数据更新。要素的演化历史不能精确地予以记录,只能进行区域的历史回溯查询。

4. 基于事件的增量更新

增量更新(Langran,1992)是指变化(图形或语义变化)一经发生、发现、测定,空间数据库便更新其数据库内容,保存变化信息,而且更新后的数据能够不断传递给用户使用的一种理想的更新方式。增量更新由于其方式灵活而且能够更好地保证空间数据的现势性,成为未来数据库更新的主要趋势。

在增量式更新中"发生了什么"(即地理变化事件),在收集变化信息之前,收集变化信息的人便已经知道了,如果将这些事件信息按照某种格式随空间变化信息一起提交给数据库,则系统便同时获得了该事件所涉及的空间对象的生命周期及变化过程等时空数据库增量更新所必需的信息。地理事件是在现实世界中引起时空对象状态变化(包括空间和语义变化)的一次发生,这些变化直接导致数据更新需求。地理事件可分为简单事件(事件与空间变化类型之间的关系为 1∶1 的事件)和复合事件(与基本变化类型之间的关系为1∶m 的事件)。空间对象的基本变化类型与动态更新操作之间的关系为 m∶1,因此如果发生一个简单事件,则时空数据库只需要触发一个相应的动态操作;而当一个复合事件发生时,则首先需要触发一段所涉及对象的变化类型识别的程序,然后对不同的变化类型触发相应的动态操作。

基于事件的时空数据库增量更新方法(Event-based Incremental Updating,E-B IU)的前提是假设事件信息能够在收集变化信息时一起收集,并按照预先设计的格式提交给数据库系统。该方法的更新策略为引起地理空间对象变化的地理事件、空间对象的变化类型、时空数据库的动态操作之间的关系。其中地理事件是指引起空间对象状态(包括空间和语义状态)变化的原因,数据库动态操作为插入、删除等引起数据库记录变化的操作。时空数据模型为基于事件的面向对象模型。

E-BIU 的更新流程如下(周晓光,等,2006)。

① 当任何一个变化事件被检测到后,事件代理自动触发。
② 在事件表中插入一条事件记录。
③ 事件代理按照事件代码判断事件类型是简单事件还是复合事件。
④ 对于复合事件,事件代理在工作区间中形成 T_0 时刻的快照和 T_1 时刻的快照(从时空数据库中提取出相应区域的空间特征数据,形成变化前 T_0 时刻的快照,从变化事件的空间属性部分提取 T_1 时刻的快照)。
⑤ 更新代理将 T_0 时刻与 T_1 时刻的快照分成 4 部分:完全消失的对象(Disappearance),完全不变的对象(Overlaping1),部分变化的对象(Overlaping2),新加的对象(Appearance)。
⑥ 更新代理按照更新规则集进行处理并形成时空数据库更新的操作表达式。
⑦ 执行相应的操作表达式更新数据库记录。
⑧ 数据一致性代理按照一致性规则检查更新记录的数据一致性。
⑨ 如果新形成的数据集的数据一致性不存在任何问题,则数据更新过程结束;如果新数据集中存在某些冲突,这些冲突被标记出来,由数据库管理员来处理。

对于简单事件,由于变化对象及其变化类型可以直接由事件类型确定,上述第3、第 4 两步可以省略,事件代理可直接通知更新代理执行第 5 步,如图 15.17 所示。

5. 多尺度协同更新

国际上多尺度空间数据更新模型的研究大多以剥皮树数据结构及其变种为基础,将不同尺度、不同详细程度的空间数据从详细到概略按类分层,以每个空间目标的最小包围盒作为基本节点来逐层组织数据并实现多尺度数据存取,下层数据的修改或更新可以通过各层次目标间逻辑连接指针自动地传递到高层数据中。这种各尺度数据建立关联,下层数据变化、更新后,联动更新相关联的上级数据称为多尺度数据联动更新。

联动更新模型没有将多尺度空间数据作为一个整体看待,导致多个尺度空间目标的几何特征间的指针联系非常复杂,空间结构的一致性难以维护,在多尺度、数据量大的情况下很难达到实用性要求。李霖、吴凡提出基于尺度依赖空间数据模型的更新,为解决以上问题提出了新的思路(李霖,吴凡,2005)。

多尺度数据自动更新就是当一个实体被修改时,其变化能通过连接关系传播到其他实体,应用综合运算来自动演绎、派生出其他分辨率级别的数据,实现更新。其关键之处是需要自动

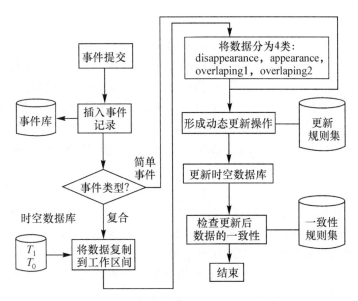

图 15.17　基于事件的时空数据库更新流程（周晓光，等，2006）

综合的能力，常规的人工地图制图综合是这一方法的模拟实现，但目前地图自动综合技术还不很成熟，不能代替人工完成所有地图所编的技术工作，所以实现自动更新仍有难度。

15.4.2　远程更新

远程数据更新（Remote Revision）也称为分布式数据更新，其主要是借助分布式数据共享、互操作技术，实现数据的互联互通，进而实现数据更新的目的，是分布式数据共享、互操作技术的一个典型运用。

1. 分布式数据库更新

分布式数据库系统是一组数据集，其数据逻辑上属于同一系统，物理上分散在用计算机网络连接的多个节点上，由一个统一的分布式数据库管理系统管理（贾焰，等，2000）。这些数据集具有相同的数据结构，互相通过标准、固定的通信协议连接。对于分布式数据库系统来说，为了提高检索效率，数据分布在各个不同的节点，同一数据被存储在多个节点上，即存在多个副本（数据冗余）。中心服务器和子节点的数据更新通过数据复制技术实现。

在触发器捕捉到数据更新后，将与更新信息有关的对象及其相关属性实时传输给其他节点，然后根据一定的索引策略和空间数据的分割与合并技术提交给相应的目标数据库，实现在线用户同步数据更新。复制代理方法可以较好地实现对离线用户的异步更新（武小平，胡启平，2003）。

2. 远程用户更新

随着地理信息系统在各个领域的广泛应用，越来越多的部门、单位和个人开始依靠空间数据辅助决策，进行规划、管理、检测，提高了工作效率和工作水平，然而从无到有地采集空间数据，再建立数据库的成本高、周期长、技术要求高。所以，很多单位都是作为用户直接购买现成的空间数据库。为了保持这些远程用户的数据现势性，需要将更新信息及时发布给它们，再由其按需将更新信息融合到自己的系统中。

(1)批量发布。

传统的更新信息发布主要是批量发布,即将现势数据库的整个快照发布出去。这种方式将数据库中没有发生变化的数据也一同发布出去,加重了网络传输负担;同时用户还要自己比较两套数据,找出变化要素。只有当用户自有信息相对独立,或和当前数据库数据关联度较小或没有联系,以及是隐含联系时,直接集成整个快照的更新才可能有效,否则可能会造成用户自有信息的丢失,导致用户数据库的不连续(Badard, 1998)。Cooper 和 Peled 总结了更新信息的批量发布带来的许多问题,并指出需要改变更新信息的发布策略,采用增量发布方式(Cooper and Peled, 2001)。

(2)增量发布。

增量信息发布就是将新旧两个版本的数据库的"delta"作为发布对象发布给客户。一个恰当描述空间数据库增量信息的概念模型是构建基于 Web 的增量信息发布的先决条件。

朱华吉给出了基础地理增量信息双层概念模型,并基于 RDF 模型建立了增量信息的逻辑模型,在此基础上利用 RDF 语法描述了增量信息的数据模式及其所用术语的含义(朱华吉,2007)。根据面向对象的思想可以给出一个增量的定义:

$$O\Delta = Ot_1 - Ot_0 \quad \text{定义 1}$$

基础地理增量信息是由于其组成元素的变化产生的。如上所述,基础地理数据库由模式元素、数据元素和元数据元素组成。因此,增量是利用模式元素、数据元素和元数据元素的集合表达的,也就是要素类及其关系、地理对象及其链接、元数据项和元数据值的集合组成了地形数据库的增量信息。由于要素类及其关系、地理对象及其链接是具有组成部分的,因此其变化产生的增量信息利用属性、地理对象类、属性值和图形的集合表达。因此,增量信息分为两个层次,第一层是由对象集合组成的增量,第二层是属性层,利用属性集合表达。

TDB={Dataset, Schema, Metadata}

因此,增量信息可定义为:

$$\begin{aligned}
TDB\Delta &= TDB\,t_1 - TDB\,t_0 \\
&= \{Dataset, Schema, Metadata\}t_1 - \{Dataset, Schema, Metadata\}t_0 \\
&= \{(Dataset\,t_1 - Dataset\,t_0), (Schema\,t_1 - Schema\,t_0), (Metadata\,t_1 - Metadata\,t_0)\} \\
&= \{Dataset\Delta, Schema\Delta, Metadata\Delta\} \quad \text{定义 2}
\end{aligned}$$

增量信息是由于基础地理数据库中的组成部分发生变化引起的,包括新增元素、删除元素和变化的元素,从这个角度地形数据库的增量信息可定义为:

$$TDB\Delta = TDB\,t_1 - TDB\,t_0 = \{Add\Delta, Del\Delta, Mod\Delta\} \quad \text{定义 3}$$

将定义 2 和定义 3 组合,则增量信息可表达为:

$$TDB\Delta = \{Dataset\ add, Dataset\ del, Dataset\ mod, Schema\ add, Schema\ del, Schema\ mod, Metadata\ add, Metadata\ del, Metadata\ mod\} \quad \text{定义 4}$$

根据定义 4,基础地理数据库的增量信息是利用其 9 个集合级元素表达,即模式、数据集和元数据的增量来表达,同样这 9 个集合级元素的增量可利用其组成元素的集合表达,也就是对象级元素的集合、对象级元素的增量利用属性级的元素表达。

当前地理信息发布的模式多采用 Clearinghouse 模型,数据提供者(用户)通过元数据描述(解译)空间数据,通过网络文件共享的方式发布(获取)更新数据,如图 15.18 所示。

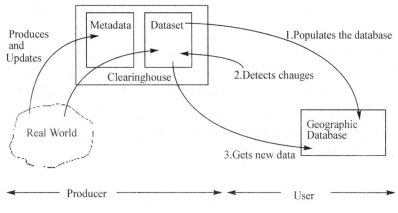

图 15.18　Clearinghouse 模型　(Spery，2001)

Spery 提出了基于数据志模型建立增量信息的逻辑模型,将更新数据和记录变化的对应元数据一起发布(Spery,1999)。

Badard 提出了基于 XML 交换地理信息系统的更新信息,设计了基于超图数据结构的面向更新信息传输的概念数据模型,在此基础上实现了各种基于 XML 的消息文件(Badard,2001)。

国际水文地理组织 International Hydrographic Organization 定义了一种专门用于水文地理数据交换的格式,但是它仅用于管理水文地理数据集。

GML(地理标记语言)用于实现地理对象建模(Open GIS Consortium,1999),支持拓扑、几何共享、元数据和地理对象显式关系,但是不能明确支持变化信息或者增量信息的传输。

以上研究主要集中在增量信息的建模及存储方式方面,更新信息发布方式使用传统的网络文件共享方式。这种方式对用户没有消息通知机制,用户只能被动地搜索更新。由于缺乏搜索标准,搜索结果随机,经常导致用户无法实现实时更新。用户和数据提供者之间缺乏持续、有效、稳定的数据更新机制。

(3)基于 Web Service 的数据更新服务。

传统的网络文件式的信息发布方式,以数据为中心,而对于用户接收、整理、融合更新信息没有给予任何帮助。随着地理信息技术的发展,地理信息服务使地理信息系统由面向数据转为面向服务,用户可以灵活地使用空间数据和功能服务,用户向远程的地理信息服务发出请求并提供请求参数,远程的服务中心处理用户请求,并将结果返回给用户。

基于 Web Service 的数据更新服务将增量信息的计算、数据格式及空间参考变换、语义一致等工作负担起来,可以极大地减轻用户更新时的工作量和技术难度,使用户更容易、及时、稳定地获取最新、最有效的增量信息。而 Web Service 的跨平台特性,为多源、异构的远程用户带来了福音。

近年来,ISO/TC11 和 OGC 对 GIS 服务做了大量研究,给出了 OpenGIS 服务框架以及 OWS(OpenGIS Web Service)基本服务接口定义,其中 3 个数据服务——Web 地图服务(Web Map Service,WMS)、Web 覆盖服务(Web Coverage Service,WCS)、Web 要素服务(Web Feature Service,WFS),其接口定义比较成熟,得到了业界的广泛接纳和采用,越来越多的 GIS Web 服务出现在网络上。但这 3 个服务在增量信息发布上的支持还不够,设计、开发一个新的 GIS 服务——地图更新服务（Web Revision Service，WRS）很有必要。全球范围内任意一个 WWW 节点的 Internet 用户，都可以访问 WRS 提供的更新服务，WRS 可以进行相互间的数据更新。

OGC Web 处理服务规范（Web Processing Service Specification，WPS）提出了对网络空间数据操作和计算的处理服务的模型，提供了 GIS 功能服务的上层构架，指出了 GIS 功能服务的标准流程。但是，该规范并没有对具体功能服务的名称、内容、参数做出规定，对于地图更新服务的接口定义仍需要进一步的探索和实践。地图更新服务的目的和服务内容、服务架构、服务提供方和客户之间交互模式和数据的流转过程、服务的注册与搜索，服务方与用户的更新通知机制等都是需要详细研究、探讨的问题。

15.5 小 结

空间数据模型的研究驱动力来自两个方面：一方面是数据获取的能力和频率，另一个方面是信息技术的发展。数据获取能力和频率的提高，驱动地球空间信息学的发展，迫使研究人员提出更多、更完善、更有效的模型来表达和管理更多更复杂的数据。但是更多、更复杂的数据又受到计算能力的限制。信息技术和计算能力的发展，带动对地观测数据技术的发展，为更复杂的时空模型提供发展的空间。

虽然目前已经有一些时空数据模型可以表达常见的地理对象和现象及其变化，但是这些研究还没有系统性的成果。值得研究的方向有：地理要素时空拓扑关系，系统地描述地理要素的历史数据和现势数据的组织和存储方式；研究基于时间基础上空间对象层和片的动态组成和结构，定义与时间和空间相关的时空对象，形成一个完备、高效、时空无缝及尺度依赖的时空数据模型；研究基于多源时空数据模型的建模方法与建模语言，以及时空数据查询语言，探索时空数据的动态图形及属性表现方式。

随着数据获取频率的增加和实时、准实时更新的可能，多时相空间信息实时动态更新机制与方法将是未来研究的热点，研究内容包括多时相遥感信息及地理要素特征信息局部更新方法，变化要素与事件在数据库中的表示，变化要素的数据库存储的增量备份机制，变化要素与事件前后状态之间的连接，变化要素前后状态的拓扑一致性检验等，为多源时空数据库自动更新奠定基础。

参 考 文 献

艾廷华.1998.动态符号与动态地图[J].武汉测绘科技大学学报,23(1):47-51.
操震洲,李清泉.2006.基于 ArcSDE 和 ArcGIS Engine 的版本管理系统的设计和实现[J].测绘与空间地理信息,29(5):76-78.
贾焰,等.2000.分布式数据库技术[M].北京:国防工业出版社.
李霖,吴凡.2005.空间数据多尺度表达模型及其可视化[M].北京:科学出版社.
舒红等.1997.面向对象的时空数据模型[J].武汉测绘科技大学学报,22(3):229-233.
唐新明,吴岚.1999.时空数据库模型和时间地理信息系统框架(续)[J].遥感信息,(3):8-25.
汪汇兵,唐新明,洪志刚.2006.版本差量式时空数据模型研究[J].测绘科学,31(05):131-136.
武小平,胡启平.2003.基于 ORDB 的分布式空间数据异步更新模型研究[J].计算机应用研究,4:40-54.
周晓光,陈军,朱建军,李志林.2006.基于事件的时空数据库增量更新[J].中国图像图形学报,11(10):1431-

1438.

朱华吉. 2007. 地形数据库增量信息数据建模及其 RDF 描述[J]. 吉林大学学报(信息科学版), 37(1): 195-199.

Abraham, T., Roddick, J. F., 1999, Survey of Spatio-Temporal Databases, Geoinformatica, 3(1): 61-99.

Badard, T., 1998, Towards a generic updating tool for geographic databases, In GIS/LIS'98, Fort Worth, USA: 352-363.

Badard, T. and Richard, D., 2001, Using XML for the exchange of updating information between GIS, CEUS 25, Elsevier, Oxford: 17-31.

Chomicki, J., Revesz, P. Z., 1999, A geometric framework for specifying spatiotemporal objects, In Proc. Intl. Workshop on Time Representation and Reasoning (TIME'99)., May, Orlando, Florida, IEEE ComputerSociety Press: 4146.

Clarke, D. and Clark, D., 1995, Element of Spatial Data Quality, Pergamon: 13-30.

Claramunt, C. and Theriault, M., 1996, Toward semantics for modeling spatiotemporal processes with in GIS, In: Proceedings of International Symposium on Spatial Data Handling (SDH '96), Netherlands.

Cooper, A. and Peled, A., 2001, Incremental updating and versioning, Proceeding of ICC2001, Beijing.

Erwig, M., Schneider, M., 1999, Developments in Spatio-Temporal Query Languages, IEEE Int. Workshop on Spatio-Temporal Data Models and Languages (STDML): 441-449.

Grauer, M., Luttermann, H., 1999, Using Interactive Temporal Visualization for WWW-based Presentation and Exploration of Spatio-Temporal Data, In: Böhler, M. H. Jensen, C.; Scholl, M. O. (Hrsg.): Proceedings of Spatio-Temporal Management, Edinburgh, Scotland, STDBM'99: 100-118.

Goodchild, M., 1998, Geocomputation - A Primer, chapter: Different Data Sources and Diverse Data Structures: Metadata and Other Solutions, Wiley: 61-73.

Hornsby, K., Egenhofer, M. J., 2000, Identity-Based Change: A Foundation for Spatio-Temporal Knowledge Representation, International Journal of Geographic Information Science 14(3).

International Hydrographic Organization, 1996, IHO transfer standard for digital.

hydrographic data -Publication S-57, Edition 3.0.

Langran, G. E., 1992, Time in geographic information systems, Technical Issues in Geographic Information Systems, Talor & Francis: 27-44.

Murray, K., 2002, A new geo-infromation framework for Great Britain, FIG XXII International Congress, Washington, D. C, Appril: 19-26.

Open GIS Consortium, 1999, Geography Markup Language (GML), OGC RFC 11 13-Dec-1999 edited by Lake, R., (Vancouver: Galdos Systems Inc.), 37 pages.

Ramirez, J., 1998, Revision of geographic data: a framework, GIS between Visions and Applications, International Archives of Photogrammetry and Remote Sensing, Stuttgart, Germany, Sept. 7-10, Vol. 32-B4: 487-493.

Ramirez, J., 1996, Spatial Data Revision: Current Research and its Influence in GIS, Proceedings of Position, Location, and Navigation Symposium, Atlanta, Georgia: 137-144.

Ramirez, J., 1995, Map revision and new technologies: a general framework and two proof of concepts, in Proceedings 17th International Cartographic Conference: 924-932.

Spery, L., Claramunt, C., Libourel, T., 1999. A Lineage MetaData Model for the Temporal Management of a Cadastre Application, DEXA'99: 10th International Workshop on Database and Expert Systems Applications, Florence, Italy, September 1-3, 466-474.

Spery, L., 1998, Spatial Data Transfer in the Case of Update, International Archives of Photogrammetry and Remote Sensing on GIS-between Visions and Applications: 32-B4, Stuttgart: 527-532.

Spery, L., Claramunt, C., Libourel, T., 2001, A spatio-temporal model for the manipulation of lineage metadata, GeoInformatica, 5: 51-70.

WorBoys, M., 1992, A Model for Spatio-Temporal Information, In: Proceedings of the 5th International Symposiumon Spatial Data Handling, Charleston, South Carolina, USA: 602-611.

第 5 部分
空间数据挖掘与知识发现

第16章 地学信息图谱理论与方法

□ 李宝林　周成虎

　　地学信息图谱理论主要运用图形语言,对空间实体进行时间与空间的综合表达与分析。具有能动性的人类思维的一个极其重要的特点就是形象思维,作为形象思维理论重要组成部分的空间认知理论为地学信息图谱研究提供了重要的理论基础。随着对地观测技术的高速发展,能够高效处理海量信息的"地学信息图谱"理论与方法,成为分析数据和发现知识的新视角,有可能在地球系统科学的研究中生长出崭新的概念并对其产生深远的影响。

16.1 地学信息图谱理论的发展

16.1.1 地学信息图谱的概念

　　地球系统是一个复杂的巨系统。无论是表层的地理过程信息还是深层的地质过程信息,都是时空域中不同时期、不同层次、不同尺度、不同来源、不同表现形式的信息之间交互、叠加形成的信息场。因此,在研究这些信息场时,不仅要研究其中的直接信息,还要研究间接信息、次生信息和相关信息;不仅要研究具体的地理地质体的物理特性和过程,还要研究信息场的时空特征、分布形态、空间组合和相关信息;不仅要研究信息的表现形式,还要研究信息的获取方法。为适应这种研究的需要,地学信息图谱作为一种新理论被提出。

　　图谱古而有之,图是指地图,山川水系,城镇地名,疆界四至等,表示所研究区域的空间范围和布局,是一种空间概念的表达;谱指系统,家族世代繁衍,疆域历史沿革,大多以树状结构图表描述,便于追根溯源,反演历史演变过程。图谱合一,则是空间与时间动态变化的统一表述。在时间演化过程的系统中,同时表达地区(空间)差异的地图,都可以称为"地学图谱"(陈述彭,1998)。

　　地学信息图谱是计算机化的图谱,它继承了图谱的图形思维方式,又进一步发展并具有定量化和模拟分析的功能。沿用"图谱"之名称,以示本质上一脉相承,表述区域自然过程与社会经济可持续发展的时态演进与空间分异。既再现它的历史,又虚拟它的未来,成为人们研究区域自然环境与社会发展的一种现代化的科学方法和高新技术手段(周成虎,李宝林,1998a)。其具体的特征包括以下几点。

　　(1)图形思维模式。图谱仍借助于一系列的图描述现象,揭示机理,表达规律,即利用图的形象表达能力,将大量数据进行归类合并。例如,我们可以利用一组空间统计值来反映中国人口分布的东西部差异,但如利用一张人口密度分布图则可更为简明、清晰地表现出爱辉-腾冲人口分布界线的存在。用图表达复杂的现象时,需要建立一套指标体系,并对观测数据进行必要的预处理。

（2）全数字化。信息图谱与传统图谱的差异在于全数字化的特征。传统的图谱往往缺少精确的数学意义和符号系统，但地学信息图谱的信息源、提取过程与表达方式都是以遥感、地理信息系统、全球定位系统和因特网技术为支撑的全数字化过程，具有严格的数学基础。

（3）动态模拟分析。地理现象具有复杂性、不确定性和模糊性，很难预测。图谱可通过图形运算对地理过程进行模拟，反演过去，模拟未来。尽管这种模拟很难与精确的预测相比，但仍具有重要的意义。

16.1.2 地学信息图谱的空间认知理论基础

地学信息图谱理论主要运用图形语言，对空间实体进行时间与空间的综合表达与分析。图谱理论的核心就是发挥人的形象思维的特点，通过对地观测的大量数据的分析，发现地学规律，完成地理过程的反演与预测。作为形象思维重要组成部分的空间认知理论为地学信息图谱研究提供了重要的理论基础（陈述彭，2001；齐清文，池天河，2001b；陈燕，2004）。

意象（Mental Images）是认知科学中的一个重要概念，它是人类意识对于物质世界的主动和积极的形象化反映，表现为像（Image）、形（Graph）或图式（Schema）。它以知觉经验为基础，与抽象概念一样能超越知觉经验（鲁学军，承继成，1998）。美国著名科学史家 A. I. 米勒在研究了彭加勒、爱因斯坦、玻尔兹曼和海森堡等对形成20世纪科学作过重要贡献的科学家的创造性科学思维后指出：每一种发展完善的理论都有意象，当科学家提出或掌握一种理论时，他同时也掌握了一种特殊的意象方式，因此意象在创造性科学思维中具有重要意义。

空间意象（Geographic Mental Images）是一种具有自学能力的具有空间形象感的地学形象化思维模式，它既提供了一种地学信息的组织方式，同时又为地学信息、知识提供了一种形象化的表达模式。空间意象首先表现为一种有目的的思维活动，它建立在专家的地学知识、经验以及解决地学问题的综合技能之上，同时又受到专家个人的反映社会结构、政治结构和人类发展的内心世界的深刻影响，因此，它实质上是一幅存在于地学学者头脑中的多维图像。从思维方式上看，空间意象模式大量运用了联想、启发、类比与推理等思维方法。由此可见，空间意象具有非现实性和形象化的特征。地学思维的过程和结果都表现为某个空间意象，并且这个意象在地学思维过程中总是处于变化的状态。随着地学思维对地学问题的现象、规律认识的逐渐深入，空间意象对地学问题的模拟将会逐步接近事物的本质。

空间意象是地学思维的产物，同时也是地学思维得以进行的载体。从产生开始，它就对地学思维活动起到了决定性的作用，并最终影响地学概念计算模型的生成。空间意象相当于大卫·哈维的从"真实世界结构的形象"所产生的"先验模型（形象的形式化表示）"，而先验模型又是"假说"直至"经验上的设计定义（定义、分类、度量）"的基础。哈维认为，先验模型不过是世界的形式化图像而已，这个图像经我们运用分析手段已塑造得连贯而一致，没有地学概念就没有地学的理解，而没有图像就不可能有概念，图像是我们解释一切认识之性质的中枢。因此，没有空间意象就没有地学概念，从而就没有对地学的理解（鲁学军，承继成，1998）。

戈尔在其《数字地球：21世纪地球人类之认识》一文中谈到"我们所拥有的信息已经超过了我们所具有的处理能力"这一问题时提出：问题的根源与信息的显示方法有关（戈尔，1998）。研究人员很早就已经发现在人的大脑的短暂记忆中很难记住7位以上的数据，其原因是人脑的比特率低，而当每一比特按可识别模式排列，使其具有相关关系的内涵，比如当这些数据代表人的脸部或太空的星系时,我们都可以理解数以十亿比特的信息。在此,戈尔强调了在对数据进行处理时,应借鉴人脑对于信息的处理方式,形象思维有助于增强信息的理解力。但是,现有的有关图形图像的处理功能还大多停留在现实世界的真实写照和艺术再现阶段,还不具备有效的分析手段,以实现对于现实世界的科学解释。究其原因,这主要是由于在传统的地理信息系统的研制与开发过程中,人们更多地把注意力集中到空间数据制图以及空间信息查询、分析的功能实现上,忽视了对于人的有关空间意象思维及其方法的研究,建立于空间形象思维理论基础上的地学信息图谱理论与方法正是属于该领域的最新探索研究(廖克,等,2001)。

16.2 地学信息图谱与地学知识发现

随着通信、网络以及观测等技术的进一步完善,各领域数据库中的数据呈指数级别增长,然而人们却无法从中获取相应比例的信息,数据源和可获取的知识之间出现严重的瓶颈,知识发现方法的研究正逐渐成为克服这一瓶颈的主要手段,从而成为当前信息科学研究的新热点。

地学知识发现作为知识发现的重要分支,其目的是从空间数据库中发现知识,具体的任务主要包括空间分类、空间回归、空间聚类、空间概括(或称泛化)、空间规则提取和偏离检测等(Miller and Han,2001;汪闽,2003)。除了这些地学知识发现方法之外,近几年来,不少智能化方法和优化方法都逐步引入到地学知识发现的方法中,如演化神经网络算法、贝叶斯概率网络学习方法、用于产生关联规则的Apriori方法、模糊推理方法、遗传算法、确定性退火算法、元胞自动机,等等(裴韬,等,2001)。

虽然当前的地学知识发现方法内容日益丰富,涉及的领域也逐步拓宽,但目前国内外地学知识发现方法的主要进展还是通过对非空间属性数据库的数据挖掘方法进行改进得到的,因而对于空间位置信息的利用还不够充分,另外很重要的一点就是,上述方法对于利用形象思维进行地学知识发现的优势还未充分利用。

地球信息科学的研究对象大多带有时空属性,而且作用机理也十分复杂,因此,图谱理论和方法的优势正好可以一显身手。地学信息图谱以地球空间信息认知理论为依托,它的重要特征之一是以直观、形象的方式(包括图形、图像和图式)来表达复杂地学过程,揭示客观世界本质。当我们对复杂系统的机理还不了解或认识较模糊时,利用系统状态变量来描述系统的行为特征较为困难或根本不可能建立起解析模型时,我们可借助于图形来定量地描述系统的初步状态及其边界条件,利用序列化的专题图来反映系统多尺度状态或不同条件下的形态特征,并在此基础上进行逻辑推理演算,尤其进行图形运算(如空间拓扑叠加),辅助对地学机理的理解。因此,地学信息图谱是从地学过程的表象出发,通过对外部特征进行多尺度图形运算,揭示其内部规律的(张洪岩,等,2003;廖克,2002)。

早在20世纪初期,魏格纳就根据全球地图上大陆轮廓彼此相似,而且可以拼接的启示以及地层、古生物方面的证据,提出大陆漂移学说。尽管这一假说在当时受到许多科学家的非难和指责,但是随着20世纪60年代板块学说、洋脊扩张的证据、古地磁观测、深海钻探记录和卫星动态监测结果等的出现,大陆漂移的科学性被逐步证实。又如,陈述彭等(2000)利用图谱总结概括出环岛线路+界符中线+岛屿与大陆连接是岛屿地区交通网络发展的三个阶段。

根据地学信息图谱的性质和基本理论,其空间形象思维的作用对地学知识发现主要在以下几个方面得到充分的发挥。

1. 抽象

研究中面对的地学景观往往是复杂的,并且看上去是杂乱无章的,但实际上复杂的形态往往可以用抽象的几何单元来表达。这一过程最典型的例子就是数学中著名的"七桥问题",欧拉正是利用抽象的点和线代表了问题中的岛屿和桥,才使得问题一下变得十分清晰和简单,并最终导致拓扑学的建立。在地图学中,利用点、线、面来代表行政区划中的城市、河流和山脉、省界和国界,利用地形等高线来抽象实际的景观和地貌等正是基于图谱的这一功能(齐清文等,2001a)。

2. 概括

概括是将地学复杂的现象总结成为一个和几个简单的规则。当然在概括的过程中也会将复杂的、具体的形态用简单的、抽象的几何图形来表达。概括表面上好像与抽象十分类似,但是它们之间有着较为本质的区别。在地学研究中利用概括发现知识或规则、定理的例子举不胜举。例如,李四光先生将我国的地质构造概括为山字形、歹字形和多字形等形状,并确定我国油气勘探的远景区,最终在松辽平原上发现了中国最大的油田——大庆油田。此外,他对大地构造、地貌单元的划分等都是进行图谱概括的结果。

3. 综合

综合是将不同的地学要素集中在一起,归纳出一种能够集中反映不同要素特征的划分体系。例如,我国的气候单元就是综合地理景观分布范围、温度、湿度等多种因素得到的;而生态脆弱区界限又是参照不同区域经济的发展状况、人口密度、生态环境状况等指标进行划定的结果(周成虎,等,1998b)。

4. 叠加

空间叠加是利用地理信息系统等工具,将具有相同空间位置的不同地学要素集中叠放在一起,从中发现不同地学要素之间的相关以及不同信息。例如,在地质勘探中将地质构造线和主要矿点位置的资料叠加在一起,可以发现矿床产出的有利构造类型。

5. 高维可视化

高维可视化是采用一定的图谱方法将高维(大于三维)的数据在低于三维的空间内表达出来。高维可视化的典型例子就是在地图制作中利用颜色代表对象的另一种属性(例如海拔高度),这样就将三维的物体在二维的平面中表达出来。此外,不同符号的形状、颜色以及大小都可以代表不同属性的信息(例如中国的矿产资源分布)。因此,利用图谱可以将客观存在的或者人为想象的高维物体变换或抽象到低维的空间中进行特征的描述和知识的发现。

6. 转化

转化是将地学现象复杂的内在规律利用各种变换方法表达为其他类型的图谱。最为典型的例子就是傅立叶变换。傅立叶变换将时间域或空间域中的图形信号转变为频率域中的图形信息;而反变换又将频率域中的图形信号转换为时间域或空间域中的信息。傅立叶变换本身是数值方法,但由傅立叶变换可以产生不同空间或领域之间图谱的转换。

16.3 地学信息图谱创新

近几年,地学信息图谱在经典地学图谱的原理基础上,是有所发展,有所进步的。也许可以说地学信息图谱既是继承中国传统特色的,又是超前的、独创的。其创新之处有三。

1. 建立在现代空间技术、信息科学的基础上——信息资源极大丰富

地学信息图谱是时代的产物,一方面,它充分利用了卫星遥感、全球定位系统、地理信息系统和因特网等当代先进的技术手段;另一方面,地球物理和地球化学等勘探方法、地学实况调查与定位自动观测台站记录所可能获取的大量数据和图像,经过统一标准和归一化管理后,可作为图谱的主要信息源及其更新的保证。在高新技术发达的空间时代与信息时代,地球信息资源极大丰富,而且有全球覆盖、同步观测和动态更新三大特点,即戈尔所提出的"数字地球"的设想,在当时是前所未有的,从而为地学信息图谱提供了空前的科学基础。

2. 建立在地球系统科学与地理信息系统的基础上——图谱生成过程全部智能化与自动化

地球是复杂的巨系统,涉及自然、资源与社会经济环境。内部和外部物质循环系统十分复杂,地圈、水圈、大气圈、生物圈之间的相互作用,错综复杂,如理乱麻。只有把来自自然与人类社会的各种单一的信息源,根据地球系统科学的原理与模型,在地理信息系统统一的数据管理、分析与模拟的计算机操作环境下,才有可能概括简化成为按时间序列发展的空间分异图谱。

地球系统科学正在发展。全球对地观测计划(EOS)和有关全球变化的研究项目刚刚起步,各种规律性的表达和模型的建立尚在探索之中。目前,地球科学的数学模型和物理模型进展参差不齐。大体上讲,大气、海洋优于固体和流体变体,而无机环境优于有机环境。在缺乏严格数字化表述和自学习、自适应模型的情况下,运用地理信息系统的功能编制出完善的反映地学规律的区域图谱是很困难的。但是从大气预报和海况预警、洪水预警方面的突破可以窥见一线曙光。

3. 建立于"网络空间"和"虚拟现实"的电脑智能化的结合上——提供再现过去和预测未来的多种设想和可能方案,供决策者做出判断

在给定的边界条件与期望值的范围内,根据自然法则或社会行为准则以及科学分析的规则等基于知识的(或者说用面向对象目标和基于知识的)技术路线,而不是走电脑本身智能化的技术路线,在地理信息系统强大数据库的基础上,进行综合空间分析和时态延伸,生成若干预测未来(或再现过去)的区域模型,以二维(地图)或多维图解表示,提供给工程或管理决策者作选择。

这种图谱不要求决策者熟悉和参与辅助决策系统专业化技术的操作,而只是对所提供的几种图谱作出"是"与"否"的选择,或者提出新边界条件或期望值,在原有信息图谱的基础上,重新生成新的方案,即比现有的各种辅助决策系统,更加方便而易于应用,有可能为决策者节约更多的时间和精力,就像智能化、自动化程度较高的照相机一样方便,像游戏机一样,人人一学就能用。

16.4 基于地学信息图谱的思维方法在地学各领域中的应用

地学信息图谱理论的提出使得人类对地学问题的认识方法产生了实质性的改变,在很多领域都获得了不少新的认识,主要体现在以下一些方面。

(1) 全球变化。通过图谱建立过去环境变化的序列,来研究过去环境的变化(PAGES),进而预测未来的环境变化。如通过地表痕迹分析,恢复过去环境变化,建立某一地区的过去环境变化图谱,然后根据自然法则和社会规则,进行图形运算来模拟地理过程,这样可在一定程

度上解决复杂的地理现象的预测问题。对未来的环境变化的研究也可以通过目前的环境图谱,如土地利用和土地覆被图谱,采用情景模拟的方法来研究未来的环境变化过程(叶庆华,等,2002)。

(2) 区域发展模式。图谱方法的核心体现了地理研究形象思维的特点,通过大量数据的分析,同时结合地学背景知识,最终能以图谱的形式为区域经济的持续发展提供一个模式。例如,中国经济发展的"T"字形战略,江苏"工"字形发展战略。在一个地区的资源与环境信息图谱建立的基础上,根据不同的自然法则与社会规则,可以为区域发展模拟出不同的方案,为政府部门的决策提供依据(陈述彭,2001)。

(3) 灾害评估。不同灾害的发生都有一定的征兆,通过多种自然灾害征兆图谱的建立,可以为灾害的监测提供依据。例如,利用遥感资料,通过对不同地区荒漠化征兆的研究,建立中国荒漠化的征兆图谱,可有效地实现荒漠化的动态监测,大大提高荒漠化监测的效率(陈述彭,2007)。

(4) 农业生产规划。农业生产对自然条件的依赖性较大,建立与农业生产密切相关的区域农业信息图谱具有重要意义。例如,利用遥感建立不同地区土壤水分图谱、病虫害图谱,对农作物干旱监测和早期病虫害的防治,均具有重要作用。

(5) 矿产资源调查与评价。各种矿产资源的形成与分布都具有其内在的规律,各种资源图谱及与之有关的信息图谱的研究,必然为资源调查提供有力的依据。如李四光的大地构造图谱对中国石油勘探起到了重要的作用(陈述彭,2001)。

(6) 生态资源和环境调查。生态环境图谱的建立有助于揭示自然界生态环境的内在变化规律,同时也为生态环境的保护和评价提供了坚实的工具(Zhang, et al, 2006)。例如,张百平等(2003, 2004, 2006)和武红智(2006)以我国西部主要山脉为例,建立了中国山地垂直带信息图谱,从而以图谱的方式揭示了我国山地垂直生态的垂直变化规律,为山地的研究建立了垂直变化图谱模板。另外,田永中、岳天祥(2003)、谭娅(2004)和肖飞(2006)还建立了国内第一个山地的信息系统。

(7) 城市规划。通过对不同类型城市信息图谱的研究,通过不同时期城市信息图谱的研究,找出不同类型城市的演变机制,可以以目前城市现状为边界条件和起始条件,对城市的发展进行模拟,从而为城市规划提供依据。

(8) 环境评价。通过环境要素的标准信息图谱与各种受污染环境标准图谱的建立,可以监测污染的变化和强度,以便尽快采取相应的对策。例如,中国土壤环境背景值调查,就可以看做是这方面的工作。

地学信息图谱的应用模式可以是多样的。例如,在可持续发展的应用研究中,地学信息图谱的应用框架可包括 5 个相互作用层。

(1) 地理信息系统。收集和整理来自遥感、环境监测、研究成果、统计数据、实地调查和过去典型案例分析的有关信息,并在一个公用的空间框架中为地理、文化、政治、环境和统计数据提供输入、储存、处理、分析和可视化能力。

(2) 区域可持续发展数学模型库。通过运行有关模型,对可持续发展问题中的自然要素和社会经济要素及其相互作用关系进行模拟分析,建立征兆图和诊断图。

(3) 情景分析。描述现状和可能未来以及从现状到可能未来的可能发展途径。

(4) 战略制定。通过建立实施图,改变各种边界条件,分析推理各种条件下的决策方案,提出达到方案中有关任务和目标的综合方法。

(5) 战略执行。通过建立短期目标,制定政策和匹配组织结构,使战略付诸实践。

综上所述,地学信息图谱不仅可以用来描述现状,也可以通过建立时空模型来重建过去和虚拟未来。善于利用地学信息图谱这一研究方法,也很有可能超前发现和理解空间数据所蕴含的数据法则和规律,为知识创新和预测、预报作出导向性的贡献。

16.5 小 结

从地学信息图谱概念的提出到现在仅经历了10年的时间,但其已经发展成为地球信息科学中一个重要的组成部分。目前,地球信息图谱的研究还处在初级的阶段,其理论框架和基本原理还有待于完善,应用领域还有待于扩展。在未来的发展中,地学信息图谱理论将逐步成为地学不同分支领域的重要方法论。与此同时,地学信息图谱将在与其他学科和技术结合的基础上继续拓展其应用空间,并逐步丰富其内涵。

参 考 文 献

陈述彭.1998.地学信息图谱刍议[J].地理研究,17(增刊):5-9.

陈述彭,岳天祥,励惠国.2000.地学信息图谱研究及其应用[J].地理研究,19(4):337-347.

陈述彭.2001.地学信息图谱探索研究[M].北京:商务印书馆.

陈述彭.2007.地球信息科学[M].北京:高等教育出版社.

陈燕.2004.地学信息图谱的理论方法与区域实践[D].北京:中国科学院地理科学与资源研究所.

戈尔.1998.数字地球——对二十一世纪人类星球的理解[J].地理研究,17(增刊):1-4.

廖克,秦建新,张青年.2001.地球信息图谱与数字地球[J].地理研究,20(1):55-61.

廖克.2002.地学信息图谱的探讨与展望[J].地球信息科学,4(1):14-20.

鲁学军,周成虎,龚建华.1999.论地理空间形象思维——空间意象的发展[J].地理学报,54(5):401-408.

鲁学军,承继成.1998.地理学认知内涵分析[J].地理学报,53(2):132-140.

裴韬,周成虎,韩志军,汪闽,秦承志,蔡强.2001.空间数据库知识发现研究进展评述[J].中国图像图形学报A,6(9):854-860.

齐清文,成夕芳,纪翠玲,王乃斌.2001a.黄土高原地貌形态信息图谱[J].地理学报,56(B09):32-37.

齐清文,池天河.2001b.地学信息图谱的理论与方法[J].地理学报,56(增刊):8-18.

谭娅.2004.中国山地垂直带谱信息系统[D].北京:中国科学院地理科学与资源研究所.

田永中,岳天祥.2003.地学信息图谱的研究及其模型应用探讨[J].地球信息科学,(3):103-106.

肖飞.2006.西昆仑山地环境要素的数字分析与模拟[D].北京:中国科学院地理科学与资源研究所.

汪闽.2003.空间聚类挖掘方法研究[D].北京:中国科学院地理科学与资源研究所.

武红智.2006.山地垂直带谱数字集成与分析[D].北京:中国科学院地理科学与资源研究所.

叶庆华,刘高焕,陆洲,龚争辉.2002.基于GIS的时空复合体——土地利用图谱模型研究方法[J].地理科学进展,21(4):349-357.

张百平,周成虎,陈述彭.2003.中国山地垂直带信息图谱的探讨[J].地理学报,58(2):163-171.

张百平,谭娅,莫申国.2004.天山数字垂直带谱及体系研究[J].山地学报,22(2):184-192.

张百平,许娟,武红智,肖飞,朱运海.2006.中国山地垂直带数字集成及基本规律分析[J].山地学报,24(2):144-149.

张洪岩,王钦敏,鲁学军,励惠国.2003.地学信息图谱方法研究的框架[J].地球信息科学,5(4):101-103.

周成虎,李宝林.1998a.地球空间信息图谱初步探讨[J].地理研究,17(增刊):10-16.

周成虎,李宝林,郝永萍.1998b.中国中部过渡带之环境特征分析[J].地理研究,17(增刊):33-42

Miller,H. and Han,J..2001. Geographic Data Mining and Knowledge Discovery[J]. Taylor and Francis,London.

Zhang,B,Wu,H,Xiao,F,Xu,J and Zhu,Y. H. 2006. Integration of Data on Chinese Mountains into a Digital Altitudinal Belt System[J]. Mountain Research and Development,26(2):163-171.

第 17 章　空间数据挖掘

□　裴韬　苏奋振　秦昆　王树良　葛咏　程涛　周春

　　空间数据量的飞速增长与现有空间数据挖掘方法的匮乏促成了空间数据挖掘理论的诞生,并导致其快速地发展。本章从介绍数据挖掘的基本概念与分析空间数据的特性入手,阐述了空间数据挖掘研究的独特性,并重点介绍了空间聚类,数据场空间数据挖掘,基于概念分析的空间数据挖掘,基于多重分形理论的尺度特征挖掘,空间关联规则归纳和基于人工智能的时空预测等方法的理论和应用。

17.1　数据挖掘和知识发现概述

17.1.1　数据挖掘和知识发现的概念

　　当今的时代是信息时代,信息爆炸与处理方法匮乏之间的矛盾日益突出。这种矛盾主要表现在:数据库存储量的飞速增长已远远超过人工处理的能力,迫切需要探讨自动化和智能化的数据处理方法。

　　数据挖掘与知识发现的任务是从数据库中发现有意义的模式、特征和规律。这些模式、特征和规律则称为知识。数据挖掘和知识发现一般分为以下几个步骤。

　　(1) 数据准备。了解相关领域,熟悉并掌握有关背景知识,并根据用户要求从数据库中提取与挖掘目标相关的数据。

　　(2) 数据清理和预处理。主要对步骤(1)产生的数据进行再加工,检查数据的完整性及一致性,处理其中的噪音数据和离群值,利用统计方法填补丢失的数据,并根据数据的特点和数据挖掘的目的对数据进行变换。

　　(3) 数据挖掘。运用选定的数据挖掘算法,从数据中搜索或提取用户感兴趣的模式或特定的数据集。

　　(4) 解释与评价。对发现的模式进行解释,去掉多余的或错误的模式,转换为有用的模式,并将之应用于实际研究中,检验这些模式的正确性,如果存在问题则反馈给数据挖掘阶段对其进行重新挖掘,最终形成知识。这些知识可应用于解决具体问题。

17.1.2　数据挖掘的主要任务

1. 数据泛化

　　数据泛化的目的是对数据进行浓缩。这种浓缩需要对数据的总体特征进行描述,将数据从较低的个体层次抽象总结到较高的总体层次上。数据泛化的方法包括求均值、方差等统计指标以及进行多维数据的压缩等。

2. 分类

分类的目的是建立一个分类函数或分类模型。该模型可根据数据的属性将数据分配到不同的组中。分类函数的求解包括分类函数的形式和分类函数中参数的求解。在实际应用中,分类函数的形式可根据现有的模型并结合实际问题的背景进行构造,而分类函数的参数是通过训练集对分类函数进行训练后得到的。

3. 聚类

聚类是根据数据的不同特征,将数据集划分为不同的类别,从而使属于同一类别的个体之间尽量相似,而不同类别个体之间的差别尽量大。聚类与分类之间的差别在于:聚类所建立的分类器不需要训练样本,而分类建立的分类器需要训练样本。

4. 关联分析

数据库中的不同属性或变量之间有可能存在着某种统计上的规律性,这种规律性就称为关联,而关联规则则是指同一事件中出现不同项的相关性的范式。例如,在超市商品销售的数据库中,购买面包的顾客中有90%的人同时购买牛奶。关联分析就是发现不同变量之间的关联规则,而关联规则多表现为变量之间的依赖、因果、时序等关系。

5. 偏差分析

数据库中的数据常出现一些反常的实例、异常的模式等,如分类中的反例、关联分析中不满足规则的特例、回归分析中观测结果与模型预测值的偏差,等等。这些偏差往往包含着很多潜在的知识。偏差分析的目的就是从数据库中检测出这些偏差。

6. 预测模型

建立模型就是通过对数据集的挖掘,构造用于描述某种模式或状态的数据模型。这种模型包括回归模型、时间序列模型等。当然所建立的预测模型还必须通过数据的检验才能付诸应用。

17.1.3 空间数据挖掘的特殊性

与其他类型的数据挖掘和知识发现不同,空间数据挖掘和知识发现的对象是空间数据库,因而也被称做从空间数据库中发现知识,其目的是从空间数据库中抽取未显式的,为人们感兴趣的空间模式和特征。由于空间数据库往往数据量巨大、类型复杂,且其中存储了空间对象的属性数据、几何属性以及空间对象之间的空间关系(拓扑关系、空间相关性、度量关系、方位关系等),造成了空间数据库的存储结构、访问方式、数据分析和操作都有别于常规的数据库模式,因此,空间数据及其关系的特殊性成就了空间数据挖掘方法的诞生和发展。

17.1.4 空间数据挖掘所使用的技术与方法

空间模式是空间数据挖掘的最终目标。要实现这一目标就必须将整个目标分解成具体的任务,并通过建立空间数据挖掘的方法和技术来完成。Miller and Han(2001)提出了地理数据挖掘(Geographical Data Mining)所用到的主要技术(见表17.1)。

当然,对空间数据挖掘的任务和方法的分类不止上述一种,概括起来,空间数据挖掘的方法研究包括空间聚类、空间分类、时空关联规则归纳、空间决策树、空间数据的探索性发现、地学可视化分析、空间回归分析等内容。随着空间数据挖掘研究的不断发展,还会有更新、更多的方法出现。

表 17.1　　　　　　　　　　　地理数据挖掘的任务及使用的技术

数据挖掘任务	描述	技术
分割	聚类:确定一套有限的隐式类别,用以描述数据。	● 聚类分析 ● 贝叶斯分类
	分类:将数据映射到事先定义好的类别中	● 决策和分类树 ● 人工神经网络
独立性分析	在已知值的基础上,寻找一些规则预测某些属性的值	● 贝叶斯网络 ● 关联规则
偏离和离群值分析	探寻与预期表现存在不寻常偏离的数据项	● 聚类以及其他数据挖掘方法 ● 离群值检测
趋势检测	寻找可综合数据之间关系的直线和曲线(通常与时间有关)	● 回归分析 ● 序列模式提取
泛化和特征化	数据的压缩表达方法	● 总结性规则 ● 属性导向的归纳

17.2　空间聚类方法

空间聚类算法是空间数据挖掘中最常用的方法之一,它能够根据空间数据中的距离关系、方位关系、拓扑关系以及属性之间的度量关系提取出空间对象中的丛聚模式。

作为一种非监督分类方法,聚类方法并不依赖于带有类别标志的训练实例,而且部分聚类方法也无须预先知道类别的数目,因而其研究受到广泛重视。伴随着数据挖掘技术的发展,聚类分析方法的种类也层出不穷。不过,以往的聚类分析较多是针对数据量较小、关系较为简单的数据,针对大型、复杂的数据库实现有效的聚类也只是近年来随着数据挖掘的出现才逐步产生的(Miller and Han,2001)。

空间聚类分析主要是根据实体的空间特征进行划分的,其原理是按一定的距离或相似性测度在多维空间数据集中标识出聚类或稠密分布的区域,将描述个体的数据集划分成一系列相互区分的组,使得属于同一类别的个体之间的差异尽可能地小,而不同类别上的个体之间的差异尽可能地大,以期从中发现数据集的整体空间分布规律和类型模式(Kaufman and Rousseew,1990;Murray and Shyy,2000)。具体来说,一个典型的聚类分析任务主要包括以下几个步骤(Jain,1988)。

(1) 模式表示,包括特征提取(Feature Extraction)或特征选择(Feature Selection)。
(2) 定义适合数据域的邻近关系度量标准。
(3) 聚类或分组。
(4) 数据抽象(可选择),即簇的表示。
(5) 结果评价,即聚类有效性检验(可选择)。

图 17.1 描述了空间聚类分析的前 3 个步骤,其中包含了一个反馈路径,说明分组过程反过来也能影响特征提取和相似性计算。

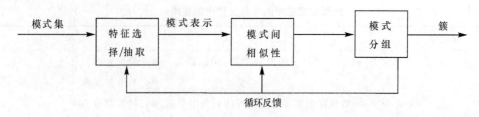

图 17.1 空间聚类过程

由于空间数据聚类所要面对的是复杂的空间数据以及各式各样的应用问题,这也就给聚类方法提出了更为苛刻的要求(Han and Kamber,2000)。
① 具有很好的处理大数据集的能力(可伸缩性)。
② 具有处理不同类型属性的能力。
③ 能发现任意形状的聚类。
④ 对决定输入参数的领域知识具有弱依赖性。
⑤ 具备处理噪声数据的能力。
⑥ 对于输入记录的顺序不敏感。
⑦ 能处理高维数据。
⑧ 能完成约束条件下的聚类操作。
⑨ 聚类结果具有可解释性和可用性。

17.2.1 空间聚类方法的分类

按照聚类结果的表现形式,空间聚类方法可分为划分聚类和层次聚类,划分聚类算法主要依据对象之间的相似性进行聚类,而层次聚类则是一系列连续的合并与分解过程。此外,聚类方法还有不同的分类方法,例如,Miller and Han(2001)将聚类方法分为四类,除划分聚类和层次聚类之外,还包括了基于密度的聚类和基于网格的聚类。实际上,基于密度的聚类算法是通过寻找被分割的高密度区域而达到聚类的目的,而基于网格算法的聚类操作都在由空间量化的单元组成的网格上进行,依据它们聚类结果的表现形式可分别归为分割聚类算法和层次聚类算法。按照聚类实现的过程划分,空间聚类分析又可分为划分聚类、层次聚类和基于位置的聚类。上述几种分类的边界都是模糊的,一种聚类算法有时会横跨两种甚至三种聚类模式,如 WaveCluster 从其实现方式上看,既可以归属于层次聚类又可以归属于基于网格的聚类;而 DENCLUE 方法则既属于层次聚类方法,同时又属于划分聚类方法(汪闽,2003)。

本节主要采用第一种分类方法,即依据聚类结果的表达将空间聚类分析分为划分聚类和层次聚类两种。

17.2.2 划分聚类方法(Partitioning Methods)

划分聚类方法也称为分割算法。划分聚类的基本思想是:设在 d 维空间中,给定 n 个数据对象的集合 D 和参数 K,运用划分法进行聚类时,首先将数据对象分成 K 个簇,使得每个对象对于簇中心或簇分布的偏离总和最小(Miller and Han,2001)。在不同的算法中,可用相似度函数表达点的偏离程度,由于相似度函数的不同衍生出不同的聚类方法。

近年来出现的经典划分聚类算法有 k-均值(k-means)聚类方法、k-中心点(k-medoids)聚类方法以及 DBSCAN 聚类方法等。下面对各算法的原理及其研究进展进行简要介绍。

1. k-均值聚类

设聚类的样本集为:$X=\{x_i | x_i \in R^p, i=1,2,\cdots,N\}$,$C$ 个聚类中心为 $z_1, z_2, \cdots, z_C$。令 $w_j(j=1,2,\cdots,C)$ 表示聚类的 C 个类别,则

$$z_j = \frac{1}{n_j} \sum_{x \in w_j} x \tag{17.1}$$

定义目标函数:

$$J = \sum_{i=1}^{C} \sum_{j=1}^{n_j} d_{ij}(x_j, z_i) \tag{17.2}$$

其中,n_j 表示 w_j 类包含的样本个数,一般采用欧氏距离

$$d_{ij}(x_j, z_i) = \sqrt{(x_j - z_i)^T (x_j - z_i)} \tag{17.3}$$

作为样本与类中心的距离。欧氏距离适合于类内样本点为超球形分布的情况。目标函数 J 为每个样本点到相应聚类中心的距离之和。当 J 达到最小时的聚类方案即为最终的聚类结果。

k-均值算法流程如下。

① 随机指定 C 个样本点 $z_1(1), z_2(1), \cdots, z_C(1)$ 为初始聚类中心。
② 按照距离最近的原则,对样本集进行聚类,确定各个样本的隶属关系。
③ 使用公式(17.1),计算新的聚类中心 $z_1(k), z_2(k), \cdots, z_C(k)$($k$ 表示迭代次数)。
④ 重复执行步骤②~④,直到聚类中心稳定为止。

理论分析证明,k-均值算法在处理大数据集时,是相对可伸缩和有效的快速收敛算法。当初始中心选择较好而且簇之间的分离性较好时,算法运行结果很理想。然而,由于初始点是随机选取的,因而导致该算法经常收敛于局部最优解,而且对噪声和边界点也比较敏感。

为了克服上述缺点,目前 k-均值算法有许多改进方法。改进算法大多在初始中心点的选择、迭代过程中参照点的选取、处理数据类型、相似性度量等策略上有所改善。

k-均值聚类结果受初始中心点的影响较大,初始点选择的好坏可直接导致结果的合理与否。k-均值算法对初始值选取的敏感性问题,相当于一个全局优化搜索问题。由于遗传算法拥有较为高效的全局优化搜索能力及内在的随机性和隐含的并行性,李飞等(2002)提出了用修正的遗传算法来优化初始参照点的选取。优化算法的实现细节和普通遗传算法有所区别,在识别大小相当的球形簇时,结果正确率大大提高。

由于将簇的质心作为聚类中心,故而远离数据密集区的孤立点会导致聚类中心偏离真正的数据密集区,所以 k-均值算法对孤立点很敏感。对此,万小军等(2003)提出了将簇的均值点与聚类中心相分离的思想,以消除孤立点的负面影响。

为了能够处理离散型数据,Huang 先后提出了 k-modes 算法(Huang,1997a)和 k-prototypes 算法(Huang,1997b)。其中,k-modes 算法是 k-prototypes 算法的简化,其只与离散属性有关,而 k-prototypes 算法可以处理数值属性和离散属性混合的数据。为了提高处理含有缺失数据的能力,陈宁等(2001)提出了模糊 k-prototypes 算法。该算法利用模糊技术表

达了簇的边界特征,可以处理缺失数据集。Zhang 等(1999)提出了 k-harmonic means 算法,该算法对于初始中心点的选取不敏感,可以有效消除局部最优的困扰,因此效果优于 k-均值算法。

此外,在大数据量条件下,k-均值方法运行时不能一次将数据读入内存而需要进行多次 I/O 操作,针对此弱点,唐春生等(2002)提出了一种适用于大规模数据的、递增的多层 CFK-均值算法。该算法采用聚类特性(Clustering Features,CF)结构来表示簇,在计算效率上有很大提高。为了克服 k-均值易陷入局部最优解的缺点,Aristidis 等(2003)提出了全局 k-均值算法,该方法通过多次迭代得到一个全局最优解——最优的聚类个数和最优的聚类方案。Cheung(2003)提出了 Step-Wise Automatic Rival-Penalized(STAR)k-均值算法,又称为 k^*-均值算法,可以识别球形和椭圆形簇,无须提前知道簇的个数就能得到相对合理的聚类结果。

2. k-中心(k-medoids)聚类

与 k-均值算法不同,k-中心算法选用簇中位置最中心的数据对象作为簇中心,从而消除了 k-均值因采用质心做中心而导致对孤立点敏感的缺点,使得该方法对噪声不敏感。该划分方法仍然是基于最小化所有数据对象与其簇中心之间的相异度之和的原则来执行的,这是 k-中心点算法的基础。

k-中心点算法首先为每个簇随意选择一个中心点,剩余的对象根据其与中心点的距离分配给最近的一个簇,然后反复地用非中心点来替代中心点,以提高聚类的质量。聚类结果的质量用一个代价函数来估算,该函数度量对象与其参照对象之间的平均相异度。算法具体步骤如下。

输入:参数 k,数据集(n 个对象)

输出:k 个簇

步骤:

① 随机选择 k 个对象作为初始中心点 $O_j(j=1,2,\cdots,k)$。
② 将剩余对象分配给离它最近的中心点所代表的簇。
③ 选择一个随机的非中心点对象 O_{random}。
④ 计算用 O_{random} 代替 O_j 的总代价 S。
⑤ 如果 $S<0$,则用 O_{random} 替换 O_j,形成 k 个中心点的新集合。
⑥ 重复步骤③到④⑤,直到 S 不再变化或者类内数据不再变化。

k-中心点聚类算法在存在孤立点的情况下,鲁棒性较好,而且聚类结果与数据的输入顺序无关,不受数据的平移或正交变换的影响,可以处理大数据集。然而,该方法的处理效率不是很高。

早期的 k-中心点算法有 PAM(Partitioning Around Medoids)算法(Kaufman and Rousseew,1990)和 CLARA(Clustering Large Application)算法(Kaufman and Rousseew,1990)。PAM 算法对小数据集非常有效,对于大数据集缺乏良好的伸缩性。为了减少 PAM 算法的运算复杂度,CLARA 算法选择实际数据的小部分作为样本集,然后用 PAM 算法从样本中选择中心点。CLARA 算法较 PAM 算法可处理更大的数据集,但若采样的均匀性较差,基于小样本集的最优聚类结果不能代表整个数据集的最优聚类结果,从而导致 CLARA 不能得到最佳的聚类结果。

为了提高聚类质量和方法的伸缩性，CLARANS（Clustering Large Application based upon Randomized Search）算法（Ng and Han，1994）将采样技术和 PAM 算法结合起来，在已知 n 个对象的条件下发现 k 个中心点的过程抽象为图搜索过程。算法不检查节点的每个邻居，而是仅检查每个节点所有邻居的样本，这是 CLARANS 与 PAM 的区别。与 CLARA 不同，CLARANS 并不将它的搜索限制在特定的子图范围内，而是搜索原始图。实验证明，CLARANS 比 PAM 和 CLARA 更有效，但是其对大型数据库的伸缩性仍然不好，计算复杂度仍是非线性的，仅能发现类似球形的簇，不能处理高维数据，对噪声敏感且效率不高。为此，Ester 等（1995）在已有研究的基础上，利用 R^* 树和聚焦技术探索空间数据结构以改善其效率，进一步提高了 CLARANS 的性能。此外，Ng and Han（1994）对 CLARANS 进行改进，提出了空间属性占优法（Spatial Dominant Approach）和非空间属性占优法（Non-Spatial Dominant Approach），其主要思想是假定输入的空间数据库同时包含空间属性和非空间属性数据，利用 CLARANS 法来处理空间属性数据，用 DBLEARN 法来处理非空间属性数据，其中，DBLEARN 方法是针对非空间属性数据的知识发现方法。

3. 基于密度的聚类

基于密度的聚类将簇视为数据空间中被低密度区域分割开的高密度区域，从而可以过滤噪声并发现任意形状的簇。代表算法 DBSCAN（Density Based Spatial Clustering of Application with Noise）（Ester，et al，1996；Lazarevic，et al，1999；Dash，et al，2001）就是一种基于邻域特性的聚类方法。该算法定义簇为密度相连的点的最大集合，在所定义的每个簇中，每个对象在其给定半径的邻域（Eps）中包含的对象不能少于某一给定的最小数目（MinPts）。算法可以发现任意形状的聚类，并可排除噪声点的影响，能够有效处理大型数据库。然而，DBSCAN 在确定参数（Eps 和 MinPts）时需要借助于交互式的方法，因而增加了方法的多解性，此外，DBSCAN 对高维数据的处理能力还有待于加强。针对 DBSCAN 第一个方面的弱点，Ankerst 等（1999）提出了 OPTICS（Ordering Points to Identify the Clustering Structure）算法。在该算法中，Eps 和 MinPts 的确定是通过建立可达性图（Reachability Plot）来实现的。可达性图虽然提供了一个可视化确定参数的途径，但仍然未能脱离主观性和交互性的束缚。为此，Pei 等（2006）提出了一种利用 EM 算法进行参数优化的解决途径，该方法有效地解决了基于密度聚类方法的参数确定的问题。针对 DBSCAN 第二个方面的弱点，Sander 等（1998）提出了 GDBSCAN（Generalized Density Based Spatial Clustering of Applications with Noise）算法，该算法将 DBSCAN 中的基于密度的簇（Density-Based Clusters）概念加以扩展，提出了密度相连的集（Density-Connected Sets）概念，使得算法不仅可以对点数据，而且还可以对空间数据库中的任意对象进行聚类分析。除此之外，还有 SDBSCAN（Sampling-based DBSCAN）（周水庚，等，2000a）、PDBSCAN（Partition-based DBSCAN）（周水庚，等，2000b）、Incremental DBSCAN（Ester，et al，1998b）等改进算法，使得基于密度的聚类算法的效率和结果得到了很大提高和改善。

划分聚类的弱点是要求用户输入参数，且需用不同的搜索方法进行参数估计，直到找到合适的值为止，并且算法发现的簇大多局限于凸形。划分聚类方法目前仍只适用于中小型数据库的聚类模式挖掘，如需应对大规模、关系复杂的空间数据集，划分聚类方法仍有待于进一步的发展。

17.2.3 层次聚类方法(Hierarchical Methods)

层次聚类也称为系统聚类,该类算法对给定数据对象进行层次上的分解。根据层次分解的顺序是自下向上的还是自上向下的,可分为聚合算法(Agglomerative)和分裂算法(Divisive)。如图 17.2 所示的层次聚类算法的例子,聚合和分裂两种聚类方法的方向完全相反,通过一系列的合并或分裂得到聚类结果。

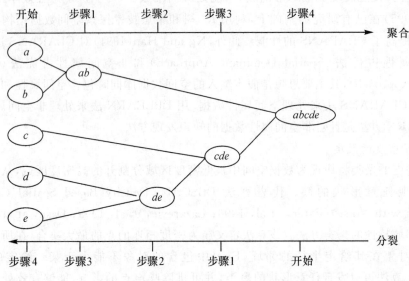

图 17.2 对集合{a,b,c,d,e}的层次聚类

聚合式的层次聚类在初始阶段将每个对象视为单独的一个类,然后逐步将最近的两个类合并,直到所有对象都聚到一个类中;而分裂式层次聚类则完全相反,开始时所有对象都在一个类中,然后将这个类分裂为两个子类,使得这两个子类距离尽量的远,依次分裂下去,直到每个对象单独对应一个类。这两个过程都会产生一棵二叉树,树的顶点是一个包含了所有对象的类,树的叶子节点是单独的对象,中间节点包含了数目不等的对象。

聚合式层次聚类的算法描述如下。

① 样本集合中有 n 个对象,每个对象作为一个初始类。

② 确定相似性度量 d,计算相似度矩阵。

③ 寻找相似度矩阵中最近的两个类 V 和 W,两个类的距离为 d_{VW}。

④ 合并 V 和 W,标记为新的类 VW。

⑤ 更新相似度矩阵:删除跟 V、W 相关的行列;增加一个行一个列对应新的类(VW),并计算(VW)与其他所有类的距离。

⑥ 重复步骤③、④、⑤,直至所有的对象都聚合成一类。

与聚合式层次聚类相似,分裂式层次聚类算法也需要计算两个类之间的相似性度量,所不同的是分裂式层次聚类的过程正好与聚合式层次聚类相反。类之间的相似性可以通过计算对象间的相似性度量而得到,计算的方法主要有 3 种方式。

① 单连接(Single Linkage)——最近的两个对象的距离代表两个类的相似性,两个对象

分别属于两个类。

② 全连接(Complete Linkage)——最远的两个对象的距离代表两个类的相似性,两个对象分别属于两个类。

③ 平均连接(Average Linkage)——两个类之间的所有点对的距离的平均值代表两个类的相似性,点对中两个点分别来自两个类。

聚合式层次聚类在算法中重复用到了同一个相似度矩阵,所以其时间复杂度是 $O(n^2)$。然而分裂式层次聚类必须在每次分裂时重新计算每个类的相似度矩阵,所以其时间复杂度至少是 $O(2^{n-1})$。高复杂度使得分裂式层次聚类不大适合大数据集的处理。一般来说,聚合算法的运算量比分裂算法小,因而使用也更普遍。

聚合和分裂层次聚类方法的优点是算法简单,能灵活处理多粒度的聚类问题,可使用多种形式的相似性度量或距离度量,可用于处理多种属性类型(Berkhin,2000)。缺点是算法终止条件不易确定,合并点或分裂点的选择非常关键却又比较困难,如果在某一步没有很好地选择合并或分裂,可能会导致聚类结果整体质量的降低,此外,这种类型的聚类算法不具备很好的伸缩性(Berkhin,2000;Miller and Han,2001)。

早期的层次聚类方法如 AGNES(Agglomerative Nesting)和 DIANA(Divisive Analysis)都比较简单。它们在选择合并点或分裂点时经常会遇到困难,从而降低了其应用范围。提高层次聚类质量的一个重要途径是:将层次聚类和其他聚类技术进行集成,形成多阶段聚类,由此改善聚类效果,如 BIRCH 算法、CURE 算法、CHAMELEON 算法等都是采用此思路建立起来的。

BIRCH(Balanced Iterative Reducing and Clustering using Hierarchies)算法(Zhang,et al,1996;Zhang,et al,1998)是针对大型数据库而设计的综合层次聚类算法。主要目的是在有限内存条件下以最小的 I/O 开销实现对海量数据集的聚类分析。算法采用全局或半全局聚类算法针对叶子条目聚类,最后利用已得到的聚类中心点作为种子点,将其他对象重新分配给离它们最近的种子点所代表的聚类中,从而得到更精确的聚类结果。该算法具有局部性、非均匀性、可伸缩性、可加性、抗噪性和并行性等优点,但也存在如算法与数据处理顺序有关、需要预先设置许多参数等不足。

CURE(Clustering Using Representatives)算法(Guha,et al,1998)也是针对大型数据库而设计的聚类算法。CURE 算法选择固定数目且具有代表性的对象代表簇,这些对象较好地描述了簇的形状和尺寸。该算法可以发现任意形状的聚类,能高效处理大数据集的聚类问题,不受孤立点影响。即使簇的形状是非球状的,簇间尺寸差异很大,也能将所有待分配对象聚类到正确的簇中。但是,算法需要确定收缩因子、代表点数、分区数和随机采样尺寸的数值,且没有给出计算这些参数的理想方法。此外,簇的尺寸不同,仍使用同样数目的代表点表示是否合理,也值得进一步研究,而算法没有考虑不同簇之间的个体差异,将所有簇的分布模式视为统一不变的,则有可能导致不正确的结果。

CHAMELEON 算法(Karypis,et al,1999a)是在分析许多层次聚类算法存在问题的基础上提出来的。其特点表现在:判断簇的相似性的同时考虑了簇之间的互连性与近似度,并提出了综合(包含簇内部分布特性的)互连性与近似度量的动态模型。算法采用基于 k-最近邻居图的方法对数据集建模。与 DBSCAN 算法相比,该算法克服了邻居半径固定不变的不足,使得到的聚类更自然。算法可对定义在近似空间或度量空间上的数据集聚类,可以发现不同形状、密度和尺寸的聚类,聚类结果具有更自然的分布形态。然而,CHAMELEON 算法仅适于可用相似度矩阵表示的聚类问题,且依赖 k-最近邻居图划分算法;此外,算法需要设置每个簇中包含对象的个数,算法是否适合高维数据以及大数据量尚需进一步研究。

层次聚类算法是一种基于局部搜索的贪心算法,算法的合并(或分解)决策并不一定是最优的。大多数层次聚类算法在后续步骤中不能修改新生成的聚类,聚类过程中类别所包含的对象也是固定不变的,得到的聚类结果质量不能令人满意。为了提高聚类质量,人们提出了许多逐步聚类算法,以期能在类之间动态地交换对象,使聚类结果的总体"评分"最优。Karypis,等(1999b)提出了一种层次聚类的多步求精算法(Multilevel Refinement for Hierarchical Clustering),认为聚类的求精与图的最小分割 k 划分问题(将图分割为 k 个部分,移动划分中的节点,使得连接划分边的权值之和最小)的求精类似。算法速度比其他基于原始相似矩阵的聚类算法要快,且综合了传统层次聚类算法与多步求精算法的优点,聚类质量优于传统聚类算法,此外,该算法还克服了传统层次聚类算法簇合并(分解)后不能修改的缺点。但是,该算法也存在一定缺点,即给出的评分方案不完备且没有考虑该算法对大型数据库和有限内存限制时的适用性问题。

17.2.4 聚类分析的发展趋势

聚类分析是一个传统而崭新的研究方向,随着数据挖掘概念的提出,且由于其具备探索性数据分析的内在特质(Dubes and Jain, 1980),它逐渐被看做从空间数据库中发现知识的一种重要的挖掘方法(Koperski, et al, 1996a; Ester, et al, 1998a; Fasulo, 1999; Kolatch, 2001)。然而,空间数据的高度复杂特征本身就使得空间聚类方法的设计、实现与应用存在诸多难题,数据挖掘在应用的过程中又为聚类分析带来了大量亟待满足的需求。因此,对空间聚类分析技术进一步探索的空间还是非常广阔的。

近年来,空间聚类研究主要集中解决以下的问题。
① 海量空间数据的高效和稳健算法。
② 如何处理高维的空间数据(包括时空耦合)。
③ 如何识别噪声,并消除大量噪声所带来的影响。

一些新的技术,如取样技术、浓缩技术、索引技术和基于网格的技术逐渐应用到聚类方法中,一些性能较优的算法也相继提出,主要有 CLARANS、DBSCAN、BIRCH、STING、CLIQUE、CURE、OPTICS、CHAMELEON、STING+、MAFIA、OptiGrid、AMOEBA、COD-CLARANS、DBCLUC、DBRS 和 DBRS+等。但是,这些算法仅能解决其中的一个或两个问题,并不能同时解决以上 3 个问题(柳彦平,等,2005;Yue, et al, 2007)。值得一提的是,Leung 等(2000)在聚类算法的设计与分析中,引入了视觉理论,在尺度空间理论的基础上创建了尺度聚类模型,从而为聚类分析提供了一种新颖的生物学解决途径,并能真正地将聚类的过程置于视觉感知理论的基础之上。

通过本节对聚类方法的发展历史、原理以及未来发展趋势的分析可知,没有一种聚类算法是十全十美的,我们可根据空间数据的实际情况(例如空间数据的数据量,维数,数据点的分布形状,是否含有噪声等)来选择聚类算法,同时根据不同类型的聚类算法的优缺点取长补短,以充分满足不同应用研究的要求。

17.3 基于数据场的空间数据挖掘

面对同样的空间数据所反映的问题,不同的人可得出不同的结果;同一个人从不同的角度看,也可能有不同的结果。这些不同的结果,各有各的用途。可谓"仁者见仁,智者见智"。这些反映了人的认知的差异。具体到空间数据挖掘中,就是数据挖掘视角的不同(李德仁,等,2006)。

17.3.1 空间数据挖掘视角原理

空间数据挖掘视角是指相同的人从不同的知识背景,或不同的人在相同的知识背景下,根据给定的目的要求,基于不同的认识层次或观察点,从已经获得的空间数据中,发现用于研究、解决和解释自然、人类和社会的问题、现象的模式。基于多个不同层次的挖掘视角,空间数据挖掘可把每个空间数据的作用,在不同的认识层次上浓缩到定性的决策思维中(王树良,2002;Wang, et al, 2006;王树良,2007)。

1. 空间数据挖掘视角的层次

人类思维具有层次性,因而境界决定了认识的高度。不同层次的决策者,具有不同的知识背景,可能需要不同的空间知识。同时,从不同的视角对空间数据进行挖掘,可能得到不同层次的知识,不同层次的知识各有各的道理和用途。空间数据挖掘是基于同样数据的空间决策知识发现过程,恰如不能从分析单个离子、神经元、突触的性质就能够推断人脑的认识和思维活动一样,不能设想从最基础的硅芯片的活动来推测计算机空间数据库中数据的行为。所以,空间数据挖掘视角的研究就是根据多个不同层次的挖掘视角,挖掘隐含在数据间的相关性或关系的有效性等各种粒度的、多种类型的空间知识模式,在不同的认识层次上,把每个定量数据的作用浓缩到不同粒度的定性决策思维中,以适应不同的用户需求或不同的应用目的。

2. 空间数据挖掘视角的粒度

人类对空间数据的认识过程是对复杂对象关系的微观、中观和宏观的知识发现过程,是对象所在的特征空间的微观数据,通过用自然语言表述的不同抽象度概念,在非线性相互作用下涌现的自组织特性。

粒度主要表达人的认识层次,反映空间数据挖掘内部细节的粗细,描述空间数据挖掘由细至粗、多比例尺或多分辨率的几何变换过程(见图17.3)。空间数据挖掘在不同认识层次上的实现,就是用不同粒度的视角观察分析空间数据,在不同观察距离上查看同一批数据以及数据的组合,得到基于不同知识背景的空间知识。用细粒度视角观察数据如同采用压缩镜头缩短观察距离,使用锐化数据挖掘算法,透过纷繁复杂的表象,更准确地区分差别,得到的一般为个性知识。反之,用粗粒度视角分析数据,则如同采用拉长镜头,增加观察距离,使用平滑数据挖掘算法,忽略细微的差别,寻找共性,得到的常常为共性知识。如果

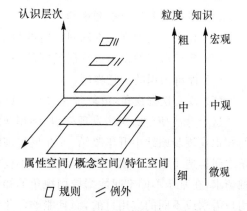

图 17.3 空间数据挖掘视角的机理

概念层次上升,则将从微观逐步到宏观,知识模板上升到抽象级别更高的知识层次。

3. 空间数据挖掘视角的机理

空间数据挖掘视角的机理是基于不同视角的数据→概念→知识视图,而空间知识则是各级粒度层次的"类和离群",或者"规则加例外"。当从空间数据中发现知识时,一般是基于不同的粒度,首先从空间数据抽象出对应的空间概念,然后在概念空间中总结初步的空间特征,最后于特征空间内归纳出空间知识。从较细的粒度世界跃升到较粗的粒度世界为数据归约,是对空间实体群的抽象,可以简化问题,大大减少数据处理量。空间实体群的组合状态,因属性或特征的不同而多种多样,通常决定于发现任务。

空间数据挖掘的过程,是位于特征空间内的不同属性值,随着每个属性中的原始数据值用该属性的概念空间中不同粒度的概念表示,而带来特征空间中空间实体的整体分布的变化形态和各种组合状态。就数据挖掘的广度和深度而言,属性方向重在属性与属性之间的规则,宏元组方向重在各宏元组与宏元组之间的多属性模式,知识模板方向则把属性和宏元组作为一个整体,在挖掘和发现的层次上抽象概括或具体细化。随着抽象度的提高,属性方向和宏元组方向的概括性增大,知识模板的物理尺寸越来越小。实际上,抽象度的提高,就来自于粒度由细而粗的变化,即认识层次的归纳提高。而具体到每一个知识基中的属性和宏元组的方向趋于概括,以及知识模板物理尺寸减小,则是描述空间实体的数据在属性空间、概念空间或特征空间中,按照发现任务作不同的组合、浓缩。

可见,空间数据挖掘视角揭示了人类由个别到一般,从具体到抽象,既统揽全局又抓住本质,既深入基层又把握重点的认识规律。它允许用户根据自己的层次指导或聚焦有趣空间规则的发现粒度。这对于空间数据挖掘具有一般性的理论意义。

17.3.2 空间数据挖掘视角算法

决策是从理论到实践,对应一个知识而数据的决策层次;而空间数据挖掘是从实践到理论,对应一个自数据而知识的认识层次。相应地,基于视角的数据挖掘算法可以描述如下。

输入:空间数据。

输出:给定视角的空间知识。

算法:

(1) 根据需要选择挖掘视角。

(2) 利用一定的理论方法对给定的数据进行挖掘。

(3) 基于选定的视角解释所发现的知识。

(4) 评价知识的满意程度。

(5) 改变挖掘视角,重复步骤(1)~(4),直至获得满意的知识。

这个算法使用归纳法发现知识,利用演绎法评估所发现的知识,是归纳和演绎的结合。空间知识在逐步归纳中升华凝结,又在反复演绎检验中求真。该算法在不同的空间数据挖掘视角之间构造了空间知识的发现反馈环,不仅能够引导用户把自己的混沌需求转化为准确的挖掘请求,在基于不同空间数据挖掘视角的知识之间选择符合自己要求的知识,满足不同层次的用户需求或不同的应用目的,而且能够优化空间数据挖掘的结果,提高所发现知识的可靠性和一般性。下面以滑坡数据为例说明空间数据挖掘视角的应用原理。

17.3.3 滑坡监测数据挖掘视角

滑坡监测数据挖掘是利用一定的方法,从形变监测数据中挖掘事先未知却有用的空间知识的技术。宝塔滑坡是长江三峡库区的特大型滑坡,其稳定与否直接关系到长江三峡水利工程和滑坡区人民的生命财产安危。寻找合适和可靠的理论方法,基于多个不同的视角,从宝塔滑坡形变监测数据集中挖掘知识(王树良,等,2004),为国家有关部门对宝塔滑坡的决策提供空间知识支持,具有现实的意义。

因长江的流向垂直于宝塔滑坡体的南北方向,故研究重点为南北方向的视角(即下文中视角三的 X 方向),当以视角三观察滑坡在南北方向的形变位移监测数据时,得到的就是每个独立的监测点、在不同的监测日期、于相同位移方向的一个 M 维位移向量$(dx_1,dx_2,\cdots,dx_m)$。对宝塔滑坡形变监测数据的挖掘,知识发现的基础是滑坡稳定性的空间监测数据,基本观察点有监测点、监测日期和形变的位移方向(简称位移方向)3 个。这 3 个基本观察点组合在一起,可以构成分析空间监测数据的全部视角,其结果就是从 3 个集合,即{相同监测点、不同监测点}、{相同监测日期、不同监测日期}和{相同位移方向、不同位移方向}中各取其一的组合:$C_2^1 \cdot C_2^1 \cdot C_2^1 = 8$,得到以下 8 类视角。

视角 1:同点同时同向。即相同监测点、相同监测日期和相同位移方向。
视角 2:同点同时异向。即相同监测点、相同监测日期和不同位移方向。
视角 3:同点异时同向。即相同监测点、不同监测日期和相同位移方向。
视角 4:同点异时异向。即相同监测点、不同监测日期和不同位移方向。
视角 5:异点同时同向。即不同监测点、相同监测日期和相同位移方向。
视角 6:异点同时异向。即不同监测点、相同监测日期和不同位移方向。
视角 7:异点异时同向。即不同监测点、不同监测日期和相同位移方向。
视角 8:异点异时异向。即不同监测点、不同监测日期和不同位移方向。

从视角 1 到视角 8,观察距离越来越远,粒度越来越大。反之,观察距离越来越近,粒度越来越小。视角 1、2、3、4 是针对一个监测点的不同属性的不同视角,基于空间对象的属性,构成 M 维概念空间。在这个概念空间中,视角 1、2、3、4 的视野依次开阔增大;反之,则为顺次闭缩减小。而视角 5、6、7、8 则是针对多个监测点的不同特征的不同视角,基于空间对象的宏元组,构成 N 维特征空间。在这个特征空间中,视角 5、6、7、8 的视野也依次开阔增大;反之,则也为顺次闭缩减小。这反映了空间数据挖掘在发现状态空间中的微观、中观和宏观的不同层次,以及粒度上升和下钻的过程。

在基本视角和基本三维组合视角(王树良,2002)的视野中,都是单个孤立的空间数据,而不是大量的一堆数据,它们只是空间数据挖掘的基本单元和基本组合单元,对于滑坡形变监测数据挖掘并没有很大的实际意义。实际可以使用的挖掘视角,是由二者其中之一组成的其余 6 个视角。在剩余的这 6 个视角中,同点异时同向的视角三重点表现一个监测点在不同监测日期,在给定位移方向的滑坡位移水平,属于微观的监测点视角。断面视角的抽象度高于监测点视角,属于监测数据的中观挖掘。滑坡视角的抽象度又高于断面视角,属于监测数据的宏观挖掘。其中,微观视角是中观视角、宏观视角的基础,也是工程研究的重点。

在空间数据挖掘中,利用云模型的逆向云发生器(Wang, et al, 2004),首先从监测数据中挖掘得到滑坡形变规律的 3 个数字特征$\{E_x, E_n, H_e\}$,即发现语义概念。然后根据发现的

$\{E_x, E_n, H_e\}$,利用正向云发生器,随机生成任意多的云滴,同时给出云滴的确定度,即在给定的观测值前提下,将滑坡形变虚拟观测任意多次,这实际上是把观测值中隐含的规则可视化。具体算法如下。

输入:宝塔滑坡形变监测数据。

输出:给定视角的监测知识。

算法:

(1) 根据需要选择挖掘视角。

(2) 利用逆向云发生器,根据宝塔滑坡监测数据,生成三个监测数字特征{期望,熵,超熵},即$\{E_x, E_n, H_e\}$。

(3) 按照一定的转换规则定性诠释3个数字特征。

(4) 利用正向云发生器,基于3个监测数字特征,生成监测知识云。

(5) 利用数据场发现例外知识。

(6) 评价知识的满意程度。

(7) 改变挖掘视角,重复步骤(1)~(6),直至知识足够满意。

根据上述算法,最终发现的监测点视角规则、断面视角规则、滑坡视角规则和滑坡视角例外分别如图 17.4、图 17.5、图 17.6 和图 17.7 所示。

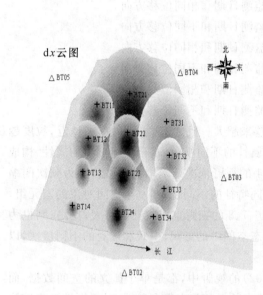
图 17.4 监测点视角规则

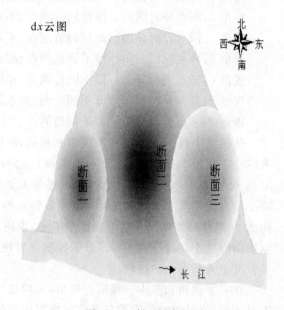
图 17.5 断面视角规则

从图 17.4 中可以看出,所有监测点都基本向 X 负方向(南方向)发生了大小不一的位移。具体表现在以下方面。

① 位移幅度非常大、位移之间离散程度非常高、监测水平也非常不稳定的,是断面 2 的监测点 BT21,断面 3 的监测点 BT31 次之。

② 位移幅度较小、位移之间的离散程度较低、监测水平也较稳定的,是断面 1 的监测点 BT14。

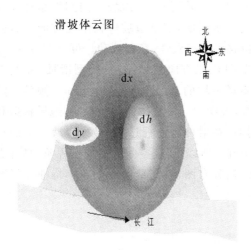 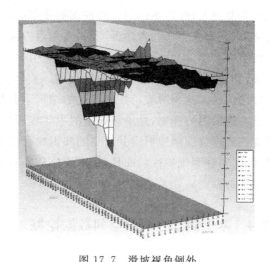

图 17.6　滑坡视角规则　　　　　图 17.7　滑坡视角例外

③ 监测点之间位移变化的范围为断面 2>断面 3>断面 1。

④ 除去监测点 BT14、BT21、BT31，三个断面的监测点的位移监测水平基本相似，原因在于长江三峡的宝塔滑坡的岩层走向是东西向，滑坡体主要在南北向移动。

同理，基于视角 3，还可以得到宝塔滑坡的所有监测点在不同日期于东西方向、垂直方向的位移形变的知识。

图 17.5 是滑坡体在宝塔滑坡的 3 个监测断面上的总体位移形变水平，相互两两对比可以发现，断面 2 的位移水平、形变离散度和监测水平仍然分别最大、最高和最不稳定。而且，在整体上，滑坡体的断面 1、断面 2 和断面 3 都在 3 个方向有偏向长江的一定位移量，且滑坡体的后缘明显较前缘变化量大，证明该滑坡体为压推型滑坡。把 3 个断面在一个方向（X 方向、Y 方向或 H 方向）的位移，重新组合为断面 1、断面 2、断面 3 同时在 3 个方向（X 方向、Y 方向和 H 方向）的位移，可以得到另外的新意义。从中可以看出，3 个断面的所有监测点都基本发生了大小不一的位移。它们的位移幅度、位移离散度和监测水平的规律都是：X 方向>H 方向>Y 方向，而且在 H 方向和 Y 方向上表现为：断面 2>断面 1>断面 3。其中，断面 2 的监测点 BT21 在 X 方向和 Y 方向的位移幅度、位移离散度和监测水平方面都居首位。

图 17.6 是在图 17.5 的基础上概括生成的滑坡体整体位移形变云图。图 17.6 是用数据场发现的滑坡体整体例外。它通过把监测日期作横轴、将监测点的坐标作纵轴、令监测点的位移作竖轴，把监测点的位移量看做质量，向整个滑坡体发射场，最终得到滑坡体在滑坡视角中的整体势场图。从图 17.7 中可以看出，监测点 BT21 位移表现例外，原因是监测点 BT21 附近滑坡变形最大，附近可能发生小范围的滑坡灾害。这个重要的例外和空间规则知识同等重要，甚至更为引起人们的关注。

综观图 17.4、图 17.5、图 17.6 和图 17.7 的知识，归结一处，可以使空间知识的粒度沿着认识层次再次升华，即宝塔滑坡在监测期内发生了向南微偏西（长江方向）的移动，并伴随少量的向下沉降，且后缘较前缘位移大，其监测点 BT21 位移表现例外。这是对迄今为止所有宝塔滑坡形变监测数据的较为全面的总结，也是一句浓缩量极大的用概念语言描述的空间知识，与人们的思维非常接近,可以直接用于决策。这条"规则+例外"的宝塔滑坡空间知识是在监测数据的基础上,经过不同层次的挖掘而获得的,它进一步说明,宝塔滑坡体在南北方向一直向南移动、在垂直方向一直向下沉降,在东西方向的位移没有一致性,东西波动。可以解释为,宝塔滑坡的大部分监测点的形变位移水平相似,主要向长江方向移动,是压推型滑坡,监测点BT21附近是小范围滑坡灾害的高发地。实际上,宝塔滑坡的岩层走向是东西走向,倾角上陡下缓呈椅状。这种滑坡特性和上述的知识十分吻合,说明包括滑坡体的物质性质、地质构造和坡度在内的内力作用,是滑坡灾害的主要成因。同时,在滑坡区巡视过程中发现,滑坡区的自然现实和通过视角挖掘得到的空间知识吻合得相当好。所以,研究空间数据挖掘视角,具有必要性、实用性和现实性。而且,相对于位移绝对值的伪分布图,云模型的3个数字特征还保留了位移的方向。

17.4 基于概念分析的空间数据挖掘

概念是反映客观事物共同特点与本质属性的思维形式,是高级认知活动的基本单元,由内涵和外延两部分组成。概念是在不断的学习过程中产生的,是用思维进行分析、综合、归纳、演绎的结果。从概念形成去探讨人脑学习,探讨通过数据库中大量数据的学习从而产生概念和知识的过程,被认为是一个行之有效的途径(Sowa,1984;Ganter and Wille,1999;胡可云等,2001;谢志鹏,2001;王树良,2002;秦昆,2004;李德毅,杜鹢,2005;李德仁,等,2006)。

关联规则挖掘和聚类挖掘是数据挖掘的重要内容,与概念的形成和分析过程密切相关。关联规则挖掘的目的是发现大量数据中项集之间有趣的关联或相互关系。在关联规则挖掘过程中,在领域相关的概念层次树支持的背景下,利用关联规则挖掘可以得到反映不同概念层次规律的关联规则。同时,不同的数据集所蕴含的关联规则不同。聚类分析把一组个体按照相似性归纳成若干类别。在数据挖掘领域进行聚类时,数据对象之间的相似性度量不是基于几何距离,而是根据概念描述来确定,因此称为概念聚类。概念聚类使不同的组代表不同的概念,不仅能产生基于某种度量的分类,而且能对聚类结果给予概念解释,并且可以得到多个层次的概念描述。另外,概念聚类还适用于增量式数据挖掘(郭建生,等,2001)。

17.4.1 概念分析的形式化理论

概念分析是以概念结构为基础的数据分析方法,概念结构(Conceptual Structure)是一种以语言学、心理学、哲学、逻辑学和数学为基础的新的知识表示方法,由美国的计算机科学家Sowa于1984年提出(Sowa,1984)并出版专著"Conceptual Structures:Information Processing in Mind and Machine",被Garnet与Tsui等从理论上证明是优于其他传统的知识表示方式(张蕾,2001)。德国的数学家Wille于20世纪80年代初提出概念格(Concept Lattice),也称形式概念分析(Formal Concept Analysis),并于1999年和Ganter合作出版著作"Formal Concept Analysis:Mathematical Foundations",概念格被广泛应用于软件工程、数据挖掘、数字图书馆及文献检索等领域(Ganter and Wille,1999;胡可云,2001)。中国的人工智能专家李德毅于1995年提出了一种概念的形式化表达和分析的模型——云模型(李德毅,等,1995),并于2005年出版专著《不确定性人工智能》,云模型被广泛应用于知识表示、数据挖掘、数字水印、系统评估和图像分割等领域(李德毅,等,2005)。

概念结构大会 ICCS(The International Conferences on Conceptual Structures)从 1993 年开始每年在欧洲、澳洲或北美洲举行一次,中心议题是关于概念化知识的形式化表示和分析,以及在人工智能、计算语言学及计算机科学相关领域的研究和应用(殷亚玲,2006)。与此相关的概念结构分析和概念的形式化表达与处理的研究得到了进一步的发展和扩充,包括概念格、云模型、描述逻辑、情境理论和篇章表征理论及其他相关理论和技术(张蕾,2001;胡可云,2001;李德毅,杜鹢,2005;殷亚玲,2006)。

概念的形式化表达与分析是概念结构分析的重要内容,在人工智能、数据挖掘、信息检索等领域具有重要研究意义。下面重点介绍概念格和云模型这两个概念的形式化表达与分析的理论与方法。

1. 基于概念格的概念的形式化表达与分析

概念格是一种基于概念和概念层次的数学化表达的应用数学的分支,它提供了一种支持数据分析的有效工具。概念格的每个节点表示一个形式概念,可以通过 Hasse 图生动简洁地体现概念之间的泛化和特化关系。概念格是数据分析的有力工具,在信息检索、数字图书馆、软件工程和知识发现等领域得到了很好的应用(胡可云等,2000a)。

在利用概念格进行数据挖掘时,首先将分析对象(数据库)转换为一个形式化背景,将其定义为一个三元组 (O, A, R),O 表示形式对象(Formal Objects)的集合,A 表示形式属性(Formal Attributes)的集合,R 是对象 O 和属性 A 之间的关系。形式背景中的概念可以通过一个序偶 (M, N) 进行形式化表达,集合 M、N 分别为形式概念的内涵和外延。每个形式概念构成的序偶关于关系 R 是完备的,对象 M 和内涵 N 是相互决定的,这种关系称为 Galois 联系(Ganter and Wille, 1999)。

形式概念之间的关系可以通过概念之间的子概念和超概念关系形式化地表示为:

$$H_1 = (O_1, A_1) \leqslant H_2 = (O_2, A_2) : \Leftrightarrow O_1 \subseteq O_2 (\Leftrightarrow A_1 \supseteq A_2)$$

式中,H_1 称做 H_2 的子概念,H_2 称做 H_1 的超概念。H_2 是 H_1 的祖先节点,是 H_1 的泛化。祖先节点的外延包含子孙节点的外延,包含更多的对象以及更少的内涵,抽象程度相对更高。关系 $\leqslant$ 称作层序关系(Hierarchical Order)。如果 $H_1 \leqslant H_2$,并且格上不存在另外一个元素 H_3,使得 $H_1 \leqslant H_3 \leqslant H_2$,则从 H_1 到 H_2 就存在一条边,据此绘制的图形称为 Hasse 图。Hasse 图揭示了概念的内涵和外延之间的泛化和特化关系。概念格和 Hasse 图可以作为符号数据分析和知识发现的有效工具,可以实现数据的可视化描述(Ganter and Wille, 1999;胡可云,2001;谢志鹏,2001;秦昆,2004)。

规则是知识表达的最重要方式,包括关联规则、分类规则、特征规则等。利用概念格的概念之间的相互关系可以进行知识规则的表达和处理。规则的一般形式是:$P \Rightarrow Q$,这里 P、Q 表示对象的集合或者是属性的集合。根据规则的前件和后件类型的不同,可以划分为以下 4 种情况。

① 描述属性的蕴含规则,这时,P、Q 都属于 $P(A)$($P(A)$ 表示属性的幂集)。
② 对象的蕴含规则,这时,P、Q 都属于 $P(O)$($P(O)$ 表示对象的幂集)。
③ 对象的区别规则,这时,P 属于 $P(A)$,Q 属于 $P(O)$。
④ 描述属性的区别规则,这时,P 属于 $P(O)$,Q 属于 $P(A)$。

可以把这几种规则统一用规则 $P \Rightarrow Q$ 来表示,实现规则知识的统一表示,然后根据左件和右件的不同,分为不同类型的规则。将这些规则用概念的对象和属性之间的相互关系统一表达,可以利用概念格的数据结构及建造过程进行分析。这样,就将多种类型的规则知识统一在同一个数据挖掘框架之下(Perrizo and Denton,2003;胡可云,等,2000b;秦昆,2004)。

2. 基于云模型的概念的形式化表达与分析

概念是人脑的高级产物,是客体在人脑中的反映。概念常带有主观色彩,其形成过程是从低级的感性阶段上升为高级的理性阶段的过程。概念本身及其形成过程带有很多的不确定性。在不确定性的研究中,人们常常将模糊性和随机性孤立地进行研究。但实际上,二者之间常常有很强的关联性,经常是分不开的。如果能够寻找到一个模型既能考虑随机性,又能考虑模糊性,并同时兼顾二者之间的关联性,那么对于不确定性的表达和分析应该更加全面和科学。针对此问题,李德毅教授提出了云模型(李德毅,等,1995)。利用云模型这个统一的模型实现定性概念与定量描述之间的不确定转换,将云模型作为概念表达的基础,统一反映概念中的不确定性。以正态云模型为基础,逐步发展了Γ云、三角云、柯西云、频谱云、几何云、函数云和幂率云等多种衍生云,并且发展了浮动云、组合云、综合云、分解云、动态云等云操作方法,研究出云变换、云运算和不确定性推理等一系列技术和方法(李德毅,杜鹢,2005)。其中,云变换和基于泛概念树的概念跃升是最常用的技术。

云变换是一种从定量数据到定性概念转换的方法,是从连续的数值区间到离散的概念的转换过程。给定论域中某个数值属性 X 的频率 $f(x)$,根据 X 的属性值频率的实际分布情况,自动生成若干个粒度不同的云 $C(E_{x_i}, E_{n_i}, H_{e_i})$ 的叠加,每个云代表一个离散的、定性的概念(李德毅,杜鹢,2005)。利用云变换可以得到由多个云模型构成的概念集合。在不同的抽象层次可以构造不同的由云模型表示的概念集,并逐层构造概念树。这种概念树是一种具有不确定性的泛概念树,同一层次中各个概念之间的区分不是硬性的,允许一定的交叠,相同的属性值可能分属不同的概念,不同的属性值对概念的贡献程度也不同。概念抽取层次是不确定的,既可以从底层逐层抽取概念,也可以直接跃升抽取上层概念(李德毅,杜鹢,2005)。

17.4.2 基于概念格的空间数据挖掘方法及应用

概念格在数据挖掘领域得到了广泛应用,但是在空间数据挖掘方面才刚刚起步,许多基于概念格的空间数据挖掘方法的应用通常通过将空间数据库转换为事务数据库,并采用针对事务数据的概念格数据挖掘方法进行空间数据挖掘。下面首先从常规数据挖掘的角度出发进行综合介绍和分析。

1. 基于概念格的空间关联规则挖掘方法及应用

在基于概念格的数据挖掘过程中,规则是用蕴涵集之间的关系来描述的,体现于相应外延集之间的包含或近似包含关系。概念结点反映了概念内涵和外延的统一,结点间的关系体现了概念之间的泛化和特化关系,非常适合作为规则发现的基础性数据结构(谢志鹏,2001)。为了将概念格用于知识规则发现,Godin 等(1995)提出了由概念格提取蕴涵规则的算法。随后,相关学者提出了一系列基于概念格的规则挖掘方法。基于概念格的关联规则挖掘方法主要分构建概念格和关联规则提取两个步骤,其中,概念格的构建是基础。

(1) 概念格的构建。概念格的建造算法可分为批处理算法和增量式算法(胡可云,2001)。批处理算法根据构造格的不同可分为三类:从顶向下算法、自底向上算法和枚举算法。从顶向下算法首先构造格的最上层节点,再逐渐往下。自底向上算法首先构造底部节点,再向上扩展。枚举算法按照一定顺序枚举格的所有节点,然后再生成 Hasse 图(胡可云,2001)。增量式算法以递增的方式推导概念层次的增量概念形成。这种算法只扫描数据库一次,在给定概念格 L 中增量式地插入新事务 T,从而产生新格 L' (Godin, et al, 1995)。增量算法的基本思想都是将当前要插入的对象和格中的所有概念求交,根据交的结果采取不同行动,主要区别在于连接边的方法不同(胡可云,2001)。同时考虑增量式构建和 Hasse 图绘制的概念格生成算法并不多,这种算法满足两个重要特征,即增量的和高效的。胡可云、谢志鹏等对增量式概念格的算法进行了深入的研究(胡可云,2001;谢志鹏,2001)。秦昆(2004)通过建立统一的数据结构表示概念格节点,实现概念格的构建,并自动确定概念格节点的坐标及父子节点关系。

(2) 关联规则提取。基于概念格的关联规则挖掘是概念格在数据挖掘中的主要应用。如 Godin 等(1995)提出了一种增量式概念格建造方法,并以其为基础提出了在概念格上提取蕴含规则的算法。其基本思路是系统生成当前节点的所在幂集,并检查其是否包含在其父节点中。若没有则生成以该集合为前件的规则。胡可云(2001)分析了概念格和关联规则挖掘之间的关系,根据需要对格结点进行修改,并给出了新的概念格渐进式生成和规则提取算法,对于用户给定的不同门限,概念格结构作为共有结构被分离创建,再根据不同门限值直接从概念格中提取相应的关联规则,提高了确定频繁项集的效率。

(3) 基于概念格的空间关联规则挖掘。基于概念格的空间关联规则挖掘主要是通过将空间数据库转换为关系事务数据库进行挖掘。Marghoubi 等(2006)提出了一种将概念格用于 GIS 数据的空间关联规则挖掘算法。该算法将空间数据转换为事务数据,将概念格的形式背景扩展成由多个谓词集合组成的空间形式背景,并在此基础上利用概念格挖掘关联规则。秦昆(2004)将遥感图像地物的空间关系表达为二元关系事务库,利用概念格关联规则挖掘算法挖掘草地、林地、水体等地物的空间关联规则。吴涛(2006)利用基于概念格的关联规则挖掘方法挖掘图像纹理特征频繁出现的模式,并将其作为纹理特征进行图像分割实验。目前将概念格用于空间关联规则挖掘的研究还很少,其挖掘思想几乎都是通过将空间数据转换为事务数据,然后进行关联规则挖掘。如何将空间关联规则挖掘统一在概念格挖掘框架之下,更好地结合空间数据的特点进行空间关联规则挖掘,目前仍然是一个值得探讨的问题。

2. 基于概念格的概念聚类挖掘方法及应用

一些学者提出了一些经典的概念聚类算法,如 CLUSTER/2 是早期比较有影响的概念聚类方法(Michalski and Stepp, 1983),利用概念的传统视角实现共同特征到所有类成员之间的连接,将所观察到的对象按预先选定的概念集实现可解释的分类。由 Fisher(1987)提出的 COBWEB 是一种增量式概念形成方法,通过对新样本数据的聚类计算,实现前一次聚类结果的自动修正,并自动修正划分类的数目。由 Gennari 等(1989)提出的 CLASSIT 是 COBWEB 的扩展,用以处理连续性数据的增量聚类。由 Cheeseman and Stutz(1996)提出的 AUTOCLASS 方法是典型的利用概念的可能表达的非监督学习方法。

随着数据挖掘技术的不断发展,以上经典概念聚类算法得到了改进并被应用到相关领域。Korczak 等(1994)将概念形成算法应用于遥感图像分割。Pons-Porrata 等(2002)针对混合不完全数据集提出了一种新的概念聚类算法。郭建生等(2001)提出了一种动态概念聚类算法。一些学者将概念聚类和面向属性归纳(AOI)相结合,提出了具有 AOI 特点的概念聚类方法,并成功应用于舰载雷达目标分类识别、区划分析等相关领域(刘同明,1999;田扬戈,边馥苓,2005)。

概念格的构建过程其实就是一个概念聚类过程。基于概念格的数据挖掘方法的研究主要集中在关联规则挖掘方法方面,关于基于概念格的概念聚类挖掘方法的文献还很少。Ho(1997)研究了基于概念格的概念聚类方法,并开发出一些学习系统,包括 OSHAM、INCOSHAM 等,其中 INCOSHAM 在 OSHAM 系统基础上增加了渐进式的学习功能。赵弈、施鹏飞(2000)提出了一种概念聚类方法,运用概念格获取最大频繁项目集,并以此作为初始聚类,采用适合于或然数据的相似性测量方法获得聚类结果。张春英等(2006)提出将概念格聚类方法应用于群体决策之中,研究了一种加权群体决策模型。

基于概念格聚类的空间数据挖掘方法也得到了部分研究者的重视。例如,Ducrou and Eklund(2005)提出将地形地貌信息转化为概念格的形式背景表,利用概念格的形式化分析方法对地图和形式概念地图进行综合分析,取得了很好的实验效果。

17.4.3 基于云模型的空间数据挖掘方法及应用

数据挖掘是一种从低层概念逐步抽象,从而抽取高层概念并分析这些概念之间的关系的过程,同时也是一个不确定性处理和分析的过程。如何处理和分析空间数据挖掘过程中的不确定性是一个重要趋势(李德仁,等,2006)。云模型是一种概念的不确定性表达和分析的有效工具,具有综合处理概念形成和分析过程中的模糊性、随机性以及二者之间的关联性的优势,将云模型与一般的空间数据挖掘方法相结合,研究符合认知规律的、能够有效处理概念形成过程中的不确定性的空间数据挖掘方法是一个重要思路。

1. 基于云模型的空间关联规则挖掘方法及应用

关联规则主要分为布尔型关联规则和数值型关联规则。对于数值型关联规则,通常将其转换为布尔型数据再进行关联规则挖掘。如何合理、有效地划分数值型属性的论域区间,使其能真实反映属性值在论域中的分布特性,是挖掘数值型关联规则面临的难点(杜鹢,等,2000)。由于数值型关联规则挖掘过程中边界划分的模糊性和不确定性,产生了一些不确定性关联规则挖掘方法,如模糊关联规则挖掘方法(Chan and Au, 1997)、粗糙关联规则挖掘方法(Bi, et al 2003)、基于粗糙集和模糊集的关联规则挖掘方法(万红新,等,2005),以及云关联规则挖掘方法(杜鹢,等,2000)等。

Kuok 等(1998)用模糊集软化属性论域的划分边界,提出了模糊关联规则方法。Koperski(1999)研究了模糊拓扑关系的层次。Bloch(1999)研究了模糊空间方位关系层次。陆建江等(2001)研究了语言值关联规则挖掘方法。李乃乾、沈钧毅(2002)提出了由量化属性数据自动生成模糊集及其隶属函数的方法。刘大有等(2004)采用基于模糊逻辑的近似区域空间关系模型,优化了空间关系的计算过程。蓝荣钦等(2005)研究了模糊空间关联规则挖掘方法。粗糙关联规则挖掘的一般过程是先对数据进行预处理,建立决策信息表,然后进行属性约简和规则提取(Bi, et al 2003)。针对属性约简和规则提取有很多改进方法,如基于可分辨矩阵的方法、与概率统计结合的方法等(Beynon and Peel 2001;王国胤,2003)。

无论是模糊关联规则,还是粗糙关联规则,都只考虑了挖掘过程中的模糊性,而没有考虑随机性。因此,必须研究更加科学有效的不确定性关联规则挖掘方法。针对此问题,杜鹢等(2000)提出利用云模型进行区间划分,并同时考虑关联规则挖掘过程中的模糊性与随机性,最终研究出一种云关联规则挖掘算法。田永青等(2003)提出将数据库的各个元组的属性值用相应的隶属度代替,然后利用云关联规则进行挖掘。

研究者给出了基于云变换的概念划分算法,可有效地处理连续属性离散化的问题,并且提出了基于云变换的多值关联规则挖掘算法(李德毅,杜鹢,2005)。在该方法中,定义域中的元素对概念的隶属程度具有随机性,概念的边界是模糊的,边界上属性值相同的元素由于其隶属度的不同而可能被划分到不同的概念当中,是一种"软"划分。出现频率高的元素对概念的贡献大于出现频率低的元素,所得到的概念能较好地反映定义域中数据的聚集情况和实际分布。利用极大判定法确定某属性值属于某个具体概念,每次进行比较的最小支持度和最小置信度都是用云发生器随机生成的,是一种"软阈值",比用精确数值表达的阈值更自然,更加符合客观事实(李德毅,杜鹢,2005)。

梯形云是涵盖了正态云和均匀分布的更一般的云模型。王兆红(2005)提出了基于梯形云的数量型关联规则挖掘方法,应用梯形云确定数值型属性的划分,然后将关系数据库转换为布尔型数据库,再进行关联规则挖掘。

2. 基于云模型的空间聚类/分类挖掘方法及应用

空间聚类/分类挖掘是空间数据挖掘的重要内容,也是一个概念形成和抽取的过程。通过聚类/分类形成不同粒度的概念的过程中存在着很多的不确定性,可以分别将模糊集、粗糙集、云模型等理论与空间聚类/分类挖掘方法相结合,研究出相应的不确定空间聚类/分类挖掘方法,如模糊 C 均值聚类方法(Cai, et al, 2006)、模糊 ISODATA 聚类方法(Boudraa, et al, 1993)、模糊神经网络分类方法(De, et al, 1997)、粗糙 C 均值聚类方法(Mitra, 2004)、粗糙神经网络分类方法(Li and Wang, 2004)等。

将云模型与聚类/分类挖掘方法相结合的文献虽然较少,但已有一些尝试性的研究。例如,李德毅等给出了一种基于云模型的分类方法思路:利用云变换对每个数值型属性进行离散化,生成一系列用云表示的概念集;然后将这些概念通过概念跃升提升到所需聚类数目的概念层次;最后,根据所得的概念集,利用极大判定法对原始属性值进行类别划分(李德毅,杜鹢,2005)。Qin 等(2007)提出了一种基于云模型的模糊 C 均值聚类方法,提出利用云模型从数据中自动提取概念的特点,通过对数据的统计频率曲线进行云变换,自动提取相应的云概念,将其作为模糊 C 均值聚类的初始聚类中心,并自动确定聚类数目。判定树归纳是典型的分类方法,但要求所有属性是范畴型的或离散化的,对数值型数据的处理具有局限性。针对此问题,李德毅、杜鹢(2005)提出了一种结合云模型的分类方法,简称为云分类方法。该方法利用云变换和基于泛概念树的概念跃升方法对数值型数据进行离散化,降低了分类的复杂度。

17.4.4 结合云模型的概念格空间数据挖掘方法及应用

概念格处理的通常是一类特殊的、确定性的形式背景,但是空间信息的形式背景往往具有模糊性、随机性等不确定性。为了更好地利用概念格进行空间数据挖掘,提高空间数据挖掘的质量,可以利用模糊集、粗糙集、云模型等不确定性处理方法来扩展概念格模型。如 Burusco 和 Fuentes 将模糊集引入概念格,给出了一个计算格结构的方法(Burusco and Fuentes, 1999)。Wolff(2000)提出将模糊语言变量的多值背景转换为单值背景,用模糊语言变量值表示属性,构造语言变量值的分级格并分类形式背景中的对象。范世青、张文修(2006)讨论了模糊概念格的 4 种定义形式,提出了一种基于模糊概念格的模糊推理规则。刘宗田等(2007)提出了一种模糊概念格模型。Saquer and Deogun(2001)提出将粗糙集与概念格相结合,研究了实现概念近似的算法。Yao and Chen(2004)把粗糙集的近似理论引入概念格,为概念分析提供了一个更易于理解的思路。胡可云(2001)提出了概念近似方法。张文修(2005)提出了概念格的属性约简方法。

相对于模糊集和粗糙集来说,云模型具有同时处理模糊性、随机性以及二者之间的关联性的优势。如何借鉴模糊集、粗糙集与概念格相结合的方法,用云模型重新认识概念格及形式背景,研究云模型与概念格的有机结合,无疑是一个很好的思路。例如,吴涛(2006)和吴涛等(2007)将云模型与概念格相结合,提出了一种图像纹理特征数据挖掘的方法。

不确定性是客观世界的固有属性,随机性和模糊性是最基本的两个方面,如何有效地综合处理同时具有模糊性和随机性的形式背景将是未来的趋势。这可以从3个方面进行研究。

① 改进模糊集,使其能处理随机性。
② 把粗糙集的改进模型引入概念格,使其不再局限于精确背景。
③ 充分利用云模型处理不确定性的优势,研究概念格与云模型的有效结合,通过云形式背景实现多值背景与单值背景的统一、不确定性背景与精确背景的统一。

17.5 基于多重分形的空间数据挖掘方法

17.5.1 分形与多重分形的概念

波兰裔美国物理学家 Mandelbrot 于 1982 年创造出 Fractal 这一英文词汇,译为分形,用以表征被传统几何学和物理学排除在外的某些不规则形体(Mandelbrot,1983,2003;Feder,1988)。自然界中分形的例子很多,如海岸线、河网、起伏的地形等。分形的特征一般采用分形维数的概念来刻画。通常来说,曲面是二维的,曲线是一维的,二维的几何对象有一定的面积,一维的几何对象面积为0,但有一定的长度。像海岸线,如果无限地放大比例尺,其长度趋于无穷,但没有面积,其维数是介于1和2之间的非整数。多重分形是指在空间相互交缠的多个分形,其中每个分形都可以推导出来,并用奇异度和分形维数特征化(Cheng,1999a)。多重分形不仅能够用来描述分形维的复杂特征,还能特征化描述分形本身的几何支撑度量。从多重分形的角度来看,分形模型的一些普通物理过程和相关的概率分布能够被当做多重分形的特殊情况,多重分形提供了一个探测系统内部多重交织关系的方式。

分形几何和多重分形提供了用自相似特性来描述自然现象的数学表达。简单描述分形的关系式为:

$$N = Cr^{-D} \tag{17.4}$$

式中,C 是常数;r 是目标的大小;N 是大小为 r 的目标的个数;D 是分形维数。式(17.4)表达了目标个数 N 与目标尺度 r 的指数关系,这个关系也被称做尺度不变。因为目标尺度 r 的改变并没有影响指数关系的成立。

17.5.2 多重分形在地球化学数据异常信息提取中的应用

在地学应用中,勘查地球化学和地球物理场的局部奇异性可用多重分形模型进行刻画。具有自相似性或统计自相似性的多重分形分布(Multifractal Distributions)的奇异性 α 可以反映地球化学元素在岩石等介质中的局部富集和贫化规律。而多重分形插值和估计方法可以同时度量以上两种局部结构性质(空间自相关性以及奇异性)。在这个例子中,我们利用多重分形技术进行空间数据内插,这样做能够保持和增强数据的局部结构信息,这对于地球化学和地球物理异常分析和识别是有益的(成秋明,2001;Cheng,1999c)。

1. 空间相关性与空间统计分析

空间统计的发展是在传统统计基础上将空间关系引入统计方法,比如地质统计学方法将空间自相关性引入统计估计和插值中。这种空间自相关关系能够反映一定的空间结构和变异信息。空间结构是指某种空间模式及其变化规律,由场所反映的空间结构往往受控于一定的地质因素和因素组合。引入空间变化性是由传统统计向空间统计转变的基础。尽管传统统计方法有时可以用于对空间结构和变化性的描述,但其处理过程本身并不涉及空间信息。近年来,空间统计方法已被广泛地开发和应用于地球化学和地球物理数值处理和解释中。例如地质统计学、空间因子分析以及滤波技术等的应用在异常的分析和识别中起到了积极作用。变量在一定距离内的统计相关性和变异性可由以下变异函数来度量:

$$\gamma(x,h) = \frac{1}{2} E\{[Z(x)-Z(x+h)]^2\} \tag{17.5}$$

$\gamma(x,h)$是位置和距离的函数。它所度量的是相隔h距离内的两点场值的平均差异。这种差异性与空间自相关性是呈反相关的。可以看出,这种变异性指标只能度量变量在一定尺度(h)上对称的变异性和相关性。距离h可以是向量距离,因此变异函数可以具有方向性(Journel and Huigbregts, 1978)。这种变异函数可以用于多方向多尺度结构分析。这在遥感以及其他图像处理中有广泛的应用前景(Herzfeld, 1993)。

2. 局部奇异性与多重分形方法

充分利用空间结构和局部变异信息已成为提高勘查地球化学、地球物理及遥感数据处理效果的重要途径之一,尤其是对于以矿产勘查为目的的数据处理和异常分析,如何保持和突出与矿有关的局部异常是数据处理和分析成败的关键。变异函数常常被用于描述场的局部变异性和进行结构分析,其他方法还包括高通滤波等。应用这些方法可以突出一定尺度的局部变化性,然而,这些方法所忽视的是场的局部奇异性。针对岩石中元素的含量来说,局部奇异性所反映的是元素在地质过程中的富集和贫化规律。由Cheng(1999b)提出的多重分形插值方法不但可以度量这种局部奇异性,同时还考虑了局部空间相关性。采用这种方法不仅可以进行插值,同时还能够保持和突出场值的局部空间结构和奇异性信息(成秋明,2001)。

对空间相关性和空间统计方法的讨论表明,相关性指数并不能反映元素的富集或贫化规律。奇异性所度量的是场值随量度范围大小的变化规律。比如对一块均匀的岩石样品而言,元素在岩石中的平均含量与岩石样品的大小是相对独立的。不论样品大小如何,所分析的平均含量是基本相同的,这样的情况是非奇异的或正常的。然而,如果岩石中元素含量是不均匀的,那么所分析的元素含量将会与被分析样品的大小有关。不同大小的样品会给出不同的平均分析值,这样的性质称为奇异性。从多重分形的角度来说,多次活动的地质过程往往产生自相似场。自相似性是指在改变度量尺度的条件下场保持相似形。自相似性与自相关性是不同的,自相似性具有几何空间性质,而自相关性只具有统计意义。自相似性可以由以下的指数函数来表达

$$\mu(\varepsilon) \propto \varepsilon^{\alpha} \tag{17.6}$$

这里,$\mu(\varepsilon)$是一种基于尺度ε的量或场,比如元素在$\varepsilon \times \varepsilon$范围内的平均面金属量。指数函数(Power-law Function)具有这样的优良性质:改变变量的尺度而不会影响函数的类型。α称为奇异性指数,它确定了指数关系的变化性。如果用元素平均密度取代面金属量,上式中的指数

关系将改写为

$$\rho(\varepsilon) \propto \varepsilon^{\alpha-2} \tag{17.7}$$

元素平均密度与度量范围大小 $\varepsilon \times \varepsilon$ 的关系表明,只有当奇异性指数 $\alpha=2$ 时(2-D 问题),平均密度才与度量范围的大小无关。当 $\alpha>2$ 时,$\rho(\varepsilon)$ 随着 ε 的减小而减小;当 ε 很小时,$\rho(\varepsilon)$ 趋于零。相反,当 $\alpha<2$ 时,$\rho(\varepsilon)$ 随着 ε 的减小而增加;当 ε 很小时,$\rho(\varepsilon)$ 出现特高值或特异值。就地球化学元素平均密度分布而言,$\alpha=2$ 反映某种平均的非奇异背景分布。这种背景分布往往与面积性的地质体有关,常常占据研究区的绝大部分范围。$\alpha>2$ 或 $\alpha<2$ 则分别反映与局部地质因素有关的元素含量的贫化或富集等异常现象。在对元素含量进行插值或滤波处理时应尽量保持局部奇异性甚至突出这种局部奇异地段。本文要介绍的多重分形方法就是针对以上问题而提出的一种异常增强的方法。

3. 地球化学奇异性分析和异常识别方法

众多的空间插值和滤波方法都基于对场值的某种滑动加权平均:

$$\hat{Z}(x_0) = \sum_{\Omega(x_0, \varepsilon)} \omega(\|x_0 - x\|) Z(x) \tag{17.8}$$

式中,$\Omega(x_0, \varepsilon)$ 是围绕中心点 x_0、半径为 ε 的小滑动窗口;$\omega(\|x_0 - x\|)$ 是对在 $\Omega(x_0, \varepsilon)$ 中与中心点 x_0 相隔 $\|x_0 - x\|$ 距离的任意点 x 的加权函数。它往往与距离呈反相关。加权函数的选择除与距离有关外,还与场的空间自相关以及对场的处理目的有关。如果是以插值和估计为目的,ω 的选择方法如反距离加权方法、克里格方法以及样条函数方法等只是基于空间相关并不涉及奇异性。由 Cheng (2000a) 给出的多重分形方法将滑动平均关系表达为

$$\hat{Z}(x_0) = \varepsilon^{\alpha(x_0)-2} \sum_{\Omega(x_0, \varepsilon)} \omega(\|x_0 - x\|) Z(x) \tag{17.9}$$

式中,$\alpha(x_0)$ 是 x_0 点处的局部奇异性指数。可以看出,以上表达式中不仅包含了空间相关性的成分,而且具有度量奇异性的因子。它具有这样的特点:如果局部场是背景场和非奇异场,$\alpha(x_0)=2$,那么通过该方法所计算的加权平均值与通常的加权平均并无两样。然而,当处于含量富集地段而且局部场具有奇异性,即 $\alpha(x_0)<2$ 时,该方法所得的结果将高于通常的加权平均结果;否则,当处于贫化地段,即 $\alpha(x_0)>2$ 时,该方法所得的结果将低于通常的加权平均结果。由此可见,该方法有利于加强局部异常并弱化贫化信息,通常的加权平均方法只是该多重分形方法的特殊情况。对于具有奇异性的地球化学场来说,传统的统计方法是不适合的。它们对少数奇异数据所反映的局部异常并不敏感,然而对于勘查地球化学数据来说,对少数具有奇异性样品的识别才真正具有预测找矿的意义。这或许就是常规的统计方法较难有效识别与矿有关异常的主要原因之一。多重分形方法不仅能够度量统计分布,而且能够刻画场的奇异性、相似性和自相关性。它将成为一种有效的异常信息挖掘方法。

17.5.3 基于多重分形的海洋涡旋信息提取

海洋涡旋对海洋中能量和物质的交换起着极其重要的作用。目前对海洋涡旋的研究主要有两种方法:其一是利用水团间接研究涡旋的静态方法;其二是通过研究海流的流向和流速进行海洋涡旋特征分析的动力学动态研究方法。前者通过研究水团的消长变化以及它的空间分布规律来间接反映海洋涡旋的消长和属性特征。后者细分为两类研究途径,第一种是直接根据调查资料或遥感反演资料,结合常规的海洋分析方法来分析海洋涡旋海流;第二种是海流和涡旋的数值模拟方法。总体来说,上述方法自动化程度不高,且对海洋涡旋空间形态的定量分

析亦少。遥感技术的发展使得大面积、多时相的海洋遥感数据快速增长,为海洋涡旋研究提供了前所未有的现场资料。利用空间技术获取遥感信息,快速自动地从大量遥感数据中进行海洋涡旋的信息提取和应用成为迫切的问题,也是国际研究的趋势。

海洋涡旋对海面高度、海水物理特性具有自身的表象特征,在空间形态方面存在一定的自相似和尺度不变性的特征。如发生在水深大于 1000 m 的涡旋往往会引起海面高度变化,并在高度计资料上有所体现,近海发生的涡旋会带动泥沙按一定规律运移,海洋冷涡形状会呈现固定的圆饼或椭圆状,暖涡则随着强度不同呈现出从圆形到带状、丝状、舌状不等的形状特征等(李徽翡,2001)。由于海洋环境的瞬息万变,涡旋会在局部范围发生多种多样的变化,如我国陆架坡折处的黑潮涡旋受锋面切变力的影响已经演变为锋面涡旋且呈现折叠状态,锋面涡旋的中心为狭长带状,暖流也多演变为暖丝结构,如此导致常规的遥感定量提取研究方法的效率和准确度大为下降。如 Nichol(1987)曾采用由计算机搜索图像中相同灰度值所连成的区域,并由这些区域结构之间所生成的关系图进行提取类似涡结构的尝试性研究。由于海洋遥感图像成像过程的复杂性,基于图像等灰度值连通区域难以提取涡旋的检测特征,Peckinpaugh and Holyer(1994)和姬光荣等(2002)基于遥感图像进行边缘检测,利用 Hough 算子(Illingworth and Kittler,1988)进行涡旋检测。由于涡旋形态的复杂性,所需步骤较多,运算量较大及 Hough 变换本身的局限性等,Hough 算子方法比较粗略,仅对成熟期、形态特征比较明显的中尺度涡旋效果较好。

鉴于现有方法的不足并考虑到海洋涡旋的空间形态上的自相似和尺度不变性特征,在本节中根据涡旋信息的自相似性利用多重分形技术来提取涡旋信息(Ge, et al, 2006)。

1. 能谱-面积多重分形滤波技术

如上所述,海洋涡旋在海面高度、海水物理特性等方面具有自身的表象特征,在空间形态方面存在着一定的自相似和尺度不变性特征,这些特征可以用分形和多重分形方法建模。对于二维场的自相似性,如遥感影像能够用能谱-面积多重分形滤波技术建模(Power Spectrum-area Multifractal Method,S-A)(Cheng, et al, 2000b)。S-A 模型可以定量化二维场在频率域的自相似性,由不同过程引起的信号(波)在频率域可能对应着不同能谱密度的自相似分布模式。基于这些不同的自相似,可以构建不同的滤波器将信号分解成多个独立的二维模式图。S-A 方法是基于空间二维信息在频率域的自相似性和尺度不变性的方法。

S-A 方法首先绘制等值线的能谱值和被等值线包含的面积构成的 log-log 对数图,然后通过最小二乘拟合得到多个直线段对应的不同的自相似性,即一条直线段对应着具有相同分形维的能谱信息。利用直线段的两个端点与能谱坐标轴垂直相交获得能谱分割点,用这些分割点分割等值线,能得到多个具有相同形状(相同分形维)的能谱组。在 S-A 的方法中可以通过被分割的等值线构建不同的滤波器,滤波得到的感兴趣的能谱信息可以通过傅立叶转换到空间域中。S-A 已经在一个专业的 GIS 软件 GeoDAS(Geodata Analysis System)中实现,这个软件是由加拿大 York 大学地球信息科学实验室、加拿大地质调查局和美国地质调查局共同研制的(Cheng,2004)。

2. S-A 方法的实现

如图 17.8 所示,研究区选在墨西哥湾,数据记录的是流区 2004 年的 SST,影像大小是 359×425,且空间分辨率是 1000 m。从影像可以看到湾流路径与陆架浅层水域的墨西哥湾流北部分支流经哈特拉斯(Hatteras)角的下游,即在图像的最东边区域有一个大的暖涡。

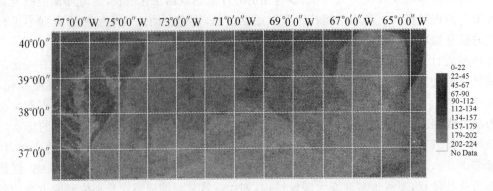

图 17.8 墨西哥湾流区 2004 年 6 月 21 日 MODIS 反演的 SST 数据

在 GeoDAS 系统中,可用 S-A 方法从遥感影像中提取海洋涡旋信息。首先,在未处理图像之前,首先需将这些具有 tiff、bmp 和其他图像格式的数据转换成 ArcGIS 的 GRID 数据,然后将这些图像调入系统中。接着,应用 S-A 方法处理影像,可以得到影像相应的直线段和分隔点。如图 17.9 所示。用图 17.8 的数据做例子来说明具体实现。每一分割段对应的是具有相同分形维,即相同形状(空间域)的信息。这里选择图 17.9 中的第二和第三个隔段之间的信息作为这幅影像的海洋涡旋信息。需要指出,在不知道海洋涡旋信息的分形维之前,这个选择是一个实验性的过程。所选择的区域两端能谱分割点和斜率(分形维)等信息在图 17.9 的右上表中显示。从图 17.9 可看出,海洋涡旋信息既不在高频区域,也不在低频区域,而是位于中间区域。因此,这里选择的是带通滤波器(这些功能在 GeoDAS 系统中均已实现)。当选择了滤波器后,利用傅立叶反变换转到空间域。图 17.10 即为 S-A 带通滤波器的结果,从图 17.10 可以看出,海洋涡旋信息较完整且清晰地显示了涡旋的空间分布模式,也显示了每个涡旋的能量流向,尤其是 S-A 能够提取出每个涡旋信息内部微妙的空间信息。

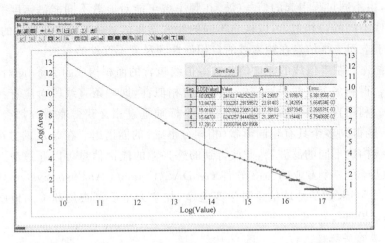

图 17.9 S-A 对数图,显示了能谱值 S 和面积 $A(\geqslant S)$ 之间的关系
其中,直线利用最小二乘拟合

第 17 章 空间数据挖掘

从结果可以看出,用基于自相似和尺度不变性特征的 S-A 方法可以有效提取遥感影像中的一系列海洋涡旋信息,包括大、小尺度涡旋。经过证明,S-A 方法明显优于 Canny 算子和 Hough 算子。新方法提取的海洋涡旋信息包含涡旋的形状、大小、空间分布模式和涡旋能量流的方向等。

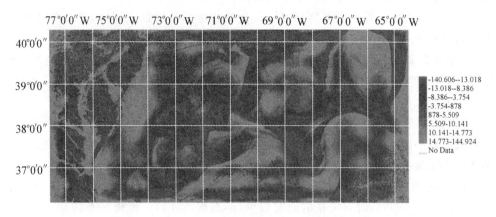

图 17.10 用 S-A 方法提取的海洋涡旋信息结果

17.6 空间关联规则挖掘方法

本节在阐述地学关联规则的背景和来历的同时,对地学关联规则按所包含的知识内容进行分类,从简单到复杂将其分为 4 类,即空间特征规则、空间区别规则、空间关联规则、时空关联规则。同时给出了时空关联规则的数学定义,并分析其各指标的意义和对规则提取的影响。之后,针对地学关联规则所处理的数据抽象层次、地学数据维数、变量类别和空间配置四方面进行了剖析和分类。基于规则中数据的抽象层次,将其分为单层关联规则和跨层关联规则;基于规则中涉及的地学数据维数,将其分为单维关联规则和多维关联规则;基于规则中处理变量的类别,将其分为布尔型规则和数值型规则;基于空间配置,将其分为局部关联规则和邻域关联规则。最后,结合地学关联规则的应用,论述关联规则在时空推理过程中的步骤和方法。

17.6.1 背景

从数据库中挖掘关联规则最早出现在商业领域,目的是挖掘顾客交易数据库中项集间的关联规则(Agrawal and Srikant,1994)。

在地学研究中,关联(Association)定义为布局,即地物间的相互联系,通过地物间的联系可以从一地物的存在来推断另一地物的存在及其属性与规模(陈述彭,1990)。进一步来看,地学关联可指一地学现象导致另一地学现象的发生,或更广泛地指一组时空事件导致另一组时空事件的发生。地学关联规则是采用统计方法对地学世界的空间关系、空间分析和空间相关进行发现和表达(苏奋振,2001)。

提取地学关联规则属于空间数据挖掘的范畴。对于知识发现的研究在 20 世纪 90 年代开始迅速发展,而地学知识发现领域的研究出现在 20 世纪 90 年代中期(Han and Fu,1996),其中地学关联或依赖(Association and Dependency)的挖掘或面向属性的泛化以提取特征规则

(Characteristic and Discriminate Rules)是其中重要的一部分。这些研究奠定了地学知识发现的一些基础理论和方法。

根据规则中所包含知识的种类，可以把地学知识规则分为4类。

(1) 空间特征规则。从一系列空间关联的数据中提取出一个共同特征，比如福建的各县市都属于福建省，又如地区 A 与地区 B 的土壤同属于棕色土壤。

(2) 空间区别规则。即一类地物与另一类地物相区别的特征或属性，比如福建省各县市与江西省各县市的某一区别在于省别不同。

(3) 空间关联规则。即在一定条件下空间某类事件的发生与另一类事件的发生的依赖关系，比如，中国某些城市人均收入高是一事件，这些城市的大部分在海岸带上是另一事件，而人均收入高的城市大都在海岸带上便是一个空间关联规则。

(4) 时空关联规则。即空间某地 A 某一事件在某一时刻发生，在一定条件下导致该时刻或若干时段后另一事件在该地 A 或空间另一处 B 的发生，也就是时空耦合的问题，比如赤道东太平洋海水表温的增温导致东亚降雨的变化。

当前的空间关联规则研究主要集中在前3类问题上(Han and Fu, 1996；Koperski, 1996b；邱凯昌，等，1999)，时空关联的研究较少(苏奋振，2001)。值得注意的是，一切地学事实、地学现象、地学过程和地学表现既包括了在空间上的性质，又包括着时间上的性质。只有把时间及空间两大范畴同时纳入某种统一的基础中，才能真正认识地学的基础规律(牛文元，1990)，由此应该考虑时间对地学事件的影响以及空间上要素间的相互配置关系，包括空间拓扑关系和空间变量间的函数关系(苏奋振，2001)。本节主要探讨后两种规则的挖掘。

17.6.2 地学关联规则的定义与分类

1. 地学关联规则的定义

要从大数据集中发现地学关联规则，有必要采用数学语言进行严格的定义，从而使挖掘有矩可循。按前面的分类，时空关联规则是其中最为复杂的一类，这里采用苏奋振(2001)针对这种规则给出的定义和指标，其他3类可以看成是其不同程度的简化。

设 $I=\{i_1, i_2, \cdots, i_m\}$ 为属性集合，其中属性项（记为 item）可以是时间属性、空间位置、非时空属性或三者的组合。记 D 为地理事件 GE (Geo-event)的集合，这里地理事件 GE 是 item 的集合，并且 $GE \subset I$。对应于每一地学事件有唯一的标识，记为 GEID。对于任一地学事件 GEID 可以理解为某地学对象在某一空间和某一时刻发生的一个或多个属性取值。设 X 是一个 I 中属性的集合，如果 $X \subset GE$，那么称地理事件包含 X，也可称 X 为一地理事件。

定义1：一个地学关联规则为一个蕴涵式：
$$X \to Y \quad X \subset I, Y \subset I, \text{且 } X \cap Y = \emptyset$$

一般地，用四个参数来描述这个关联规则的属性，即可信度、支持度、期望可信度和作用度。

定义2：可信度(Confidence)
$$\text{Confidence}(x \to y) = \frac{|\{CE: x \cup y \subseteq GE, GE \in D\}|}{|\{GE: x \subseteq GE, GE \in D\}|} = c\%$$

可以理解为地学事件数据库 D 中，属性集 X 发生情况下，有 $c\%$ 的地学事件支撑属性集 Y 的发生，即 $c\%$ 为关联规则 $X \to Y$ 的可信度。换句话说，可信度是指出现属性集 X 的地学事件中,属性集 Y 也同时出现的概率有多大。比如暴雨与滑坡的研究中,若暴雨(一定时间的降雨量达到某值)作用于某山坡,即 X,其中有 60% 概率发生滑坡,即 Y,则认为针对此山坡的规则(暴雨→滑坡)的可信度为 60%。

定义 3:支持度(Support)

$$\text{Support}(x \to y) = \frac{|\{GE: x \cup y \subseteq GE, GE \in D\}|}{|D|} = s\%$$

可以理解为地学事件数据库中 $s\%$ 的事件同时支持属性集 X 和属性集 Y,即 $s\%$ 称为关联规则 $X \to Y$ 的支持度。支持度描述 X,Y 属性集均发生在所有事件中的概率有多大。举例来说明,比如某地学数据库记录了每天降雨与滑坡的情况,有 $s\%$ 的天数里该地既降暴雨又发生滑坡,则称暴雨→滑坡的支持度为 $s\%$。

定义 4:期望可信度(Expected Confidence)

$$\text{Expected Confidence}(x \to y) = \frac{|\{GE: y \subseteq GE, GE \in D\}|}{|D|} = e\%$$

可以理解为地学事件数据库中,有 $e\%$ 的事件支持属性集 Y,即 $e\%$ 为关联规则 $X \to Y$ 的期望可信度,其描述了在没有任何条件影响下,属性集 Y 在所有地理事件中出现的概率有多大。比如 360 天中有 36 天发生滑坡,则上述规则的期望可信度为 10%。

定义 5:作用度(Lift)

$$\text{作用度} = \frac{\text{可信度}}{\text{期望可信度}}$$

作用度也就是可信度与期望可信度的比值。作用度描述属性集 X 的出现对于属性集 Y 的出现有多大影响。因此 Y 在所有事件中出现的概率为期望可信度,而 Y 在所有 X 出现的地学事件中出现的概率为可信度,通过可信度对期望可信度的比值反映了在加入"属性集 X 出现"的这个条件后,属性集 Y 的出现概率发生多大变化。在本节所举滑坡例子中作用度为 $60\%/10\% = 6$。

以上关联规则的属性也可以用概率论中的公式表达如表 17.2,其中 $P(X)$ 表示地学事件中出现属性集 X 的概率,$P(Y/X)$ 表示在出现属性集 X 中,出现属性集 Y 的概率。

表 17.2　　　　　　　　　　　　关联参数的概率公式

名称	描述	公式
可信度	在属性集 X 出现的前提下,Y 出现的概率	$P(Y/X)$
支持度	在属性集 X,Y 同时出现的概率	$P(X \cap Y)$
期望可信度	属性集 Y 出现的概率	$P(Y)$
作用度	可信度与期望可信度的比值	$P(Y/X)/P(Y)$

地学关联规则的可信度衡量该规则判断地学事件的准确度,支持度则衡量了该规则在地学事件数据库中的重要性。地学规则的重要性是相对而言的,比如暴雨量大于某值 A 的概率,在此地区为"百年一遇",而暴雨量大于某值 B 且发生滑坡概率为 60%,然而是"每年一遇",则后一规则比前一规则更重要。期望可信度描述了在没有属性集 X 的作用下,属性集 Y 本身的支持度;作用度描述了属性集 X 对属性集 Y 的影响力的大小,作用度越大,说明属性集 Y 受属性集 X 的影响越大。一般来说,有用的地学关联规则的作用度都应该大于 1,只有关联

规则的可信度大于期望可信度,才说明 X 的出现对 Y 的出现有促进作用,也说明它们之间存在某种程度的相关性,如果作用度小于1,则此地学关联规则也就没有意义了。

支持度和可信度能够比较直接地反映关联规则的性质,从定义1可以看出,任意给定地学事件集中的两个属性集,它们之间往往都存在关联规则(不一定是因果关系,也可能是巧合,或间接相关),只不过4个描述值有所不同。如果不考虑关联规则的支持度和可信度,那么地学事件数据库中可以发现无穷多的地学关联规则。而事实上,我们一般只对支持度和可信度大于某值的关联规则感兴趣,因此,为了发现有意义的地学关联规则,需要给定最小支持度和最小可信度两个阈值。前者规定了关联规则必须满足的最小支持度,后者规定了地学关联规则必须满足的最小可信度,这两个阈值的选取依赖于用户对目标的估计。如果取值过小,会产生大量无用的规则,不但影响挖掘的速度,而且可能将有用规则淹没在众多的无用规则中;如果取值过大,则又有可能找不到关联规则,而与重要的地学知识失之交臂。一般可以将满足一定要求的(如较大的支持度和可信度)地学规则称为强地学规则,有时只对具有最大支持度和最大可信度的规则感兴趣。

许多计算方法均可从地学数据库中获取地学关联规则,但不能判定地学关联的实际意义。故此对地学关联规则的理解需要熟悉其地理背景,需要丰富的专业知识,需要对地学数据有足够的理解。在已发掘出的地学规则中,可能有些规则其支持度和可信度都很高,但根据地学知识判断这两个属性集是没有太多关系的属性集。这就需要根据地学知识和经验,从各角度判断所挖掘的地学规则的价值,分析其中的偶然现象或内在合理性,从而去其糟粕,取其精华,充分发挥地学规则的价值。

一般来说,发现关联规则的算法属于无监督学习的方法,其关联规则模式属于描述型模式,但可以运用提取出的规则探求出定量模型,具体内容可参考苏奋振(2001)的研究成果。

2. 地学关联规则的分类

为了进一步研究地学关联规则提取,以下从地学关联规则所处理的数据抽象层次、地学数据维数、变量类别和空间配置四方面进行剖析和分类(苏奋振,等,2004)。

(1)基于规则中数据的抽象层次,数据粒度可分为单层和跨层关联规则。在单层的地学规则中,所有变量都不考虑现实地学数据具有多个不同的层次,而跨层的关联规则中,对数据的跨层性进行充分的考虑。例如,松林→有泉水是一个细节属性对细节属性上的单层关联规则;森林→有泉水是一个较高层次属性和细节层次属性之间的跨层关联规则;森林→水源则又是一个较高层次属性之间的单层地学关联规则。

为了提取较高层次的地学关联规则,可以先对属性值进行泛化,然后利用算法提取规则,数据层次的抽象(泛化)的研究可参见文献(Agrawal and Srikant,1994);同时,也可以先进行提取,然后再对先决条件属性集和决策条件属性集进行合并。这方面研究涉及地学规则在尺度上的推绎问题,很多时候,在一个尺度上的规则推绎到另一个尺度很可能会不成立。

(2)基于规则中涉及的地学数据维数,关联规则可以分为单维规则和多维规则。在单维的关联规则中,只涉及地学数据的一个属性维,而在多维的关联规则中,处理的则是多个属性维问题。换言之,单维地学关联规则描述单个属性之间的一些关系,多维关联规则描述多个属性(集)之间的某些关系。

例如,某区的雨量→邻区的雨量,这规则只涉及雨量维,属于单维关联规则;某区某季的雨量→洪水灾害,这规则涉及时间、空间以及在这个时空中的两个属性,是两个属性维上的关联规则。

（3）基于规则中处理的变量类别，关联规则可分为布尔型和数值型。布尔型关联规则处理的属性值都是离散的、类别化的，而数值型关联规则可以和多维或多层关联规则结合起来，对数值型字段进行处理，将其进行动态的分割或者直接对原始数据进行处理。多值属性可分为数量属性(Quantitative Attribute)和类别属性，前者如人口、面积等，后者如乔木、灌木等。

布尔型关联问题也可以看作是发掘多值关联规则问题的特例，即在属性值为布尔量的地学事件中寻找属性值为"1"的属性之间的联系。相对来说，多值型问题比较复杂，一般将它转换为布尔型问题后再进行处理。当属性值的取值数量有限时，将属性值映射为一个布尔型属性；当属性存在取值范围时，则可将此范围划分为若干区段。如何划分，需要慎重考虑或研究。当区段的范围太窄时，可能会使每个区段对应属性的支持度变得很低，从而得不到所要求的最小支持度；而当区段的范围太宽时，可能使每一个区段对应的属性可信度很低，使规则可信度出现问题。

由此可见，在数值型问题转换为布尔型问题处理时，可以借鉴图像分割中使用的思路，利用直方图均衡、等面积、等间距等方法或按直方图交互地划分。这方面的研究工作目前还较少。

（4）基于空间配置，关联规则可以分为局部规则(Local)和邻域规则(Focal)。在某些时候，某一空间点(面)上的属性或属性之间的关系可以只涉及该点或面本身，但也经常涉及该点(面)相邻域的点(面)位置上的属性(事件)。同一位置上属性间的关联称为局部关联规则(Local Association Rule)，与该位置相邻的一个或多个位置(含本身)上属性及其与该位置属性的关系，称为邻域规则(Focal Association Rule)。

比如，在山火的模拟中，A 点与 B 点相邻，A 点着火→B 点着火，是邻域规则；A 点着火→A 点燃尽，为局部关联规则。

这里有必要强调邻域的概念。邻域，是对空间相互关系的一种空间位置限定，或者是提取地理结构的一个模板，即对地学空间结构的抽象。这里的空间结构指一定地域上要素间、要素组成间或要素与要素组成间相互结合的形式，包括地理系统中各事物在数量上的比例、空间中的格局以及时间上的联系方式等。具体来说主要考虑以下几个方面。

①物质组成，各组成的分配状况，概率变动特征，联系程度与联系方式。

②能量组成，包括能量的状态、表现方式、传输方式、组成情形等。

③空间表现，地理世界的层次、等级和联系，地理实体的分布，地理现象的空间格局与联系方式等。

④蕴涵时间等。

其空间上的关系主要包括以下方面。

①拓扑关系：相交、相叠、分离等。

②空间方向：左、右、上、下等。

③距离关系：在某一距离段内远、近关系等。

邻域可由焦点、方向、分辨率、距离(以分辨率为单位)和地理状态变量五要素构成。地理状态变量，指在该邻域所定义的范围中能够用于度量物质流、能量流和信息流的质量、数量和速率的最具有代表性的特征部位及其参数。这五个要素确定了一个空间模板，该模板套合在空间上后，可以取得模板内地理变量的值，即模板的一个实现或一个地理事件。每个邻域的实现即表明取得了该地域的功能和特质。

17.6.3 地学关联规则的时空推理

基于以上理论基础，利用所发掘的时空规则，可采用专家系统的理论方法或地理案例推理的方法进行时空推理。运用地学关联规则的时空案例推理，有其特色，主要包括以下几个步骤。

（1）地学关联规则的表达。在利用数学语言严格定义地学关联规则的基础上，面向专业领域，把研究对象与相关因子之间的关联规则按照专家规则或案例组织的方式进行定量表达。

（2）构建关联规则的规则库或历史案例库，将形式化的关联规则或规则案例按照一定的方式进行组织和存储，并建立规则或案例的识别码和索引机制，便于进行规则或案例的抽取。

（3）地学时空关联规则或案例的相似性匹配。规则或案例推理的核心是利用相似性规则或案例进行推理和预测，故相似性匹配算法直接影响推理和预测的精度。由于地学时空关联规则关注的是地理过程，由此，也可以采用离散的方法给出规则或地理案例的时空相似性匹配算法。

（4）进行推理和预测。在相似性匹配的基础上，基于抽取出的规则或历史案例，利用关联规则进行推理，即将抽取出来的相似环境因子时空配置所形成的地学现象或事件作为当前环境因子时空配置下的结果（苏奋振，等，2004）。

17.6.4 空间关联规则挖掘研究的发展趋势

从地学数据库中发现地学规则的研究方兴未艾，方法不胜枚举，所挖掘的规则种类繁多，由此有必要对地学关联规则进行总结和归纳，以期从宏观上理解和把握这一新概念新方法。地学关联规则描述了地学事件之间的相互联系，对于遥感图像智能解译和地学知识的理解与时空推理应用均有着极其重要的作用。随着数据挖掘或知识发现理论方法的丰富和在地学领域实践的增多，面对地学数据量的剧增，地学关联规则的挖掘和应用将在近年成为地球信息科学中一个引人注目的学科交叉点。地学关联规则的研究，也将从空间关联和时空关联规则发展到地学过程关联规则的阶段。

17.7 基于人工智能的时空预测方法

人工智能（Artificial Intelligence，AI）的研究内容是计算和知识之间的关系。用机器去模拟人的智能，使机器具有类似于人的智能，其实质是研究如何构造智能机器或智能系统，以模拟、延伸、扩展人类的智能。当前，在数据挖掘领域中人工智能理论的应用成为研究的热点。与常规的数据挖掘方法不同，人工智能通过综合运用统计学、模糊数学、粗糙集、贝叶斯学习、神经网络和机器学习等智能化方法，从大量的数据中提炼出抽象的知识，揭示出蕴含在数据背后的客观世界的内在联系和本质规律，实现知识的自动获取。

本节对人工智能技术与数据挖掘之间的联系进行讨论，然后介绍人工智能数据挖掘方法，最后讨论人工智能挖掘方法在时空建模和预测方面的应用。

17.7.1 人工智能技术与数据挖掘的联系

人工智能是计算机科学、控制论、神经生理学、语言学等多种学科互相渗透而发展起来的一门学科(王万,2007)。人工智能的发展虽然已经走过了 40 多年的历程,但是至今尚无统一定义(薛惠锋,2005)。就本质而言,人工智能是研究、设计和应用智能机器或智能系统,来模拟人类智能活动的能力,以延伸人类智能的科学。当人工智能发展到一定程度时,对符号处理技术和神经网络技术相结合的要求越来越强烈,其中数据挖掘的很多方法便很好体现了二者的结合。数据挖掘方法中渗透着人工智能技术的进展,其应用领域日益广泛(钟智,尹云飞,2004)。人工智能的三种最基本的技术即知识表示、推理技术和搜索技术都在数据挖掘中得到了体现。

1. 知识表示

知识(Knowledge)表示是指在计算机中对知识的一种描述,是一种计算机可以接受的用于描述知识的数据结构。由于目前对人类知识的结构及机制还没有完全认识清楚,因此关于知识表示的理论及规范尚未建立。目前比较认同的知识表示方法有符号表示法和连接机制表示法(王永庆,1998)。符号表示法使用各种包含具体含义的符号,以各种不同的方式和次序组合起来表示知识,它主要用来表示逻辑性知识。

数据挖掘中关联规则的挖掘用到了符号表示法。关联规则挖掘是从大量的数据中挖掘出有价值的描述数据项之间相互联系的有关知识。数据挖掘技术能有效地从空间数据库中挖取出地理知识,包括空间分布规律等。例如,通过对东莞市 1988~2005 年遥感影像土地利用分类数据进行挖掘,发现土地利用类型为农田且离市中心距离小于 20 km 的土地,都转化为了城市用地。在生态环境逐渐恶化,倡导环境保护的今天,这是一条很重要的知识。这条知识可以用以下规则来表示:

A(土地利用类型)="农田" and B(离市中心距离)<20 km$\Rightarrow C$(转化为城市用地)[Support=85%,Confidence=90%]

其中,Support=85% 表示支持度是 85%,即转化为城市用地的用地类型当中,农田点的总数为 85%;Confidence=90% 表示可信度为 90%,说明农田转化为城市用地的转化率为 90%。连接表示法对应于数据挖掘中神经网络分类法,神经网络通过调整权重来实现输入样本与其类别的对应,从而达到从训练后的神经网络中挖掘出知识的目的。

2. 推理技术

推理(Inference)是从已知的事实出发,运用已掌握的知识,找出其中蕴含的事实,或归纳出新的事实。推理可分为经典推理和非经典推理,前者包括自然演绎推理、归纳演绎推理与或形演绎推理等,后者主要包括多值逻辑推理、模态逻辑推理、非单调推理等。

一般而言,数据挖掘在处理过程中的基本思想是非经典的,而其依据的"剪枝"规则应该是经过经典推理严格证实的,即有其严格的数学背景。比如,关联规则挖掘时的基本思想是基于非经典推理,但为了提高效率而采取的"剪枝"技术必须保证完备性、正确性,经得起推理,否则便成了随意剪枝和删除信息,虽然提高了效率,但其正确性不能保证,也就不存在什么意义了。

贝叶斯网络是人工智能和机器学习领域的一个重要分支,是将概率统计应用于复杂系统的不确定性推理和数据分析的有效模型。由于它具备推理能力强、语义清晰、易于理解等特点,因此成为当前数据挖掘技术中最为引人注目的焦点之一,特别是在分类、聚类和预测等方面显示出其独特的优越性(Heckerman,1997)。

3. 搜索技术

搜索(Searching)是人工智能中的一个基本研究问题,分为盲目搜索和启发式搜索。盲目搜索是按预定的控制策略进行搜索,在搜索过程中获得的中间信息不用改进控制策略。启发式搜索是在搜索过程中加入与问题有关的启发性信息,用于指导搜索朝着最有希望的方向前进,加速问题求解过程,并找到最优解。启发式搜索是人工智能研究领域内的核心研究点之一(敖志刚,2002)。

搜索机制在数据挖掘中得到了最详尽的体现,提高了数据挖掘的效率。例如,在属性约简中,如果发现某一列属性的取值完全一样或区分能力不大,则可以提前删去。另外,在挖掘关联规则时,如果发现频繁 K 项集的任一 $(K-1)$ 项候选集不存在,则终止搜索剩余的 $(K-1)$ 项候选集,就可以判断"频繁 K 项集是不存在的"。

17.7.2 基于人工智能的空间数据挖掘方法

人工智能是一门前沿性的学科,它涉及众多学科,处在不断发展和成熟当中,新的理论和方法不断涌现,新的应用不断提出新的研究课题。目前人工智能所涉及的内容更加广泛,技术更加复杂,应用更加深入和具体,使得人工智能尚未形成完整和成熟的理论体系(蔡自兴,2003)。对人工智能,存在着狭义和广义两种观点(王文杰,2004)。狭义人工智能通常指以符号智能为主体的经典人工智能。经典人工智能的研究始于 1956 年,主要目标是应用符号逻辑的方法模拟人的问题求解、推理、学习等方面的能力。问题求解是经典人工智能的核心,当机器有了对某些问题的求解能力以后,在应用场合遇到这类问题时,便会自动找出正确的解决策略。推理也是思维的一个重要方面,经典人工智能中研究的是归纳、演绎和模糊推理三种推理形式。实现诸如故障诊断、数学定理证明、模型问题判断等功能。在经典人工智能中,"学习"一词有多种含义,在专家系统等应用中,它指知识的自动积累;在问题求解中,它指根据简单的数学概念和公理形成较复杂的概念,做出数学猜想等(郭军,2001)。广义的人工智能指包含符号智能、计算智能等在内的智能信息处理技术。经典人工智能是基于知识的,而知识通过符号进行表示和运用,具体化为规则。但是,知识并不都能用符号表示为规则,智能也不都是基于知识的。因此,20 世纪 80 年代在经典人工智能理论发展出现停顿,而人工神经网络理论出现新的突破时,基于结构演化的人工智能理论——计算智能理论迅速成为人工智能研究的主流。

计算智能是以模型(计算模型、数学模型)为基础,以分布并行计算为特征的模拟人的智能求解问题的理论与方法(徐宗本,2004)。计算智能(Computational Intelligence,CI)的主要方法有人工神经网络、遗传算法、进化计算、免疫计算等。计算智能的最大特点是:自适应和自组织的学习机制,不需要建立问题本身的精确模型(数学或逻辑),也不依赖于知识表示,而是直接对输入数据进行处理并得出结果(焦李成,等,2006)。计算智能在并行搜索、联想记忆、模型识别、知识自动获取等方面得到了广泛的应用(郭军,2001)。

17.7.3 基于动态回归神经网络的时空数据挖掘和预测

1. 时空数据挖掘和预测概述

时空数据挖掘的技术可以分成时空关联规则挖掘、时空序列模式挖掘、时空预测以及时空聚类和区分规则挖掘等(Miller and Han,2001)。作为数据挖掘技术之一,预测是指从当前和过去数据中挖掘隐藏模式并用现有模式对未来进行预测的方法(Cressie and Majure,1997)。近年来,在森林火灾预测、洪水控制、降雨量分析、环境污染研究、核泄漏保护等领域,时空预测的作用越来越重要。不少学者由此提出了不同的时空预测模型(Deutsch and Ramos,1986;Pfeifer and Deutsch,1990;Pokrajac and Obradovic,2001),然而这些模型离实用性还有一段距离。Li and Dunham(2002)等在以前工作的基础上利用数据挖掘技术和统计分析策略建立了一个称为 STIFF 的时空预测模型,克服了以前工作的限制,较好地解决了时空预测的问题,取得了较好的预测效果。该模型的实质是对时空数据预测采取分解与合并的策略,即先对空间目标进行时间序列分析,用前馈(静态)人工神经元网络来发现所有空间位置数据间隐藏的空间相关性,然后利用统计回归方法将时间序列分析和空间相关性分析结合起来,得到时空一体化的预测结果,从而实现时空和高维的耦合。

然而,许多地理现象通常具有复杂的随机性和非线性行为,前馈人工神经元网络不足以表现其复杂性。例如林火具有典型的时空特点,是气候、地形、火源和可燃物诸因子相互作用形成的复杂现象,并且这些因子随着时间不断变化。动态回归神经网络(DRNN)作为一种强有力的非线性动力学系统,比前馈神经网络具有更强的动态行为和计算能力,能直接反映动态过程系统的特性,这使得模型具有更强的鲁棒性(朱群雄,孙峰,1998)。为此,本研究提出了 ISTIFF(Improved STIFF)模型,用动态回归神经网络进行空间预测,替代 STIFF 模型中静态前馈神经网络,并用来预测加拿大的森林火灾面积(Cheng and Wang,2006;王佳璆,程涛,2007;Cheng and Wang,2007)。

2. 时空数据预测原理

时空数据预测的主要原理是:构建一个随机的时间序列模型获得每一个空间上相互独立部分的时间预测,然后建立动态回归神经网络(DRNN)发现隐藏的空间关系,最后用统计回归方法把时间和空间预测整合起来,得到时空一体化的预测结果,从而实现时空和高维的耦合。我们称该模型为 ISTIFF 模型。

(1) 问题定义。给一个位置的集合 Δ,整个变量的时间序列数据 Π 和计划步骤 S,一个时空预测问题要求找出下列映射关系 f,定义为

$$f:\{\Delta,\Pi,l,s\}=f\{\sigma_{0(l+1)},\sigma_{0(l+2)},\cdots,\sigma_{0(l+s)}\} \tag{17.10}$$

定义时空问题的符号如表 17.3 所示。

表 17.3　　　　　　　　　　　　符 号 定 义

符号	意义
Δ	$n+1$ 个位置集合
$a_i(i=0,1,\cdots,n)$	在 Δ 中空间上分离的位置
Π	在所有位置离散的时间序列集
$\sigma_i(i=0,1,\cdots,n)$	在位置 a_i 上第 i 个时间序列
$l(=|a_i|)$	时间序列数据的长度
$\sigma_{ij}(i=0,1,\cdots,n)(j=0,1,\cdots,l)$	时间序列数据 σ_i 的第 j 个观察点
s	计划步骤

(2) 时空预测算法(Cheng and Wang,2006;Cheng and Wang,2007)。

① 定义要预测的问题,决定要预测的目标位置 a_0 和与它空间上相关的位置 a_1,

$a_2, \cdots, a_n$。

② 为每一个位置 $a_1, a_2, \cdots, a_n$ 建一个时间序列模型 TS_i，TS_i 表示对每一个位置的时间预测。a_0 提供的时间序列预测 TS_0 将被记为 f_T。

③ 基于所有位置的空间关系 $a_i(i \neq 0)$，构造一个动态回归神经网络(DRNN)捕捉其他位置对目标位置 a_0 的空间影响。动态回归神经网络经过训练后，把每一位置的时间序列模型 $TS_i(i \neq 0)$ 作为神经网络的输入，得到的输出为空间预测 f_S。

④ 将得到的时间预测 f_T 和空间预测 f_S 通过回归分析得到最终的时空预测值。

(3) 预测精度评估。用 NRMSE(Normalized Root Mean Square Error)公式对预测精度进行评估。NRMSE 的表达式如下：

$$\text{NRMSE} = \sqrt{\frac{\sum [x(t) - \hat{x}(t)]^2}{\sum x^2(t)}} \tag{17.11}$$

式中，$\hat{x}(t)$ 是实际值 $x(t)$ 的预测值。

17.7.4 森林火灾预测

1. 研究区及数据

本研究选择加拿大森林火灾研究网站建立的森林火灾数据库(LFDB)作为实验数据 (Canada Forest Fire Services Network，2002)。这个数据库记录了加拿大 1959～2000 年面积超过 200 公顷的森林大火，数据覆盖了加拿大各个省份、区域和森林公园范围。确定 Alberta(AB)省为预测目标，相邻几个省分别为 British Columbia(BC)、Saskatchewan(SK)、Manitoba(MB)、Ontario(ON)、Northwest Territories(NWT)和 Quebec(QC)，如图 17.11 所示。

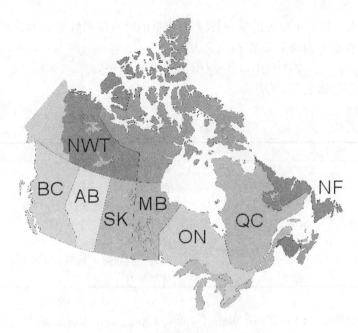

图 17.11 研究区域空间分布图

2. 时空预测结果

我们用 1959～1989 年的数据得到了关于 Alberta 省 1990～2000 年 10 年的时间和空间预测值。图 17.12 比较了实测值(Real)、纯时间序列模型(ARIMA)、STIFF 和 ISTIFF 模型预测结果。

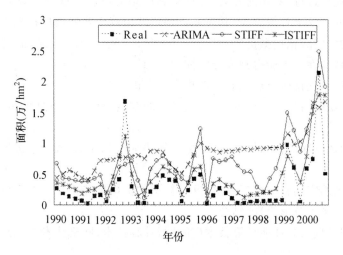

图 17.12　不同预测方法比较图 (Cheng 2006)

3. 精度评估

用 ARIMA、STIFF 和 ISTIFF 方法对加拿大 NF(纽芬兰)省森林火灾面积进行了预测。对 AB(Albert)省和 NF(New Foundland)省两组预测数据进行评估，预测精度 NRMSE 比较如表 17.4 所示。

表 17.4　　　　　　　　　　不同方法的预测精度比较

Model	AB	NF
ARIMA	0.5969	1.7411
STIFF	0.4151	1.0128
ISTIFF	0.2112	0.7707

图 17.12 和表 17.4 的结果都表明了基于动态回归神经网格的 ISTIFF 模型能获得更高的预测精度。另外，表 17.4 的 NMSE 指数显示 AB 省的预测精度高于 NF 省的，这是因为 AB 省空间相关性要大于 NF 省的空间相关性，空间相关性越强预测误差越小，预测精度也更高。

4. 模型评估

本节研究与阐述了时空预测模型，并将动态回归神经网络(DRNN)引入该模型，提出的 ISTIFF 方法提高了模型预测稳定性和精度，使模型有更强的空间预测能力。该模型被应用于加拿大森林火灾面积预测。通过对实验结果的对比和误差分析，表明 ISTIFF 模型明显比其他方法预测精度高，预测结果可以为森林火灾扑救提供智能决策支持。然而，ISTIFF 方法仅仅考虑一种变量情况，林火的相关因素很多，是气候、地形、火源和可燃物诸因子相互作用形成的复杂现象，单变量预测会存在一定误差，即使相对误差小，但绝对误差也可能很大。因此，在实际应用中必须考虑多变量情况下的森林火灾时空预测。

17.8 小　　结

　　空间数据挖掘经过近 20 年的发展,在理论和应用方面已经取得了显著的进步。不过,空间数据挖掘的研究还处于初级阶段,其主要进展仍然依赖于普通数据挖掘方法的拓展和改进,究其原因,目前的空间数据挖掘仍然缺乏独立的研究主线,各种方法尚不能形成有机的整体,空间数据挖掘的特殊性还不能得到充分的体现。

　　未来的空间数据挖掘研究热点有可能集中在以下几个方面。

　　(1)空间数据挖掘与认知理论的关系,这是空间数据挖掘理论发展的指导思想和定位的基础。

　　(2)大型空间数据库的信息提取方法,主要解决大数据量、高维、时空耦合、抵抗大量噪声干扰等问题。

　　(3)智能、高效的空间数据挖掘算法,这些算法的提出依赖于与其他学科的最新成果(如粗糙集、支撑向量机、多重分形等)的结合。

　　(4)空间数据挖掘与高性能计算技术(如并行计算技术、网格技术等)的结合。

参 考 文 献

敖志刚.2002.人工智能与专家系统导论[M].合肥:中国科学技术大学出版社.
蔡自兴,徐光祐.2003.人工智能及其应用[M].北京:清华大学出版社.
陈宁,陈安,周龙骧.2001.数值型和分类型混合数据的模糊 K-Prototypes 聚类算法[J].软件学报,12(8):1107-1113.
陈述彭.1990.遥感大辞典[M].北京:科学出版社.
成秋明.2001.多重分形与地质统计学方法—用于勘查地球化学异常空间结构和奇异性分析[J].地球科学—中国地质大学学报,26(2):161-166.
邸凯昌,李德仁,李德毅.1999.Rough 集理论及其在 GIS 属性分析和知识发现中的应用[J].武汉测绘科技大学学报,16(3):6-10.
杜鹃,宋自林,李德毅.2000.基于云模型的关联规则挖掘方法[J].解放军理工大学学报1(1):29-34.
范世青,张文修.2006.模糊概念格与模糊推理[J].模糊系统与数学,20(1):11-17.
郭建生,赵奕,施鹏飞.2001.一种有效的用于数据挖掘的动态概念聚类算法[J].软件学报,12(4):582-591.
郭军.2001.智能信息技术[M].北京:北京邮电大学出版社.
胡可云.2001.基于概念格和粗糙集的数据挖掘方法研究[M].北京:清华大学出版社.
胡可云,陆玉昌,石纯一.2000a.概念格及其应用进展[J].清华大学学报(自然科学版),40(9):77-81.
胡可云,陆玉昌,石纯一.2000b.基于概念格的分类和关联规则的集成挖掘方法[J].软件学报,11(11):1478-1484.
胡庆林,叶念渝,朱明富.2007.数据挖掘中聚类算法的综述[J].35(2):17-20.
姬光荣,陈霞,贾玉臻,贾同军.2002.一种海洋遥感图像中尺度涡的自动检测方法[J].海洋与湖沼,33(2):139-144.
焦李成,刘芳,缑水平,刘静,陈莉.2006.智能数据挖掘与知识发现[M].西安:西安电子科技大学出版社.
蓝荣钦,刘增良,杨晓梅.2005.挖掘模糊空间关联规则的方法[J].测绘学院学报,22(1):36-39.
李德仁,王树良,李德毅.2006.空间数据挖掘理论与应用[M].北京:科技出版社.

李德毅,杜鹢.2005.不确定性人工智能[M].北京:国防工业出版社.
李德毅,孟海军,史雪梅.1995.隶属云和隶属云发生器[J].计算机研究与发展,32(6):15-20.
李飞,薛彬,黄亚楼.2002.初始中心优化的K-Means聚类算法[J].计算机科学,29(7):94-96.
李徽翡,赵保仁.2001.渤、黄、东海夏季环流的数值模拟[J].海洋科学,25(1):28-32.
李乃乾,沈钧毅.2002.自动生成量化属性模糊集的算法[J].计算机工程与应用,(21):10-11.
刘大有,王生生,虞强源,胡鹤.2004.基于定性空间推理的多层空间关联规则挖掘算法[J].计算机研究与发展,(41)4:565-571.
刘同明.1999.一种改进的概念聚类数据挖掘方法[J].华东船舶工业学院学报,13(1):62-66.
柳彦平,王文杰,谈恒贵.2005.数据挖掘空间聚类[J].计算机工程与应用,35:173-176.
刘宗田,强宇,周文,李旭,黄美丽.2007.一种模糊概念格模型及其渐进式构造算法[J].计算机学报,30(2):184-188.
陆建江,宋自林,钱祖平.2001.挖掘语言值关联规则[J].软件学报,12(4):607-611.
牛文元.1990.地理时空耦合,现代地理学辞典(左大康主编)[M].北京:商务印书馆,30-37.
秦昆.2004.基于形式概念分析的图像数据挖掘研究[D].武汉:武汉大学.
苏奋振.2001.海洋渔业资源时空动态研究[D].北京:中国科学院地理科学与资源研究所.
苏奋振,杜云艳,杨晓梅,刘宝银.2004.地学关联规则与时空推理应用[J].地球信息科学,6(4):66-70.
苏奋振,周成虎,刘宝银,杜云艳,邵全琴.2002.基于海洋要素时空配置的渔场形成机制发现模型和应用[J].海洋学报,24(5):46-56.
唐春生,金以慧.2002.基于聚类特性的大规模文本聚类算法研究[J].计算机科学,29(9):13-15.
田扬戈,边馥苓.2005.基于概念聚类和面向属性归纳的区划分析[J].武汉大学学报,20(1):86-88.
田永青,杨斌,李志,朱仲英.2003.一种关系数据库中基于云模型关联规则的提取[J].上海交通大学学报,37(4):512-515.
万红新,彭云,聂承启.2005.基于模糊集和粗糙集的关联规则挖掘策略[J].江西师范大学学报(自然科学版),29(1):23-26.
万小军,杨建武,陈晓鸥.2003.文本聚类中k-means算法的一种改进算法[J].计算机工程,29(2):102-157.
王国胤.2003.Rough集理论与知识获取[M].西安:西安交通大学出版社.
王佳璆,程涛.2007.时空预测技术在森林防火中的应用研究[J].中山大学学报(自然科学版),46(2):110-116.
汪闽.2003.空间聚类挖掘方法研究[D].北京:中国科学院地理科学与资源研究所.
王树良.2002.基于数据场与云模型的空间数据挖掘和知识发现[M].武汉:武汉大学出版社.
王树良.2007.空间数据挖掘视角[M].北京:测绘出版社(出版中).
王树良,王新洲,曾旭平,史文中.2004.滑坡监测数据挖掘视角[J].武汉大学学报·信息科学版,29(7):608-715.
王万森.2007.人工智能原理及其应用[M].北京:电子工业出版社.
王文杰,叶世伟.2004.人工智能原理与应用[M].北京:人民邮电出版社.
王永庆.1998.人工智能原理与方法[M].西安:西安交通大学出版社.
王兆红.2005.基于梯形云的数量型关联规则挖掘方法[J].信息技术与信息化,(6):98-100.
吴涛.2006.图像纹理特征数据挖掘的理论与方法研究[M].武汉:武汉大学出版社.
吴涛,秦昆,肖启芝,尹宁.2007.图像纹理特征数据挖掘的不确定性分析[J].计算机工程与设计,28(12):2905-2908.
谢志鹏.2001.基于概念格模型的知识发现研究[M].合肥:合肥工业大学出版社.
徐宗本.2004.计算智能[M].北京:高等教育出版社.
薛惠锋,张文宇,寇晓东.2005.智能数据挖掘技术[M].西安:西北工业大学出版社.
殷亚玲.2006.基于概念图的相关反馈系统的研究与实现[M].西安:西北大学出版社.
张春英,张东宝,刘保相.2006.FAHP中基于概念格的加权群体决策[J].数学的实践与认识,36(4):158-163.

张蕾. 2001. 概念结构及其应用[M]. 西安：西北工业大学出版社.

张文修. 2005. 概念格的属性约简理论与方法[J]. 中国科学(E辑), 35(6): 628-639.

赵弈, 施鹏飞. 2000. 最大频繁集的数据聚类方法[J]. 计算机工程与应用, 36(11): 35-37.

钟智, 尹云飞. 2004. 数据挖掘与人工智能技术[J]. 河南科技大学学报(自然科学版), 25(3): 44-47.

周水庚, 范晔, 周傲英. 2000a. 基于数据取样的DBSCAN算法[J]. 小型微型计算机系统, 21(12): 1270-1274.

周水庚, 周傲英, 曹晶. 2000b. 基于数据分区的DBSCAN算法[J]. 计算机研究与发展, 37(10): 1153-1159.

朱群雄, 孙锋. 1998. RNN神经网络的应用研究[J]. 北京化工大学学报, 25(1): 86-90.

Agrawal, R. and Srikant, R., 1994, Fast Algorithms for Mining Association Rules in Large Databases, *Proceedings of 20th International Conference of Very Large Databases*, 478-499.

Ankerst, M., Breunig, M. M., Kriegel, H. P. and Sander, J., 1999, OPTICS: Ordering points to identify the clustering structure, *Proceedings of ACM-SIGMOD'99 International Conference on Management of Data*, Philadelphia, June, 46-60.

Aristidis, L., Nikos A. V. and Jakob, J. V., 2003, The global k-means clustering algorithm, *Pattern Recognition*, 36(2): 451-461.

Berkhin, P., 2000, *Survey of clustering data mining techniques*, Accrue Software, Inc, San Jose.

Beynon, M. J. and Peel, M. J., 2001, Variable Precision Rough Set Theory and Data Discretisation: an Application to Corporate Failure Prediction, *The International Journal of Management Sciences*, 29(6): 561-576.

Bi, Y. X., Anderson, T. and McClean, S., 2003, A Rough Set Model with Ontologies for Discovering Maximal Association Rules in Document Collections, *Knowledge-Based Systems*, 16(5): 243-252.

Bloch, I., 1999, Fuzzy Relative Position Between Objects in Image Processing: A Morphological Approach, *IEEE Transactions on Pattern Analysis and Machine Intelligence*, 21(7): 657-664.

Boudraa, A. E. O., Mallet, J. J., Besson, J. E., Bouyoucef, S. E. and Champier, J., 1993, Left Ventricle Automated Detection Method in Gated Isotopic Ventriculography Using Fuzzy Clustering, *IEEE Transactions on Medical Imaging*, 12(3): 451-464.

Burusco, A. and Fuentes, R., 1999, The Study of L-fuzzy Concept Lattices, *Mathware & Soft Compute*, 1(3): 209-218.

Cai, W. L., Chen, S. C. and Zhang, D. Q., 2006, Fast and Robust Fuzzy C-means Clustering Algorithms Incorporating Local Information for Image Segmentation, *Pattern Recognition*, 40(3): 825-838.

Canada Forest Fire Services Network, *Canada Large Fire Database* [EB/OL], http://www.fire.cfs.nrcan.gc.ca/research/climate_change/lfdb/lfdb_download_e.htm. (accessed on 2002-10-12).

Chan, K. C. C. and Au, W. H., 1997, Mining Fuzzy Association Rules, *Proceedings of the 6th International Conference on Information and Knowledge Management* (CIKM97), Las Vegas, United States, 209-215.

Cheeseman, P. and Stutz, J., Bayesian Classification (AutoClass): Theory and Results. *Advances in Knowledge Discovery and Data Mining*, AAAI Press/MIT Press, New York.

Cheng, Q. M., 2004, GeoData Analysis System (GeoDAS) for Mineral Exploration: User's Guide and Exercise Manual, *Material for the training workshop on GeoDAS*, www.gisworld.org/geodas (Unpublished).

Cheng, Q. M., 2000a, Interpolation by means of multifractal, kriging and moving average techniques. *Proceedings of GAC/MAC meeting GeoCanada2000*. Canada: Geological Association of Canada, Available at: http://www.gisworld.org/gac-gis/geo2000.htm.

Cheng, Q. M., 1999b, Multifractal interpolation. *Proceedings of the fifth Annual Conference of the International Association for Mathematical Geology*, Trondheim, Norway, August, 245-250.

Cheng, Q. M., 1999c, Multifractality and spatial statistics, *Computers and Geosciences*, 25(9): 949-961.

Cheng, Q. M., 1999a, Spatial and scaling modeling for geochemical anomaly separation, *Journal of Exploration Geochemistry*, 65: 175-194.

Cheng, Q. M., Xu, Y. G. and Grunsky, E., 2000b, Multifractal power spectrum-area method for geochemical anomaly separation, *Natural Resousrces Research*, 9(1): 43-51.

Cheng, T. and Wang, J., 2006, Applications of spatio-temporal data mining and knowledge for forest fire, *ISPRS Technical Commission VII Mid Term Symposium 2006 - "Thematic Processing, Modeling and Analysis of Remotely Sensed Data"*, Enschede, June, 148-153.

Cheng, T. and Wang, J., 2007, Application of a dynamic recurrent neural network in spatio-temporal forecasting, *Proceeding of International Workshop on Information Fusion and Geographical Information Systems (IF&GIS-07)*, St. Petersburg, May 27-29, http://oogis.ru/content/view/52/2/lang,ru/.

Cheung, Y. M., 2003, K^*-Means: A new generalized k-means clustering algorithm, *Pattern Recognition Letters*, 24: 2883-2893.

Cressie, N. and Majure, J. J., 1997, Spatio-temporal statistical modeling of livestock waste in streams, *Journal of Agricultural, Biological and Environmental Statistics*, 2(5): 20-28.

Dash, M., Liu, H. and Xu, X., 2001, '1+1>2': Merging Distance and Density Based Clustering, *Proceedings of the 7th Interational Conference on Database Systems for Advances Application (DASFAAA)*, Hongkong, June, 32-39.

De, R. K., Pal, N. R. and Pal, S. K., 1997, Feature Analysis: Neural Network and Fuzzy Set Theoretic Approaches, *Pattern Recognition*, 30(10): 1579-1590.

Deutsch, S. J. and Ramos, J. A., 1986, Space-time modeling of vector hydrologic sequences, *Water Resources Bulletin*, 22(6): 967-980.

Dubes, R. and Jain, A., 1980, Clustering methodologies in exploratory data analysis, *Advances in Computers*, 19: 113-228.

Ducrou, J. and Eklund, P., 2005, Combining Spatial and Lattice-Based Information Landscapes, *Proceeding of the 3rd International Conference on Formal Concept Analysis*, Lens, France, June, 64-78.

Ester, M., Kriegel, H. P., Sander, J., Wimmer, M. and Xu, X. W., 1998a, Incremental Clustering for Mining in a Data Warehousing Environment. *Proceeding of 24th VLDB Conference*, New York, August, 323-333.

Ester, M., Kriegel, H. P., Sander, J. and Xu, X. W., 1998b, Clustering for Mining in Large Spatial Databases, *Data Minin. KI-Journal* (Special Issue), 12(1): 18-24.

Ester, M., Kriegel, H. P., Sander, J. and Xu, X. W., 1996, A density-based algorithm for discovering clusters in large spatial databases with noise, *Proceedings of International Conference on Knowledge Discovery and Data Mining (KDD'96)*, Portland, June, 226-331.

Ester, M., Kriegel, H. P., and Xu, X. W., 1995, A Database Interface for Clustering in Large Spatial Databases, *Proceedings of the 1st International Conference On Knowledge Discovery and Data Mining*, Montreal, Canada, August, 94-99.

Fasulo, D., 1999, *An analysis of recent work on clustering algorithms*, http://www.cs.washington.edu/homes/dfasulo/clustering.ps.

Feder, J., 1988, *Fractals*, Plenum Press, New York.

Fisher, D. H., 1987, Knowledge Acquisition Via Incremental Conceptual Clustering, *Machine Learning*, 2(2): 139-172.

Ganter, B. and Wille, R., 1999, *Formal Concept Analysis: Mathematical Foundations*, Springer Press, California.

Ge, Y., Du, Y. Y., Cheng, Q. M. and Li, C., 2006, Multifractal Filtering Method for Extraction of Ocean Eddies from Remotely Sensed Imagery, *Acta oceanologica Sinica*, 25(5): 27-38.

Gennari, J. H., Langley, P. and Fisher, D., 1989, Models of Incremental Concept Formation, *Artificial Intelligence*, 40(1): 11-61.

Godin, R., Missaoui, R. and Alaoui, H., 1995, Incremental Concept Formation Algorithms Based on Galois (Concept) Lattices, *Computational Intelligence*, 11(2): 246-267.

Guha, S., Rastogi, R. and Shim, K., 1998, An efficient clustering algorithm for large database, *Proceedings of 1998 ACM-SIGMOD International Conference Management of Data (SIGMOD'98)*, Seattle, Washington, June 01-04, 73-84.

Han, J. and Fu, Y. , 1996, Exploration of the power of attribute-oriented induction in data mining, *Advances in Knowledge Discovery and Data Mining*, AAAI/MIT Press, Menlo Park.

Han, J. and Kamber, M. , 2000, *Data mining: concept and techniques*, Morgan Kanfmann, San Mateo.

Heckerman, D. , 1997, Bayesian Network for data mining, *Data mining and knowledge discovery*, 1(1): 79-119.

Herzfeld, U. C. , 1993, A method for seafloor classification using directional varigoram, demonstrated for data from the western flank of the Mid-Atlantic Ridge, *Mathematical geology*, 25(7): 901-924.

Ho, T. B. , 1997, Discovering and Using Knowledge from Unsupervised Data, *Decision Support System*, (21): 27-41.

Huang, Z. X. , 1997a, A Fast Clustering Algorithm to Cluster Very Large Categorical Data Sets in Data Mining, *Proceedings of the 1997 SIGMOD workshop on Research Issues on Data Mining and Knowledge Discovery*, Tucson, Arizona, June, 146-151.

Huang, Z. X. , 1997b, Clustering Large Data Sets with Mixed Numeric and Categorical Values, *Proceedings of 1st Pacific-Asia Conference on Knowledge Discovery and Data Mining*, Singapore, February, 1997, 21-34.

Illingworth, J. and Kittler, J. , 1988, A survey of the Hough transform1computer, *Vision Graphics and Image Processing*, 44: 87-116.

Jain, A. K. and Dubes, R. C. , 1988, Algorithm for Clustering Data, *Prentice-Hall advanced reference series*. Prentice-Hall, Inc. , Upper Saddle River, NJ.

Journel, A. G. and Huigbregts, C. H. J. , 1978, *Mining geostatistics*, Academic Press, New York.

Karypis, G. , Han, E. H. and Kumar, V. , 1999a, CHAMELEON: A hierarchical clustering algorithm using dynamic modeling, *IEEE Transaction of Computer*, 32(8): 68-75.

Karypis, G. , Han, E. H. and Kumar, V. , 1999a, Multilevel refinement for hierarchical clustering. Technical Report TR-99-020, Available at: http://www. glaros. dtc. umn. edu/gkhome/fetch/papers/clrefineTR99. pdf.

Kaufman, L. and Rousseew, P. J. , 1990, *Finding Groups in Data: An Introduction to Cluster Analysis*, John Wiley & Sons, New York.

Kolatch, E. 2001, Clustering Algorithms for Spatial Databases: A Survey, http://www. citeseer. nj. nec. com/436843. html.

Koperski, K. A. , 1999, *Progressive Refinement Approach to Spatial Data Mining*, Simon Fraser University Press, Burnaby.

Koperski, K. A. , Adhikary, J. and Han, J. , 1996a, Spatial Data Mining: Progress and Challenges Survey Paper, *Proceeding of the 1996 ACM SIGMOD Workshop on Research Issues on Data Mining and Knowledge Discovery*, Montréal, Canada, June 2, 35-50.

Koperski, K. A. and Han, J. , 1996b, Discovery of Spatial Association Rules in Geographic Information Databases, *Advances in Spatial Databases*, *Proceedings of 4th Symposium*, SSD'95, Springer-Verlag, Berlin, 47-66.

Korczak, J. J. , Blamont, D. and Ketterlin, A. , 1994, Thematic Image Segmentation by a Concept Formation Algorithm, *Image and Signal Processing for Remote Sensing*, 23(15): 225-235.

Kuok, C. M. , Fu, A. and Wong, M. H. , 1998, Mining Fuzzy association rules in database, *Proceedings of the ACM Sixth International Confience on Information and Knowledge Management*. Las Vegas, United States, June, 10-14.

Lazarevic, A. , Xu, X. , Fiez, T. and Obradovic, Z. , 1999, Clustering-Regression-Ordering Steps for Knowledge Discovery in Spatial Databases, Proceedings of *International Joint Conference on Neural Network*, Washington, July, 2530-2534.

Leung, Y. , Zhang, J. S. and Xu, Z. B. , 2000, Clustering by Scale-Space Filtering, *IEEE Transactions on Pattern Analysis and Machine Intelligence*, 22(12): 1396-1410.

Li, R. P. and Wang, Z. O. , 2004, Mining Classification Rules Using Rough Sets and Neural Networks, *European Journal of Operational Research*, 157(2): 439-448.

Li, Z. and Dunham, M. H., 2002, STIFF: A forecasting framework for spatiotemporal data, *Mining Multimedia and Complex Data*, SpringerVerlag, New York.

Mandelbrot, B. B., 1983, *The Fractal Geometry of Nature*, (updated and augmented edition). W. H. Freeman and Company, New York.

Marghoubi, R., Boulmakoul, A. and Zeitouni, K., 2006, The Use of the Galois Lattice for the Extraction and the Visualization of the Spatial Association Rules, *Proceeding of the 6th IEEE International Symposium on Signal Processing and Information Technology*, Vancouver,Canada, August, 606-611.

Michalski, R., and Stepp, R., 1983, Automated Construction of Classification Conceptual Clustering Versus Numerical Taxonomy, *IEEE Transactions on Pattern Analysis and Machine Intelligence*, 5(4): 396-409.

Miller, H. and Han, J., 2001, *Geographic Data Mining and Knowledge Discovery*, Taylor and Francis, London and New York.

Mitra, S., 2004, An Evolutionary Rough Partitive Clustering, *Pattern Recognition Letters*, 25(12): 1439-1449.

Moran, P., 1948, The Interpretation of Statistical Maps, *Journal of the Royal Statistical Society B*, 10: 243-251.

Murray, A. T. and Shyy, T. K., 2000, Integrating attribute and space characteristics in choropleth display and spatial data mining, *International Journal of Geographical Information Science*, 14(7): 649-667.

Ng, R. and Han, J., 1994, Efficient and Effective Clustering Method for Spatial Data Mining, *Proceedings of 1994 International Conference Very Large Data Bases*(VLDB'94), Santiago, Chile, September 12-15, 144-155.

Nichol, D. G., 1987, Autonomous extraction of an eddy like structure from infrared images of the ocean, *IEEE Transaction on Geoscience and Remote Sensing*, 25(1): 28-34.

Peckinpaugh, S. H. and Holyer, R. J., 1994, Circle detection for extracting eddy size and position from satellite imagery of the ocean, *IEEE Transaction on Geoscience and Remote Sensing*, 32 (2): 267-273.

Pei, T., Zhu, A. X., Zhou, C. H., Li, B. L. and Qin, C. Z., 2006, A new approach on nearest-neighbour method to discover cluster features in overlaid spatial point processes. *International Journal of Geographical Information Sciences*, 20: 153-168.

Perrizo, W., Denton, A., 2003, Framework Unifying Association Rule Mining, Clustering and Classification, CSITeA conference, Proceeding of Janeiro R. D., Brazil, June 5-7, http://www.cs.ndsu.nodak.edu/~datasurg/papers/03_csitFoundations_final.PDF.

Pfeifer, P. E. and Deutsch, S. J., 1990, A statima model-building procedure with application to description and regional forecasting, *Journal of Forecasting*, 9(1): 50-59.

Pokrajac, D. and Obradovic, Z., 2001, Improved spatial-temporal forecasting through modeling of spatial residuals in recent history, *Proceedings of first international SIAM conference on data-mining*, Chicago, April, 368-386.

Pons-Porrata, A., Ruiz-Shulcloper, J. and Martinez-Trinidad, J. F., 2002, RGC: A New Conceptual Clustering Algorithm for Mixed Incomplete Data Sets, *Mathematical and Computer Modelling*, 36(11): 1375-1385.

Qin, K., Xu, M. and Li, D. Y., 2007, Cloud Model Based Fuzzy C-Means Clustering and Its Application, Proceeding of Geoinformatics2007, Nan Jing, China, June, http://www.spiedl.aip.org/getabs/servlet/GetabsServlet? prog=normal&id=PSISDG00675200000167520T000001&idtype=cvips&gifs=yes.

Sander, J., Ester, M., Kriegel, H. P. and Xu, X., 1998, Density-based clustering in spatial databases: The algorithm GDBSCAN and its applications, *Data Mining and Knowledge Discovery*, 2(2): 169-194.

Saquer, J. and Deogun, J. S., 2001, Concept Approximations Based on Rough Sets and Similarity Measures, *International Journal of Applied Mathematical Computation Sciences*, 11(3): 655-674.

Sowa, J. F., 1984, *Conceptual Structures: Information Processing in Mind and Machine*, Addison-Wesley Publishing Company, New York.

Wang, S. L., Chen, G. Q., Li, D. Y., Li, D. R. and Yuan, H. N., 2004, A try for handling uncertainties in spatial data mining, *Lecture Notes in Artificial Intelligence*, 3215: 513-520.

Wang, S. L and Yuan, H. N., 2006, View-angle of spatial data mining, *Lecture Notes in Computer Science*, 4093: 1065-1076.

Wolff, K. E., 2000, A Conceptual View of Knowledge Bases in Rough Set Theory, *Proceeding of the Second International Conference on Rough Sets and Current Trends in Computin*, Banff, Canada, October 16-19, 220-228.

Yao, Y. Y., Chen, Y. H., 2004, Rough Set Approximations in Formal Concept Analysis, *Proceedings of 2004 Annual Meeting of the North American Fuzzy Information Processing Society*, Alberta, Canada, June 27-30, 73-78.

Yue, S. H., Wei, M. M., Li, Y. and Wang, X. X., 2007, Ordering Grids to Identify the Clustering Structure, *Lecture Notes in Computer Science*, 4492: 612-619.

Zhang, B., Hsu, M. and Dayal, U., 1999, K-Harmonic Means-A Data Clustering Algorithm, *Hewlett Packard Labs Technical Report*, http://www.hpl.hp.com/techreports/1999/HPL-1999-124.pdf.

Zhang, T., Raghu, R. and Livny, M., 1996, BIRCH: An Efficient Data Clustering Method for Very Large Databases, *Proceeding of ACM SIGMOD International Conference*, Montreal, Canada, June 4-6, 103-114.

Zhang, T., Ramakrishnan, R. and Livny, M., 1998, BIRCH: A New Data Clustering Algorithm and Its Application, *Data Mining and Knowledge Discovery*, 1(2): 141-182.

第 18 章 支持地理空间知识发现的空间数据库技术

□ 朱欣焰 舒红

空间数据库是以某种空间数据模型组织的空间数据集,并提供空间数据的存储、存取、查询分析、输入输出等各种功能。空间知识发现是综合运用数据库、人工智能、模式识别、数理统计等技术从海量空间数据库中挖掘隐含的有价值的可理解的知识的过程。空间数据库是空间数据挖掘和知识发现的对象,其质量的好坏,可能直接影响空间数据挖掘的知识的可靠性。语义丰富的空间数据库概念模型和计算高效的空间数据库管理技术是空间知识发现体系的一个重要技术组成部分。

18.1 海量空间数据的组织与管理

栅格模型、矢量模型或栅格/矢量混合模型是常用的空间数据组织方法。空间数据结构的选取在一定程度上决定了系统所能支持的数据与分析功能。自从地理信息系统出现以来,空间数据库管理系统先后出现了文件型管理、文件-关系型管理、全关系型管理、对象关系型管理、面向对象型管理等不同的发展模式(龚健雅,2001)。目前空间数据管理主流方式是全关系型和对象-关系型,但文件型、文件-关系型管理也是不可缺少的方式。

基于文件来管理空间栅格数据、矢量几何数据仍是许多应用中首选的管理方式,这主要是由于在许多应用场合下,不需要关系数据库管理系统提供的强大功能,而采用文件管理方式可以让用户根据具体的应用设计灵活的数据结构,从而使系统开销小、效率高。例如,著名的 Google Earth 服务端的空间数据管理使用的就是文件管理系统(Ghemawat,等,2003)。文件管理系统的缺点是在不同的应用之间,数据结构、文件的组织方式存在较大的差异,不同的数据结构和应用程序之间在数据共享、并发控制、数据安全性等方面存在着难以克服的困难。

文件-关系型管理可充分利用关系数据库的优势来管理属性信息。文件-关系型管理虽然不是目前空间数据管理的主流,但这种管理方式仍有其应用场合,如在嵌入式系统中,空间几何数据用文件管理,属性数据用嵌入式关系数据库来管理;全关系型、对象关系管理将几何图形数据、属性数据和元数据统一管理,便于数据的集中控制,在多用户访问、数据共享、并发控制以及数据安全和完整性等方面利用了关系数据库成熟的机制,在空间数据的无缝管理方面具有优势(朱欣焰,等,2002)。对象-关系数据库管理集成了抽象数据类型(ADT)和其他面向对象设计原则(谢昆青,等,2004),支持空间对象类型的定义与操作,解决了空间数据变长记录的有效管理,提高了效率。

全关系型和对象—关系型管理方式,一般不直接记录拓扑关系,每个点、线、面目标直接跟随它的空间坐标。但在 Oracle 10g 中也提供了空间数据的拓扑存储方式,当然它的效率比不上直接存储空间坐标的文件管理方式的效率;面向对象模型最适合空间数据的表达和管理,它不仅支持变长记录,而且支持对象的嵌套、信息的继承与聚集。目前,国际上已经推出了若干个面向对象数据库管理系统,如 O2、ObjectStore 等;也出现了一些基于面向对象的数据库管理系统的地理信息系统,如 GDE 等。然而,许多面向对象数据库产品在程序接口、实现方法、对查询的支持等方面存在许多差异。尽管 ODMG-93 早已颁布,但没有获得厂家的一致支持。面向对象的数据库产品在许多方面仍然落后于关系数据库产品。所以,目前的 OODB 仍然不适合作为大型空间数据库的数据库管理系统。

18.1.1 空间数据的无缝组织与管理

在空间数据库和 GIS 中,无缝是要求在空间对象内部,对象和层之间,同一地区不同类型的空间数据之间,不同的系统之间不存在空隙、差异或不一致。

空间数据库主要由地形要素数据库(矢量数据库,DLG 库)、数字高程模型数据库(DEM 库)、数字正射影像数据库(DOM 库)、数字栅格地图数据库(DRG 库)、元数据库和专题数据库组成。与空间几何位置直接相关的数据主要是 DLG、DEM、DOM 和 DRG,而 DOM 和 DEM 在数据管理方式和组织方面比较类似,但在数据表现方面的技术有较大差异,因此目前无缝空间数据组织与管理主要集中在 DLG、DEM 和 DOM 这三种类型的数据上面。由于大范围空间数据管理面临的问题更多,组织难度更大,因此,无缝空间数据组织的研究往往与海量空间数据、大型 GIS 的研究相关联。

1. 矢量数据组织与管理

在文件型、文件-关系型管理方式下,空间矢量数据一般按分层分幅进行组织和管理(李爱勤,等,1998;刘纪平,1998)。在全关系型和对象-关系型方式下,仍然是分层管理,但不强调图幅概念。李爱勤等(1998)探讨了大型 GIS 地理数据库的无缝组织问题,采用纵向与横向地理数据库设计策略,纵向按不同比例尺的数据源建立不同层次的地理数据库;横向设计为同一精度数据源的大型地理数据库,按网络分布式无缝设计;无缝地理数据库按"工程+工作区"方式组织,提出了一种改良的 Morton 码空间索引——分级扩散四叉树编码,建立无缝地理数据库的空间索引机制。文中虽提到了分布式空间数据的无缝设计,但具体如何设计、实现及需要解决的问题未作深入说明。分布式多数据库下的无缝 GIS 问题由 Robert Laurini 进行了比较系统的讨论(Laurini,1998),而且他还指出了要解决的一些冲突问题。在上述大型 GIS 地理数据库的无缝组织基础上,李爱勤(2001)进一步研究了纵向组织方法,即将自动地图综合功能或多比例尺表达与处理功能集成到 GIS 中,试图通过地图综合来实现多比例尺空间数据库,而不必建立多个比例尺版本空间数据库。当然这种方法目前仍处在研究阶段,还没有达到实用程度。

刘纪平(1998)利用建立空间目标全库索引方法实现对被图幅线分割的对象的逻辑连接,实现对象内部(目标单元)的无缝性。这种组织方法可以正确实现对被分割对象的完整检索。常燕卿(2000)讨论了不同投影带下解决空间数据无缝的两种方法:

(1)几何变换法。当可视窗口横跨两个投影带时,将不同的投影带数据统一到一个投影带。

(2)实时投影变换法。数据以地理坐标存储,显示时始终以可视范围中心为投影的中央经线,在数据漫游中实时将可视范围内的地形数据动态投影到同一坐标体系内,数据进行实时拼接,从而避免投影的跨带问题。

针对空间数据缝隙产生的来源不同,朱欣焰等(2002)探讨了无缝空间数据库的概念,提出了空间数据库的逻辑无缝、物理无缝、逻辑查询无缝、逻辑接边、物理接边等概念。此外,还研究了基于关系数据库或对象关系数据库实现物理无缝的优势以及在存储、存取方面存在的问题。王卉、王家耀(2004)讨论了无缝 GIS 的概念框架,区分了几何无缝和物理无缝。几何无缝是指在统一坐标系下,图形显示时相邻图幅或区域的内容在视觉上不存在缝隙,是连续一致的图形。物理无缝是指一种无缝存储,存储地理数据时能实现数据非分割、非分幅存储,即地理数据能跨图幅,整体存储在关系数据库中,并已进行了几何拼接和属性拼接。王卉、王家耀(2004)指出了物理无缝存在的一些不足,认为物理无缝不是一种理想的地理信息无缝,只适合于确定信息范围的地理空间的无缝表示,并建议采用将空间数据分块存储于分布式数据库中,数据库提供相应的图块拼接信息及相应的拼接访问手段,以保障空间数据在使用上的空间连贯性,而数据在逻辑使用上是无缝的。李爱光等(2005)研究无缝 GIS 空间数据组织时,指出拓扑关系数据模型不太适合大型无缝空间数据组织,建议使用非拓扑数据模型组织。

2. 影像数据组织与管理

建立海量遥感影像数据库系统的首要问题是解决数据库查询及获取的效率问题,大型影像数据库主要采用分块、按金字塔结构进行组织(方涛,等,1999;王密,2001),可以用文件或关系数据库来进行管理。王密(2001)提出了海量影像数据管理中分带存储模式和跨带漫游算法,解决了不同的尺度之间切换时产生的裂缝问题,同时还首次提出了基于大型无缝正射影像数据库的可量测虚拟现实(Measurable Virtual Reality,MVR)的概念和实现方法。Sakkas and Buzi(1999)提出了数据查询的零延迟目标。当前,对遥感影像数据库的研究需要更加重视多数据源、多分辨率和多种空间参考的无缝影像数据管理以及分布式的异构海量影像数据库管理模式等方面。

3. DEM 数据的组织与管理

DEM 通常采用的数据组织方式有不规则三角网(Triangular Irregular Network,TIN)、正方形格网(Grid,或者称为规则正方形格网 Regular Square Grid,RSG)和等高线(Contour-based DEM)等(李志林,朱庆,2000;王卉,王家耀,2002)。各种数据结构都有其各自的特点。TIN 模型能较好地顾及地貌点、线,真实地表示复杂的地形表面,可以以最适合的数据量来表示具有不同起伏特征的地形表面,但其数据存储与操作复杂。Grid 模型由于空间点在平面上按照规则的格网形式进行排列,结构简单,易于管理,被普遍用于大规模地形数据库(朱庆,1999)。目前,我国省级和国家级的真实地形数据大多数采用规则格网结构的数字高程模型(DEM)进行存储。由于生产时大多数数字高程模型数据都是使用高斯分带直角坐标进行表示的,因而为了保持数据的原始性,比较理想的方案是直接使用原始数据建库。以高斯分带直角坐标系表示的数字高程模型数据,实际上表现为物理有缝的状态。为了在数据浏览和大范围三维场景的建立中给用户带来真实世界的感受,需要以一种逻辑无缝的形式对数据进行表现也就是说,最终用户浏览和观察到的数据库世界应该是没有缝隙概念的。因此数据库浏览和查询机制需要保证呈现给用户逻辑上自然无缝的三维地形景观,需要处理好数据组织上有缝和逻辑上无缝之间的关系。王永君(2003)对大范围海量地形数据管理所涉及的相关问题进行了讨论,研究了基于关系/对象关系数据库管理系统的金字塔 DEM 数据库管理模型,探讨了在关系数据库管理系统基础上建立具有多分辨率、多比例尺金字塔 DEM 数据库的方法,提出了相应的数据分块和索引机制,实现了基于 RDBMS 对不同坐标参考系跨越高斯分带的海量数字高程模型数据的管理。在 DEM 可视化方面,通常采用细节层次技术,由于可视化时需要调用不同分辨率层次的数据,相邻子块的分辨率不一致常常会引起裂缝。DEM 可视化方面的缝隙及其解决方法已有大量的研究(Lindstrom and Koller,1996;Duchaineau,1997;Hoppe,1998;Willem,2000;李志林,朱庆,2000;王永君,2003),目前已得到较好解决。

18.1.2 空间数据仓库与空间数据立方体

20 世纪 80 年代中期,"数据仓库"这个名词首先出现在号称"数据仓库之父"Inmon 的《Building Data Warehouse》一书中。Inmon 定义"数据仓库是面向主题的、集成的、稳定的、随时间变化的数据集合,用于支持管理决策过程"。空间数据仓库是用于空间决策支持的一类特殊的数据仓库,它为空间数据的有效管理和大众分发提供有效的工具,能够满足在数字地球中广泛共享空间数据的要求。

1. 空间数据仓库

空间数据库中存储了大量与地理空间位置相关的空间目标信息。如要提高分析和决策的效率和有效性,需要把分析型数据从事务处理环境中提取出来,按照决策支持系统(DSS)处理的要求进行重新组织,建立单独的分析处理环境。数据仓库(Data Warehouse,DW)是为了构建这种新的分析处理环境而出现的一种数据存储和组织技术,而空间数据仓库(Spatial Data Warehouse,SDW)是数据仓库技术与空间数据应用相结合的产物。

空间数据仓库是指支持管理和决策过程的、面向主题的、集成的、历史性的、稳定的和具有空间坐标的地理数据的集合。空间数据仓库是数据仓库的一种特殊形式,它在数据仓库的基础上,引入空间维,根据不同的主题从不同的应用系统中截取从瞬态到区段直到全球系统的不同规模时空尺度上的信息,从而为地学研究以及有关环境资源政策提供最好的信息服务(Federal Geographic Data Committee,1998)。

空间数据仓库既是一种结构和方法,又是一种技术。各种时空信息从不同信息源提取出来,然后将其转换成公共的数据模型并和数据仓库中已有的数据集成。当用户向数据仓库查询时,需要的信息已准备就绪,数据冲突和表示不一致问题已得到解决。这样,决策查询就更容易、更有效。

空间数据仓库系统是在传统的数据库系统之上,利用数据仓库技术、元数据技术、数据库技术、GIS 技术、应用服务器技术、网络技术等对海量的空间数据进行集成、管理、查询、关联、分析、分发以及应用。空间数据仓库的基本体系结构如图 18.1 所示(杜明义,郭志达,1999),分布式空间数据仓库的体系结构如图 18.2 所示(Gorawski and Bularz,2007)。

在数据仓库中,数据一般分为高度综合级、轻度综合级、当前细节级、早期细节级 4 个级别。源数据(早期细节级数据)经过综合后,首先进入当前细节级,然后根据应用的需要,通过预运算将数据聚成轻度综合级和高度综合级。由此可见,数据仓库中存储着不同综合级别的数据,一般称之为"数据粒度"。粒度越大,表示细节程度越低,综合程度越高。

目前,数据仓库的存储主要有关系数据库存储和多维数据库存储两种实现方式。在关系数据库存储方式中,一般采用星形、雪花形或两者的混合模式来组织数据,产品有 Oracle、Sybase IQ、RedBrick、DB2 等;而在多维数据库的实现方式中,采用数据立方体(Data Cube)来

第 18 章 支持地理空间知识发现的空间数据库技术

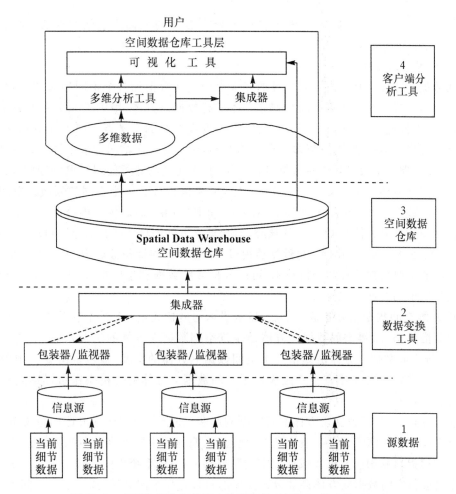

图 18.1 空间数据仓库的基本体系结构（杜明义、郭志达，1999）

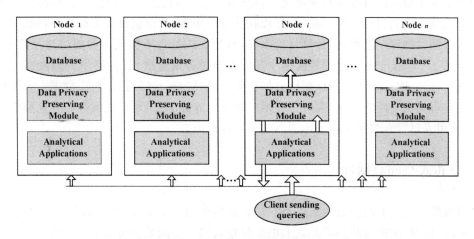

图 18.2 分布式空间数据仓库的体系结构（Gorawski and Bularz，2007）

组织,产品有 Pilot、Essbase、Gentia 等。

空间数据仓库、空间数据交换中心、Web GIS 等技术将共同为空间数据的共享、管理、分析、利用提供强大的技术支持。

2. 空间数据立方体

空间数据立方体是将来自不同领域的多维地理空间数据和多个不同领域的专题数据,按照维的形式组织成一个易于理解的数据立方体或超数据立方体,用三维或更多维数来描述一个对象,每个维彼此垂直,用户所需的分析结果就发生在维的交叉点上(Inmon,1996)。数据立方体是一种多维数据结构,它以多维分析为基础,用具有层次结构的多个维来表达和聚集数据,刻画了在管理和决策过程中对数据进行多层面、多角度的分析处理要求(邹逸江,2002)。

空间数据立方体思想主要来自于数据仓库、可视化和 GIS 三个不同的领域。空间数据立方体还与空间数据仓库、OLAP(OnLine Analytical Processing,联机分析处理)、地图可视化技术相关。空间数据立方体是 OLAP 的核心,对数据立方体的典型操作有下钻(Drill Down)、上卷(Roll up)、切分(Slice and Dice)、数据透视(Pivot)等,这些操作被称为 OLAP 技术。OLAP 是数据仓库的主要数据处理和分析技术,可以分析多维数据和生成报表,能概括和聚集数据,可以看成是简单的数据挖掘技术。

通常,0 维空间数据立方体是一个点,显示了总的概括数据。1 维空间数据立方体显示了某 1 维的概括数据。2 维空间数据立方体是 1 维空间数据立方体的组合,显示了某 2 维的概括数据。3 维空间数据立方体是 3 个 2 维空间数据立方体的交叉,显示了由 3 个维确定的详细数据。从 3 维到 2 维、1 维直至 0 维表示了空间数据立方体的分析操作由详细到概括的过程(邹逸江,等,2004)。

目前,国内外对空间数据立方体的研究刚刚起步,关于空间数据立方体的论文数量有限,相关研究仅局限于加拿大、美国、澳大利亚、奥地利、德国和中国香港等少数发达国家和地区。Rauber(1997)提出利用四叉树集成地理空间数据到 OLAP 系统中的原理与方法。Stefanovic(2000)提出进行空间数据立方体高效分析操作的目标选择视图算法,探讨了由空间维、非空间维和度量组成的空间数据立方体模型,并研究了空间数据立方体计算方法和分析处理过程,其研究重点是基于目标的选择实现视图化。Papadias(2001)提出空间数据立方体高效操作的原理和空间数据库空间目标存储的技术,然而在许多应用中,用户仅仅需要概括性的数据。这些信息能从空间数据库中获取,但计算代价太高,致使在线处理不实用。为解决这个问题,有学者专门构建了一个基于最佳空间粒度的空间索引分类分层算法,将分层用空间数据立方体的格模型描述,以便能处理任意的概括性数据聚集。Shekhar(2005)提出地图数据立方体作为空间数据仓库可视化工具的概念,探讨了在地图数据立方体上进行上钻、下翻和其他分析操作的原理,并利用人口普查数据论述了地图数据立方体的概念。

18.2　分布式空间数据库

空间数据在空间上的分布特点以及它在数据生产与应用方面的分布式特点,决定了空间数据在管理、处理、维护与共享等方式上也是分布式的。空间数据分布式管理是分布式处理、维护与共享的基础,分布式空间数据管理是空间数据管理发展的必然趋势。

与传统分布式数据库一样,分布式空间数据库主要研究的问题包括数据分布与转换、分布式查询、并发控制、数据恢复与安全等问题。根据系统建立的原则,分布式数据库可以分为同构和异构两种(贾焰,2000)。同构系统中不同的节点运行的数据库管理系统相同,异构系统中不同的节点运行的数据库管理系统不同。异构数据库系统中如果不存在局部用户时称非联邦式,有全局用户又有局部用户时称联邦式。联邦式和非联邦式统称为多数据库管理系统,是指含有多个不同类型的数据库管理系统,以及多个已经存在的数据库。联邦数据库系统又分为紧耦合和松耦合两种,紧耦合情况下有全局模式,松耦合没有。在实际中,由于服务器和客户机分布在不同的地理位置,也常把 B/S 结构的系统称为分布式系统,但这样的系统不一定都是分布式数据库系统。由于空间数据量大,而数据的采集与管理部门、GIS 的应用部门又都分布在不同的地理位置,空间数据常常存储在不同的地理位置、不同的空间数据库管理系统中,因此分布式异构空间数据库系统更为普遍。

与一般分布式数据库的水平和垂直分片(Fragmentation)不同,空间数据库分为区域分片(Zonal Fragmentation)和层分片(Layer Fragmentation)(Laurini,1998)。区域分片也叫空间分割(Spatial Partitioning)或横向分割,是指同一地理覆盖的空间信息分裂成存放在不同场地的相同结构的数据库表。层分片也叫专题分割(分片)(Thematic Partitioning)或纵向分割,是指同一区域不同主题层的空间信息存放在不同的场地。实际应用中还可以将上述两种分割方法混合使用。空间数据的分割和分布已有不少理论研究和实践应用(马荣华,2003;Molenaar,2004;Erwig and Schneider,2004)。马荣华在研究大型 GIS 海量数据的无缝组织时,按横向和纵向组织的不同讨论了下面四种数据分布策略。

(1) 本地数据库的横向无缝组织。
(2) 本地数据库的纵向无缝组织。
(3) 本地数据库与远地(异地)数据库之间的横向无缝组织。
(4) 本地数据库与远地(异地)数据库之间的纵向无缝组织。

Wladimir 等(2005)研究网格计算环境下的分布式空间数据库架构时则使用了专题分片。Erwig and Schneider(2004)介绍了 Oracle Spatial 中如何将空间数据有效分割在不同物理表中并进行存储,从而提高数据库的效率。总体而言,目前对空间数据库的数据分片与分布研究主要是传统分布式数据库的分片与分布的应用,对空间数据的特殊性方面研究不足。

分布式数据转换的主要目的是如何将全局查询转化成局部数据库查询,主要涉及模式(Schema)集成和查询转化。在集中式数据库中,ANSI/SPARC 的三层模式结构已被广泛认可(Samos, et al, 1998)。分布式数据库系统虽然目前还没有统一认可的体系结构,但对分布式数据库系统尤其是联邦数据库的研究吸引了大量研究者。LIM(1995)在联邦数据原型 Myriad 模式中基于局部数据库定义了输出模式(Export Schema),输出模式通过模式映射实现向全局模式的转换,并讨论了模式集成和转换、查询处理和优化实现方法,这可以认为是一种三层结构。后来不少研究者提出了五层模式结构(Samos, et al, 1998;Yuan, 2003),并对模式转换与集成、查询处理等进行了深入探讨(Brien and Poulovassilis, 2001)。Laurini(1998)提出了分布式空间数据库模式集成的难点,即不同表达间的匹配、几何不一致匹配、边界匹配,并对分布在不同数据库中的 TIN 和 Grid 数据模式集成进行了探讨,方法是将 Grid 转为 TIN 模式,实现两个地形数据库的匹配,集成后的全局模式包括点、三角形、地形三部分。对于分布式矢量数据,Laurini(1998)提出用弹性变换(Elastic Transformation)来解决边界匹配问题,即选择边界交接处的一个弹性区域,通过一定算法实现边界数据匹配。弹性变换不直接改变数据库中的数据,而是在操作过程中进行实时变换,生成逻辑上的无缝边界。Arbind Man(2005)在联邦数据库五层模式结构的基础上,研究了分布式地籍数据库的模式转换问题,通过中介器(Mediation)实现从内模式(Internal Schema)到全局模式之间的转换。相关空间数据库模式转换和集成的研究还可参考有关文献(Ramroop and Pascoe, 1999; Dissertation, 2003; Morocho and Saltor, 2003)。

高效的分布式查询是分布式空间数据库的挑战之一(Ramirez and Souza, 2003)。空间查询依赖空间索引、空间查询优化、空间连接(Spatial Join)算法等。Laurini(1998)区分了全局空间索引和局部空间索引概念,局部集中式的空间索引已有不少研究成果,全局空间索引主要解决全局空间查询需要发送到哪些局部数据库,一般根据全局数据字典中的描述信息来建立,可以使用 Peano keys 或 R 树来解决。空间查询优化主要调整空间查询算法的执行步骤来降低执行时间,空间连接是影响空间查询效率的重要操作,这些方面已有不少研究成果(Jignesh, et al, 1996; Patel and DeWitt, 1996; Tan and Ooi, 2000; Park, et al, 2000; Ramirez and Souza, 2003; Shekhar and Tan, 2004; Wang and Liu, 2004)。不少研究人员则对空间查询语言及实现机制进行了研究(Paredaens and Kuijpers, 1997; Bajerski, 2000; Coetzee and Bishop, 1997; Hoschek, 2002)。Essid 等(2004)则提出了一种用于 GML 的查询语言 GQUERY,并研究了基于 GML 的空间连接算法(SortJoin 算法)。然而,目前支持的空间数据库系统中,分布式空间查询还不完善。例如,在 Oracle Spatial 中,不支持客户端通过 DBLink 链接显示、更新跨远程空间数据库服务器的空间几何对象数据;不支持客户端通过 DBLink 跨服务器的空间关系和空间算子操作(Oracle Spatial, 2003; Spatial and DBLINK, 2006)。到目前为止,还没有成熟的商用分布式异构空间数据库系统。

由于地理空间数据具有很强的空间相关性,不同场地间空间数据的相关性处理需要格外重视,这方面主要包括边界数据间的几何一致、跨边界的查询处理等问题。朱欣焰(2007)研究了基于分割分片的分布式跨边界空间数据查询问题,提出了跨边界无缝查询的实现方法。

传统分布式数据的并发控制、数据恢复与安全等问题已有较成熟的研究成果(贾焰,等,2000; Ozsu and Patrick, 2002; 李瑞轩,等, 2003),许多成果在空间数据库中可以使用。多用户并发控制是空间数据库的一个重要研究内容(朱欣焰,李德仁,1999),空间数据库中事务往往是"长事务",因此空间数据库的并发控制具有特殊要求,通常通过版本管理机制实现多用户并发控制(ESRI, 2003; 苏波,陈芳, 2005)。在分布式空间数据库中,多用户并发控制更加复杂,例如空间数据横向分布时,边界处的分布式协同编辑就是典型的该类问题,这方面的研究还不多。

分布式空间数据库在具体实现时具体使用文件型还是关系数据库型,需要根据应用目的来确定,如果仅仅是为了用于可视化,影像、DEM 数据使用文件型管理在多用户响应和效率方面可能会更有优势。如 Google Earth 就是使用分布式文件系统来实现全球空间数据管理(Ghemawat, 2003)。

18.3 时空数据挖掘的索引技术

空间数据挖掘或空间知识发现主要指从海量空间数据中发现隐含空间模式的过程。待挖掘对象的大数据量特征预示着空间数据挖掘是一种高级数据处理技术。以统计学为基础的经典数据处理技术注重从限量的样本数据推断总体分布规律,而数据挖掘技术倾向于探索近乎总体的海量数据中的潜在规律,这些潜在规律一般呈混合分布形式。大数据量特征要求获得可用性知识的数据挖掘算法必须是可行的(可计算或可操作的)。索引就是一种有效组织海量数据且加速海量数据存取的计算技术。在时空数据挖掘的初始阶段,索引可以保证在用户和计算机同时可以承受的计算时空复杂度内选取时空数据库(数据仓库、数据文件)数据。在时空数据挖掘的核心阶段,索引可以支持时空连接谓词的粗略计算(如通过 R 树中时空对象的 MBR 计算两对象是否相交)。索引可以优化挖掘算法的效率,如在关联规则挖掘中,频繁模式树就大大减轻了多次事务数据库扫描和大量候选项(集)处理的负担。

近年来,时空数据库索引(含移动数据库索引)技术发展非常迅速,文献报道的各种时空数据索引策略达数十种。希腊长期致力于数据库管理系统底层实现技术研究的 Timos K. Sellis 教授,十多年致力于多维空间数据库索引研究的 Vassilis J. Tsotras 教授,具有广泛空间数据库研究经验的 Dimitris Papadias 教授,德国数年从事空间数据库研究的 Hans Peter Kriegel 教授,丹麦长期研究时态数据库的 Christian S. Jensen 教授,知名美国时态数据库专家 Richard Snodgrass 教授,空间数据库学者 Shashi Shekhar 教授,移动数据库与移动计算专家 Ouri Wolfson 教授,新加坡长期研究空间数据库的 Beng Chin Ooi 教授,中国香港陶宇飞博士,国内时态数据库专家唐常杰教授、张师超教授和汤庸教授等已对时空数据库索引技术进行了大量研究(唐常杰,1999;汤庸,2004;Kriegel, et al 1989;Wolfson, et al, 1998;Salzberg and Tsotras, 1999;Jensen and Snodgrass, 1999;Tao, et al, 2003;Manolis Koubarakis, 2003)。基本时空数据索引技术思路包括:语义明确的时间和空间松散联合索引(先时间索引后空间索引、先空间索引后时间索引、时空平行联合索引),时间和空间不加语义区分统一形式化为几何维度的多维索引(或多维降维编码转换为低维索引),以及体现时空语义的变换域运动参数索引。基本时空数据索引技术的扩展思路包括:历史/现状/未来时空数据索引,静态(预知)和动态(实时变化)时空数据索引,离散和连续时空数据索引,模拟变化时刻"NOW"的时空数据索引,多维时间(有效时间、事务时间、用户时间等)时空数据索引,单层次和多层次划分时空数据索引,规则和不规则划分时空数据索引,坐标轴平行和不平行划分时空数据索引,多维交替和同时划分时空数据索引,主存/外存(磁盘)/辅存(光盘或磁带)三级存储器综合运用时空数据索引,优化索引性能(索引存储空间、索引树平衡、索引节点指向空间浪费和重叠、索引更新维护效率)的时空数据索引,支持综合查询分析功能(如点/线-区间/面/体/矢量-栅格/时空关系等多类型时空数据查询、数据聚合等统计分析)的时空数据索引。

作为一种时间和空间联合索引(先空间索引后时间索引、先时间索引后空间索引、时空平行联合索引)的例子,R 树通常被扩展用于时空索引,相应存在时间标记 R 树(RT-tree)、多版本 R 树(MV3R-tree)、历史 R 树(HR-tree)、时空维 R 树(3D R-tree)等。其中,RT-tree 以对象的空间分布为主线组织,节点上存放对象空间状态及其有效时间(区间)标记。MVR-tree 和 HR-tree 则以对象的有效时间为主线组织,以多棵 R 树来记录不同时刻(版本)的空间状态。3D R-tree(Theodoridis, et al, 1996)直接将时间和空间平等地看做几何维,即二维空间和一维时间的三维时空 R 树索引。

时空索引 3D R-tree 的节点结构可表示为:

叶子节点:(Count, Level, $<O_1, MBR_1>$, $<O_2, MBR_2>$, ..., $<O_N, MBR_N>$)

中间节点:(Count, Level, $<P_1, MBR_1>$, $<P_2, MBR_2>$, ..., $<P_M, MBR_M>$)

式中，Count 为节点（叶子节点或中间节点）中索引项（数据项或目录项）个数；Level 为该节点在索引树中的层数；$<O_i, MBR_i>$ 中 O_i 为空间对象标识；MBR_i 为该对象在 3 维时空中的最小外接矩形；$<P_i, MBR_i>$ 中 P_i 为指向子树根节点的指针，MBR_i 为子树的最小外接矩形。

在 3D R-tree 中，为维持树的良好平衡，一般假设 $m(2 \leqslant m \leqslant M/2)$ 为节点包含的索引项的最小数目，每个节点包含 m 至 M 个项，叶子节点全部位于同一层。如果该节点上的项数小于 m，则称节点下溢；如果该节点上的项数大于 M，则称节点上溢。当删除索引项出现节点下溢时，需要将该节点下剩余索引项插入到树中其他节点，再删除该节点并调整维护树的平衡。当增加索引项出现节点上溢时，需要分裂该节点并调整维护树的平衡。3D R-tree 索引树维护（索引项插入、删除、更新）遵循覆盖索引项的节点 MBR 最小（MBR 覆盖面积最小）的优化原则。

作为一种重要的知识类型，关联规则定义了数据项或谓词（集）之间的一种或然关系，表示为 $X>Y(s,c)$，这里 X 和 Y 为数据项（集），s 为支持度，c 为信任度，(s,c) 综合评价了规则的真实可用性。若 X 或 Y 中至少含一个时空数据项或时空谓词项（集），该关联规则定义为时空关联规则。Agrawal 等（1993）提出的 Apriori 算法是关联规则挖掘算法的典范，它包括频繁数据项（集）发现和规则生成两个基本步骤。在发现频繁数据项（集）时，Apriori 存在由大量候选数据项（集）和多次事务数据库扫描而导致的计算效率低下这一不足。Han 等（2000）等提出了频繁模式树 FP-tree 及其频繁数据项（集）挖掘算法 FP-growth。FP-tree 将事务数据库中全部数据项（集）及其联系压缩存储在一棵频繁模式树中，保证了事务数据库中信息的零损失。频繁数据项（集）挖掘算法 FP-growth 只需要对事务数据库进行 2 次扫描：第 1 次扫描事务数据库，得到频繁 1-项集；第 2 次扫描事务数据库，利用频繁 1-项集过滤事务数据库中非频繁数据项，同时生成 FP-tree。由于 FP-tree 蕴含了所有频繁数据项（集），后面的频繁数据项（集）挖掘只需要在 FP-tree 上进行，FP-growth 算法极大地提高了关联规则挖掘的效率。

FP-tree 中，每个节点由 4 个域组成：节点名 NodeName，节点计数 NodeCount，节点链接 NodeLink，父节点指针 NodeParent。另外，为方便树遍历，可创建一个频繁数据项头表 Htable，它由两个域组成：数据项名称 ItemName，数据项链头 ItemHead。数据项链头指向 FP-tree 中与之同数据项名的第 1 个节点。

1. FP-tree 构造算法

输入：事务数据库 D，最小支持度阈值 S。

输出：FP-tree。

方法描述：扫描数据库 D，收集频繁数据项集合 F 及其支持度，对 F 中数据项进行降序排序，结果为排序好的频繁数据项表 L。创建 FP-tree 的根节点 T，并标记为 Null。对 D 中每个事务，事务中的频繁数据项按照 L 中的顺序重新排列。排列后的频繁数据项表记为 $[\rho|P]$，ρ 是第一元素，P 是剩余元素。调用 Insert_tree($[\rho|P], T$)：

Procedure Insert_tree($[\rho|P], T$)
{
  If T 中存在 N 且 N. NodeName $= \rho$. ItemName
    N. NodeCount $= N$. NodeCount $+ 1$;
  Else
  {

　　　　创建新节点 N;

　　　　$N.\text{NodeCount}=1$;

　　　　由 $N.\text{NodeParent}$ 链接到父节点 T;

　　　　由节点链 $N.\text{NodeLink}$ 将其链接到具有相同项的节点 $N.\text{NodeName}$;

　　　　修改 ρ 指针为下一元素;

　　}

　　If $P\neq\Phi$

　　　　调用 Insert_tree($[\rho|P],N$)

}

2. 频繁模式挖掘算法 FP-growth

输入:FP-tree,事务数据库 D,最小支持度阈值 S。

输出:频繁数据项(集)。

方法描述:Call FP-growth(FP-tree, S, Null)

Procedure FP-growth(FP-tree, S, α)

{

　　If FP-tree 只含单个路径 P

　　{

　　　　For 路径 P 中节点的每个组合 β

　　　　{

　　　　　　产生模式 $\beta\cup\alpha$,其支持度 Support 设定为 β 中节点最小支持度;

　　　　}

　　}

　　Else

　　{

　　　　For FP-tree 的项头表(倒序)中每个数据项 α_i

　　　　{

　　　　　　产生一个模式 $\beta=\alpha_i\cup\alpha$,其支持度 Support=$\alpha_i.\text{Support}$;

　　　　　　构造 P 的条件模式基;

　　　　　　根据 S 构造 P 的条件 FP-tree Treeβ;

　　　　}

　　　　If Tree$\beta\neq\Phi$

　　　　　　Call FP-growth(Treeβ, S, β);

　　}

}

　　FP-growth 算法由长度为 1 的频繁数据项集(初始后缀模式)开始,构造它的条件模式基。条件模式基由 FP-tree 中与后缀模式一起出现的前缀路径集(前缀路径节点组合)构成。然后,根据给定的最小支持度阈值 S,构造它的条件 FP-tree,并递归地在该树上进行挖掘。频繁数据项集(频繁模式)由条件 FP-tree 与后缀 FP-tree 组合连接产生。

18.4 时空数据挖掘的查询语言

数据挖掘语言承载着定义数据挖掘任务、用户和计算机交互通信、软件标准化和共享等功能。数据挖掘语言开发的途径包括研究人员独立探索和工业组织标准定义两种模式。研究人员独立探索的例子包括 Han 的 DMQL 和 GMQL(Han, et al, 1996; Han, et al, 1997)、Imielinski and Virmani(1999)的 MSQL、Meohe Psaila 和 Ceri 的 MINE RULE 等。工业标准的例子包括数据挖掘协会 DMG 的 PMML、微软公司的 OLE DB for Data Mining、ISO 的 SQL/MM Part 6:Data Mining、对象管理组织 OMG 的 CWM、Oracle 和 SUN 和 SPSS 等联合的 JSP-073/JDM 等。数据挖掘语言一般采用类似 SQL 的方式开发,主要包括数据挖掘定义语言、数据挖掘查询语言、数据挖掘操作语言三个部分。

时间或空间数据挖掘查询语言定义为扩展了时空数据项的数据挖掘查询语言。空间数据挖掘查询语言 GMQL 是在数据挖掘查询语言 DMQL 的基础上增加空间数据项(集)定义的。数据挖掘查询语言 DMQL 由各种数据挖掘原语组成,具有类似 SQL 语言的语法。用户使用数据挖掘原语与数据挖掘系统通信定义一个数据挖掘任务,使得知识发现更加有效和普适。

数据挖掘查询由以下几种数据挖掘原语定义:任务相关原语,挖掘数据选取原语、挖掘参数(阈值等)指定原语,挖掘结果显示方式原语。

1. 挖掘数据选取原语

use database <database name>
use data warehouse <data warehouse name>
from <relations/cubes> [where <condition>]
in relevance to <attribute or dimension list>
order by <order list>
group by <grouping list>
having<condition>

2. 被挖掘知识种类的原语

它用于说明挖掘知识的类型。

特征:mine characteristics [as <pattern name>]
　　　analyze <measures>
区分:mine comparison [as <pattern name>]
　　　for <target class> where <target condition>
关联:mine associations [as <pattern name>]
　　　matching [<meta pattern>]
分类:mine classification [as <pattern name>]
　　　analyze <classifying attribute or dimension>

3. 背景知识原语

它包括概念分层、用户信任度等。

define hierarchy <hierarchy name>
　　for <attribute or dimension>

兴趣度度量原语,评估发现模式的简洁性、确定性(可信度)、实用性或新颖性等。
with [<interest measure name> threshold=<threshold value>]

4. 被发现模式的表示和可视化原语

其作用是:定义被发现模式显示方式,用户能够选择规则、图表、图形、决策树、立方体等不同的知识表示形式。

display as <result form>

一个扩展的时空关联规则挖掘查询例子如下:

mine spatio-temporal associations describing "stores"
with respect to stores. geo, stores. time, stores. profit
close_to(stores. geo, shopping_centers. geo, "2km")
from stores, shopping_centers
with support threshold=80% confidence threshold=65%

上例中,mine spatio-temporal associations describing "stores"表示需要挖掘命名为 stores 的时空关联规则,涵义在于找出距离购物中心 2 km 的商店的利润变化时空关系。with respect to 是关联规则中的空间、时间和专题数据项(谓词项)。from stores, shopping_centers 表示挖掘所用的事务数据。with support threshold=80%和 confidence threshold=65%表示关联规则兴趣度度量值(最小支持度阈值和最小信任度阈值)。

18.5 空间查询优化技术

由于空间数据自身的复杂性,空间数据查询的效率成为空间数据库性能的瓶颈,而关系数据库查询优化技术不能完全适用于空间数据,空间查询优化技术势必成为空间数据库应用的难点和突破点。由于空间数据没有标准的空间代数,也没有标准的空间查询语言,加上空间算子非常依赖于应用程序范围,故目前的空间查询操作,大多采用扩展的 SQL 语句。扩展的 SQL 允许使用抽象数据类型表达空间对象以及对象的联合运算。查询的结果通常是满足查询要求的空间数据对象集合。空间数据库中的查询主要分为三类:基于空间特征的查询,基于属性特征的查询,空间与属性特征的联合查询。

早期的研究大多侧重于借鉴关系数据库的查询与优化技术来处理空间数据库中属性数据的查询,对优化空间数据的查询则研究得较少。近年来,对空间查询与优化的研究逐渐取得了一些进展,出现了以下几类适用于空间数据查询的优化技术。

(1) 空间索引技术。空间索引是指在存储空间数据时依据空间对象的位置和形状或空间对象之间的某种空间关系,按一定顺序排列的一种数据结构。作为一种辅助性的空间数据结构,空间索引介于空间操作算法和空间对象存储之间,通过它的筛选,大量与特定空间操作无关的空间对象被排除,从而提高了空间操作的效率。

(2) 查询处理算法的优化。通过优化查询处理算法,从而提高查询处理效率,这是空间查询优化研究的一个重要内容。优化空间查询处理过程的出发点是避免或减少几何计算。

(3) 代价估算模型。利用代价估算模型寻找较优的查询执行计划,这是空间查询中常用的优化方法之一。

空间选择和空间连接是两种最常用的空间查询操作,大多数的代价估算模型是针对它们而提出的。目前空间查询代价的研究主要集中在 I/O 代价的估算上,而 I/O 代价又分为读取操作对象的 I/O 代价和输出查询结果的 I/O 代价(Samet and Aref,1995)。

在集中式空间数据库系统中,空间查询通常使用两步法进行优化(Orenstein,1986; Brikhoff,et al,1994):

(1) 过滤(Filter),把复杂的空间对象近似为一个简单的对象,查询在近似对象上进行,通过过滤步骤的对象不是原查询的准确结果,而只是一个候选对象,候选对象需要在第二步精化中获得准确的结果,目前近似对象一般用原对象的最小外接矩形 MBR(Minimum Bounding Rectangle)表示,近似对象通常存于空间索引 R/R^*(Guttman,1984; Beckmann,et al,1990)四叉树中。

(2) 精化(Refinement),即使用几何算法得到准确的查询结果。

为了将空间查询优化的粒度控制在更小一级,Park 等(2000)提出了一种称为过滤和精化提前分离 ESFAR(Early Separated Filter and Refinement)的两阶段优化策略,将空间查询的两步处理用于查询优化阶段,即在查询优化阶段进行过滤和精化的实际分离。一个由空间谓词和非空间谓词构成的查询,处理顺序"过滤-非空间操作-精化"比"非空间操作-空间操作"或"空间操作-非空间操作"顺序更加有效。Park 等(2000)还扩充了常规对象代数来处理空间谓词,引入了空间对象代数 SOA(Spatial Object Algebra)和中间对象代数 ISOA(Intermediate Spatial Object Algebra)进行优化,将一些操作的过滤和精化表示为代数操作,并将一些精化操作与复杂的查询处理进行结合。

在分布式空间数据库系统中,空间查询可能涉及存储在不同场地的多个空间数据库,由于空间数据的数据量大及其复杂性,不同场地间空间数据的连接操作在计算和传输这两个方面都不容忽视(Tan,et al,2000)。查询处理的主要效率在很大程度上取决于连接操作的效率。分布式空间查询处理中的空间连接操作主要有三种策略(Abel,et al,1995; Tan,et al,2000; Ramirez and Souza,2001)。Ramirez and Souza(2001)指出空间操作有多种可以替换的策略,根据不同空间连接谓词、数据分片和分布的类型、局部空间数据库的自治程度、局部空间数据的空间索引存在与否等不同,操作策略可以改变。

分布式空间连接处理的第一种策略叫天真策略(Naive Strategy,也称全连接策略)(Abel,et al,1995),将一个场地参与连接的一个关系记录全部传到另外一个场地并利用集中式空间数据库的空间连接算法进行处理。由于存在不必要的处理,这种策略的主要问题是执行代价高。最坏的情况是,与关系记录个数相比,当满足空间连接谓词条件的空间对象个数较少时,记录的 I/O 操作多,空间对象网络传输数据量相对大,同时也存在不必要的执行代价。另外,为那些不必要的空间对象进行几何处理和构建空间索引也需要代价。

第二种策略是半连接策略(Semijoin Strategy)(Abel,et al,1995; Tan,et al,2000)。这种策略使用传统分布式关系数据库中分布式连接方法,即基于半连接关系操作来减少传输代价。Abel 建议使用空间半连接操作,通过空间近似减少不必要的空间对象,半连接策略能减少通信传输代价。除了一些例外,半连接策略几乎总比天真策略更有效(Tan,et al,2000)。然而,半连接策略还有值得改进的地方,这种策略和天真策略一样,没有充分利用并行机制(Ramirez and Souza,2001)。另外,当空间半连接操作没有减少空间对象数量时,执行性能可能和天真策略接近,甚至比天真策略更差。

第三种策略叫 MR2(Multiple step with Remote indices,Version 2)(Ramirez and Souza,

2001)。前面两种策略有两个方面可以改进,一是分布式处理固有的并行机制开发,二是有关空间数据已存在的本地索引的利用。MR2 策略研究了分布式处理的并行特性的利用问题,并采用空间数据的本地索引共享的思想来优化处理远程空间查询,减少网络间的通信负载。空间连接处理是空间查询处理的主要代价,MR2 策略使得局部几何的处理并行化,避免了远程数据集构建空间索引的代价,同时选择最少的对象子集在网络上传输,并有效阻挡了不属于最后结果集的空间对象进入下一步处理。MR2 策略最坏的情况是空间数据集小且匹配连接谓词的空间对象也少的情况。策略的并行处理是在主节点进行几何过滤,减少参加后面运算的候选对象集后,将这个对象集分割成两个部分,分别在主辅两个场地,利用共享的空间索引分别进行精化的几何连接处理,这样就实现了整个处理的负载平衡,提高了连接处理的并行性。但是,MR2 策略要求对空间索引进行修改,在本地场地存在 R^* 树索引情况下,需要将 R^* 树内部节点相对引用类型改为 DSDBS 中的全局引用类型,因此空间数据库中的空间对象需要有全局对象标识 GOID(Global Object Identification),R^* 树算法也需要进行修改,以反映全局标识的引用。Ramirez and Souza(2001)的实现原型是基于同构空间数据的限制来讨论空间索引的远程共享,比异构空间数据库的远程空间索引要简单得多。另外,这种索引共享的基础是分布式环境下的全局对象标识,这在异构分布式数据库系统和多数据库系统中是难以实现的。

针对分割分片的分布式空间数据库特点,朱欣焰(2007)以 Open GIS 标准定义的空间拓扑关系和空间分析操作为基础,将空间拓扑关系操作和空间分析操作各分成两类,并以 buffer 分析操作与空间拓扑关系操作类别的组合将空间片段连接划分成 4 类,分别研究了 4 类空间片段连接的优化方法,提出查询优化处理的算法。

18.6 小　结

空间数据库知识发现技术和空间数据库技术是辩证相关的。例如,空间数据挖掘任务约束下的数据快速选取(查询优化),以及空间关联规则挖掘中结构化良好的挖掘数据表对挖掘算法复杂度和挖掘结果质量产生影响。将地理空间知识发现技术视为一种特殊的计算模型或计算方法(算法),则空间数据库技术主要体现为一种特别的数据模型或数据组织(结构)。空间数据库技术和地理空间知识发现技术互补构成地理空间数据库中知识发现技术体系。

本章节主要研讨了支持地理空间知识发现的海量空间数据库技术,包括一般空间数据库管理系统,分布式数据库,矢量,影像和 DEM 空间数据无缝组织,空间数据仓库与空间数据立方体,时空数据库索引,空间数据库查询优化和空间数据挖掘的查询语言等。在介绍现有研究成果的基础上,我们必须意识到,丰富地理时空知识语义(如多维、多尺度/多层次、不确定性、时空关系、异源数据融合等),降低挖掘计算时空复杂度(分布、并行、交互计算及优化等),增强挖掘系统的数据和应用适应能力(开放与可伸缩体系结构、规范化查询语言等)仍是有待继续研究的地理空间知识发现的空间数据库支撑技术。

参 考 文 献

常燕卿.2000.大型 GIS 空间数据组织方法初探[J].遥感信息应用技术,2000(2):28-31.
杜明义,郭志达.1999.空间数据仓库技术与模型研究[J].计算机工程与应用,1999(12):16-18.

方涛,李德仁,龚健雅,皮明红.1999. GeoImageDB 多分辨率无缝影像数据库系统的开发与实现[J].24(3):190-193.

龚健雅.2001.地理信息系统基础[M].北京:科学出版社.

贾焰,王志英,韩伟红,李霖.2000.分布式数据库技术.北京:国防工业出版社.

李爱光,王卉,郭健.2005.无缝 GIS 空间数据组织研究[J].测绘工程,14(1):30-32.

李爱勤.2001.无缝空间数据组织及多比例尺表达和处理研究[D].武汉:武汉大学.

李爱勤,龚健雅,李德仁.1998.大型 GIS 地理数据库的无缝组织[J].武汉测绘科技大学学报,23(1):57-61.

李德仁,王树良,李德毅.2006.空间数据挖掘理论与应用[M].北京:科学出版社.

李瑞轩,卢正鼎,肖卫军,王治纲.2003. MDBS 中基于模式映射树的查询分解和优化[J].华中科技大学学报(自然科学版),31(11):22-24.

李志林,朱庆.2000.数字高程模型[M].武汉:武汉测绘科技大学出版社.

刘纪平.1998.海量空间数据组织与管理初探[M].中国图像图形学报,3(6):500-503.

马荣华.2003.大型 GIS 海量数据的无缝组织初步研究[M].遥感信息 GIS 技术,2003(3):44-48.

苏波,陈芳.2005.探讨企业级 GIS 平台"GE Smallworld 核心空间技术"[M].地理信息世界,12(6):13-23.

汤庸.2004.时态数据库导论[J].北京:北京大学出版社.

唐常杰.1999.时态数据库的沿革、特色与代表人物[M].计算机科学,26(2):27-29.

王卉,王家耀.2004.无缝 GIS 的概念框架[M].测绘通报,33(10):23-26.

王密.2001.大型无缝影像数据库系统(GeoImageDB)的研制与可量测虚拟现实(MVR)的可行性研究[D].武汉:武汉大学.

王永君.2003.基于 DEM 数据库建立大范围虚拟地形环境的若干关键技术研究[D].武汉:武汉大学.

谢昆青,马修军,杨冬青.2004.空间数据库[M].北京:机械工业出版社.

朱庆.1999.数字高程模型(DEM)建库方案[J].测绘信息与工程,1999(2):47-54.

朱欣焰.2007.基于分割分片的分布式空间数据库跨边界无缝查询优化与处理研究[D].武汉:武汉大学.

朱欣焰,李德仁.1999.地理信息系统中多用户环境下数据共享一致性问题研究[J].武汉测绘科技大学学报,24(4):317-320.

朱欣焰,张建超,李德仁,龚建雅.2002.无缝空间数据库的概念、实现与问题研究[J].武汉大学学报·信息科学版,27(4):382-386.

邹逸江.2002.空间数据立方体的研究[D].武汉:武汉大学.

邹逸江,李德仁,王任享.2004.空间数据立方体分析操作原理[J].武汉大学学报·信息科学版,29(9):822-826.

Abel, D. J., Ooi, B. C., Tan, K. L., Power, R. and Yu J. X., 1995, Spatial Join Strategies in Distributed Spatial Dbms, *Proceeding of the Fourth International Symposium on Large Spatial Databases*, Portland, Maine, USA, August, 348-367.

Agrawal, R., Imielinski, T. and Swami, A., 1993, Mining Association Rules between Sets of Items in Large Databases. *Proceedings of the ACM SIGMOD International Conference on Management of Data*, Washington, D. C., June, 207-216.

Arbind M. T. and Mostafa R., 2005, Federated Data Model to Improve Accessibility of Distributed Cadastral Databases in Land Administration, *Proceeding of FIG Working Week* 2005 *and GSDI-8*, Cairo, Egypt, April, 16-21.

Bajerski, P., 2000, Spatial Distributions Server Based on Linear Quadtree, http://www.edbt2000.uni-konstanz.de/phd-workshop/papers/Bajerski.pdf.

Brikhoff, T., Kriegel, H-P., Schneider, R. and Segger, B., 1994, Multi-step processing of spatial joins., *Processing of the ACM SIGMOD International Conference on Management of Data*, Minneapolis, Minnesota, June, 197-208.

Coetzee, S. and Bishop, J., 1997, A Distributed Open Spatial Query Mechanism for Databases on the Web. http://www.polelo.cs.up.ac.za/papers/Coetzee97.pdf.

Duchaineau, M., 1997, Roaming terrain: Real-time optimally adapting meshes. *Proceedings of Conference on Visualization*, Phoenix, Arizona, Oct., 81-88.

ESRI, 2003, *ArcGIS Introduction* [DB/OL], http://www.gissky.net/old/netres/ArcGIS.pdf.

Essid, M., Boucelma, O., Colonna, F. M. and Lassoued, Y., 2004, Query Processing in a Geographic Mediation System, *Proceedings of GIS'04*, Washington, DC, USA, November 12-13, 101-108.

Ghemawat, S., Gobioff, H. and Leung, S. T., 2003, The Google File System. *SOSP'03*, *Bolton Landing*, New York, USA, August, 19-22.

Gorawski, M. and Bularz, J., 2007, Protecting Private Information by Data Separation in Distributed Spatial Data Warehouse, Proceedings of The Second International Conference on Availability, Reliability and Security, Vienna, Austria, April, 837-844.

Guttman, A., 1984, R-tree: a dynamic index structure for spatial searching. *Proceedings of the ACM SIGMOD International Conference on Management of Data*, Boston, Massachusetts, Oct., 47-57.

Han, J. W., Fu, Y. J., Wang, W., Krzysztof, K. and Osmar, Z., 1996, DMQL: a Data Mining Query Language for Relational Databases. *Proceedings of the SIGMOD Workshop on Research Issues on Data Mining and Knowledge Discovery*, Montreal, Canada, June, 27-34.

Han, J. W., Krzysztof, K. and Nebojsa, S., 1997, GeoMiner: A System Prototype for Spatial Data *Mining*. *Proceedings of the ACM SIGMOD International Conference on Management of Data*, AZ, USA, June, 324-335.

Han, J. W., Pei, J. and Yin, Y., 2000, Miniing Frequent Patterns without Candidate Generation. *Proceedings of the ACM SIGMOD International Conference on Management of Data*, Dallas, Texas, USA, June, 1-12.

Hoppe, H., 1998, Smooth view-dependent level-of-detail control and its application to terrain rendering. *Proceeding of IEEE Visualizaiton*, Raleigh, NC, Oct., 35-42.

Hoschek, W., 2002, CERN IT Division, A Data Model and Query Language for Distributed Service Discovery. http://www.dsd.lbl.gov/~hoschek/publications/DataGrid-02-TED-0409.pdf.

Imielinski, T. and Virmani, A., 1999, MSQL: A Query Language for Database Mining, *Data Mining and Knowledge Discovery*, 3(4): 373-408

Inmon, W. H., 1996, *Building the Data Warehouse*, Wiley, New York.

Jensen, C. S. and Snodgrass, R. T., 1999, Temporal Data Management, *IEEE Transactions on Knowledge and Data Engineering*, 11: 36-44.

Jignesh, P., JieBing Y., Navin K., Kristin T., 1997, Building a Scalable Gee-Spatial DBMS: Technology, lmplementation and Evaluation, *Proceedings of the 1997 ACM-SIGMOD Conference*, Tucson, Arizona, May, 336-347.

Kriegel, H. P., Schiwietz, M., Schneider, R. and Seeger, B., 1989, Performance Comparison of Point and Spatial Access Methods, *Proceedings of the 1st Symposium on the Design and Implementation of Large Spatial Databases*, Santa Barbara, CA, June, 89-114.

Laurini, R. 1998, Spatial multi-database topological continuity and indexing: a step towards seamless GIS data interoperability, *geographical information science*, 12 (4): 373-402.

Lindstrom, P. and Koller, D., 1996, Real-time continuous level of detail rendering of height fields, *Siggraph*, 8: 109-118.

Manolis, K., Timos K. S., Andrew, U. F., Stéphane, G., Ralf, H. G., Christian, S., Jensen, N. A., Lorentzos, Y. M., Enrico, N., Barbara P., Schek, H.-J., Michel, S., Babis, T. and Nectaria, T. (Eds.), 2003, Spatio-temporal Databases: The CHOROCHRONOS Approach, *Lecture Notes in Computer Science*, 2520: 1-8.

Molenaar, M., 2004, *Spatial Data Modelling*, *Dual Partitions and The Specification of Semantics*, http://www.isprs.org/istanbul2004/comm4/papers/311.pdf.

Morocho, V. and Saltor, F., 2003, Ontologies: Solving Semantic Heterogeneity in a Federated Spatial Database System, *Proceedings of 5th International Conference on Enterprise Information System*, Angers, France, April, 347-352.

Beckmann, N., Kriegel, H.-P., Schneider, R. and Seeger, B., 1990, The r*-tree: An efficient and robust access method for points and rectangles. *In processings of the ACM SIGMOD International Conference* *on Management of Data*, Atlantic, June, 322-331.

Oracle Company. 2003, *Oracle Spatial User's Guide and Reference* 10g Release 1 (10.1). http://download-east.oracle.com/docs/cd/B19306_01/appdev.102/b14255/toc.htm

Orenstein, J. A, 1986, Spatial query processing in an object-oriented database system, *In processing of the ACM SIGMOD International Conference on Management of Data*, Washington, D. C., ACM Press., 326-336.

Ozsu, M. T. and Patrick, V., 2002, *Principles of Distributed Database Systems*, Prentice-Hall, Inc. New Jersey.

Papadias, D. E., 2001, OLAP Operations in Spatial Data Warehouses R., *Hong Kong: Technical Report HKUST-CS*01-01, 65-69.

Paredaens, J. and Kuijpers, B., 1997, *Data Models and Query Languages for Spatial Databases*. http://citeseer.ist.psu.edu/.

Park, H. H., Lee, Y. J. and Chung, C. W., 2000, Spatial Query Optimization Utilizing Early Separated Filter and Refinement Strategy. *Information System*, 25(1): 1-22.

Patel, J. M. and DeWitt, D., 1996, Partition-Based Spatial Merge Join. Proceeding of the *ACM-SIGMOD'96 International Conference on Management of Data*, Montreal, Canada, June, 259-270.

Ramirez, M. R. and Souza, J. M. D., 2001, *Distributed Processing of Spatial Join*, http://cronos.cos.ufrj.br/publicacoesrelteces58902.pdf.

Ramirez, M. R. and Souza, J. M. D., 2003, *Distributed Spatial Query Processing over MPI*. http://cronos.cos.ufrj.br/publicacoes/reltec/es59603.pdf.

Ramroop, S. and Pascoe, R., 1999, Processing of spatial metadata queries within federated GIS, Proceedings of the *Eleventh Annual Colloquium of the Spatial Information Research Centre*. Dunedin, New Zealand, Dec. 13-15, 67-78.

Rauber, A., Tomsick, P., Riedel, H., 1997, Integration Geo-Spatial Data into OLAP Systems Using a Set-Based Quad-Tree Representation, *Proceeding of the ninth SSDBM'97*, Canada, August, 256-260.

Sakkas, A. and Buzi, M., 1999, *Enabling Unbounded Imagery Archives for the New Millennium and Smart Tools Vital to the Age of Information Overload. Lockheed Martin Missiles& Space Ltd*, http://www.lmils.com/publication.

Salzberg, B. and Tsotras, V. J., 1999, A Comparison of Access Methods for Temporal Data. *ACM Computing Survey*, 31(2): 158-221.

Samet, H. and Aref, W. G., 1995, Spatial data models and query processing. *Modern database system*, ACM Press, New York.

Samos, J., Saltor, F., Sistac, J., and Bardés, A., 1998, Database Architecture for Data Warehousing: An Evolutionary Approach. *Proceedings of 9th International Conference on Database and Expert Systems*, Vienna, Austria, June, 746-756.

Shekhar, S. and Tan, X., 2005, *Map Cube: A Visualization Tool for Spatial Data Warehouse*, http://www.cs.umn.edu/research/shashi-group/.

Stefanovic N., Han J. W., 2000, Object-based selective materialization for efficient implementation of spatial data cubesJ. *IEEE Transactions on Knowledge and Data Engineering*, 12(6): 1-21.

Tan, K. L. and Ooi, B. C., 2000, Exploiting Spatial Indexes for Semijoin-Based Join Processing in Distributed Spatial Databases. *IEEE Transactions on Knowledge and Data Engineering*, 12(6): 920-937.

Tao, Y., Papadias, D. and Sun, J., 2003, The TPR*-Tree: An Optimized Spatio-Temporal Access Method for Predictive Queries, Proceedings of the 29th Very Large Data Bases Conference, Berlin, Germany, September 9-12, 790-801.

Theodoridis, Y., Vazirgiannis, M. and Sellis, T., 1996, Spatio-temporal Indexing for Large Multimedia Applications. *Proceedings of the 3rd IEEE International Conference on Multimedia Computing and Systems*, Hiroshima, Japan, June, 441-448.

Wang, S. S. and Liu, D. Y., 2004, Spatial Query Preprocessing in Distributed GIS, *Lecture Notes on Computer Science*, 3251: 737-744.

Willem, H., 2000, *Fast Terrain Rendering Using Geometrical Mipmapping*, http://www.connectii.net/emersion.

Wladimir, S. M., Jano, M. D. S., Milton, R. R., 2005, Secondo-grid: an Infrastructure to Study Spatial Databases in Computational Grids, GEOINFO, http://www.geoinfo.info/geoinfo2005/papers/p8.pdf.

Wolfson, O., Chamberlain, S., Dao, S., Jiang, L. and Mendez, G., 1998, Cost and Imprecision in Modeling the Position of Moving Objects. *Proceedings of IEEE 14th International Conference on Data Engineering*, Orlando, Florida, USA, June, 588-596.

Yuan, X. R., 2003, An Adaptable Approach for Integrity Control in Federated Database Systems. *Dissertation Der Wirtschaftswissens Chaftlichen Fakultat Der Universitat Zurich*.

第 6 部分

空间信息智能服务

第 19 章　面向事件处理的空间信息服务集成调度模型

□ 罗英伟　汪小林　许卓群

本章主要关注现代城市生活中事件处理的信息系统方法。首先给出了现代城市生活中事件处理的特征以及事件处理对信息技术的要求；然后简要介绍了当前分布式资源、服务集成领域以及基于规则的系统模型方面一些相关的基本研究工作；接着重点介绍基于规则的、面向事件处理的空间信息服务集成调度模型，并通过城市应急联动中的一个事件处理实例——统一接警，来展示面向事件处理的空间信息服务集成调度模型的应用。

19.1　现代城市生活中的事件处理

事件处理是城市生活中一项经常性的事务，是城市综合信息系统的一项重要任务。事件处理应该为城市各级领导提供服务，并面向具体事件的特点有针对性地提供辅助决策信息，而这些信息往往是跨部门、跨区域、多专业的综合信息。由于常规的信息系统往往局限于单位部门，条块分割的现象明显，综合收集信息、分析相关信息经常会遇到困难。在以往的事件处置过程中，往往事先根据事件的特征设定工作流程，而以工作流程为资源、人力、服务的调度框架。在这个过程中，很多信息收集和分析工作都是通过手工的方式来完成的。当事件变化、环境变迁时，旧有的工作流程就很难适用了，致使这种基于工作流程的事件处置方式缺乏必要的灵活性和扩展性。在当前高速发展的城市建设过程中，事件的范畴、行为以及事件处置的即时策略也处在不断的发展变换过程中。我们常常面对的很多事件都会涉及城市方方面面的信息，这就需要我们把信息的收集和分析当做综合的系统工程，为跨部门、跨区域、多专业信息系统的消息互通、数据互操作的技术目标服务。如何基于事件本身，以事件自身生命周期的发展、变化为主要线索来组织、管理、调度和浏览相关信息，是解决上述问题的基本出发点。

在事件处置过程中，与事件相关的信息是整个事件处置的基础，而将与事件相关的信息和事件处置相关的经验知识及时送到处置者手中，是达成正确、高效事件处置的关键。当前城市应用中的事件主要体现出以下特点。

19.1.1　事件处理所需信息的多源性

城市生活中，大部分事件涉及城市中多个领域和管理部门。比如，2002 年北京市政府为群众办的第 9 件实事"完成右安门外东庄铁路环内环境整治，拆除违法建设，清除垃圾渣土，绿化植树"，就需要环保部门、环卫部门、建设部门、绿化部门等协同工作，这些部门都有各自的信息系统来维护管理各自的工作。在整个事件处置过程中，所引用到的信息不可避免地具有跨领域、跨部门的性质,给事件处理带来了数据存储分布、格式异构等问题,我们需要找到一种自然的、开销小的方式从多数据源自动获取到人能理解甚至是经过格式变换后机器能识别处理的信息。面向事件处置的需求,从多领域异构信息系统中实现相关信息的管理、整合和调用,是顺利完成事件处置的基础。

19.1.2 事件处理所需信息的阶段性

事件不同于简单的加工流程,它具有鲜明的时间维度特性。也就是说,事件自身的状态处在不断的发展、变化中,相应地,在事件处置的不同阶段也应关联不同的信息集合。而确定在某个事件处置阶段需要关联哪些信息集合的哪些要素,则往往要依据业务需求和领域经验。这样,为了适应事件处理所需信息的阶段性特征,我们需要在事件处置的领域知识和相关资源、服务之间建立关联。比如,在城市应急联动应用中,统一接警阶段,需要依照联动事件涉及的消防、公安、医疗等领域的事件要素,准备城市范围内重点单位分布、消防力量分布、医疗机构分布和交通路线分布等信息,并配以相关的分析服务,完成对联动事件的领域、级别和处置建议的初步定位;在统一调度阶段,又需要按照与该事件相关的预案要求,准备各领域处理力量的实时信息,并及时显示整体事件的处置状况。由于每次发生的事件不尽相同,不可能为事件处置的某个阶段事先准备完整的资源和服务,但是依据既往事件的处置经验,可以记录一些特定场景下所关联的资源和服务集合。

19.1.3 事件处置所需信息的角色要求

在整个事件处置的进程中,所涉及的用户角色很多,他们对事件信息的需求不同,参与到事件处置过程中的方式和程度也不同,和事件信息的交互界面也不同。如何使得事件处置能够灵活适应多层次的事件界面表现也是重要课题之一。这里的难点体现在,事件处置除了需要集成多源信息外,还需要形成一个多层面、多元的信息可视化界面,从而实现信息载体和信息表现的松耦合。比如在城市应急联动应用中,在整个联动事件的处置过程中,上到国家领导人、省市级领导,下到指挥员、联动调度员、操作员、事件处置人员,甚至到事主和老百姓,希望看到的事件信息的重点、详略等都有很大差异。领导人希望及时了解事态的进展以及处置的结果,指挥员希望了解自己所下达指令的总体执行状况,调度员、操作员和事件处置人员则需要随时查询自己所负责的处置方面的详细情形。为维持社会稳定,事件处置过程中的一些涉密的安全信息只有某些角色的用户可以看到,普通老百姓只有在合适的时候才能看到。所有这些都需要对信息呈现有细致的控制。

19.1.4 辅助事件处置的领域知识、业务经验以及预案、模板的建设

事件处置是一个长期积累的过程。虽然事件不同于固有的工作流程,随着社会的发展和环境的变迁,人们还是可以从已有的事件处置中获得对未来的指导。事件处置往往涉及多个领域,在每个领域内,要正确、合理分析事态,采取有效处置措施,都要客观地分析该领域内相关事物的科学机理,也就是领域知识。基于这些领域知识,领域内资深的专家已经为解决相关问题提出了科学依据,并在实践中得到了检验,这些知识积累下来就成为业务经验。在总结了多次相类似的事件处置案例后,人们对解决这一类问题提出了可以遵循的基本策略,并通过文本记录下来,成为事件处置的预案和模板。针对不同事件,要有相应的预案和模板,这是提高

事件处理效率、尤其是突发事件的应急处理能力,减少灾害程度的有效措施。这样,如何更为有效地在多个领域内建设领域知识,不断积累、更新、完善业务经验,从而更为灵活地在预案和模板的指导下办事,就成为事件处置的关键点。事件处理是一个综合的事务流程,所关联的事务和信息涉及不同的领域,需要多领域的知识体系进行融会贯通,形成一致的语义网络,避免语义误解带来的不必要损失。比如,由于不同级别的事件其处理预案和模板各不相同,各种事件如医疗事故、火灾、交通事故、刑事案件等需要及早确定其领域内的事件级别;市领导在指挥重大事件处理时,不需要理解各部门的专业术语,但下达的各种命令要能够为不同部门所理解,并按照自己行业的业务流程进行救援或处理。

19.1.5 事件信息的多粒度抽象

城市中部门、行业林林总总,每时每刻都有各种不同的事件发生。随着时间的推移,事件的信息量可以想象是非常巨大的。没有人能一下子掌握所有的相关细节,也不能忍受逐个查看单个事件来获取高层的统计信息。为了有效地管理这些事件信息,我们需要提供一种多粒度的数据抽象能力。例如,我们需要提供对城市事件分类的功能,统计某段时间里某类事件发生的次数,针对某类事件,我们还可以继续统计此类事件涉及人群,如果需要,我们可以查看某具体事件的详细信息。在事件的多粒度抽象中用户角色往往是不可分割的,角色管理上的层次性也往往自然对应了事件信息的抽象粒度。

19.2 事件处理信息系统及相关技术基础

19.2.1 事件处理信息系统

国际上,已经有相关的部门和研究机构认识到了事件处理的重要性,并在这方面开展了一些前沿工作。2000年8月,美国洛杉矶市启用了处理突发事件的网络系统,该系统是"天空中的一块告示板"——系统本身并不自动地从各单位的信息库中提取和更新信息,而是需要不同机构将自己的信息系统与处理突发事件的网络系统相联,将相关信息公布出来,供其他机构通过因特网分享,实现与相关机构的合作。美国匹兹堡大学多学科研究团体研制了一个交互式、智能化空间信息系统(An Interactive, Intelligent, Spatial Information System, IISIS),其目的是创造一个决策支持系统,通过使用先进的信息技术,使职能和权限不同的各机构能够采取协调行动,对灾难做出迅速反应,投入救灾,减轻灾患(University of Pittsburgh, 2007)。IISIS致力于解决灾难管理者之间的协调问题,建立了一个以事件特征为基础的集中式知识库,向灾难管理者提供统一的信息,使管理者采取协调行动。

在国内,北京市信息资源管理中心针对多个部委单位间经常进行的信息交换行为进行了系统分析和模型抽象,提出了建设信息共享平台的基本方案,以服务于日常电子政务中相关事件的透明、安全处置。北京、天津、南宁、成都、贵阳等大中城市也开始针对城市生活中的紧急意外事件建设应急联动处置基础设施,并对紧急事件的特征进行了一定程度上的描述。

从以上城市应用中事件处置的特点出发,结合当前典型的支持城市应用的分布式信息系统可以看到,目前我国城市中各部门、行业和领域内部的信息系统相对来说比较完备,可以应对本部门、行业和领域内的各类事件。但是各部门、行业和领域内部的信息系统相互之间是孤立的。此外，还有很多零散的有用信息分散在各部门、行业和领域内，还远未有系统地管理起来，这也成为当前城市信息管理中的主要难题之一。另外，各部门、行业和领域内对领域知识、处置经验以及事件处置预案模板的积累和关联仍多数停留在文字性档案和领域内自开发的遗产程序中，跨领域的知识共享和经验交流很少，造成跨领域事件处置过程中不必要的信息表述失真，反应迟缓，并最终导致决策失误。建立一系列完整的、面向事件的知识体系，以及时、准确、人性化地辅助事件决策，是当前国内相关技术环节上亟待填补的一个空白。

在以往的事件处置过程中，主要是事先根据事件的特征设定工作流程，而以工作流程为资源、人力、服务的调度框架。工作流体现了对一项复杂任务的一种形式化描述，该描述是计算机可识别的任务解决方案。使用工作流的主要优势在于它对一个业务流程中所涉及的服务、资源的高度自动化集成能力。当今社会城市发展很快，社会情况复杂，当事件变化、环境变迁时，旧有的工作流程就很难适用了，从而使得这种基于工作流程的事件处理方式缺乏必要的灵活性和扩展性。

(1) 工作流一般有着确定和完整的执行流程，而以事件为中心的资源调度则一般只能给出特定场景下可以触发的动作序列。也就是说，后者需要表达一类事件中常用的触发规则，这些规则不仅要定义具体的动作序列，而且需要描述执行这些序列所必须满足的事件状态。

(2) 工作流本身是对一个任务的描述，它的执行体现了完成相应任务所预想的目标所经历的过程。之所以要用工作流来表达，除了操作流程相对复杂外，主要还是因为可能需要经常对工作流所指定的流程进行修改。以事件为中心的资源和服务调度则重点不在于突出流程本身或者流程的灵活性，它希望将事件作为最大的逻辑单元，伴随着事件自身的发展，合理利用相关的资源和服务，保证事件处置的正常进行。

(3) 工作流的生命周期一般很长，它一般经历从制定、保存、不断修改更新到废弃不用整个过程。对于相对稳定的业务流程而言，工作流可以被长期复用。而事件则不同，一般事件是不可重复的，它的生命周期就是该事件从产生到处理完毕所经历的过程。对一次事件的处理经历一般不可能完整地被照搬于下一次事件，而只有事件处理经历中的一些领域知识和处理经验可以被抽象出来用于未来的事件处理。

因此，如何将分散在不同部门、行业的不同信息系统中的不同形式、不同格式、不同内容、不同含义的信息及时、有机地集成调度到一起，形成面向多领域的、具有统一语义的事件信息，以满足高效率事件处置的要求是亟待解决的关键问题。

19.2.2 事件处理的信息技术基础

面向异构、分布式资源、服务的在线集成和互操作很长时间以来一直是分布式计算和软件体系结构领域的研究热点。自 OMG(Object Management Group)组织在 20 世纪末提出了 CORBA(Common Object Request Broker Architecture)体系结构以来，基于自身对软件互操作和分布式资源共享的不同理解，各种致力于为网上计算机之间提供一种开放的、平台无关的软件基础设施被各大语言提供商和软件提供商不断推出。其中以 Sun 公司推出的 J2EE 和 Microsoft 公司推出的.NET 两大分布式软件体系结构为主要代表。

21 世纪初，随着 XML(eXtensible Markup Language)语言的产生和迅速普及，使用基于 XML 表达的 SOAP(Simple Object Access Protocol)作为通信协议的 Web Service 作为一种新型的互操作技术标准，在解决分布式互操作和 Internet 协作方面得到了最广泛的认可。

Web Service 能够以 WSDL(Web Service Description Language)作为标准的接口语言对外发布本地可调用的软件模块,允许由不同的供应商提供的、或者运行在不同的操作系统和平台上的以不同编程语言书写的软件间存在互操作性。运行在 Web Service 纵向框架最顶层的业务流程通过标准的基于 Web Service 组合得到的服务工作流语言进行描述,从而表达上层应用的业务需求和逻辑(胡春明等,2004)。

从目前的技术进展看,Web Service 对遗产程序的封装和再发布基本解决了原来分布式应用中异构数据或者异构服务的入口一体化问题,分布式应用可以以相同的方式调用每个 Web Service 实例并获得相应的取值。但如何将参与到一个分布式应用中的 Web Service 实例有效、灵活地组装起来以实现业务本身,主要还是通过定义工作流语言并由此描述每个业务的工作流来完成的。BPEL(Business Process Execution Language)是这种语言的代表,目前已经得到了 IBM WebSphere 应用服务器、Oracle 10G 产品系列等著名 IT 厂商的支持。

从实际应用的需求来看,工作流机制能够满足具有稳定工作流程的业务在线组装,并形成多个分布式服务间的流程控制和数据传递(赵文,等,2003;丁柯,等,2003)。但是在城市的很多应用中,许多事件的处置流程不仅仅关心分布的服务间的交互,对参与到事件处置中的分布式数据本身的在线获取、操作、集成,以及分布式数据和服务间的交互也极为关注。在很多情况下,分布式数据是前端事件处理和决策参考的核心,分布式服务主要不是提供工作流程,而是为数据处理所用,以便更友好地提供给应用的用户。工作流及其分布式服务组合机制还不能有效地支持这一点(胡海涛,等,2005)。

从实际应用的另外一个重要需求来看,面向事件的处置需要基于事件自身生命周期的发展和变化为主要线索来组织、管理、调度和浏览相关信息。事件的状态变迁是动态触发的,对于依据流程进行定义和调用的工作流而言也是不合适的。比较好的实现系统行为动态触发的机制是规则系统(Stonebraker,et al,1988;Agrawal,et al,1991)。

表达规则的方式很多,如 ECA(Event-Condition-Action,事件-条件-动作)规则,或只有前件和后件组成的 CA(Condition-Action)规则。规则最初来源于主动数据库(如 Postgres、OPS5 等),它描述了触发动作的事件和内部条件,以及它们和动作之间的依赖关系。在一个规则系统中,相关的多个规则共同作用来指导系统的行为。规则也被用在专家系统中,用来进行相关知识的推理和专家系统知识的更新。目前规则在分布式信息共享和互操作方面应用相对较少,但是在使用规则来扩展工作流的语义方面已经有工作开展(胡锦敏,等,2002)。

结合现代城市中事件处理的特征,引入 CA 规则形式化描述事件处置所需的领域知识和业务规则,通过定义规则对事件处置所需的资源、服务的引用方式,以规则的触发机制实现分布式资源、服务的在线集成和互操作过程中的数据,服务基于领域语义指导的有效交互,增强对事件处理的辅助决策能力,是当前城市事件处理信息系统的一个重要的研究方向。

19.3 基于规则的空间信息服务集成调度模型

本节重点针对城市分布式事件处置的特点和需求,介绍一个基于规则的分布式资源、服务集成调度模型,通过对分散在异构平台、信息系统的资源、服务进行动态集成,形成面向多领域的、具有统一语义的事件决策信息,以满足高效率事件处置的要求,并在此基础上建立一系列完整的、面向事件的知识体系,以及时、准确、人性化地辅助事件决策(罗英伟,等,2006;刘昕鹏,2005)。

19.3.1 基于规则的空间信息服务集成调度模型的分层结构

一个完整的基于规则的空间信息服务集成调度模型可以用图19.1来描述。

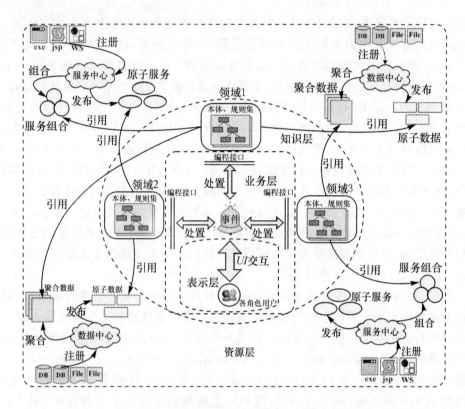

图 19.1 基于规则的信息服务集成调度模型的分层结构

从整体布局上看,发生在中心的一个事件将触发和事件处理相关多个流程,每个事件处理流程通过对相关领域知识和既往处置经验的理解,完成对周围分布、异构的资源集合,服务的集合的调度执行。整个模型的建设由外及内可以分为以下4个层次(在图中用虚线划分):

1. 资源层(Resource Layer)

资源层的主要目的是管理面向事件处理的分布式应用所需的各类资源和服务,屏蔽这些资源和服务在分布位置、数据结构、访问方式上的异构性,尽可能在资源、服务这一粒度上提供完整的元数据描述,为进一步表达事件处理中所涉及的领域知识的表达做准备。

从一般的表现形式上看,资源存储在数据库或者文件中,单是仅仅通过数据库的表结构或者文件名不足以说明这些资源的用途(Chirathamjaree,et al,2002;Zamboulis,2004),需要在参与事件处置的多个节点上进行数据管理以提供对数据更为丰富的描述。这样的节点称为数据中心。当资源通过数据中心完成注册后,相关的元数据描述也必须同时被撰写和发布出来。数据中心除了可以依据这些元数据描述对外发布具有自描述能力的原子数据外,有时也应上层业务的需求使用一些在应用背景中才有意义的更大粒度的数据,这些数据可以通过某些方式由多个原子数据生成。这样的数据称为聚合数据(张建伟，2005)。

类似地，对于服务而言，它们往往以标准 Web Service 或者其他形式的可调用实体(如 EXE 文件、JSP 页面、DLL 文件、遗产系统服务接口等)出现。除了和调用相关的接口信息外，使用这些服务同样需要更丰富的元数据进行描述。这种具有服务管理能力的节点称为服务中心。服务中心将能够注册以上各种服务实例，并对外发布具有自描述能力的原子服务。同样，上层业务考虑到某些应用需求，也会经常使用通过原子服务组成的工作流，因而服务中心还可以发布由此形成的服务组合。

2. 知识层(Knowledge Layer)

知识层的模型建设主要为参与到分布式业务流程中的各个领域的概念建立本体模型，用领域内统一的词汇形式化描述领域知识。本体中将引用由资源层规整得到的原子数据、聚合数据、原子服务和服务组合。本体对这些资源层要素的引用主要基于资源层元数据描述中的相关数据和服务的名称、属性，而不涉及它们的数据格式、分布位置和访问方式，后者由资源层完成抽象。知识层的建设专注于对领域语义的阐明。

考虑到事件处置的特点，除了为各个领域建立相关的本体模型外，还需要将事件各个阶段处置中的经验知识抽象为 CA(Condition-Action)规则，这样的规则称为业务规则。规则的词汇集来源于各个领域的本体，从而对规则的调用间接形成了对资源层的资源、服务的引用。由于事件处置的经验被抽象出来形成规则，系统具有更大的灵活性。而基于规则的调用机制可以完成规则的语法表达、语义解释、分析执行与规则所表达的业务逻辑之间的松耦合，使得新旧规则之间的替换成为可能，有利于在较大范围、较长时间内维持分布式事件处置体系的可用性。

3. 业务层(Business Layer)

知识层中领域本体和规则的制定为面向业务开发相关业务系统提供了丰富的语义库。由于本体和规则得到了形式化的表达，模型有可能基于它们提供面向本体、规则的编程接口，从而为访问这些语义信息提供入口。基于这些编程接口，面向事件的开发人员可以专注于一个具体事件处置的业务逻辑进行设计、开发，并在业务流程中需要使用相关语义信息进行决策分析时，调用这些接口。这样做较以往的事件处置系统有以下优势。

(1) 由于这些接口完全面向知识层的语义信息，开发相应系统的人员可以不必了解完成整个事件处置流程所需资源、服务的信息技术细节，而将精力完全集中到业务本身的设计上来。

(2) 由于事件处置的经验被抽象出来形成规则，系统具有更大的灵活性。未来城市建设发展很快，事件及其处置机制变化也因而加快，不太可能因为处置机制的更改对系统做完全的重新设计和开发。尤其是当事件处置涉及多个领域时，各个子系统位于不同的部门、单位，难以配合完成新的处置系统行为的重新定义和开发。而基于规则的设计机制可以完成规则的语法表达、语义解释、分析执行与规则所表达的业务逻辑之间的松耦合，使得新旧规则之间的替换成为可能，这非常有利于在较大范围、较长时间内维持系统的可用性。

4. 表示层(Representation Level)

事件具有鲜明的阶段性，在不同的阶段处理方式不同，有的只需要进行后台的数据分析，而有的则需要将信息多样化显示，还有的甚至需要和用户进行交互完成相关处理。表示层将在业务层之上进行相关的用户界面(User Interface,UI)设计。在前面对面向事件处置特征的分析中提到,面对不同角色的用户,事件处置需要展现的内容不同,展现的方式也不同。将用户界面从业务逻辑中分离出来,就可以提供实现在业务层单一处置流程、资源层单一信息存储下,表示层用户界面多样化的可能性。

在整个模型中,资源层和知识层的设计和建设是其关键,下面对这2个层次进行详细的说明。

19.3.2 资源层的设计与建设

资源层包括多个分布的数据中心和服务中心,并通过定义数据、服务提供者和数据、服务使用者之间的协议,建立模型内和谐的数据和服务的注册、发布、扩展和更新机制。

1. 数据中心的设计与建设

(1)首先数据中心为信息服务模型所支持的各类原始数据表现形式(如关系数据库表、普通文本文件、XML文件等)建立元数据描述。当一些数据提供者要求将他们的数据注册到数据中心时,数据中心要求数据提供者提供正确的元数据值以完成注册。通过数据中心的这些元数据描述,数据请求者可以使用数据的关键属性(如数据名称、数据属性等)发出数据请求,完成数据检索并最终从数据提供者所在的节点提取数据。这些在数据中心直接注册的数据就是图19.1中所描述的原子数据。

(2)数据中心通过上面的元数据描述能够维护对多个数据源的访问,并因此屏蔽已注册数据自身在分布、结构上的异构性。因此,数据中心可以基于这些元数据向数据请求者提供统一的数据界面,该界面通过名称和一些属性的集合来表达逻辑上的数据内容。这样的数据访问界面也将通过数据中心进行发布。

(3)数据请求者通过数据中心的发布界面了解到已经注册的一系列数据的存在,并可以通过数据中心提供的对外接口来直接获取这些数据。但是更为复杂的应用往往驱使数据请求者请求更大粒度上的数据。这样的数据往往可以通过原子数据间的聚合操作得到,并形成应用中更有价值的数据单元。常见的数据聚合操作包括联合(Union)、连接(Join)、笛卡儿积(Cross Product)、投影(Project)、选择(Select)、融合(Fusion)等(张建伟,2005)。通过聚合形成的数据就是图19.1中所描述的聚合数据。

(4)数据中心为数据请求者提供了逻辑上表达聚合数据的协约(Contract)。协约描述了由原子数据通过聚合操作形成聚合数据的方法。数据中心将每个聚合数据对应的协约实例也进行维护,作为未来数据请求者访问聚合数据时的元数据入口。借助聚合元数据,数据中心可以对外发布和原子数据类似的逻辑界面。这样在其他的数据请求者看来,聚合数据也成为可以被访问并进一步聚合的原子数据。

(5)通过以上4步周而复始的建设,数据中心将逐步形成面向应用的大量数据集。这些数据集为分层信息模型知识层对数据的引用提供了丰富的数据来源,并且也为知识层屏蔽了数据提供者引入的诸多异构性。

(6)在使用一个已经建成的数据中心请求聚合数据时,首先由数据中心找到对应该聚合数据的协约,而后基于协约找到组成该聚合数据的原子数据的元数据描述。通过这些元数据,数据中心将完成对各个原子数据的提取,最后依据协约中的聚合操作,完成数据聚合,并将最终的数据结果返回。

图19.2给出了数据中心的建设示意图。

第19章 面向事件处理的空间信息服务集成调度模型

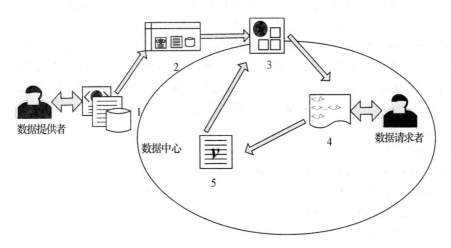

图 19.2 数据中心的建设

2. 通过数据实例说明图 19.2 中数据中心建设的基本思路

在一个空间信息应用中,需要动态显示"×市城市居民概要图"。居民的概要信息包括城市的住宅区、道路、公共汽车站以及重点单位在各个行政区划中的分布。

(1) 地图数据提供者先在数据中心注册了"×市行政区划图层"、"×市建筑图层"、"×市道路分布图层"、"×市交通状况图层"、"×市重点单位图层"等原子数据。这些图层的数据提供者分布在不同的主机节点,图层的数据格式包括 ArcInfo 的 SHP 文件、MapInfo 的 TAB 文件、GML(Geography Markup Language)文件以及存储在 Oracle 数据库中 Oracle Spatial 表(如图 19.2 的步骤 1)。

(2) 在各个图层的注册过程中,数据中心已经为每个图层维护了相关的图层元数据,说明了图层所在的主机、地图的格式(如图 19.2 中的步骤 2)。

(3) 经过注册的图层数据的逻辑视图通过数据中心发布到 Internet 上(如图 19.2 中的步骤 3)。

(4) 这一空间信息应用的开发人员,作为数据中心的数据请求者浏览了发布的数据目录,找到了他构建地图所需的图层数据。于是他基于这些图层数据使用 Union 聚合操作撰写了"×市城市居民概要图"的聚合数据协约(如图 19.2 中的步骤 4)。

(5) 这个协约被注册到数据中心,并由数据中心完成了协约的有效性进行验证。该协约作为"×市城市居民概要图"聚合元数据在数据中心得到维护(如图 19.2 中的步骤 5~步骤 3)。

(6) "×市城市居民概要图"地图数据同样经过数据中心得到发布。在未来该数据中心参与的其他应用中,它将可能以原子数据的形式被复用,或被用来完成新的数据聚合。

3. 服务中心的设计与建设

服务中心的建设和数据中心类似。

(1) 服务中心也为模型所支持的可调用实体(如 EXE 文件、JSP 页面、DLL 文件、遗产系统服务接口等)建立相应的元数据描述,并要求服务提供者提供待注册服务实例的元数据描述以完成注册。

(2) 服务中心通过以上的元数据描述,屏蔽服务内部实现上的异构性,并以统一的 Web

Service 接口向上提供服务访问协议。考虑到标准 Web Service 接口描述语言 WSDL 在参数的语义表达能力上有较大限制（只能表达参数的类型和输入、输出方向），服务中心可以通过定义扩展的服务规范来完成对 Web Service 的间接调用。扩展的服务参数描述主要表达了参数在信息服务模型内部的来源，其类型可以分为 3 种：第一种引用了数据中心发布的数据名称及其属性；第二种可以使用常数值，即表示传入的参数为基本数据类型的数值或者以 XML 表达的复杂数据值；第三种引用了服务中心其他服务的返回值。下面给出这三种服务参数协议描述的服务规范片断：

```
<Service>
<ServiceName>XXX</ServiceName>
<ServiceLocation>Web Service End Point</ServiceLocation>
    <ParamsMeta><List>
        <Param>
                <Type>Data</Type>/
                <DataName>……</DataName>/
                <DataAttribute>……</DataAttribute>
        </Param>
        <Param>
                <Type>Const</Type>
                <DataValue>……</DataValue>
        </Param>
        <Param>
                <Type>ServiceResult</Type>
                <ServiceName>……</ServiceName>
        </Param>
    </List>
</ParamsMeta>
</Service>
```

① 服务中心对外发布 Web Service 的扩展描述。经此发布的服务称为原子服务。服务请求者通过服务中心浏览当前可用的服务，并使用服务中心的接口描述完成服务调用。在一些应用中，经常需要综合多个原子服务以形成服务流（Service Flow）来作为一个单元来进行调用。类似于聚合数据，这样的服务流称为服务组合（参见图 19.1 所示）。

② 服务中心需要提供服务流的描述语言作为服务请求者和服务中心之间的协约。当前可用的 Web Service 服务流描述语言很多，业界最为流行的是 BPEL。也可以考虑基于已有的服务流描述语言，建立自定义的流语言来表达服务之间的顺序、选择、循环、并行等执行关系。这种服务组合的协约注册到数据中心后，相应的服务组合也可以对外发布为普通的原子服务来为服务请求者所调用。

③ 经过以上步骤，服务中也将逐步维护并扩展形成大量的服务和服务组合。在服务中心的维护下，这些服务屏蔽了实现层面的相关细节，并且统一了接口规范，为知识层对资源操作和决策行为的描述提供了基础。

在服务中心的建设过程中,可以借鉴 IBM、Oracle 等 IT 企业对 Web Service 以及基于 Web Service 的工作流的建设经验。对于服务组合的描述、解析和执行,则可以参考 Oracle 10G 产品系列中的 BPEL Process Manager。

这样,在空间信息服务集成调度模型中,服务流(服务组合)的实现机制就有以下两种方式。

① 在服务中心实现服务流规范的描述、存储、解析和执行,在知识层以原子服务的方式引用服务流。

② 在知识层的规则语法中提供服务流的描述,通过规则解析器和执行器来完成服务流的解释和执行(参见下一节"知识层的设计与建设")。

这两种设计思路对于整个模型而言各有其优势。

① 在服务中心建设服务流的相关机制可以保证一些在应用中复用程度较高的服务流的内部细节对知识层的建设者是透明的。在这种情况下,知识层的领域专家将专注于设计更高层的业务规则语义描述,而仅仅以服务的概念对服务流加以引用。

② 在规则中提供服务流描述也为知识层表达易变的服务流提供了可能。在有些情况下,决策的流程是随事件的发展经常变化的,这时决策流程更适合在规则中由领域专家加以制定。

19.3.3 知识层的设计与建设

基于规则的空间信息服务集成调度模型的核心是知识层。知识层的建设主要是基于资源层对资源、服务的描述、整合和发布,其建设规划如图 19.3 所示。

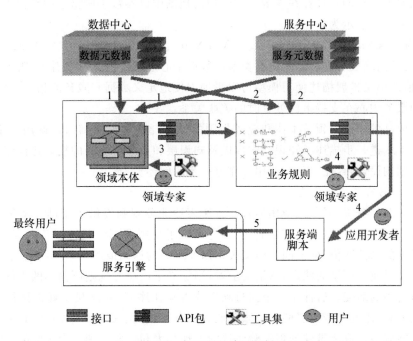

图 19.3 知识层的建设规划图

在知识层建设展开之前,模型在资源层的数据中心和服务中心已经通过数据元数据和服务元数据描述,完成了对与分布式事件处置相关的资源和服务的封装。

如图 19.3 中的步骤 1,数据中心发布的数据项的格式为:

$$数据类型(数据属性 1,数据属性 2,数据属性 3,\cdots,数据属性 n)$$

以前面所说的地图数据为例,经数据中心发布的"×市城市居民概要图"的格式为:

$$地图(坐标系类型,比例尺,坐标范围,实体,\cdots)$$

而地图的属性实体本身又是一个数据类型名,它可以进一步被描述为:

$$实体(ID,名称,几何描述,\cdots)$$

其中,几何描述是使用 GML 文档规范表达的 XML 字符串片断。

数据中心发布的数据具有类型的概念,凡是能够通过相同的数据格式来进行描述的数据视为同类数据。例如,除了"×市城市居民概要图"外,其他使用如上数据格式来进行描述的数据实例和"×市城市居民概要图"都具有相同的数据类型。数据中心发布的数据访问接口使得知识层可以通过统一的入口获取某种数据类型的一个数据实例的值,或者该数据实例的某些属性的取值。

如图 19.3 中的步骤 2,服务中心发布的服务将以

$$ServiceName\,(ServiceArgument1,ServiceArgument2,ServiceArgument3,\cdots,$$
$$ServiceArgumentN):ServiceReturnValue$$

的格式给出,其中服务的参数和返回值将使用图 19.3 所示的规范给出进一步的语义描述。例如,服务中心已经注册了服务"GetNearestEntity",该服务有两个参数:参数 1 为一个常量的坐标值,参数 2 为数据中心发布的一个地图数据类型。服务的返回值为数据中心发布的实体数据类型。该服务的功能是计算在参数 2 所引用的地图中以参数 1 所指定的坐标为基准的最近实体。该服务可以表示为:

$$GetNearestEntity(Coord:[string],MapName:[Data::地图名]):[Data::实体]$$

其中,"Data::"前缀表明它后面的数据类型由数据中心定义。由此可以看出,服务中心对服务参数、返回值的语义扩展描述使得模型可以更加方便地定义数据和服务的相互引用,从而表达数据中心和服务中心在支持事件处置时的关联关系。

知识层内部的建设以领域本体和业务规则的设计、编辑、存储、解析、调用为主。图 19.3 中的步骤 3、4、5 进一步描述了知识层内部以及知识层和业务层之间的接口建设流程。下面主要就业务规则的设计、存储、解析、调用等作进一步的阐述。

1. 业务规则的定义及表达

资源层发布的资源、服务为使用形式化方法表达业务规则提供了基础。每条业务规则由其前件、后件组成。前件是一个布尔表达式,它反映了规则执行的条件。其内容从语法上看,是通过对数据的属性取值、词汇间的语义关系以及服务的返回值进行条件约束,表达本条规则满足执行条件时业务环境的状态;从语义上看,则定义了该业务规则所描述的事件处理经验或者领域知识适用的前提。后件是一个执行动作或者动作序列,它反映了规则执行的动作。其内容从语法上看,体现为资源层的一个服务或者服务流;从语义上看,则定义了该业务规则所希望表达的领域知识或者事件处理经验建议的处理行为和手段。如下为规则的形式化文法:

$$Rule = if\ Condition\ then\ Action \quad\cdots\cdots\cdots\cdots\cdots\cdots\cdots\cdots\cdots\cdots\cdots\cdots\cdots\cdots\cdots\cdots\cdots\cdots\cdots\cdots\cdots\cdots\quad 1$$

$$Condition = BoolItem\backslash BoolExpr \quad\cdots\cdots\cdots\cdots\cdots\cdots\cdots\cdots\cdots\cdots\cdots\cdots\cdots\cdots\cdots\cdots\cdots\cdots\cdots\quad 2$$

$$BoolItem = BoolConst\backslash[NOT]BasicItem \quad\cdots\cdots\cdots\cdots\cdots\cdots\cdots\cdots\cdots\cdots\cdots\cdots\cdots\cdots\quad 3$$

$$BoolConst = True\backslash False \quad\cdots\cdots\cdots\cdots\cdots\cdots\cdots\cdots\cdots\cdots\cdots\cdots\cdots\cdots\cdots\cdots\cdots\cdots\cdots\cdots\cdots\quad 4$$

BasicItem＝RelationItem\BoolOper ·· 5
RelationItem＝AtomicItem Relation AtomicItem ·································· 6
AtomicItem＝Term\Service\Const ·· 7
Term＝TermName[．Aspect] ··· 8
TermName＝Metadata∷DataName\CriticalRange∷DataName\Ontology∷Resource ····· 9
Aspect＝Metadata∷DataArrtibute\CriticalRange∷DataArrtibute\Ontology∷Property ···
··· 10
Relation＝＞|＝|＜|＞＝|＜＝|＜＞|Ontology∷Property ································· 11
BoolExpr＝BoolItem BoolOper BoolItem ··· 12
BoolOper＝AND|OR ·· 13
Action＝Service|ServiceFlow ··· 14
Service＝Metaservice∷ServiceName(Params) ··· 15
Params＝[Param]|{，Param} ·· 16
Param＝Const|Term|Service ··· 17
Const＝Constant of Type ＜String|Integer|Float|Double|Boolean|Object＞ ······ 18
ServiceFlow＝DAG_Formatted(Service,{Service}) ·· 19

对如上的文法解释如下。

（1）在表达式1中，规则的前件用Condition表达，后件用Action表达。Condition通过文法的递归定义表示了数据中心发布的数据及其属性取值、服务中心发布的服务的返回值以及知识层本体中的词汇之间的取值约束和布尔逻辑关系。

（2）在表达式2中，规则中引用的关系运算符除了基本的比较运算符外，还可以包括领域本体中的属性。通过这样的属性可以描述运算操作数（这里应该为本体中的词汇）间更为丰富的语义关系。需要说明的是，这里引用的本体属性的值域（Range）应该为布尔型。

（3）表达式17描述了规则中服务参数可以引用的三种来源：常数，数据中心发布的数据，其他服务的返回值。

（4）在表达式19中，服务流是多个服务的组合，表达服务流可以通过有向无环图（Directed Acyclic Graph，DAG）来描述成员服务之间的执行顺序和约束关系。

2．业务规则中对资源和服务的引用

从前面规范化业务规则的文法描述中可以看出，业务规则对分布式资源和服务的引用方式为：

（1）在表达式9～10中，规则的前件中引用的基本词汇可以是数据中心发布的数据名称及其属性名称（在文法表达式中用前缀Metadata∷标明），也可以是知识层领域本体中的资源（Resource）和描述资源间语义关系的属性（Property，它们在文法表达式中用Ontology∷前缀标明）。

（2）规则的调用执行会产生一些导出数据。这些数据不是来自数据中心，而主要是在规则的调度执行过程中由调用规则的业务逻辑来设置，最终对这些数据的改变也不需要更新到数据中心。但是这些数据对记录规则的执行及对系统状态的改变有着重要意义，需要在事件处置过程中在内存进行维护。我们称这些数据为临界区数据（在文法表达式中用CriticalRange∷前缀标明）。

(3) 在表达式 14 中,规则对服务的引用主要体现在后件的 Action 中。一个 Action 可以是一个 Service,它表示服务中心维护的一个服务实例(如表达式 15 所示,在文法表达式中用前缀 Metaservice::标明),也可以是一个服务流 ServiceFlow。

(4) 在表达式 19 中,ServiceFlow 是多个服务的组合,表达 ServiceFlow 可以通过有向无环图(Directed Acyclic Graph,DAG)来描述成员服务之间的执行顺序和约束关系。

(5) 在表达式 7 中,服务也可以出现在规则的前件表达式中,主要表达在相关数据或者其他服务的返回值上的复杂操作,这些操作的结果被应用来进行取值和逻辑判断,以表达更为丰富的前件语义。

在形式化规则的文法描述中,描述规则的业务含义所需的分布式资源、服务都只是引用它们在逻辑上的组成,而完全屏蔽了资源、服务的位置、格式、发布平台以及接口方式。在资源层对这些信息屏蔽不仅简化了规则的编写,而且将事件处置的逻辑和用于决策的信息的技术特征分离,使得资源的配置更为灵活,业务逻辑的更新也更为便捷。

3. 规则引擎和规则的调度执行

经过上述知识层的建设,在面向一个具体的事件处置应用中将形成大量的规则。将语义上相关的一系列规则的逻辑集合称为一个规则池。当规则池中规则的数目急剧上升时,如何高效地面向前端的应用组织规则之间的关系,并进而完成相关规则的分析、调度成为一个关键问题。这需要在知识层提供一个规则引擎来集中完成对规则的调度执行。

对规则引擎的设计可以参考著名主动数据库 Ariel 的规则系统的体系结构(Hanson,1996)。图 19.4 给出了基于规则的信息服务集成调度模型中规则引擎的内部设计,以及在具体的规则执行周期中规则引擎和业务层、资源层以及知识层进行信息交互的流程。

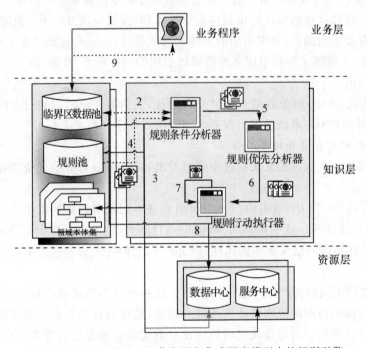

图 19.4 基于规则的空间信息服务集成调度模型中的规则引擎

(1) 业务程序对临界区数据池的更新操作作为规则的触发事件(标号为1的箭头)。业务流程对临界区数据的更新操作具有粒度。从最小的粒度看,业务程序修改临界区每个变量的值都可以算是一个原子性的物理操作。但很多情况下,业务程序希望在一个应用而言有意义的操作序列结束后,再一次性更新临界区数据集的值,触发规则执行周期,完成系统状态的转换。这个操作序列可以看做是一个逻辑事件,它在面向事件的处置中更为合适,更利于提高处置效率。

(2) 对临界区数据的更新将触发一个规则执行周期的开始(标号为2的箭头)。周期的第一步为条件分析,由规则条件分析器完成。该分析器装载规则池中每条规则的前件,并在必要时访问临界数据池、领域本体集、数据中心和服务中心,获取前件中所引用的临界数据、本体词汇、数据和服务的相关取值,计算前件的真假值(标号为3的箭头)。分析完成后,规则池将所有满足当前条件的规则集返回给条件分析器(标号为4的箭头)。

(3) 规则执行周期的第2步是进行待决规则的优先级分析,由规则优先级分析器完成。优先分析器以条件分析器输出的待决规则集作为输入(标号为5的箭头),通过计算每条规则的优先级取值,按照预期的规则执行顺序输出规则的排序列表(标号为6的箭头)。

(4) 规则执行周期的第3步是根据第2步得到的规则排序执行每条规则(标号为7的箭头)。每条规则的执行方式是执行规则后件中描述的服务和服务流。这些服务和服务流的调用不仅会引用相关的数据、词汇、服务作为服务的输入,还可能在执行后对临界区数据池、数据中心进行数据更新(标号为8的箭头)。规则执行器依次完成规则的执行,直到所有的规则后件被触发调用完毕。

(5) 一个规则执行周期之后,当业务程序再访问临界区数据池时(标号为9的箭头),将获得新的临界数据值,规则执行环境的一次转换就完成了。当业务流程再次更新临界数据时,一个新的业务执行周期就开始了。

19.3.4 业务层和表示层的设计与建设

通过资源层的资源、服务准备,知识层的多领域本体建模、业务规则编撰以及相关API包的开发,在业务层就可以获得丰富的接口来对事件处置过程中需要的语义进行分析,并触发相关的动作来灵活调用资源、服务完成辅助决策。

城市中面向事件的处理流程本身差异很大,并且受行政、经费、技术条件等多个方面的限制,业务所部署的系统、平台也不尽相同。但是无论业务逻辑在用户终端的表现如何,后端实现都可以通过对API包的引用来获取知识层的编程接口。业务层自身业务逻辑的开发则根据应用的需求和特征来定。就J2EE平台而言,在业务层的设计思路如下。

应用开发者使用图19.4中步骤3得到的领域本体API包和步骤4得到的业务规则API包编写事件处置的业务逻辑。根据业务行为的复杂程度,应用开发人员可以直接编码应用的服务端脚本(如JSP),并通过J2EE的Web服务器进行Web发布,提供与最终用户的交互界面;也可以将业务逻辑实现为后端的组件(如EJB),将这些组件通过J2EE的应用服务器(如Tomcat、Resin,图19.4中的步骤5)进行部署,最后在服务端脚本中调用这些组件来实现业务行为。

表示层则更主要的是面向事件处理的特征,希望在业务层拥有相同业务逻辑的情况下,根据用户的角色对信息进行安全性控制和多维表现。就J2EE平台而言,在表示层的设计思路如下。

使用以上所述业务层的设计思路中的第2种方式进行逻辑封装,而主要通过服务端可视化脚本和Web页面来实现表示层。在进行基于用户角色的安全性控制时,可以在服务端引擎中维护用户权限列表,而将用户身份验证和信息过滤的逻辑交给业务层特定的组件来实现。对于比较复杂的信息过滤操作,即需要调用分布式的资源和服务来完成信息提取时,可以将安全性控制也描述为规则,在知识层进行表达。在进行基于用户角色的信息多维表现时,可以在表示层使用服务端脚本和Web页面定义一组信息展现模式,并描述每种模式与用户角色的对应关系,在完成用户角色认证后,由表示层选择合适的信息展现模式来进行网页发布。

业务层构架于知识层、资源层之上,并独立出来,使得业务编程人员可以专注于应用本身的流程表示以及和终端用户的交互设计;将表示层从业务层分离出来,可以避免开发面向事件的应用系统时,做相同业务逻辑下仅仅由于UI的差别带来的重复性建设,并提供一种面向多用户的入口(Portal)方式。

19.4 一个事件处理实例——统一接警

19.4.1 关于城市应急联动应用

在城市建设飞速发展,人民生活水平迅速提高,生活节奏大大加快的今天,公共安全和公众服务成为政府部门一项非常富有挑战性的工作。如何高效利用有限的资源,提高政府对紧急事件快速反应和抗风险的能力,并为市民提供更快捷的紧急救助服务,日益成为加强城市管理的主要内容。当社会发生犯罪、火灾、爆炸等各种警情,群众医疗急救、煤水电抢修等各种紧急求救事件,地震、火灾、海潮等突发自然灾害,以及社会动乱、战争等各种重大紧急事件时,需要政府统一协调、统一调度相关部门协同工作。随着社会的不断进步,社会发生紧急突发事件的种类更加复杂与多变,传统的应对机制已不能适应日益增多的紧急突发事件处置的需要。当社会发生重大事件时,不是某一个或几个单位就能够解决的,这就需要联合所有相关社会单位进行密切合作。

社会应急联动系统(Joint Emergency Response System,JERS)就是综合各种城市应急服务资源,采用统一的号码,用于公众报告紧急事件、紧急求助、统一接警、统一指挥和联合行动,为市民提供相应的紧急救援服务,为城市的公共安全提供强有力保障的系统(王文俊,2004)。JERS大大加强了不同警种与联动单位之间的配合和协调,从而能够对特殊、突发、应急和重要事件做出有序、快速而高效的反应。

城市应急联动应用具备了论文在背景介绍中所分析的当前城市事件处置的基本特征,是验证论文提出的面向事件的分层信息服务模型的典型实例。论文在本章剩余章节将以应急联动应用中紧急事件处置的重要阶段——"统一接警"为主要对象,研究在该阶段如何基于分层信息服务模型进行数据、服务部署、知识准备以及业务编程,并通过一个演示说明模型的应用。

19.4.2 统一接警系统中的角色、业务描述以及问题分析

统一接警是应急联动应用中对紧急事件展开处置的第一步,也是至为关键的一步。在统一接警系统中主要有两个用户角色:报警者和统一接警员。报警者在整个接警业务流程中的主要作用是尽可能准确、及时、全面地将紧急事件发生的相关要素(时间、地点、事态等)在统一

接警员的提示下如实上报。统一接警员的主要作用是接受警情通知,并借助相关的领域知识和业务经验有效地提示报警者在短时间内汇报有助于定位事件性质并为未来事件处置所用的关键事件信息。

统一接警系统的基本业务就是结合以上所述的报警者和统一接警员的角色,为统一接警者提供统一的警情分析、事件记录界面,协助统一接警者完成对当前信息的准确定位和形式化描述,并转给下一阶段联动处置调度系统所用。统一接警系统中计算机所起到的主要作用是自动搜集与分析事态相关的信息、服务、领域知识和业务经验,通过对统一接警员在接警过程中的输入进行分析,提供最具参考价值的后继问询或行动建议,以达到辅助决策的目的。

统一接警系统来源于实现多领域应急联动之前的单警种接警系统。在没有实现紧急事件的联动处置之前,各个处置部门能够基于本领域的业务要求建立相应的事件描述,而且可以特别培训该部门的接警员,重点是训练如何针对本部门内依照事件处置要求定义的固定"问题表"向报警者有效地询问警情。在实现跨部门统一接警后,这样做的主要问题如下。

(1) 就问题表本身而言,它的设计必须预先考虑到所有该领域内事件所可能涉及的细节。除非具有相当经验的接警员,一般必须按照这些描述项一一询问,才能完成对一个事件要素的记录。而这一方面带来事件描述上的冗余,另一方面当事件的紧急程度很高时,往往不能准确抓住事件的本质,从而造成时间拖延,引起未来处置中不必要的代价。

(2) 如上所述,单领域接警中对接警员的要求相当高,这样每个部门必须花相当多的精力进行接警员的业务培训。而统一接警所涉及的领域知识差别很大,依照单领域接警的培训方法不仅接警员的培养周期很慢,而且将给接警员的业务熟悉过程带来巨大的负担。

(3) 现实中的事件往往牵扯多个领域,这样,单领域的"问题表"自身将不能全面刻画事件的全部要素,为此只能对所有可能涉及的领域建立完整的"问题表"。这样的"问题表"不仅规模很大,而且考虑到统一接警时领域变更的灵活性,不易进行新领域的扩充。

以上问题分析表明,以往单领域问题表描述了某个领域内事件处置所关心的事件要素集合,是一个领域内部事件处置经验的长期积累,在今天统一接警业务中仍然具有不可替代的价值。但是,面向统一接警不能再采取原有单领域的设计思路,必须形成对多领域知识更为灵活的融合以复用原有的单领域问题表,形成统一接警时更为有效的辅助支持。

下面将就一个具体的统一接警案例,说明面向事件处理的分层空间信息服务集成调度模型在作为统一接警系统的解决方案时的应用价值。

19.4.3 统一接警案例描述

采用以下假想的应急联动事件作为面向事件处理的分层空间信息服务集成调度模型的演示案例。

天津市×区×化学工厂于夜间发生了一起火灾。该工厂以生产白磷等化学药品为主,而白磷是一种剧毒的易挥发性化学物质,在40℃时就会变为无色气体。火灾发生在离保存白磷等化学药品的仓库不远处,并且火势很快蔓延到距离该化工厂约200米处的居民住宅区内,造成了部分住宅为火所困。

在这起火灾中,工厂内的一名技术工人向联动中心的统一接警员汇报了火情和相关情况,接警员借助基于面向事件的分层信息服务模型对事态进行分析,并全面记录事件要素,提出了处置建议。借助于模型中的领域本体和业务规则,希望在接警中避免忽略由火灾带来的潜在化学危害,并为下一阶段的事件处置在火警救援和医疗急救两方面提出建议。在演示中,还假设居民区的×××人被报告严重烧伤,通过提取×××人的社会综合信息,发现×××人为市内某著名外资企业 CTO,属于敏感事主,需要上报市领导。

19.4.4 统一接警案例中资源层数据、服务的组织及业务规则

统一接警案例中所涉及的资源层数据主要包括用于进行人员身份鉴别的数据和用于紧急事件处置中空间分析的地图数据。其中人员信息相关的数据细节如表 19.1 所示。

表 19.1　　　　　　　统一接警案例中的人员信息相关数据

数据类型名	数据属性列表	数据粒度	存储数据源
人员基本信息	姓名、年龄、性别、住址、出生日期、身份证号码	原子数据	SQL server
人员行政信息	姓名、身份证号码、政治面貌、所属机关、行政职位	原子数据	Oracle 9i
人员企业信息	姓名、身份证号码、企业名称、部门、职位	原子数据	My SQL
人员教育背景信息	姓名、身份证号码、毕业学校、学历、专业	原子数据	XML 文件
人员社会综合信息	姓名、身份证号码、企业名称、职称、毕业学校、学历、政治面貌、行政职位	聚合数据	在线生成

地图数据细节如表 19.2 所示。

表 19.2　　　　　　　统一接警案例中的地图数据

图层(地图)名称	重要社会属性列表	类型	数据格式
天津市居民区图层	名称、行政区	点图	MapInfo
天津市厂区图层	名称、行政区、产品	点图	Oracle Spatial
天津市行政区图层	名称	面图	Oracle Spatial
天津市道路图层	名称	线图	Oracle Spatial
天津市消防中队图层	名称、辖区、编队顺序	点图	MapInfo
天津市重点建筑图	名称、行政区	混合	在线生成
天津市消防区划图	名称	混合	在线生成

统一接警案例中所涉及的资源层服务细节如表 19.3 所示。这些服务主要包括了基于 GML 格式地图数据的空间分析服务,以及基于数据中心发布的"人员社会综合信息"人员身份鉴别服务等。

表 19.3　　　　　　　统一接警案例中的服务

服务名称	参数列表	服务功能	服务粒度
getMapLayerField	[Data]图层名,[Const]社会属性名,[Const]实体名	在参数所指定的图层中具有指定实体名的实体在指定社会属性域段上的取值	原子服务
minDistance	[Const]火点坐标,[Data]图层名	计算参数指定的图层内各个实体距离火点的最短距离	原子服务

续表

服务名称	参数列表	服务功能	服务粒度
getCoord	[Const]实体名,[Data]图层名	得到参数指定的图层中具有指定实体名的实体的坐标	原子服务
showFireStationSchedule	[Const]火点坐标,[Data]地图名	在参数指定的地图中绘制市区内各个消防中队至火点的救援路线,并返回新地图的URL	服务组合
isVIP	[Data]人员社会综合信息	由参数传入的人员信息判断该人员是否为一个VIP	原子服务

表 19.3 中所列出的原子服务都以标准 Web Service 的形式进行发布和调用。参数列表中的 Data 表示该参数引用了数据中心的数据,Const 表示该参数作为一个常数传递给服务。

统一接警案例所应用到的业务规则如表 19.4 所示。

表 19.4　　统一接警案例中的业务规则

领域	规则规范化描述	规则业务含义
通用	if true then Ask(Ontology::问题表♯地点,Ontology::问题表♯事态,Ontology::问题表♯事主状态)	新的事件来临,宜优先询问该事件的地点,事态以及事主状态等
	if(CriticalRange::地点<>null) then Set(CriticalRange::地点坐标, Metaservice:: getCoord (CriticalRange::地点, Metadata::天津市重点建筑图))	得到事发地点的准确坐标
消防	if (CriticalRange::行业划分="化工" AND CriticalRange::起火部位="仓库") then Set (CriticalRange::化工产品, Metaservice::getMapLayerField(Metadata::天津市厂区图层,"产品",CriticalRange::地点))	一起化工厂仓库附件的火灾,需要查清该工厂生产的化学产品
	if (CriticalRange::事态="火灾") then Ask(Ontology::消防问题表♯行业划分,Ontology::消防问题表♯燃烧物质,Ontology::消防问题表♯房型,Ontology::消防问题表♯起火部位)	当前事件为一起火灾,需要优先了解火灾的燃烧性质、燃烧位置和受损建筑等情况
	if (CriticalRange::地点坐标<>null AND CriticalRange::事态="火灾") then showFireStationSchedule(CriticalRange::地点坐标, Metadata::天津市重点建筑图)	计算并显示市内各个中队的救援路线,供进一步参考
	if(CriticalRange::时间="夜" AND CriticalRange::事态="火灾") then Record("夜间火灾事故,建议派遣照明车")	记录决策参考信息:夜间火灾事故,建议派遣照明车
急救	if(CriticalRange::化工产品 Ontology::subClassOf Ontology::急救问题表♯中毒.Ontology::急救问题表♯毒物 AND Ontology::急救问题表♯易挥发药品 Ontology::value CriticalRange::化工产品 AND MinDistance(CriticalRange::地点坐标, Metadata::天津市居民区图层)<200) then Record("火灾附近有易挥发性危险化学药品,且着火点位于居民区200米内,有必要采取紧急医疗急救措施")	记录决策参考信息:上报火灾中重要人物伤亡
	if (((CriticalRange::事主状态="死亡" OR CriticalRange::事主状态="受困") AND Metaservice::isVIP(CriticalRange::事主姓名)=true) then Record("火灾中有重要人物伤亡或被困,需要紧急上报")	记录决策参考信息:危险化学品泄漏,建议采取急救措施

19.4.5 统一接警案例中业务层的逻辑以及和接警员的前端交互

统一接警案例在模型业务层的业务流程可以用图 19.5 来表示。

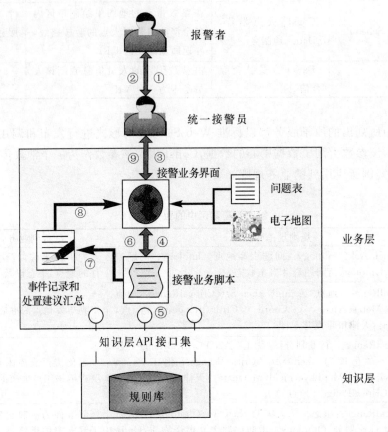

图 19.5 统一接警案例在业务层的业务流程

在图 19.5 中,一个完整的接警业务流程如下。

(1) 当统一接警员接到一个新的报警后,他能够通过 Web 网页浏览到接警业务初始界面。一个接警业务界面包含了该事件所涉及的各个领域的问题表表单,以及用于反映事件空间处置策略的电子地图。接警业务初始界面提示接警员向报警者询问独立于领域的事件要素信息(步骤 1),并从报警者处获得回复(步骤 2),填充到问题表的相应域段中(步骤 3)。

(2) 接警业务界面将已填充的问题表表单提交给服务端接警业务脚本(步骤 4)。服务端业务脚本通过调用知识层提供的 API 接口集装载面向统一接警事件处置的规则库,并启动知识层规则子系统的执行周期,触发当前满足条件的规则的执行,并最终将相关的执行结果反馈给服务端业务脚本(步骤 5)。

(3) 服务端业务脚本将更新的信息通过新的 Web 页面展现给统一接警员(步骤 6)。新的接警业务界面或者能够通过新的问题表表单提示接警员向报警者进一步询问和本事件更为相关的细节问题,或提示统一接警员考虑其他的事件状况分析,或将相关的事件空间处置策略在电子地图中展示出来。

（4）接警业务重复以上步骤 1～步骤 6 的流程,直到完成对本次事件要素的全面记录。最终,接警业务脚本将在线生成事件记录和处置建议的汇总(步骤 7),并通过 Web 页面在接警业务界面中展现给统一接警员(步骤 8)。

（5）统一接警员从接警页面获得最终的事件信息和处置建议(步骤 9),完成了联动事件的接警过程,将联系有关单位和部门开展跨领域事件处置。

图 19.6 所示为统一接警案例中接警业务界面的一个典型快照。

图 19.6 统一接警案例中接警业务界面的一个典型快照

19.5 小　　结

伴随着 Internet 技术在大中城市的广泛普及,以及在银行交易、政府办公等城市应用中,以 IBM、Microsoft 等为代表的国际知名 IT 企业面向电子政务、电子商务的最新解决方案的实际部署,当前城市生活已经越来越紧密地和信息科学技术进步关联在一起。本章通过分析城市应用最为常见的一种模式——事件处理的基本特征,阐述了当前城市应用中相关解决方案的不足,并在借鉴当今计算机科学在分布式信息、知识、服务的建设、共享、集成领域的前沿学术成果和主流研发思路的基础上,重点介绍了一个面向事件处理的分层空间信息服务集成调度模型。

建立面向事件处理的分层空间信息服务集成调度模型的出发点是:实现城市应用中以事件为基本的逻辑调度单元的资源集成、知识共享和流程调度更加符合事件自身发展、变化的特点,更易于大规模事件应用的长期建设和维护。然而要实现面向事件处理的分布式资源融合和跨领域知识交流,不仅要解决资源层面数据格式、服务接口、访问入口等方面的异构性问题,而且要解决参与到事件处理过程中的多领域语义异构问题,并在此基础上,实现基于领域语义的资源调度,更为灵活地服务于事件处理决策。

（1）使用规则表达事件处置中的领域知识和业务经验,并基于规则的触发机制来调用与事件相关的资源和服务,辅助事件分析和决策是一个新的思路和探索。和以往的基于工作流的资源、服务组合方式相比,规则在面向事件的处置中的优势在于它更加适合城市中各类事件的发展变化特征。使用规则不仅复用了既往事件中有益的处置策略,还能通过规则的更新反映出针对未来事件的新的处置方式,从而弥补失误,降低不必要的代价。

(2)在知识层为参与到事件处置中的各个领域提供的本体描述,从语义上向计算机和应用开发人员建立了一个公共的认知标准。并且,在规则中引用本体中的词汇以表达相关的概念,不仅使规则的描述更易于理解,而且使得规则的制定更为简捷。通过引用本体中的概念类,规则可以表达在一类实例上的操作行为,而只有在规则被实际触发执行时才将其中的概念类实例化。

面向事件处理的分层空间信息服务集成调度模型无论从出发点、设计、实现、应用哪个环节来说,都是基于事件处理本身进行分析,并最终服务于事件处理的。所以,在进一步的研究工作中,最为重要的是能够依托典型的事件处理应用进行深入理解,才能保证模型建设的顺利开展。

参 考 文 献

胡春明,怀进鹏,孙海龙.2004.基于Web服务的网格体系结构及其支撑环境研究[J].软件学报,15(7):1064-1073.

赵文,胡文蕙,张世琨,王立福.2003.工作流元模型的研究与应用[J].软件学报,14(6):1052-1059.

丁柯,金蓓弘,冯玉琳.2003.事务工作流的建模和分析[J].计算机学报,26(10):1304-1311.

胡海涛,李刚,韩燕波.2005.一种面向业务用户的大粒度服务组合方法[J].计算机学报,28(4):694-703.

胡锦敏,张申生,余新颖.2002.基于ECA规则和活动分解的工作流模型[J].软件学报,13(4):761-767.

罗英伟,刘昕鹏,彭豪博,汪小林,许卓群.2006.面向事件处置的信息服务集成调度模型[J].软件学报,17(12):2553-2564.

刘昕鹏.2005.面向事件的分层信息服务模型的设计与实现[D].北京:北京大学.

张建伟.2005.xmlToyBrick:一个Web环境下基于语义的动态XML数据集成系统的设计与实现[D].北京:北京大学.

王文俊.2004.Web服务互操作的体系结构与跨管理域的VO事件预案支撑技术[D].北京:北京大学.

University of Pittsburgh. 2007. IISIS - An Interactive, Intelligent, Spatial, Information System for Disaster Management, http://www.iisis.pitt.edu/.

Stonebraker M, Hanson EN, Potamianos S. 1988. The POSTGRES rule manager, *IEEE Trans. on Software Engineering*, 14(7):897-907.

Agrawal RH, Cochrane R, Lindsay B. 1991. On maintaining priorities in a production rule system, In: Guy M. Lohman, Amílcar Sernadas, Rafael Camps, *Proceedings of the 17th International Conference on Very Large Data Bases*, USA, Morgan Kaufmann Publishers Inc: 479-487.

Chirathamjaree C, Mukviboonchai S. 2002. The mediated integration architecture for heterogeneous data integration, In: Yuan BZ, Tang XF, *Proceedings of the IEEE TENCON 2002*, USA, IEEE: 77-80.

Zamboulis L. 2004. XML data integration by graph restructuring, In: Williams H, MacKinnon L, *Proceedings of the BNCOD 2004 (Lecture Notes in Computer Science*, 3112), GERMANY, Springer-Verlag: 57-71.

Hanson EN. 1996. The design and implementation of the ariel active database rule system, *IEEE Trans. on Knowledge and Data Engineering*, 8(1):157-172.

第 20 章 空间本体

□ 杜清运 黄茂军

不同于普通的本体,空间本体具有与地理概念及其相互关系联系紧密的特点,需要特殊的本体构建理论及工具,空间本体的研究除了能够理清地理实体的分类体系外,更重要的是将地理信息的研究上升到概念系统的层次,从而大大提高空间信息建模、处理和服务的知识性和智能性。

本体论原本是一个哲学上的概念,近十多年来,本体论研究在计算机科学中日益受到重视,其重要性尤其在诸如知识工程、数据库设计、信息建模、信息检索与提取、知识管理与组织等不同领域得到认识。

本体论不仅在计算机科学中受到重视,作为计算系统的地理信息系统也认识到了这个问题,地理本体的研究在 20 世纪 90 年代中后期逐步得到重视。目前,国外已经有不少研究机构和学者对地理本体极为关注,也做了一些探索性的工作。而国内的地理信息学界对这一问题研究才刚刚起步。本体论观点在空间信息的概念模型、空间数据的共享和互操作、地理类别的研究等方面具有十分重要的意义,其最大的意义在于对空间信息语义理论的丰富,潜在的优点在知识工程领域已初见端倪,本体论研究终将成为我们加深对地理信息和地理信息系统认识的重要途径。

20.1 空间本体的哲学与信息基础

20.1.1 哲学本体

本体论是哲学研究中最常用也是歧义最多、意义最为模糊的概念之一。在众多的解释中,本质论、是论和本体承诺论最具代表性。

1. 本质论

本质论认为,本体论是指关于存在及其本质和规律的学说。持这种观点的人认为本体论关注的是存在,即世界上在本质上有什么样的东西存在,或者世界存在哪些类别的实体,所以哲学上的本体论是对客观世界任何领域内的真实存在所做出的客观描述。

2. 是论

是论认为,本体论是西方哲学特有的一种形态,从其充分发展的形态看,它是把系词"是"以及分有"是"的种种"所是"(或"是者")作为范畴,通过逻辑的方法构造出来的先验原理体系。

3. 本体承诺论

本体承诺论把形而上学的本体论问题转换为本体论承诺问题,力求在语义学的领域内来讨论本体论命题的意义和选择。本体论问题可以分为两类：一是本体论事实问题，即实际上有什么东西存在；二是本体论承诺问题，即一个理论说有什么东西存在。本体承诺论认为，哲学应该研究第二类问题，而它实际上是一个语言问题。这种改变实际上是对传统本体论的一种重建，是经过严格语言分析以后，对本体论的性质的重新思考和重新规定。

哲学本体从最初在本真意义上探讨本体问题发展到后来的本体承诺论问题，与西方哲学的两次转向不无关系。传统本体论关注的问题主要是"存在是什么"、"构成世界的本质要素是什么"等本真意义上的问题，而近代本体论关心的是"我们能够认识什么"、"我们有什么样的认识能力"或者说是知识的根据问题，这就是哲学上的"认识论转向"。现代西方哲学尤其是分析哲学关注的问题不再是存在问题和认识问题，而是语言问题，也就是语句陈述的意义问题，这就是哲学上的"语言的转向"。哲学本体的这种演变无疑是有积极意义的，使得它被已经终结的命运发生了改变，在当代又得到了复兴，哲学领域的学者们又重新对本体给予了极大的关注。

也正是因为哲学本体的含义发生了改变，变成了本体承诺论，哲学本体才有契机被人工智能领域的学者们引入到信息科学领域，进而出现了信息本体这个概念。这首先要归功于McCarthy，McCarthy(1980)受蒯因本体论承诺的启发，认识到本体承诺论意义上的哲学本体论与人工智能的逻辑理论构建具有相似之处，他在1980年就提出以逻辑概念为基础的智能系统必须列出所存在的事物，并构建一个本体描述我们的世界。Sowa(1984)也提出要构建一个可能世界的本体，尽可能包含世界的所有事物、它们之间的联系以及相互影响的方式。Sowa认为知识表达是一个跨学科的交叉领域，至少要用到3个领域的知识，第一是逻辑，为知识表达提供形式化的结构和推理规则；第二是本体，定义存在于应用领域的事物类别；第三是计算，支持应用从而把知识表达和纯粹的哲学区分开来。他特别强调，缺少本体的话，术语和符号将会被不妥当地定义，容易造成混乱和混淆。

20.1.2 信息本体

信息本体的概念源于哲学本体，毫无疑问，信息本体的含义同哲学本体有着千丝万缕的联系，但同时我们也要注意到信息本体同哲学本体已经有了很大的区别。信息本体的概念之所以被提出，其最主要的目的是为了便于知识的共享和重用。20世纪60年代人工智能的发展陷入了困境，原因在于不可能建立一个万能的逻辑推理系统来实现人工智能的目标，于是学者们开始研究专门领域的知识表达来支持自动推理，这样知识工程就应运而生。但知识工程的发展同样面临诸多困难，其中最突出的就是知识重用以及知识共享问题。而学者们认识到信息本体概念的出现为解决这个问题提供了新的契机，因为本体使得人与人、人与机器、机器与机器之间的交流建立在对领域的共识的基础之上。本体在知识库系统中经常应用于开发领域模型，它提供了建模所需的基本词汇并说明了它们之间的关系，不仅包含了领域中的知识，而且提供了对领域的一致理解。建立大型知识库的第一步就是设计相应的本体，这对整个知识库的组织至关重要。

本体是描述概念及概念之间关系的概念模型，通过概念之间的关系来描述概念的语义。作为一种能在语义和知识层次上描述信息系统的概念模型，本体被广泛地应用到计算机科学的众多领域，诸如知识工程、数字图书馆、软件复用、信息检索和Web上异构信息的处理、语义Web等。本体在计算机领域的广泛使用与计算机在日新月异发展的同时所面临的许多困难密切相关，这些困难包括：知识的表示、信息的组织、软件的复用等，尤其是由于网络的快速发展,面对信息的海洋,如何组织、管理和维护海量信息并为用户提供有效的服务成为一项迫切而重要的研究课题。

在信息科学领域,尤其是人工智能和知识工程领域,对本体论的理解经历了一个过程。最早对本体给出定义的是 Neches 等人,他们认为"本体定义了组成主题领域的词汇的基本术语和关系,以及用于组合这些术语和关系以定义词汇的外延的规则"。这个定义明确指出了要建立一个本体,必须确定该领域的基本术语和这些术语之间的关系,以及组合这些术语和关系的规则,并提供这些术语和关系的定义。尔后,出现了具有深远影响的两个定义,分别是 Gruber(1993)提出的"本体是概念化的明确的说明"以及 Guarino(1998)提出的"本体是关于形式化词汇的意图含义的逻辑理论"。Studer 等(1998)结合前人的定义,提出本体主要包含 4 个方面的内容:概念化(Conceptualization),明确(Explicit),形式化(Formal)和共享(Share)。概念化是指通过确定某个现象的相关概念而得到的这个现象的抽象模型;明确是指所用到的概念以及对概念使用的约束都要有明确的定义;形式化是指本体应该是计算机可读的;共享是指本体获取的是共同认可的知识,它不是某个个人私有的,而是可以被一个群体所接受的。

从以上定义可以看出,不同于哲学中的本体定义,信息科学中的本体是指工程上的人造物,其目标是确定领域内共同认可的词汇,并从不同层次的形式化模型上给出这些词汇和词汇间相互关系的明确定义,从而获取相关领域的知识,提供对该领域知识的共同理解。同时也要注意到,本体是通过描述概念及概念之间关系反映现实世界的概念模型,因此本体中的概念必须真实地反映现实世界。

还有一点可以明确,尽管定义的方式不同,在内涵上也有差异,但学者们似乎在这一点上达成了共识,那就是把本体当做是领域(可以是特定领域,也可以是更广的范围)内不同主体(人、机器、软件系统等)之间进行交流对话的一种语义基础,即由本体提供一种明确定义的共识。更进一步,在网络环境下,本体提供的这种共识更主要的是为机器服务,机器并不能像人类一样理解自然语言中表达的语义。因此,在计算机领域讨论本体,就要讨论本体究竟是如何表达共识的,也就是概念的形式化问题。这就涉及本体的描述语言、本体的建设方法等具体研究内容。

20.1.3 哲学本体与信息本体的比较

尽管哲学本体的内涵是非常复杂的,但哲学领域之外的其他学科领域的人在提到哲学本体时,一般还是在本真意义上理解哲学本体,认为哲学本体侧重于反映现实,是对客观存在本质的一个系统的解释和说明,它更多地表现为一个分类体系。而信息本体是概念化的明确的说明,侧重于概念的规范定义,侧重于制定规范。也就是说,哲学本体关注的是世界上在本质上有什么样的东西存在,或者世界存在哪些类别的实体,所以哲学本体是对客观世界任何领域内的真实存在所做出的客观描述。那么信息本体更关注的是现实世界中的概念,概念的定义以及概念之间的相互关系。哲学本体的建立是异常困难的,因为人们很难知道客观世界本质上到底有什么样的东西存在。信息本体因为其关注的重心是概念,更大程度上是一种约定和承诺,所以其建立相对哲学本体而言难度要小一点。

哲学本体因为是对客观世界的真实存在所做出的客观描述,而客观世界是实实在在存在的并且只有一个,所以哲学本体理应也只有一个,而信息本体则不然。信息本体是工程上的人造物,反映人们对客观事物的认识,这种认识必然受文化、语言以及学科领域等因素的影响,所以信息本体往往有多个。不同民族或国家往往具有不同的文化,处于不同文化背景中的人们对于客观世界的认识必然受其文化的影响,所以由不同民族或国家的人们建立的信息本体自然会有所差异,这种差异反映了他们对于客观世界认知的差异。同时,信息本体总要由特定语言的术语和词汇来表达,不同的语言与不同的文化也是紧密相关的,它们的术语和词汇并不能完全对应,所以基于特定语言表示的信息本体也与这种语言紧密相关。还有,不同学科领域的人对于相同的客观世界其关注的重点往往是不一样的,其对客观世界的认识往往也是有重大差异的,所以由不同学科领域的人建立的信息本体难免不会有所差异。

图 20.1 给出了这种差异的形象说明。客观世界是唯一的,也就是说哲学本体是唯一的,但是对于客观世界的认识是不唯一的,因而就产生了具有差异的各种各样的信息本体(图 20.1(a))。但是这些信息本体之间是不是就毫无关系呢?显然不是。它们都是对同一个客观世界的概念化的定义,它们必然以客观世界为联系纽带而有或多或少的关系。也就是说,这些信息本体之间并不是相互孤立的,而是互相之间存在着映射关系(图 20.1(b))。而且,哲学本体对于客观世界的真实描述有助于在这些不同的信息本体之间建立正确的映射关系。所以,哲学本体和信息本体并不是处于孤立的两端,而是紧密相关的。

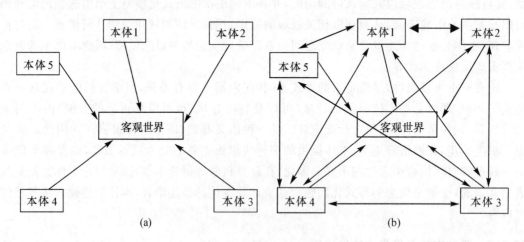

图 20.1 哲学本体与信息本体关系

20.1.4 信息本体的分类

Guarino(1997)提出以详细程度和领域依赖度两个维度对本体进行划分,产生了广泛的影响,具体说明见表 20.1。Guarino 提出的本体分类层次关系如图 20.2 所示。处于顶层的是研究通用概念的顶层本体,处于第二层的是研究特定领域概念的领域本体和研究通用任务或推理活动的任务本体,处于第三层的是研究特定应用的应用本体。

表 20.1　　　　　　　　　　　**Guarino 对本体类别的划分**

维度	分类级别
详细程度	详细程度高的称做参考本体(Reference Ontologies)
	详细程度低的称做共享本体(Share Ontologies)

续表

维度	分类级别
领域依赖程度	顶级本体，研究通用的概念及概念之间的关系，如时间、空间、事物、事件、对象、行为等，与具体的应用无关，它们完全独立于特定的问题或领域，因此可以在很大的范围内共享。
	领域本体，研究的是特定领域中的概念和概念之间的关系。如医学、生物、历史、地理等，可以引用顶层本体中定义的词汇来描述自己的词汇。
	任务本体，定义通用任务或推理活动，如诊断、设计、影像解译等，可以引用顶层本体中定义的词汇来描述自己的词汇。
	应用本体，描述特定的应用，它既可以引用涉及特定的领域本体中的概念，又可以引用出现在任务本体中的概念。

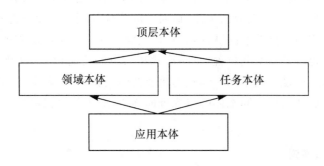

图 20.2　本体的分类层次

随着信息本体的快速发展，目前主要是在网络环境下使用和共享本体，因而出现了许多基于标记语言 XML 的形式化本体表达语言，本体的形式化表达方式也发生了很大改变。因此，本体的分类方式理应也有所变化。依据 Gruninger 的分类标准，信息本体共分为四大类。

① 一般的术语表(Glossaries)和数据字典(Data Dictionaries)。
② 包含同义词和反义词的词典(Thesauri)以及分类词汇表(Taxonomies)。
③ 包括元数据(MetaData)，XML 模式(XML Schemas)和数据模型(Data Models)。
④ 形式化本体(Formal Ontologies)和推理逻辑(Inference)。

Gruninger 的分类方法符合信息本体当前发展的实际状况，包含了信息本体的最新研究成果，并且对于信息本体的研究具有一定的指导意义。

20.2　空间本体构建及其形式化方法

空间特征是地理信息系统或者说空间信息系统所独有的。空间特征是指空间地物的位置、形状和大小等几何特征，以及与相邻地物的空间关系。正因为地理信息具有空间特征，所以我们不能把地理信息系统等同于一般的信息系统，而是需要进行特别的研究。

同样，空间本体也需要描述地理信息的空间特征，我们不能完全抛开空间本体的空间特征不管，而仅仅研究其属性特征。也就是说，不能仅仅从一般信息本体的角度来研究空间本体，必须对空间本体所特有的空间特征给予足够的关注。空间本体与一般信息本体差别很大，如它有复杂的位置关系、拓扑关系、量度关系以及部分-整体关系，而一般本体主要是子类-父类这种继承关系。这种差别主要体现在空间本体，除了要表达属性信息之外，还要表示极其重要的空间特征。

拓扑、几何、位置和方位等空间特征对于空间本体的构建具有重要，甚至有决定性的影响，这也是空间本体有别于一般信息本体的本质之所在。然而空间本体与一般本体的这种差别却没有被引起足够的重视，大多数 GIS 领域中的学者在研究空间本体或与空间本体相关的内容时，仅仅是把本体在哲学和信息科学中的含义移植到地理信息科学中来。所以，对于空间本体的理解尽管见仁见智，涉及地理信息科学的方方面面，但从其研究的路线来看，却大致可以分为两类。一是从哲学的角度，也就是从地理真实世界这个角度去研究，这类研究可以归为纯理论研究范畴，它们很少考虑空间本体在计算机中的实现。而另外一种则是从信息科学意义上的本体论这个角度去研究，这类研究可以算做本体的应用研究范畴，它们主要是对基于语义的地理信息集成和互操作给了了充分的关注，而对空间本体的理论方面考虑较少。

所以，为了突出空间本体的空间特征，特使用空间本体一词来表示与地理信息空间特征相关的本体，具体说来也就是与空间位置、空间形状和大小等几何特征，以及空间关系等相关的本体。强调空间本体，就是强调空间本体最重要的空间特征，强调空间本体有别于一般信息本体最本质的不同点，从而把空间本体的研究推向深入，而不是仅仅停留在一般信息本体的层面来研究空间本体。

20.2.1 本体的构造准则

建立本体是一件费时费力的工作，特别是建立完全形式化以支持自动推理的本体更是难上加难。首先一个重要的原因就是本体要求一个共同体（Community）的一致意见，而共同体的成员可能有根本不同的意见。有几种方法处理一致性：一种极端是小型的本体由不同的人开发然后进行融合，另一种极端是严格的形式化的本体要由标准化组织开发。其次，建立本体的初衷是知识的共享和重用，因为本体的用户和其他的本体设计者并不总是同本体的最初设计者共享同样的承诺，使得本体的共享和重用十分有限。最后，本体的形式化程度越高越便于计算机处理，但在实际的本体建立过程中，有些概念虽然人很容易理解，但却很难确切地表达出来，要用形式化的方式确切地表示出来更难。

尽管本体的构造困难重重，到目前为止也没有公认的构造原则。但是许多研究者根据他们的研究实践提出了一些本体设计的原则。其中，最有影响的是 Gruber(1995)提出的五条准则。

(1) 清晰性(Clarity)。本体必须有效地说明所定义术语的意思。定义应该是客观的，与背景独立的。当定义可以用逻辑公理表达时，它应该是形式化的。定义应该尽可能地完整。所有定义应该用自然语言加以说明。

(2) 一致性(Coherence)。本体应该是一致的。也就是说，它应该支持与其定义相一致的推理。它所定义的公理以及用自然语言进行说明的文档都应该具有一致性。

(3) 可扩展性(Extendibility)。本体应该为可预料到的任务提供概念基础。它应该可以支持在已有的概念基础上定义新的术语，以满足特殊的需求，而无须修改已有的概念定义。

(4) 编码偏好程度最小(Minimal Encoding Bias)。概念的描述不应该依赖于某一种特殊的符号层的表示方法。因为实际的系统可能采用不同的知识表示方法。

(5) 本体承诺最小(Minimal Ontological Commitment)。本体承诺应该最小，只要能够满足特定的知识共享需求即可。也就是说,对待建模对象给出尽可能少的约束,而让共享者自由地按照他们的需要去专门化和实例化这个本体。

著名的本体论研究者 Guarino 也提出了本体的设计原则。

(1) 必须清楚了解领域中的实体(如类的实例)是专用还是通用,了解领域中的语言实体如名词、动词和形容词。也就是说,要为领域中的专用和通用实体建两个单独的本体,并保持领域中的词汇。

(2) 重视身份确认(Identity)。实践证明,身份确认规则在澄清本体分类结构方面具有非常重要的作用。

(3) 单独确定一个基本的分类结构。

(4) 明确区分角色(Roles)。

以上这些本体的设计原则都是比较笼统和抽象的,没有明确可操作的语义。目前还不存在公认的本体设计和评价标准。不过,有一点大家是公认的,就是需要该领域专家的参与。

20.2.2 本体的开发方法

目前,本体的建立基本上还是采用手工方式。本体工程尽管已提出好几年,但还没有一个统一的工程方法来建立本体。每个本体开发团体都有自己的构建原则、设计标准和不同的开发阶段。Holsapple 和 Joshi(2002)总结了建立本体的 5 种途径(见表 20.2),并提出使用合作(Collaboration)的方法来建立本体(见表 20.3)。这种方法最大的好处就是考虑了多人的意见,提升了本体的质量,也使得所建立的本体能够被更广泛地接受,因此在网络环境下的今天更具有现实意义。

表 20.2 建立本体的途径

途径	建立的基础
灵感(Inspiration)	个人关于领域的观点
归纳(Induction)	领域内的具体情况
演绎(Decuction)	领域内的一般原则
综合(Synthesis)	已经存在本体集合,每个都提供了领域的部分特征
合作(Collaboration)	多个人关于领域的观点,很可能加上一个原有的本体作为起点

表 20.3 合作的方法建立本体

准备阶段(Preparition)	定义设计标准
	确定边界条件
	确定评价标准
起始阶段(Anchoring)	定义起始本体作为协作的基础
循环反复改进 (Iterative Improvement)	把参加者进行分组
	启发他们对本体的评论和批评
	根据各个小组的反馈意见修正本体
	不断循环反复直到达成一致意见
应用(Application)	展示本体的使用情况

从本体的建立所追求的目标来看,本体建设应该是工程化生产。工程思想的核心有两点,即标准化的表达方式和规范化的工作步骤。软件工程就使得软件生产从程序员的个人劳动提高成为有组织的、可控制的工程,从而大幅度地从根本上提高了软件开发的效率和质量。相比于一般的软件开发,本体更强调共享、重用,它本身的出现就是为了给不同系统之间提供一种统一的语言,因此它的工程性更为明显。目前本体工程这个思想虽然已经被大家所接受,但是并没有出现成熟的方法论作为支持。上述的几种方法论也是诞生在具体的本体建设项目之中,在相应的项目中得到实践。这些方法在本质上并没有太大的差别,并且和软件工程中常见的开发过程有类似之处。这些方法都有值得我们借鉴的地方,我们也可以据此制定自己的一套开发方法。

20.2.3 空间本体的构建方法

空间本体的构建完全可以借鉴上述本体的构建原则和方法。建立空间本体最困难的不在于上述宏观的方法步骤,而在于如何确定领域内的地理概念、概念之间的语义关系,尤其是概念的属性更是难以确定。

截至目前,空间本体的构建方法主要可以分为以下几种方法。

(1) 通过专家讨论即经验的方式。1996年11月初,在第21号研究动议的专家讨论会上,来自不同领域的专家沿用 Hayes 的"常识物理学宣言",采用经验和内省方法经过激烈辩论,拟订了一个地理本体的部分草案,得到地理"事物"种类的一个层次结构(Mark et al, 1997)。

(2) 采用实验心理学方法。David Mark 采用主体试验(Subject Testing)方法对地理认知种类的本体进行了系统研究(Mark et al, 1999)。

(3) 采用从自然语言中寻找空间本体的方法(Mark, 1988)。

上述空间本体的构建方法存在以下明显的缺陷。

(1) 只能用来建立较高层次的本体,如常识地理本体。

(2) 本体的构建主要集中在类别语义,无法获得空间语义。

(3) 本体的构建主观性较大。

由于本体论研究有方法论取向,在研究的初期多数研究是将通用方法引入地理信息的模型化,空间本体本身的研究不够深入,加之多数本体应用又集中在互操作等信息共享问题上,上述缺陷体现还不是很明显。但随着本体方法在空间知识工程和智能化处理中的应用,传统的方法将很难满足要求。因此有专家呼吁应该对地理实体、属性及空间关系进行系统的调查和规范化来为下一代 GIS 奠定知识基础。

一个可行的方法是借鉴从自然语言语料库中挖掘本体的方法,从现有地图和空间数据库中挖掘和构建空间本体。其科学依据有以下几个方面。

(1) 地图作为地理学的第二语言,其表达的实际上是空间概念,即经过了制图者心理加工的概念系统,地图反映的是地理空间的认知体系。

(2) 地图中的空间概念不仅具有类别,而且具有空间语言表达和行为,构建的本体语义信息更为丰富。

(3) 不同年代、不同文化和不同领域的地图本身就是固化了的地理概念世界,通过分析构建的空间本体不仅更客观,而且更全面。

(4) 在地图学中,地图符号学或地图语言学已经从表达和含义的二元关系角度对地图概念系统进行了多年的研究,为进一步研究提供了强有力的理论和方法支持。

空间本体不同普通本体(如图书情报检索中的本体),其主要区别还是空间概念、属性、行为及其关系的存在。目前在知识工程中的本体研究已经提供了比较完善的本体描述体系,但主要的只是不同的形式系统(如描述逻辑、框架系统等),如果没有来自于真实世界关于空间的概念体系,本体的构建、共享和重用依然只是空中楼阁。

首先要建立一个能够完整描述空间概念语义(类、关系、函数、公理和实例等)的空间本体描述框架。为了避免空间本体结构过于泛化,可以从语音(地图符号的物理形态)、语义(地图符号联系的空间概念、角色、行为及施加的运算等)、词汇(语言单位及其对应的空间概念)和语法(地图符号的组合规则)4 个方面系统研究空间本体的结构及描述。这里不仅要建立普通本体构建中强调的概念的词汇表,而且还要研究从基本概念词汇构建复合概念词汇及短语的机制。

在确定了空间本体的结构与描述体系后,基于地图资料库,采用恰当的本体构建方法即可建立空间本体。在本体工程领域,已经有许多手工或半自动的本体构建方法,如基于文本数据库的方法、共享本体抽取方法、单实例源或多实例源本体抽取方法等,通过确定目的与范围、建立本体、评价与检核的循环过程,由简单的"种子"即可不断构建更为复杂的本体。

本项目在空间本体构建研究中主要关注以下内容。

- 不同历史、文化和领域地图概念体系的演变及联系模式。
- 单一地图符号与空间概念的映射。
- 复合地图符号与空间概念的映射。
- 地图符号关系与空间概念关系的映射。
- 由地图符号及符号组合实例库析取空间概念词汇表的机制。
- 基本空间概念词汇的组合构建复合概念词汇的模式。

20.2.4 空间本体的形式化表达

尽管空间本体在本质上是独立于任何一种具体的表示语言,但必须选择一种形式化的语言去描述它。本体的表示语言有十几种之多,可分为传统的本体表示语言和用于网络环境下的本体标记语言两大类。传统的表示语言就是在 XML 标准出现以前,各个研究小组开发出来的本体表示语言,主要有 Ontolingua、KIF、Loom、OKBC、OCML 和 FLogic 等。而本体标记语言就是基于 XML 标准开发的语言,主要有 SHOE、RDF、RDFS、DAML+OIL 和 OWL 等。

OWL 语言本身设计用于网络环境,按照 XML 语言格式实现。OWL 能够清晰地描述领域内概念的含义以及这些概念之间的关系。它遵循面向对象的思想,按类和属性的形式描述领域知识所包含的结构。OWL 语言还具有逻辑描述和演算能力。OWL 相对 XML、RDF 和 RDF Schema 拥有更多的机制来表达语义,从而 OWL 超越了 XML、RDF 和 RDF Schema 仅仅能够表达网上机器可读的文档内容的能力。

网络本体对其表达的语义不求全,在一定的语义深度层面上,取得复用者的认可即可。它的目标不再局限于哲学和逻辑学的学术范畴,语义描述主要是为计算机容易利用,不求语义的完整和深入,只求语义表达的可扩展性。它的任务就是把共同约定、共同享用的知识(词语的语义规范),用计算机容易处理的形式表达出来。

1. 空间本体的特殊性

尽管 OWL 是表示本体的理想语言,因为对于一般本体来说,要表达的语义关系主要是 part-of、kind-of、instance-of 和 attribute-of 四种关系,而 OWL 提供了丰富的建模原语,因而是足够的。但是,对于空间本体来说,除了表示地理概念的属性特征外,更为重要的是要表示地理概念的空间特征,尤其是空间关系。OWL 语言在处理空间本体的空间特征时,就无能为力。基于 RCC 逻辑和基于求交的两类模型虽然在拓扑的描述中获得了广泛的应用,但它们仍然有一定的局限。而且,在空间本体中还要兼顾空间地物的位置、边界以及部分-整体关系,因此它们并不适合作为空间本体空间特征形式化表达的基础,必须借助于新的理论工具。

2. 三个空间本体理论工具

鉴于 OWL 语言表示空间本体的不足,可以借助于部分-整体学(Mereology)、位置论(Location Theory)和拓扑学(Topology)这 3 个理论工具来建立空间本体。利用这几种工具,可以对本体概念的空间关系、空间位置和空间边界进行形式化表达,并建立一套公理体系。把这些公理作为建模原语加入到 OWL 语言体系当中,从而使得在 OWL 语言构建的空间本体当中能够明确的形式化的表达空间特征以及空间关系。

部分-整体学用来描述部分与整体之间的关系,其核心关系表示为 $part\text{-}of(A,B)$,表示的含义为"A 是 B 的一部分"。人们对于空间的认知以及空间的推理在很大程度上依赖于部分-整体关系,部分-整体关系在地理空间表达中具有特殊重要的意义。与此关系有关的两个地理目标的重叠(Overlap)关系定义以及 5 个公理可以用一阶谓词的形式表示如下:

定义 DP1: $O(x,y) := \exists z (part\text{-}of(z,x) \wedge part\text{-}of(z,y))$;

公理 AP1: $part\text{-}of(x,x)$;

公理 AP2: $part\text{-}of(x,y) \wedge part\text{-}of(y,x) \rightarrow x=y$;

公理 AP3: $part\text{-}of(x,y) \wedge part\text{-}of(y,z) \rightarrow part\text{-}of(x,z)$;

公理 AP4: $\forall z (part\text{-}of(z,x) \rightarrow O(z,y)) \rightarrow part\text{-}of(x,y)$;

公理 AP5: $\exists x(\phi x) \rightarrow \exists y \forall z (O(y,z) \leftrightarrow \exists x(\phi x \wedge O(x,z)))$。

公理 AP1 和公理 AP2 表明部分-整体关系具有自反性和反对称性;公理 AP3 表明该关系具有传递性;公理 AP4 说明了该关系是扩展的;公理 AP5 保证了每一个满足性质 ϕ 的对象,它们的和恰好构成了满足性质 ϕ 的所有对象的集合。

位置理论用来研究地理目标与地理目标所占据的空间位置之间的关系,它建立在部分学基础之上。地理目标与其所占据的空间位置之间的关系是相当复杂的,也是空间本体表达的一个重点。位置理论的基本关系是"恰好位于"(Exact Location),用 L 来表示,$L(x,y)$ 意为"对象 x 恰好位于位置 y"。位置理论的基本定义和公理如下:

定义 DL1(完全位于): $FL(x,y) := \exists z(Part\text{-}of(z,y) \wedge L(x,z))$;

定义 DL2(部分位于): $PL(x,y) := \exists z(Part\text{-}of(z,x) \wedge L(z,y))$;

定义 DL3(相合): $x \approx y := \exists z(L(x,z) \wedge L(y,z))$;

公理 AL1: $L(x,y) \wedge L(x,z) \rightarrow y=z$;

公理 AL2: $L(x,y) \wedge Part\text{-}of(z,x) \rightarrow FL(z,y)$;

公理 AL3: $L(x,y) \wedge Part\text{-}of(z,y) \rightarrow PL(x,z)$;

公理 AL4: $L(x,y) \rightarrow L(y,y)$;

公理 AL5: $y \approx z \wedge Part\text{-}of(x,y) \rightarrow \exists w(Part\text{-}of(w,z) \wedge x \approx w)$。

第20章 空间本体

公理 AL6：$\exists y(\phi y) \wedge \forall y(\phi y \rightarrow x \approx y) \rightarrow x \approx \sigma y(\phi y)$；

定义 DL1 是 L 的扩展，$FL(x,y)$ 意为"x 完全位于 y"；DL2 为 L 的弱化，$PL(x,y)$ 意为"x 部分位于 y"；DL3 定义两个地理对象的"相合（coincidence）"，即占据相同的空间位置；公理 AL1-AL4 是位置理论的最小公理集合；公理 AL5 说明，如果两个地理对象相合，则它们存在相合的部分；公理 AL6 表明，如果 y 具有性质 ϕ，并且 y 具有性质 ϕ 蕴含 x 与 y 相合，那么 x 与具有性质 ϕ 的 y 相合。

拓扑学一般用来描述地理目标之间的相对位置关系。地理目标之间的相对位置关系可以用连通关系来描述，而连通关系可以用边界来定义。边界问题在空间本体当中是一个非常复杂的问题，可以分为真实边界和人为边界。这里仅给出以真实边界为基础的拓扑学定义和公理，真实边界关系可以用 B 来表示，$B(x,y)$ 的含义为"x 是 y 的真实边界"。

定义 DB1（真实闭包）：$c(x):=x+\sigma z(B(z,x))$；

公理 AB1：$part\text{-}of(x,c(x))$；

公理 AB2：$part\text{-}of(c(c(x)),c(x))$；

公理 AB3：$c(x+y)=c(x)+c(y)$；

定义 DB2（真实连接）：$C(x,y):=O(c(x),y) \vee O(c(y),x)$。

定义 DB1 表示以真实边界为边界的封闭区域，为区域 x 和 x 真实边界的和；公理 AB1-AB2 从公理 AP1 派生而来；公理 AB3 是封闭区域的和操作；定义 DB2 表示真实边界连通。也可以根据人为边界给出相应的定义和公理。

由真实边界的定义和覆盖的定义，可以给出当实体的边界为真实边界情况下"内部部分关系"的定义，用 IP 表示如下：

定义 DB3：$IP(x,y):=part\text{-}of(x,y) \wedge \forall z(B(z,y) \rightarrow \neg O(x,z))$。

将这 3 个表达工具结合起来，可以在空间本体中对空间拓扑关系、空间位置、地理目标的边界以及部分-整体关系等进行形式化描述，还可以根据这些形式化的公理来实现空间推理操作。

3. 基于 3 个理论工具定义公理表达空间特征

基于上述 3 个理论工具的相关定义和公理，可以在空间本体中表达其空间特征。这里重点描述空间本体中空间拓扑关系的形式化描述和表达。

相离关系（Disjoint）的定义与 DP1 的定义刚好相反，如果不存在 z，使得 $Part\text{-}of(z,x)$ 和 $Part\text{-}of(z,y)$ 都成立，那么 x,y 就相离，亦即 $Disjoint(x,y)$。

而相接（Touch）的定义则复杂一些，要借助于重叠的定义和内部部分来定义 DB3。$Touch(x,y)$ 表示 x,y 仅在边界部分重合，而内部没有重合，所以，如果 x,y 如果存在重叠关系，并且不存在 z，使得 z 既在 x 的内部，又在 y 的内部，那么 x,y 就是相接关系。

对于重叠关系（Overlap），可运用定义 DP1 进行定义，但 DP1 是不严格的重叠关系。为了定义一个严格的重叠关系，必须在定义 DP1 的基础上加上如下限制：x 不是 y 的一部分，y 也不是 x 的一部分，并且存在 z，使得 z 既在 x 的内部，也在 y 的内部。

如果 x 是 y 的一部分，并且 y 也是 x 的一部分，亦即 $part\text{-}of(x,y)$ 和 $part\text{-}of(y,x)$ 都成立，那么 x 和 y 就是相等关系（Equal）。

被包含（Within）和包含（Contain）的定义只要借助于内部部分关系定义 DB3，$Within(x,y)$ 意为 x 在 y 的内部，所以用内部部分关系定义 $IP(x,y)$ 即可表示，而 $Contain(x,y)$ 则与

$Within(x,y)$ 相反,意为 x 包含 y,也就是 y 在 x 的内部,用 $IP(y,x)$ 即可定义。

覆盖关系(Cover)实际上是一种被内切的关系,受 Egenhofer 用 Cover 表示这种关系的影响,很多人称之为覆盖关系。实际上这里的覆盖与我们常规理解的覆盖大不一样。$Cover(x,y)$ 意为 x 覆盖 y,也就是 x 被 y 内切,所以 y 必须在 x 的内部,并且 y 的边界和 x 有重叠。

被覆盖关系(CoveredBy)实际上是一种内切于的关系,$CoveredBy(x,y)$ 意为 y 覆盖 x,也就是 x 内切于 y,所以 x 必须在 y 的内部,并且 x 的边界和 y 有重叠。其定义刚好和 $Cover(x,y)$ 相反。

8 条新的公理定义如下:

$Disjoint(x,y) := \neg \exists z (Part\text{-}of(z,x) \wedge Part\text{-}of(z,y));$

$Touch(x,y) := O(x,y) \wedge \neg \exists z (IP(z,x) \wedge IP(z,y));$

$Overlap(x,y) := O(x,y) \wedge \neg part\text{-}of(x,y) \wedge \neg part\text{-}of(y,x) \wedge \neg \exists z (IP(z,x) \wedge IP(z,y));$

$Equal(x,y) := part\text{-}of(x,y) \wedge part\text{-}of(y,x);$

$Contain(x,y) := IP(y,x);$

$Within(x,y) := IP(x,y);$

$Cover(x,y) := part\text{-}of(y,x) \wedge \forall z (B(z,x) \rightarrow O(y,z));$

$CoveredBy(x,y) := part\text{-}of(x,y) \wedge \forall z (B(z,y) \rightarrow O(x,z))。$

20.2.5 应用实例——具有空间关系的国家本体

以建立一个完善的国家本体为例,对于图 20.3 所示的地理概念,用 OWL 语言很容易表示出这些概念之间的子类-父类关系(SubClassof),这也是一般信息本体经常关注的语义关系。但对于空间本体,仅仅表示子类-父类关系是远远不够的,必须考虑到这些概念之间的空间特征,比如说处于同一层次的"中国、朝鲜、韩国、日本"这些概念之间到底有什么样的空间关系存在,这些空间关系对于空间本体至关重要,经常应用于空间分析、空间查询和空间推理之中。应用上面 8 条新的公理,国家与国家之间,洲与洲之间,国家与洲之间的空间关系都可以表达。以国家与国家为例,主要存在的就是"相离"、"相接"两种空间关系,也就是说,只要增加

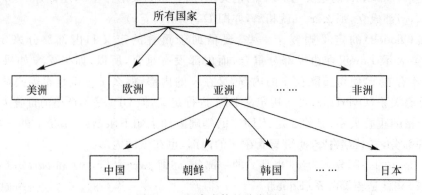

图 20.3 国家本体的分类层次

"Disjoint"、"Touch"两条公理到 OWL 语言的建模原语当中,就可以在用 OWL 语言构建的空间本体当中表示空间关系。下面这些代码说明了如何利用空间本体驱动的方法表达"中国、朝鲜、韩国、日本"这几个国家之间的空间关系。

```
<rdf:RDF
    xmlns="http://www.telecarto.com/2004/ontology/nation#"
    xmlns:rdf="http://www.w3.org/1999/02/22-rdf-syntax-ns#"
    xmlns:rdfs="http://www.w3.org/2000/01/rdf-schema#"
    xmlns:owl=http://www.w3.org/2002/07/owl#>
<owl:Class rdf:ID="所有国家">
    <rdfs:subClassOf rdf:resource="http://www.w3.org/2002/07/owl#Thing"/>
</owl:Class>
<owl:Class rdf:ID="美洲">
    <rdfs:subClassOf rdf:resource="#所有国家"/>
</owl:Class>
<owl:Class rdf:ID="欧洲">
    <rdfs:subClassOf rdf:resource="#所有国家"/>
</owl:Class>
<owl:Class rdf:ID="非洲">
    <rdfs:subClassOf rdf:resource="#所有国家"/>
……
<owl:Class rdf:ID="中国">
    <rdfs:subClassOf rdf:resource="#亚洲"/>
    <owl:Disjoint rdf:resource="#韩国"/>
    <owl:Disjoint rdf:resource="#日本"/>
    <owl:Touch rdf:resource="#朝鲜"/>
</owl:Class>
<owl:Class rdf:ID="日本">
    <rdfs:subClassOf rdf:resource="#亚洲"/>
    <owl:Disjoint rdf:resource="#中国"/>
    <owl:Disjoint rdf:resource="#韩国"/>
    <owl:Disjoint rdf:resource="#朝鲜"/>
</owl:Class>
</rdf:RDF>
```

20.3 空间本体驱动的空间信息服务

现在 Web 服务方面的研究主要是从商业和应用的角度来进行的,可以说是对原有技术的一种综合与集成,并不能对服务的语义进行描述,因而要让计算机去理解这些服务是很困难的,甚至是不可能的。

在 Web 服务中有效利用本体领域模型进行服务的概念建模，可以指导 Web 服务应用的设计。在 Web 服务中有效利用语义信息，可提高 Web 服务的质量，可为 Web 服务的发现、执行、解释和推理提供有效的支持。

20.3.1 地理信息服务中的语义异质

地理信息服务中的语义异质问题主要源于人们对同样的地理现象有着不同的概念化和不同的数据表达。相应地，语义异质也可以分为两种，分别是由于认知不同造成的异质以及由于命名冲突造成的异质。认知异质就是对于同样的真实地理世界有着不同的概念化，而命名异质是指对于同样的地理概念使用了不同的名称。对于命名异质，可以通过建立对应的地理名称之间的映射关系解决，而对于认知异质，则要困难得多。

以河流为例，同是一条河流，在运输部门看来它是一条运输航道；在旅游部门看来，它是一个旅游景点。因此，运输部门要详细表示河流长度、宽度、深度、航道通行能力、水中障碍物等与运输能力密切相关的信息，而旅游部门可能关注的则是河水的水质、沿河两岸的名胜古迹等与旅游密切相关的信息。这两个部门对河流的概念化有很大的差异，随之而来的，则是它们对于河流的表示从空间数据到属性数据都有很大的不同。如果在地理信息服务当中，要集成这两个部门的数据，不是简单地通过数据格式转换或提供一种通用的数据格式就能解决问题，本体论思想的引入为解决这一问题提供了新的思路。

20.3.2 基于本体的解决思路

借助于传统的分布式技术和近几年正在发展的 Web 服务技术地理信息服务中的技术层次上的问题基本上得到了解决。但是，地理信息服务中最为关键的语义问题在 Web 服务技术出现之后仍然没有得到有效解决。

地理信息系统从单机的封闭式的系统走向分布式的开放式的地理信息服务，地理信息迫切需要共享、集成和互操作，不仅是简单的数据层次上的共享、集成和互操作，而是要达到语义层次上无缝的共享、集成和互操作。正是在这种背景下，空间本体的研究显得尤为重要。现实地理真实世界极其复杂，不同的学科和部门对地理世界的不同方面感兴趣，因此不同的部门对同一地理现象的概念化是不一样的。要实现两个部门（或多个部门）的信息共享和互操作，只有在它们对现实地理世界有共同概念化的那一部分进行。图 20.4 显示了怎样得到一个相同的概念化，部门 A 和部门 B 使用相同的语言 L，但是他们的概念化是不同的（$M(L)$ 是所有意图模型的集合）。A 和 B 只有当它们的概念化的意图模型（在图中分别是 $I_A(L)$ 和 $I_B(L)$）有相交部分的时候，它们才能交流。这个相交部分的概念化就表示了 A 和 B 得以交流的共同本体。

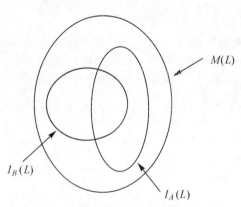

图 20.4　部门 A 和 B 的概念化意图模型有相交部分时才能交流

如果每个部门对于所用到的地理概念都进行了明确的形式化的定义，也就是说建立了属于它们自己领域的本体,那么在地理信息服务当中,需要集成多个部门数据的时候,就可以根据领域本体进行语义层次上的自动匹配。

图20.5则表明了现实世界的表达(数据,元数据和本体)、实体的角色(事实、定义和知识)、表达格式(XML、RDF、DAML+OIL和OWL),以及语法(Syntax)、模式(Schematics)和语义(Semantics)这些概念之间的关系。XML层是数据表示的语法层,RDF层是元数据层,本体层是在元数据层基础上构造领域知识。实现地理信息服务,需要解决3个层次上的问题,即地理认知不同所引起的问题,对地理认知的描述方式不一致的问题和数据层次上的问题。借助于本体,能够明确地理信息的语义信息,解决由于地理认知不同所引起的问题及其逻辑描述的互译问题,从而达到知识层面上的地理信息服务。

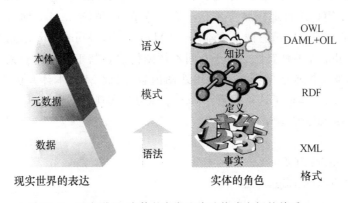

图20.5 现实世界、实体的角色和表达格式之间的关系

20.3.3 实例应用——以地图服务为例

实例是在DAML Map基础上进行的,DAML Map用DAML+OIL语言构建了一些非常简单的地图本体,实现了一些简单的功能。以其为基础,用OWL语言重新定义了相关本体,并对本体进行了完善,尤其是增加了空间关系本体的定义,这将会在后续的空间查询和空间推理中发挥重要的作用。

实例目的是说明独立于GIS平台的地理信息表达及其服务。初期目标是使用OWL构建简单空间本体,并应用于OpenMap系统中,用以描述表现城市间航线。

与现今广为流行的GIS数据模型和数据表达方式相比,用空间本体来表示地理数据至少有以下两方面的优势。首先,GIS的一个主要应用还是地图显示,因为对于用户来说,地图是直观表示空间关系的最为有效的方式。但是,在地理信息服务的框架中,是需要依靠软件智能代理(Agent)去发现并匹配各种服务的,而对于传统的这种表示地图表达方式,尽管人们容易看懂,但是智能代理却不能理解。而空间本体以一种机器可读的方式把人们易于从地图上获取的语义信息进行编码。其次,现今的GIS缺乏推理能力,而空间本体由于具有充分的语义信息并且是采用基于描述逻辑和XML的OWL语言进行表示,因而具备集成多源松散耦合的地理数据进行推理的能力。

实例中用到了Jena和OpenMap两种工具包。Jena是HP语义Web研究小组用Java语言开发的工具包,它包括RDF API模块、RDF/XML解析器模块、序列化模块、推理模块、本体处理模块、RDQL查询语言模块6个模块。

OpenMap 是 BBN 公司基于 JavaBean 技术开发的开源工具包，使用 OpenMap 可以快速开发小型的 Web GIS。OpenMap Java 工具包是由以 MapHandler，MapBean 和 Layer/Plugin 为核心部件的 JavaBean 组件构成，可以很容易地编写出适合这个体系的组件（Layers 和 Plugin）来配合使用自己的数据。使用 OpenMap 可以整合不同的数据源制作出传统的基于图层的 GIS，OpenMap 还可以显示任何图形数据，比如 JPEG 图像、用户自建的图片和幻灯片。MapHandler 是核心组件，它使得管理和连接的 OpenMap 组件相当灵活。MapHandler 可以被认为是概念上的地图，它包含了 MapBean 和其他管理图层、鼠标事件、投影控制的组件。所有的 OpenMap 组件都被设计为利用 MapHandler 来定位和连接它们所需要的其他组件，其他组件或继承自 MapHandlerChild 类或实现自己的方法可以容易地融合到 OpenMap 的程序框架中。MapBean 是派生自 Swing 中的 Jcomponent 类的画布，它是一个 Swing 组件，所以它可以像其他 Swing 窗口组件那样加入到 Java 窗口体系中（据 OpenMap 网站）。

首先构建了有关地图信息的基本本体，如 Map、Layer、Point、Location 等多种本体并定义了诸如 name、color 等多种属性。对于空间本体的构建是基于我们对地理事物的认识基础上的。例如，我们通常按图层的形式来组织地图内容，因此 Map 本体是由 Layer 本体组成的，<rdfs:subClassOf>体现了这种关系。Map 本体部分实现如下：

```
<owl:Class rdf:ID="Map">
  ...
  <rdfs:subClassOf>
    <owl:Restriction>
      <owl:onProperty rdf:resource="#layer"/>
      <owl:allValuesFrom rdf:resource="#Layer"/>
    </owl:Restriction>
  </rdfs:subClassOf>
  <rdfs:subClassOf>
    <owl:Restriction>
      <owl:onProperty rdf:resource="#layer"/>
      <owl:minCardinality>1</owl:minCardinality>
    </owl:Restriction>
  </rdfs:subClassOf>
  ...
</owl:Class>
```

为了描述航线，定义了一系列结构和属性。例如机场，它含有名称和所在城市、国家等属性信息，并被描述为一个具有经纬度地理坐标的点。一条航线则由两个机场组成。机场的"城市"属性，DEN 机场以及 DEN-GEG 航线定义如下：

```
<owl:DatatypeProperty rdf:ID="city">
    <rdfs:domain rdf:resource="#AirportCode"/>
</owl:DatatypeProperty>
...
<AirportCode rdf:ID="DEN">
```

```
        <city>Denver</city>
        <state>CO</state>
        <country>USA</country>
        <airport>Denver International </airport>
    </AirportCode>
<rdf:Description rdf:about="#DEN-point">
    <rdf:type rdf:resource="http://www.telecarto.com/2004/ontology/map#Point"/>
    <RDFNsId1:label>DEN</RDFNsId1:label>
    <RDFNsId1:location rdf:resource="#DEN-location"/>
</rdf:Description>
<rdf:Description rdf:about="#DEN-location">
    <rdf:type rdf:resource="http://www.telecarto.com/2004/ontology/map#Location"/>
    <RDFNsId1:latitude>39.765277</RDFNsId1:latitude>
    <RDFNsId1:longitude>-104.87944</RDFNsId1:longitude>
</rdf:Description>
<rdf:Description rdf:about="#DEN-GEG-line">
    <rdf:type rdf:resource="http://www.telecarto.com/2004/ontology/map#Line"/>
    <RDFNsId1:location rdf:resource="#DEN-location"/>
    <RDFNsId1:location rdf:resource="#GEG-location"/>
</rdf:Description>
```

若查询航线时,只需给出机场名或城市名即可。城市名查询可通过 Jena 的解析推理模块将城市映射到对应的机场,这体现了隐含的语义信息。整个过程,信息描述都是基于 OWL,自成体系,独立于 OpenMap,实现了信息和系统的分离,很容易应用到其他系统。新系统只需实现对本体的解析即可得到信息。

20.4 小　　结

本章把空间本体纳入到哲学、信息科学以及地理信息科学整个大的学科背景中去考察,研究了空间本体的深刻内涵及其形式化表达机制,借助于部分整体理论(Mereology)、定位理论(Location)以及拓扑理论(Topology)构造出形式化的空间特征以及空间关系公理,能够在 OWL 构建的地理本体之中表达其空间特征。在空间本体的应用方面做了一些初步的探索性工作。

空间本体是地理信息科学的一个前沿研究领域,涉及的新理论、新技术、新方法非常多。对它的研究才刚刚起步,还有许多理论上和技术上的难题有待突破,地理本体离真正走向实用还有不小的距离。还需要重点研究空间本体与网格、语义 Web 和智能体的结合,进一步完善本体空间特征的形式化表达。对于空间本体的应用问题尤其需要关注。空间本体如何能在地理信息科学的实际应用中真正发挥作用,将是未来一个非常重要的研究方向。

参 考 文 献

Gruber T. 1993. A Translation Approach to Portable Ontology Specifications, Knowledge Acquisition, 5, 199-220.

Gruber T. 1995. Toward principles for the design of ontologies used for knowledge sharing, Human Computer Studies, 43(5-6): 907-928.

Gruninger M. and Fox M. S. 1995. Methodology for the Design and Evaluation of Ontologies, in: Proceedings of the Workshop on Basic Ontological Issues in Knowledge Sharing, held in conjunction with IJCAI-95, Montreal, Canada.

Guarino N. 1997. Semantic Matching: Formal Ontological Distinctions for Information Organization, Extraction, and Integration. In: Pazienza M. T., et al. (Eds.), Information Extraction: A Multidisciplinary Approach to an Emerging Information Technology, Spring Verlag, 139-170.

Guarino N. 1998, Formal Ontology in Information Systems, in: Guarino N. (Ed.), Formal Ontology in Information Systems, Amsterdam: IOS Press.

Holsapple C. W. and Joshi K. D. 2002. A collaborative Appoach to Ontology Design, Communications of the ACM, 45(2): 42-47.

McCarthy J. 1980. Circumscription—A Form of Non-momotonic Reasoning, Artificial Intelligence, 5(13): 27-39.

Mark, D. M. et al. 1997. Formal Models of Commonsense Geographic Worlds. Report on the Specialist Meeting of Research Initiative 21., *NCGIA Technical Report* 97-2.

Mark, D. M., Smith, B., and Tversky, B. 1999. Ontology and Geographic Objects: An Empirical Study of Cognitive Categorization, In: Freksa, C., and Mark, D. M., editors, Spatial Information Theory: A Theoretical Basis for GIS, Berlin: Springer-Verlag, Lecture Notes in Computer Sciences, 283-298.

Mark, D. M. 1988. Cognitive and Linguistic Aspects of Geographic Space: Report on a Workshop. *NCGIA Technical Paper* 88-3.

Sowa J. F. 1984. Conceptual Structures: Information Processing in Mind and Machine Reading, MA: Addison Wesley.

Studer R., Benjamins V. R. and Fensel D. 1998. Knowledge Engineering, Principles and Methods, Data and Knowledge Engineering, 25(1):161-197.

第21章 空间信息智能搜索

□ 张雪虎 马浩明

空间信息智能服务中往往需要根据用户对空间位置的自然语言描述或遥感数据的内容描述进行检索,其检索前提是系统能够正确理解自然语言位置描述或遥感数据内容描述,并计算出其所对应的坐标范围。完成这一目标必须结合传统的自然语言处理技术/信息检索技术和空间知识的提取和表达。本章重点分析中文位置描述的特点及计算机处理的难点,并通过两个算法示例探索空间信息智能搜索到的有效方法。

21.1 中文位置描述的自动匹配、定位与标准化算法

人们往往通过地址地名等自然语言对空间位置进行描述。在我国,由于地址地名的使用不规范,所以位置描述往往也包括单位和机构名称(又称为兴趣点),例如"北京大学南门"等。空间信息搜索中比较直接的搜索是通过空间坐标对空间信息进行查询。在地理信息系统(GIS)中,基于空间坐标的查询往往通过空间索引来完成,以提高检索的效率。而基于自然语言位置描述的查询,是空间信息智能搜索的关键支撑技术之一,在传统 GIS 中被称为地理编码(Geocoding)。由于中国地址和位置描述的使用习惯和特点,中文的地理编码不仅包括对规范地址的匹配和定位,还包括对兴趣点名称的匹配和定位。本节对中文地址地理编码的难点、相关背景进行综述,同时提出一种适用于我国地址特点的地址地理编码算法,并给出测试结果。

21.1.1 中文地址地理编码的难点

西方地址地理编码技术从 20 世纪 60 年代末起步,目前已经趋向成熟,已有多种在线服务供采用,并且已经成为大型 GIS 平台软件的功能模块(比如 ArcGIS 和 MapInfo 都有地址地理编码模块)。我国自 20 世纪 90 年代初开展地址地理编码研究以来,到目前为止尚未形成一套完整的在各大城市成功推广应用的专业地址地理编码系统。我国地址地理编码技术发展之所以滞后,其主要原因是一系列的理论和工程难题,归纳起来可以有以下 3 个方面。

(1) 中文计算机处理的难点。我国语言与西方语言不同,在地址要素之间没有逗号或者空格等分隔符,导致地址要素切分处理比西方地址复杂得多。

(2) 地址使用习惯混乱。地址混乱的原因主要是我国历史悠久,公众使用习惯和人文文化的变化导致地址系统不断演化。此外,我国城市地址的一个突出特点是包含大量"非线点型"地址。国外地址一般都可以用"号码+道路"的线点结构表示,但是我国城市中大约有 1/3 以上的地址不符合这个结构,最普遍的例子是"小区+楼号"的面点形式。复杂混乱的地址一方面给计算机表达、采集、存储和匹配带来必然的难点,另一方面又容易导致研究和设计人员在希望表达所有地址和解决所有问题的驱动下,把地址模型设计得过分复杂,造成实施方案的

可操作性下降。

（3）地址管理体制滞后。目前与地址有关的门牌名、道路名和地名分别由 3 个部门管理，此外邮局还有自己的地址管理体系，导致了我国地址在政府管理层面上的混乱现况。这种情况在短期内难以得到改善，这也就意味着希望通过政府规划降低我国地址复杂性的标准化工作近期内将无法完成。

以上 3 方面问题使得我国城市的地址地理编码成为一项长期以来无法妥善解决的难题。

21.1.2 国内外相关研究回顾及分析

国外地址地理编码系统已经有不少成功案例，有的甚至已经发展成为成熟的商业产品。本章介绍国外几个典型的地址地理编码解决方案。GBF/DIME 与 TIGER/Line 模型着重于介绍其结构化的地址模型，对地理编码的完整过程给出直观表达，并引入门牌插值定位方法；ESRI 卡尔加里系统重点介绍其数据库设计；日本地址地理编码方案为本文设计中文地址编码系统的地址分词和索引构建提供了重要参考。

1. GBF/DIME 地址地理编码系统

GBF/DIME(Geographic Base Files/Dual Independent Map Encoding)是由美国人口普查局建立的一种用于地理编码的矢量地理基础文件(Geographic Base Files)，其中包含地址区间、邮编、路段和交叉路口的空间坐标等信息，面积覆盖了美国主要的城市区域，成功应用于 1970 年和 1980 年的美国人口普查工作之中(Mark,1997)。该系统是 GIS 技术发展的早期建立的，其数据存储基于文件系统，而非基于 DBMS，因此数据更新问题比较严重。

地理基础文件(GBF)即包含地理图形信息与属性信息的文件或数据库，典型的 GBF 包含以下信息：街道名称／街道交叉口，街道所有路段的地址范围(Address Range)，人口普查地片编号，地理坐标，每个邮政编码覆盖区域的"质心"，行政区划界线，等等。

DIME 模型作为 GBF 的一种，它的数据结构与两条示例记录如图 21.1 和表 21.1 所示 (Cooke and Maxfield,1967)。

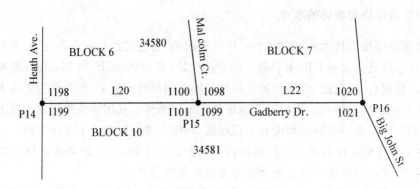

图 21.1　DIME 数据模型

表 21.1　　　　　　　　　　　　DIME 数据记录示例

Segment ID	L20	L22
From Node	P15	P16

续表

From Node Coords.	23,24	34,24
To Node	P14	P15
To Node Coords.	12,24	23,24
Street Name	Gadberry Dr.	Gadberry Dr.
Left Address LOW	1101	1021
Left Address HIGH	1199	1099
Right Address LOW	1100	1020
Right Address HIGH	1198	1098
Left Block Number	10	10
Right Block Number	6	7
Left Zip Code	34581	34581
Right Zip Code	34580	34580

每条数据记录代表一个路段,字段 Segment ID 为街道路段的唯一标识,Node 为街道交叉点,字段 From Node 与字段 To Node 分别表示路段的始末 Node。如图 21.1 所示,L20 路段的始末 Node 分别为 P15 与 P14,L22 路段的始末 Node 分别为 P16 与 P15。字段 From Node Coords 与 To Node Coords 为始末 Node 的地理坐标。字段 Street Name 为街道名,两条记录代表的是同一街道 Gadberry Dr. 的两个路段。字段 Left Address LOW 与 Left Address HIGH 分别表示沿路段 From Node 到 To Node 方向左侧的门牌号码的最小值与最大值,字段 Right Address LOW 与 Right Address HIGH 为右侧门牌号码的最小值与最大值。

基于 DIME/GBF 的地址地理编码系统可实现以下功能。

(1) GBF 数据的索引与地址匹配。DIME 是基于普通文件的,因此 Geocoding 程序要建立合理的数据结构组织并存储 DIME 的数据,并建立索引机制以实现输入地址字符串与 DIME 记录的匹配功能。

(2) 地理坐标的插值。其中 1105 并非路段 L20 门牌号码的最大值或最小值,而 DIME/GBF 仅存储了路段始末 Node 的地理坐标,因此,得出的结果地理坐标要经过插值处理。

(3) 结果数据的组织。输入地址字符串匹配到 DIME 相应记录,针对不同的应用类型,提取 DIME 的相应空间与非空间属性,整合成一条融合了空间与非空间信息的结果数据。

与中国相比,美国的地址命名更加规范,地址模式相对单一而且简单,DIME 数据模型是针对"街道+号码"的地址模式设计的。可以借鉴 DIME 模型处理简单的"街道+号码"形式的地址,仅仅这一单一模型是无法全面模拟我国常用的地址类型的。

DIME 模型的地理坐标插值算法是简单的线性插值,街道的每个路段仅需记录始末两端、左右两侧 4 对门牌号码、2 对地理坐标,其他门牌号码的坐标由插值获得。因此不必存储所有门牌号与其坐标信息。这种处理方法也为我们的设计提供了思路,同样,针对我国复杂的地址使用情况,则需要制定合理的插值算法,例如住宅区内楼房编号可能不是沿单一方向递增递减,因此无法采用线性插值。

另外,英文地址字符串单词与单词之间有空格分隔符,而中文地址字符串是连续的,我国的地址地理编码系统在索引与匹配算法上的难度更高。

2. TIGER/Line 地址地理编码方案

TIGER(Topologically Integrated Geographic Encoding and Referencing)是为了 1990 年

美国人口普查设计的,它取代了 GBF/DIME,从 1989 年使用至今。与 DIME 不同,该模型是建立在关系数据库与文件系统相结合的基础上的。TIGER 将 DIME 与美国地质勘探局 $1:10^5$ 的线型数字地图(USGS Digital Line Graph,简写作 DLG)集成在一起,称为 TIGER/Line,实现了大于 50 000 000 个地理空间实体与人口普查数据的整合,数据覆盖美国全部领土范围。

与 DIME 类似,TIGER/Line 模型也不存储单独的地址,也是以"地址范围"为基础的。街道由线段序列表示,若一个连续的线段序列,除端点外没有其他交点,并且每条线段明确关联了左右多边形及始末结点信息,则在 TIGER 的拓扑结构中被称做"完整链(Complete Chain)",完整链的首尾点称作 Start Node 与 End Node。

地址范围信息被存储在 Record Type 1 和 Record Type 6 两种类型的记录里。地址范围分为基本地址范围与附加地址范围,Record Type 1 记录完整链的基本属性,包含了一个基本的地址范围信息,若一个完整链在单侧或左右双侧包含一个以上地址范围,则在 Record Type 6 中记录其他附加地址范围信息。

图 21.2(U. S. Census Bureau, 2000)为 Start Node 和 End Node 标识的完整链 007654328,其 Record Type 1 和 Record Type 6 中与地址范围相关的字段如表 21.2 所示。

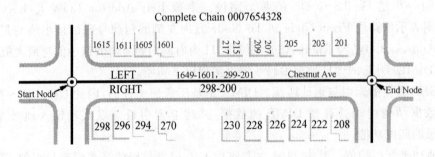

图 21.2　TigerLine 数据模型示例

表 21.2　　　　　　　　　　　　**TigerLine 数据内容示例**

Record Type 1				Address Range			
				Left Side		Right Side	
				Start	End	Start	End
RT	TLID	FENAME	FETYPE	FRADDL	TOADDL	FRADDR	TOADDR
1	007654328	Chestnut	Ave	299	201	298	200
Record Type 6				Address Range			
				Left Side		Right Side	
				Start	End	Start	End
RT	TLID	RTSQ		FRADDL	TOADDL		
6	007654328	1		1649	1601		

RT 字段为记录类型,分别为 1 或 6。TLID 为记录标识,并且起关联 Record Type 1 与 Record Type 6 的作用。由于一个完整链包含的地址范围可能为多个,因此同一个 TLID 可能关联到多条 Record Type 6 记录,并通过 RTSQ 记录多条 Record Type 6 记录的次序。

FRADDL、TOADDL、FRADDR、TOADDR 分别为左右两侧的始末地址的可能号码。例如，实际街道图示右侧末结点端的地物号码为 208，由于其左侧对应号码为 201，为了保证地址范围的号码覆盖全部号码范围，因此 TOADDR 为 200 而非 208，尽管实际不存在号码为 200 的地物。FRADDL、TOADDL、FRADDR 的取值规则与此相同。街道的左侧分为"1649-1601"与"299-201"两个范围，因此，"299-201"作为基本地址范围存储于 Record Type 1，"1649-1601"作为附加地址范围存储于 Record Type 6。因为此完整链只有一个附加地址范围，所以只有一条 Record Type 6 记录通过 TLID 007654328 与 Record Type 1 记录关联。

TIGER 模型继承了 DIME 模型了所有优点，以地址范围为基础，拓展了地址范围的含义，通过附加地址范围以及 Record Type 1 与 Record Type 6 两种记录，使该模型对现实情况的模拟比 DIME 模型更加合理。

该模型也是针对"街道＋号码"形式的地址设计的，因此也无法处理我国实际存在的多种形式的地址。

3. 基于 ArcGIS 平台的加拿大卡尔加里市地址数据模型

本部分介绍 ESRI 公司基于 ArcGIS 平台的 Geodatabase，为加拿大卡尔加里市设计的地址数据模型。Geodatabase 是建立在 DBMS 之上的针对空间数据与属性数据的统一的数据库设计接口，因此该数据模型是完全基于 DBMS 的（见图 21.3）。

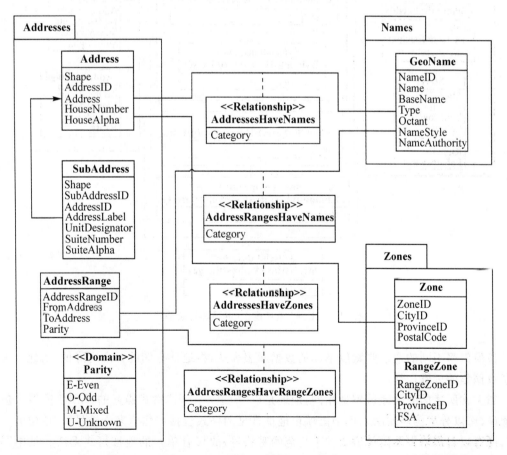

图 21.3 ESRI 地址模型（地址部分）

图 21.3(ESRI, 2003)为模型的地址部分,包括 Zones(政区)、Addresses(地址、子地址和地址区间)以及 Names(POI 名称)三个逻辑分组,涵盖了地址字符串中包括的各部分内容,实体表(例如 Address、Zone)之间通过关系表(例如 AddressesHaveZones)进行关联。

图 21.4(ESRI, 2003)为 Addressable Objects(可由地址标定的地物,为空间图层)分组与 Address 分组的关系,Building、OwnershipParcel、CommunityFacility 分别通过关系表与 Address、SubAddress 关联,Street 通过关系表与 AddressRange 关联。这样含有坐标信息的空间实体便与地址信息建立起了关联。

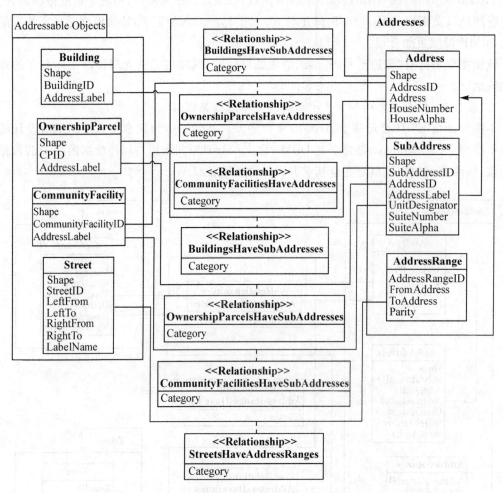

图 21.4 ESRI 地址模型(可寻址对象部分)

该模型将不同的地址要素以不同的数据库表表达,将地址存储的冗余度降低,由此大大提高了数据集的可维护性。

和上文所述的美国地址模型相同,地址是以"街道+号码"格式描述的(ESRI 模型中包括子地址,可以分成更多层次),而中国城市地址常见的格式包括:"住宅区+楼号","单位名+楼号",还有以自然语言来描述地点的不规范的写法等,故仅有单一的地址格式无法满足中国城市地址多样性的需求。

构建在该模型上的 ESRI 的地址匹配算法与 DIME 模型相似,也是在地址集合索引基础上对待匹配地址进行正规化、切分和匹配,由于该模型也储存了路段和地址区间信息,因此也支持沿街号码插值定位。

4. 日本地址地理编码方案

日文与中文一样,词语之间都没有分隔符。由于中文和日文在文字上的相似性,我们重点研究并参考了一套日本地址地理编码的解决方案。为了解决日语地址的切词问题,Sagara 教授等人利用了一个地名词典对输入地址字符串进行切分和解析,切分过程依赖于一个自定义的驻于内存中的地址索引结构来实现词典查找。

该地址索引的数据结构如图 21.5(Saga, 2001)所示。图 21.5(a)为地址树,包含所有参考地址,图 21.5(b)为用于地址切分解析的地名词典树。图 21.5(a)树结构表达了所有地址,其中每个节点对应一个地址要素,图 21.5(b)树结构被称作 Trie 树,可以表达所有地址要素词,一个节点对应一个独立字符。其中 Trie 树节点中还存储了指向地址树节点的指针,分别对应从 Trie 树根结点到该叶节点串连成的地址要素词在地址树中的节点。这种设计在信息检索领域常被称为"倒排索引"或"倒排文档"。其中,"文档"在地址地理编码问题域中与地址对应,而关键字对应的就是地址要素。

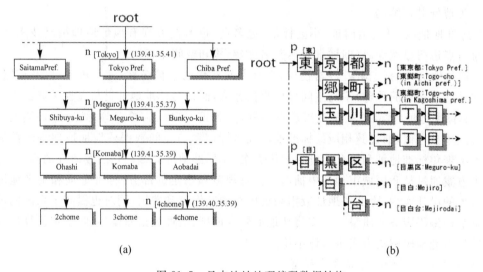

图 21.5 日本地址地理编码数据结构

地址匹配过程首先通过 Tire 树匹配进行分词,之后获得地址树所有匹配节点,从节点回溯获得所有可能匹配的结果,再根据不同层节点的权重来衡量整条地址的匹配程度,从中选取最匹配结果。该系统在一台 Pentium III 500MHz 的普通 PC 机上装载了东京市地址索引后达到了平均 0.01 秒/条的匹配速度。

21.1.3 中文地址地理编码系统的设计与实现

从理论层面上看,我国地址地理编码的难点可以看成是人类空间认知和语言表达所本有的模糊性、不确定性与目前计算机空间信息模型的精确性之间存在的本质矛盾。

面对这一基本矛盾的解决思路主要有3种。

(1) 首先政府通过法律法规对现有的地址进行规范化和标准化,然后再进行计算机地址地理编码的工作。

(2) 对现有的地址(包括上面提到的标准和非标准地址)及其坐标进行全面的采集,然后通过查表的方式完成针对每一条地址的匹配定位。

(3) 根据地址的规律程度和稳定程度对其进行分类,然后根据不同类型地址的特点采用不同的技术方法进行编码。

第一种思路是大部分西方国家采取的思路。但我国目前的地址管理现状使得地址规范化和标准化无法在短期内实施。另一方面这样的标准化和规范化必然导致大量地址的改变,给老百姓以及政府企业的活动带来极大的不便,给我国社会经济的发展带来负面作用。

第二种思路从技术上是可行的,但是这样的系统建设费用以及更新维护费用巨大,而且非常耗时耗力。以北京市为例,全面采集的地址数量将在百万到千万之间。由于我国正处在经济高速发展之中,城市日新月异,地址(尤其是非标准地址)更新非常快。一旦地址数据更新维护不及时,则系统整体的服务质量会明显下降。

本文采用第三种思路。首先根据自定义的规范度条件对现在人们普遍使用的地名地址进行分类,把它们区分为"标准地址"、"别名地址"和"非标准地址"3种类型,然后通过不同的机制对这3种地址进行编码。

(1) 标准地址(包括街道门址,小区楼址,冠名楼)借鉴西方现有地址地理编码技术,结合我国地址特点进行显性编码(即详细表达其名称,结构和空间坐标)。

(2) 别名地址(包括老百姓经常使用,而且不易变化的学校名称、党政机关,以及道路、小区和冠名楼的别名和简称等)不与空间坐标直接关联,而只与标准地址进行显性关联。

(3) 非标准地址(主要包括各类兴趣点名称,如餐馆、单位、旅游点等)则通过兴趣点分类管理的方式单独存储,通过其相应的标准地址或坐标信息与空间数据或地址地理编码数据相关联。本文聚焦标准地址和别名地址的编码方案,非标准地址的编码是后续研究的重点。

以上方案通过从我国城市地址中抽取出相对规范和稳定的部分(标准地址和别名地址),简化了系统的设计实现,降低了地址数据采集更新的工作量和费用,同时也提高了系统的可靠性和地址地理编码服务的质量。后文将从地址要素模型、地址数据库模型、匹配定位算法几个方面对地址地理编码解决方案进行详细论述。

1. 抽象表达——树状地址要素模型

基于前文分析,在我国现有地址模型的基础上,本文提出改进的城市树状标准地址模型(见图21.6)。树状标准地址模型原则上仅对标准地址进行表达,不对别名地址和非标准地址进行表达。但在没有采集到标准地址的情况下,在该模型也可用于暂时存储别名地址或非标准地址,以便完成地址编码功能。标准地址模型的定义可以由以下BNF语法给出:

<标准地址>::=<区域><地址>[<子地址>]
 <区域>::=[国家][省份]城市[区县]
 <地址>::=街道名|小区名|地名|楼名[门牌|楼号]
 <子地址>::=[街道名|小区名|地名|楼名][门牌|楼号]

树状标准地址模型的主要有以下特点。

(1) 抽象性。该标准地址模型仅将地址拆分成8层要素组成的字符串,原则上不对每一

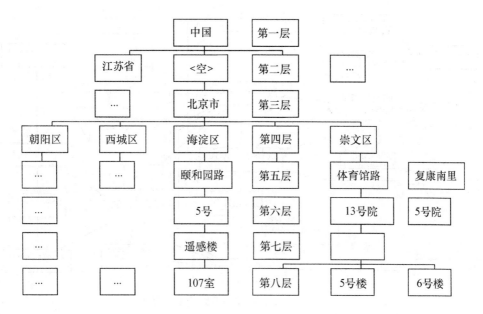

图 21.6 树状地址要素模型

层的语义进行严格定义。实际操作中,在不影响采集和匹配效率的前提下,为了方便起见,前 4 层要素往往为"区域型"地址要素,对应国家行政区划(国家、省份、市、区),第 5 层和第 7 层对应街道、小区、冠名楼等"字符型"的地址要素名称,第 6 层和第 8 层对应门牌号码、楼号、院号等"号码型"地址要素。如果一条现实存在的地址以 8 层模型尚无法表达,可以在 8 层基础上再增加层次,后续增加层与 5、6 和 7、8 层含义类似,通过大量的地址分析发现,如果以楼为定位粒度,8 层模型已能够满足需求。

一般情况下,层与层要素之间具有语义上的空间包含关系和语法上的地址字符串中先后顺序的关系。模型的抽象性保证了其通用性和强大的地址表达能力。例如"北京市海淀区颐和园路 5 号遥感楼"形式的地址可以用该地址模型表达,但是不能用现有的地址模型表达。

(2) 简洁性。模型不包括现有模型中的很多地址要素,如系统甲地址模型中的"乡镇"、"街道办事处"、"村落"等。从城市地址定位的角度看,街道办事处是冗余信息,可以通过图层(或空间要素)的形式存储在空间数据库中,不与地址数据直接关联。

乡镇村落等地址类型不是城市地址的一部分。目前我国农村街道门牌编码尚未达到普及程度,所以通过计算机表达农村地址还不成熟。由于本地址模型不对要素语义进行过分限制,所以完全可以适用于已经完成命名和门牌编码的农村地址。

本模型尽量减少分类,仅为提高数据存储的一致性和易维护性,把地址拆分为 8 层要素;为进行门牌内插定位区分"字符型"地址要素和"号码型"要素;为方便地与空间数据图层关联区分"区域型"要素。地址模型简洁和抽象简化了数据采集更新管理工作,同时提高了地址匹配定位的质量和效率。

2. 地址数据模型的设计与实现

图 21.7 给出了地址地理编码系统的实际数据库模式设计。

模型中的实体说明见表 21.3。GC_开头的表为表达实体间多对多关联的关系表。

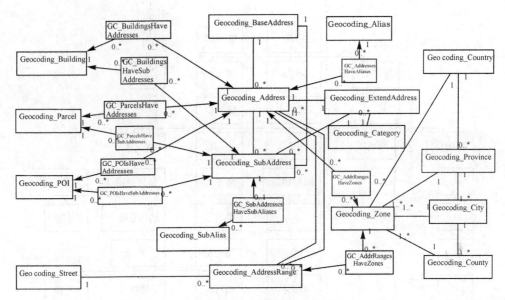

图 21.7 地址地理编码系统数据库模式

表 21.3   地址地理编码数据库表格定义

实体名称	含义	数据范例	对应地址模型层
Geocoding_Country	国家,对应地址模型第1层	中国	区域
Geocoding_Province	省份,对应地址模型第2层	黑龙江省	区域
Geocoding_City	城市,对应地址模型第3层	北京市	区域
Geocoding_Country	区县,对应地址模型第4层	海淀区	区域
Geocoding_zone	区域,由国家省份城市区县确定的具体区域,对应地址模型的前4层	中国北京市海淀区 中国黑龙江省哈尔滨市南岗区	区域
Geocoding_Address	地址,对应地址模型5、6层	颐和园路5号 枫涟山庄3号楼	地址
Geocoding_SubAddress	子地址,对应地址模型的7、8层	中关园50丙楼	子地址
Geocoding_BaseAddress	字符型地址,对应地址模型的5、7层	颐和园路 中关园	(子)地址
Geocoding_ExtendedAddress	字符型地址,对应地址模型的6、8层	5号 50丙楼	(子)地址
Geocoding_Alias	地址别名	北京大学	地址
Geocoding_SubAlias	子地址别名	海龙大厦	地址
Geocoding_AddressRange	地址范围	中关村大街1号(至)中关村大街20号	地址
Geocoding_POI	兴趣点,即非标准地址	雍和宫 北京大学	空间对象 地理要素
Geocoding_Building	房产	海龙大厦	空间对象
Geocoding_Parcel	宗地	北京大学	空间对象
Geocoding_Street	街道路段	中关村大街的一个路段 (两个路口之间的街道称为一个路段)	空间对象

地址数据模型的特点如下。

(1) 便于维护和匹配。本地址数据模型是一个真正采用实体关系模型对地址要素分段存储的地址数据模型。现有地址数据库的地址往往是不做切分(或仅做部分切分)整体存储的。这也就给地址的更新维护和精确匹配带来了根本性的问题。这样的问题可以从下面的两个例子看出。

① 假设本来穿越两个区域的一条街道(如长安街穿越东城区和朝阳区),由于规划的原因需要把其中一个区域中的街道部分改名(如需要把朝阳区内的长安街部分改名为"朝安街")。如果相关的地址数据是以北京大学数据模型的形式存储在关系数据库中的,那么这样的修改可以通过几条简单的 SQL 语句完成,即把所有与朝阳区关联的长安街改为新增的朝安街。如果相关的地址数据是以整体字符串的方式存储的,则需要进行地址字符串的检索、语法分析和更新,不仅耗时,同时也增加了出现数据更新错误的可能性。

② 在地址匹配过程中,基于字段存储的数据模型可以轻松地完成"北京市中关村大街 5 号"地址的匹配,并把标准地址"北京市海淀区中关村大街 5 号"返回(因为"北京市"和"中关村大街 5 号"均被单独存放在表格中,并与海淀区具有关联,所以可以做快速的精确匹配)。而基于整段地址存储的数据库则需要做字符串比较来判断"北京市中关村大街 5 号"和"北京市海淀区中关村大街 5 号"是不是一个地址。由于有两个字符串 3 个字不同,这样的比较往往会失败。

(2) 解决别名问题。本地址数据模型解决的另外一个棘手和迫切的中文地址编码问题是困扰许多现有地址编码系统的别名问题,即老百姓喜欢用地标、楼名和兴趣点名称等非标准地址定位的问题。现有系统往往在地址表格中加一个别名属性。这样的设计无法存储一个以上的地址别名。通过理清地址与别名,以及地址要素与别名之间的多对多关系,分离地址、别名的存储表格,可以建立完善的别名存储机制。这样的设计可以表达现有的各种别名情况。一些例子如下:

多个地址别名:北京市海淀区颐和园路 5 号＝北京大学＝燕园

多个地址要素别名:安定门外大街＝安外大街＝安定门外

区分地址别名和地址要素别名的重要意义在于,地址要素别名是对一批地址别名的精简的表达。如上述关于安外大街的别名表达,可以让具有"安外大街 X 号"形式的一批地址获得快速精确匹配到"安定门外大街 X 号"标准地址的数据支撑。精简表达不仅可以节省存储空间,同时还可以保障数据更新维护的准确性。

关于地址别名的另一个普遍的混淆是把"非标准地址"当做"别名地址"存储。一个典型的例子是把餐馆名称当做地址别名存储。这样的存储方式不仅会导致地址别名信息的极度膨胀,同时也给别名库的更新和维护带来了额外的麻烦(因为餐馆经常改名和搬家,别名需要及时更新以保证匹配的正确性)。解决这一问题的关键是限定什么可以成为地址别名,即人们经常使用,同时位置不易改变的地址别名。在北京大学地址地理编码数据模型中,地址别名主要包括党政机关、学校和冠名大厦等相对稳定(不易搬家)的地址别名。以 BNF 范式表示为:

<别名地址>∷＝党政机关|学校名称|冠名大厦|古迹名称

(3) 支持门牌号码插值定位。数据库模式中的 Geocoding_AddressRange 表是支持门牌号码内插定位的数据基础。通过把多个地址范围与空间数据库中的路段关联起来,地址参考

数据可以支持基于门牌号码的内插定位算法。实现门牌的内插定位算法及其数据库支持模型可以大大降低地址门牌采集的工作量和匹配的精度。以图 21.8 中所示的门牌排列为例,支持内插定位算法的数据模型可以简化地址数据采集,即仅需采集路口的门牌号码,以及道路中不连续地址处的门牌号码。其余的门牌号码可以通过相关的地址范围和空间坐标进行内插估值。同时通过建立路段与地址门牌范围的一对多关系,可以表达图 21.8(U. S. Census Bureau,2000)中的不连续地址范围的情况。

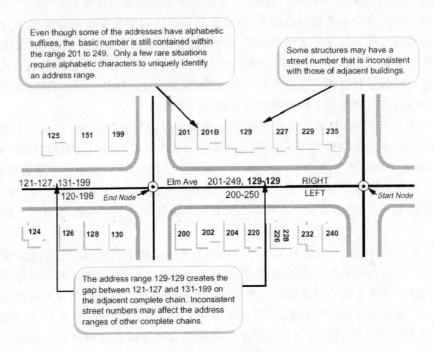

图 21.8 地址插值

当然,由于地址门牌号码的排列不一定是均匀分布的,所以这样的内插估值会导致一定的定位错误,但是对于大量的地址定位应用来说,由此出现的误差对于特定应用来说是完全可以容忍的,而简化地址数据采集维护工作所带来的系统建设费用的降低是非常可观的。

3. 地址匹配与定位算法

专业服务的突出标志是其对服务质量的保障,在地址地理编码中服务质量保障主要表现为以下 4 个方面。

(1) 高匹配率。这是专业匹配引擎最重要的指标之一,专业地址地理编码引擎的匹配率应该大于 90%。引擎匹配率的定义和详细分析见本书有关章节。

(2) 识别输入地址错误的能力。当用户输入错误地址的时候,系统应该可以识别,并返回匹配失败的结果。目前常见的基于模糊字符串匹配的非专业地址匹配算法,即使在用户输入明显超界或错误时,仍然可以返回匹配结果,使得匹配结果的整体服务质量下降。这种识别输入地址错误的功能在完成高质量批量地址匹配中尤为重要,它可以被用于自动筛选批量匹配失败的"问题地址",留待进一步人工处理。

(3) 支持大规模并发访问。专业地址地理编码需要支持高效的大用户量并发地址匹配请求,这是面向公众的地址定位需求所必备的能力。以北京市目前位置服务网站的流量作为参考,面向公众的地址地理定位引擎,必须能在 1000 个并发用户(以每天一小时的连续高峰时间计算,这相当于每天接近 200 万人次的服务访问量)的访问情况下,使个体用户能达到满意的匹配体验(响应时间小于 2s)。

(4) 可定制的匹配服务和基于公开协议的匹配接口。专业的地址匹配引擎应该可以支持与现有数字城市系统和 GIS 系统的轻易整合。可定制的服务允许足够的灵活度,而基于公开协议(如 Web Services)的接口允许其他系统与地址地理编码功能快速整合。

针对以上关于专业地址匹配的需求分析,地址地理编码匹配引擎需要实现以下主要功能特点。

(1) 精确匹配不完整地址和不规范地址的能力。人们习惯使用不完整地址和不规范的地址进行定位,如北京市海淀区颐和园路 5 号的地址可能会以以下多种形式出现:

① 颐和园路 5 号
② 海淀区颐和园路 5 号
③ 北京市颐和园路 5 号

地址地理编码引擎需要针对上述不完整地址进行精确匹配,并返回完整的标准地址"北京市海淀区颐和园路 5 号"。

(2) 精确匹配地址别名,并返回标准地址。人们进行定位的另一个习惯是使用别名进行地址定位,最普遍的如党政机关、科研院所和学校等。针对这些地址别名,引擎需要进行精确定位,并返回这些别名的标准地址。

(3) 精确匹配地址要素别名,并返回标准要素名称。这一功能也是针对我国群众地址定位的一个使用习惯,即地址要素别名的精确匹配(如可以精确匹配"安外大街 10 号"并返回"安定门外大街 10 号"等)。

(4) 基于街道空间坐标的街道门牌号码位置内插。当用户输入的门牌号码不在地址参考数据库中时,匹配引擎可以根据数据库中的其他门牌位置和街道空间坐标对用户输入的门牌进行空间插值定位。

(5) 容错匹配功能。当用户输入的地址不规范甚至错误时,匹配引擎可以根据同音字,通假字和同义词对地址进行分析,并返回最佳的匹配结果。

(6) 非法或超界地址识别功能。匹配引擎可以识别严重的输入地址错误,或超出参考地址范围的地址输入,给出匹配失败信息。

(7) 可定制功能的开放服务接口。匹配引擎封装为 Web Service 接口,并可以提供不同精度(点地址查询、线、面地址查询)、不同输入模式(单条匹配模式、多条匹配模式)的功能定制。

(8) 高效率的匹配能力。算法基于地址树和地址要素树快速索引结构,支持高效的单条、批量以及多用户并发匹配服务,用于支持大规模公众定位服务门户的需求。

本文地址匹配引擎的算法在数据结构上主要借鉴了日本东京大学 Sagara 教授开发的日本地址地理编码引擎中的双索引树算法(Sagara,2001)。这种算法的主要特点是其匹配的高效性和对于东方字符的适应性。其高效率主要来源于算法在地址切分和匹配过程中避免了传统的地址语法语义分析的过程,直接采用地址要素词典进行切词和匹配。同时通过关联地址要素词典(Trie 树结构)和标准地址树数据结构的节点,实现了倒排索引结构,基于索引进行切分和匹配的过程中,无需访问数据库,这样在大规模并发访问的情况下,不需解决数据库访问瓶颈(如构建数据库集群等),就可降低系统物理构架复杂度,并提高匹配效率。图21.9给出了双树结构切分匹配地址的示意图。

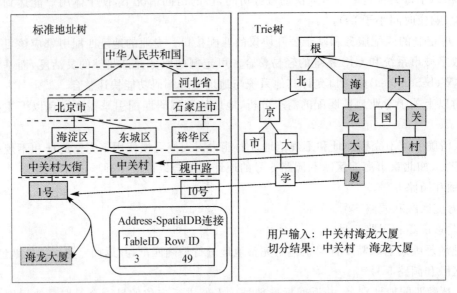

图21.9 地址双树索引结构与匹配流程

图21.9中右侧为地址要素词典,包含地址要素和别名数据,左侧为标准地址树,也包括了所有的地址要素,但数据组织方式与要素词典不同。两个树结构中的地址要素节点保持关联关系,通过从词典节点指向地址树节点的指针完成,形成倒排索引结构。两个树结构的数据源均是地址数据库中的地址和别名数据。系统初始化过程由程序自动从数据库中抽取数据建立索引。

进行地址匹配时,程序首先通过地址要素词典对输入地址进行切分,通过正向最长匹配算法,把输入地址字符串中的地址要素和别名切分成段。在完成输入地址字符串的切分的同时,通过两个数据结构的指针连接,程序也同时获得了一组标准地址树中地址要素节点。即地址字符串切分和地址要素匹配同时完成。由于有时不同的地址可能包含同名地址要素,最终匹配到的地址可能有多条,程序再根据打分排序算法,对地址树中匹配到的各条地址打分,确定最佳匹配结果。这个双树索引机制还可以很好地处理不规范的部分地址输入(如北京市中关村大街1号),通过地址树中沿着分支的上溯返回完整的标准地址(中国北京市海淀区中关村大街1号)。

在双树索引算法的基础上可进行功能扩展,主要是地址模糊匹配功能(包括通名模糊匹配、同义字模糊匹配、号码类型模糊匹配)以及沿路门牌插值定位功能,下面分别介绍。

4. 模糊地址匹配

地址模糊匹配需要解决以下常见的地址输入错误问题:

(1) 通名模糊匹配。如"国子监街"到"国子监胡同"的模糊匹配。

(2) 同音字通假字模糊匹配。如"黄城根"到"皇城根"的匹配。

(3) 号码类型模糊匹配。如"中关村大街34号"到"中关村大街34号院"。

另外，别名地址和不规范地址的匹配，如"安外大街"到"安定门外大街"，或"北京市颐和园路 5 号"到"北京市海淀区颐和园路 5 号"的匹配，本文地址匹配算法对这两种类型不采用模糊匹配的方式，而是应用精确表达的地址模型对上述情况进行精确的定位，因为这两种情况中输入地址字符串经过切分之后，所有切分词都是在地址要素词典中精确匹配获得的，而前面所述三种情况切分词并不存在与地址要素词典中。

从效率的角度考虑，模糊匹配的算法仅在精确匹配失败的情况下才起用，从而保证系统对于规范输入匹配的效率。精确匹配失败的判别标准为输入字符串有剩余未切分的部分，同时切分匹配的结果中不包含第 5 层地址要素。下面给出模糊匹配算法流程。

（1）通过正则表达式分析剩余未切分部分的输入字符串，提取通名部分。

（2）替换同义通名并进行重新匹配。

（3）如果通名匹配失败则恢复原用户输入的通名，并进行同音字和通假字的模糊字符串匹配。

其中关于同义通名的定义为：

类型 1：路，街，大街，胡同

类型 2：小区，园

类型 3：号，号楼，号院

以上同义通名定义可以扩展或根据不同城市的特点进行定制。

5. 地址内插定位算法

地址内插算法是专业地址地理编码引擎的一项核心功能，它不仅可以增强地址地理编码系统的定位能力，同时也是简化地址数据采集更新和管理的关键前提。地址内插算法的前提条件是地址门牌和位置之间具有一定的相关性，最简单的一种情况是门牌号码沿街左右不同奇偶分开，且门牌号码的差别和门牌位置坐标之间的距离成线性关系。在这种情况下，我们可以通过首先判断待插值门牌的奇偶（判别在街道哪侧），然后找到与它临近的已知位置的门牌号码进行内插定位。

实际的门牌分布情况和以上理想的情况往往有所不同。首先，门牌号码沿街排列不一定是顺序递增或递减的；其次，递增和递减门牌的步进距离也不一定均匀。在这些情况下，需要把一条街道所有门牌分为一系列连续均匀变化的地址门牌区间，然后根据这些区间进行内插定位。显然，要建立反映真实地址门牌情况的区间表达，需要在地址采集的过程中采集足够多的门牌号码，门牌采集越多，分析出来的区间越真实，内插定位也就越准确。

根据我国地址门牌排列相对混乱的特点，本文系统的门牌内插模块实现了一种专门应用于我国城市的地址内插算法。它有以下主要特点。

（1）智能性。与目前西方流行的与路段对应的固定地址门牌区间采集存储不同，本算法的门牌区间是根据现有门牌数据动态生成的，即程序启动时，首先提取关于某条街道已采集的所有地址门牌，然后进行连续均匀区间分析，并把区间分析的结果存入标准地址树中以备匹配内插之用。这种自动分析的智能性简化的地址采集工作，外业采集和内业人员不需要对每条街道的门牌排列进行分析和建模等人工操作，大大提高了采集的工作效率和质量。

（2）准确性。门牌内插算法保有相关街道的空间坐标，所以可以做到真正的沿街内插定位，与现有仅通过门牌号码线性内插定位在定位精度上具有明显的提高。

门牌区间分析的算法流程如下：

(1) 提取对应道路所有门牌及对应坐标(中关村大街)。
    1.1   删除所有门牌的 Alpha 部分(如 17A 号变为 17 号)
    1.2   去除重复门牌
(2) 根据门牌的空间坐标分离道路两侧门牌,并对两侧门牌排序。
    2.1   分解两侧门牌
    2.2   判别道路门牌排列规则(奇偶,顺序)
    2.2.1   计算 A 侧和 B 侧的奇偶门牌比率
    2.2.2   如果$(\max(A$ 侧奇比率$,A$ 侧偶比率$)+\max(B$ 侧奇比率$,B$ 侧偶比率$))/2$ 大于 75% 为奇偶街,同时标定 A、B 侧的奇偶性
    2.2.3   否则为顺序街
    2.3   门牌投影到道路中心线(保存投影的垂向距离)
    2.4   计算投影点距道路端点的距离
    2.5   根据距离对门牌排序
(3) 根据门牌排列规则(连续,奇偶)提取门牌区间(两侧)。
    3.1   计算相邻门牌号码的差,并根据差值计算奇偶跳变的位置(对于顺序街,此步省略)
    3.2   计算单位距离的门牌号码的步进(相邻门牌号码差/门牌空间距离)(零步进代表 1.1 中删除 Alpha 所导致的门牌号码重复),并计算步进跳变的位置。
    3.3   计算二阶步进(即相邻步进的差值)
    3.4   对二阶步进进行二值化(映射到 0,1),规则为二阶步进绝对值大于 3 倍(可调),二阶步进的标准差则映射到 1,其他二阶步进值的映射到 0。
    3.5   向右平移二阶步进序列一个序号
    3.6   提取"脉冲"区间,即值为 1 的脉冲的"前沿"和"后沿"的节点序号
    3.7   反转以上区间,即获得门牌区间
    3.8   根据区间边界门牌的奇偶标定区间的奇偶
(4) 删除所有包含道路路口节点的门牌区间。
    4.1   包含关系通过路口节点和区间端点距道路端点的距离判断
(5) 根据道路拐点坐标分解门牌区间。
    5.1   抽取落在门牌区间内部的拐点(根据距道路端点的距离判断)
    5.2   插值获得拐点的门牌号码(根据距道路端点的距离计算)
    5.3   分解相应的门牌区间
(6) 把相应门牌区间的坐标外推到道路两边。
    6.1   根据最近采集点的投影垂向距离计算拐点的外推距离(等于最近采集点的投影距离),并根据外推距离导出拐点对应的路边门牌坐标。外推方向为角平分线方向。
(7) 保存两侧门牌区间到标准地址树的第 5 层节点中。

6. 大用户量并发访问支持

    大用户量并发访问的关键在于系统的可扩展性(Scalability)。可扩展性要求系统在架构设计上避免瓶颈效应。本文地址地理编码系统支持大用户量并发访问的系统架构如图 21.10

所示。

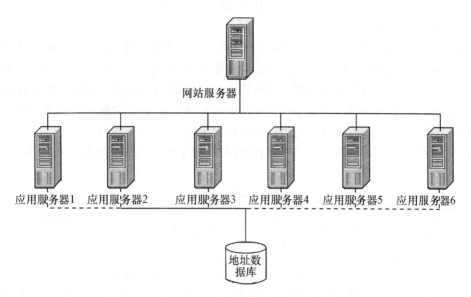

图 21.10 支持大用户量并发访问系统的架构

图 21.10 中网站服务器上允许调度管理和负载平衡软件，把用户的地址地理编码请求分布到不同的应用服务器上，每个应用服务器分布保有一套支持地址地理编码的地址要素词典和标准地址树数据结构。同时，每个应用服务器还可以进行多进程的地址地理编码匹配服务。图 21.10 中应用服务器和地址数据库之间的虚线表示它们之间的连接仅在系统启动和数据更新时使用，在系统进行地址地理编码匹配服务过程中，系统不与数据库进行通信，有效地避免了系统扩展中潜在的数据库瓶颈。

21.1.4 地址匹配率试验分析

地址地理编码系统的主要功能是把用户输入的地址与存储在地址数据库中的参考地址进行比较，检索到最为匹配的参考地址，并返回相应的空间坐标。所以地址地理编码的主要指标是匹配正确率（以下简称匹配率）和匹配效率（并发用户量和系统响应时间）。本章先定义地址匹配率，说明匹配是否成功的检验标准，并对匹配失败的不同情况进行分类，最后通过实际地址匹配试验的结果对地址编码系统的性能以及影响匹配率的主要因素进行讨论。

1. 匹配率的定义

导致地址匹配失败的原因可以分为两大类：

（1）由于数据库中没有与用户输入相关的参考数据导致的匹配失败；

（2）由于匹配引擎算法错误或无法识别用户输入的非规范地址，从而无法关联数据库中的标准地址所导致的失败。

从这两种匹配失败原因可以定义 3 个匹配率的概念，即系统匹配率、数据匹配率和引擎匹配率。顾名思义，数据匹配率是由于数据错误或不全导致的匹配率，引擎匹配率是由于引擎错误或识别不规范地址的功能不全导致的匹配率，而系统匹配率是排除错误输入地址后系统的总匹配率。

从定义可知：

$$系统匹配率＝数据匹配率×引擎匹配率$$

2. 匹配成功的检验标准

匹配率的计算还依赖于匹配成功的校验标准。例如当用户输入"北京市海淀区颐和园路12号"的时候，如果没有匹配到12号，但是匹配到了"北京市海淀区颐和园路5号"，在有些应用中可以被看做定位成功，而在另外一些应用中则会被认为是失败。所以在讨论地址匹配引擎匹配率的时候，必须明确匹配成功和失败的校验标准。由于中文地址结构的不规则性和地址分布的不确定性，准确的可操作的校验标准很难定义。

表21.4根据8层地址模型定义两种校验标准，用于地址匹配成败的衡量。

表21.4 地址匹配成败的衡量标准

具体错误类型	高校验标准	低校验标准
前5层的要素匹配有错误	失败	失败
前5层正确，第6层（门牌）匹配错误	当输入地址没有第7、第8层时，第6层号码类型没有明显错误，号码误差＜10且坐标误差＜100m时认为成功（号码"类型"错误如"15号"匹配到"15号房间"）； 其他情况认为是失败。	当返回地址没有第7、第8层时，没有号码类型错误的内插结果均认为成功； 当返回地址包含第7、第8层时，第6层要素必须是精确匹配才认为成功； 其他情况认为匹配失败。
前6层正确，第7层匹配错误	失败	成功
前7层正确，第8层匹配错误	在数据库中没有相应门牌号码的情况下，内插结果均认为成功； 当第8层输入地址是房间号时，忽略第8层输入，认为匹配成功； 其他情况认为是失败。	成功
8层全部正确且返回坐标正确	成功	成功

在实际的地址匹配结果校验中，往往两个标准同时使用，针对一组匹配结果，会获得两个匹配率（即一对匹配率区间）。同时使用高低标准进行匹配率计算的主要动机是希望能够通过给出一个匹配率的范围，更加全面地反映地址匹配结果的质量。换句话讲，可以更好地评估匹配结果对不同用户需求情况下的服务质量。表21.4的判别方法是通过对实际匹配失败结果分析获得的，表21.5通过几个例子进一步解释表21.4中判别法则的来源和使用方法。

表21.5 地址匹配成功失败的判别示例

用户输入	返回结果	高标准	低标准	说明
北京市东城区安定门外大街皇姑坟1号339室	中国北京市东城区安定门外大街	失败	失败	第6、7、8层无返回结果

续表

用户输入	返回结果	高标准	低标准	说明
北京市东城区安定门外大街青年湖北里5号香江宾馆209房间	中国北京市东城区青年湖北里3号楼〔香江宾馆〕	成功	成功	第8层输入为房间号
北京市东城区安德路29号	中国北京市东城区安德路18号	失败	成功	门牌号码误差大于10
北京市东城区安德路47号北2楼102室	中国北京市东城区安德路55号院2号楼	失败	失败	返回结果包括第8层地址,而第6层是内插结果。这种情况判别为错误的主要原因是带有子地址的地址往往空间范围较大。所以在有子地址的情况下,如果地址门牌不同的话,位置偏差一般较大。
北京市海龙大厦	中国北京市	失败	失败	只有第1层和第3层地址要素

3. 匹配失败分类

在地址匹配结果分析与评估的工作中,除了希望能够确定准确实用的匹配率之外,还需要能够确定匹配失败的原因,并以此分析进一步提高匹配率的方法。在本文地址模型的背景下,对错误原因的种类进行了以下分类,见表21.6。

表 21.6   **匹配失败分类表**

错误代码	系统匹配率	引擎匹配率	数据匹配率	详细错误描述
A0	Include	In/Ex	In/Ex	软件bug或未知严重错误
A1	In/Ex	In/Ex	In/Ex	用户输入地址不规范
A2	Include	Exclude	Include	参考地址库中缺少地址
A3	Include	Include	Exclude	参考地址库中缺少地址别名
A4	Include	Include	Exclude	输入地址与输出地址不匹配
A5	Include	Include	In/Ex	坐标错误
A6	Include	Exclude	Include	参考地址库中缺少子地址
B0	In/Ex	In/Ex	In/Ex	未知非严重错误
B1	In/Ex	In/Ex	In/Ex	门牌号码类型不匹配
B2	In/Ex	In/Ex	In/Ex	插值区间过大
B3	In/Ex	In/Ex	Exclude	未达到最深匹配层次

表21.6中以A开头的错误代码为严重错误,以B开头的错误代码指的是在特定应用情况下可认为匹配成功的匹配分类。其中"系统匹配率"、"引擎匹配率"和"数据匹配率"三列中"Include"指对应匹配率,匹配失败情况包括该错误分类;"Exclude"为不包括;而"In/Ex"表示在得出对应匹配率区间时的区间范围,即该匹配率区间最小值的判断标准最严格,所有"In/Ex"的错误分类均以匹配失败统计,匹配率区间最大值的判断标准最宽松,所有"In/Ex"的错误分类均以匹配成功统计。

对于任何一次地址匹配实验(或实际地址匹配服务),均可以根据表21.6的错误原因分类,对匹配结果进行统计分析,找出导致匹配失败的主要原因。A1类错误和A3类错误的判

别标准往往比较模糊,所以需要进一步分析说明:

(1) A1 类错误(用户输入错误)中有一部分输入可以通过提高匹配引擎识别错别字的方法解决,例如用户输入"北京市海淀区中关村海隆大厦",系统应该可以根据模糊字符串匹配识别出"海隆大厦"其实就是"海龙大厦"。如果中关村同时还有一个"海陇大厦",那么系统就应该可以把两个可能的匹配都返回来。

(2) A3 类错误(缺少地址别名)中也有一部分可以通过改善目前的字符串匹配算法来解决。如用户输入"国子监街 50 号",而数据库中存储"国子监胡同 50 号"时,基于精确字符串匹配的引擎会返回失败结果。这种错误可以通过将国子监街建成国子监胡同的别名的方式在数据库层解决,也可以通过模糊字符串匹配的方式在算法层解决,同时还可以通过进行通名分析的方法解决(即在精确匹配失败后,把街等同于胡同)。

4. 匹配试验数据说明

匹配试验的参考地址数据为北京市东城和崇文两区的地址数据库,该数据是由北京市信息资源管理中心提供的,由北京市信息资源管理中心与北京邮政局合作采集所得。这两个区总面积约 42 km^2,经过采集与审核流程之后,入库地址条数约为 10 000 条,该数据集作为匹配试验的参考地址数据集,即在该数据集基础上建立地址双树索引提供地址匹配服务。

待匹配数据来源于北京市组织机构数据库,从中抽取出东城与崇文两区的地址数据约 20 000 条作为试验的输入数据集。

匹配试验的参考地址库与待匹配数据集的来源不同,前者为实地采集,后者为人工填写的组织机构地址;两个数据集中地址字段的用途也不同,前者专门用于地址地理编码,有严格的地址采集和审核规范,最终入库地址为符合地址模型的规范地址,后者地址为标识组织机构地点的说明性字段,更接近于人们日常使用的地理位置描述说明,适合用做匹配输入。

下面从约 20 000 条输入数据所得的匹配结果中随机抽取 2 033 条数据用做匹配率分析数据。

5. 试验结果与讨论

通过系统实际匹配测试,在一台处理器为奔四 1.5GHz 的 PC 机上,每条匹配平均耗时为 0.013 s。表 21.7 为 2033 条匹配结果分析之后所得到的错误计数与百分比以及 95% 置信区间值。

表 21.7 匹配失败统计表

错误代码	A0	A1	A2	A3	A4	A5	A6	B0	B1	B2	B3
条数	11	50	160	49	10	3	68	15	81	34	8
比例%	0.5	2.5	7.9	2.4	0.5	0.2	3.3	0.7	4.0	1.7	0.4
置信区间(95%)	0.3%	0.7%	1.2%	0.7%	0.3%	0.2%	0.8%	0.4%	0.9%	0.6%	0.3%

可见,最主要的错误分类分别为:

(1) A2:参考地址库中缺少地址;

(2) A6:参考地址库中缺少子地址;

(3) A1:用户输入地址不规范;

(4) A3：参考地址库中缺少地址别名。

根据前面给出的匹配率计算标准，表 21.8 为 3 种匹配率区间值。

表 21.8　　　　　　　　　　匹配率统计

匹配率	最小值	最大值	均值	95%置信区间
系统匹配率	76.0%	84.8%	80.4%	1.7%
引擎匹配率	85.5%	96.4%	91.0%	1.2%
数据匹配率	78.6%	88.1%	83.3%	1.6%

从表 21.9 可得知系统匹配率的均值为 80.4%(95%置信区间 ±1.7%)，引擎匹配率均值为 91.0%，而数据匹配率受地址参考数据集质量影响，其均值为 83.3%。从上面对数据匹配率的定义可知，即便匹配算法完美无缺，即引擎匹配率为 100%，数据匹配率仍为 83.3%。从 3 个匹配率的大小可知导致匹配失败最主要的原因是参考数据集的质量。其中错误条数最高的分类为 A2 和 A6，都是参考数据集缺少相应地址数据。为了提高参考数据集质量，需要采用专业的地址数据采集管理系统来规划并管理地址数据生产的采集、审核、更新等多个流程。

表 21.9 中所示错误条数排第三位和第四位的分类分别为 A1(用户输入地址不规范)和 A3(参考地址库中缺少地址别名)，这两类错误都归因于参考数据质量是不合理的，这两类问题与地址匹配引擎处理非规范输入的能力相关。地址别名常为标准地址要素名称的简称(比如"德胜门外大街"简称为"德外大街")，这类别名可增加到参考数据集，但在实际操作中，针对每个城市都事先收集全这类别名是比较困难的，因此这类问题的解决在于提高匹配引擎对模糊匹配的支持程度，即在目前基于双树结构的匹配算法进行扩展，实现比简单的词典查找更智能的算法，可以从非标准地址输入反推出标准地址。这个功能类似于许多网页搜索引擎的模糊搜索和关键词自动修正功能，将是后续研究的重点内容。

21.1.5　小结与展望

本文介绍了国内外几套典型的地址地理编码系统，从地址抽象模型、地址数据库设计、地址索引结构与匹配算法等几个方面结合中文地址匹配定位的特点进行分析。在吸取 ESRI 卡尔加里地址数据库设计以及日本地址地理编码的双树地址索引数据结构的优点的基础上，文章提出了适用于中文地址的抽象地址模型与地址数据库设计，并详细介绍了基于该模型的地址匹配与定位算法的设计与实现。最后，文章通过对实际匹配试验结果的详细分析，总结了本文地址地理编码系统的优缺点，并讨论了影响匹配率的主要因素。

1. 工作成果与创新点

经过对我国城市地址特点以及中文地址地理编码相关问题的持续研究，本文提出了一套针对我国城市地址的地理编码解决方案，填补了我国专业地址地理编码技术的空白。这套解决方案由以下几个部分组成。

① 针对我国城市特点的抽象地址模型。
② 基于关系数据库分段存储地址数据模型的设计与实现。
③ 支持大用户量并发匹配的专业地址匹配算法的设计与实现。
④ 以地址匹配率来衡量参考地址数据集与地址地理编码引擎质量的指标体系。

其中最具创新意义的部分如下。

(1) 中国城市地址模型。针对混乱易变的中国城市地址现状,提出可以适用于各种不同情况的中国地址模型,包括逻辑模型和数据模型。

我国现有地址模型的是基于确定性地址要素分类和地址组成公式实现的,它们都是只能处理现实存在的复杂地址表达中的一部分。要想提高模型的表达能力则需要针对各种当前无法表达的类型或地址组成公式进行扩充,这就意味着模型的抽象度不够,适应性差。本文模型突破了采取的限制,具有高度的灵活性和适应性,可以通过地址要素和别名要素的组合,以树状结构表达任意中文地址形式。此外,该模型与用于地址匹配的地址索引结构紧密结合,对实现高效的支持大规模并发的匹配算法提供了有力支持。

(2) 高效地址匹配与定位算法与地址地理编码引擎。支持模糊查询和并发服务的高新中文地址匹配算法的设计和实现。

在双树地址索引基础上实现的地址匹配与定位算法(包括精确定位与路段插值定位)具有高度的功能可扩充性和服务可扩展性。在地址匹配方面,用户输入处理过程避免了复杂的语义分析,同时可以方便得实现通名模糊匹配、同义字模糊匹配、号码类型模糊匹配等功能,并且允许类似的功能扩充。基于该算法实现的地址地理编码引擎可实现灵活的集群服务,以支持大规模用户并发访问,这是提供实现面向公众的地址查询定位服务的重要前提。

2. 工作展望

(1) 以基础地理图层和黄页地址数据为主的多源数据融合技术。我国以往地址地理编码系统的数据来源以专业数据采集人员"扫地毯式"的人工采集为主,这无疑会导致数据生产成本过高,数据更新困难,成为制约我国地址地理编码服务质量的主要因素之一。从前面匹配试验结果分析也可得知,参考地址数据集的质量和完备程度是影响系统匹配率的最主要因素。地址地理编码技术本身就是实现空间数据与社会经济数据关联的关键技术,现有系统中已有大量的地址信息,如何利用这些不同来源、不同用途的数据通过数据融合技术自动化以获得高质量的地址参考库,是地址地理编码研究的重中之重。在前期开展的预研基础上,我们认为解决这一问题的思路是以数字城市基础设施的区县边界图层、道路图层和 POI 点图层等城市基础地理图层和工商、电信黄页数据库为主数据源,结合传统信息检索和智能空间认知技术,开发出一套面向地址地理编码的多源数据融合方法。

(2) 面向民众定位需求的智能地址地理编码引擎技术。目前实现的地址地理编码服务仅能对相对规范的地址进行定位,但对于我国民众习惯使用的自然语言定位方式往往无能为力。一些常见的例子如"北京市国家统计局东 50m","九头鸟酒家中关村店对面","城铁五道口站向西 100m 路南"等。针对以上人们普遍使用的定位方式的计算机自动识别与定位进行研究将具有重要意义和广泛的应用价值。这不仅将在 LBS、电子政务、应急系统等关键应用中发挥作用,同时也有利于刺激和带动计算机空间智能计算的基础研究。经过目前对此进行的初步预研和探索,我们认为一种结合本体、模糊逻辑和反馈神经网络的空间智能计算模式有望解决以上问题。

21.2 空间兴趣点简称到全称的智能匹配算法

兴趣点是指人们感兴趣的一些点状地物,例如餐馆、学校、旅店、机构、旅游景点有固定的地址。兴趣点定位是中国地址地理编码的特色之一,是基于位置的服务(LBS)的基础。在使用中,人们往往会使用兴趣点的简称或别名,如"北大"、"燕园"来代替"北京大学"进行检索,而兴趣点数据库中往往保存的是兴趣点名称的全称,这就要求实现简称到全称的匹配方法。此外,如果能够准确地完成从简称到全称的自动匹配,那么就可以把多种来源的数据对应起来,所以它也是多源数据融合的关键技术之一。

简称匹配是指给定简称找出其全称。西方语言的兴趣点简称大多是其全称首字母的组合,例如,"MIT"是"Massachusetts Institute of Technology"的简称。但是汉语没有分隔符,例如,"北京大学"的简称是"北大",提取了两个词的首字,但这要求基于正确合理的分词;即使有正确的分词结果,也并非都是提取首字,例如,"清华大学"的简称是"清华",只保留了第一个词,而不是"清大";同一中文兴趣点名称可能有很多简称,例如"中国联合通信有限公司"的简称可能是"中国联通"、"联通"、"联通公司"、"中国联通公司"。在兴趣点数据采集和匹配中,这些名称都有可能被用来进行检索,见表21.9。

表 21.9　　3个简称样例在6个搜索引擎的检索结果(结果来源于各地图网站)

查询\网址	Baidu Map	Sina Map	Google Map	Lingtu Map	Sohu Map
北大 (北京大学)	北大 北大医院	北京大学 出版社	北京大学	北大街	北京大学
联通 (中国联合通信有限公司)	中国联通	上海中联 通信北京 客服中心	联通华建网 络有限公司	万联通讯	北京互联通 网络科技 有限公司
北京疾控中心 (北京市疾病预防 控制中心)	北京市疾 控中心	Not Found	北京市疾病 预防控制中心	北京市疾病 控制中心	Not Found

本文比较了黄页和地图引擎的检索结果,表明大多搜索引擎是基于网页索引的,即当在搜索引擎中输入某兴趣点简称时,它会在网页索引中搜找这个简称,而往往在相关兴趣点的网站上会有比较多的简称出现,所以这个网页会被搜索引擎返回为结果,而网页的标题往往就是相关简称的全称,也就完成了简称到全称的匹配。

这种匹配方式的结果并不理想,总体正确匹配率在50%左右。本文基于统计原理设计了一种新的匹配方法,可以把正确匹配率提高到90%以上。

21.2.1　算法框架

如图21.11所示,本系统分为两个主要部分——离线的数据准备和实时的简称检索。离线数据准备是指全称数据库的分词和流行度的查找入库,共有3个模块,即分词模块、模糊匹配检索模块,以及简称全称的匹配打分排序模块。而简称、全称匹配打分排序的规则是由分类马尔可夫模型和流行度模型共同构造的模型计算所得的,下面将详细介绍。

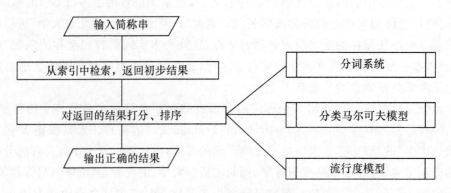

图 21.11　系统结构框架图

1. 分词系统

根据兴趣点名的结构,本文把关键词分为 4 类,分别为区域类、行业类、组织结构类和一个未知类。如"中国"、"北京"等关键词都属于区域类;"石油"、"化工"等都属于行业类;"有限公司"、"分公司"、"大学"等都属于组织结构类。而不属于以上各类的关键词,叫固有词,归为未知类。在兴趣点名称中,往往简称的主要部分来源于固有词,它是标识一个公司区别于其他公司的最重要部分。有了关键词类,系统中的分词就可以使用双向最大匹配算法。该算法首先划分出确定的部分,即区域类、行业类和组织结构类,并把没有归为这些确定类的词归为未知类。

2. 分类马尔可夫模型

我们采用分类的两状态马尔可夫模型来提取人们形成简称保留字或舍去字的规律。

首先,人们对于不同的名称类别的重要性有分别,如"中国移动有限责任公司",由于"中国移动"的重要性高于"有限责任公司",人们会保留"中国移动"或"中移动"、"移动"。因此我们统计了各个类别(专有名词,地名,机构组织名,行业名称)"舍去"和"保留"的概率。

其次,借鉴日文分词的思路(Constantine,1994),在每个类别内应用了两状态的马尔可夫模型。即只有"E"(全称中的某字符在简称中保留)和"N"(全称中的某字符在简称中舍去)两个状态。模型的状态图如图 21.12 所示。

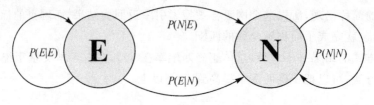

图 21.12　马尔可夫模型

该模型把一个切词后的全称字符串转换成一个 E、N 状态流,例如,"北京大学",先切词得到"北京/L 大学/O",再被转换为"EN/I EN/O",因为"北"和"大"都是保留的字符,而"京"和"学"都是没有出现的字符。

我们先讨论一个类内的马尔可夫模型,如仅在地名类中,在此,实例为"北京"。在马尔可夫模型中,下一时刻 $n+1$ 出现的状态由且仅由其当前时刻 n 的状态决定。因此有转换概率如下:

$$P(X_{n+1}=x|X_n=x_n,\cdots,X_1=x_1,X_0=x_0)=P(X_{n+1}=x|X_n=x_n), \text{where} x=E,N \quad (21.1)$$

进一步假设,我们有一个稳定的统计过程,即转换概率不随时间改变,那么在地名类内两状态马尔可夫模型可以被 6 个概率所定义:两个状态的初始概率,$P\_l(E)$ 和 $P\_l(N)$,和转换概率 $P\_l(E|E)$,$P\_l(N|E)$、$P\_l(E|N)$ 和 $P\_l(N|N)$。该模型抓住了在地名类内两个特征:首字母出现的概率和 E、N 的转换概率。此概率反映了字符串出现或省去的连续性。

给定这些概率,先将一个子串(即一个类内的字符串)转换为 EN 流,例如北京转换为 EN,而东北转换为 NE,然后计算子串状态流的联合概率:

$$P\_c(X_0X_1X_2\cdots X_n)=P\_c(X_0)P(X_1|X_0)P\_c(X_2|X_1)\cdots P\_c(X_n|X_{n-1})$$
$$c\in\{l\ o\ i\ u\} \quad (21.2)$$

马尔可夫模型可以通过包含兴趣点全称简称对的训练语料库进行训练。兴趣点全称被转换为 EN 状态流,并分为四类:专有名词(u),地名(l),机构组织名(o),行业名称(i)。在每个类中,6 个概率由下式定义:

$$P\_c(E)=\frac{num\_c(Einitials)}{num\_c(POIs)},\quad c\in\{l\ o\ i\ u\} \quad (21.3)$$

$$P\_c(N)=\frac{num\_c(Ninitials)}{num\_c(POIs)},\quad c\in\{l\ o\ i\ u\} \quad (21.4)$$

$$P\_c(E|E)=\frac{num\_c(EE)}{num\_c(EE)+num\_c(EN)},\quad c\in\{l\ o\ i\ u\} \quad (21.5)$$

$$P\_c(N|E)=\frac{num\_c(EN)}{num\_c(EE)+num\_c(EN)},\quad c\in\{l\ o\ i\ u\} \quad (21.6)$$

$$P\_c(E|N)=\frac{num\_c(NE)}{num\_c(NE)+num\_c(NN)},\quad c\in\{l\ o\ i\ u\} \quad (21.7)$$

$$P\_c(N|N)=\frac{num\_c(NN)}{num\_c(NE)+num\_c(NN)},\quad c\in\{l\ o\ i\ u\} \quad (21.8)$$

Num_c(Einitials / Ninitials) 是某个类 c 内,以 E/N 开头的字符串的个数,num_c(POIs) 是训练语料科中某一类 c 的个数,num_c(EE / EN / NE / NN) 是某个类 c 内 EE / EN / NE / NN 对的个数。EE、EN、NE and NN 流是在某个类中滑动计算的。例如,ENEN/l 流包含两个 EN 对和一个 NE 对,如表 21.10 所示。

表 21.10 马尔可夫训练结果

	$P(E)$	$P(N)$	$P(NN)$	$P(NE)$	$P(EN)$	$P(EE)$	$P(E/initial)$	$P(N/initial)$
区域(l)	0.67	0.38	0.96	0.04	0.18	0.82	0.97	0.03
机构(o)	0.21	0.79	0.96	0.04	0.21	0.79	0.55	0.45
行业(i)	0.36	0.64	0.99	0.01	0.30	0.70	0.98	0.02
未知(u)	0.95	0.05	0.78	0.22	0.07	0.93	0.96	0.04

其次，我们要计算每个类的"舍去"和"保留"的概率。其公式如下：

$$P\_c(E) = \frac{\text{num\_c(Einitials)}}{\text{num\_c(POIs)}}, \quad c \in \{l \quad o \quad i \quad u\} \tag{21.9}$$

$$P\_c(N) = \frac{\text{num\_c(Ninitials)}}{\text{num\_c(POIs)}}, \quad c \in \{l \quad o \quad i \quad u\} \tag{21.10}$$

给定了每个类内马尔可夫参数，和每个类的"舍去"和"保留"的概率 P_l(E)，P_l(N)，P_u(E)，P_u(N)，P_i(E)，P_i(N)，P_o(E)，P_o(N)，我们可以计算某个全称字符串的联合概率，如下：

$$\begin{aligned}
&P(X_0 X_1 X_2 \cdots X_N) \\
&= P(X_0 X_1 X_2 \cdots X_n/c \quad X_{n+1} X_{n+1} X_{n+3} \cdots X_m/c \cdots X_s X_{s+1} X_{s+2} \cdots X_N/c) \\
&= P\_c(Y/Y = X_0 \parallel X_1 \parallel X_2 \parallel \cdots \parallel X_n) * \\
&\quad P\_c(Y/Y = X_{n+1} \parallel X_{n+2} \parallel X_{n+3} \parallel \cdots \parallel X_m) * \cdots * \\
&\quad P\_c(Y/Y = X_s \parallel X_{s+1} \parallel X_{s+2} \parallel \cdots \parallel X_N) * \\
&\quad P\_c(X_0) P\_c(X_1 | X_0) P\_c(X_2 | X_1) \cdots P\_c(X_n | X_{n-1}) * \\
&\quad P\_c(X_{n+1}) P\_c(X_{n+2} | X_{n+1}) P\_c(X_{n+3} | X_{n+2}) \cdots P\_c(X_{n+4} | X_{n+3}) * \\
&\quad P\_c(X_s) P\_c(X_{s+1} | X_s) P\_c(X_{s+2} | X_{s+1}) \cdots P\_c(X_N | X_{N-1}) \\
&\quad c \in \{l \quad o \quad i \quad u\}
\end{aligned} \tag{21.11}$$

3. 流行度模型

不是所有的兴趣点全称都有简称，换句话说，全称生成简称时有一个生成概率。我们发现，往往越流行的全称其生成简称的概率越高。因此，我们建立了一个全称的流行度与简称生成关系的统计数学模型。在我们的模型中，定义POI的流行度为百度搜索引擎的该POI的搜索返回条数。我们抽取了流行度从2条到近10 000 000条的700个POI样本。根据流行度的动态范围，我们把流行度模10，即基于log的对数基准尺度，将这些样本分为7个组，然后在每个组内计算生成简称的概率。样本的分组后每个组都有约100条兴趣点。试验结果见图21.13。

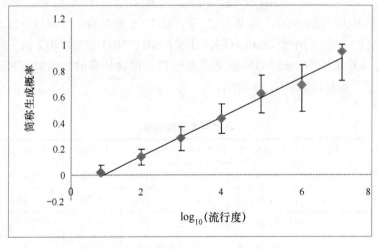

图21.13 POI的流行度与其生成简称概率的经验模型

如图21.13所示,简称生成概率与流行度的对数成线性关系,即与流行度成指数关系。图21.13还给出了正确率为90%的置信区间,该区间也表明了指数关系的可行性。根据统计数据确定一元线性回归方程参数,建立一元回归方程如下。

$$P(POI\_Having\_Abbr.) = 0.1509\log_{10}(Popularity)(POI) - 0.1642 \quad (21.12)$$

4. 联合模型

简称和全称的最终匹配概率由以上两个概率相乘而得:

$$P(POI) = P(X_0 \quad X_1 \quad X_2 \quad \cdots \quad X_N) \cdot P(POI\_Having\_Abbr.) \quad (21.13)$$

21.2.2 实验结果

原型系统的开发平台语言是 Matlab,实验在 CPU 为 Pentium 4、2.4GHz、内存为 1G 的计算机上进行。从公交车站、黄页、网页上收集了 406 个简称,并将其分为两组,一组作为训练语料,另一组作为测试数据。第一组共 190 条简称全称对,第二组共 216 条简称全称对。兴趣点数据库是 9 万条机构名,来自北京市的黄页。同时,我们将测试数据的正确全称也加入到数据库中。首选准确率达到近 71%,前五选准确率达到 97%。

本文还比较了原型系统与现有地图搜索引擎、黄页搜索引擎、基于不分词的统计简称检索算法的匹配结果。由于地图引擎(Iaski,Googlemap)和黄页搜索引擎(Locoso,中国电信)是基于网页索引数据库,而我们是基于地名全称数据库的,因此数据库不完全相同。有以下几方面的不同。

(1) 网页搜索引擎可能不包含所检索简称的全称。

(2) 网页搜索引擎的数据库中可能包含有简称地名。

(3) 网页搜索引擎的全称数据库中包含的干扰全称没有出现在本文的地名数据库中。

为了解决基础数据库的问题,实现结果的可比性,本文采取了以下的步骤。

(1) 把测试集的每个正确全称在各个网页中搜索,若搜索到,则其简称可加入到"可比较集"Sc 中,3 个网页分别得到各自的"可比较集"。

(2) 在各个网页中分别检索可比较集 Sc 中的简称,而搜索结果是否正确的判别标准为:

① 只要返回的全称的前 5 名中有正确的即为正确;

② 要求正确结果前面的结果都是简称,即如果简称先出现的话,可视为不算,则看返回的前六名,以此类推;

③ 公司、集团、有限公司等视为一样。

(3) 将各个网页返回的前五名的全称加入到本文的数据库中,以达到公平实现可比较性,见表 21.11、表 21.12。

表 21.11　　　　　　　　　　　5 个匹配系统的匹配结果

搜索引擎 匹配条数	原型系统	参考系统	Googlemap	Googlemap	Locoso(中国电信)ii
102	96%	95%		65%	
107	97%	98%	38%		
104	98%	98%			30%
216	97%	96%			

表 21.12　　　　　　　　两个匹配系统的匹配结果

匹配条数	搜索引擎	原型系统	参考系统
216		71%	69%

从表 21.12 可以看出,本系统的正确率较网页搜索引擎的正确率有了大幅提高;从表 21.13 可以看出,本系统比参考系统的匹配率有了小幅提高。

统计模型可以返回一个较高的正确率,是源于它捕捉了简称形成过程的统计特征,而不是用有限的规则去实现匹配,因此可以实现很高的灵活性和鲁棒性。

试验结果表明,本文系统检索准确性较好。下一步研究重点一方面是建立多级索引,提高搜索效率;另一方面是改善检索算法,把本文的方法扩展到非简称查询中去,实现一个实用的检索系统。

21.3　小　　结

空间信息搜索是根据用户提出的搜索条件找到最相关的空间信息,而智能搜索的特点体现在查询条件更加接近于人们日常使用的习惯,如根据人们对位置或空间信息内容的自然语言描述进行搜索。本章在前两节中分析了计算机自动处理中文自然语言位置描述的难点,给出了国外解决类似问题的方法综述,并通过两个示例探索了解决方法。更加适应人们使用习惯的搜索算法应该能够更好地理解和处理模糊语义,如"对面,向北 500m"等,并且具有更准确的对检索结果评估的方法。

参 考 文 献

百度地图. http://map.baidu.com/.
新浪地图. http://bendi.iask.com/.
谷歌本地地图. http://ditu.google.com/.
灵图地图. http://www.51ditu.com/.
搜狐地图. http://map.sogou.com/.
爱问地图. http://ditu.iask.com.
中国电信黄页,http://www.locoso.com.
Xu Sen,zhang Xuehu,Mao Shujie,Ma Haoming,Li Qi. 2007. "Progress towards a Statistical__ Model of Chinese POI Name Abbreviation" Proceedings of SPIE—Volume 6753, Geoinformatics 2007: Geospatial Information Science, Jingming Chen, Yingxia Pu, Editors, 67530Y (Jul. 26).
Constantine P. Papageorgiou. 1994. "Japanese Word Segmentation By Hidden Markove Model", Human Language Technology Conference, pp. 283-288, Plainsboro, NJ.
Mark, D. M., Chrisman, N., Frank A. U., McHaffie, P. H., Pickles, J. 1997. The GIS History Project, the UCGIS Summer Assembly in Bar Harbor, Maine, US.
Cooke, D. F., and Maxfield, W. H. 1967. The Development of a Geographic Base File and its Uses for Mapping, Proceedings of the Fifth Annual URISA Conference, pp. 207-218.
U. S. Census Bureau. 2000. Census 2000. TIGER/Line Files Technical Documentation, Washington, DC.
An ArcGIS™ Address Data Model for the City of Calgary An ESRI　Technical Paper • April 2003.

Sagara, T, Arikawa, M, Sakauchi, M. 2001. Spatial Document Management System Using Spatial Data Fusion, International Conference on Information Integration and Web-based Applications & Services (IIWAS2001), 399-409, Linz, Austria.

Xuehu Zhang, Haoming Ma, Qi Li. 2006. An address geocoding solution for Chinese cities, Proceedings of SPIE-Vol 6420.

顾问、编者和作者名录

(一)顾问、编者

李德仁
武汉大学测绘遥感信息工程国家重点实验室
湖北省武汉市珞喻路 129 号,430079
drli@whu.edu.cn

宁津生
武汉大学测绘学院
湖北省武汉市珞喻路 129 号,430079
jsning@whu.edu.cn

张祖勋
武汉大学遥感信息工程学院
湖北省武汉市珞喻路 129 号,430079
zxzhang@supresoft.com.cn

刘经南
武汉大学
武汉市珞珈山,430072
jnliu@whu.edu.cn

刘先林
中国测绘科学研究院
北京市海淀区北太平路 16 号,100039

龚健雅
武汉大学测绘遥感信息工程国家重点实验室
湖北省武汉市珞喻路 129 号,430079
jgong@lmars.whu.edu.cn

吴华意
武汉大学测绘遥感信息工程国家重点实验室
湖北省武汉市珞喻路 129 号,430079
wuhuayi@lmars.whu.edu.cn

顾行发
中国科学院遥感应用研究所
北京市朝阳区科学院天地科学园,100101
xfgu@irsa.ac.cn

李志林
香港理工大学土地测量与地理资讯学系
香港九龙红磡
lszlli@polyu.edu.hk

周启鸣
香港浸会大学地理系
香港九龙塘
qiming@hkbu.edu.hk

李斌
Department of Geography, Central Michigan University,
Mount Pleasant, MI 48859, USA
bin.li@cmich.edu

施闯
武汉大学卫星导航定位技术研究中心
湖北省武汉市珞喻路 129 号,430079
shi@whu.edu.cn

袁修孝
武汉大学遥感信息工程学院

武汉市珞喻路 129 号，430079
yxxqxhyw@public.wh.hb.cn

张继贤
中国测绘科学研究院
北京市海淀区北太平路 16 号，100039
zhangjx@casm.ac.cn

周成虎
中国科学院地理科学与资源研究所
北京市朝阳区大屯路甲 11 号，100101
zhouch@lreis.ac.cn

李琦
北京大学遥感与 GIS 研究所
北京市海淀区颐和园路 5 号北京大学遥感楼，100871
liqi@pku.edu.cn

方涛
上海交通大学电子信息与电气工程学院
上海市闵行区东川路 800 号电信楼群 2-224，200240
tfang@sjtu.edu.cn

(二) 作者
（以姓名的汉语拼音顺序排列）

陈静
武汉大学测绘遥感信息工程国家重点实验室
湖北省武汉市珞喻路 129 号，430079
jchen@whu.edu.cn

程涛
Department of Geomatic Engineering, University College London, Chadwick Building, Gower Street, London WC1E 6BT, UK
ucfstch@ge.ucl.ac.uk

邓晓光
武汉大学测绘遥感信息工程国家重点实验室
湖北省武汉市珞喻路 129 号，430079
dengdawn@163.com

丁亚洲
武汉大学遥感信息工程学院
湖北省武汉市珞喻路 129 号，430079

杜清运
武汉大学资源与环境科学学院
湖北省武汉市珞喻路 129 号，430079
qydu@telecarto.com

方涛
上海交通大学电子信息与电气工程学院
上海市闵行区东川路 800 号电信楼群 2-224，200240
tfang@sjtu.edu.cn

高文秀
武汉大学测绘遥感信息工程国家重点实验室
湖北省武汉市珞喻路 129 号，430079
wxgao@lmars.whu.edu.cn

龚健雅
武汉大学测绘遥感信息工程国家重点实验室
湖北省武汉市珞喻路 129 号，430079
jgong@lmars.whu.edu.cn

龚龑
武汉大学遥感信息工程学院
湖北省武汉市珞喻路 129 号,430079
gongyan_rs@163.com

龚威
武汉大学测绘遥感信息工程国家重点实验室
湖北省武汉市珞喻路 129 号, 430079
weigong_1999@yahoo.com.cn

葛咏
中国科学院地理科学与资源研究所
北京市朝阳区大屯路甲 11 号,100101
gey@lreis.ac.cn

黄茂军
武汉大学资源与环境科学学院
湖北省武汉市珞喻路 129 号, 430079

霍宏
上海交通大学电子信息与电气工程学院
上海市闵行区东川路 800 号电信楼群 2-224,
200240
huohong@sjtu.edu.cn

江万寿
武汉大学测绘遥感信息工程国家重点实验室
湖北省武汉市珞喻路 129 号, 430079
wsjws@163.com

李宝林
中国科学院地理科学与资源研究所
北京市朝阳区大屯路甲 11 号,100101
libl@lreis.ac.cn

李海涛
中国测绘科学研究院
北京市海淀区北太平路 16 号,100039
lhtao@casm.ac.cn

李志林
香港理工大学土地测量与地理资讯学系
香港九龙红磡
lszlli@polyu.edu.hk

林丽群
武汉大学遥感信息工程学院
湖北省武汉市珞喻路 129 号,430079
nonolin16@163.com

刘正军
中国测绘科学研究院
北京市海淀区北太平路 16 号,100039
zjliu@casm.ac.cn

楼益栋
武汉大学测绘学院
湖北省武汉市珞喻路 129 号, 430079

罗佳
武汉大学测绘学院
湖北省武汉市珞喻路 129 号, 430079
jluo@sgg.whu.edu.cn

罗英伟
北京大学
北京市海淀区颐和园路 5 号,100871
lyw@geoagent.pku.edu.cn

马国瑞
武汉大学测绘遥感信息工程国家重点实验室
湖北省武汉市珞喻路 129 号, 430079
maguorui_rs@yahoo.com.cn

马浩明
北京大学遥感与 GIS 研究所
北京市海淀区颐和园路 5 号北京大学遥感楼, 100871

顾问、编者和作者名录

梅天灿
武汉大学电子信息学院
湖北省武汉市珞喻路 129 号，430079
meitiancan@gmail.com

裴韬
中国科学院地理科学与资源研究所
北京市朝阳区大屯路甲 11 号，100101
peit@lreis.ac.cn

秦昆
武汉大学遥感信息工程学院
湖北省武汉市珞喻路 129 号，430079
qqqkkk@263.net

施闯
武汉大学卫星导航定位技术研究中心
湖北省武汉市珞喻路 129 号，430079
shi@whu.edu.cn

舒红
武汉大学测绘遥感信息工程国家重点实验室
湖北省武汉市珞喻路 129 号，430079
shu_hong@lmars.whu.edu.cn

舒宁
武汉大学遥感信息工程学院
湖北省武汉市珞喻路 129 号，430079
nshuwu@126.com

苏奋振
中国科学院地理科学与资源研究所
北京市朝阳区大屯路甲 11 号，100101
sufz@lreis.ac.cn

眭海刚
武汉大学测绘遥感信息工程国家重点实验室
湖北省武汉市珞喻路 129 号，430079
haigang_sui@263.net

唐新明
中国测绘科学研究院地理空间信息工程国家测绘局重点实验室
北京市海淀区北太平路 16 号，100039
tang@casm.ac.cn

汪小林
北京大学
北京市海淀区颐和园路 5 号，100871
wxl@geoagent.pku.edu.cn

王树良
武汉大学国际软件学院
湖北省武汉市珞喻路 129 号，430079
slwang2005@whu.edu.cn

王志勇
山东科技大学地球信息科学与工程学院
山东省青岛经济技术开发区前湾港路 579 号，266510
wzywlp@163.com

吴华意
武汉大学测绘遥感信息工程国家重点实验室
湖北省武汉市珞喻路 129 号，430079
wuhuayi@lmars.whu.edu.cn

向隆刚
武汉大学测绘遥感信息工程国家重点实验室
湖北省武汉市珞喻路 129 号，430079
sinoxiang@sina.com

谢俊峰
武汉大学测绘遥感信息工程国家重点实验室
湖北省武汉市珞喻路 129 号，430079
kentygreen@hotmail.com

许卓群
北京大学
北京市海淀区颐和园路 5 号，100871

杨景辉
中国测绘科学研究院
北京市海淀区北太平路 16 号,100039
jhyang@casm.ac.cn

杨平
中国测绘科学研究院地理空间信息工程国家
测绘局重点实验室
北京市海淀区北太平路 16 号,100039
yangping_whu@163.com

姚宜斌
武汉大学测绘学院
湖北省武汉市珞喻路 129 号,430079
ybyao@sgg.whu.edu.cn

叶世榕
武汉大学测绘学院
湖北省武汉市珞喻路 129 号,430079

余海坤
河南省遥感测绘院
河南省郑州市金水区黄河路 8 号,450003
hk_yu@126.com

余俊鹏
武汉大学遥感信息工程学院
湖北省武汉市珞喻路 129 号,430079

袁修孝
武汉大学遥感信息工程学院
湖北省武汉市珞喻路 129 号,430079
yxxqxhyw@public.wh.hb.cn

张继贤
中国测绘科学研究院
北京市海淀区北太平路 16 号,100039
zhangjx@casm.ac.cn

张剑清
武汉大学遥感信息工程学院
湖北省武汉市珞喻路 129 号,430079
jqzhang@supresoft.com.cn

张晓东
武汉大学测绘遥感信息工程国家重点实验室
湖北省武汉市珞喻路 129 号,430079
xdzhang@lmars.whu.edu.cn

张雪虎
北京大学遥感与 GIS 研究所
北京市海淀区颐和园路 5 号北京大学遥感楼,100871
xuehu@pku.edu.cn

张永红
中国测绘科学研究院
北京市海淀区北太平路 16 号,100039
yhzhang@casm.ac.cn

张永军
武汉大学遥感信息工程学院
湖北省武汉市珞喻路 129 号,430079
zhangyj@whu.edu.cn

赵齐乐
武汉大学卫星导航定位技术研究中心
湖北省武汉市珞喻路 129 号,430079
zhaoql@whu.edu.cn

周成虎
中国科学院地理科学与资源研究所
北京市朝阳区大屯路甲 11 号,100101
zhouch@lreis.ac.cn

周春
武汉大学遥感信息工程学院

湖北省武汉市珞喻路 129 号，430079
zhouc@lreis.ac.cn

周启鸣
香港浸会大学地理系
香港九龙塘
qiming@hkbu.edu.hk

邹蓉
武汉大学卫星导航定位技术研究中心
湖北省武汉市珞喻路 129 号，430079
zourongjuldy@hotmail.com

朱欣焰
武汉大学测绘遥感信息工程国家重点实验室
湖北省武汉市珞喻路 129 号，430079
geozxy@263.net

朱忠敏
武汉大学测绘遥感信息工程国家重点实验室
湖北省武汉市珞喻路 129 号，430079
zhongmin.zhu@gmail.com